力学丛书·典藏版 10

中国科学院科学出版基金资助出版

参变量变分原理及其在工程中的应用

钟万勰　张洪武　吴承伟 著

科学出版社

1997

内 容 简 介

本书系统阐述了参变量变分原理，并对弹塑性摩擦接触问题、润滑问题的基本思想及其数值求解方法进行了全面论述，还给出了大量的应用实例.

本书读者对象为工程力学、计算力学专业的师生，以及相关专业的工程技术人员.

图书在版编目 (CIP) 数据

参变量变分原理及其在工程中的应用 / 钟万勰，张洪武，吴承伟著.
—北京：科学出版社，1997.8 (2016.1 重印)
(力学丛书)
ISBN 978-7-03-005333-6
I. ①参… II. ①钟… ②张… ③吴… III. ①力学变分原理 IV.
① O316

中国版本图书馆 CIP 数据核字 (2016) 第 018729 号

力 学 丛 书
参变量变分原理及其在工程中的应用
钟万勰 张洪武 吴承伟 著
责任编辑 李成香
科学出版社出版
北京东黄城根北街 16 号
邮政编码：100717
北京京华虎彩印刷有限公司印刷
新华书店北京发行所发行 各地新华书店经售
*
1997 年第一版
2016 年印刷
开本：850×1168 1/32
印张：16 7/8
字数：442 000

定 价：148.00元

《力学丛书》编委会

目　录

前　言

本书所研究的结构弹塑性摩擦接触问题是当今计算力学界的一个热门研究课题，这一类物理现象广泛存在于工程应用与设计领域，理论难度大，经济与社会效益显著. 本书主要介绍这一领域的最新研究成果——参变量变分原理及基于此原理的相应的参变量二次规划弹塑性接触问题求解方法. 该理论是由本书第一作者于 1985 年首先提出并加以运用的，这一方法是求解数学物理问题中边界待定问题的一种新方法.

参变量变分原理突破了经典变分原理的局限性，引入了现代控制论中的极值变分思想，将原问题化为在由本构关系导出的状态方程控制之下求泛函极小值. 参变量变分原理与经典变分原理的主要区别在于，第一，在参变量变分原理中，本构关系不再像经典变分原理那样隐含于能量泛函之中，而是鲜明地用状态方程作为对问题的控制施加于整个变分过程. 第二，参变量变分原理将泛函宗量分为两大类：一类是参加变分的状态变量，它们和经典变分原理中的宗量完全一样；另一类是控制变量（又称参变量），它们不参加变分，但却通过状态方程控制着变分过程，使问题的非线性本构关系得到满足.

与经典变分原理相比，参变量变分原理有自己的特色. 首先，参变量变分原理比经典变分原理的应用范围更为广泛. 例如：它不受塑性流动理论中 Drucker 假设的限制，可以很方便地解决带内摩擦材料的非关联流动、弹塑性耦合材料的不可逆流动、摩擦接触物体间的非法向滑动等工程问题. 其次，参变量变分原理简化了非线性问题的解算手段，其数值求解不需要像传统非线性问题的那套冗长反复的迭代求解过程. 如果把求解线性方程组 $\boldsymbol{kx}=\boldsymbol{b}$ 看作是一次分解过程，那么参变量变分原理最多需要二次分解过程，而且精度高．此外，参变量变分原理的泛函表达式与经典变分原理的泛函表达式相比仅多了一个变分宗量的线性项，形式非常简单．因控制变量不参加变分，在泛函之中可当作常量来处理，这样就使算法编程可以在原有的线性分析程序上实现．

自从参变量变分原理的基本思想于1985年提出以来，大连理工大学工程力学研究所已在这一领域开展了大量的理论研究与应用工作．如用于弹塑性分析、蠕变、接触问题，土力学问题，复合材料断裂问题，润滑力学问题等方面，均取得了令人满意的效果．

本书的写作80%取材于已公开发表的学术论文与科研报告．全书共八章，第一章对全书所涉及的部分力学概念及力学量的约定作一概述．主要包括弹性力学基本方程，最小势能与最小余能原理，有限元法基础等．对二次规划法及最优控制理论也作了简单的介绍．第二章首先以非线性杆系结构分析为例阐述了参变量变分原理的建立过程和它的意义．进而叙述如何建立一般弹塑性力学边值问题的参变量变分原理，并给出这一原理的极值过程的几何解释．第三章主要介绍参变量变分原理的有限元分析的基本列式与算法技巧．重点论述了求解弹塑性问题有限元分析的参数二次规划法．无论是对理想弹塑性或软化材料，收敛速度均与强化材料相同．当屈服准则是σ的线性函数且不考虑卸载时，这一算法成为一步法．第四章在前几章理论的基础上，采用参数二次规划法求解考虑摩擦、初始间隙等条件的平面、空间弹性与弹塑性接触问题．借助罚函数手段推导了求解这类问题的有限元分析列式，得出相应的计算模型，通过取极限技巧，对存在于方程中的惩罚因子进行消除，使数值计算变得简便易行．第五章介绍了实现前几章理论与算法的多重子结构非线性分析程序FEEPCA．主要介绍了多重子结构分析的基本原理以及多体接触非线性分析问题的子结构算法，同时也介绍了FEEPCA程序的主要功能与特点．第六章给出参变量变分原理在岩土工程数值分析中的应用介绍．较为细致地分析了土力学中的Rankine挡土墙模型；对地下结构开挖施工时的稳定性进行了研究；讨论了静止侧向土压力系数的下限问题;对岩石滑坡问题给出了分析示例．第七章介绍了参变量变分原理在润滑力学分析中的应用．对固液单界面滑移问题,粘塑性润滑问题以及双线性流变润滑问题的数值求解,进行了较系统的阐述．第八章介绍了参变量变分原理在其它工程结构分析中的应用,其中包括:复合材料失效过程分析,刚性有限元弹塑性分析,轴承接触问题分析以及钢筋混凝土断裂问题分析等．

本书是作者对近 10 年来在参变量变分原理这一领域内研究工作的总结．本书从理论研究到编写过程始终得到了钱令希教授的关心与指导,大连理工大学工程力学研究所的同事们也给予了热情的鼓励与帮助,前研究生张柔雷、孙苏明等同志在这一研究领域付出了辛勤的劳动,作者向他们以及一切支持本项研究工作的人们致以诚挚的谢意．

由于非线性结构分析涉及到多门学科的内容,而本书篇幅有限,因而我们将侧重对参变量变分原理方面内容的论述,书中必然会存在疏漏与错误,敬请广大读者批评、指正．

主要符号说明

$\sigma, \sigma_x, \sigma_y, \sigma_z, \tau_{xy}, \tau_{yz}, \tau_{zx}, \sigma_{ij}$　应力

$\sigma_1, \sigma_2, \sigma_3$　主应力

$\boldsymbol{P}, P_x, P_y, P_z, P_i$　面力向量

$\boldsymbol{n}, n_x, n_y, n_z, n_i$　方向向量

I_1, I_2, I_3　应力不变量

s_{ij}　偏应力张量

J_1, J_2, J_3　偏应力不变量

$\boldsymbol{u}, u_1, u_2, u_3, u_i$　位移

$\boldsymbol{\varepsilon}, \varepsilon_x, \varepsilon_y, \varepsilon_z, \varepsilon_{xy}, \varepsilon_{yz}, \varepsilon_{zx}, \varepsilon_{ij}$　应变

I'_1, I'_2, I'_3　应变不变量

J'_1, J'_2, J'_3　偏应变不变量

$\boldsymbol{A}^{(\nabla)} \boldsymbol{L}^{(\nabla)}$　微分算子矩阵

$\boldsymbol{D}, D_{ijkl}, \boldsymbol{C}, C_{ijkl}$　本构关系阵

$G, \bar{\lambda}$　Lame 常数

δ_{ij}　克罗内克算符

$\bar{\boldsymbol{p}}, \bar{p}_i$　力边界条件值

$\bar{\boldsymbol{u}}, \bar{u}_i$　位移边界条件值

$U(\boldsymbol{\varepsilon}), V(\boldsymbol{\sigma})$　应变势能与余能密度

S_p, S_u, S_c　指定力、位移与接触边界

δ　变分算符

Π　势能表示符

$\boldsymbol{N}, N_i$　有限元插值形函数

$\hat{\boldsymbol{u}}, \hat{u}_i$　单元节点位移向量

$\boldsymbol{x}$　设计变量

Ω　体域空间

S　物体表面

θ, μ　Lagrange 乘子

ν 松弛变量

$f(x)$ 目标函数

$\boldsymbol{I}_n, \boldsymbol{I}_m, \boldsymbol{i}$ 单位矩阵

$\boldsymbol{u}(t)$ 控制变量

$\boldsymbol{x}(t)$ 状态变量

t 时间变量

l_i 长度

Δ_i 伸长量

$f()$ 屈服函数

$g()$ 塑性势函数

$\mathscr{H}$ 强化参数

λ_i 滑动(流动)因子

$\boldsymbol{b}, b_i$ 体积力

N_e 单元数或子域数

N_c 接触单元数

m_{fe} 子域 e 上屈服条件数

m_f 总屈服条件个数

$d\hat{\boldsymbol{u}}^e$ 单元出口位移增量

$d\hat{\boldsymbol{u}}$ 总体位移增量

$\boldsymbol{\Phi}$ 塑性势矩阵

$\boldsymbol{C}$ 塑性约束阵

$\boldsymbol{U}$ 塑性强化阵

N_p 塑性单元数

$P_n, P_\tau, P_{\tau 1}, P_{\tau 2}$ 接触力

$\bar{\mu}$ Coulomb 摩擦系数

$\varepsilon_c, \varepsilon_{\tau 1}, \varepsilon_{\tau 2}, \varepsilon_\tau, \varepsilon_n$ 接触应变

$\sim$ 标记接触的量

第一章　预 备 知 识

本章对本书涉及的部分力学概念及力学量的约定作一概述.主要包括弹性力学基本方程、最小势能与最小余能原理、有限元法基础等.同时也对与本书密切相关的二次规划法及最优控制理论作一简要介绍.

§1.1　弹性力学基本方程

1.1.1　应力与应变

连续介质内一点的应力状态可根据所选用的直角坐标系用六个应力分量来表示,其向量形式为

$$\boldsymbol{\sigma}=\{\sigma_x,\sigma_y,\sigma_z,\tau_{xy},\tau_{yz},\tau_{zx}\}^T \tag{1.1.1}$$

一点的应力状态也可以用一个二阶对称张量表示

$$\sigma_{ij}=\begin{bmatrix}\sigma_{11} & \sigma_{12} & \sigma_{13}\\ \sigma_{21} & \sigma_{22} & \sigma_{23}\\ \sigma_{31} & \sigma_{32} & \sigma_{33}\end{bmatrix}=\begin{bmatrix}\sigma_{xx} & \sigma_{xy} & \sigma_{xz}\\ \sigma_{yx} & \sigma_{yy} & \sigma_{yz}\\ \sigma_{zx} & \sigma_{zy} & \sigma_{zz}\end{bmatrix}=\begin{bmatrix}\sigma_{x} & \tau_{xy} & \tau_{xz}\\ \tau_{yx} & \sigma_{y} & \tau_{yz}\\ \tau_{zx} & \tau_{zy} & \sigma_{z}\end{bmatrix} \tag{1.1.2}$$

这里下标 $i,j=1,2,3$ 分别表示 x,y,z. 规定重复的下标按张量求和约定.应力分量的正负号规定如下:对图 1.1 如果某一个面的外法线方向与坐标轴正方向一致,这个面上的应力分量就以沿坐标轴正方向为正,与坐标轴反向为负;相反,如果某一个面的外法线方向与坐标轴的负方向一致,这个面上的应力分量就以沿坐标轴负方向为正,与坐标轴同向为负.应力分量的正方向规定,如图 1.1 所示.

过一点可作无穷多个截面,其中任一截面上的表面力向量为

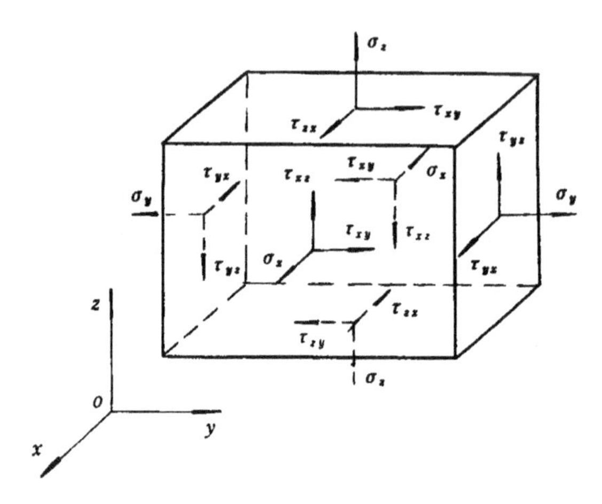

图 1.1 应力正向规定

$$\boldsymbol{P} = \{P_x, P_y, P_z\}^T \text{ 或 } P_i = \{P_1, P_2, P_3\}^T \qquad (1.1.3)$$

见图 1.2. P_i 与应力张量之间的关系可以通过平衡求得

$$P_i = \sigma_{ij} n_j \qquad (1.1.4)$$

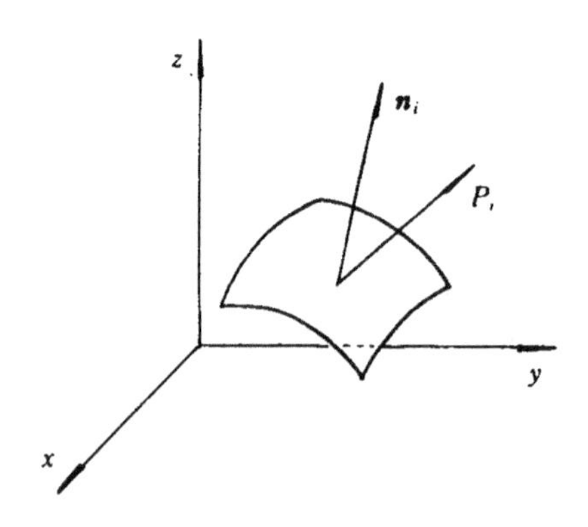

图 1.2 任一截面上的应力 P_i

其中 n_j 是截面上法向向量 $\boldsymbol{n}$ 的三个分量,

$$n_j = \{n_x, n_y, n_z\}^T \tag{1.1.5}$$

当 $\boldsymbol{n}$ 是主方向时，P_i 与 n_i 的方向重合，从式(1.1.4)可以导出该点主应力 $\sigma_1, \sigma_2, \sigma_3$ 是下面一个三次方程的根

$$\lambda^3 - I_1\lambda^2 - I_2\lambda - I_3 = 0 \tag{1.1.6}$$

其中

$$I_1 = \sigma_{ii} = \sigma_1 + \sigma_2 + \sigma_3 \tag{1.1.7}$$

$$I_2 = \frac{1}{2}(I_1^2 - \sigma_{ij}\sigma_{ji}) = \sigma_1\sigma_2 + \sigma_2\sigma_3 + \sigma_3\sigma_1 \tag{1.1.8}$$

$$I_3 = \frac{1}{6}(2\sigma_{ij}\sigma_{jk}\sigma_{ki} - 3I_1\sigma_{ij}\sigma_{ji} + I_1^3) = \sigma_1\sigma_2\sigma_3 \tag{1.1.9}$$

为不随坐标方向改变的量，分别称为应力的一次，二次和三次不变量.

令主应力的平均值为

$$\sigma = \frac{1}{3}(\sigma_1 + \sigma_2 + \sigma_3) = \frac{1}{3}(\sigma_x + \sigma_y + \sigma_z) = \frac{1}{3}I_1 \tag{1.1.10}$$

引入偏应力张量的定义

$$s_{ij} = \sigma_{ij} - \delta_{ij}\sigma \tag{1.1.11}$$

其中 δ_{ij}是 Kronecker 符号. 偏应力张量 s_{ij}满足的三次代数方程式为

$$\lambda^3 - J_1\lambda^2 - J_2\lambda - J_3 = 0 \tag{1.1.12}$$

其中

$$J_1 = s_{ii} = 0 \tag{1.1.13}$$

$$\begin{aligned} J_2 &= -(s_1s_2 + s_2s_3 + s_3s_1) = \frac{1}{2}(s_1^2 + s_2^2 + s_3^2) \\ &= \frac{1}{6}[(\sigma_x - \sigma_y)^2 + (\sigma_y - \sigma_z)^2 + (\sigma_z - \sigma_x)^2 \\ &\quad + 6(\tau_{xy}^2 + \tau_{yz}^2 + \tau_{zx}^2)] \\ &= \frac{1}{3}(\sigma_1^2 + \sigma_2^2 + \sigma_3^2 - \sigma_1\sigma_2 - \sigma_2\sigma_3 - \sigma_3\sigma_1) \end{aligned}$$

$$= \frac{1}{2} s_{ij} s_{ij} \tag{1.1.14}$$

$$J_3 = s_1 s_2 s_3 = \frac{1}{3} s_{ij} s_{jk} s_{ki} \tag{1.1.15}$$

分别为应力偏量一次、二次和三次不变量. 由于 J_2 的应用比较广泛,所以式(1.1.14)罗列了几种表达式.

由于六维应力空间无法直观表示,因此通常在主应力空间中刻划一点的应力状态,可以得到比较直观的几何图象.

在图 1.3 所示主应力空间中,轴 OS 与坐标轴 $\sigma_1,\sigma_2,\sigma_3$ 之间夹角都相同,即夹角等于

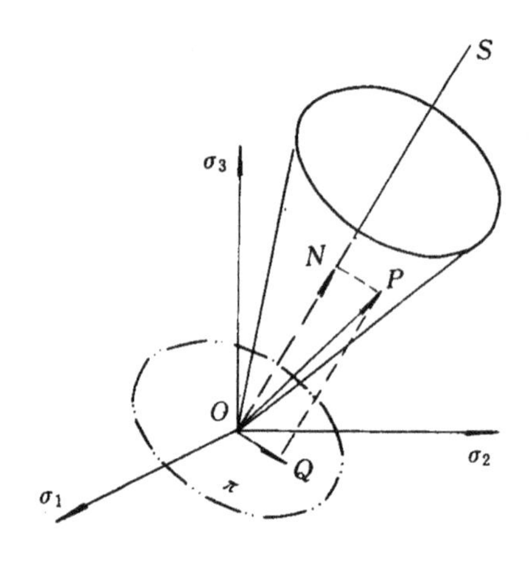

图 1.3 主应力空间

$$\cos^{-1}(1/\sqrt{3}) = 54.8°$$

轴 OS 称为主应力空间对称轴,在此轴上各点都满足 $\sigma_1 = \sigma_2 = \sigma_3$,过原点与此轴相垂直的平面

$$\sigma_1 + \sigma_2 + \sigma_3 = 0 \tag{1.1.16}$$

称为八面体平面或 π 平面. 主应力空间中任一点的应力状态 OP

都可以沿对称轴 OS 和 π 平面分解成二个分量

$$\overrightarrow{OP}=\overrightarrow{ON}+\overrightarrow{OQ} \tag{1.1.17}$$

其中

$$|\overrightarrow{ON}|=\frac{\sqrt{3}}{3}I_1,\quad |\overrightarrow{OQ}|=\sqrt{2}\,J_2^{1/2}$$

分别代表了应力状态的静水压力部分和偏应力部分，一般称

$$P=\frac{1}{3}(\sigma_1+\sigma_2+\sigma_3)=\frac{1}{3}I_1 \tag{1.1.18}$$

为八面体正应力，称

$$q=\frac{1}{\sqrt{2}}[(\sigma_1-\sigma_2)^2+(\sigma_2-\sigma_3)^2+(\sigma_3-\sigma_1)^2]^{1/2}=\sqrt{\frac{3}{2}s_{ij}s_{ij}}=\sqrt{3J_2} \tag{1.1.19}$$

为八面体剪应力.

弹性体内任一点的位移可由沿直角坐标轴方向的三个位移分量 u,v,w 来表示，它的形式为

$$\boldsymbol{u}=\{u,v,w\}^T \text{ 或 } \boldsymbol{u}=\{u_1,u_2,u_3\}^T \tag{1.1.20}$$

连续介质中一点的应变状态可以用笛卡儿坐标系下的六个分量来表示. 其向量形式为

$$\boldsymbol{\varepsilon}=\{\varepsilon_x,\varepsilon_y,\varepsilon_z,\ \gamma_{xy},\gamma_{yz},\gamma_{zx}\}^T \tag{1.1.21}$$

也可用张量形式表示成

$$\varepsilon_{ij}=\begin{bmatrix}\varepsilon_{xx} & \varepsilon_{xy} & \varepsilon_{xz}\\ \varepsilon_{yx} & \varepsilon_{yy} & \varepsilon_{yz}\\ \varepsilon_{zx} & \varepsilon_{zy} & \varepsilon_{zz}\end{bmatrix}=\begin{bmatrix}\varepsilon_x & \frac{1}{2}\gamma_{xy} & \frac{1}{2}\gamma_{xz}\\ \frac{1}{2}\gamma_{yx} & \varepsilon_y & \frac{1}{2}\gamma_{yz}\\ \frac{1}{2}\gamma_{zx} & \frac{1}{2}\gamma_{zy} & \varepsilon_z\end{bmatrix}=\begin{bmatrix}\varepsilon_{11} & \varepsilon_{12} & \varepsilon_{13}\\ \varepsilon_{21} & \varepsilon_{22} & \varepsilon_{23}\\ \varepsilon_{31} & \varepsilon_{32} & \varepsilon_{33}\end{bmatrix} \tag{1.1.22}$$

应变张量的不变量为

$$I'_1 = \varepsilon_x + \varepsilon_y + \varepsilon_z = \varepsilon_{ii} \tag{1.1.23}$$

$$I'_2 = (\varepsilon_x\varepsilon_y + \varepsilon_y\varepsilon_z + \varepsilon_z\varepsilon_x) - \frac{1}{4}(\gamma_{xy}^2 + \gamma_{yz}^2 + \gamma_{zx}^2)$$

$$= \frac{1}{2}I_1'^2 - \frac{1}{2}\varepsilon_{ij}\varepsilon_{ji} \tag{1.1.24}$$

$$I'_3 = \begin{vmatrix} \varepsilon_x & \frac{1}{2}\gamma_{xy} & \frac{1}{2}\gamma_{xz} \\ \frac{1}{2}\gamma_{yx} & \varepsilon_y & \frac{1}{2}\gamma_{yz} \\ \frac{1}{2}\gamma_{zx} & \frac{1}{2}\gamma_{zy} & \varepsilon_z \end{vmatrix} = \frac{1}{3}\varepsilon_{ij}\varepsilon_{jk}\varepsilon_{ki} - \frac{1}{2}I'_1\varepsilon_{ij}\varepsilon_{ji} + \frac{1}{6}I_1'^3 \tag{1.1.25}$$

平均正应变ε为

$$\varepsilon = \frac{1}{3}(\varepsilon_x + \varepsilon_y + \varepsilon_z) = \frac{1}{3}I'_1 \tag{1.1.26}$$

应变偏张量的定义为

$$e_{ij} = \varepsilon_{ij} - \varepsilon\delta_{ij} \tag{1.1.27}$$

与之对应的不变量是

$$J'_1 = e_x + e_y + e_z = e_{ii} = 0 \tag{1.1.28}$$

$$J'_2 = \frac{1}{6}\left[(\varepsilon_x - \varepsilon_y)^2 + (\varepsilon_y - \varepsilon_z)^2 + (\varepsilon_z - \varepsilon_x)^2 + \frac{3}{2}(\gamma_{xy}^2 + \gamma_{yz}^2 + \gamma_{zx}^2)\right]$$

$$= \frac{1}{6}\left[(\varepsilon_1 - \varepsilon_2)^2 + (\varepsilon_2 - \varepsilon_3)^2 + (\varepsilon_3 - \varepsilon_1)^2\right]$$

$$= \frac{1}{2}e_{ij}e_{ji} \tag{1.1.29}$$

$$J'_3 = \begin{vmatrix} e_x & \frac{1}{2}\gamma_{xy} & \frac{1}{2}\gamma_{xz} \\ \frac{1}{2}\gamma_{yx} & e_y & \frac{1}{2}\gamma_{yz} \\ \frac{1}{2}\gamma_{zx} & \frac{1}{2}\gamma_{zy} & e_z \end{vmatrix} = \frac{1}{3}e_{ij}e_{jk}e_{ki} \tag{1.1.30}$$

与八面体正应力 P 相对应的应变为体积应变 ε_v，即

$$\varepsilon_v=\varepsilon_x+\varepsilon_y+\varepsilon_z=\varepsilon_{ii}=I_1' \tag{1.1.31}$$

与八面体剪应力 q 相对应的应变为八面体剪应变 γ_v，即

$$\gamma_v=\left(\frac{2}{3}e_{ij}e_{ij}\right)^{\frac{1}{2}}=\frac{2}{\sqrt{3}}J_2'^{\frac{1}{2}} \tag{1.1.32}$$

应变的正负号与应力的正负号相对应，即应变以伸长为正，缩短为负；剪应变是以两个沿坐标轴正方向的线段组成的角变小为正，反之为负，如图 1.4 所示.

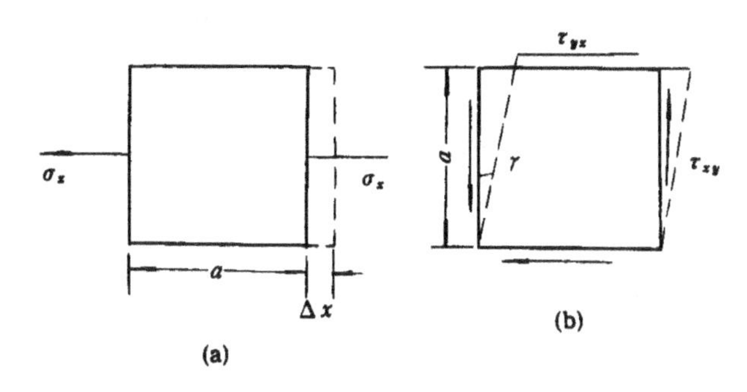

图 1.4 应变的止方向

(a) 正应变 $\varepsilon_x=\frac{\Delta x}{a}$ (b) 剪应变 $\gamma_{xy}=\frac{\gamma}{a}$

1.1.2 弹性力学基本方程

1. 平衡方程

弹性体 Ω 域内任一点的平衡方程的矩阵形式为

$$\boldsymbol{A}^{(\nabla)}\boldsymbol{\sigma}+\boldsymbol{b}=0 \quad 在 \Omega 域内 \tag{1.1.33}$$

其中，$\boldsymbol{A}^{(\nabla)}$是微分算子矩阵，形式为

$$\boldsymbol{A}^{(\nabla)}\begin{bmatrix} \frac{\partial}{\partial x} & 0 & 0 & \frac{\partial}{\partial y} & 0 & \frac{\partial}{\partial z} \\ 0 & \frac{\partial}{\partial y} & 0 & \frac{\partial}{\partial x} & \frac{\partial}{\partial z} & 0 \\ 0 & 0 & \frac{\partial}{\partial z} & 0 & \frac{\partial}{\partial y} & \frac{\partial}{\partial x} \end{bmatrix} \tag{1.1.34}$$

$\boldsymbol{b}$ 是体积力向量

$$\boldsymbol{b}=\{b_x,b_y,b_z\}^T \tag{1.1.35}$$

用张量形式可表为

$$\sigma_{ij,j}+b_i=0 \qquad 在\ \Omega\ 域内 \tag{1.1.36}$$

式中下标“$,j$”表示对独立坐标 x_j 求偏导数.

式(1.1.36)的展开形式为

$$\left.\begin{aligned}\frac{\partial\sigma_{11}}{\partial x_1}+\frac{\partial\sigma_{12}}{\partial x_2}+\frac{\partial\sigma_{13}}{\partial x_3}+b_1=0\\ \frac{\partial\sigma_{21}}{\partial x_1}+\frac{\partial\sigma_{22}}{\partial x_2}+\frac{\partial\sigma_{23}}{\partial x_3}+b_2=0\\ \frac{\partial\sigma_{31}}{\partial x_1}+\frac{\partial\sigma_{32}}{\partial x_2}+\frac{\partial\sigma_{33}}{\partial x_3}+b_3=0\end{aligned}\right\} \tag{1.1.37}$$

2. 几何方程——应变位移关系

在小变形情况下,略去位移导数的高次项,则应变向量和位移向量间的几何关系可表示为

$$\boldsymbol{\varepsilon}=\boldsymbol{L}^{(\nabla)}\boldsymbol{u} \qquad 在\ \Omega\ 域内 \tag{1.1.38}$$

其中 $\boldsymbol{L}^{(\nabla)}$ 为微分算子矩阵,形式为

$$\boldsymbol{L}^{(\nabla)}=\begin{bmatrix}\frac{\partial}{\partial x} & 0 & 0\\ 0 & \frac{\partial}{\partial y} & 0\\ 0 & 0 & \frac{\partial}{\partial z}\\ \frac{\partial}{\partial y} & \frac{\partial}{\partial x} & 0\\ 0 & \frac{\partial}{\partial z} & \frac{\partial}{\partial y}\\ \frac{\partial}{\partial z} & 0 & \frac{\partial}{\partial x}\end{bmatrix} \tag{1.1.39}$$

几何方程的张量形式为

$$\varepsilon_{ij}=\frac{1}{2}(u_{i,j}+u_{j,i}) \qquad \text{在 } \Omega \text{ 域内} \tag{1.1.40}$$

其展开形式是

$$\varepsilon_{11}=\frac{\partial u_1}{\partial x_1},\ \varepsilon_{22}=\frac{\partial u_2}{\partial x_2},\ \varepsilon_{33}=\frac{\partial u_3}{\partial x_3} \tag{1.1.41}$$

$$\left.\begin{aligned}
\varepsilon_{12}&=\frac{1}{2}\left(\frac{\partial u_1}{\partial x_2}+\frac{\partial u_2}{\partial x_1}\right)=\varepsilon_{21}\\
\varepsilon_{23}&=\frac{1}{2}\left(\frac{\partial u_2}{\partial x_3}+\frac{\partial u_3}{\partial x_2}\right)=\varepsilon_{32}\\
\varepsilon_{31}&=\frac{1}{2}\left(\frac{\partial u_3}{\partial x_1}+\frac{\partial u_1}{\partial x_3}\right)=\varepsilon_{13}
\end{aligned}\right\} \tag{1.1.42}$$

3. 物理方程——应力应变关系

对于各向同性的线弹性材料,用应变表示应力的表达式可用矩阵形式表示

$$\boldsymbol{\sigma}=\boldsymbol{D}\boldsymbol{\varepsilon} \tag{1.1.43}$$

其中

$$\boldsymbol{D}=\frac{E(1-\nu)}{(1+\nu)(1-2\nu)}\begin{bmatrix}
1 & \frac{\nu}{1-\nu} & \frac{\nu}{1-\nu} & 0 & 0 & 0\\
 & 1 & \frac{\nu}{1-\nu} & 0 & 0 & 0\\
 & & 1 & \frac{1-2\nu}{2(1-\nu)} & 0 & 0\\
 & & & & \frac{1-2\nu}{2(1-\nu)} & 0\\
\text{对} & \text{称} & & & & \frac{1-2\nu}{2(1-\nu)}
\end{bmatrix} \tag{1.1.44}$$

称为弹性矩阵. E 为弹性模量, ν 为泊松比. 也可以用 Lame 常数 G 和 $\bar{\lambda}$ 表示,其中

$$G=\frac{E}{2(1+\nu)},\ \bar{\lambda}=\frac{E\nu}{(1+\nu)(1-2\nu)} \tag{1.1.45}$$

G 称为剪切模量. 则弹性矩阵 $\boldsymbol{D}$ 可表示为

$$\boldsymbol{D}=\begin{bmatrix} \bar{\lambda}+2G & \bar{\lambda} & \bar{\lambda} & 0 & 0 & 0 \\ & \bar{\lambda}+2G & \bar{\lambda} & 0 & 0 & 0 \\ & & \bar{\lambda}+2G & 0 & 0 & 0 \\ & & & G & 0 & 0 \\ & & & & G & 0 \\ & \text{对称} & & & & G \end{bmatrix} \tag{1.1.46}$$

物理方程用张量形式表示为

$$\sigma_{ij}=D_{ijkl}\varepsilon_{kl} \tag{1.1.47}$$

这里 D_{ijkl} 为弹性常数,是 4 阶张量. 由于应力张量是对称张量,因此张量 D_{ijkl} 前两个下标具有对称性. 同理,由于应变张量也是对称张量, D_{ijkl} 的后两个下标也具有对称性,即有

$$D_{ijkl}=D_{jikl},\ D_{ijkl}=D_{ijlk} \tag{1.1.48}$$

当变形是绝热或等温过程时,还有

$$D_{ijkl}=D_{klij} \tag{1.1.49}$$

物理方程也可表示为

$$\sigma_{ij}=2G\,\varepsilon_{ij}+\bar{\lambda}\,\delta_{ij}\,\varepsilon_{kk} \tag{1.1.50}$$

物理方程的另一种形式为

$$\boldsymbol{\varepsilon}=\boldsymbol{C}\boldsymbol{\sigma} \tag{1.1.51}$$

或表为

$$\varepsilon_{ij}=C_{ijkl}\sigma_{kl} \tag{1.1.52}$$

4. 边界条件

由式(1.1.3)～(1.1.5)，在给定力的边界 S_p 上，其边界条件可表示为

$$\boldsymbol{P}=\boldsymbol{n}^{(\nabla)}\boldsymbol{\sigma}=\bar{\boldsymbol{P}} \qquad \text{在} S_p \text{上} \tag{1.1.53}$$

其中

$$\boldsymbol{n}^{(\nabla)}=\begin{bmatrix} n_x & 0 & 0 & n_y & 0 & n_z \\ 0 & n_y & 0 & n_x & n_z & 0 \\ 0 & 0 & n_z & 0 & n_y & n_x \end{bmatrix} \tag{1.1.54}$$

或表为张量形式

$$\sigma_{ij}n_j=\bar{P}_i \qquad \text{在} S_p \text{上} \tag{1.1.55}$$

它的展开形式为

$$\left.\begin{aligned} \sigma_{11}n_1+\sigma_{12}n_2+\sigma_{13}n_3=\bar{P}_1 \\ \sigma_{21}n_1+\sigma_{22}n_2+\sigma_{23}n_3=\bar{P}_2 \\ \sigma_{31}n_1+\sigma_{32}n_2+\sigma_{33}n_3=\bar{P}_3 \end{aligned}\right\}\text{在} S_p \text{上} \tag{1.1.56}$$

在位移边界 S_u 上的几何边界条件可表为

$$\boldsymbol{u}=\bar{\boldsymbol{u}} \qquad \text{在} S_u \text{上} \tag{1.1.57}$$

或表为

$$u_i=\bar{u}_i \qquad \text{在} S_u \text{上} \tag{1.1.57}$$

5. 应变能与余能

单位体积的应变能密度可表为

$$U(\boldsymbol{\varepsilon})=\frac{1}{2}\boldsymbol{\varepsilon}^T\boldsymbol{D}\boldsymbol{\varepsilon} \tag{1.1.58}$$

用张量形式表示

$$U(\varepsilon_{mn})=\frac{1}{2}D_{ijkl}\varepsilon_{ij}\varepsilon_{kl} \tag{1.1.59}$$

应变能是个正定函数.

单位体积的余能为

$$V(\boldsymbol{\sigma})=\frac{1}{2}\boldsymbol{\sigma}^T\boldsymbol{C}\boldsymbol{\sigma} \tag{1.1.60}$$

其张量表达式为

$$V(\sigma_{mn}) = \frac{1}{2}C_{ijkl}\sigma_{ij}\sigma_{kl} \tag{1.1.61}$$

余能也是正定函数. 线弹性力学中弹性体的应变能在数值上等于余能.

至此可以给出弹性力学基本方程

$$\left.\begin{array}{lll} \text{平衡方程} & \boldsymbol{A}^{(\nabla)}\boldsymbol{\sigma} + \boldsymbol{b} = 0 & \text{在}\,\Omega\,\text{内} \\ \text{几何方程} & \boldsymbol{\varepsilon} = \boldsymbol{L}^{(\nabla)}\boldsymbol{u} & \text{在}\,\Omega\,\text{内} \\ \text{物理方程} & \boldsymbol{\sigma} = \boldsymbol{D}\boldsymbol{\varepsilon} & \text{在}\,\Omega\,\text{内} \\ \text{边界条件} & \boldsymbol{n}^{(\nabla)}\boldsymbol{\sigma} = \bar{\boldsymbol{P}} & \text{在}\,S_p\,\text{上} \\ & \boldsymbol{u} = \bar{\boldsymbol{u}} & \text{在}\,S_u\,\text{上} \end{array}\right\} \tag{1.1.62}$$

并有 $S=S_p+S_u$，为弹性体全部边界.

上述方程的张量形式表述为

$$\left.\begin{array}{lll} \text{平衡方程} & \sigma_{ij,j} + b_i = 0 & \text{在}\,\Omega\,\text{内} \\ \text{几何方程} & \varepsilon_{ij} = \frac{1}{2}(u_{i,j} + u_{j,i}) & \text{在}\,\Omega\,\text{内} \\ \text{物理方程} & \sigma_{ij} = D_{ijkl}\varepsilon_{kl} & \text{在}\,\Omega\,\text{上} \\ \text{边界条件} & \sigma_{ij}n_j = \bar{P}_i & \text{在}\,S_p\,\text{上} \\ & u_i = \bar{u}_i & \text{在}\,S_u\,\text{上} \end{array}\right\} \tag{1.1.63}$$

§1.2 最小势能原理和最小余能原理

1.2.1 最小势能原理

在弹性力学中，可由虚位移原理为基础建立最小势能原理，而由虚应力原理导出最小余能原理. 这两个变分原理是力学分析中一系列变分原理的基础，也是本文进行参变量变分原理研究的基础. 故在此作一简单介绍.

最小势能原理：在一切有足够光滑性，并满足：1. 小变形几何方程式(1.1.38)；2. 边界位移已知条件(1.1.57)的一切 u_i 和 ε_{ij} 中，使泛函

$$\Pi_p = \int_\Omega [U(\varepsilon) - b_i u_i] d\Omega - \int_{S_p} \bar{P}_i u_i dS \tag{1.2.1}$$

取极小值的解，必满足平衡方程(1.1.33)与已知外力边界条件(1.1.55).

由变分极值条件 $\delta\Pi_p=0$，得

$$\delta\Pi_p = \int_\Omega \left[\frac{\partial U}{\partial \varepsilon_{ij}}\delta\varepsilon_{ij} - b_i\delta u_i\right] d\Omega - \int_{S_p} \bar{P}_i \delta u_i dS = 0 \tag{1.2.2}$$

注意到$\frac{\partial U}{\partial \varepsilon_{ij}}$关于下标 i,j 是对称的，故有

$$\int_\Omega \frac{\partial U}{\partial \varepsilon_{ij}}\delta\varepsilon_{ij} d\Omega = \int_\Omega \frac{\partial U}{\partial \varepsilon_{ij}}\delta u_{i,j} d\Omega \tag{1.2.3}$$

利用 Green 公式，上式进一步化为

$$\begin{aligned}\int_\Omega \frac{\partial U}{\partial \varepsilon_{ij}}\delta\varepsilon_{ij} d\Omega &= \int_\Omega \left(\frac{\partial U}{\partial \varepsilon_{ij}}\delta u_{i,j}\right) d\Omega = -\int_\Omega \left(\frac{\partial U}{\partial \varepsilon_{ij}}\right)_{,j}\delta u_i d\Omega \\ &\quad + \int_{S_p+S_u} \frac{\partial U}{\partial \varepsilon_{ij}} n_j \delta u_i dS\end{aligned} \tag{1.2.4}$$

由于在指定位移边界上有

$$\delta u_i = 0 \qquad 在\ S_u\ 上 \tag{1.2.5}$$

故式(1.2.4)化为

$$\int_\Omega \frac{\partial U}{\partial \varepsilon_{ij}}\delta\varepsilon_{ij} d\Omega = \int_{S_p} \frac{\partial U}{\partial \varepsilon_{ij}} n_j \delta u_i dS - \int_\Omega \left(\frac{\partial U}{\partial \varepsilon_{ij}}\right)_{,j}\delta u_i d\Omega \tag{1.2.6}$$

由式(1.2.6)，(1.2.2)得

$$\begin{aligned}\delta\Pi_p &= -\int_\Omega \left[\left(\frac{\partial U}{\partial \varepsilon_{ij}}\right)_{,j} + b_i\right]\delta u_i d\Omega + \int_{S_p}\left(\frac{\partial U}{\partial \varepsilon_{ij}} n_j - \bar{P}_i\right)\delta u_i dS \\ &= 0\end{aligned} \tag{1.2.7}$$

由于 δu_i 在域 Ω 和边界 S_p 上具有任意性，所以可获得

$$\left(\frac{\partial U}{\partial \varepsilon_{ij}}\right)_{,j} + b_i = 0 \qquad 在\ \Omega\ 上 \tag{1.2.8}$$

$$\left(\frac{\partial U}{\partial \varepsilon_{ij}}\right) n_j - \bar{P}_i = 0 \qquad 在\ S_p\ 上 \tag{1.2.9}$$

又将应力应变关系式(1.1.47)代入式(1.2.8),(1.2.9)即得

$$\sigma_{ij,j}+b_i=0 \qquad 在 \Omega 上 \tag{1.2.10}$$

$$\sigma_{ij}n_j-\bar{P}_i=0 \qquad 在 S_p 上 \tag{1.2.11}$$

这正是平衡方程和力的边界条件.上述推导表明使泛函 Π_p 为极值的 u_i 必满足平衡方程和力的边界条件.

又设 u_i,ε_{ij}满足应变位移关系式与边界位移已知条件,且使泛函 Π_p 取极值.假设 u_i^*,ε_{ij}^* 也服从应变位移关系式与边界位移已知条件,且有

$$u_i^*=u_i+\delta u_i,\ \varepsilon_{ij}^*=\varepsilon_{ij}+\delta\varepsilon_{ij}^* \tag{1.2.12}$$

显然

$$\delta\varepsilon_{ij}=\frac{1}{2}(\delta u_{i,j}+\delta u_{j,i}) \qquad 在 \Omega 上 \tag{1.2.13}$$

$$\delta u_i=0 \qquad 在 S_u 上 \tag{1.2.14}$$

将式(1.2.12)代入式(1.2.2)有

$$\begin{aligned}\Pi_p^* &= \int_\Omega [U(\boldsymbol{\varepsilon}^*)-b_iu_i^*]d\Omega-\int s_p\bar{P}_iu_i^*dS \\ &= \int_\Omega [U(\boldsymbol{\varepsilon}+\delta\boldsymbol{\varepsilon})-b_i(u_i+\delta u_i)]d\Omega-\int_{S_p}\bar{P}_i(u_i+\delta u_i)dS\end{aligned} \tag{1.2.15}$$

进一步将 $U(\boldsymbol{\varepsilon}+\delta\boldsymbol{\varepsilon})$进行展开

$$U(\boldsymbol{\varepsilon}+\delta\boldsymbol{\varepsilon})=U(\boldsymbol{\varepsilon})+\frac{\partial u}{\partial\varepsilon_{ij}}\delta\varepsilon_{ij}+\frac{1}{2}\frac{\partial U^2}{\partial\varepsilon_{ij}\varepsilon_{kl}}\delta\varepsilon_{ij}\delta\varepsilon_{kl}+\cdots$$

对于线弹性材料,由式(1.1.58)知 $U(\boldsymbol{\varepsilon})$为二次式,故得

$$U(\boldsymbol{\varepsilon}+\delta\boldsymbol{\varepsilon})=U(\boldsymbol{\varepsilon})+\frac{\partial U}{\partial\varepsilon_{ij}}\delta\varepsilon_{ij}+U(\delta\boldsymbol{\varepsilon}) \tag{1.2.16}$$

如此式(1.2.15)不难化为

$$\Pi_p^*=\Pi_p+\delta\Pi_p+\delta^2\Pi_p+O(\delta^3) \tag{1.2.17}$$

其中

$$\delta\Pi_p=\int_\Omega\left[\frac{\partial U}{\partial\varepsilon_{ij}}\delta\varepsilon_{ij}-b_i\delta u_i\right]d\Omega-\int_{S_p}\bar{P}_i\delta u_idS \tag{1.2.18}$$

$$\delta^2 \Pi_p = \frac{1}{2}\int_\Omega \frac{\partial^2 U}{\partial \varepsilon_{ij}\partial \varepsilon_{kl}} \delta\varepsilon_{ij}\delta\varepsilon_{kl} d\Omega \tag{1.2.19}$$

由于式(1.1.58)为正定函数，故知 $\delta^2 \Pi_p \geqslant 0$. 极值为极小值. 至此可得：使 Π_p 为极小值的必要与充分条件为

$$\delta \Pi_p = 0, \ \delta^2 \Pi_p \geqslant 0 \tag{1.2.20}$$

1.2.2 最小余能原理

最小余能原理：在一切有足够光滑性，并满足力的平衡方程和边界外力已知条件的 σ_{ij} 中，使泛函

$$\Pi_c = \int_\Omega V(\sigma) d\Omega - \int_{S_u} \bar{u}_i \sigma_{ij} n_j dS \tag{1.2.21}$$

为极小的 σ_{ij}，必和 u_i 一起满足应变位移关系和边界位移已知条件.

由 $\delta \Pi_c = 0$ 可得

$$\delta \Pi_c = \int_\Omega \frac{\partial V}{\partial \sigma_{ij}} \delta\sigma_{ij} d\Omega - \int_{S_u} \bar{u}_i \delta(\sigma_{ij} n_j) dS = 0 \tag{1.2.22}$$

由力的平衡方程(1.1.36)不难推得

$$\delta \sigma_{ij,j} = 0 \tag{1.2.23}$$

即有

$$\int_\Omega u_i \delta\sigma_{ij,j} d\Omega = 0 \tag{1.2.24}$$

利用Green 公式和

$$\delta(\sigma_{ij} n_j) = 0 \qquad \text{在 } S_p \text{ 上} \tag{1.2.25}$$

可得

$$\begin{aligned}\int_\Omega u_i \delta\sigma_{ij,j} d\Omega &= \int_{S_u} \bar{u}_i \delta\sigma_{ij} n_j dS - \int_\Omega u_{i,j} \delta\sigma_{ij} d\Omega \\ &= \int_{S_u} \bar{u}_i \delta\sigma_{ij} n_j dS - \int_\Omega \frac{1}{2}(u_{i,j} + u_{j,i}) \delta\sigma_{ij} d\Omega \\ &= 0\end{aligned} \tag{1.2.26}$$

将式(1.2.26)代入式(1.2.22)，得

$$\delta \Pi_c = \int_\Omega \left[\frac{\partial V}{\partial \sigma_{ij}} - \frac{1}{2}(u_{i,j} + u_{j,i})\right]\delta\sigma_{ij} d\Omega$$

$$+ \int_{S_u} (u_i - \bar{u}_i)\delta(\sigma_{ij} n_j) dS = 0 \qquad (1.2.27)$$

由于 $\delta\sigma_{ij}$在 Ω 内，$\delta(\sigma_{ij}n_j)$在 S_u 上都是独立变分的，故得

$$\frac{\partial V}{\partial \sigma_{ij}} = \frac{1}{2}(u_{i,j} + u_{j,i}) \qquad \text{在 } \Omega \text{ 内} \qquad (1.2.28)$$

$$u_i = \bar{u}_i \qquad \text{在 } S_u \text{ 上} \qquad (1.2.29)$$

由式(1.1.61)与应力应变关系，式(1.2.28)可化为

$$\varepsilon_{ij} = \frac{1}{2}(u_{i,j} + u_{j,i}) \qquad (1.2.30)$$

这就证明了由式(1.2.21)的极值条件可推得应变位移方程和位移边界条件.

又设 σ_{ij}服从平衡方程和边界外力已知条件，设 σ_{ij}^* 也服从这种约束条件，则有

$$\sigma_{ij,j} + b_i = 0 \qquad \text{在 } \Omega \text{ 内} \qquad (1.2.31)$$

$$\sigma_{ij} n_j = \bar{p}_i \qquad \text{在 } S_p \text{ 上} \qquad (1.2.32)$$

和

$$\sigma_{ij,j}^* + b_i = 0 \qquad \text{在 } \Omega \text{ 内} \qquad (1.2.33)$$

$$\sigma_{ij}^* n_j = \bar{p}_i \qquad \text{在 } S_p \text{ 上} \qquad (1.2.34)$$

设

$$\sigma_{ij}^* = \sigma_{ij} + \delta\sigma_{ij} \qquad (1.2.35)$$

则得

$$\delta\sigma_{ij,j} = 0 \qquad \text{在 } \Omega \text{ 内} \qquad (1.2.36)$$

$$\delta\sigma_{ij} n_j = 0 \qquad \text{在 } S_p \text{ 上} \qquad (1.2.37)$$

于是，有

$$\Pi_c(\sigma^*) = \int_\Omega V(\sigma^*) d\Omega - \int_{S_u} \bar{u}_i \sigma_{ij}^* n_j dS \qquad (1.2.38)$$

进一步，由

$$V(\sigma^{*})=V(\sigma+\delta\sigma)=V(\sigma)+\frac{\partial V}{\partial\sigma_{ij}}\delta\sigma_{ij}+\frac{1}{2}\frac{\partial V}{\partial\sigma_{ij}\sigma_{kl}}\delta\sigma_{ij}\delta\sigma_{kl}$$
$$+O(\delta\sigma^{3}) \tag{1.2.39}$$

于是式(1.2.38)可以表示成

$$\Pi_{c}(\sigma^{*})=\Pi_{c}(\sigma)+\delta\Pi_{c}+\delta^{2}\Pi_{c}+\cdots \tag{1.2.40}$$

其中

$$\delta\Pi_{c}=\int_{\Omega}\frac{\partial V}{\partial\sigma_{ij}}\delta\sigma_{ij}d\Omega-\int_{S_{u}}\bar{u}_{i}\delta(\sigma_{ij}n_{j})dS \tag{1.2.41}$$

$$\delta^{2}\Pi_{c}=\frac{1}{2}\int_{\Omega}\frac{\partial^{2}V}{\partial\sigma_{ij}\partial\sigma_{kl}}\delta\sigma_{ij}\delta\sigma_{kl}d\Omega \tag{1.2.42}$$

故 σ_{ij} 使 $\Pi_{c}(\sigma)$ 为极小值的充要条件是

$$\delta\Pi_{c}=0,\ \delta^{2}\Pi_{c}\geqslant 0 \tag{1.2.43}$$

由于式(1.1.61)为正定函数,故有

$$\delta^{2}\Pi_{c}\geqslant 0$$

成立.

§1.3　有限元法基本列式

由于本书介绍的参变量变分原理的数值求解是基于有限元法进行的,故首先介绍一下有限元方法的基本列式,这里仅以协调模型为例.

把求解域 Ω 分割为 N_{e} 个有限单元,并设相邻的有限元之间的交界面上位移是连续的,这种有限元称之为位移协调元. 即要求单元位移函数满足如下条件:

1. 每一个单元中是连续和单值的.

2. 在单元交界面上是协调的,即有

$$u_{i}^{(m)}=u_{i}^{(m')}\qquad \text{在 } S_{mm'} \text{ 上} \tag{1.3.1}$$

这里:$S_{mm'}$ 为相邻两个有限元 m 和 m' 之间交界面.

3. 满足位移边界条件.

于是，可以给出这一问题对应的最小势能原理泛函表达式

$$\Pi_{p_1}=\sum_{m=1}^{N_e}\left[\int_{\Omega_m}(U^m(\varepsilon)-b_i u_i^m)d\Omega-\int_{S_p^m}\bar{p}_i u_i^m dS\right] \tag{1.3.2}$$

对式(1.3.2)进行变分，得

$$\delta\Pi_{P_1}=\sum_{m=1}^{N_e}\left[\int_{\Omega_m}\left(\frac{\partial U^m}{\partial\varepsilon_{ij}^m}\delta\varepsilon_{ij}^m-b_i\delta u_i^m\right)d\Omega-\int_{S_p^m}\bar{p}_i\delta u_i^m dS\right] \tag{1.3.3}$$

又有

$$\int_{\Omega_m}\left(\frac{\partial U^m}{\partial\varepsilon_{ij}^m}\delta\varepsilon_{ij}^m\right)d\Omega=\int_{\Omega_m}\frac{\partial U^m}{\partial\varepsilon_{ij}^m}\delta u_{i,j}^m d\Omega \tag{1.3.4}$$

利用 Green 公式，上式化为

$$\int_{\Omega_m}\frac{\partial U^m}{\partial\varepsilon_{ij}^m}\delta\varepsilon_{ij}^m d\Omega=\int_{\Omega_m}\left(\frac{\partial U^m}{\partial\varepsilon_{ij}^m}\delta u_i^m\right)_{,j}d\Omega-\int_{\Omega_m}\left(\frac{\partial U^m}{\partial\varepsilon_{ij}^m}\right)_{,j}$$

$$\delta u_i^m d\Omega=\int_{S_m}\frac{\partial U^m}{\partial\varepsilon_{ij}^m}n_j^m\delta u_i^m dS-\int_{\Omega_m}\left(\frac{\partial U^m}{\partial\varepsilon_{ij}^m}\right)_{,j}\delta u_i^m d\Omega \tag{1.3.5}$$

其中

$$S_m=S_p^m+S_u^m+S_{mm'} \tag{1.3.6}$$

利用在 $S_{mm'}$ 交界面上(mm' 连在一起标记 m 与 m' 元的交界面上的量)有

$$u_i^m=u_i^{m'}=u_i^{mm'} \tag{1.3.7}$$

或

$$\delta u_i^m=\delta u_i^{m'}=\delta u_i^{mm'} \tag{1.3.8}$$

式 (1.3.3)化为

$$\begin{aligned}\delta\Pi_{p_1}=\sum_{m=1}^{N_e}\Bigg[&\int_{\Omega_m}\left[-\left(\frac{\partial U^m}{\partial\varepsilon_{ij}^m}\right)_{,j}-b_i\right]\delta u_i^m d\Omega\\&+\int_{S_p^m}\left[\frac{\partial U^m}{\partial\varepsilon_{ij}^m}n_j^m-\bar{p}_i\right]\delta u_i^m dS\Bigg]\\&+\sum_{mm'}\int_{S_{mm'}}\left[\frac{\partial U^m}{\partial\varepsilon_{ij}^m}n_j^m+\frac{\partial U^{m'}}{\partial\varepsilon_{ij}^{m'}}n_j^{m'}\right]\delta u^{mm'}dS\end{aligned} \tag{1.3.9}$$

由于δu_i^m在Ω_m中，δu_i^m在S_p^m上，$\delta u_i^{mm'}$在交界面$S_{mm'}$上均是任意变量，所以由(1.3.9)式变分等于零可获得

1. 平衡方程

$$\left(\frac{\partial U^m}{\partial \varepsilon_{ij}^m}\right)_{,j} + b_i = 0 \tag{1.3.10}$$

2. 外力边界条件

$$\frac{\partial U^m}{\partial \varepsilon_{ij}^m} n_j^m - \bar{p}_i = 0 \tag{1.3.11}$$

3. 相邻交界面条件

$$\frac{\partial U^m}{\partial \varepsilon_{ij}^m} n_j^m + \frac{\partial U^{m'}}{\partial \varepsilon_{ij}^{m'}} n_j^{m'} = 0 \tag{1.3.12}$$

式(1.3.10)～(1.3.12)说明，由Π_{p1}的极值条件给出了弹性体有限元平衡方程与外力边界条件. 式(1.3.12)表明有限元交界面上应力矢量是连续的.

下面进一步给出位移协调元的有限元方程.

设单元Ω_m中的位移矢量为$\boldsymbol{u}^m$，单元共有k个节点，节点位移矢量为

$$\hat{\boldsymbol{u}}^m = [\hat{u}_{11}^m, \hat{u}_{12}^m, \hat{u}_{13}^m, \cdots, \hat{u}_{k1}^m, \hat{u}_{k2}^m, \hat{u}_{k3}^m]^T \tag{1.3.13a}$$

而$\boldsymbol{u}^m$为

$$\boldsymbol{u}^m = [u_1^m,\ u_2^m,\ u_3^m]^T \tag{1.3.13b}$$

则有

$$\boldsymbol{u}^m = \boldsymbol{N}^m \hat{\boldsymbol{u}}^m \tag{1.3.14}$$

其中，$\boldsymbol{N}$为位移插值函数矩阵，其展开形式可表为

$$\boldsymbol{N}^m = \begin{bmatrix} N_1^m & 0 & 0 & N_2^m & 0 & 0 & \cdots & N_k^m & 0 & 0 \\ 0 & N_1^m & 0 & 0 & N_2^m & 0 & \cdots & 0 & N_k^m & 0 \\ 0 & 0 & N_1^m & 0 & 0 & N_2^m & \cdots & 0 & 0 & N_k^m \end{bmatrix} \tag{1.3.15}$$

式(1.3.14)也可写成张量表达式

$$u_i^m = N_k^m \hat{u}_{ki}^m \tag{1.3.16}$$

由式(1.1.38)可得

$$\boldsymbol{\varepsilon}^m = \boldsymbol{L}^{(\nabla)} \boldsymbol{u}^m = \boldsymbol{L}^{(\nabla)} \boldsymbol{N}^m \hat{\boldsymbol{u}}^m \tag{1.3.17}$$

又由式(1.1.43)有

$$\boldsymbol{\sigma}^m = \boldsymbol{D}\boldsymbol{\varepsilon}^m = \boldsymbol{D}\,\boldsymbol{L}^{(\nabla)}\boldsymbol{N}^m\hat{\boldsymbol{u}}^m \tag{1.3.18}$$

代入式(1.3.2)可获得

$$\Pi_{p_1} = \sum_{m=1}^{N_e}\Big[\frac{1}{2}\hat{\boldsymbol{u}}^{m^T}\int_{\Omega_m}(\boldsymbol{L}^{(\nabla)}\boldsymbol{N}^m)^T\boldsymbol{D}(\boldsymbol{L}^{(\nabla)}\boldsymbol{N}^m)d\Omega\hat{\boldsymbol{u}}^m - \int_{\Omega_m}\boldsymbol{b}^T\boldsymbol{N}^m d\Omega\hat{\boldsymbol{u}}^m - \int_{S_p^m}\bar{\boldsymbol{p}}^T\boldsymbol{N}^m dS\hat{\boldsymbol{u}}^m\Big] \tag{1.3.19}$$

令

$$\boldsymbol{B}^m = \boldsymbol{L}^{(\nabla)}\boldsymbol{N}^m \tag{1.3.20}$$

$$\boldsymbol{k}^m = \int_{\Omega_m}\boldsymbol{B}^{m^T}\boldsymbol{D}\boldsymbol{B}^m d\Omega \tag{1.3.21}$$

$$\boldsymbol{F}^{mT} = \int_{\Omega_m}\boldsymbol{b}^T\boldsymbol{N}^m d\Omega + \int_{S_p^m}\bar{\boldsymbol{p}}^T\boldsymbol{N}^m dS \tag{1.3.22}$$

则有

$$\Pi_{p_1} = \sum_{m=1}^{N_e}\Big[\frac{1}{2}\,\hat{\boldsymbol{u}}^{m^T}\boldsymbol{K}^m\hat{\boldsymbol{u}}^m - \boldsymbol{F}^{m^T}\hat{\boldsymbol{u}}^m\Big] \tag{1.3.23}$$

势能 Π_{p_1} 关于 $\hat{\boldsymbol{u}}^m$ 取极值条件

$$\partial\Pi_{p_1}/\partial\hat{\boldsymbol{u}}^m = \boldsymbol{0} \tag{1.3.24}$$

得

$$\sum_{m=1}^{N_e}[\boldsymbol{K}^m\hat{\boldsymbol{u}}^m] = \sum_{m=1}^{N_e}\boldsymbol{F}^m \tag{1.3.25a}$$

不难发现，这里 $\boldsymbol{K}^m$ 就是单元 m 的刚度矩阵，$\boldsymbol{F}^m$ 就是单元 m 的节点力矢量.

式(1.3.25a)进一步可写为结构总刚度阵表达式形式

$$\boldsymbol{K}\hat{\boldsymbol{u}} = \boldsymbol{F} \tag{1.3.25b}$$

其中 $\hat{\boldsymbol{u}}$ 为整体位移矢量；而

$$\boldsymbol{K} = \sum_{m=1}^{N_e}\boldsymbol{K}^m \tag{1.3.26}$$

$$F = \sum_{m=1}^{N_e} F^m \tag{1.3.27}$$

由于变分法与有限元分析法的内容极其丰富，而本书的侧重点不在于此，故只介绍这部分最简单的知识，以便为后文的论述打下基础. 如果读者想更深入了解有限元及变分法的内容，可见有关专著.

§1.4 二次规划基本算法

1.4.1 标准二次规划问题

标准二次规划问题的定义为

$$\min_{x} f(x) = \frac{1}{2}x^T A x + b^T x \tag{1.4.1}$$

$$\text{s.t.}\ CX \leqslant d \tag{1.4.2}$$

$$x \geqslant 0 \tag{1.4.3}$$

其中

$$x = [x_1, x_2, x_3, \cdots, x_n]^T$$

$$A = \begin{bmatrix} a_{11} & a_{12} & \cdots & a_{1n} \\ a_{21} & a_{22} & \cdots & a_{2n} \\ \cdots & & & \\ a_{n1} & a_{n2} & \cdots & a_{nn} \end{bmatrix}$$

$$b = [b_1, b_2, b_3, \cdots b_n]^T$$

$$C = \begin{bmatrix} C_{11} & C_{12} & \cdots & C_{1n} \\ C_{21} & C_{22} & \cdots & C_{2n} \\ \cdots & & & \\ C_{m1} & C_{m2} & \cdots & C_{mn} \end{bmatrix}$$

$$d = [d_1, d_2, d_3, \cdots, d_m]$$

这里 $\boldsymbol{x}$ 是设计变量,$\boldsymbol{A}$ 是给定矩阵,$\boldsymbol{b}$,$\boldsymbol{d}$ 为给定向量,$\boldsymbol{C}$ 为 $m\times n$ 的矩阵. 一般称(1.4.1)为目标函数,式(1.4.2)与(1.4.3)为约束条件,也称式(1.4.3)为非负条件.

标准二次规划问题约束是线性的,可行域为凸域. 如果矩阵 $\boldsymbol{A}$ 是半正定的,那么目标函数也是凸的,整个问题成为一个凸规划问题. 凸规划问题有唯一的最优解,且局部最优解也就是全局最优解,Kuhn-Tucker 条件是最优化问题的充分必要条件. 令

$$\boldsymbol{\theta}=[\theta_1,\theta_2,\theta_3,\cdots\ \theta_m]^T$$

$$\boldsymbol{\mu}=[\mu_1,\mu_2,\mu_3,\cdots\ \mu_n]^T$$

为 Lagrange 乘子,对问题(1.4.1)~(1.4.3)构造 Lagrange 函数

$$L=\frac{1}{2}\boldsymbol{x}^T\boldsymbol{A}\boldsymbol{x}+\boldsymbol{b}^T\boldsymbol{x}+\boldsymbol{\theta}^T(\boldsymbol{C}\boldsymbol{x}-\boldsymbol{d})-\boldsymbol{\mu}^T\boldsymbol{x} \tag{1.4.4}$$

由 Kuhn-Tucker 条件,应当有

$$\boldsymbol{\theta}\geqslant\boldsymbol{0},\ \boldsymbol{\mu}\geqslant\boldsymbol{0} \tag{1.4.5}$$

而 $\boldsymbol{x}$ 是问题(1.4.1)~(1.4.3)的最优解的充要条件为

$$\boldsymbol{A}\boldsymbol{x}+\boldsymbol{b}+\boldsymbol{C}^T\boldsymbol{\theta}-\boldsymbol{\mu}=\boldsymbol{0} \tag{1.4.6}$$

$$\boldsymbol{C}\boldsymbol{x}-\boldsymbol{d}\leqslant\boldsymbol{0} \tag{1.4.7}$$

$$\boldsymbol{\theta}^T(\boldsymbol{C}\boldsymbol{x}-\boldsymbol{d})=\boldsymbol{0},\ \boldsymbol{\mu}^T\boldsymbol{x}=\boldsymbol{0} \tag{1.4.8}$$

$$\boldsymbol{x}\geqslant\boldsymbol{0},\ \boldsymbol{\mu}\geqslant\boldsymbol{0},\ \boldsymbol{\theta}\geqslant\boldsymbol{0} \tag{1.4.9}$$

引入约束松弛变量 $\boldsymbol{\nu}$,其形式为

$$\boldsymbol{\nu}=[\nu_1,\nu_2,\nu_3,\cdots,\nu_m]^T\geqslant 0$$

可将式(1.4.7)进一步改写,获得原问题最优解的充要条件

$$\boldsymbol{A}\boldsymbol{x}+\boldsymbol{C}^T\boldsymbol{\theta}-\boldsymbol{\mu}=-\boldsymbol{b} \tag{1.4.10}$$

$$\boldsymbol{C}\boldsymbol{x}+\boldsymbol{\nu}=\boldsymbol{d} \tag{1.4.11}$$

$$\boldsymbol{\theta}^T\boldsymbol{\nu}=\boldsymbol{0},\ \boldsymbol{\mu}^T\boldsymbol{x}=\boldsymbol{0} \tag{1.4.12}$$

$$\boldsymbol{\theta}\geqslant\boldsymbol{0},\ \boldsymbol{\nu}\geqslant\boldsymbol{0},\ \boldsymbol{\mu}\geqslant\boldsymbol{0},\ \boldsymbol{x}\geqslant\boldsymbol{0} \tag{1.4.13}$$

至此求解二次规划问题式(1.4.1)~(1.4.3)化为求解问题(1.4.10)~(1.4.13)了. 式(1.4.12)是一个非线性问题. 上述问题

是一个线性互补问题. 有一些较为成熟的算法，如 Wolf 和 Lemke 算法. 许多研究表明，在许多线性互补算法中，Lemke 算法计算效率较高，收敛性也较好.

如果矩阵 $\boldsymbol{A}$ 不是对称阵，利用

$$[\boldsymbol{x}^T\boldsymbol{A}\boldsymbol{x}]^T = \boldsymbol{x}^T\boldsymbol{A}^T\boldsymbol{x} \tag{1.4.14}$$

可将目标函数转化为

$$f(\boldsymbol{x}) = \frac{1}{2}\boldsymbol{x}^T\boldsymbol{A}\boldsymbol{x} + \boldsymbol{b}^T\boldsymbol{x} = \frac{1}{2}\boldsymbol{x}^T\boldsymbol{Q}\boldsymbol{x} + \boldsymbol{b}^T\boldsymbol{x} \tag{1.4.15}$$

其中

$$\boldsymbol{Q} = \frac{1}{2}[\boldsymbol{A} + \boldsymbol{A}^T] \tag{1.4.16}$$

为对称矩阵，则问题可同样利用标准算法进行求解.

1.4.2 线性互补问题 Lemke 算法

线性互补问题定义为：

求

$$\boldsymbol{w} = [w_1, w_2, w_3, \cdots, w_s]$$

$$\boldsymbol{z} = [z_1, z_2, z_3, \cdots, z_s]$$

使其满足

$$\boldsymbol{w} - \boldsymbol{M}\boldsymbol{z} = \boldsymbol{q} \tag{1.4.17}$$

$$w_i z_i = 0 \qquad i = 1, 2, \cdots, s \tag{1.4.18}$$

$$w_i \geqslant 0,\ z_i \geqslant 0 \tag{1.4.19}$$

比较式(1.4.10)～(1.4.13)与式(1.4.17)～(1.4.19)可以发现

$$\left.\begin{aligned} &\boldsymbol{w} = \begin{Bmatrix} \boldsymbol{\nu} \\ \boldsymbol{\mu} \end{Bmatrix},\ \boldsymbol{z} = \begin{Bmatrix} \boldsymbol{\theta} \\ \boldsymbol{x} \end{Bmatrix} \\ &\boldsymbol{M} = \begin{bmatrix} 0 & -\boldsymbol{c} \\ \boldsymbol{c}^T & \boldsymbol{A} \end{bmatrix},\ \boldsymbol{q} = \begin{Bmatrix} \boldsymbol{d} \\ \boldsymbol{b} \end{Bmatrix},\ s = m + n \end{aligned}\right\} \tag{1.4.20}$$

为了进一步讨论线性互补问题的算法，首先定义几个概念.

1. 满足方程组式(1.4.17)与(1.4.19)的解 $\boldsymbol{w}, \boldsymbol{z}$ 称为基本可

行解.

2. 满足互补性条件(1.4.18)的基本可行解称为互补基本可行解.

下面举例说明上述的几个基本概念.

例1.1　求 x_1, x_2.

$$\left.\begin{aligned}&\min.\ f(\boldsymbol{x}) = -6\boldsymbol{x}_1 + 2\boldsymbol{x}_1^2 - 2\boldsymbol{x}_1\boldsymbol{x}_2 + 2\boldsymbol{x}_2^2\\&\text{s.t.}\ x_1 + x_2 \leqslant 2\\&\qquad x_1, x_2 \geqslant 0\end{aligned}\right\}\tag{1.4.21}$$

对比式(1.4.1)～(1.4.3),知 $n=2, m=1$,且

$$\left.\begin{aligned}&\boldsymbol{A} = \begin{bmatrix}4 & -2\\-2 & 4\end{bmatrix}, \boldsymbol{b} = \begin{Bmatrix}-6\\0\end{Bmatrix}, \boldsymbol{C} = [1,1]\\&\boldsymbol{d} = \{2\}, \boldsymbol{x} = [x_1, x_2]^T\end{aligned}\right\}\tag{1.4.22}$$

对比式(1.4.17)～(1.4.19)有

$$\left.\begin{aligned}&\boldsymbol{M} = \begin{bmatrix}0 & -1 & -1\\1 & 4 & -2\\1 & -2 & 4\end{bmatrix}, \boldsymbol{q} = \begin{Bmatrix}2\\-6\\0\end{Bmatrix}\\&\boldsymbol{w} = \begin{Bmatrix}w_1\\w_2\\w_3\end{Bmatrix}, \boldsymbol{z} = \begin{Bmatrix}z_1\\z_2\\z_3\end{Bmatrix} = \begin{Bmatrix}\theta\\x_1\\x_2\end{Bmatrix}\end{aligned}\right\}\tag{1.4.23}$$

将矩阵形式的线性互补问题写成展开形式为

$$\left.\begin{aligned}w_1 \qquad\qquad\qquad + z_2 + z_3 &= 2\\w_2 \qquad - z_1 - 4z_2 + 2z_3 &= -6\\w_3 \quad - z_1 + 2z_2 - 4z_3 &= 0\end{aligned}\right\}\tag{1.4.24}$$

$$w_1 z_1 = w_2 z_2 = w_3 z_3 = 0\tag{1.4.25}$$

$$w_1, w_2, w_3, z_1, z_2, z_3 \geqslant 0\tag{1.4.26}$$

观察一下该方程组,马上可以发现一个解

$$z_1 = z_2 = z_3 = 0,\ w_1 = 2,\ w_2 = -6,\ w_3 = 0$$

它满足互补性条件(1.4.18),但它不满足非负条件式(1.4.19),因而是不可行的.如令

$$z_1 = 6,\ z_2 = 0,\ z_3 = 0,\ w_1 = 2,\ w_2 = 0,\ w_3 = 0$$

可以发现这个解满足非负条件(1.4.19)，是一个基本可行解，但它不满足互补性条件(1.4.18)，因而不是互补基本可行解. 如再设

$$w_1 = w_2 = w_3 = 0,\ z_1 = 1,\ z_2 = \frac{3}{2},\ z_3 = \frac{1}{2}$$

则这个解既满足互补性条件，又满足非负条件，因而是一个互补基本可行解. 它也是原问题的最优解.

由算例 1.1 可以看到，找出式(1.4.17)～(1.4.19)的一个基本可行解并不是一件容易的事情，需要一套可行的算法. 不难发现，当式(1.4.17)中的右端项 $\boldsymbol{q} \geqslant \boldsymbol{0}$ 时，立即可以获得一组互补解

$$\boldsymbol{z} = \boldsymbol{0},\ \boldsymbol{w} = \boldsymbol{q}$$

如果 $\boldsymbol{q}$ 中有小于零的分量，可以引进一个人工变量 z_0，令

$$z_0 = -(\min\{q_i\}) \qquad i = 1,2,3,\cdots,s \tag{1.4.27}$$

建立一个新的线性互补系统

$$\boldsymbol{w} - \boldsymbol{M}\boldsymbol{z} = \boldsymbol{q} + z_0\boldsymbol{i} \tag{1.4.28}$$

$$\boldsymbol{w}^T\boldsymbol{z} = 0 \tag{1.4.29}$$

$$\boldsymbol{w} \geqslant \boldsymbol{0},\ \boldsymbol{z} \geqslant \boldsymbol{0},\ z_0 \geqslant 0 \tag{1.4.30}$$

其中 $\boldsymbol{i}$ 表示所有分量等于 1 的 s 维列向量.

对这样一个系统，马上可以给出一个基本解

$$\boldsymbol{z} = \boldsymbol{0},\ \boldsymbol{w} = \boldsymbol{q} + z_0\boldsymbol{i} \tag{1.4.31}$$

这个解虽然满足非负要求和互补条件，但它不是原问题的可行解，因为解中多了一个大于零的人工变量 z_0. 解式(1.4.31)称为几乎互补基本可行解. 现在的任务是对式(1.4.28)进行“进基”与“离基”等交换基底的运算，直到人工变量 z_0 取零为止，就可得到线性互补问题的一个解.

下面仍以例 1.1 为例来说明这种“进基”与“离基”过程，进而可以给出算法的全过程.

为了计算上的方便，把式(1.4.28)的右端项移至左端，并排列成表格式.

表 1.1

基底	w_1	w_2	w_3	z_1	z_2	z_3	z_0	q
w_1	1	0	0	0	1	1	−1	2
w_2	0	1	0	−1	−4	2	(−1)	⑥
w_3	0	0	1	−1	2	−4	−1	0

表 1.1 中上边框内容是全部变量的排列，左边首列的内容是基底变量，最右列是方程右端项，中部内容是式(1.4.28)的系数阵. 记住：非基底变量对应的值应等于零，基底变量对应的值为最右列中的值. 由于目前右端项中有小于零的数，故表 1.1 给出的是非可行解. 表 1.1 的特点在于构造了一个 z_0 列，z_0 列构造的目的是为了算法基底变换的起始运算用的. Lemke 算法的基本原理是首先让 z_0 进基，而通过各种中间过程"进基"与"离散"运算，最终使 z_0 退出基底或给出一组射线解.

1. z_0 的进基原则

z_0 的进基原则是以右端项中的最小值对应的行为枢轴(pivot)进行消元的.

由表 1.1 可以看到，右端项中负值最大的为−6，则应以−6 对应的行与 z_0 列为轴，即表 1.1 中圆环位置的元素，为枢轴进行高斯消元，得表 1.2.

表 1.2

基底	w_1	w_2	w_3	z_1	z_2	z_3	z_0	q
w_1	1	−1	0	1	5	−1	0	8
z_0	0	−1	0	1	4	−2	1	6
w_3	0	−1	1	0	⑥	−6	0	6

由表 1.2 可以看到，由于 z_0 的进基，造成了 w_2 的离基，下一步显然应使 z_2 进基. z_2 对应的列称为当前列.

2. 当前列的进基原则

当前列的进基原则是用右端项除以当前列对应的大于零的各元素，取其中比值最小的行号，以此为枢轴进基. 以表 1.2 为例，显

然 z_2 列的第三行的比值最小，即应以值为 6 的元素所在位置为轴作进基运算. 得表 1.3.

表 1.3

基底	w_1	w_2	w_3	z_1	z_2	z_3	z_0	q
w_1	1	−1/6	−5/6	1	0	④	0	3
z_0	0	−1/3	−2/3	1	0	2	1	2
z_2	0	−1/6	1/6	0	1	−1	0	1

由于 z_2 的进基造成了 w_3 的离基，故下一步应使 z_3 进基，采取上述办法可得表 1.4.

表 1.4

基底	w_1	w_2	w_3	z_1	z_2	z_3	z_0	q
z_3	1/4	−1/24	−5/24	1/4	0	1	0	3/4
z_0	−1/2	−1/4	−2/3	1/2	0	0	1	1/2
z_2	1/4	−5/24	−1/24	1/4	1	0	0	7/4

由于 z_3 的进基造成了 w_1 的离基，下一步应让 z_1 进基，应以第二行为枢轴进行高斯消元计算，得表 1.5.

由于 z_1 的进基造成了 z_0 的脱基，这样就获得了一个基本互补可行解.

表 1.5

基底	w_1	w_2	w_3	z_1	z_2	z_3	z_0	q
z_3	1/2	1/12	1/8	0	0	1	−1/2	1/2
z_1	−1	−1/2	−4/3	1	0	①	2	1
z_2	1/2	1/8	1/12	0	1	0	−1/2	3/2

$$w_1 = w_2 = w_3 = 0,\ z_1 = 1,\ z_2 = 3/2,\ z_3 = 1/2$$

Lemke 算法的运算至此结束.

通过例题的运算过程，可以了解到 Lemke 算法的大致过程. 下面给出该算法的全过程.

1. 初始步

如果 $\boldsymbol{q}\geqslant 0$,停止并且得到互补基本可行解 $\boldsymbol{w}=\boldsymbol{q}$, $\boldsymbol{z}=\boldsymbol{0}$. 如果 $\boldsymbol{q}\ngeqslant \boldsymbol{0}$, 将式(1.4.17)～(1.4.19)列成表格,找出 q_i 中的最大负值 $q_j=\min[q_i,\ i=1\sim s]$,对 z_0 所在列,以 j 行元素为枢轴进行对整个表格的高斯消元,消元运算使得 z_0 成为基底变量而 w_j 离开基底,从消元后形成的表格可以得到一个基本可行解为 $z_0=-q_j$, $\boldsymbol{z}=\boldsymbol{0}$,且 $\boldsymbol{w}=\boldsymbol{q}+z_0\boldsymbol{i}$,它们都是非负的. 由于 w_j 离开了基底,下一次进基变量应该是 z_j,记进基的变量为 y_j,$y_j=z_j$,转入主循环.

2. 主循环

1) 检查当前要进基的变量 y_j 所在列的各个元素,如果它们全部小于零,则转向 5),否则执行 2). 以下叙述时将 y_j 所在列记成 $\boldsymbol{d}_j$,该列的元素记作 d_{ij}.

2) 用当前右端项所在列(表格中最右一列)的各个元素 q_i 除以 y_j 所在列的相应元素 d_{ij},从中找出使此值最小的行号,记作 r,即有

$$\frac{q_r}{d_{rj}}=\min_{1\leqslant i\leqslant s}\left\{\frac{q_i}{d_{ij}},\quad d_{ij}>0\right\}\tag{1.4.32}$$

以上此值只对 $d_{ij}>0$ 的行进行. 如果发现这样确定的 r 行的基变量为 z_0,转向 4),否则执行 3).

3) 以表中处于第 r 行,y_j 所在列的元素为枢轴对整个表进行高斯消元. 消元运算使得 y_j 成为基底变量,在 r 行的某一基本变量 w_l 或 z_l 离基($l\neq j$). 如果离基变量是 w_l,则令下一次迭代进基的变量 $y_j=z_l$;如果离基变量是 z_l,则令下一次迭代时进基的变量为 $y_j=w_{lj}$转回 1).

4) 进入这一步表示 y_j 应该进基而 z_0 应该离基,完成这一基底交换,即以 y_j 所在列,z_0 行处的元素为枢轴对全表进行高斯消元,得到一个互补基本可行解. 运算结束.

5) 进入这一步表示 y_j 所在列向量 $\boldsymbol{d}_j\leqslant 0$. 问题(1.4.28)～(1.4.30)的解是根射线 $\boldsymbol{R}=\{(\boldsymbol{w},\boldsymbol{z},z_0)+\alpha\boldsymbol{d},\ \alpha\geqslant 0\}$,也就是说,对任意 $\alpha\geqslant 0$, $(\boldsymbol{w},\ \boldsymbol{z},\ z_0)+\alpha\boldsymbol{d}$ 均是(1.4.28)～(1.4.30)的解. 其中

$(\boldsymbol{w},\boldsymbol{z},z_0)$是和最后的表相应的几乎互补可行解，而 $\boldsymbol{d}$ 是一个方向矢量，它在相应于 y_j 位置的元素为 1，在当前基底变量所在位置为 $-d_j$，其余全部为零. 运算结束.

为了说明遇到射线解的情况，下面再举一例.

例 1.2　求 x_1,x_2.

$$\min.\ f(\boldsymbol{x})=-2x_1-4x_2+x_1^2-2x_1x_2+x_2^2$$

$$\text{s.t.}\ -x_1+x_2\leqslant 1$$

$$x_1-2x_2\leqslant 4$$

$$x_1\geqslant 0,x_2\geqslant 0$$

仿例 1.1 可得

$$\boldsymbol{A}=\begin{bmatrix}2 & -2\\ -2 & 2\end{bmatrix},\boldsymbol{b}=\begin{Bmatrix}-2\\ -4\end{Bmatrix},\ \boldsymbol{C}=\begin{bmatrix}-1 & 1\\ 1 & -2\end{bmatrix}$$

$$\boldsymbol{d}=\begin{Bmatrix}1\\ 4\end{Bmatrix},\ \boldsymbol{x}=\begin{Bmatrix}x_1\\ x_2\end{Bmatrix},\ n=2,\ m=2,\ s=4$$

$$\boldsymbol{M}=\begin{bmatrix}0 & 0 & 1 & -1\\ 0 & 0 & -1 & 2\\ -1 & 1 & 2 & -2\\ 1 & -2 & -2 & 2\end{bmatrix},\boldsymbol{q}=\begin{Bmatrix}1\\ 4\\ -2\\ -4\end{Bmatrix}$$

$$\boldsymbol{w}=\begin{Bmatrix}w_1\\ w_2\\ w_3\\ w_4\end{Bmatrix},\boldsymbol{z}=\begin{Bmatrix}z_1\\ z_2\\ z_3\\ z_4\end{Bmatrix}=\begin{Bmatrix}\theta_1\\ \theta_2\\ x_1\\ x_2\end{Bmatrix}$$

按照上述方法列出初始表格为表 1.5′.

表　1.5′

基底	w_1	w_2	w_3	w_4	z_1	z_2	z_3	z_4	z_0	q
w_1	1	0	0	0	0	0	−1	1	−1	1
w_2	0	1	0	0	0	0	1	−2	−1	4
w_3	0	0	1	0	1	−1	−2	2	−1	−2
w_4	0	0	0	1	−1	2	2	−2	(−1)	−4

不难看出，z_0 应当进基而 w_4 应当离基. 以圆圈元素为枢轴消元得表 1.6.

表 1.6

基底	w_1	w_2	w_3	w_4	z_1	z_2	z_3	z_4	z_0	q
w_1	1	0	0	−1	1	−2	−3	3	1	5
w_2	0	1	0	−1	1	−2	−1	0	1	8
w_3	0	0	1	−1	2	−3	−4	④	0	2
z_0	0	0	0	−1	1	−2	−2	2	1	4

由于 w_4 的出基，则应 z_4 进基，利用式(1.4.32)进行判定，故应采取第 3 行元素 4 为枢轴进行消元，这样造成下一步的 w_3 的离基，获得表 1.7.

表 1.7

基底	w_1	w_2	w_3	w_4	z_1	z_2	z_3	z_4	z_0	q
w_1	1	0	−3/4	−1/4	−1/2	1/4	0	0	0	7/2
w_2	0	1	0	−1	1	−2	−1	0	0	8
z_4	0	0	1/4	−1/4	1/2	−3/4	−1	1	0	1/2
z_0	0	0	−1/2	−1/2	0	−1/2	0	0	1	3

在 w_3 出基后，相应地 z_3 应当进基，但观察 z_3 所在列发现所有元素非正，故此时应获射线解，取

$$w_3=w_4=z_1=z_2=0, \qquad z_3\geqslant 0$$

则可获得问题的解的表达式为

$$w_1=7/2,\ w_2=8+z_3,\ z_4=\frac{1}{2}+z_3,\ z_0=3$$

一般形式为(令 $\alpha=z_3$)

$$(w_1, w_2, w_3, w_4, z_1, z_2, z_3, z_4, z_0)^T$$

$$=(7/2, 8, 0, 0, 0, 0, 0, 1/2, 3)^T+\alpha(0, 1, 0, 0, 0, 0, 1, 1, 0)^T$$

$$\alpha \geqslant 0$$

也就是

$$x_1=z_3=\alpha, \quad x_2=z_4=1/2+\alpha$$

可以验算上述结果满足所有的约束条件. 代入目标函数后得

$$f(x_1, x_2)=-2x_1-4x_2+x_1^2-2x_1x_2+x_2^2=-6\alpha-7/4$$

当 $\alpha \to \infty$ 时给出 $f(x_1, x_2) \to -\infty$,为无界的极小值.

图 1.5 给出了例 1.2 对应问题的几何意义表示,显然,可行域

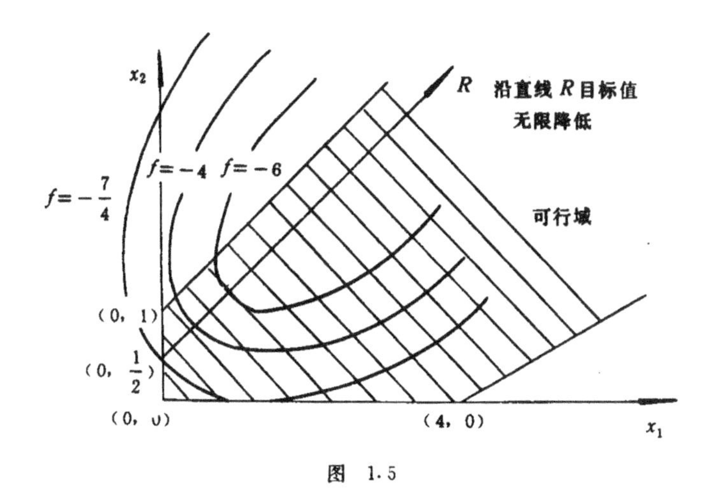

图 1.5

是无界的,目标函数沿直线 $x_2-x_1=1/2$ 在无穷远处取极小.

下面进一步说明 Lemke 算法的程序编制手段.

一个算法从理论转变为实用的程序,往往需要先做理论上的逻辑面貌向实用上的实际面貌转换. 上面已介绍的表格法就是一

种逻辑面貌，还不能直接作为编程用的公式，在表格法中所有变量所对应的列的系数占 $s\times(2s+2)$ 个实数(以标准二次规划问题为例). 但在运算过程中基底中变量始终保持为 s 个，每个基底变量对应的系数向量为：除一个元素等于 1 外其余元素都等于零的单位向量，因此共有 $s\times s$ 个系数没有必要占用存贮地域. 记第 i 对互补变量 (w_i,z_i)，$i=1,2,\cdots,s$，中的基底变量为 b_i，非基底变量为 t_i，(b_i,t_i) 组成一对互补变量. 那么，与 b_i，$i=1,2,\cdots,s$，对应的列是不必占存贮的列，与 t_i，$i=1,2,\cdots,s$，对应的列是需要占存贮的列. 引入人工变量 z_0 之后，增加了一列非基底元素，z_0 进基，b_i 中就有一个(设为 b_r)出基，其位置被 z_0 占用，由互补性条件知 b_r 应出基，t_r 应准备进基，其对应的列成为主元所在列，j 进基之后，对应列的位置又被刚出基的 b_r 列元素占领，这个过程反复下去，直至 z_0 被逐出基底为止.

图 1.6 给出了这个过程和实际存贮地域的分配示意. 图中三

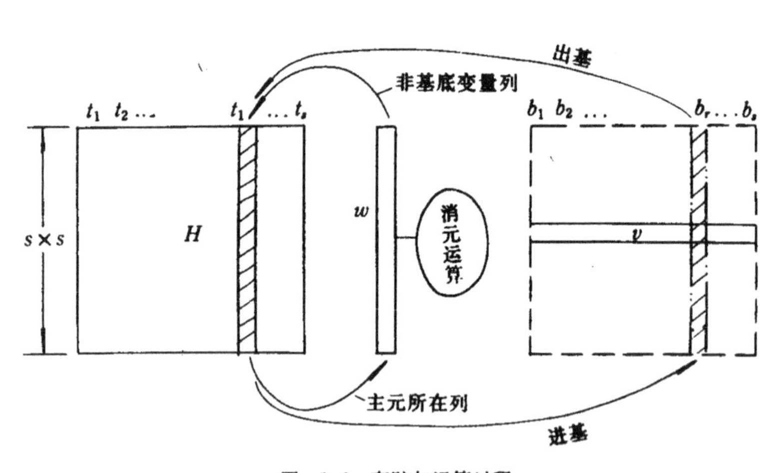

图 1.6 存贮与运算过程

个实线方框为实际存贮所占地域，其中 $\boldsymbol{H}$ 为非基底变量所占地域，共有 s 列，每列有 s 个实型数；$\boldsymbol{w}$ 为工作数组，s 个实型数；$\boldsymbol{v}$ 为 s 个整型数的数组，存放基底变量的逻辑编排序号. 对于某一具体换基过程的工作原理为：在换基之前已知 $\boldsymbol{v}$ 中 b_r 出基，$\boldsymbol{H}$ 中 t_r 进基. 因此经过消元之后，b_r 不再是基底变量，其所在列系数（不再是单位向量）存入 $\boldsymbol{w}$ 工作数组中；将 t_r 的序号存入 $\boldsymbol{v}$ 中原 b_r 的位置，同时把 $\boldsymbol{w}$ 中的元素与 t_r 列系数交换，这就等价于原 b_r 列出基，其系数占 t_r 列的地域，t_r 列进基，系数成为下次消元用的主元列存于 $\boldsymbol{w}$ 中. 这就是一个完整的换基过程. 下面是一个换基过程的更具体的程序描述：

1. 已知出基变量的实际序号（在 $\boldsymbol{v}$ 中的排号）为 $l(1\leqslant l\leqslant s)$，确定进基变量的逻辑序号（原表中的排号）$e(1\leqslant e\leqslant 2s+1)$ 与进基变量在 $\boldsymbol{H}$ 中的实际序号 r.

1）因为互补变量对的实际序号相同，故应有 $r=l$.

2）令 $I=v_r$ 为出基变量的逻辑序号，则

若 $I\leqslant s$，则 $e=s+I$，否则

若 $s<I\leqslant 2s$，则 $e=2s-I$ ，否则

若 $I>2s$ 说明 z_0 应当出基，这时为正常结束运算.

3）令 $v_r=e$，完成进基变量注册，出基变量由 v_r 中消除.

2. 选主元. 此时就定出下一轮出基变量的实际序号 l. 根据

$$\frac{q_l}{h_{lr}}=\min\{\frac{q_i}{h_{ir}},\ h_{ir}>0,\ i=1,2,\cdots,s\}$$

即可确定 l，若上式右端是个空集，即 $h_{ir}\leqslant 0, i=1,2,\cdots,s$，则说明问题只有射线解，退出运算.

3. Gauss 消元

1）以 w_l 为主元，对 $\boldsymbol{H}$ 阵及右端向量 $\boldsymbol{q}$ 消元，过程如下：

$$h_{ij}=h_{ij}-h_{ij}\frac{w_i}{w_l} \tag{1.4.33}$$

$$q_i=q_i-q_l\frac{w_i}{w_l} \tag{1.4.34}$$

$$h_{lj}=h_{rj}/w_l \tag{1.4.35}$$

$$q_l=q_l/w_l \tag{1.4.36}$$

其中 $\quad i=1,2,\cdots,r-1,r+1,\cdots,s$

$j=1,2,\cdots,s$

2) 出基列(h_r 列)元素消元后暂存 $\boldsymbol{w}$ 中,

$$w_i=-w_i/w_l,\ i=1,2,\cdots,r-1,r+1,\cdots,s \tag{1.4.37}$$

$$w_l=1/w_l \tag{1.4.38}$$

3) 将 $\boldsymbol{H}$ 中进基列(t_r 列)与 w 中元素调换.

4. 返回步骤 1.

1.4.3 自由设计变量二次规划问题

设计变量为任意的二次规划问题可提为

求:$\boldsymbol{x}=(x_1,x_2,\cdots,x_n)^T$

$$\min.\quad f(\boldsymbol{x})=\frac{1}{2}\boldsymbol{x}^T\boldsymbol{A}\boldsymbol{x}+\boldsymbol{b}^T\boldsymbol{x} \tag{1.4.39}$$

$$\text{s.t.}\quad \boldsymbol{C}\boldsymbol{x}\leqslant\boldsymbol{d} \tag{1.4.40}$$

其中 $\boldsymbol{A}$, $\boldsymbol{b}$, $\boldsymbol{C}$, $\boldsymbol{d}$ 与式(1.4.1)～(1.4.3)内容相同.

与标准二次规划问题(1.4.1.)～(1.4.3)相比,问题(1.4.39)～(1.4.40)只是少了设计变量的非负条件(1.4.3).如果用求解标准二次规划的方法解问题(1.4.39)～(1.4.40),可先作变量替换,把任意变量 $\boldsymbol{x}$ 用非负变量来代换,即令

$$\boldsymbol{x}=\boldsymbol{x}_1-\boldsymbol{x}_2 \tag{1.4.41}$$

其中

$$\boldsymbol{x}_1=(x_{11},x_{12},\cdots,x_{1n})^T\geqslant 0 \tag{1.4.42}$$

$$\boldsymbol{x}_2=(x_{21},x_{22},\cdots,x_{2n})^T\geqslant 0 \tag{1.4.43}$$

这样问题(1.4.39)-(1.4.40)便化成:求设计变量 $\boldsymbol{x}_1,\boldsymbol{x}_2$

$$\min.\quad f(\boldsymbol{x}_1,\boldsymbol{x}_2)=\frac{1}{2}\begin{Bmatrix}\boldsymbol{x}_1\\\boldsymbol{x}_2\end{Bmatrix}^T\begin{bmatrix}\boldsymbol{A} & -\boldsymbol{A}\\-\boldsymbol{A} & \boldsymbol{A}\end{bmatrix}\begin{Bmatrix}\boldsymbol{x}_1\\\boldsymbol{x}_2\end{Bmatrix}+\begin{Bmatrix}\boldsymbol{b}\\-\boldsymbol{b}\end{Bmatrix}^T\begin{Bmatrix}\boldsymbol{x}_1\\\boldsymbol{x}_2\end{Bmatrix} \tag{1.4.44}$$

$$\text{s.t.} \qquad [\boldsymbol{C} \; -\boldsymbol{C}]\begin{Bmatrix}\boldsymbol{x}_1\\ \boldsymbol{x}_2\end{Bmatrix} \leqslant \boldsymbol{d} \tag{1.4.45}$$

$$\boldsymbol{x}_1, \boldsymbol{x}_2 \geqslant 0 \tag{1.4.46}$$

这是一个标准的二次规划问题，不难发现，式(1.4.44)～(1.4.46)比原问题(1.4.39)～(1.4.40)设计变量多了一倍，而矩阵元素则是原问题的4倍，对存贮要求大大提高；更不利的是，系数矩阵容易病态，使数值解算无法进行下去. 由于力学中的许多问题最终都归结为求解二次规划问题，其设计变量通常是反力、位移、应力或应变等. 这些物理量的正负值是自由的，用标准二次规划求解显然不太适宜，应当采取一套独特的有效算法来求解.

下面介绍一种二步算法. 这一算法既利用了Lemke算法的优点，也利用了求解对称变常宽稀疏矩阵方程组的技巧. 实践证明这一方法是有效的.

先从Kuhn-Tucker条件入手，假定$\boldsymbol{A}$是对称正定的. 引入Lagrange乘子向量$\boldsymbol{\theta}=(\theta_1,\theta_2,\cdots,\theta_m)$，(约束矩阵$C$为$m\times n$阵)解除约束(1.4.40)，得到Lagrange函数

$$L = \frac{1}{2}\boldsymbol{x}^T\boldsymbol{A}\boldsymbol{x} + \boldsymbol{b}^T\boldsymbol{x} + \boldsymbol{\theta}^T(\boldsymbol{C}\boldsymbol{x} - \boldsymbol{d}) \tag{1.4.47}$$

按Kuhn-Tucker条件应有$\boldsymbol{\theta}\geqslant 0$. 并且

$$\partial L/\partial \boldsymbol{x} = \boldsymbol{A}\boldsymbol{x} + \boldsymbol{b} + \boldsymbol{C}^T\boldsymbol{\theta} = \boldsymbol{0} \tag{1.4.48}$$

$$\partial L/\partial \boldsymbol{\theta} = \boldsymbol{C}\boldsymbol{x} - \boldsymbol{d} \leqslant \boldsymbol{0} \tag{1.4.49}$$

$$\boldsymbol{\theta}^T(\boldsymbol{C}\boldsymbol{x} - \boldsymbol{d}) = 0 \tag{1.4.50}$$

引入约束松弛变量$\boldsymbol{\nu}$

$$\boldsymbol{\nu} = (\nu_1, \nu_2, \cdots, \nu_m)^T \tag{1.4.51}$$

可将式(1.4.49)与(1.4.50)改写为

$$\boldsymbol{\nu} + \boldsymbol{C}\boldsymbol{x} - \boldsymbol{d} = \boldsymbol{0}\ , \boldsymbol{\theta}^T\boldsymbol{\nu} = 0,\ \boldsymbol{\nu} \geqslant 0 \tag{1.4.52}$$

综合(1.4.48)～(1.4.52)，可将原问题(1.4.39)～(1.4.40)化为下面问题求解

$$\begin{Bmatrix}\boldsymbol{\nu}\\ \mathbf{0}\end{Bmatrix}-\begin{bmatrix}\mathbf{0} & -\boldsymbol{C}\\ \boldsymbol{C}^T & \boldsymbol{A}\end{bmatrix}\begin{Bmatrix}\boldsymbol{\theta}\\ \boldsymbol{x}\end{Bmatrix}=\begin{Bmatrix}\boldsymbol{d}\\ \boldsymbol{b}\end{Bmatrix} \tag{1.4.53}$$

$$\boldsymbol{\theta}^T\boldsymbol{\nu}=\mathbf{0} \tag{1.4.54}$$

$$\boldsymbol{\nu}\geqslant\mathbf{0},\boldsymbol{\theta}\geqslant\mathbf{0} \tag{1.4.55}$$

这仍然是一个线性互补问题，只不过拉氏乘子与松弛变量之间两两互补，(θ_i,ν_i)，$i=1,2,\cdots,m$ 为互补变量，互补性条件与设计变量 $\boldsymbol{x}$ 无关.

线性互补问题(1.4.53)～(1.4.55)的求解可以分为二个过程进行：

第一步：认为式 (1.4.40) 处于不等式状态，由式(1.4.52)知 $\boldsymbol{\nu}>\mathbf{0}$，再由互补性条件(1.4.54)有 $\boldsymbol{\theta}=\mathbf{0}$. 按照线性互补问题的求解思想，进一步 $\boldsymbol{\nu}$ 应保持处于基底，$\boldsymbol{\theta}$ 不在基底.

因为 $\boldsymbol{x}$ 任意，$\boldsymbol{A}$ 为正定，因而可通过行线性变换解出 $\boldsymbol{x}$ 并满足上述要求，将式(1.4.53)～(1.4.55)化为下列新的线性互补问题

$$\begin{Bmatrix}\boldsymbol{\nu}\\ \mathbf{0}\end{Bmatrix}-\begin{bmatrix}\boldsymbol{Q} & \mathbf{0}\\ P & \boldsymbol{I}_n\end{bmatrix}\begin{Bmatrix}\boldsymbol{\theta}\\ \boldsymbol{x}\end{Bmatrix}=\begin{Bmatrix}\boldsymbol{d}'\\ \boldsymbol{b}'\end{Bmatrix} \tag{1.4.56}$$

$$\boldsymbol{\nu}^T\boldsymbol{\theta}=0\ ,\ \boldsymbol{\nu},\ \boldsymbol{\theta}\geqslant\mathbf{0} \tag{1.4.57}$$

显然 $\boldsymbol{Q}\in\boldsymbol{R}^{m\times m}$，$\boldsymbol{P}\in\boldsymbol{R}^{n\times m}$是式(1.4.53)经行线性变换后形成的矩阵. $\boldsymbol{I}_n$ 为 $n\times n$ 的单位矩阵，$\boldsymbol{d}'$，$\boldsymbol{b}'$分别是(1.4.53)右端向量经行变换后得到的结果.

第二步：由式(1.4.56)立即可得解

$$\boldsymbol{\nu}=\boldsymbol{d}',\ \boldsymbol{\theta}=\mathbf{0},\ \boldsymbol{x}=-\boldsymbol{b}' \tag{1.4.58}$$

显然，若 $\boldsymbol{d}'\geqslant\mathbf{0}$，那么线性互补问题(1.4.53)～(1.4.55)的全部条件都已满足，(1.4.58)就是原问题的可行解，就此可结束运算. 若 $\boldsymbol{d}'\ngeqslant\mathbf{0}$，也就是 $\boldsymbol{d}'$ 中有小于零的元素，则可采用与标准二次规划问题相类似的 Lemke 算法进行求解.

引入人工变量 z_0，令

$$z_0=-\min\{d_i',\ i=1,2,\cdots,m\}$$

建立新的线性互补系统

$$\begin{Bmatrix}\boldsymbol{\nu}\\ \boldsymbol{0}\end{Bmatrix}-\begin{bmatrix}\boldsymbol{Q} & \boldsymbol{0}\\ \boldsymbol{P} & \boldsymbol{I}_n\end{bmatrix}\begin{Bmatrix}\boldsymbol{\theta}\\ \boldsymbol{x}\end{Bmatrix}-\begin{Bmatrix}z_0\boldsymbol{i}_m\\ \boldsymbol{0}\end{Bmatrix}=\begin{Bmatrix}\boldsymbol{d}'\\ \boldsymbol{b}'\end{Bmatrix} \tag{1.4.59}$$

$$\boldsymbol{\nu}^T\boldsymbol{\theta}=0,\ \boldsymbol{\nu},\boldsymbol{\theta}\geqslant 0,\ z_0\geqslant 0 \tag{1.4.60}$$

其中 $\boldsymbol{i}_m$ 是所有分量都等于 1 的 $m\times 1$ 向量. 对于这一系统马上可以写出一组几乎互补基本可行解:

$$\boldsymbol{\nu}=\boldsymbol{d}'+z_0\boldsymbol{i}_m,\ \boldsymbol{\theta}=\boldsymbol{0},\ \boldsymbol{x}=\boldsymbol{b}' \tag{1.4.61}$$

但由于人工变量 z_0 的存在,(1.4.61)还不是原问题的可行解. 采取 Lemke 算法,经过一系列进基与出基的基底交换运算,直至把 z_0 逐出基底. z_0 出基后,(1.4.59)～(1.4.60)就与(1.4.56)～(1.4.57)等价了,得到的解便是原问题的解,运算结束.

二步算法是存贮量较小的算法,从式(1.4.59)可以看到,由于 $\boldsymbol{I}_n$ 在 Lemke 法换基中保持不变,实际存贮仅为 $\boldsymbol{Q}$,$\boldsymbol{P}$ $\boldsymbol{b}'$ 与 $\boldsymbol{d}'$ 所占的实型量的空间,比标准二次规划法要小得多.

下面以一个例子来说明二步算法的求解过程.

例 1.3　求 x_1,x_2.

$$\begin{aligned}&\text{min.} && x_1^2+x_2^2+2x_2=f(\boldsymbol{x})\\ &\text{s.t.} && x_1-x_2\leqslant -3\end{aligned}$$

显然本例题 $n=2$, $m=1$. 对照(1.4.39),(1.4.40)有

$$\boldsymbol{A}=\begin{bmatrix}2 & 0\\ 0 & 2\end{bmatrix},\ \boldsymbol{C}=[1\ -1]$$

$$\boldsymbol{d}=\{-3\},\qquad \boldsymbol{b}=\begin{Bmatrix}0\\ 2\end{Bmatrix}$$

代入式(1.4.53)～(1.4.55)后得到线性互补问题

$$\begin{aligned}\nu_1+x_1-x_2&=-3\\ \theta_1+2x_1&=0\\ -\theta_1+2x_2&=-2\\ \nu_1\theta_1=0,\ \nu_1,\theta_1&\geqslant 0\end{aligned}$$

列表格求解.

第一步:求 **x** 初始值,见表 1.8.

表 1.8

ν_1	θ_1	x_1	x_2	q	说明
1	0	1	−1	−3	
0	1	②	0	0	初始表格圆圈内为主元
0	−1	0	2	−2	
1	−1/2	0	−1	−3	
0	1/2	1	0	0	行变换求出 x_1 初始值
0	−1	0	②	−2	
1	−1	0	0	−4	行变换求出 x_2 初始值
0	1/2	1	0	0	$\boldsymbol{P}=\begin{Bmatrix}-1/2\\1/2\end{Bmatrix}$, $\boldsymbol{Q}=\{1\}$
0	−1/2	0	1	−1	

从第一步求得 $\boldsymbol{d}'=\{-4\}<0$,因而需引进人工变量 $\boldsymbol{z}_0$,转入第二步进行 Lemke 算法的基底变换运算. 注意 x_1, x_2 不参加基底交换. 变换过程见表 1.9.

表 1.9

基底	v_1	θ_1	x_1	x_2	z_0	q	说明
ν_1	1	−1	0	0	(−1)	−4	
x_1	0	1/2	1	0	0	0	z_0 进基,下次出基应是 ν_1
x_2	0	−1/2	0	1	0	−1	
z_0	−1	①	0	0	1	4	θ_1 进基,下次出
x_1	0	1/2	1	0	0	0	基应是 z_0
x_2	0	−1/2	0	1	0	−1	
θ_1	−1	1	0	0	1	4	
x_1	1/2	0	1	0	−1/2	−2	z_0 出基结束运算
x_2	−1/2	0	0	1	1/2	1	

赶出人工变量后，得到可行解

$$\theta_1=4, x_1=-2, \ x_2=1$$

图 1.7 给出例 1.3 问题的几何意义.

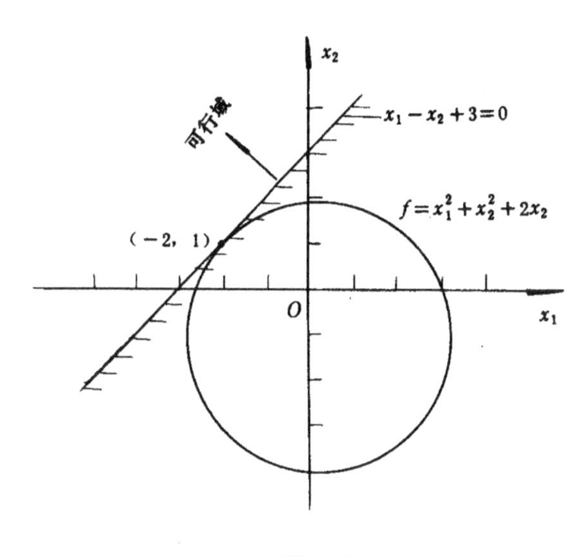

图 1.7

作为算法编程，下面给出式(1.4.56)中矩阵 $\boldsymbol{Q}$, $\boldsymbol{P}$, $\boldsymbol{d}'$, $\boldsymbol{b}'$ 的计算公式.

线性方程组(1.4.53)的增广矩阵可写成

$$\begin{bmatrix} \boldsymbol{I}_m & \boldsymbol{0} & \boldsymbol{C} & \boldsymbol{d} \\ \boldsymbol{0} & -\boldsymbol{C}^T & -\boldsymbol{A} & \boldsymbol{b} \end{bmatrix} \tag{1.4.62}$$

其中 $\boldsymbol{I}_m$ 是 $m\times m$ 的单位矩阵. 由线性方程组的计算理论知行变换可以用矩阵左乘来实现，对增广阵式(1.4.62)实行下列行变换后可以获得新的矩阵

$$\begin{bmatrix} \boldsymbol{I}_m & \boldsymbol{C}\boldsymbol{A}^{-1} \\ \boldsymbol{0} & \boldsymbol{A}^{-1} \end{bmatrix} \begin{bmatrix} \boldsymbol{I}_m & \boldsymbol{0} & \boldsymbol{C} & \boldsymbol{d} \\ \boldsymbol{0} & -\boldsymbol{C}^T & -\boldsymbol{A} & \boldsymbol{b} \end{bmatrix}$$

$$
= \begin{bmatrix} \boldsymbol{I}_m & -\boldsymbol{C}\boldsymbol{A}^{-1}\boldsymbol{C}^T & \boldsymbol{0} & \boldsymbol{d}+\boldsymbol{C}\boldsymbol{A}^{-1}\boldsymbol{b} \\ \boldsymbol{0} & -\boldsymbol{A}^{-1}\boldsymbol{C}^T & -\boldsymbol{I}_n & \boldsymbol{A}^{-1}\boldsymbol{b} \end{bmatrix} \tag{1.4.63}
$$

比较式(1.4.63)与(1.4.56)立即可获得

$$
\begin{aligned} &\boldsymbol{Q} = \boldsymbol{C}\boldsymbol{A}^{-1}\boldsymbol{C}^T,\ \boldsymbol{P} = \boldsymbol{A}^{-1}\boldsymbol{C}^T \\ &\boldsymbol{d}' = \boldsymbol{d} + \boldsymbol{C}\boldsymbol{A}^{-1}\boldsymbol{b},\ \boldsymbol{b}' = \boldsymbol{A}^{-1}\boldsymbol{b} \end{aligned} \tag{1.4.64}
$$

或

$$
\begin{aligned} &\boldsymbol{P} = \boldsymbol{A}^{-1}\boldsymbol{C}^T,\ \boldsymbol{b}' = \boldsymbol{A}^{-1}\boldsymbol{b} \\ &\boldsymbol{Q} = \boldsymbol{C}\boldsymbol{P},\ \boldsymbol{d}' = \boldsymbol{d} + \boldsymbol{C}\boldsymbol{b}' \end{aligned} \tag{1.4.65}
$$

可见第一步的求解的主要计算量是求 $\boldsymbol{P}$ 与 $\boldsymbol{b}'$. 由于 $\boldsymbol{A}$ 为对称正定矩阵,故可将 $\boldsymbol{A}$ 作三角化 $\boldsymbol{LDL}^T$ 分解,而后把 $\boldsymbol{C}^T$,$\boldsymbol{b}$ 当作右端项回代求解得到 $\boldsymbol{P}$ 和 $\boldsymbol{b}'$,进一步求出 $\boldsymbol{Q}$ 与 $\boldsymbol{d}'$. 三角化分解的优点是可避免 $\boldsymbol{A}$ 矩阵求逆引起的数值稳定性不好等缺点,并可利用已有的解方程的程序进行,在算法上可利用变带宽手段求解. 对于具有相同的矩阵 $\boldsymbol{A}$,而有多种约束 $\boldsymbol{C}$ 的问题,只需将 $\boldsymbol{A}$ 一次分解保存起来,运算中反复调用即可.

至于二步算法中的第二步算法的基本原理与 Lemke 算法的原理是完全相同的,故不再重述.

§1.5 最优控制理论与参变量变分原理

最优控制理论是现代控制理论的重要组成部分之一. 它是 50 年代末,60 年代初由于空间技术的发展和数字计算机的实用化而产生的一个现代控制理论的重要分支. 求解最优控制问题有许多理论和方法,在解析法中有三种行之有效的方法:经典变分原理,极大值原理和动态规划法.

经典变分法是研究泛函极值的一种经典方法,从 17 世纪末开始逐渐发展成为一门独立的分支. 它在力学、光学、电磁学等方面有着广泛的应用. 在参变量变分原理出现之前,连续介质力学中的变分原理一般都属于经典变分原理. 这是力学工作者熟悉并被普遍采用的一种方法. 然而，经典变分原理只能解决一类简单的最优控制问题，因为它只能在无约束条件下是有效的. 而实际上遇见更多的是容许控制属于有约束的一类最优控制问题. 对于力学中的一些问题而言，如弹塑性分析、接触问题分析等，经典变分法在处理这类问题时将会受到一定的限制，这一点读者可参见 2.2.2 节的论述.

在处理闭集性约束最优控制中有两种方法被认为是最富有成效的方法，一是苏联学者 П. С. Понтрягин 提出的"极大值原理"；另一个是美国学者 R. E. Bellman 在 1953 至 1957 年间逐步创立的"动态规划"理论. "极大值原理"发展了经典变分原理，它是 Понтрягин 等人提出来的，并成为处理闭集性约束变分问题的强有力的工具. 而"动态规划法"则依据最优性原理，发展了变分学中的 Hamilton-Jacobi 理论. 动态规划是一种适用于计算机计算，处理范围更广泛的方法. 极大值原理和动态规划法从不同的角度出发发展了变分法，从而使经典变分原理无法处理的问题得到解决，它们都把经典变分法作为自己的特例. 所以，它们被称为最优控制理论中的"现代变分法". 在一定条件下，这三种方法是等价的.

从数学角度上来看，本书所阐述的参变量变分原理是属于现代变分法的范畴. 因而在本节中我们将首先对现代变分法作一简单介绍，进而阐述参变量变分原理与最优控制变分原理之间的关系.

1.5.1 最优控制问题的提法

一个最优控制问题一般由 4 个有关部分组成.

1. 受控系统的数学模型

要求一个动态系统实行最优控制，首先应当了解对象的运动规律，进一步给出实际系统中各物理量之间关系的数学表达式. 这种数学上的描述就是受控系统的数学模型.

一般地，一个受控系统的数学模型可以用一组一阶常微分方程来描述，此即动力方程

$$\dot{\boldsymbol{x}}=\boldsymbol{f}(\boldsymbol{x}(t),\ \boldsymbol{u}(t),t) \tag{1.5.1}$$

其中：$\boldsymbol{x}=(x_1,x_2,\cdots,x_n)^T$ 是 n 维状态向量；$\boldsymbol{u}=(u_1,u_2,\cdots,u_r)^T$ 是 r 维控制向量；t 是实数自变量，一般指时间；$\boldsymbol{f}=(f_1,f_2,\cdots,f_n)^T$ 是关于 $\boldsymbol{x}$，$\boldsymbol{u}$ 和 t 的 n 维函数向量.

2. 目标集——系统变量受到的约束

状态方程(1.5.1)描述的动态系统在控制向量 $\boldsymbol{u}(t)$ 的作用下从一个状态向另一个状态转换. 如果把状态视为 n 维欧氏空间中的一个点，那么这种状态转移就可以理解为 n 维空间中点的运动. 在实际问题中，状态转移过程不但受到式(1.5.1)的控制，还受到各种约束条件的限制. 令控制过程的起始时间为 t_0，终止时间为 t_f，则约束条件可分为两大类：一类是在 t_0 与 t_f 点，系统变量应满足的约束条件，这种约束条件可以为等式约束，也可以是不等式约束. 由于这类约束的特点是在控制过程的起点与终点，故称为端点约束条件.

一般地，在最优控制中起始状态(初态)通常是已知的，即 $\boldsymbol{x}(t_0)=\boldsymbol{x}_0$，而所达到的末端状态则因问题的不同而异，它是控制所要达到的目标，可以是状态空间的一个固定点，更一般的情况则是末态要落在事先规定的范围内. 一般地，对末态的要求可以用如下的末态约束条件来表示

$$\left.\begin{aligned}\boldsymbol{g}_1(x(t_f),t_f) &= 0\\ \boldsymbol{g}_2(x(t_f),t_f) &\leqslant 0\end{aligned}\right\} \tag{1.5.2}$$

它们概括了对末态的一般要求.

3. 容许控制

控制过程受到的第二类约束条件是在时域 $[t_0\sim t_f]$ 中系统变量受到的约束. 这类约束可以对状态变量也可以对控制变量. 以控制变量所受的约束为例，由于控制变量受客观条件的限制只能在一定的范围内取值. 这种限制可用不等式约束表示为

$$\boldsymbol{u}_1\leqslant \boldsymbol{u}(t)\leqslant \boldsymbol{u}_2 \tag{1.5.3}$$

这里 $\boldsymbol{u}_1$，$\boldsymbol{u}_2$ 是常数向量. 由式(1.5.3)所规定的集合称为控制域，

并用$\boldsymbol{U}$记之. 凡在闭区间$[t_0,t_f]$上有定义，且在控制$\boldsymbol{U}$内取值的每一个控制函数$\boldsymbol{u}(t)$均称为容许控制，记为$\boldsymbol{u}(t)\in\boldsymbol{U}$. 应当指出，控制域为无限或闭集在处理方法上有较大的差别. 后者处理较难，结果也复杂，需采用现代变分法的手段来求解.

4. 指标函数

对于一个控制过程而言，从给定的初态$\boldsymbol{x}(t_0)$到目标集的转移可以通过各种各样的控制$\boldsymbol{u}(t)$来实现，为了在不同的控制方式中找出一种效果最好的控制，需要首先建立一种评价控制效果好坏或控制品质优劣的性能指标函数. 所谓的最优控制，就是使性能指标达到最优. 指标函数通常用一个泛函$J[\boldsymbol{u}]$来表示

$$J[\boldsymbol{U}(\cdot)] = S(\boldsymbol{x}(t_f),t_f) + \int_{t_0}^{t_f} L(\boldsymbol{x},\boldsymbol{u},t)dt \qquad (1.5.4)$$

其中：$\boldsymbol{x}(t)$是动态系统(1.5.1)的状态轨迹，它起始于$\boldsymbol{x}(t_0)=\boldsymbol{x}_0$，与$\boldsymbol{u}(t)$相对应，$\boldsymbol{x}(t_f)$是此轨线的终端时刻值. 当$S=0$, $L\neq 0$时，式(1.5.4)称为Lagrange问题，J称作积分型指标函数；当$L=0$, $S\neq 0$时，J是末端状态的某一函数，因而称其为末值型指标函数. 显然，积分型指标函数更依赖于系统的控制过程.

给定一个容许控制函数$\boldsymbol{u}(t)\in\boldsymbol{U}$, $t\in[t_0,t_f]$，通常由状态方程(1.5.1)可确定对应的轨线$\boldsymbol{x}(t)$和相应的末态$\boldsymbol{x}(t_f)$，如此可确定一个J值. 显然，对于不同的控制函数$\boldsymbol{u}(t)$的J值是不相同的，J值的获得将依赖于所施行的整个控制过程，而不是只依赖于某个时刻的控制函数值$\boldsymbol{u}(t)$. 因而为强调J是依赖于整个控制函数的全过程的泛函，将性能指标J写成$J[\boldsymbol{u}(\cdot)]$. 以下均采取这种记法，不再说明.

指标函数的选取取决于要研究问题的主要矛盾. 不同的设计者，由于其着眼点可能不尽相同，因而即使是对同一个问题也可给出不同的指标函数. 一般地，性能指标的选择在考虑实际需要的同时，还应考虑到实行这种最优控制的各种各样的限制条件.

有了以上给出的四个基本概念，可将最优控制问题的提法归纳如下：

已知受控系统的状态方程和给定的初态

$$\dot{\boldsymbol{x}}(t)=\boldsymbol{f}(\boldsymbol{x}(t),\boldsymbol{u}(t),t) \tag{1.5.5}$$

$$\boldsymbol{x}(t_0)=\boldsymbol{x}_0$$

以及给定的目标集

$$\boldsymbol{g}_1(\boldsymbol{x}(t_f),t_f)=0 \tag{1.5.6}$$

$$\boldsymbol{g}_2(\boldsymbol{x}(t_f),t_f)\leqslant 0 \tag{1.5.7}$$

求一容许控制

$$\boldsymbol{u}(t)\in \boldsymbol{U},\ t\in[t_0,t_f] \tag{1.5.8}$$

使系统(1.5.5)由初始状态出发,在 t_f 时刻达到目标集(1.5.6),(1.5.7),并使指标函数

$$J[\boldsymbol{u}(\cdot)]=S(\boldsymbol{x}(t_f),t_f)+\int_{t_0}^{t_f}L(\boldsymbol{x}(t),\boldsymbol{u}(t),\ t)\ dt \tag{1.5.9}$$

为最小.

这就是最优控制问题的提法,如果问题有解,记为 $\boldsymbol{u}^*(t)$, $t\in[t_0,t_f]$,则称 $\boldsymbol{u}^*(t)$为最优控制或极值控制.相应的轨线 $\boldsymbol{x}^*(t)$称为最优轨线或极值轨线.而指标函数 $J^*=J[\boldsymbol{u}^*(\cdot)]$则叫作最优指标函数.

1.5.2 现代变分法及其特点

由于本书的目的在于处理力学中的问题,因而这里不对现代控制论理论的思想作更详尽的介绍.由于现代变分法是参变量变分原理的理论基础,因而下面只对几个重要的结论性的内容作一介绍,以此引出参变量变分原理.

考虑问题:

设 $\boldsymbol{u}(t)\in \boldsymbol{U}$ 是一容许控制,指定积分型性能指标函数为

$$J[\boldsymbol{u}(\cdot)]=\int_{t_0}^{t_f}\boldsymbol{L}(\boldsymbol{x}(t),\boldsymbol{u}(t))dt \tag{1.5.10}$$

这里 $\boldsymbol{x}(t)$是定常系统

$$\dot{\boldsymbol{x}}=\boldsymbol{f}(\boldsymbol{x},\boldsymbol{u}),\ \boldsymbol{x}(t_0)=\boldsymbol{x}_0 \tag{1.5.11}$$

对应于$\boldsymbol{u}(t)$的轨迹. 求最优控制$\boldsymbol{u}^*(t)$和最优轨线$\boldsymbol{x}^*(t)$.

下面给出用经典变分原理,极大值原理以及动态规划法就上述问题各自获得的结论. 这个问题的 Hamilton 函数为

$$\mathscr{H}(\boldsymbol{x},\ \boldsymbol{u},\ \boldsymbol{\lambda})=L\ (\boldsymbol{x},\boldsymbol{u})+\boldsymbol{\lambda}^T\boldsymbol{f}(\boldsymbol{x},\boldsymbol{u}) \tag{1.5.12}$$

这里$\boldsymbol{\lambda}(t)=\boldsymbol{\lambda}$为协态变量,一般有

$$\boldsymbol{\lambda}(t)=[\lambda_1,\lambda_2,\cdots,\lambda_n]^T \tag{1.5.13}$$

下面是由三种方法导出的必要条件,具体推导过程可参见有关文献[9,13].

1. 由经典变分法导出的解的必要条件

1) 正则方程

$$\dot{\boldsymbol{x}}=\boldsymbol{f}(\boldsymbol{x},\boldsymbol{u}) \tag{1.5.14}$$

$$\dot{\boldsymbol{\lambda}}=-\frac{\partial\mathscr{H}\ (\boldsymbol{x},\boldsymbol{\lambda},\boldsymbol{u})}{\partial\boldsymbol{x}} \tag{1.5.15}$$

$$\boldsymbol{x}(t_0)=\boldsymbol{x}_0 \tag{1.5.16}$$

2) 末端横截条件

$$\boldsymbol{\lambda}(t_f)=0 \tag{1.5.17}$$

3) 极值条件

$$\frac{\partial\mathscr{H}\ (\boldsymbol{x},\ \boldsymbol{\lambda},\boldsymbol{u})}{\partial\boldsymbol{u}}=0 \tag{1.5.18}$$

4) 末端 Hamilton 函数满足条件

$$\begin{aligned}&\mathscr{H}(\boldsymbol{x}^*(t),\boldsymbol{\lambda}^*(t),\ \boldsymbol{u}^*(t))\\&=\mathscr{H}(\boldsymbol{x}^*(t_f^*),\boldsymbol{\lambda}^*(t_f^*),\ \boldsymbol{u}^*(t_f^*)),\text{当 }t_f\text{ 未定时}\end{aligned} \tag{1.5.19}$$

$$\begin{aligned}&\mathscr{H}(\boldsymbol{x}^*\ (t),\boldsymbol{\lambda}^*\ (t),\ \boldsymbol{u}^*\ (t))=\mathscr{H}(\boldsymbol{x}^*(t_f),\boldsymbol{\lambda}^*(t_f),\ \boldsymbol{u}^*(t_f))\\&=\text{Const},\quad\text{当 }t_f\text{ 固定时}\end{aligned} \tag{1.5.20}$$

式中上标“ * ”表示最优.

2. 由极大值原理导出的必要条件

1）正则方程

$$\dot{\boldsymbol{x}} = f(\boldsymbol{x}(t),\boldsymbol{u}(t)) \tag{1.5.21}$$

$$\dot{\lambda} = -\frac{\partial \mathscr{H}(\boldsymbol{x},\boldsymbol{\lambda},\boldsymbol{u})}{\partial \boldsymbol{x}} \tag{1.5.22}$$

$$\boldsymbol{x}(t_0) = \boldsymbol{x}_0 \tag{1.5.23}$$

2）末端横截条件

$$\boldsymbol{\lambda}(t_f)=\boldsymbol{0} \tag{1.5.24}$$

3）Hamilton 函数 $\mathscr{H}$ 作为 $\boldsymbol{u}(t)\in \boldsymbol{U}$ 的函数，在 $\boldsymbol{u}(t)=\boldsymbol{u}^*(t)$，$t\in[t_0,t_f]$ 时取绝对极小，即为

$$\mathscr{H}(\boldsymbol{x}^*(t),\boldsymbol{\lambda}^*(t),\boldsymbol{u}^*(t))=\min \mathscr{H}(\boldsymbol{x}(t),\boldsymbol{\lambda}(t),\boldsymbol{u}(t))$$

$$\boldsymbol{u}(t)\in \boldsymbol{U} \tag{1.5.25}$$

4）最优轨迹的末端 Hamilton 函数应满足

$$\mathscr{H}(\boldsymbol{x}^*(t),\boldsymbol{\lambda}^*(t),\boldsymbol{u}^*(t)) = \mathscr{H}(\boldsymbol{x}^*(t_f^*),\boldsymbol{\lambda}^*(t_f^*),\boldsymbol{u}^*(t_f^*))$$

$$= 0，\text{当 } t_f \text{ 未定时} \tag{1.5.26}$$

$$\mathscr{H}(\boldsymbol{x}^*(t),\boldsymbol{\lambda}^*(t),\boldsymbol{u}^*(t)) = \mathscr{H}(\boldsymbol{x}^*(t_f),\boldsymbol{\lambda}^*(t_f),\boldsymbol{u}^*(t_f))$$

$$= \text{Const.}\ \text{当 } t_f \text{ 固定时} \tag{1.5.27}$$

3. 由动态规划法导出的必要条件

由动态规划法导出的必要条件与式(1.5.21)～(1.5.27)相同. 另外还可导出一个充分条件

$$\min\left\{\boldsymbol{L}(\boldsymbol{x}(t),\boldsymbol{u}(t)) + \left(\frac{\partial J^*}{\partial \boldsymbol{x}}\right)^T \boldsymbol{f}(\boldsymbol{x}(t),\boldsymbol{u}(t))\right\} = 0$$

$$\boldsymbol{u}(t) \in \boldsymbol{U} \tag{1.5.28}$$

表面看来，现代变分法和经典变分法的必要条件只是条件 3）上有所不同. 但这种差异却给变分法在理论上和实际应用方面带

来了极大的推进. 其中有二点是颇具启发性的.

1. 现代变分法的极值条件没有对控制变量 $\boldsymbol{u}$ 求变分的要求，即对 $\boldsymbol{u}$ 没有可微性要求，应用条件放宽了. 经典变分法是从 $\delta\boldsymbol{u}$ 的微小和任意性出发导出 $\partial\mathscr{H}/\partial\boldsymbol{u}=0$ 的，这个条件虽然方便，但应用起来受到很大的限制，这主要表现在受控变量受不等式约束的情况下，例如图 1.8 表示在给定时刻函数 $\mathscr{H}$ 与 $\boldsymbol{u}$ 的关系，其中许容域 $\boldsymbol{U}=\{\boldsymbol{u}(t)\leqslant\boldsymbol{u}_k,\ t_0\leqslant t\leqslant t_f\}$. 用经典变分法求解这一问题时，令

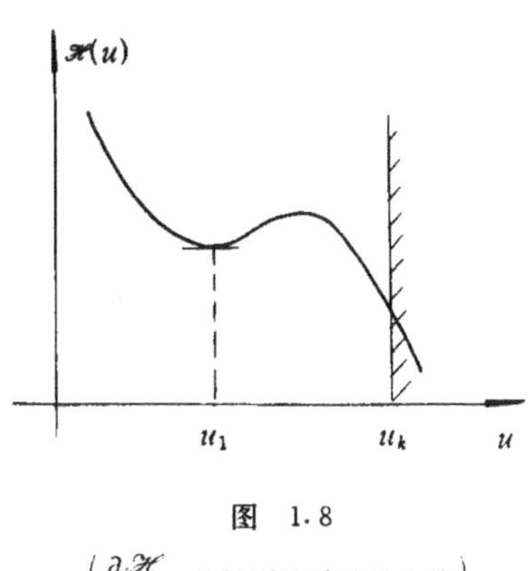

图 1.8

$\left(\dfrac{\partial\mathscr{H}}{\partial u}=0\right.$ 得到的并非最小值$\left.\right)$

$\partial\mathscr{H}/\partial\boldsymbol{u}=0$ 就会选择局部极小值 $\boldsymbol{u}^*=\boldsymbol{u}_1$，但根据现代变分法求解这一问题时，则会将最优解选在边界上 $\boldsymbol{u}^*=\boldsymbol{u}_k$. 如果 $\mathscr{H}(\boldsymbol{u})$ 为线性函数或许容域内 $\mathscr{H}(\boldsymbol{u})$ 为单调下降(或单调上升)函数，见图 1.9，则由现代变分法，最小值为 $\boldsymbol{u}^*=\boldsymbol{u}_k$ 处，而用经典变分原理却无解，即 $\partial\mathscr{H}/\partial\boldsymbol{u}=0$ 不再适用. 由此不难看出，现代变分法中的条件 3)对于通常的控制约束都是适用的，它包括了经典变分法的解题范围，因而其实用价值也更高.

2. 现代变分法在获得极值的必要条件时，没有对 $\boldsymbol{u}$ 的可微性要求，$\boldsymbol{u}(t)$ 遍取控制域 $\boldsymbol{u}$ 的所有点. 换句话说，$\boldsymbol{u}^*(t)$ 使 H 取全局极小，即它是取强极值条件. 而在经典变分法中，由于 $\boldsymbol{u}^*(t)$ 只和邻近的 $\boldsymbol{u}(t)$ 相比较，故获得的只是局部最小，亦即使 H 取弱极值.

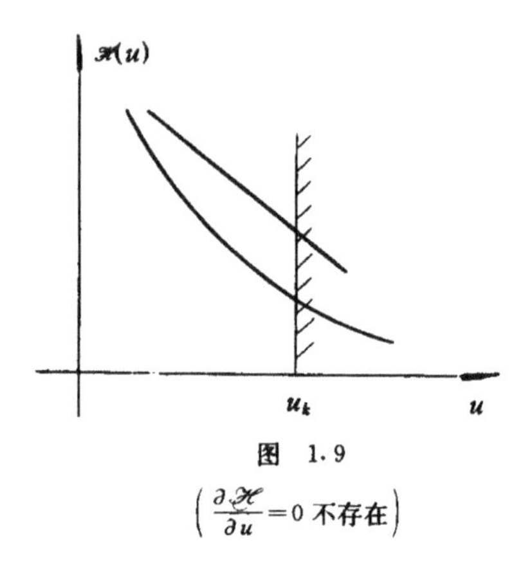

图 1.9

$\left(\dfrac{\partial \mathscr{H}}{\partial u}=0\text{ 不存在}\right)$

见图 1.8 所示.

1.5.3 参变量变分原理

自然界的许多事物是复杂多变的，抽象为数学物理模型则是边界待定问题. 例如力学问题中的弹塑性接触问题，在物体受力后，在内部即产生了弹性区又可能产生塑性区，弹性与塑性区域的交界面是待定的，而在接触交界面处，两个物体的实际接触区也是不能事先给定的. 但这两个边界待定问题的特点是：待定的边界总是由总体平衡和内部应力分布相互制约下达到的，也就是说需要通过变分才能弄清边界面在何处.

为了说明参变量变分原理与现代变分法的关系，下面首先给出参变量变分原理处理一般弹塑性力学问题的公式表述. 具体可参见§2.2 中的叙述.

弹塑性问题参变量最小势能原理：

在所有满足应变位移关系和几何边界条件的可能位移场中，真实解使泛函 $\Pi(du,\lambda,d\bar{p})$ 在状态方程的控制下取总体最小值. 即

$$\min.\qquad \boldsymbol{\Pi}(d\boldsymbol{u},\ \boldsymbol{\lambda}\ d\bar{\boldsymbol{p}})\tag{1.5.29}$$

$$\text{s.t.} \quad f(du, \lambda, \nu) = 0 \qquad (1.5.30)$$

$$\nu^T \lambda = 0, \nu, \lambda \geqslant 0 \qquad (1.5.31)$$

$$du \in \underline{\nu}$$

其中,du 是自变函数(位移增量);λ 是不参加变分的控制函数,即参变量,$d\bar{p}$ 为外荷载向量,$\underline{\nu}$ 为自变量约束集,即应变位移关系和几何边界条件. 式(1.5.30),(1.5.31)是由本构方程推出的状态控制方程,ν 是原约束松弛变量.

从数学上来看,参变量变分原理应属于现代变分法,这是因为

1. 泛函的宗量分为参加和不参加变分两大类. 泛函表达式中的参变量是自变量坐标的函数,但可以不参加变分,也就是说在变分时,可以把参变量(与控制论现代变分法中的控制变量对应)当作常量看待. 而自变量则与现代变分法中的状态变量对应.

2. 本构关系不再象经典变分原理那样隐含于能量泛函之中,而是鲜明地作为边值问题解的控制系统施加于整个变分过程. 边值问题的全部约束条件划分为两大类,一类是通常力学变分法所指的那些约束,如式(1.5.29)~(1.5.31)所述问题的应变位移关系和位移边界条件,称为约束集. 另一类是本构控制系统(本构状态方程)的约束. 由于本构关系是材料的固有属性,因而这一类约束条件是不能也是无法解除的. 本构控制系统与约束集的另一不同之处是只制约整体变分状态(通过参变量进行),而对自变函数的容许变分不作任何制约.

由于参变量变分原理把边值待定问题转化为系统控制问题. 使它可以处理许多复杂的经典变分原理勉强处理或无法解决的问题. 同时也使问题的解算手段大为改变,对于非线性问题,则避免了传统的那种冗长的、反复的迭代过程,也使问题求解的数值稳定性与精度大大提高. 另外,由本文以后各章的论述可以看到,对于高度非线性弹塑性问题的求解,参变量变分原理化为增量问题进行求解(对时域问题相当于时间步),只要问题是塑性可控的,可保证在有限步内达到收敛,且无论是理想弹塑性或软化材料,收敛速

度与强化材料相同，特别是当屈服准则是σ的线性函数且不考虑卸载时，一个增量步(一步法)便可达到最终的解.

以上我们简略论述了现代控制论理论与力学分析之间的某些内在联系. 实际上，这二者之间的联系不只是限于本节所述的这些内容，通过近年来的研究工作，已更全面，更深入地沟通了二者之间的联系，由此对现代结构力学产生了更为深远的影响，限于本书篇幅，在此不作更多论述，这部分内容在另著中给出[17].

参 考 文 献

[1] 钟万勰、张柔雷、孙苏明，参数二次规划法在计算力学中的应用(一，二，三)，计算结构力学及其应用，**5**(4)，1988；**6** (1)，1989；**6**(**2**)，1989.

[2] Zhong Wanxie, Sun Suming, A Finite Element Method for Elasto-Plastic Structure and Contact Problem by Parametric Quadratic Programming, Int. J. Numer. Meth. Eng., (26), 2723—2738, 1988.

[3] 钱伟长，变分法及有限元，上册，科学出版社，1980.

[4] 胡海昌，弹性力学中的变分原理及其应用，科学出版社，1981.

[5] 张汝清，固体力学变分原理及其应用，重庆大学出版社，1991.

[6] 钱令希，工程结构优化设计，水利电力出版社，1984.

[7] 程耿东，工程结构优化设计基础，水利电力出版社，1984.

[8] 钱学森、宋健，工程控制论，科学出版社，1980.

[9] 解学书，最优控制理论与应用，清华大学出版社，1986.

[10] П. C. 庞特里雅金等著，陈祖浩等译，最佳过程的数学论，上海科学技术出版社，1965.

[11] Bellman, R. E., Kalaba, R., Dynamic Programming and Modern Control Theory, Academic Press, 1965.

[12] Zhong Wanxie, Lin Jiahao, Qiu Chunhang, Computational Structural Mechanics and Optimal Control, Int. J. Numer. Meth. Eng., 33, 197—211, 1992.

[13] 张柔雷，参变量变分原理及其应用，大连理工大学博士学位论文，1987.

[14] 孙苏明，参数二次规划法的研究及其工程结构分析应用，大连理工大学博士学位论文，1988.

[15] 钟万勰、孙苏明，二次规划的参数加载算法，计算结构力学及其应用，**5**(4)，1988.

[16] 张柔雷，二次规划问题的二步算法，计算结构力学及其应用，**4**(4)，1987.

[17] 钟万勰，计算结构力学与最优控制，大连理工大学出版社，大连，1993.

第二章　参变量变分原理的建立

本章首先以非线性杆系结构分析为例阐述参变量变分原理的建立过程和它的意义，进一步叙述如何建立一般弹塑性力学边值问题以及该边值问题的不分区和分区参变量最小势能和最小余能原理，并给出了这些原理的极值过程的几何解释. 最后给出了几个例题的解析解.

§2.1　非线性杆系结构分析

2.1.1　三杆结构数学模型

图 2.1(a)所示三杆结构，假设各杆受拉和受压的刚度不同，如图 2.1(b)所示. 这是一个比较典型的非线性杆系结构分析问题. 为了阐明参变量变分原理的建立过程，现在就从这个问题的研究入手.

根据 1.1.2 节所述，描述这一问题的基本方程有 4 个，即平衡方程，应变位移几何条件、本构方程以及边界条件. 由于位移边界条件可预先满足，则问题化为三个方面的方程：

1. 平衡方程

$$\left.\begin{aligned} T_1 + T_2 + T_3 = P \text{ 或} \sum_{i=1}^{3} T_i - P = 0 \\ T_1 l_1 + T_2 l_2 + T_3 l_3 = 0 \text{ 或} \sum_{i=1}^{3} T_i l_i = 0 \end{aligned}\right\} \qquad (2.1.1)$$

$$i = 1,2,3$$

2. 连续条件

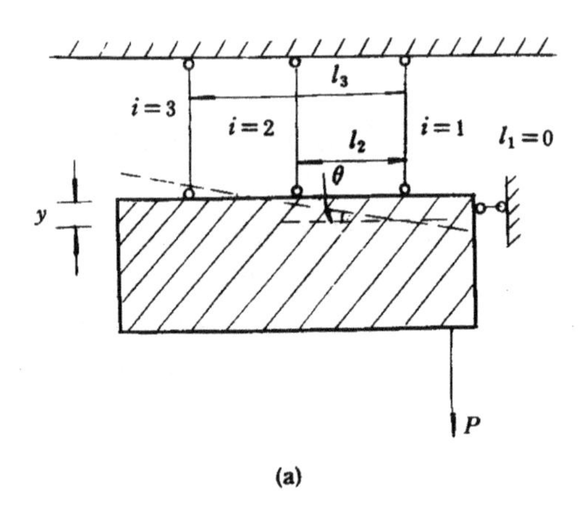

(a)

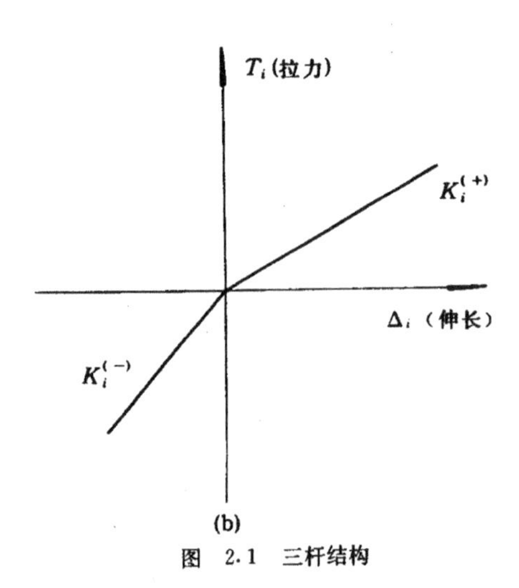

(b)

图 2.1 三杆结构

$$\left.\begin{aligned}\Delta_1 &= y - \theta l_1 \\ \Delta_2 &= y - \theta l_2 \\ \Delta_3 &= y - \theta l_3\end{aligned}\right\} \text{或}\ \Delta_i = y - \theta l_i \quad i = 1,2,3 \tag{2.1.2}$$

3. 本构关系

$$\Delta_i = \begin{cases} T_i/K_i^{(+)} & \text{当 } T_i > 0 \\ T_i/K_i^{(-)} & \text{当 } T_i \leqslant 0 \end{cases} \quad i = 1,2,3 \tag{2.1.3}$$

式(2.1.1)～(2.1.3)中 T_i 为轴力，Δ_i 为杆件伸长量. 如果以 y 与 θ 为基本未知量，可建立下述求解方式：

1. 将本构关系式(2.1.3)代入连续条件(2.1.2)，消去Δ_i，由此可获得 T_i 与 y，θ 之间的关系：

$$T_i = T_i(y,\theta)$$

2. 将 $T_i = T_i(y,\theta)$ 代入平衡方程(2.1.1)，得两个方程，而未知量也为两个，即 y 与 θ. 如此可求得 y 和 θ.

3. 将求得的 y，θ 代入关系式 $T_i = T_i(y,\theta)$，可求得 T_i. 这样所有的量就获得了.

上述求解过程 2 也可采取变分原理获得，见下文 2.1.2 节所述. 显然，当本构关系是线性时($K_i^{(+)} = K_i^{(-)}$)，求解毫无困难，但当本构方程是非线性时($K_i^{(+)} \neq K_i^{(-)}$)，问题就不那么简单了，因为在问题没有解出之前，是不知道每根杆的拉压状态的，所以上述求解过程的第一步，选取哪种状态对应的方程是难以确定的. 有一种惯用的手段是采取循环试验法. 该方法是先假定一种拉压分布，如假设全部受压，这样就可以获得一组解，如果获得的结果与假设不同，则按计算结果对原假设进行调整，获得新的一组假设，由新的假设又可得到新的结果，再看是否符合新的假设，如此循环迭代，直到假设与结果相符合为止. 实际应用表明，这种办法有时是有效的，但计算工作量往往比较大；有时这种方法无效，出现反复跳跃，迭代不收敛. 因而有必要探索新的求解途径. 下面论述对这一问题求解的参变量变分原理方法.

2.1.2 拉压刚度不同杆系结构分析的参变量变分原理

假设 2.1.1 中三杆结构问题的杆件全部受压，则各杆轴力为 $T_i = K_i^{(-)}\Delta_i$，于是可得系统的总势能

$$\Pi_1 = -Py + \sum_{i=1}^{3} \frac{1}{2} T_i \Delta_i$$

$$= -Py + \sum_{i=1}^{3} \frac{1}{2} K_i^{(-)} (y - \theta l_i)^2 \qquad (2.1.4)$$

由最小总势能原理，取

$$\partial \Pi_1 / \partial y = 0,\ \partial \Pi_1 / \partial \theta = 0 \qquad (2.1.5)$$

便可获得两个平衡方程式(2.1.1)与(2.1.2)，用以求解 y 和 θ. 但是对于杆件 i 来说，也可能处于受拉状态，则应有

$$\Delta_i = \frac{T_i}{K_i^{(-)}} + \lambda_i \qquad (2.1.6)$$

这里 λ_i 是附加伸长量，如图 2.2 所示，它应为

$$\lambda_i = \frac{T_i}{K_i^{(+)}} - \frac{T_i}{K_i^{(-)}} \qquad (2.1.7)$$

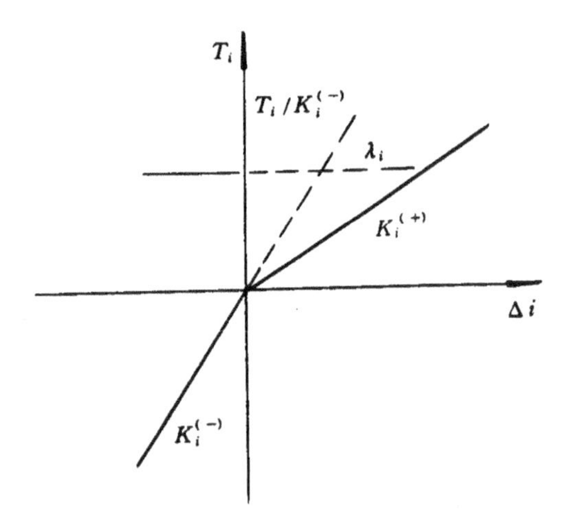

图 2.2

这样就有

$$T_i = K_i^{(-)}(\Delta_i - \lambda_i) = K_i^{(-)}(y - \theta l_i - \lambda_i) \qquad (2.1.8)$$

式(2.1.6)～(2.1.8)是针对受拉杆而言的，自然应当有 $\lambda_i \geqslant 0$；但对于受压杆来说，应有 $\lambda_i=0$，此时式(2.1.6)与(2.1.8)照样成立，而式(2.1.7)则成为不等式了，如令

$$\bar{f}_i=\frac{T_i}{K_i^{(+)}}-\frac{T_i}{K_i^{(-)}}-\lambda_i \tag{2.1.9}$$

则不难知道，有

$\lambda_i>0$ 时 $\bar{f}_i=0$ 为受拉状态

$\lambda_i=0$ 时 $\bar{f}_i \leqslant 0$ 为受压状态

将式(2.1.8)代入式(2.1.9)得

$$\bar{f}_i = f_i(y,\theta,\lambda_i)/K_i^{(+)} \tag{2.1.10a}$$

$$f_i(y,\theta,\lambda_i) = (y-\theta l_i)(K_i^{(-)}-K_i^{(+)})-\lambda_i K_i^{(-)} \tag{2.1.10b}$$

进而有

$$\lambda_i \begin{cases} >0 & \text{当 } f_i(y,\theta,\lambda_i)=0 \text{ 时} \\ =0 & \text{当 } f_i(y,\theta,\lambda_i)\leqslant 0 \text{ 时} \end{cases} \tag{2.1.11}$$

这样拉压具有不同模量的杆件的本构关系就化为式(2.1.11). 引入一个松弛变量 ν_i，使

$$f_i(y,\theta,\lambda_i)+\nu_i=0 \tag{2.1.12}$$

则本构方程(2.1.11)进一步化为

$$\left.\begin{array}{l} f_i(y,\theta,\lambda_i)+\nu_i=0 \\ \nu_i\lambda_i=0,\ \nu_i,\lambda_i \geqslant 0 \end{array}\right\} \tag{2.1.13}$$

其中 ν_i,λ_i 为互补变量(参见§1.4 内容). 方程组(2.1.13)对杆件的受拉、受压两种状态均适用. $\nu_i,\lambda_i \geqslant 0$ 表示非负条件. 互补条件表明，两个非负 λ_i,ν_i 中至少有一个为零，或同时等于零.

当 $\lambda_i=0$, $\nu_i \geqslant 0$ 时 $f_i \leqslant 0$, i 杆受压

当 $\lambda_i>0$, $\nu_i=0$ 时 $f_i=0$, i 杆受拉

故式(2.1.13)与(2.1.11)等价.

本构关系(2.1.13)是典型的状态方程(参见§1.5 内容). λ_i 可理解为控制函数，表示杆件为拉伸状态时的附加伸长量. 对于弹

塑性问题，状态方程也可表示为式(2.1.13)的形式，在那里 f_i 的物理意义为屈服函数，λ_i 为塑性流动参数，用式(2.1.13)进行某点是弹性还是塑性状态的判定，并且表达本构关系.

有了以上的推导，就可建立本节所述问题对应的参变量变分原理了，作为简单介绍，这里仅建立最小势能原理. 对任意的一对 y 和 θ，令其满足连续性条件(位移边界条件预先满足). 则可建立以(y,θ)为状态变量的系统总势能表达式

$$\Pi_2 = \sum_{i=1}^{3}\left[\frac{1}{2}K_i^{(-)}(y-\theta l_i)^2 - \lambda_i K_i^{(-)}(y-\theta l_i) + \frac{1}{2}K_i^{(-)}\lambda_i^2\right] - Py \tag{2.1.14}$$

其中杆 i 的应变能定义为

$$\begin{aligned}\frac{1}{2}N_i^2/K_i^{(-)} &= \frac{1}{2}K_i^{(-)}(y-\theta l_i-\lambda_i)^2 \\ &= \frac{1}{2}K_i^{(-)}(y-\theta l_i)^2 - \lambda_i K_i^{(-)}(y-\theta l_i) \\ &\quad + \frac{1}{2}K_i^{(-)}\lambda_i^2\end{aligned} \tag{2.1.15}$$

参变量变分原理的策略是作 Π_2 对状态变量 θ 和 y 的变分，以给出两个平衡方程，而让控制变量 λ_i 不参加变分，这样得出的平衡方程中含有 λ_i，其留待状态方程(2.1.13)来决定，以满足本构方程.

既然 λ_i 不参加变分，则式(2.1.14)中的最后一项可以略去，于是可把 Π_2 表达为

$$\Pi_3[\lambda_i(\cdot)] = \sum_{i=1}^{3}\left[\frac{1}{2}K_i^{(-)}(y-\theta l_i)^2 - \lambda_i K_i^{(-)}(y-\theta l_i)\right] - Py \tag{2.1.16}$$

$\Pi_3[\lambda_i(\cdot)]$表示 λ_i 不参加 Π_3 的变分，它是一个正定的二次函数.

对 $\Pi_3[\lambda_i(\cdot)]$以 y 与 θ 进行变分，得

$$\partial\Pi_3/\partial y = \sum_{i=1}^{3}[K_i^{(-)}(y-\theta l_i) - \lambda_i K_i^{(-)}] - P = 0 \tag{2.1.17}$$

$$\partial \Pi_3/\partial \theta = \sum_{i=1}^{3} l_i[K_i^{(-)}(y-\theta l_i) - \lambda_i K_i^{(-)}] = 0$$

$$(2.1.18)$$

由本构关系式(2.1.7)(实际上已隐含于状态方程(2.1.13)中)知

$$K_i^{(-)}(y-\theta l_i)-\lambda_i K_i^{(-)}=T_i \qquad (2.1.19)$$

将(2.1.19)代入(2.1.17),(2.1.18)立即获得

$$\sum_{i=1}^{3} T_i - P = 0, \quad \sum_{i=1}^{3} T_i l_i = 0 \qquad (2.1.20)$$

即为式(2.1.1). 这样就证明了上述的参变量最小势能原理. 于是满足平衡、连续和本构关系的具有不同拉压刚度的三杆桁架问题的解可由下列二次规划给出

$$\text{min.} \quad \Pi_3[\lambda(\cdot)] \qquad (2.1.21)$$

$$\text{s.t.} \quad f_i(y,\theta,\lambda_i) + \nu_i = 0 \qquad (2.1.22)$$

$$\nu_i \lambda_i = 0 \qquad (2.1.23)$$

$$\nu_i, \lambda_i \geqslant 0, \ i = 1,2,3 \qquad (2.1.24)$$

在这个二次规划中,状态变量 y 和 θ 参加 Π_3 的变分,控制变量 λ_i 不参加变分,但应满足代表本构关系的约束,所以它们虽不参加变分,但控制着整个变分过程. 这实际上乃是最优控制理论中现代变分法的思想.

以上通过一个简单的杆系结构的非线性问题,阐明了参变量变分原理的基本理论与方法,它所导出的二次规划方程(2.1.21)—(2.1.24)具有典型性. 当用它来处理更为复杂的问题时,将可以看到它的优越性. 除了绪论中提到的优点之外,还可以注意到状态变量 θ 和 y,控制变量 λ_i 和松弛变量 ν_i 将由方程式(2.1.21)~(2.1.24)同时解出,它们在求解层次上是同一级别,这是用经典变分原理做不到的.

如果用经典变分原理让 y,θ 和 λ_i 同时参加(2.1.16)Π_3 的变分,则会得到

$$\left.\begin{aligned}&\sum_{i=1}^{3}\left[K_i^{(-)}(y-\theta l_i)-\lambda_i K_i^{(-)}\right]-P=0\\&\sum_{i=1}^{3}l_i\left[K_i^{(-)}(y-\theta l_i)-\lambda_i K_i^{(-)}\right]=0\end{aligned}\right\}\tag{2.1.25}$$

以及

$$\lambda_i=y-\theta l_i\tag{2.1.26}$$

式(2.1.25)应该是结构的平衡方程，然而将式(2.1.26)代入(2.1.25)之后发现，除 $P=0$ 点之外均不成立.

回顾参变量变分原理的推演过程，起重要作用的是控制参数 λ_i，λ_i 起控制作用. 可以设想如果把图 2.1(a)结构的每一根杆 i 模型化成两根杆. 其中一根杆的刚度为 $K_i^{(-)}$，无论受压受拉都起作用；另一根杆的刚度则起补充作用，它在受压时刚度为零，在受拉时将发挥作用，它将发生的伸长量为 λ_i. 因而，这个伸长量 λ_i 的有无定性地标志着拉压状态，λ_i 的数值则定量地反映了杆件的本构状态. 参变量最小势能原理要求势能对结构的变位 y 和 θ 的变分来满足平衡条件与力的边界条件，它并不要求对控制杆件伸长量的 λ_i 的变分，只是整个变分受 λ_i 控制，让得出的平衡方程中含有 λ_i，这个 λ_i 再由本构关系来满足. 这便是控制变量的物理意义和作用.

下面用二个数值例题来分别讨论三杆结构当 $K_i^{(-)}>K_i^{(+)}$ 和 $K_i^{(-)}<K_i^{(+)}$ 时的二种情况.

例 2.1　结构仍如图 2.1(a)所示，$K_i^{(-)}>K_i^{(+)}$，受力方向与图 2.1(a)所示相反，已知数据见表 2.1，$P=-10$.

表 2.1

杆号	l_i	$K_i^{(-)}$	$K_i^{(+)}$
1	0	10	6
2	2	10	6
3	4	10	6

在本例中，杆件 i 的本构关系如图 2.2 所示，附加伸长量便是

参变量.而问题的解归结到最后便是解一个互补问题(2.1.21)～(2.1.24).

将已知数据代入式(2.1.16)便得

$$\Pi_i[\lambda_i(\cdot)] = \frac{1}{2}K^{(-)}(y^2 + (y-2\theta)^2 + (y-4\theta)^2) - K^{(-)}(\lambda_1 y + \lambda_2(y-2\theta) + \lambda_3(y-4\theta)) - Py \tag{2.1.27}$$

其中 $K^{(-)} = K_1^{(-)} = K_2^{(-)} = K_3^{(-)}$.

作 $\Pi_3[\lambda_i(\cdot)]$对 y 和 θ 的变分有

$$\partial\Pi_3/\partial y = K^{(-)}(3y - 6\theta) - K^{(-)}(\lambda_1 + \lambda_2 + \lambda_3) - P = 0 \tag{2.1.28}$$

$$\partial\Pi_3/\partial\theta = -K^{(-)}(6y - 20\theta) + K^{(-)}(2\lambda_2 + 4\lambda_3) = 0 \tag{2.1.29}$$

解方程组(2.1.28)-(2.1.29)得

$$\left.\begin{aligned} y &= \frac{1}{6}(5\lambda_1 + 2\lambda_2 - \lambda_3 + 5P/K^{(-)}) \\ \theta &= \frac{1}{4}(\lambda_1 - \lambda_3 + P/K^{(-)}) \end{aligned}\right\} \tag{2.1.30}$$

而由式(2.1.10)得

$$f_1(y,\theta,\lambda_i) = y(K_1^{(-)} - K_1^{(+)}) - \lambda_1 K_1^{(-)} = \frac{1}{6}(5\lambda_1 + 2\lambda_2 - \lambda_3 + 5P/K^{(-)})K - \lambda_1 K^{(-)}$$

$$f_2(y,\theta,\lambda_i) = \left(\frac{1}{3}\lambda_1 + \frac{1}{3}\lambda_2 + \frac{1}{3}\lambda_3 + \frac{1}{3}P/K^{(-)}\right)K - \lambda_2 K^{(-)}$$

$$f_3(y,\theta,\lambda_i) = \left(-\frac{1}{6}\lambda_1 + \frac{1}{3}\lambda_2 + \frac{5}{6}\lambda_3 - \frac{1}{6}P/K^{(-)}\right)K - \lambda_3 K^{(-)}$$

其中 $K = K^{(-)} - K^{(+)}$.

将已知数据代入 $f_i(y,\theta,\lambda_i)(i=1,2,3)$，则式(2.1.22)～(2.1.24)化为

$$\nu_1 + \left(-\frac{40}{6}\right)\lambda_1 + \frac{8}{6}\lambda_2 - \frac{4}{6}\lambda_3 = \frac{20}{6}$$

$$\nu_2 + \left(\frac{8}{6}\right)\lambda_1 - \frac{52}{6}\lambda_2 + \frac{8}{6}\lambda_3 = \frac{8}{6}$$

$$\nu_3 + \left(-\frac{4}{6}\right)\lambda_1 + \frac{8}{6}\lambda_2 - \frac{40}{6}\lambda_3 = -\frac{4}{6}$$

列成 Lemke 求解表格形式为

表 2.2

基底	ν_1	ν_2	ν_3	λ_1	λ_2	λ_3	z_0	q
ν_1	1	0	0	−20/3	4/3	−2/3	−1	10/3
ν_2	0	1	0	4/3	−26/3	4/3	−1	4/3
ν_3	0	0	1	−2/3	4/3	−20/3	−1	−2/3

利用 Lemke 算法获得

$\lambda_1=\lambda_2=0$，$\lambda_3=0.1$

$\nu_1=3.4$，$\nu_2=1.2$，$\nu_3=0$

代入式(2.1.30)后有

$$y=-0.85,\ \theta=-0.275$$

结果表明杆 1 和杆 2 处于受压状态，杆 3 处于受拉状态，且附加伸长量为 0.1.

如果令上面的模型 $K_i^{(+)}=0$ $(i=1,2,3)$，这相当于表明各杆不能抵抗拉力，用上述同样方法可获得互补问题，直接由表 2.3 给出.

表 2.3

基底	ν_1	ν_2	ν_3	λ_1	λ_2	λ_3	z_0	q
ν_1	1	0	0	−5/3	10/3	−5/3	−1	25/3
ν_2	0	1	0	10/3	−20/3	10/3	−1	10/3
ν_3	0	0	1	−5/3	10/3	−5/3	−1	−5/3

用 Lemke 算法求解表 2.3 所示问题，将获得一组射线解，表明问题的不安定性. 实际上，由于杆件不能承受拉力，导致了问题的病态，使刚性体沿一个方向自由旋转.

例 2.2　考虑如图 2.1(a)所示结构，$K_i^{(-)} < K_i^{(+)}$ $(i=1,2,3)$，如图 2.3 所示. 受力方向同图 2.1(a)所示，已知数据见表 2.4.

表 2.4

杆号	l_i	$K_i^{(-)}$	$K_i^{(+)}$
1	0	6	10
2	2	6	10
3	4	6	10

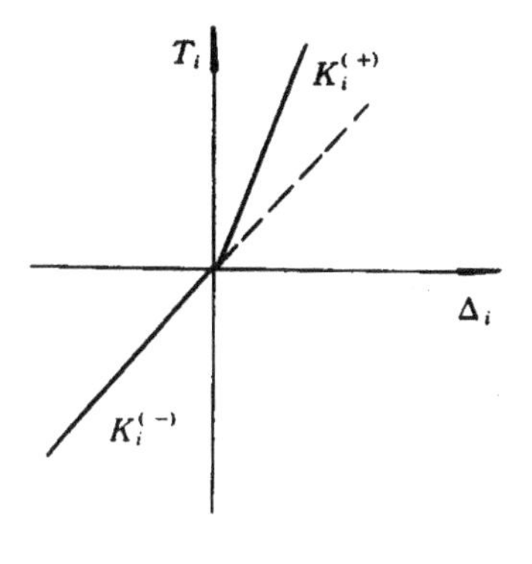

图 2.3

由于刚度性质的变化，导致式(2.1.6)～(2.1.24)也应作相应的调整. 其中式(2.1.6)，(2.1.7)与(2.1.10)化为

$$\Delta_i = T_i/K_i^{(-)} - \lambda_i \tag{2.1.31}$$

$$\lambda_i = T_i/K_i^{(-)} - T_i/K_i^{(+)} \tag{2.1.32}$$

$$f_i'(y,\theta,\lambda_i) = (y - \theta l_i)(K_i^{(+)} - K_i^{(-)}) - \lambda_i K_i^{(-)} \tag{2.1.33}$$

这样，问题(2.1.21)～(2.1.24)成为

$$\text{min.}\quad \Pi_4[\lambda_i(\cdot)] = \sum_{i=1}^{3}\left[\frac{1}{2}K_i^{(-)}(y-\theta l_i)^2 + \lambda_i K_i^{(-)}(y-\theta l_i)\right] - Py \tag{2.1.34}$$

$$\text{s.t.}\qquad f_i'(y,\theta,\lambda_i) + \nu_i = 0 \tag{2.1.35}$$

$$\nu_i \cdot \lambda_i = 0,\ \nu_i,\lambda_i \geqslant 0,\ i = 1,2,3 \tag{2.1.36}$$

仿例 2.1 的求解过程. 将已知数据代入式(2.1.34)，然后通过对

Π_4 以 y,θ 为变量进行变分，得

$$3y - 6\theta = -\lambda_1 - \lambda_2 - \lambda_3 + P/6$$

$$3y - 10\theta = -\lambda_2 - 2\lambda_3$$

联立求解，得

$$y = \frac{1}{6}(5\lambda_1 - 2\lambda_2 + \lambda_3 + \frac{5}{6}P)$$

$$\theta = \frac{1}{4}(-\lambda_1 + \lambda_3 + \frac{P}{6})$$

然后用(2.1.33)式的屈服函数 $f_i'(y,\theta,\lambda_i)$ 代入式(2.1.35)可得表2.5所示的线性互补问题.

表 2.5

基底	ν_1	ν_2	ν_3	λ_1	λ_2	λ_3	z_0	q
ν_1	1	0	0	$-28/3$	$-4/3$	$2/3$	-1	$-5/9P$
ν_2	0	1	0	$-4/3$	$-22/3$	$-4/3$	-1	$-2/9P$
ν_3	0	0	1	$2/3$	$-4/3$	$-28/3$	-1	$1/9P$

表2.5经过求解可获得

$$\lambda_1 = 17P/300,\ \lambda_2 = P/50,\ \lambda_3 = 0$$

以及

$$y = 0.085P,\quad \theta = 0.0275P$$

由求得的结果可以看到，杆1,2处于受拉状态，杆3处于受压状态.

以上两个例题分别讨论了用参变量变分原理求解三杆结构受拉刚度 $K_i^{(+)}$ 和受压刚度 $K_i^{(-)}$ 变化的两种情况，通过用受拉时附加伸长或附加收缩量 λ_i 作为待定的参变量，建立本构方程. 而所建立的本构方程恰好是一个标准的二次规划中的线性互补问题，因此要解的问题最终都可归结为解线性互补问题. 尽管上面所给的例子比较小，但却阐明了参变量变分原理求解问题的基本思想.

2.1.3 多折点本构关系的杆系结构分析

在 2.1.2 小节中所描述的拉压具有不同刚度的杆系结构分析，从本构关系上看，均属单折点情况. 即在变位为零（或不为零）的某一点有一个折点. 如果结构的本构关系中有多个转折点（一个以上），或者说结构中的杆件具有两个以上的刚度性态，对这种情况应怎样进行处理呢？下面就针对这种问题进行讨论.

首先分析本构关系中有两个转折点的情况，仍用简单杆系结构来解释方法的本质. 假设杆件的本构关系如图 2.4 所示，可描述为

$$\Delta_i=\begin{cases} T_i/K_i^{(1)} & T_i\leqslant P_i^{(1)} \\ T_i/K_i^{(1)}+(T_i-P_i^{(1)})(1/K_i^{(2)}-1/K_i^{(1)}) & P_i^{(1)}\leqslant T_i\leqslant P_i^{(2} \\ T_i/K_i^{(1)}+(T_i-P_i^{(1)})(1/K_i^{(2)}-1/K_i^{(1)}) & \\ \qquad +(T_i-P_i^{(2)})(1/K_i^{(3)}-1/K_i^{(2)}) & P_i^2\leqslant T_i \end{cases} \tag{2.1.37}$$

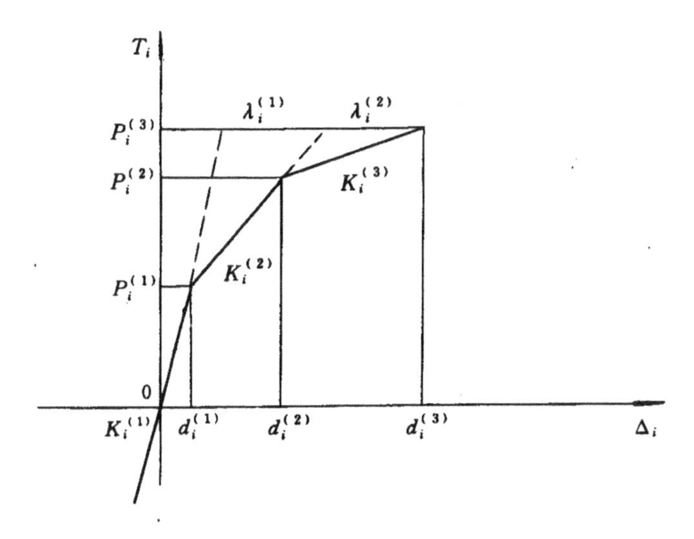

图 2.4

显然,对每个杆件来说,有三种受力状态:(1)当 $T_i \leqslant P_i^{(1)}$ 时,杆件的刚度为 $K_i^{(1)}$;(2)当 $P_i^{(1)} \leqslant T_i \leqslant P_i^{(2)}$ 时,刚度为 $K_i^{(2)}$;(3)当 $T_i \geqslant P_i^{(2)}$ 时,刚度为 $K_i^{(3)}$. 采取上节对拉压不同刚度杆件的类似的处理方式,即将杆件分成三个,基本杆的刚度 $K_i^{(1)}$ 在任何状态下均起作用;另外两个杆起控制作用,其中一个杆当 $T_i \geqslant P_i^{(1)}$ 时起控制作用,另外一根在 $T_i \geqslant P_i^{(2)}$ 时起作用. 因此杆 i 的变位除基本杆之外,还应有控制杆的变位,控制杆所引起的变位称为杆的附加伸长量. λ_i 由第一个控制杆的附加伸长量 $\lambda_i^{(1)}$ 和第二个控制杆的附加伸长量 $\lambda_i^{(2)}$ 组成,即 $\lambda_i = \lambda_i^{(1)} + \lambda_i^{(2)}$. 由式(2.1.37)可知,$\lambda_i^{(\alpha)}$ $(\alpha=1,2)$可表示成

$$\lambda_i^{(1)} = (T_i - P_i^{(1)})\left(\frac{1}{K_i^{(2)}} - \frac{1}{K_i^{(1)}}\right),\ \text{当}\ P_i^{(1)} \leqslant T_i\ \text{时} \tag{2.1.38}$$

$$\lambda_i^{(2)} = (T_i - P_i^{(2)})\left(\frac{1}{K_i^{(3)}} - \frac{1}{K_i^{(2)}}\right),\ \text{当}\ P_i^{(2)} \leqslant T_i\ \text{时} \tag{2.1.39}$$

且

$$\lambda_i^{(1)},\ \lambda_i^{(2)} \geqslant 0,\ \lambda_i = \lambda_i^{(1)} + \lambda_i^{(2)} \tag{2.1.40}$$

如此式(2.1.37)变成

$$\Delta_i = T_i / K_i^{(1)} + \lambda_i \tag{2.1.41}$$

即有

$$T_i = K_i^{(1)}(\Delta_i - \lambda_i) \tag{2.1.42}$$

将式(2.1.42)代入式(2.1.38),(2.1.39)得

$$\bar{f}_i^{(1)}(\Delta_i, \lambda_i) = \frac{K_i^{(1)} - K_i^{(2)}}{K_i^{(1)} K_i^{(2)}}\left[(\Delta_i - \lambda_i^{(1)} - \lambda_i^{(2)}) K_i^{(1)} - P_i^{(1)}\right] - \lambda_i^{(1)} \tag{2.1.43}$$

$$\bar{f}_i^{(2)}(\Delta_i, \lambda_i) = \frac{K_i^{(2)} - K_i^{(3)}}{K_i^{(2)} K_i^{(3)}}\left[(\Delta_i - \lambda_i^{(1)} - \lambda_i^{(2)}) K_i^{(1)} - P_i^{(2)}\right] - \lambda_i^{(2)} \tag{2.1.44}$$

显然应有

$$\left.\begin{aligned}\bar{f}_i^{(1)}(\Delta_i,\lambda_i)=0 \text{ 时 } \lambda_i^{(1)}\geqslant 0\\ \bar{f}_i^{(1)}(\Delta_i,\lambda_i)<0 \text{ 时 } \lambda_i^{(1)}=0\\ \bar{f}_i^{(2)}(\Delta_i,\lambda_i)=0 \text{ 时 } \lambda_i^{(2)}\geqslant 0\\ \bar{f}_i^{(2)}(\Delta_i,\lambda_i)<0 \text{ 时 } \lambda_i^{(2)}=0\end{aligned}\right\} \tag{2.1.45}$$

简化式(2.1.43),(2.1.44)的形式,取

$$\left.\begin{aligned}f_i^{(1)}(\Delta_i,\ \lambda_i)=\bar{f}_i^{(1)}\cdot\frac{K_i^{(2)}\cdot K_i^{(1)}}{K_i^{(1)}-K_i^{(2)}}\\ f_i^{(2)}(\Delta_i,\ \lambda_i)=\bar{f}_i^{(2)}\cdot\frac{K_i^{(3)}\cdot K_i^{(2)}}{K_i^{(2)}-K_i^{(3)}}\end{aligned}\right\} \tag{2.1.46}$$

则有

$$\lambda_i^{(\alpha)}\begin{cases}>0 & \text{当 } f_i^{(\alpha)}=0 \text{ 时}\\ =0 & \text{当 } f_i^{(\alpha)}\leqslant 0 \text{ 时}\end{cases}\quad \alpha=1,2 \tag{2.1.47}$$

在式(2.1.47)中引入一个松弛变量$\nu_i^{(\alpha)}$,则此问题的本构关系可写成(对第i根杆而言)

$$\left.\begin{aligned}&f_i^{(\alpha)}(\Delta_i,\lambda_i)+\nu_i^{(\alpha)}=0\\ &\nu_i^{(\alpha)}\lambda_i^{(\alpha)}=0,\ \nu_i^{(\alpha)},\ \lambda_i^{(\alpha)}\geqslant 0,\ \alpha=1,2\end{aligned}\right\} \tag{2.1.48}$$

可构造参变量变分所对应的泛函

$$\Pi_5[\lambda(\cdot)]=\sum_{i=1}^{N}\left[\frac{1}{2}K_i^{(1)}\Delta_i^2-K_i^{(1)}\Delta_i\lambda_i\right]-\sum_{j=1}^{M}P_j\Delta_j \tag{2.1.49}$$

其中式(2.1.49)中右端最后一项为外力势,M为外力作用的节点数,N为杆件数.显然式(2.1.49)与经典杆系最小势能原理十分相近,只是多了右端项中的$K_i^{(1)}\Delta_i\lambda_i$.这一项是由于$\lambda_i$的调整而导致的对势能的调整.对于弹性杆,$\lambda_i=0$.

式(2.1.49)的证明是十分简单的,注意到对λ_i不进行变分,则证明过程与经典变分原理的证明过程完全相同(证明时应进一步将Δ_i,P_j,Δ_j用全系统统一的独立变量替代).

至此,两折点本构模型的求解问题化为

$$\min. \quad \Pi_5[\lambda(\cdot)] \tag{2.1.50}$$

$$\text{s.t.} \quad f_i^{(\alpha)}(\Delta_i, \lambda_i) + \nu_i^{(\alpha)} = 0 \tag{2.1.51}$$

$$\nu_i^{(\alpha)}\lambda_i^{(\alpha)} = 0,\ \nu_i^{(\alpha)},\ \lambda_i^{(\alpha)} \geqslant 0$$

$$\alpha = 1,2,\ i = 1,2,\cdots,\ N_p \tag{2.1.52}$$

其中 N_p 为非线性杆件数.

下面借助简单的例题来说明两折点本构关系问题的求解. 至于该问题通用有限元程序的实现过程，是不难获得的，读者可参见§3.1 的介绍.

例 2.3 图 2.5 所示结构，杆 2 是完全弹性的，且刚度为 $K^{(1)}$. 杆 1 具有多刚度，其本构关系同图 2.4. 其中

$$K^{(1)}=200;\ K^{(2)}=100,\ K^{(3)}=20;\ P^{(1)}=100,\ P^{(2)}=110$$

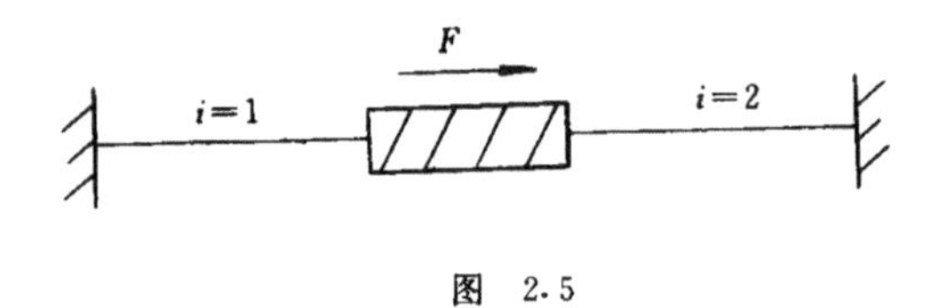

图 2.5

选择变位 x 为状态变量，此结构仅一个自由度. 结构受水平力 F，所以参变量势能可表为

$$\Pi_5'[\lambda(\cdot)] = \left(\frac{1}{2}K^{(1)}x^2 + \frac{1}{2}K^{(1)}x^2 - xK^{(1)}\lambda_1\right) - Fx$$

对 x 进行变分，得

$$\partial\Pi_5'/\partial x = 0,\ 2K^{(1)}x - K^{(1)}\lambda_1 = F$$

由式(2.1.42)知这正是平衡方程，不难求解.

$$x=(F+K^{(1)}\lambda_1)/(2K^{(1)})$$

而式(2.1.46)成为

$$(x-\lambda_1)K^{(1)}-P^{(1)}+\frac{K^{(1)}K^{(2)}}{K^{(2)}-K^{(1)}}\lambda_1^{(1)}=f^{(1)}(x,\lambda_1)$$

$$(x-\lambda_1)K^{(1)}-P^{(2)}+\frac{K^{(3)}K^{(2)}}{K^{(3)}-K^{(2)}}\lambda_1^{(2)}=f^{(2)}(x,\lambda_1)$$

将已知数据代入上式，则式(2.1.51)，(2.1.52)成为

$$\nu_1^{(1)}+(-300)\lambda_1^{(1)}-100\lambda_1^{(2)}=100-\frac{F}{2}$$

$$\nu_1^{(2)}+(-100)\lambda_1^{(1)}-125\lambda_1^{(2)}=110-\frac{F}{2}$$

$$\nu_1^{(1)},\nu_1^{(2)},\ \lambda_1^{(1)},\lambda_1^{(2)}\geqslant 0$$

$$\nu_1^{(1)}\lambda_1^{(1)}=0,\ \nu_1^{(2)}\lambda_1^{(2)}=0$$

以表格形式表示为表 2.6. 于是可利用线性互补问题 Lemke 算法对不同的外力 F 值进行求解，所得结果如表 2.7.

表 2.6

基底	$\nu_1^{(1)}$	$\nu_1^{(2)}$	$\lambda_1^{(1)}$	$\lambda_1^{(2)}$	z_0	q
$\nu_1^{(1)}$	1	0	-300	-100	-1	$100-\frac{1}{2}P$
$\nu_1^{(2)}$	0	1	-100	-125	-1	$110-\frac{1}{2}P$

表 2.7

F	x	$\lambda_1^{(1)}$	$\lambda_1^{(2)}$
200	0.500	0.000	0.000
220	0.567	0.033	0.000
230	0.600	0.053	0.000
300	0.918	0.082	0.255

由表 2.7 的结果可以看到，当 $F=200$ 时结构处于 $K^{(1)}$ 作用区；当 $F=220,230$ 时，非线性杆处于 $K^{(2)}$ 工作区；当 $F=300$ 时则进入 $K^{(3)}$ 作用区，亦即 $\nu_1,\nu_2=0$.

应当注意,上述公式只是对图 2.4 所示的本构模型才有效,而对于图 2.6 所示的一类本构模型,则公式应另行建立.

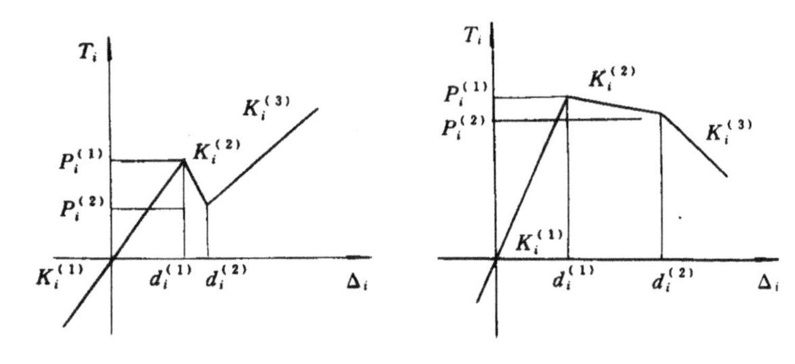

图 2.6

有了上面两折点本构模型的处理过程及公式推导基础,则可以建立更一般的具有 n 个折点本构关系的参变量变分公式了. 如图 2.7 所示,表明杆具有 $n+1$ 个刚度值,$K_i^{(1)}$, $K_i^{(2)}$, …, $K_i^{(n+1)}$,导致本构关系有 n 个转折点. 对这种情况完全可以由前面两折点的公式进行推广,写出变位 Δ_i 和内力 T_i 的关系

$$\Delta_i = \begin{cases} T_i/K_i^{(1)} & T_i \leqslant P_i^{(1)} \\ T_i/K_i^{(1)} + (T_i - P_i^{(1)})(1/K_i^{(2)} - 1/K_i^{(1)}) & P_i^{(1)} \leqslant T_i \leqslant P_i^{(2)} \\ T_i/K_i^{(1)} + (T_i - P_i^{(1)})(1/K_i^{(2)} - 1/K_i^{(1)}) & P_i^{(2)} \leqslant T_i \leqslant P_i^{(3)} \\ \qquad + (T_i - P_i^{(2)})(1/K_i^{(3)} - 1/K_i^{(2)}) & \\ \qquad \vdots & \\ T_i/K_i^{(1)} + \sum_{j=1}^{m}(T_i - P_i^{(j)})(1/K_i^{(j+1)} - 1/K_i^{(j)}) & P_i^{(m)} \leqslant T_i \leqslant P_i^{(m+1)} \\ \qquad \vdots & \\ T_i/K_i^{(1)} + \sum_{j=1}^{n}(T_i - P_i^{(j)})(1/K_i^{(j+1)} - 1/K_i^{(j)}) & P_i^{(n)} \leqslant T_i \end{cases}$$

(2.1.53)

这样就可把一根杆分为一个基本杆和 n 个控制杆,各控制杆

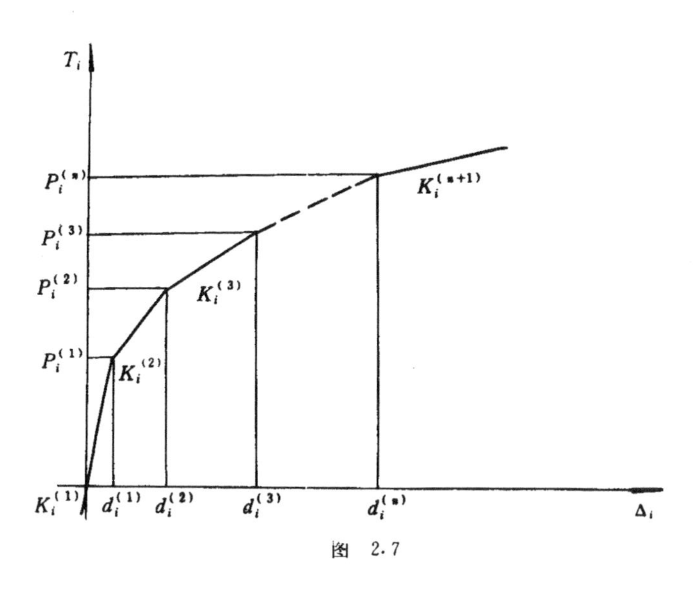

图 2.7

的变位之和称为总附加伸长，且满足

$$\lambda_i = \sum_{j=1}^{n} \lambda_i^{(j)},\ \lambda_i^{(j)} \geqslant 0,\ j = 1,2,\cdots,n \qquad (2.1.54)$$

且有

$$\left.\begin{aligned}
\lambda_i^{(1)} &= (T_i - P_i^{(1)})\left(\frac{1}{K_i^{(2)}} - \frac{1}{K_i^{(1)}}\right) && \text{当 } T_i \geqslant P_i^{(1)} \\
\lambda_i^{(2)} &= (T_i - P_i^{(2)})\left(\frac{1}{K_i^{(3)}} - \frac{1}{K_i^{(2)}}\right) && \text{当 } T_i \geqslant P_i^{(2)} \\
&\vdots \\
\lambda_i^{(m)} &= (T_i - P_i^{(m)})\left(\frac{1}{K_i^{(m+1)}} - \frac{1}{K_i^{(m)}}\right) && \text{当 } T_i \geqslant P_i^{(m)} \\
&\vdots \\
\lambda_i^{(n)} &= (T_i - P_i^{(n)})\left(\frac{1}{K_i^{(n+1)}} - \frac{1}{K_i^{(n)}}\right) && \text{当 } T_i \geqslant P_i^{(n)}
\end{aligned}\right\}$$

(2.1.55)

由于 $T_i = K_i^{(1)}(\Delta_i - \lambda_i)$，代入式(2.1.55)可消除 T_i 如此可得

$$
\left.\begin{aligned}
f_i^{(1)}(\Delta_i,\lambda_i) &= \frac{K_i^{(1)}K_i^{(2)}}{K_i^{(2)}-K_i^{(1)}}\lambda_i^{(1)} + K_i^{(1)}\Big(\Delta_i - \sum_{j=1}^{n}\lambda_i^{(j)}\Big) - P_i^{(1)} \\
&\qquad\qquad \text{当 } T_i \geqslant P_i^{(1)} \text{ 时} \\
f_i^{(2)}(\Delta_i,\lambda_i) &= \frac{K_i^{(2)}K_i^{(3)}}{K_i^{(3)}-K_i^{(2)}}\lambda_i^{(2)} + K_i^{(1)}\Big(\Delta_i - \sum_{j=1}^{n}\lambda_i^{(j)}\Big) - P_i^{(2)} \\
&\qquad\qquad \text{当 } T_i \geqslant P_i^{(2)} \text{ 时} \\
&\vdots \\
f_i^{(m)}(\Delta_i,\lambda_i) &= \frac{K_i^{(m)}K_i^{(m+1)}}{K_i^{(m+1)}-K_i^{(m)}}\lambda_i^{(m)} + K_i^{(1)}\Big(\Delta_i - \sum_{j=1}^{n}\lambda_i^{(j)}\Big) - P_i^{(m)} \\
&\qquad\qquad \text{当 } T_i \geqslant P_i^{(m)} \text{ 时} \\
&\vdots \\
f_i^{(n)}(\Delta_i,\lambda_i) &= \frac{K_i^{(n)}K_i^{(n+1)}}{K_i^{(n+1)}-K_i^{(n)}}\lambda_i^{(n)} + K_i^{(1)}\Big(\Delta_i - \sum_{j=1}^{n}\lambda_i^{(j)}\Big) - P_i^{(n)} \\
&\qquad\qquad \text{当 } T_i \geqslant P_i^{(n)} \text{ 时}
\end{aligned}\right\}
\tag{2.1.56}
$$

则本构关系表达式可表述为

$$
\lambda_i^{(\alpha)}\begin{cases} \geqslant 0, \text{当 } f_i^{(\alpha)} = 0 \text{ 时} \\ = 0, \text{当 } f_i^{(\alpha)} \leqslant 0 \text{ 时} \end{cases}, \ \alpha = 1,2,\cdots,n \tag{2.1.57}
$$

仿式(2.1.49),可建立参变量变分对应的泛函

$$
\Pi_6[\lambda(\cdot)] = \sum_{i=1}^{N}\Big[\frac{1}{2}K_i^{(1)}\Delta_i^2 - K_i^{(1)}\Delta_i\sum_{j=1}^{n}\lambda_i^{(j)}\Big] - \sum_{j=1}^{M}P_j\Delta_j \tag{2.1.58}
$$

式(2.1.58)中的各量均参见式(2.1.49)的说明. 这样具有 n 个折点的本构模型杆系结构求解问题化为

$$
\left.\begin{aligned}
&\min.\ \Pi_6[\lambda(\cdot)] \\
&\text{s.t.}\ \ f_i^{(j)}(\Delta_i,\lambda_i) + \nu_i^{(j)} = 0 \\
&\qquad \nu_i^{(j)}\cdot\lambda_i^{(j)} = 0,\ \nu_i^{(j)},\lambda_i^{(j)} \geqslant 0 \\
&\qquad i = 1,2,\cdots,N_p,\ j = 1,2,\cdots,n
\end{aligned}\right\}
\tag{2.1.59}
$$

其中 N_p 为非线性单元数,n 为折点数.

§2.2 弹塑性分析参变量变分原理

在§2.1节中我们从非线性杆系结构分析入手阐述了参变量变分原理的建立过程和它的基本含义.下面我们将较系统地论述对于弹塑性问题这一原理的构造过程,并给出了用参变量变分原理对几个问题的求解示例.

2.2.1 弹塑性分析基本方程

首先应当说明的是本文的研究内容是在小变形、等温等基本假设的前提下进行的.在塑性力学中,描述材料的本构特性可以在应力空间内进行,也可以在应变空间进行.应力空间是以应力为基本变量的,而应变空间则以应变为基本变量.这两个空间中变量之间,屈服函数、势函数之间均有一一对应的相互转换关系.鉴于现有本构实验结果大多数是在应力空间中给出的,故本书将主要在应力空间中讨论问题,其结论转换到应变空间没有实质性的困难.本小节将主要论述本书中用到的弹塑性理论的基础知识.

由弹塑性理论可知,当不考虑材料的弹塑性耦合性质时,总应变增量 $d\boldsymbol{\varepsilon}$ 可分解为弹性应变增量 $d\boldsymbol{\varepsilon}^e$ 和塑性应变增量 $d\boldsymbol{\varepsilon}^p$ 两部分,即

$$d\boldsymbol{\varepsilon}=d\boldsymbol{\varepsilon}^e+d\boldsymbol{\varepsilon}^p \tag{2.2.1}$$

与之对应的弹性应力增量响应分别为

$$d\boldsymbol{\sigma}^e=\boldsymbol{D}d\boldsymbol{\varepsilon} \tag{2.2.2}$$

$$d\boldsymbol{\sigma}=\boldsymbol{D}d\boldsymbol{\varepsilon}^e \tag{2.2.3}$$

$$d\boldsymbol{\sigma}^p=\boldsymbol{D}d\boldsymbol{\varepsilon}^p \tag{2.2.4}$$

这些量之间的关系在简单应力状态下如图2.8所示.从式(2.2.1),(2.2.3)可以导出

$$d\boldsymbol{\sigma}=\boldsymbol{D}(d\boldsymbol{\varepsilon}-d\boldsymbol{\varepsilon}^{p}) \tag{2.2.5}$$

这就是应力与应变之间的弹性关系. 应当注意, 式(2.2.1)~(2.2.5)中的 $\boldsymbol{D}$ 为弹性本构关系矩阵.

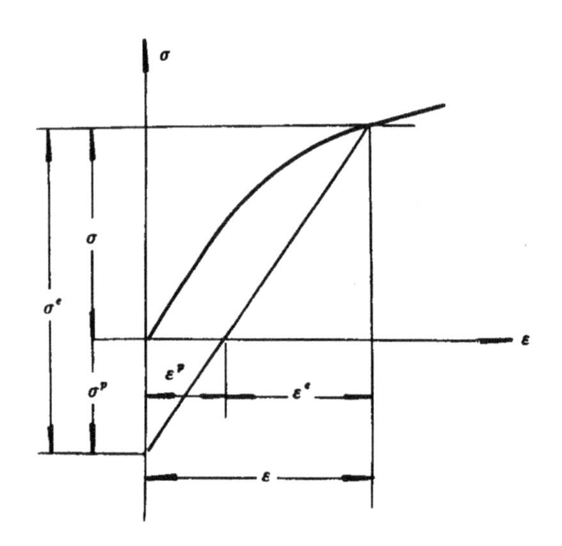

图 2.8 应力应变间弹性关系

塑性力学流动理论(或增量理论)主要由三个基本理论组成, 即屈服面和加载面(后继屈服面)理论; 流动法则与强化(硬化)定律. 下面分别加以简述.

1. 屈服面与加载面

屈服面和加载面用于区别材料的应力状态. 屈服面(从自然状态到初始屈服)和加载面(从一种塑性状态到另 一种塑性状态)的数学表达式称为加载函数. 在应力空间中一点的应力状态应当满足

$$f(\boldsymbol{\sigma},\boldsymbol{\varepsilon}^{p},\ \kappa)\leqslant 0 \tag{2.2.6}$$

式(2.2.6)称为屈服约束条件. 其中 κ 是反映变形历史的强化参

数，也称内变量. $f<0$ 表示材料质点处于弹性状态，$f=0$ 表示处于塑性状态，不存在 $f>0$ 的状态. 当质点从一种塑性状态变化到另一种塑性状态，产生了新的塑性变形的过程称为加载；如果在这个过程中不产生新的塑性变形而只有弹性变形的变化称为中性变载；质点从某一塑性状态转到另一弹性状态，这一变化不引起新的塑性变形，称为卸载. 因此，当质点处于塑性状态时，对于一个增量步，加载和中性变载时有 $df=0$，卸载时有 $df<0$.

至于屈服函数 f 的具体形式，已有多种描述方式，关于这部分内容，可参见§3.3介绍，也可参见有关塑性力学的专著.

2. 流动法则

流动法则也称正交定律，是确定塑性应变增量各分量间的相互关系，即塑性应变增量方向的一条规则. 它假定经过应力空间任何一点必有一塑性势面(Mises, 1928)

$$g(\boldsymbol{\sigma},\boldsymbol{\varepsilon}^{p},\kappa) \in C^{\circ}$$

经过该点的塑性应变增量与塑性势面之间满足下述正交关系：

$$d\boldsymbol{\varepsilon}^{p}=\lambda \frac{\partial g}{\partial \boldsymbol{\sigma}} \tag{2.2.7}$$

式中 λ 是待定的塑性流动比例因子，简称流动参数，它满足非负条件

$$\lambda\begin{cases}\geqslant 0, & \text{当 } f(\boldsymbol{\sigma},\boldsymbol{\varepsilon}^{p},\kappa)=0 \text{ 时} \\ =0, & \text{当 } f(\boldsymbol{\sigma},\boldsymbol{\varepsilon}^{p},\kappa)<0 \text{ 时}\end{cases} \tag{2.2.8}$$

也就是说，λ 的取值完全由加载函数 f 确定.

塑性理论发展至今，已经能够比较正确地分析一般金属材料的弹塑性力学性质. 但应当指出，由于非金属材料种类繁多，特别是土的工程性质，随着它的存在状态和外界条件而有大的变化. 与金属材料相比，非金属材料可能是层状的或颗粒状的或固、水、气共存的三相介质，因而有些对金属材料正确的假设或结论对非金属材料不一定成立. 例如，岩、土、混凝土、疏松介质材料及摩擦接

触问题都具有非法向流动性质．实验证明，这个物理现象与 Drucker 公设相矛盾，导出的弹塑性矩阵是非对称的，也找不到相应的经典变分原理．

所谓非法向流动是指：当材料发生塑性变形（或接触滑动）时，其流动方向不沿屈服面法向进行．非法向流动问题大致可分为三种情况：

（1）塑性势面与屈服面不重合的非关联流动问题．最常见的是为了与实验结果相适应，消除部分膨胀而引起的非法向流动．图 2.9 给出了几种常见的内摩擦材料的屈服面模型，这些屈服面在主应力空间中一般为锥面、旋转抛物面等，在 π 平面上的投影也不一而足，见图 2.10 所示．它们的共同特点是以静水压力轴 s 为对称轴，一端封闭靠近或处于原点处，一端开口（也有两端全封闭的）．如果以 s 轴为横坐标轴，以 π 平面上某个轴为纵坐标轴，则可以截出一条子午线，如图 2.11 所示．图中 s 轴代表只与静水压力有关的那部分应力，τ 轴代表只与塑应力有关的那部分应力．屈服函数对于 $-s$ 来说是单调上升的．考虑屈服面上一点 A 处的塑性流动问题，采用法向流动法则时，A 点的流动为 $\overrightarrow{AB}$，与 A 点的切向垂直．它可分解成沿 τ 轴的分量 $\overrightarrow{AC}$ 与沿 s 轴的分量 $\overrightarrow{CB}$．因为 $-s$ 轴为静水压力轴，可知 $\overrightarrow{CB}$ 分量代表材料的塑性膨胀量．选用与 s 轴平行的势函数，如图 2.11 中的双点划线，可消除膨胀 $\overrightarrow{CB}$．适当选取势函数 g，还可得到塑性收缩的结果，见图 2.11 中的虚线箭头．可见塑性势面是仅用来确定塑性增量变形的方向．当塑性势面与加载面重合时，即 $g=f$，流动法则称为相关联的流动法则或法向流动法则，当这两个面不重合时，即 $g\neq f$，则流动法则为非关联流动法则或非法向流动法则．

图 2.12 为 D. J. Han（韩大建）和 W. F. Chen 建立的一种混凝土本构模型，采取 Drucker-Prager（参见 § 3.3）屈服面作为塑性势面，见图 2.12 中的双点划线，与实验结果吻合较好．在这个模型中如果采用相关联流动法则，在一个屈服面上不同的应力点可以得到膨胀，也可以得到收缩，如图 2.13 中的 A 和 B 点的法向 ∇f 所

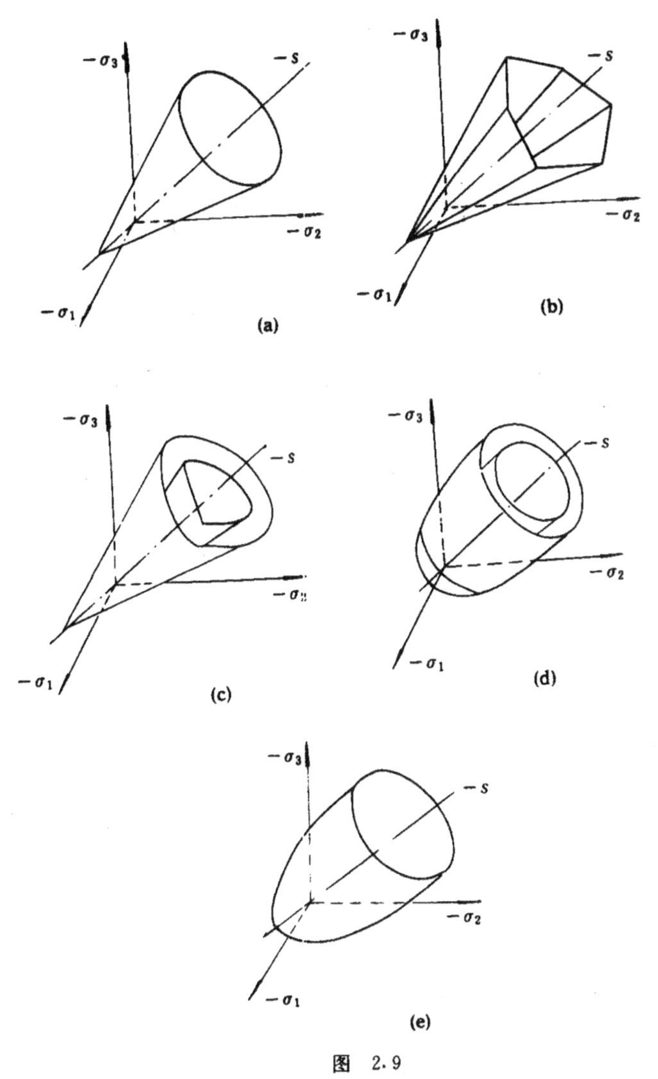

图 2.9

(a) Drucker-Prager (b) Mohr-Coulomb (c) Lade-Duncan

(d) Chen-Chen (e) Zienkiewicz-Pande

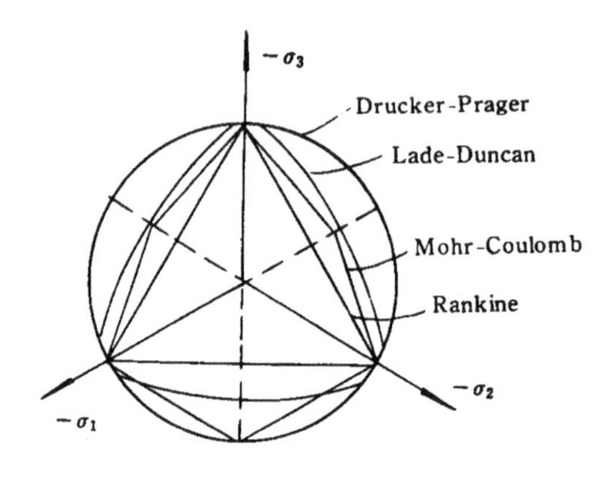

图 2.10 π平面投影

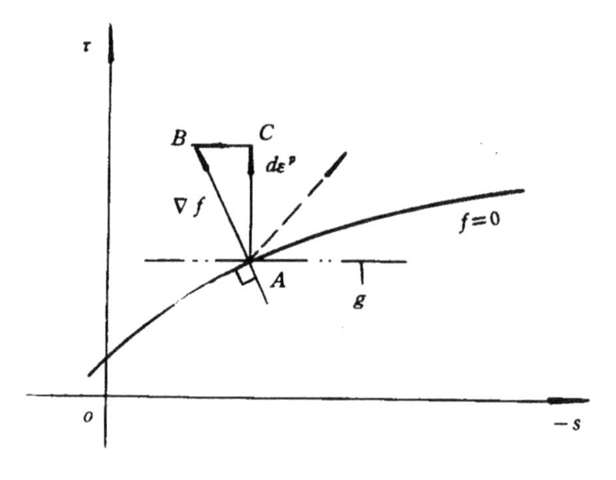

图 2.11

示. 采用非关联流动法则,得到的则是有均匀膨胀的 $d\varepsilon^p$.

(2) 弹塑性耦合引起的非法向流动问题. 弹性模量随塑性变形而发展变化的现象称为弹塑性耦合. 图 2.14 为砂岩柱循环压缩的实验应力-应变曲线. 可以明显地看到弹塑性耦合现象,特别是在软化阶段,耦合现象更为明显.

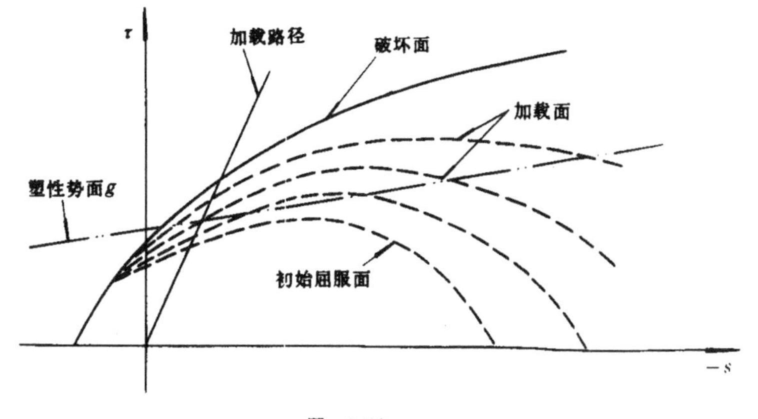

图 2.12

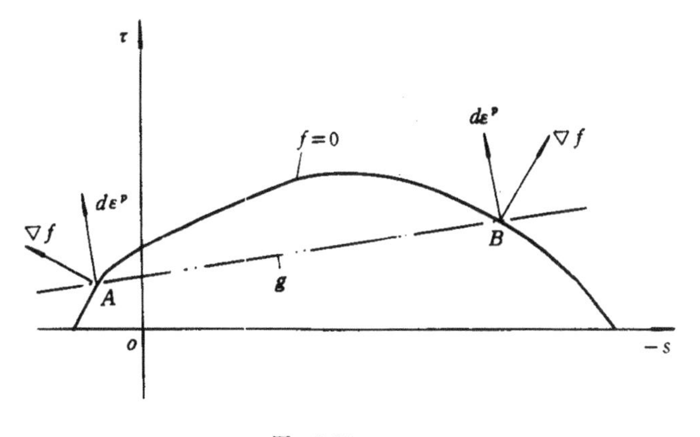

图 2.13

(3) 物体间接触时的非法向滑动问题. 层状材料及岩土软弱夹层、节理面、裂隙等都与接触问题一样，发生相互滑动时的方向是非法向的. 如图 2.15(a)所示桌子上放着一本大字典，其上作用有本身自重 P 和与桌面平行的推力 Q，根据 Coulomb 摩擦定律，当

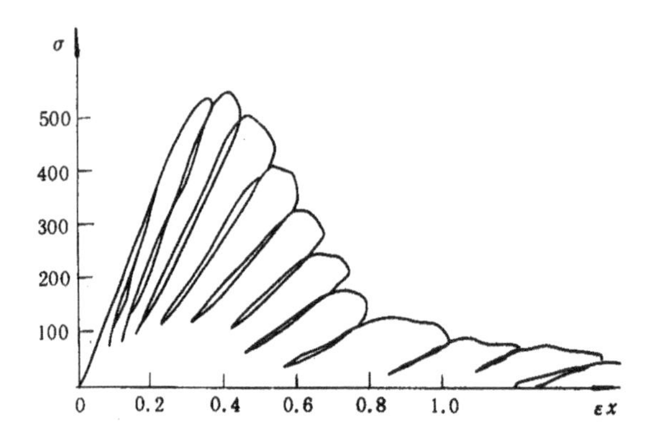
σ
500
400
300
200
100
0
0.2
0.4
0.6
0.8
1.0
εx

图 2.14

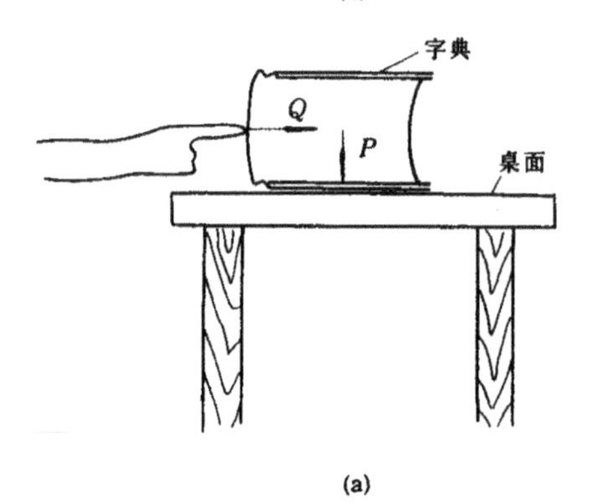
字典
Q
P
桌面

(a)

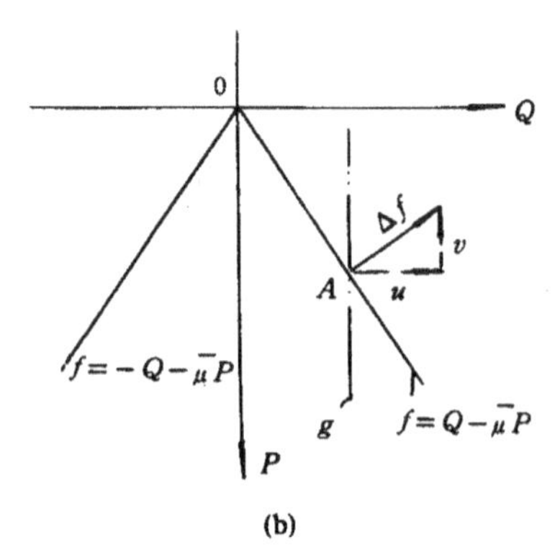
0
Q
Δf
v
A
u
f=−Q−μ̄P
g
f=Q−μ̄P
P

(b)

图 2.15

$$|Q| = \bar{\mu}P$$

时,字典将发生滑动,其中 $\bar{\mu}$ 为摩擦系数. 显然,字典只可能沿桌面滑动,而不可能悬离桌面. 如果按相关流动法则,$g=f$ 滑动应沿屈服面的 $f=|Q|-\mu P$ 的梯度方向. 见图 2.15(b)中 A 点的 ∇f,把 ∇f 沿坐标轴分解,就有一个沿垂直作用力 P 反向的分量 ν,这说明,按法向流动规则,字典一旦发生滑动,就会腾空悬起. 这显然与实际情况不符. 如果采用非法向流动法则,取势函数 $g=|Q|+\text{const}$,便可得到符合实际情况的结论,见图 2.15(b)所示.

从图 2.15 所示的实验说明了物体间摩擦非法向流动现象,同时也启迪人们对内摩擦材料的非法向流动性质有了一个直觉上的认识.

对于由 m_f 个光滑塑性势面构成的非正则塑性势面,流动法则成为

$$d\boldsymbol{\varepsilon}^p = \sum_{\alpha=1}^{m_f} \lambda_\alpha \frac{\partial g_\alpha}{\partial \boldsymbol{\sigma}} \tag{2.2.9}$$

$$\lambda_\alpha \begin{cases} \geqslant 0, & \text{当 } f_\alpha = 0 \text{ 时} \\ = 0, & \text{当 } f_\alpha < 0 \text{ 时} \end{cases} \quad (\alpha = 1, 2, \cdots, m_f) \tag{2.2.10}$$

上式说明在塑性势面的交点处,塑性应变增量是有关各面上的塑性应变增量的线性组合,如图 2.16 所示. 令

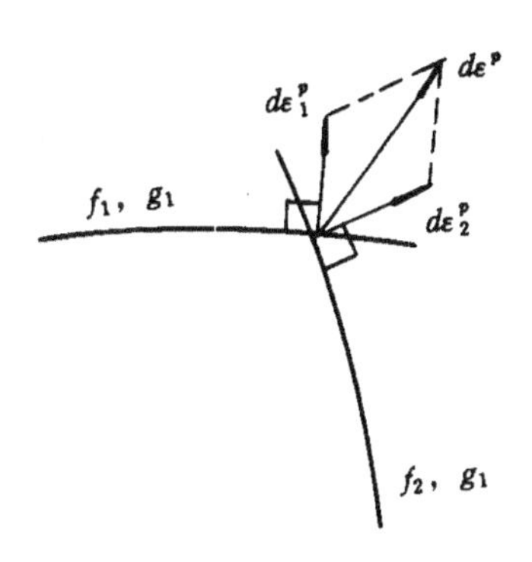

图 2.16

$$\left.\begin{aligned}\boldsymbol{\lambda} &= [\lambda_1, \lambda_2, \cdots, \lambda_{m_f}]^T \\ \boldsymbol{g} &= [g_1, g_2, \cdots, g_{m_f}]^T\end{aligned}\right\} \tag{2.2.11}$$

则可将 $d\boldsymbol{\varepsilon}^p$ 写成

$$d\boldsymbol{\varepsilon}^p = \left(\frac{\partial \boldsymbol{g}}{\partial \boldsymbol{\sigma}}\right)^T \boldsymbol{\lambda} \tag{2.2.12}$$

与此相应的加载函数可表达成

$$f = \{f_1, f_2, \cdots, f_{m_f}\}^T \tag{2.2.13}$$

3. 强化规律

在加载状态时，理想弹塑性材料加载面的形状、大小和位置都与屈服面一样，是固定的. 对于强化材料，加载可以使加载面(加载屈服面)膨胀，移动或改变形式. 这些大小、位置和形状的改变，取决于材料的变形历史与应力水平. 加载面的这些变化叫强化(硬化或软化). 多年来，人们按各种各样不同的变形历史，对许多材料进行实验研究，所得到的变形强化规律是多种多样的，很难得到统一的规律，为了便于应用，不得不进行若干假设. 下面是工程上常用的三种假设.

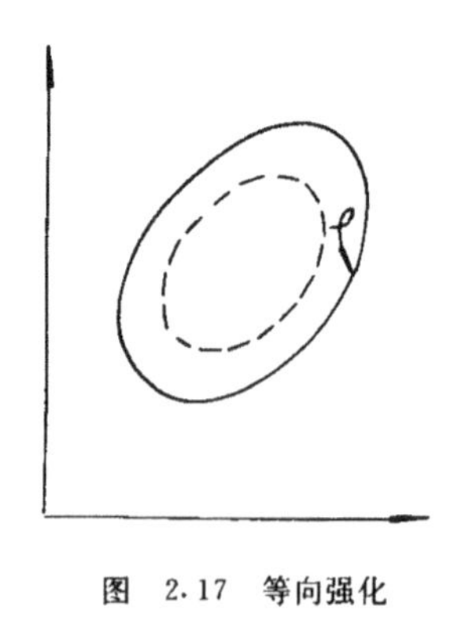

图 2.17 等向强化

1) 等向强化模型(Hill, 1950)

硬化模型中最简单的一种为等向强化模型. 该模型认为加载面在塑性加载后只是大小起变化，形状不变，如图 2.17 所示，可表示为

$$\begin{aligned} f &= f(\boldsymbol{\sigma}, \boldsymbol{\varepsilon}^p, \kappa) \\ &= f^*(\boldsymbol{\sigma}) - c(\boldsymbol{\varepsilon}^p, \kappa) \\ &\leqslant 0 \end{aligned} \tag{2.2.14}$$

这里 f^* 是初始屈服函数，$c(\boldsymbol{\varepsilon}^p, \kappa)$ 是所经历塑性变形的函数. 这里我们顺便对初始屈服面与后继屈服面的概念加以说明. 所谓初始

屈服条件就是物体内一点开始出现塑性变形时其应力状态所应满足的条件，有时简称为屈服条件，又称为塑性条件，初始屈服条件写成函数关系就称为初始屈服函数；初始屈服函数在应力空间中表示一个屈服面，称为初始屈服面.

由单向拉伸实验可以看到，当材料进入塑性状态后卸载，此后再重新加载时，拉伸应力和应变的变化仍服从弹性关系，直至应力到达卸载前曾经达到的最高应力点时，材料再次进入塑性状态，产生新的塑性变形. 这个应力点就是材料在经历了塑性变形后的新的屈服点。由于材料的硬化特性，它比初始屈服点为高. 为了和初始屈服点相区别，将它称为后继屈服点或硬化点. 和初始屈服点不同，它在应力-应变曲线上的位置是不固定的，而是依赖于塑性变形的过程和塑性变形历史. 因而可以看到，后继屈服点是材料在经历一定塑性变形后再次加载时，变形规律是按弹性还是按塑性规律变化的分界点. 对于复杂应力问题，由于会有各种应力状态的组合能够达到后继屈服点，这些应力点集合而成的面就称为后继屈服面. 图 2.18 是一个简单的图形解释.

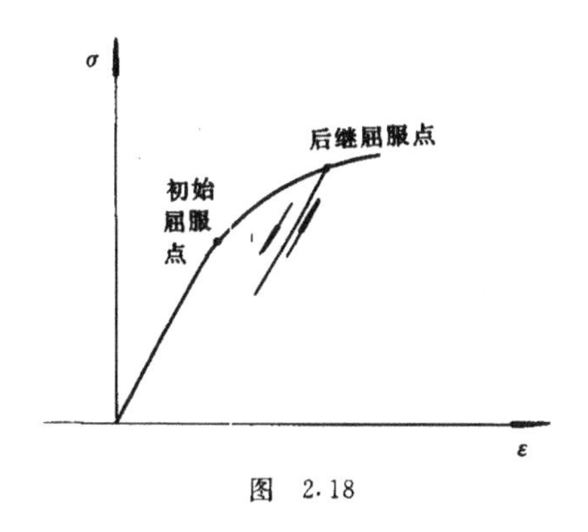

图 2.18

等向强化模型的假定是认为材料在塑性变形后仍保持各向同性的性质，假定不计静水压力的影响，也不考虑 Bauschinger 效应. 所谓 Bauschinger 效应是指在完全卸载后施加相反方向的应力，如由拉改为压，开始时反方向应力-应变呈现弹性关系，至一定程度进入屈服，并有反方向应力屈服极限降低的现象．这种现象反映了材料在出现塑性变形后的各向异性特性．一般来说，等向强化模型在变形不大以及应力偏量之间的相互比例改变不大时，结果比较符合实际．但它不能反映 Bauschinger 效应，尤其在循环荷载下．

2）随动强化模型

随动强化模型是由 Prager 与 Ziegler 在 1955 年与 1959 年相继提出的．这一模型认为在塑性变形过程中，加载面的大小和形状都不改变，只是在应力空间中作刚性平移，如图 2.19 所示．如初始屈服条件为 $f^*(\boldsymbol{\sigma})-c=0$，（$c$ 为常数），则对随动强化模型，后继屈服条件即硬化条件可表为

$$f=f^*(\boldsymbol{\sigma}-\bar{\boldsymbol{\sigma}})-c\leqslant 0 \qquad (2.2.15)$$

这里 $\bar{\boldsymbol{\sigma}}=\bar{\sigma}_{ij}$ 为表示初始屈服面中心点在应力空间中的位移．它反映了硬化程度，是硬化程度的参数．它依赖于塑性变形量，其增量形式可表为

$$d\bar{\sigma}_{ij}=c_h d\varepsilon_{ij}^p \qquad (2.2.16)$$

这里 c_h 为表征随动强化的材料常数．

随动强化模型反映了理想 Bauschinger 效应，但在反向加载时仍与实际相差较大．

3）混合强化模型

混合强化模型是由 Hodge 于 1957 年提出来的．为了更好地反映材料的 Bauschinger 效应，可以将随动硬化模型和等向硬化模型结合起来，即认为后继屈服面的形状、大小和位置一起随塑性变形的发展而变化，如图 2.20 所示．

假设加载面由刚体平移和均匀变化二部分组成，则有

$$f=f(\boldsymbol{\sigma},\boldsymbol{\varepsilon}^p,\kappa)=f(\boldsymbol{\sigma}-\bar{\boldsymbol{\sigma}})-c(\boldsymbol{\varepsilon}^p,\kappa)\leqslant 0 \qquad (2.2.17)$$

这里 $\bar{\boldsymbol{\sigma}}$ 与 c 的意义与等向强化和随动强化相同．

以上介绍了三种强化模型．由于等向强化规律便于数学处理，因而使用较多．下面给出这一假设中强化参数c的几种工程中常

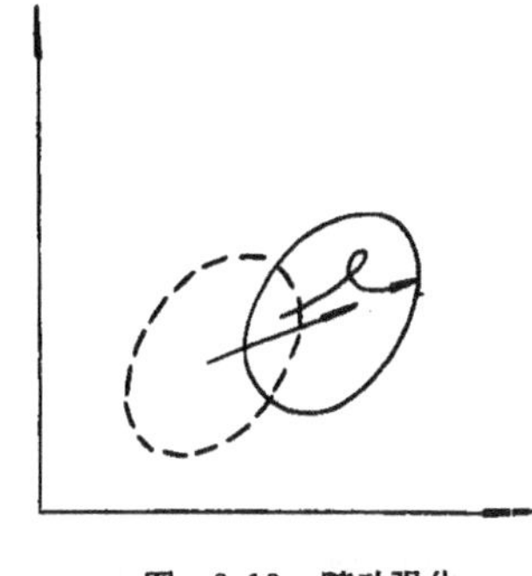

图 2.19 随动强化

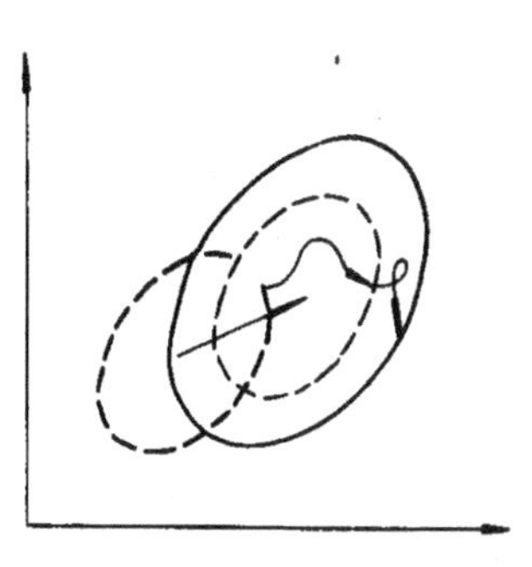

图 2.20 混合强化

见的假定及其增量与流动参数之间的关系.

1) 塑性比功假设

$$c=\int \boldsymbol{\sigma}^T d\boldsymbol{\varepsilon}^p \tag{2.2.18}$$

对 c 求微分后,将流动法则(2.2.7)代入得到

$$dc=\lambda\left[\boldsymbol{\sigma}^T\left(\frac{\partial g}{\partial \boldsymbol{\sigma}}\right)\right] \tag{2.2.19}$$

2) 总塑性变形量假定

$$c=\int d\boldsymbol{\varepsilon}^p=\int \| d\boldsymbol{\varepsilon}^p \|_2 \tag{2.2.20}$$

用与上述同样的方法可得

$$dc=\lambda \left\| \frac{\partial g}{\partial \boldsymbol{\sigma}} \right\|_2 \tag{2.2.21}$$

3) 塑性应变函数假定

$$c=c(\boldsymbol{\varepsilon}^p) \tag{2.2.22}$$

$$dc=\lambda\left[\left(\frac{\partial c}{\partial \boldsymbol{\varepsilon}^p}\right)^T\left(\frac{\partial g}{\partial \boldsymbol{\sigma}}\right)\right] \tag{2.2.23}$$

4）八面体塑性应变函数假定

$$c=c(\boldsymbol{\varepsilon}_V^p,\ \boldsymbol{\varepsilon}_\tau^p) \tag{2.2.24}$$

其中 ε_V^p，ε_τ^p 分别为塑性体积应变与八面体塑性剪切应变. 对 κ 求微分，将式(2.2.7)代入，有

$$dc=\lambda\left(\frac{\partial g}{\partial \boldsymbol{P}}\frac{\partial c}{\partial \boldsymbol{\varepsilon}_V^P}+\frac{\partial g}{\partial \boldsymbol{q}}\cdot\frac{\partial c}{\partial \boldsymbol{\varepsilon}_\tau^P}\right) \tag{2.2.25}$$

这里 $\boldsymbol{P}$，$\boldsymbol{q}$ 分别为八面体正应力和剪应力.

下面将要论述弹塑性分析问题边值问题的基本公式，部分公式的说明请参见§1.1的说明.

对于弹塑性问题分析，由于本构关系的非线性，叠加原理不存在. 只有在给定从自然状态开始的全部边界条件变化过程的情况下，才能跟踪给定的加载历史，确定物体内应力和位移的相应变化过程，采用积分累计的办法，计算瞬时的应力场和位移场. 换言之，弹塑性力学的边值问题应按增量来求解.

弹塑性力学边值问题可简要地叙述为：

在某个给定时刻 t，假定处于平衡的物体或结构域 Ω 上各点的状态和变形历史皆为已知，在 Ω 内给定体力增量 $d\boldsymbol{b}$，在边界 S_p 上给定面力增量 $d\bar{\boldsymbol{p}}$，在边界 S_u 上给定位移增量 $d\bar{\boldsymbol{u}}$，这里 $S=S_u+S_p$ 为总边界. 求满足下列条件的应力增量 $d\boldsymbol{\sigma}$ 和位移增量 $d\boldsymbol{u}$ 或应变增量 $d\boldsymbol{\varepsilon}$.

1）平衡方程

$$\boldsymbol{A}^{(\nabla)}d\boldsymbol{\sigma}+d\boldsymbol{b}=\boldsymbol{0} \tag{2.2.26}$$

2）应变位移关系

$$d\boldsymbol{\varepsilon}=\boldsymbol{L}^{(\nabla)}d\boldsymbol{u} \tag{2.2.27}$$

3）边界条件

$$\boldsymbol{n}^{(\nabla)}d\boldsymbol{\sigma}=d\bar{\boldsymbol{p}} \qquad \text{在 } S_p \text{ 上} \tag{2.2.28}$$

$$d\boldsymbol{u}=d\bar{\boldsymbol{u}} \qquad \text{在 } S_u \text{ 上} \tag{2.2.29}$$

4）本构关系

$$d\boldsymbol{\sigma} = \boldsymbol{D}(d\boldsymbol{\varepsilon} - d\boldsymbol{\varepsilon}^p) \tag{2.2.30}$$

$$f(\boldsymbol{\sigma}, \boldsymbol{\varepsilon}^p, \boldsymbol{\kappa}) \leqslant 0 \tag{2.2.31}$$

$$d\boldsymbol{\varepsilon}^p = \left(\frac{\partial g}{\partial \boldsymbol{\sigma}}\right)\lambda \tag{2.2.32}$$

$$\lambda \begin{cases} \geqslant 0 & \text{当 } f = 0 \text{ 时} \\ = 0 & \text{当 } f < 0 \text{ 时} \end{cases} \tag{2.2.33}$$

可以看到，在上述关系中，1)～3)与弹性力学边值问题提法基本相同，区别只在本构关系上. 式(2.2.30)～(2.2.33)是全部弹塑性本构关系的描述. 通常在一般教科书或文献中都把本构关系表达成应力增量和应变增量之间的线性关系，推导如下：

为简明起见，设问题只有一个屈服条件，$m_f = 1$，对加载函数作 Taylor 展开

$$f = f^0 + \left(\frac{\partial f}{\partial \boldsymbol{\sigma}}\right)^T d\boldsymbol{\sigma} + \left(\frac{\partial f}{\partial \boldsymbol{\varepsilon}^p}\right)^T d\boldsymbol{\varepsilon}^p + \frac{\partial f}{\partial \boldsymbol{\kappa}} d\boldsymbol{\kappa} + O^2(d\boldsymbol{\sigma}, d\boldsymbol{\varepsilon}^p, d\boldsymbol{\kappa}) \tag{2.2.34}$$

其中 f^0 是增量步之前的加载函数. 若当前为加载状态，则 $f = f^0$，略去式(2.2.34)中的二阶项有

$$\left(\frac{\partial f}{\partial \boldsymbol{\sigma}}\right)^T d\boldsymbol{\sigma} + \left(\frac{\partial f}{\partial \boldsymbol{\varepsilon}^p}\right)^T d\boldsymbol{\varepsilon}^p + \left(\frac{\partial f}{\partial \boldsymbol{\kappa}}\right) d\boldsymbol{\kappa} = 0 \tag{2.2.35}$$

可以认为内变量的微分为

$$d\boldsymbol{\kappa} = h\lambda \tag{2.2.36}$$

其中对于当前状态 h 一般是常数.

将式(2.2.30)，(2.2.32)，(2.2.36)代入式(2.2.35)后得

$$\lambda = \beta\left(\frac{\partial f}{\partial \boldsymbol{\sigma}}\right)^T \boldsymbol{D} d\boldsymbol{\varepsilon} \tag{2.2.37}$$

其中

$$\beta=\begin{cases}0 & \text{在弹性或卸载时}\\ \dfrac{1}{\left(\dfrac{\partial f}{\partial \boldsymbol{\sigma}}\right)^T \boldsymbol{D}\dfrac{\partial g}{\partial \boldsymbol{\sigma}}-\left(\dfrac{\partial f}{\partial \boldsymbol{\varepsilon}^p}\right)^T\dfrac{\partial g}{\partial \boldsymbol{\sigma}}-h\dfrac{\partial f}{\partial \kappa}}\end{cases} \quad (2.2.38)$$

将式(2.2.37),(2.2.32)代入式(2.2.30)得

$$d\boldsymbol{\sigma}=\boldsymbol{D}_{ep}d\boldsymbol{\varepsilon} \quad (2.2.39)$$

其中

$$\boldsymbol{D}_{ep}=\boldsymbol{D}-\beta\boldsymbol{D}\left(\frac{\partial g}{\partial\boldsymbol{\sigma}}\right)\left(\frac{\partial f}{\partial\boldsymbol{\sigma}}\right)^T\boldsymbol{D} \quad (2.2.40)$$

通常称为弹塑性矩阵. 以上的推导是认为只有一个屈服面. 如果有 m_f 个屈服面,见图 2.16 及(2.2.9)～(2.2.13),其推广是简单的.

表达式(2.2.39)便是常见的弹塑性应力与应变之间的增量本构关系. 这个关系看上去形式十分简单,但由于比例系数 β 在卸载与加载时不一样,一般情况下无法事先判定一点是处于加载还是卸载,所以问题的求解比较复杂,需要反复迭代才能确定一点的状态. 另外,由于在推导过程中只取了 f 展开式的一阶项,忽略了二阶以上项的作用,所以这个关系是近似的. 值得注意的是,当流动法则为非关联时,即 $f\neq g$,$\boldsymbol{D}_{ep}$矩阵不对称,Drucker 公设也不成立. 下面就谈谈经典变分原理在处理这一问题时所受到的限制.

2.2.2 经典变分原理受到的限制

在现代控制论理论中,一般对经典变分原理与现代变分原理都有透彻的比较与分析. 下面我们以弹塑性力学中的最小势能原理为例,来考察一下经典变分原理及其在应用上的限制.

理想弹塑性材料的经典最小势能原理可表述为:

在所有满足应变-位移关系和几何边界条件的 $d\boldsymbol{u}$ 中,真实解使泛函

$$\Pi=\int_\Omega Ud\Omega-\int_\Omega d\boldsymbol{b}^T d\boldsymbol{u}\, d\Omega+\int_{S_p} d\bar{\boldsymbol{p}}d\boldsymbol{u}dS \quad (2.2.41)$$

其中

$$U = \frac{1}{2} d\boldsymbol{\varepsilon}^T \boldsymbol{D}_{ep}^T d\boldsymbol{\varepsilon} \tag{2.2.42}$$

为内能密度. 这个原理的本构关系包含在内能 $\boldsymbol{U}$ 中，对自变函数要求事先满足应变-位移关系和几何边界条件. 因此边值问题的定解条件中还剩下平衡方程和力的边界条件，需从变分结果推导出来. 为推导方便，将式(2.2.41)写成张量表达式

$$\Pi = \int_\Omega \frac{1}{2} du_{i,j} D_{epijkl} du_{k,l} d\Omega - \int_\Omega db_i du_i d\Omega + \int_{S_p} d\bar{p}_i du_i dS$$

$$\delta\Pi = \int_\Omega \frac{1}{2} \delta du_{i,j} D_{epijkl} du_{k,l} d\Omega + \int_\Omega \frac{1}{2} du_{i,j} D_{epijkl} \delta du_{k,l} d\Omega$$

$$- \int_\Omega db_i \delta du_i d\Omega + \int_{S_p} d\bar{p}_i \delta du_i dS = 0$$

利用 Green 公式及位移已知条件，有

$$\int_\Omega \frac{1}{2} \delta du_{i,j} D_{epijkl} du_{k,l} d\Omega$$

$$= \frac{1}{2} \int_{S_p} \delta du_i n_j D_{epijkl} du_{k,l} dS - \int_\Omega \frac{1}{2} \delta du_i (D_{epijkl} u_{k,l})_{,j} d\Omega$$

$$\cdot \int_\Omega \frac{1}{2} du_{i,j} D_{epijkl} \delta du_{k,l} d\Omega$$

$$= \frac{1}{2} \int_{S_p} \delta du_i n_j D_{epklij} du_{k,l} dS - \int_\Omega \frac{1}{2} \delta u_i (D_{epklij} du_{k,l})_{,j} d\Omega$$

故有

$$\delta\Pi = \int_{S_p} \delta du_i \left[n_j \frac{1}{2} (D_{epijkl} + D_{epklij}) du_{k,l} - dp_i \right] dS$$

$$- \int_\Omega \delta du_i \left[\left(\frac{1}{2} (D_{epijkl} + D_{epklij}) du_{k,l} \right)_{,j} - db_i \right] d\Omega$$

$$= 0$$

由 δdu_i 的任意性可得

$$n_j \frac{1}{2}(D_{epijkl} + D_{epklij})du_{k,l} - d\bar{p}_i = 0，在 S_p 上 \quad (2.2.43)$$

$$\left(\frac{1}{2}(D_{epijkl} + D_{epklij})du_{k,l}\right)_{,j} - db_i = 0，在 \Omega 上 \quad (2.2.44)$$

写成矩阵形式为

$$\left.\begin{aligned} &\frac{1}{2}\boldsymbol{n}(\boldsymbol{D}_{ep} + \boldsymbol{D}_{ep}^T)d\boldsymbol{\varepsilon} - d\bar{\boldsymbol{p}} = 0，在 S_p 上 \\ &\left[\frac{1}{2}(\boldsymbol{D}_{ep} + \boldsymbol{D}_{ep}^T)d\boldsymbol{\varepsilon}\right]_{,j} - d\boldsymbol{b} = \boldsymbol{0}，在 \Omega 上 \end{aligned}\right\} \quad (2.2.45)$$

当材料符合法向流动法则时，$g=f$，由式(2.2.40)知

$$\boldsymbol{D}_{ep}=\boldsymbol{D}_{ep}^T，\quad 故\frac{1}{2}(\boldsymbol{D}_{ep}+\boldsymbol{D}_{ep}^T)d\boldsymbol{\varepsilon}=d\boldsymbol{\sigma}$$

说明式(2.2.45)与(2.2.46)分别代表力的边界条件与平衡方程.

当材料服从非法向流动法则时，$f\neq g$，从而会引起

$$\boldsymbol{D}_{ep}\neq\boldsymbol{D}_{ep}^T，\quad 故\frac{1}{2}(\boldsymbol{D}_{ep}+\boldsymbol{D}_{ep}^T)d\boldsymbol{\varepsilon}\neq d\boldsymbol{\sigma}$$

因此变分结果式(2.2.45)没有具体的物理意义，经典最小势能原理不成立.

如果进一步考察有摩擦接触问题和弹塑性耦合问题的经典变分原理，也会发现类似的问题.

通过以上这个典型的例子，可以发现经典变分原理存在以下几个不足之处：

1）对于非法向流动问题，经典变分原理不成立.

2）由式(2.2.40)给出的应力增量与应变增量之间的关系表面上是线性的，而实际上由于 β 中包含了一个与最终解的结果有关系的不等式，成为高度非线性. 由于变分时不能确定 β 究竟取式(2.2.38)中的哪一个式子，实际解题时只好预先给 β 一个估计值(通常根据增量之前的状态)，由此，一阶变分得到的极值点往往不在可行域内，如图 2.21 中的 M 点，代表真实解的最小值点往往在

可行域的边界上，即图 2.21 中的 N 点. 图中自变函数的可行域为 $f(\sigma)\leqslant 0$（对于应变空间为 $F(\boldsymbol{\varepsilon},\boldsymbol{\varepsilon}^p)\leqslant 0$）所形成的半空间. 判断 β 需要不断"试验"，进行迭代运算，以逐步逼近真实解. 收敛性不一定能够保证.

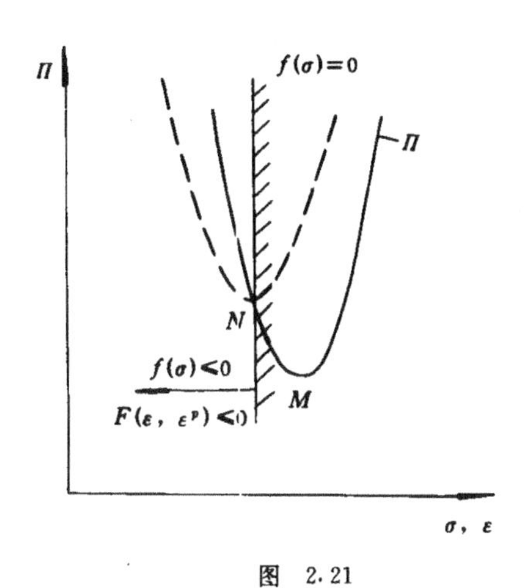

图 2.21

3）在推导式(2.2.40)时，用了两个简化手段：a. 将非线性的屈服函数线性化；b. 只考虑单一的屈服条件，如果考虑取 f 的二阶以上 Taylor 展式或者考虑屈服面和塑性势面是由多个光滑面组成，则很难或根本导不出式(2.2.39)所表达的应力增量和应变增量之间的关系. 对这种情况，经典变分原理也是无能为力的.

前面已经提到，当材料服从非法向流动法则时，经典变分原理不存在. 从文献资料上来看，人们在求解这类问题时，不得不采取近似手段，通常的作法是令

$$\frac{1}{2}(\boldsymbol{D}_{ep}+\boldsymbol{D}_{ep}^{T})d\boldsymbol{\varepsilon}=d\boldsymbol{\sigma}$$

或者在有限元方程组中直接令

$$\boldsymbol{K}=\int_{\Omega}\boldsymbol{B}^{T}\boldsymbol{D}_{ep}\boldsymbol{B}d\Omega\ (\neq\boldsymbol{K}^{T})$$

即用一个非对称矩阵近似地代替刚度矩阵.需要指出的是,这种近似方法没有变分根据,也难免产生误差.

2.2.3 参变量变分原理

以下将重点阐述弹塑性问题的参变量变分公式的建立过程.

众所周知,自然界中的许多物理和力学现象都可归结为用偏微分方程即数学物理方程来描述的边值问题,因为这些数学公式在一定条件下反映了物理现象所遵循的基本规律.但是这些偏微分方程往往并不是物理问题最原始的形式,而是在假定未知函数具有足够的光滑性等前提下导出来的.用求解偏微分方程的方法求解这些边值问题的解,在数学上往往是比较困难的,有时甚至是不可能的.变分法是工程上常用的一种方法,很多偏微分方程对应的定解问题是从变分法导出来的,有限元法的理论基础也是变分法.因而自有限元法问世之后,寻求与原物理边值问题相对应的变分原理就显得更为重要了.

正如本书§1.5中所述的那样,最优控制理论的实质也是建立和求解变分问题.其目的通常是在所有可能的控制规律中求一种最优的控制规律,使衡量系统工作优劣的性能指标达到最小(或最大).在控制理论中,受控系统中的状态变量和控制变量都是单变量时间t的函数,指标泛函的积分是一维的,状态方程是一组常微分方程.而在弹塑性力学准静态边值问题中,待求的场量,如位移、应力都是三维空间坐标的函数,能量泛函的积分是对坐标进行的,也写不出用常微分方程组描述的状态方程.鉴于这些差异,不可能直接照搬最优控制理论中的各种定理和公式,但我们可以采用类比的方法,应用最优控制理论中的基本思想来寻求和求解与原待定边界对应的边值问题相等价的变分原理.

建立一个最优控制问题,必须预先确定以下四个基本部分:

(1) 确定系统的参数,即系统的状态变量与控制变量,建立系统的状态方程.

(2) 给定状态变量的初始值.

(3) 给出对状态变量和控制变量的约束条件.

(4) 给出一个合理的性能指标函数.

对于弹塑性力学问题，状态变量是指能够完全描述系统状态的最小一组变量. 对于式(2.2.26)～(2.2.33)描述的边值问题，确定系统的状态变量有 $d\boldsymbol{u}$, $d\boldsymbol{\varepsilon}$ 和 $d\boldsymbol{\sigma}$ 共 15 个变量，其中有些通过定解方程可以从另外一些量导出，有些则因其所描述的定解方程被变分极值的结果所取代而不必显式给出，因此完全描述系统并不同时需要这么多变量. 从下面的论证可以说明，对于最小势能原理，可取 $d\boldsymbol{u}$ 作为状态变量，而对于最小余能原理，则可取 $d\boldsymbol{\sigma}$ 作为状态变量. 一般地，状态变量可以是 15 个变量中的某些量之间的组合，具体形式如何，要看所选用的指标泛函的形式.

系统的状态方程(或控制方程)也就是受控系统的数学模型，它是描述实际系统各物理量之间关系的数学表达式. 对于问题(2.2.26)～(2.2.33)来说，描述物理量之间的内在联系是本构关系，而其它的一些线性体系方程不难用常规方法处理，因此本构关系选择为弹塑性系统的状态方程. 在这个系统中，参数 λ 控制着系统作弹性或塑性状态两者间的转化，保证屈服约束条件得以满足，因而是系统的控制参变量.

以下的推导认为屈服面可能有 $\boldsymbol{m}_f$ 个曲面相交的情形，见图 2.16. 在列式中会出现 m 维向量 $\boldsymbol{g}=[g_1,\cdots,g_m]^T$ 对 n 维向量 $\boldsymbol{x}=[x_1,\cdots,x_n]^T$ 求微商，得到 $m\times n$ 维的矩阵为

$$\frac{\partial \boldsymbol{g}}{\partial \boldsymbol{x}}=\begin{bmatrix}\frac{\partial \boldsymbol{g}_1}{\partial \boldsymbol{x}_1}\cdots\frac{\partial \boldsymbol{g}_1}{\partial \boldsymbol{x}_n}\\ \vdots \\ \frac{\partial \boldsymbol{g}_m}{\partial \boldsymbol{x}_1}\cdots\frac{\partial \boldsymbol{g}_m}{\partial \boldsymbol{x}_n}\end{bmatrix} \tag{2.2.46}$$

对式(2.2.31)的加载函数(m_f 维)作一阶 Taylor 展开，有

$$f_\alpha=f_\alpha^0+\left(\frac{\partial f_\alpha}{\partial \boldsymbol{\sigma}}\right)^T d\boldsymbol{\sigma}+\left(\frac{\partial f_\alpha}{\partial \boldsymbol{\varepsilon}^p}\right)^T d\boldsymbol{\varepsilon}^p+\left(\frac{\partial f_\alpha}{\partial \boldsymbol{\kappa}}\right)^T d\boldsymbol{\kappa}$$

$$(\alpha=1,\cdots,m_f) \tag{2.2.47}$$

将流动法则(2.2.32)及式(2.2.30)代入上式有

$$f_\alpha = f_\alpha^0 + \left(\frac{\partial f_\alpha}{\partial \boldsymbol{\sigma}}\right)^T \boldsymbol{D} d\boldsymbol{\varepsilon} + \left[\left(\frac{\partial f_\alpha}{\partial \boldsymbol{\varepsilon}^p}\right)^T \left(\frac{\partial \boldsymbol{g}}{\partial \boldsymbol{\sigma}}\right)^T - \left(\frac{\partial f_\alpha}{\partial \boldsymbol{\sigma}}\right)^T \boldsymbol{D} \left(\frac{\partial \boldsymbol{g}}{\partial \boldsymbol{\sigma}}\right)^T + \frac{\partial f_\alpha}{\partial \boldsymbol{\kappa}} \boldsymbol{h}^T\right] \boldsymbol{\lambda} \quad (\alpha = 1,2,\cdots,m_f) \tag{2.2.48}$$

式(2.2.48)的推导过程中用到了关系

$$d\mathscr{H} = \boldsymbol{h}^T \boldsymbol{\lambda} \tag{2.2.49}$$

其中以上各式中 m_f 表示屈服准则中的屈服条件的个数,$\boldsymbol{\lambda}$ 是 m_f 维向量.

式(2.2.31)写成矩阵表达式,有

$$f_\alpha^0 + \boldsymbol{w}_\alpha d\boldsymbol{\varepsilon} - \boldsymbol{m}_\alpha \boldsymbol{\lambda} \leqslant 0 \qquad (\alpha = 1,2,\cdots, m_f) \tag{2.2.50}$$

其中,$\boldsymbol{w}_\alpha$ 是行向量,$\boldsymbol{m}_\alpha$ 是 m_f 维行向量:

$$\boldsymbol{w}_\alpha = \left(\frac{\partial f_\alpha}{\partial \boldsymbol{\sigma}}\right)^T \boldsymbol{D} \tag{2.2.51}$$

$$\boldsymbol{m}_\alpha = \left[\left(\frac{\partial f_\alpha}{\partial \boldsymbol{\sigma}}\right)^T \boldsymbol{D} \left(\frac{\partial \boldsymbol{g}}{\partial \boldsymbol{\sigma}}\right)^T - \left(\frac{\partial f_\alpha}{\partial \boldsymbol{\varepsilon}^p}\right)^T \left(\frac{\partial \boldsymbol{g}}{\partial \boldsymbol{\sigma}}\right)^T + \frac{\partial f_\alpha}{\partial \boldsymbol{\kappa}} \boldsymbol{h}^T\right] \tag{2.2.52}$$

$$\boldsymbol{\lambda} = [\lambda_1, \lambda_2, \cdots, \lambda_{m_f}]^T \tag{2.2.53}$$

式(2.2.50)也可表示为

$$\boldsymbol{f}^0 + \boldsymbol{W} d\boldsymbol{\varepsilon} - \boldsymbol{M} \boldsymbol{\lambda} \leqslant 0 \tag{2.2.54}$$

其中

$$\boldsymbol{f}^0 = [f_1^0, f_2^0, \cdots, f_{m_f}^0]^T \tag{2.2.55}$$

$$\boldsymbol{W} = [\boldsymbol{w}_1^T, \boldsymbol{w}_2^T, \cdots, \boldsymbol{w}_{m_f}^T]^T \tag{2.2.56}$$

$$\boldsymbol{M} = [\boldsymbol{m}_1^T, \boldsymbol{m}_2^T, \cdots, \boldsymbol{m}_{m_f}^T]^T \tag{2.2.57}$$

都是只与增量发生前的状态有关的量.

一般地,$\boldsymbol{M}$ 是对角线上的元素不等于零而非对角元素多数为零的矩阵.并且只有当应力状态点落在屈服面之间的交点上时非对角元素才起作用.

由上述推导,可将本构关系(2.2.30)～(2.2.33)合并写成

$$\left.\begin{aligned}&\boldsymbol{f}(d\boldsymbol{\varepsilon},\boldsymbol{\lambda})+\boldsymbol{\nu}=\mathbf{0}\\&\boldsymbol{\nu}^T\cdot\boldsymbol{\lambda}=0,\ \boldsymbol{\nu},\boldsymbol{\lambda}\geqslant 0\end{aligned}\right\}\tag{2.2.58}$$

这里$\boldsymbol{\nu}$是原约束松弛变量,与控制变量$\boldsymbol{\lambda}$互补.互补性条件$\boldsymbol{\nu}^T\cdot\boldsymbol{\lambda}=0$表示一点只可能发生弹性、加载或卸载状态之一.当$\lambda_\alpha=0$时,$\nu_\alpha>0$,说明$f_\alpha<0$为弹性卸载;当$\lambda_\alpha\geqslant 0$时,$\nu_\alpha=f_\alpha=0$为加载.引入松弛变量还说明了具体求解控制变量的途径.式(2.2.58)已作了线性近似

$$\boldsymbol{f}(d\boldsymbol{\varepsilon},\boldsymbol{\lambda})=\boldsymbol{f}^0+\boldsymbol{W}d\boldsymbol{\varepsilon}-\boldsymbol{M}\boldsymbol{\lambda}\tag{2.2.59}$$

下面首先论述弹塑性分析参变量最小势能原理.

相应于最小势能原理,基本未知量为位移增量$d\boldsymbol{u}$及控制参变量$\boldsymbol{\lambda}$,预先满足应变-位移关系(2.2.27)和几何边界条件(2.2.29).这样(2.2.58)便可写成仅含有位移增量$d\boldsymbol{u}$和控制变量$\boldsymbol{\lambda}$的互补方程.

$$\left.\begin{aligned}&\boldsymbol{f}(d\boldsymbol{u},\boldsymbol{\lambda})+\boldsymbol{\nu}=\mathbf{0}\\&\boldsymbol{\nu}^T\cdot\boldsymbol{\lambda}=0,\ \boldsymbol{\nu},\boldsymbol{\lambda}\geqslant\mathbf{0}\end{aligned}\right\}\tag{2.2.60}$$

由式(2.2.59)知$\boldsymbol{f}$是$\boldsymbol{\lambda}$的线性函数,因而从式(2.2.60)可唯一地确定控制变量和力学状态.一般地$\boldsymbol{f}$可能不是$\boldsymbol{\lambda}$的线性函数,但从可控性观点,在控制容许域$\boldsymbol{\lambda}\geqslant 0$内应当要求弹塑性状态方程能够保证控制变量具有唯一性.

总势能,即指标函数,是变分法求极值的直接对象,对于最小势能原理,位移增量$d\boldsymbol{u}$为自变量,而$\boldsymbol{\lambda}$为参变量,并组成泛函以导出平衡方程和力的边界条件.参考弹性力学最小势能泛函,定义弹塑性系统的总势能为

$$\Pi_7[\boldsymbol{\lambda}(\cdot)]=\int_\Omega\left[\frac{1}{2}d\boldsymbol{\varepsilon}^T\boldsymbol{D}d\boldsymbol{\varepsilon}-\boldsymbol{\lambda}^T\boldsymbol{R}d\boldsymbol{\varepsilon}\right]d\Omega$$

$$-\int_{\Omega} d\boldsymbol{b}^T d\boldsymbol{u} d\Omega - \int_{S_p} d\bar{\boldsymbol{p}}^T d\boldsymbol{u} dS \tag{2.2.61}$$

其中 $d\boldsymbol{\varepsilon}$ 应当由 $d\boldsymbol{u}$ 来表达，$\boldsymbol{\lambda}$ 为参变量而

$$\boldsymbol{R}=\left(\frac{\partial \boldsymbol{g}}{\partial \boldsymbol{\sigma}}\right)\boldsymbol{D} \tag{2.2.62}$$

为与当前状态无关的常量矩阵.

式(2.2.61)与(2.2.62)也可写成张量形式

$$\Pi_7[\boldsymbol{\lambda}(\cdot)] = \int_{\Omega}\left[\frac{1}{2}du_{i,j}D_{ijkl}du_{k,l} - \lambda_\alpha R_{kl\alpha}du_{k,l}\right]d\Omega$$

$$-\int_{\Omega} db_i du_i d\Omega - \int_{S_p} d\bar{p}_i du_i dS \qquad (2.2.61)'$$

$$R_{kl\alpha} = \frac{\partial g_\alpha}{\partial \sigma_{ij}} D_{ijkl} \qquad (2.2.62)'$$

弹塑性问题最小势能原理：

在所有满足应变-位移关系(2.2.27)和几何边界条件(2.2.29)的可能位移增量场中，真实解使泛函(2.2.61)或(2.2.61)′在状态方程(2.2.60)的控制下取总体最小值. 其中 $d\boldsymbol{u}$ 是自变函数，$\boldsymbol{\lambda}$ 是不参加变分的控制参变函数，即参变量，其物理意义就是流动参数.

因而弹塑性问题的求解化为

$$\left.\begin{aligned} &\text{min.} \quad \Pi_7[\boldsymbol{\lambda}(\cdot)] \\ &\text{s.t.} \quad \boldsymbol{f}(d\boldsymbol{u},\ \boldsymbol{\lambda}) + \boldsymbol{\nu} = 0 \\ &\qquad\quad \boldsymbol{\nu}^T \cdot \boldsymbol{\lambda} = 0,\ \boldsymbol{\nu},\boldsymbol{\lambda} \geqslant 0 \end{aligned}\right\} \tag{2.2.63}$$

下面是参变量最小势能原理的证明.

现代变分法在求极值的过程中，只要泛函始终依赖于控制参变量，可以只对自变量求变分，而不必对控制参变量求变分. 于是先令控制变量 λ 为任意量而不参加变分. 有

$$\delta\Pi_7[\lambda(\cdot)] = \int_{\Omega}\left[\frac{1}{2}\delta du_{i,j}D_{ijkl}du_{k,l} + \frac{1}{2}du_{i,j}D_{ijkl}\delta du_{k,l}\right.$$

$$- \lambda_a R_{kla} \delta du_{k,l} \Big] d\Omega - \int_\Omega db_i \delta du_i d\Omega$$

$$- \int_{S_p} d\bar{p}_i \delta du_i dS = 0 \tag{2.2.64}$$

利用 Green 公式及几何边界条件已满足的条件，式(2.2.64)第一、二、三项分别可表示为

$$\int_\Omega \frac{1}{2} \delta du_{i,j} D_{ijkl} du_{k,l} d\Omega = \int_{S_p} \delta du_i n_j D_{ijkl} du_{k,l} dS$$

$$- \int_\Omega \frac{1}{2} \delta du_i [D_{ijkl} du_{k,l}]_{,j} d\Omega \tag{2.2.65}$$

$$\int_\Omega \frac{1}{2} du_{i,j} D_{ijkl} \delta du_{k,l} d\Omega = \int_{S_p} \frac{1}{2} \delta du_i n_j D_{klij} du_{k,l} dS$$

$$- \int_\Omega \frac{1}{2} \delta du_i [D_{klij} du_{k,l}]_{,j} d\Omega \tag{2.2.66}$$

$$\int_\Omega \lambda_a R_{kla} \cdot \delta du_{k,l} d\Omega = \int_{S_p} \lambda_a \cdot R_{ija} \delta du_i n_j dS$$

$$- \int_\Omega [\lambda_a R_{ija}]_{,j} \delta du_i d\Omega \tag{2.2.67}$$

由于 $\boldsymbol{D}$ 为弹性矩阵，因而用张量表示时有 $D_{ijkl} = D_{klij}$，将式(2.2.65)～(2.2.67)代入式(2.2.64)可得

$$\delta \Pi_7 [\boldsymbol{\lambda}(\cdot)] = \int_{S_p} [n_j D_{ijkl} du_{k,l} - n_j \lambda_a R_{ija}] \delta du_i dS$$

$$- \int_\Omega [D_{ijkl} du_{k,l} - \lambda_a R_{ija}]_{,j} \delta du_i d\Omega - \int_{S_p} d\bar{p}_i \delta du_i dS$$

$$- \int_\Omega db_i \delta du_i d\Omega = 0$$

由变分 $\delta(du_i)$ 在边界上与域内的任意性可得

$$n_j [D_{ijkl} du_{k,l} - \lambda_a R_{ija}] - d\bar{p}_i = 0 \qquad \text{在 } S_p \text{ 上} \tag{2.2.68}$$

$$[D_{ijkl} du_{k,l} - \lambda_a R_{ija}]_{,j} + db_i = 0 \qquad \text{在 } \Omega \text{ 上} \tag{2.2.69}$$

由于整个变分过程中始终在给定参变量的控制下进行，以使所有本构关系在整个变分过程中始终得到满足，亦即表示在具体形式上有

$$D_{ijkl}du_{k,l}-\lambda_{\alpha}R_{ij\alpha}=D_{ijkl}du_{k,l}-\lambda_{\alpha}\frac{\partial g_{\alpha}}{\partial\sigma_{kl}}D_{ijkl}$$

$$=D_{ijkl}(du_{k,l}-\lambda_{\alpha}\frac{\partial g_{\alpha}}{\partial\sigma_{kl}})=D_{ijkl}(d\varepsilon_{kl}-d\varepsilon_{kl}^{p})$$

$$=d\sigma_{ij}$$

代入式(2.2.68)与(2.2.69)可得

$$n_j d\sigma_{ij}-d\bar{p}_i=0 \qquad 在 S_p 上$$

$$d\sigma_{ij,j}+db_i=0 \qquad 在 \Omega 上$$

此即力的边界条件与平衡方程.

由受控泛函及解对于控制参变量的连续性知，满足本构关系是可以保证的. 对 Π_7 取值时，控制参变量 $\boldsymbol{\lambda}$ 已是定值，为 $\boldsymbol{\lambda}^*$，则参变量势能变分原理泛函的内能密度为

$$U(d\varepsilon)=\frac{1}{2}d\boldsymbol{\varepsilon}^T\boldsymbol{D}d\varepsilon-\boldsymbol{\lambda}^{*T}\boldsymbol{R}d\varepsilon \qquad (2.2.70)$$

因为 $\boldsymbol{D}$ 是对称正定阵，故知 Π_7 是 $d\boldsymbol{u}$ 的二次严格凸函数(参见§1.2节证明). 所以在状态方程(2.2.60)控制下，由 $\delta\Pi_7=0$ 导出的状态变量使 Π_7 取最小值. 而且满足边值问题的全部定解条件. 证毕.

以下建立弹塑性问题分析的参变量最小余能原理，对此，用应力增量作状态变量，与之相应的系统余能泛函可定义为

$$\Pi_8[\boldsymbol{\lambda}(\cdot)]=\int_{\Omega}[\frac{1}{2}d\boldsymbol{\sigma}^T\boldsymbol{D}^{-1}d\sigma+\boldsymbol{\lambda}^T\boldsymbol{Q}d\sigma]d\boldsymbol{\Omega}$$

$$-\int_{S_u}d\bar{\boldsymbol{u}}\boldsymbol{n}d\sigma dS \qquad (2.2.71)$$

其中

$$\boldsymbol{Q}=\left(\frac{\partial\boldsymbol{g}}{\partial\boldsymbol{\sigma}}\right) \qquad (2.2.72)$$

式(2.2.71)与(2.2.72)也可写成张量表述形式

$$\Pi_8[\boldsymbol{\lambda}(\cdot)] = \int_\Omega \left[\frac{1}{2} d\sigma_{ij} D_{ijkl} d\sigma_{kl} + \lambda_\alpha Q_{kl\alpha} d\sigma_{kl} \right] d\Omega$$

$$- \int_{S_u} d\bar{u}_i n_j d\sigma_{ij} dS \qquad (2.2.71')$$

$$Q_{kl\alpha} = \frac{\partial g_\alpha}{\partial \sigma_{kl}} \qquad (2.2.72')$$

由于状态变量为 $d\sigma$,则控制方程(2.2.58)的形式也应有所改变,由式(2.2.47)有

$$f_\alpha = f_\alpha^0 + \left(\frac{\partial f_\alpha}{\partial \boldsymbol{\sigma}} \right)^T d\boldsymbol{\sigma} + \left(\frac{\partial f_\alpha}{\partial \boldsymbol{\varepsilon}_p} \right)^T \left(\frac{\partial \boldsymbol{g}}{\partial \boldsymbol{\sigma}} \right)^T \boldsymbol{\lambda} + \frac{\partial f_\alpha}{\partial \kappa} \boldsymbol{h}^T \boldsymbol{\lambda}$$

(2.2.73)

则状态方程的形式为

$$f_\alpha^0 + \boldsymbol{W}'_\alpha d\boldsymbol{\sigma} + \boldsymbol{m}'_\alpha \boldsymbol{\lambda} \leqslant 0 \qquad (2.2.74)$$

其中

$$\boldsymbol{W}'_\alpha = \left(\frac{\partial f_\alpha}{\partial \boldsymbol{\sigma}}\right)^T \qquad (2.2.75)$$

$$\boldsymbol{m}'_\alpha = [m_{\alpha_1}, m_{\alpha_2}, \cdots, m_{\alpha m_f}]^T \qquad (2.2.76)$$

$$m_{\alpha i} = \left(\frac{\partial f_\alpha}{\partial \boldsymbol{\varepsilon}_p}\right)^T \frac{\partial g_i}{\partial \boldsymbol{\sigma}} + \frac{\partial f_\alpha}{\partial \kappa} h_i \quad (i = 1, 2, \cdots, m_f) \qquad (2.2.77)$$

为只与增量发生前状态有关的量。

式(2.2.74)写成矩阵形式

$$\boldsymbol{f}^0 + \boldsymbol{W}' d\boldsymbol{\sigma} + \boldsymbol{M}\boldsymbol{\lambda} \leqslant 0 \qquad (2.2.78)$$

其中

$$\boldsymbol{f}^0 = [f_1^0, f_2^0, \cdots, f_{m_f}^0]^T \qquad (2.2.79)$$

$$\boldsymbol{W}' = [\boldsymbol{w}_1'^T, \boldsymbol{w}_2'^T, \cdots, \boldsymbol{w}_m'^T]^T \qquad (2.2.80)$$

$$\boldsymbol{M}' = [\boldsymbol{m}_1'^T, \boldsymbol{m}_2'^T, \cdots, \boldsymbol{m}_{mf}'^T]^T \tag{2.2.81}$$

则引入松弛变量$\boldsymbol{\nu}$后式(2.2.78)成为

$$\boldsymbol{f}(d\boldsymbol{\sigma}, \boldsymbol{\lambda}) + \boldsymbol{\nu} = \boldsymbol{0} \tag{2.2.82}$$

$$\boldsymbol{\nu}^T\boldsymbol{\lambda} = 0, \ \boldsymbol{\nu}, \boldsymbol{\lambda} \geqslant \boldsymbol{0} \tag{2.2.83}$$

其中

$$\boldsymbol{f}(d\boldsymbol{\sigma}, \boldsymbol{\lambda}) = \boldsymbol{f}^0 + \boldsymbol{W}'d\boldsymbol{\sigma} + \boldsymbol{M}'\boldsymbol{\lambda} \tag{2.2.84}$$

参变量最小余能原理：

在所有满足平衡方程(2.2.26)和力的边界条件(2.2.28)的可能应力场中，真实解使泛函(2.2.71)在状态方程(2.2.82)，(2.2.83)的控制下取总体最小值. 其中$d\boldsymbol{\sigma}$是自变函数；$\boldsymbol{\lambda}$是不参加变分的控制函数，即参变量，其物理意义是流动参数.

由此可以写出弹塑性问题求解的提法

$$\left.\begin{aligned} \text{min.} \quad & \Pi_8[\boldsymbol{\lambda}(\cdot)] \\ \text{s.t.} \quad & \boldsymbol{f}(d\boldsymbol{\sigma}, \boldsymbol{\lambda}) + \boldsymbol{\nu} = \boldsymbol{0} \\ & \boldsymbol{\nu}^T\boldsymbol{\lambda} = 0, \ \boldsymbol{\nu}, \ \boldsymbol{\lambda} \geqslant \boldsymbol{0} \end{aligned}\right\} \tag{2.2.85}$$

参变量最小余能原理的证明如下：

由于已假定了平衡方程和力的边界条件是约束条件，因此变分是有条件的. 先利用Lagrange乘子法放松对平衡方程的约束，由量纲分析知Lagrange乘子就是位移增量$d\boldsymbol{u}$，解除平衡约束的泛函为

$$\begin{aligned} \Pi_8' &= \Pi_8 + \int_\Omega d\boldsymbol{u}^T(\boldsymbol{A}^{(\nabla)}d\boldsymbol{\sigma} + d\boldsymbol{b})d\Omega \\ &= \Pi_8 + \int_\Omega du_i(d\sigma_{ij,j} + db_i)d\Omega \end{aligned} \tag{2.2.86}$$

暂令λ不参加变分，对Π_8进行一阶变分，有

$$\delta\Pi_8' = \int_\Omega\Big[\frac{1}{2}\delta d\sigma_{i,j}D_{ijkl}^{-1}d\sigma_{k,l} + \frac{1}{2}d\sigma_{ij}D_{ijkl}^{-1}\delta d\sigma_{kl}$$

$$+ \lambda_\alpha Q_{kl\alpha}d\sigma_{kl}\Big]d\Omega - \int_{S_u} d\bar{u}_i n_j \delta d\sigma_{ij}dS$$

$$+\int_{\Omega}\delta du_i(d\sigma_{ij,j}+b_i)d\Omega+\int_{\Omega}du_i\delta d\sigma_{ij,j}d\Omega$$

由于力的边界条件预先满足，则有

$$\int_{\Omega}du_i\delta d\sigma_{ij,j}d\Omega=\int_{S_u}du_i n_j\delta d\sigma_{ij}dS-\int_{\Omega}du_{i,j}\delta d\sigma_{ij}d\Omega$$

$$=\int_{S_u}du_i n_j\delta d\sigma_{ij}dS-\int_{\Omega}\frac{1}{2}(du_{i,j}+du_{j,i})\delta d\sigma_{ij}d\Omega$$

又因为有 $D_{ijke}^{-1}=D_{klij}^{-1}$，故有

$$\delta\Pi_8'=\int_{\Omega}\delta d\sigma_{ij}\left[D_{ijkl}^{-1}d\sigma_{kl}+\lambda_a Q_{ija}-\frac{1}{2}(du_{i,j}+du_{j,i})\right]d\Omega$$

$$+\int_{\Omega}\delta du_i(d\sigma_{ij,j}-b_i)d\Omega+\int_{S_u}\delta d\sigma_{ij}n_j(du_i-d\bar{u}_i)dS$$

(2.2.87)

对于那些满足平衡方程的可能解，有

$$\Pi_8'=\Pi_8,\ \delta\Pi_8'=\delta\Pi_8$$

于是得

$$\delta\Pi_8=\int_{\Omega}\delta d\sigma_{ij}\left[D_{ijkl}^{-1}d\sigma_{kl}+\lambda_a Q_{ija}-\frac{1}{2}(du_{i,j}+du_{j,i})\right]d\Omega$$

$$+\int_{S_u}\delta d\sigma_{ij}n_j(du_i-d\bar{u}_i)dS \qquad (2.2.88)$$

由于变分过程受控于本构状态方程，则有

$$D_{ijkl}^{-1}d\sigma_{kl}+\lambda_a Q_{ija}$$

$$=D_{ijkl}^{-1}D_{ijkl}(d\varepsilon_{ij}-d\varepsilon_{ij}^{p})+\lambda_a Q_{ija}=d\varepsilon_{ij}$$

代入式(2.2.88)后有

$$\delta\Pi_8=\int_{\Omega}\delta d\sigma_{ij}\left[d\varepsilon_{ij}-\frac{1}{2}(du_{i,j}+du_{j,i})\right]d\Omega$$

$$+\int_{S_u}\delta d\sigma_{ij}n_j(du_i-d\bar{u}_i)dS \qquad (2.2.89)$$

由变分极值必要条件 $\delta\Pi_8=0$ 和变分 $\delta d\sigma_{ij}$的任意性导出：

$$d\varepsilon_{ij}=\frac{1}{2}(du_{i,j}+du_{j,i}) \qquad 在\ \Omega\ 内$$

$$du_i = d\bar{u}_i \qquad \text{在 } S_u \text{ 上}$$

分别为应变-位移关系和几何边界条件.

由受控泛函及解对于控制参变量的连续性知,本构关系总能满足. 当 Π_8 取值时的控制变量已是一组定值,记为 λ^*,则参变量余能变分原理泛函的内能密度为

$$V(d\boldsymbol{\sigma})=\frac{1}{2}(d\boldsymbol{\sigma}^T\boldsymbol{D}^{-1}d\boldsymbol{\sigma})+\boldsymbol{\lambda}^{*T}\boldsymbol{Q}d\boldsymbol{\sigma} \qquad (2.2.90)$$

由于 $\boldsymbol{D}$ 是对称正定阵,故知 Π_8 是二次严格凸函数(参见§1.2节关于最小余能原理的证明). 所以在状态方程(2.2.82)-(2.2.83)控制下,由 $\delta\Pi_8$ 导出的状态变量使 Π_8 取最小值,且使边值问题的全部条件满足. 证毕.

2.2.4 算例

与经典变分原理相比较,参变量变分原理有三个主要特点:

(1) 不受流动法则的制约,无论采用相关或非相关联流动法则,原理都成立.

(2) 可用于硬化,理想弹塑性和软化材料.

(3) 本构关系是广义的,符合塑性理论规定的本构关系皆可使用.

由此可见,参变量变分原理有着相当广泛的应用范围. 下面首先就几个具体的弹塑性问题,在数值精度和求解效率上对经典变分原理与参变量变分原理作一浅显的比较. 然后再利用参变量变分原理给出几个解析算例.

例 2.4 如图 2.22 所示结构由二种材料组成,当中单元②是层状材料,其屈服准则见§3.3;单元①,③是弹性材料. 这是个非法向流动问题. 对于层状材料,在层面法向应当不受拉. 由于结构的对称性知在层面内不存在剪应力和剪应变. 表 2.8 给出按文献[15]解法和文献[16]得到的单元②的应力、应变以及按参变量变分原理得到的解答. 这三组解所采用的屈服函数和塑性势函数相同,材料常数也相同. 文献[15]是基于经典变分原理的数值解方

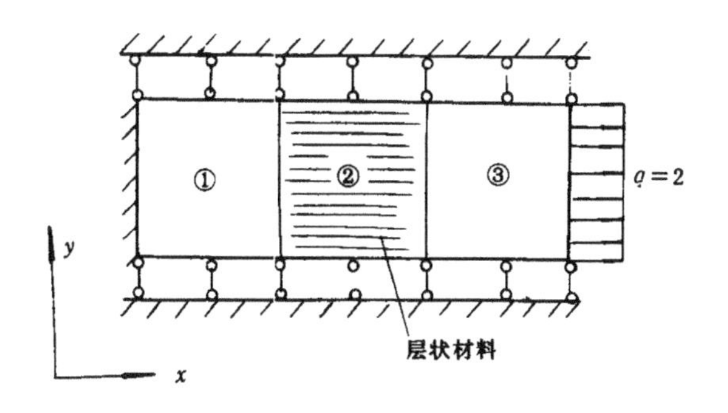

图 2.22

法，导出了较大的剪应变 γ(与正应变相比)，文献[15]还得出了沿层面法向的拉应力 $\sigma_y>0$，显然与材料特性和结构对称性相矛盾. §3.4 中给出了这个例子的全部原始数据和手工解算过程.

表 2.8

方法	σ_x	σ_y	τ	ε_x	ε_y	γ
文献[15]	2.00	0.67	0.00	0.33×10^{-5}	0.00	0.42×10^{-2}
文献[16]	2.00	0.00	0.00	0.375×10^{-5}	0.00	0.47×10^{-2}
本文	2.00	0.00	0.00	0.375×10^{-5}	0.00	0.00

例 2.5　图 2.23(a)所示为一单向受拉平板，开有一个 90°角的 V 型槽，最窄处的宽度为板宽 W 的一半. 这个例子曾有许多学者用各种基于经典变分原理的有限元法分析过，如 Zienkiewicz 等[18]，Yamada 等[19]，Marcal 等[20]，Anand 等[21]，近年来仍有不少学者用这个例子来校验自己的算法.

由于板的对称性质，在中心线上没有剪应力，因而对于理想弹塑性材料，可知板达到塑性无限流动时的极限荷载 q_0 应满足

$$q_0=\sigma_s \text{或} q_0/\sigma_s=1 \tag{2.2.91}$$

如图 2.23(b)所示.

本书采用 Tresca 屈服准则对这个例题做了计算. Tresca 屈服

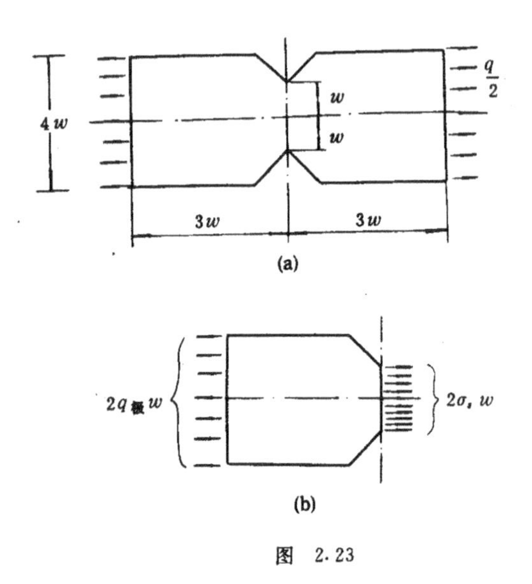

图 2.23

准则在平面应力问题的主应力空间中是一个不等边的六边形，参见§3.3内容. 图2.24(a)为1/4板单元划分示意图，图2.24(b)为塑性区随荷载增加而变化的过程. 当塑性区扩展到整个截面时，即使增量步取得非常小，二次规划求解程序仍将打出“射线解”字样，说明已进入无限流动状态.

表2.9给出经典方法与本文方法所得到的极限荷载比较结果，理论解公式为式(2.2.91). 从表2.9可以看到，参变量变分原理所采用的单元数和节点数均少，而解的精度高. 增量步数约为Anand的三分之一. 在每个增量步里，经典变分下的有限元法迭

表 2.9

解法	q_0/σ_s	误差%	单元数	节点数	增量步数
理论解	1				
Anand 等	1.096	9.6	136	85	
	1.0474	4.7	201	122	
	1.024	2.4	321	189	153
本文解	0.999	0.1	72	60	57

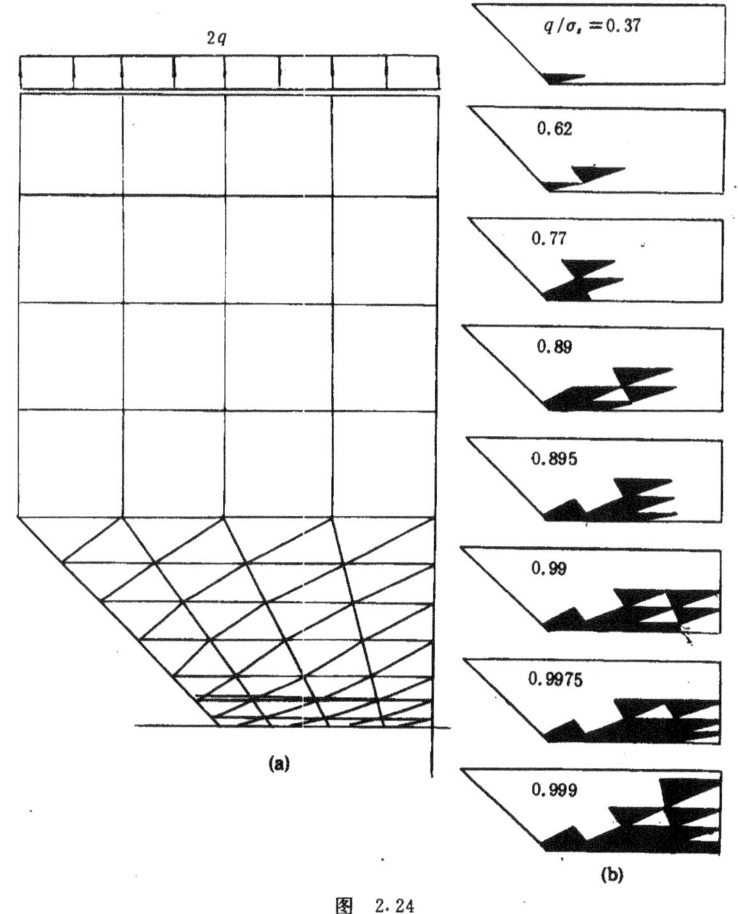

图 2.24

(a) 取试件的$\frac{1}{4}$作单元划分 (b) 塑性区扩展过程

$E=30000$; $\mu=0.3$; $\sigma_s=36$

代次数一般都是几百次，而参变量变分下有限元二次规划法即使在临近无限流动时的基底交换次数也不超过 35 次.

从求解公式来看，迭代法的公式不统一，仅 Tresca 准则下的迭代公式就十分繁杂，而参变量变分原理下的屈服准则是广义的，没有迭代过程，因而同样的 Tresca 准则只需几个简洁的基本公式即可.

例 2.6　受无摩擦条形基础作用下的半无限大地基承载力问题，如图 2.25 所示. 这是许多学者分析过的例题[22,23,24]. 图 2.26

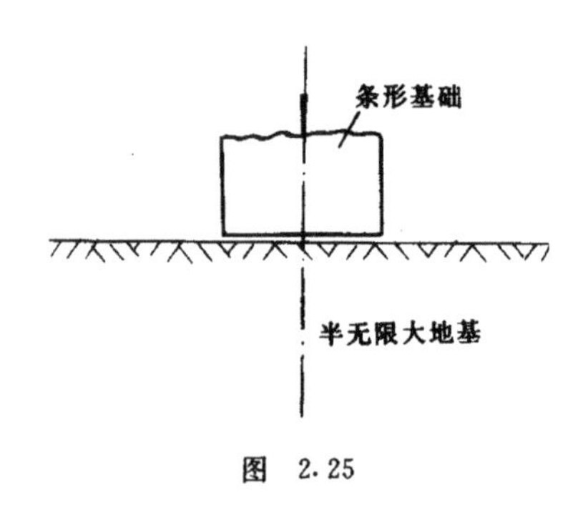

图　2.25

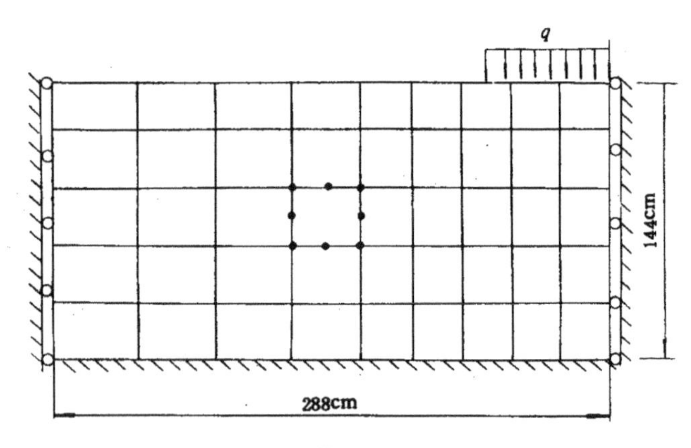

图　2.26

为本文所采用的单元划分形式，其中地基和上部基础荷载的几何尺寸与文献[23,24]相同. 屈服准则和材料常数也与文献[23,24]相同，见图 2.27.

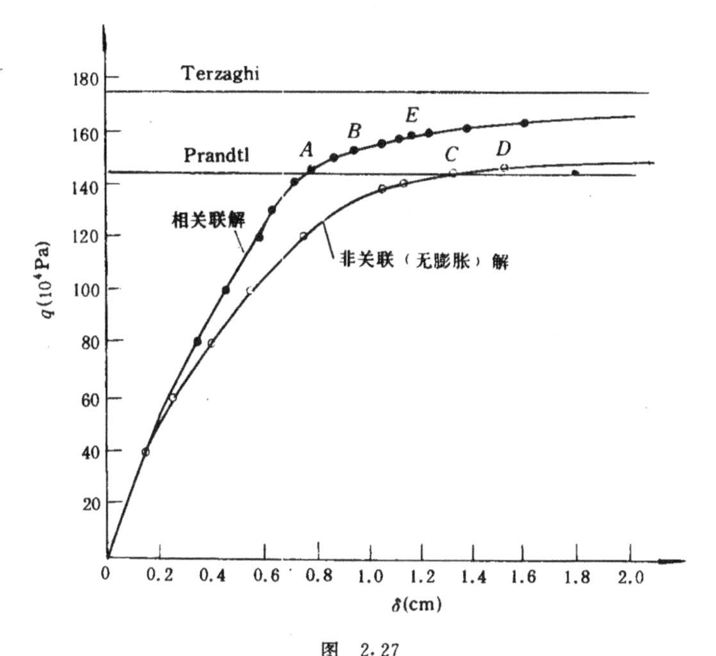

图 2.27

Mohr-Coulomb 准则

$C=100\text{kPa}$, $\varphi=20$, $E=300\text{MPa}$, $\mu=0.3$

图 2.27 为条形基础荷载中心线处的位移与荷载关系曲线，图中曲线 $OABE$ 是相关联流动法则所得到的结果，OCD 则是按无膨胀非关联流动法则所得. 曲线上 OAB 段和 OCD 段与经典解基本相同，但经典解对增量荷载大小十分敏感，文献[23]获得的 OAB 段曲线用了 313 个增量步，仅 AB 段就需 269 个增量步，否则发散，而每个增量步内又需许多次迭代. 文献[23]在 B 和 D 点时发散，文献[24]在 E 和 D 点发散，用本文的参变量变分原理的解. 从 O 至 E 点只需 13 个增量步，从 O 到 D 只需 11 个增量步，继续增加荷载，虽然位移迅速增大，但并不出现射线解. 用二次规划法求解，每个增量步内最多只需做 46 次基底交换.

图 2.28 为地基在全部单元进入塑性时的位移图形. 可以看出相关联流动与无膨胀非关联流动结果的不同.

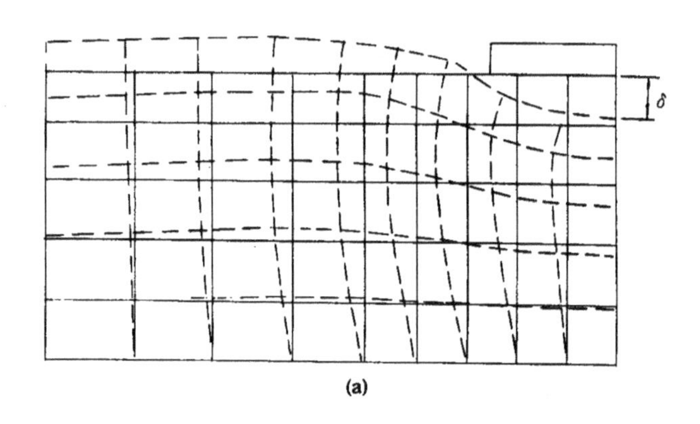

(a)

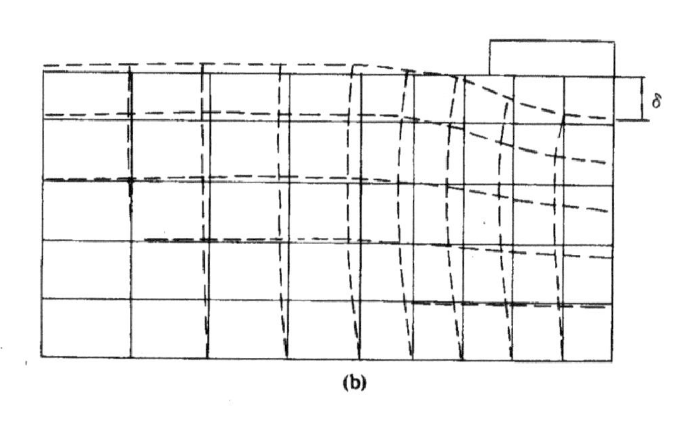

(b)

图 2.28

(a) 相关联流动法则下 (b) 无膨胀非关联流动法则下

通过上述三个数值解例题可以看出参变量变分原理在解题能力、效率和收敛性方面的优越性所在. 下面进一步给出几个解析算例的求解过程, 以使读者对参变量变分原理有一个更深刻的理解.

例 2.7 图 2.29(a)所示一超静定杆系, 两端固定, 中间受集中力荷载 P 作用. 二杆截面和长均为 A 和 l. 设杆 2 为线弹性材料

构成，见图 2.29(b)所示，杆 1 的材料为

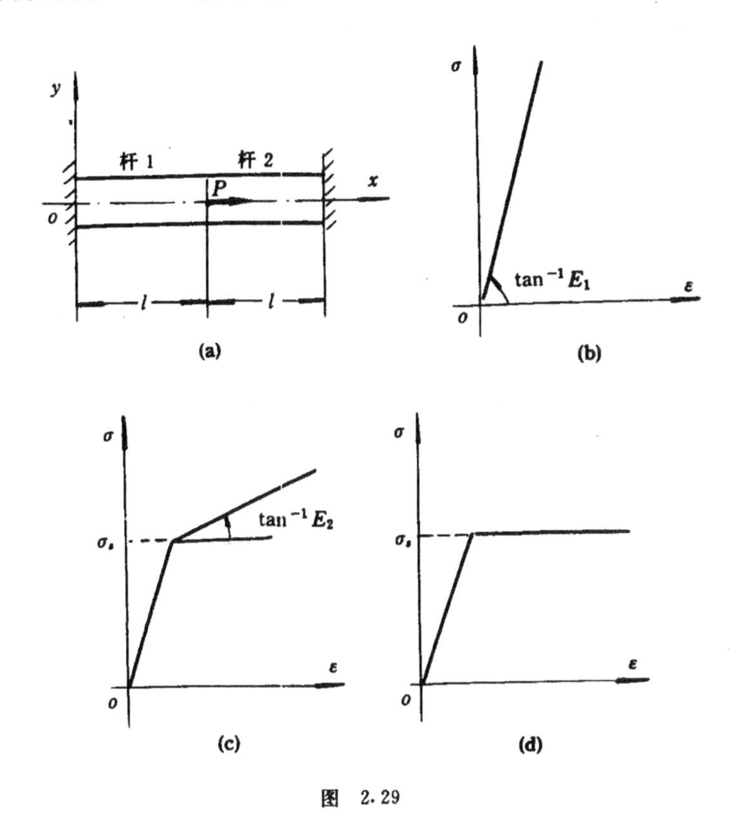

图 2.29

1. 折线硬化材料，见图 2.29(c)；

2. 理想弹塑性材料，见图 2.29(d).

屈服极限为 σ_s.

解 1. 硬化问题

杆 1 的屈服条件可以写成

$$f = \sigma - \sigma_s - \kappa(\varepsilon_p) \leqslant 0 \qquad (2.2.92)$$

其中 κ 是硬化参数，

$$\kappa(\varepsilon_p) = \frac{E\ E_2}{E_1 - E_2}\int d\varepsilon_p,\ d\kappa = \frac{E_1 E_2}{E_1 - E_2}\lambda \qquad (2.2.93)$$

式(2.2.92)包含了卸载情况,本例是取 $g=f$.

设初始状态 $\sigma=0$,从式(2.2.50)~(2.2.53)有

$$\alpha=1,\ f_{\alpha}^{0}=-\sigma_{s},\ W_{\alpha}=E_{1},\ m_{\alpha}=E_{1}+\frac{E_{1}E_{2}}{E_{1}-E_{2}} \quad (2.2.94)$$

代入状态方程(2.2.58)后有

$$\left.\begin{array}{l} E_{1}d\varepsilon-H\lambda-\sigma_{S}+\nu=0,\ \text{当}\ 0\leqslant x\leqslant l\ \text{时} \\ \nu\lambda=0,\ \nu\geqslant 0,\ \lambda\geqslant 0 \end{array}\right\} \quad (2.2.95)$$

其中 $H=\dfrac{E_{1}^{2}}{E_{1}-E_{2}}$. 由于杆 2 不会进入屈服,因而当 $l<x\leqslant 2l$ 时,$\lambda=0$.

同样,根据定义(2.2.61)可导出系统总势能泛函

$$\Pi_{7}=\int_{0}^{2l}\int_{A}\frac{E_{1}}{2}(d\varepsilon)^{2}dAd\text{[illegible]}\ E_{1}\lambda d\varepsilon dAdx-Pdu(l)$$

$$=\int_{0}^{2l}\frac{E_{1}A}{2}(d\varepsilon)^{2}dx-\int_{0}^{l}E_{1}A\lambda d\varepsilon dx-Pdu(l) \quad (2.2.96)$$

其中 λ 是参变量.

用 Ritz 法,选取位移函数为

$$u=u(x)=\begin{cases} ax & \text{当}\ 0\leqslant x\leqslant l\ \text{时} \\ a(2l-x) & \text{当}\ l<x\leqslant 2l\ \text{时} \end{cases} \quad (2.2.97)$$

这里 a 是待定常数. 显然 $u(x)$ 满足边界条件 $u(0)=u(2l)=0$. 由于状态方程(2.2.95)是未知量的线性函数,变形方向不会改变. 若不考虑卸载,求解过程只要一个增量步即可,即 $du=u$,$d\varepsilon=\varepsilon$,根据应变-位移关系导出

$$d\varepsilon=\varepsilon=\partial u/\partial x=\begin{cases} a & \text{当}\ 0\leqslant x\leqslant l\ \text{时} \\ -a & \text{当}\ l<x\leqslant 2l\ \text{时} \end{cases} \quad (2.2.98)$$

$u(x)$ 及 ε 沿杆的分布见图(2.30)所示.

把(2.2.97),(2.2.98)代入(2.2.95),(2.2.96),并注意到 $du=u$ 和 $d\varepsilon=\varepsilon$,得

$$E_{1}a-H\lambda-\sigma_{s}+\nu=0,\ \nu\lambda=0,\ \nu,\lambda\geqslant 0 \quad (2.2.99)$$

$$\Pi_{1}=E_{1}Ala^{2}-(E_{1}Al\lambda+lP)a \quad (2.2.100)$$

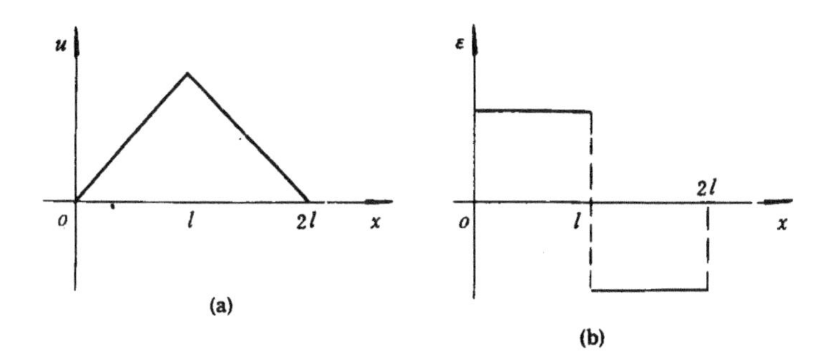

图 2.30

(a) 位移分布 (b) 应变分布

对 Π_1 求变分，注意到对 λ 不进行变分，导出

$$a = \frac{1}{2}\left(\lambda + \frac{P}{E_1 A}\right) \tag{2.2.101}$$

代入(2.2.99)得

$$\left.\begin{aligned} & -M\lambda + \frac{P}{2A} - \sigma_s + \nu = 0 \\ & \nu\lambda = 0,\ \nu,\lambda \geqslant 0 \end{aligned}\right\} \tag{2.2.102}$$

式(2.2.102)中：$M=(E_1^2+E_1E_2)/2(E_1-E_2)$. 分析(2.2.102)中的互补问题，当 $\lambda=0$ 时

$$\nu=\sigma_s-\frac{P}{2A}>0 \tag{2.2.103}$$

当 $\lambda\geqslant 0$ 时，$\nu=0$，且有

$$\lambda=\frac{1}{M}\left(\frac{P}{2A}-\sigma_s\right)>0 \tag{2.2.104}$$

综合起来，有

$$\lambda = \begin{cases} 0 & \text{当 } P < 2A\sigma_s \text{时} \\ \dfrac{1}{M}\left(\dfrac{P}{2A} - \sigma_s\right) & \text{当 } P \geqslant 2A\sigma_s \text{时} \end{cases} \tag{2.2.105}$$

将(2.2.105)代入式(2.2.101)便可求出待定常数 a，继而求出 u，ε 和 σ，结果如下：

当 $P<2A\sigma_s$ 时，属于弹性解

$$u=\begin{cases}\dfrac{P}{2E_1A}x & 0\leqslant x\leqslant l\\ \dfrac{P}{2E_1A}(2l-x) & l<x\leqslant 2l\end{cases} \tag{2.2.106}$$

$$\varepsilon=\begin{cases}\dfrac{P}{2E_1A} & 0\leqslant x\leqslant l\\ -\dfrac{P}{2E_1A} & l<x\leqslant 2l\end{cases} \tag{2.2.107}$$

$$\sigma=\begin{cases}\dfrac{P}{2A} & 0\leqslant x\leqslant l\\ -\dfrac{P}{2A} & l<x\leqslant 2l\end{cases} \tag{2.2.108}$$

当 $P\geqslant 2A\sigma_s$ 时，为弹塑性解

$$u=\begin{cases}Nx & 0\leqslant x\leqslant l\\ N(2l-x) & l<x\leqslant l\end{cases} \tag{2.2.109}$$

$$\varepsilon=\begin{cases}N & 0\leqslant x\leqslant l\\ -N & l<x\leqslant l\end{cases} \tag{2.2.110}$$

$$\sigma=\begin{cases}\dfrac{P}{2A}-\dfrac{E_1}{2M}(\dfrac{P}{2A}-\sigma_s) & 0\leqslant x\leqslant l\\ -NE_1 & l<x\leqslant 2l\end{cases} \tag{2.2.111}$$

其中 $N=\frac{1}{2}\left[\frac{1}{M}\left(\frac{P}{2A}-\sigma_s\right)+\frac{P}{E_1A}\right]$. 式(2.2.111)的获得考虑了

$$\sigma=E\left(\varepsilon-\lambda\frac{\partial g}{\partial\sigma}\right)$$

2. 理想弹塑性解

对于理想弹塑性情况，显然有 $E_2=0$，于是上述关于硬化问题的公式推导可照用. 并有

$$H=E_1,\ M=\frac{E_1}{2},\ N=\left(\frac{P}{A}-\sigma_s\right)\frac{1}{E_1} \qquad (2.2.112)$$

且当 $P<2A\sigma_s$ 时，为弹性解(2.2.106)～(2.2.108)，当 $P\geqslant 2A\sigma_s$ 时解仍然同(2.2.109)～(2.2.111)，只注意其中变量应以式(2.2.112)进行替代. 应力解为

$$\sigma=\begin{cases}\sigma_s & 0\leqslant x\leqslant l\\ \sigma_s-\dfrac{P}{A} & l<x\leqslant 2l\end{cases} \qquad (2.2.113)$$

这个解是我们直观就可以获得的，显然是正确的，这也就验证了上述的解算方法.

例 2.8　对一圆柱岩石试样做无侧限受压实验，接触面光滑，如图 2.31(a)所示. 试样的截面积和长度分别为 A 和 l，上压板处有一集中力 P. 为避免塑性几何不定，在上压板连接一个一端固定的弹簧，刚度为 s. 设试样为线性软化材料，见图 2.31(b)所示，其中 $E_1>0$，$E_2\leqslant 0$. 设问题的屈服函数和势函数相同，$f=g$.

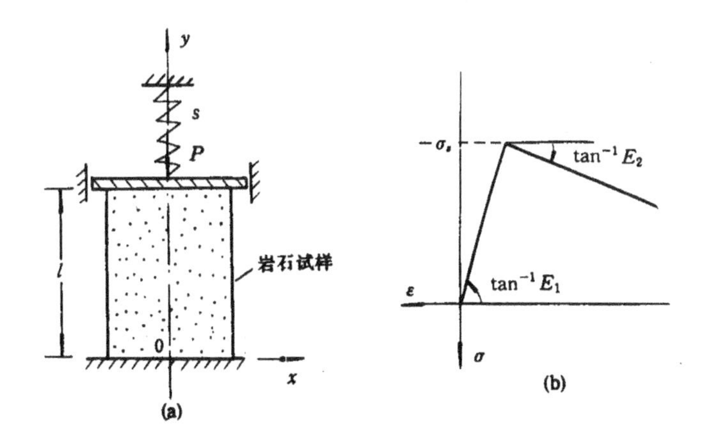

图　2.31

(a) 无侧限受压示意　(b) 线性软化关系

屈服条件可写成

$$f = -\sigma - \sigma_s + \kappa(\varepsilon_p) \leqslant 0 \qquad (2.2.114)$$

其中 κ 是软化参数.

$$\kappa(\varepsilon_p) = -\frac{E_1 E_2}{E_1 - E_2}\int d\varepsilon_p,\ d\kappa = -\frac{E_1 E_2}{E_1 - E_2}\lambda \qquad (2.2.115)$$

显然 $\kappa \geqslant 0$, $\lambda \geqslant 0$.

本例解题步骤与例 2.7 完全相同,推导过程留给读者自己进行,下面列出最终结果,以备读者验证.

当 $P < \sigma_s(sl/E_1 + A)$ 时为弹性状态

$$\left.\begin{aligned} \varepsilon &= a = -P/(sl + E_1 A) \\ u_y &= -Py/(sl + E_1 A) \\ \sigma &= -E_1 P/(sl + E_1 A) \end{aligned}\right\} \qquad (2.2.116)$$

当 $P \geqslant \sigma_s(sl/E_1 + A)$ 时为塑性软化阶段

$$\left.\begin{aligned} \varepsilon &= a = [(1 - E_2/E_1)A\sigma_s - P]/(sl + E_2 A) \\ u_y &= y[(1 - E_2/E_1)A\sigma_s - P]/(sl + E_2 A) \\ \sigma &= -\frac{1}{E_1(sl + E_2 A)}[E_1 E_2(sl + E_1 A)P + sl(E_1 - E_2)\sigma_s] \end{aligned}\right\}$$

$$(2.2.117)$$

§2.3 参变量变分原理的解释

在上述几节中我们利用数学上的类比方法,根据控制论中的现代变分法,构造了非线性力学问题求解的参变量变分原理. 对于塑性力学问题,参变量就是待定的流动比例因子或流动参数,它的物理意义表征塑性流动量的大小. 在有关文献中通常都是通过将屈服函数线性化之后,用应力增量或应变增量来表达的. 乍一看这个问题,人们首先会问,既然参变量是应力或应变增量的函数,为什么可以不参加变分呢?

由控制论原理来看,过去力学中的变分原理都应当归结到静态经典变分法中去. 说它们是静态的,是因为这些原理中不存在控制变量,也不存在控制系统;说它们是经典变分法,是因为它们要求泛函宗量的取值范围不受任何限制(约束条件应当预先满足). 如果宗量的取值域为不等式或者当泛函对宗量的可微性在取值域内不存在时,经典变分法是无能为力的. 而现代变分法的最优值往往都是在闭集(不等式集合)的边界上获得的. 因而现代变分法只要求对状态变量具有一定的可微性,但并不要求对控制变量变分或可微. Понтрягин 的极大值原理和 Bellman 的动态规划法在现代控制理论的形成与发展过程中起过极重要的推动作用. 它们属于现代变分法,最根本的原因之一,是它们既不要求对控制变量的导数在取值域内存在,也不要求对控制变量变分. 由此可见,参变量既然是控制变量,不参加变分就是理所当然的事了. 经典变分原理和参变量变分原理的变分可用图 2.32 所示的框图表示.

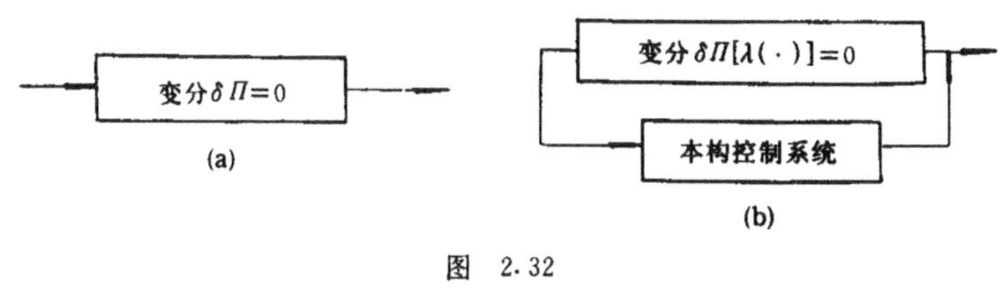

图 2.32

(a) 经典变分原理 (b) 参变量变分原理

从力学边界待定边值问题来看,描述运动规律的是位移(增量),应变(增量)和应力(增量). 这些量均可选作状态变量. 而参变量只是起着对问题状态变化控制的"桥梁"作用. 对于物体上处于弹性状态的区域,参变量等于零,对于那些处于塑性加载区域,参变量大于零. 对于接触问题(第四章中论述),只有当物体间发生接触滑动时,参变量才有意义. 实际的流动参数与其它泛函宗量是相互独立的量. 即使流动参数是自变量的函数,也没有理由一定要对其进行变分,就象弹性力学广义变分原理那样,虽然应力与应变之间始终存在着线性本构关系,但对应力和应变又可以完全独立地进行变分.

下面进一步给出参变量变分原理的几何解释.

为方便、简明起见，这里只考虑单一控制变量和状态变量的情况.由例题2.7,2.8可以看到，通过选取适当的状态变量，可以把总势能泛函和状态方程表达成下列形式：

$$\Pi = \Pi(\xi,\lambda) = C_1\xi^2 - (C_2\lambda + C_3)\xi \tag{2.3.1}$$

$$C_4\xi - C_5\lambda - C_6 + \nu = 0,\ \nu\lambda = 0,\ \nu,\lambda \geqslant 0 \tag{2.3.2}$$

其中 $C_i(i=1,2,\cdots,6)$ 是已知常数.

由 Π 对 ξ 求一阶导数等于零而暂把 λ 当作常量导出的极值点的 ξ 值与控制变量之间的关系为

$$\xi^*(\lambda) = \frac{1}{2C_1}(C_2\lambda + C_3) \tag{2.3.3}$$

把 $\xi^*(\lambda)$ 代回(2.3.1)得极值点轨迹方程

$$\Pi(\xi^*(\lambda)) = -(C_7\lambda^2 + C_8\lambda + C_9) \tag{2.3.4}$$

把 $\xi^*(\lambda)$ 代回(2.3.2)得极值点的状态方程

$$\left.\begin{array}{l}(C_2C_4 - 2C_1C_5)\lambda + C_3C_4 - 2C_1C_6 + \nu = 0 \\ \nu\lambda = 0,\ \nu,\lambda \geqslant 0\end{array}\right\} \tag{2.3.5}$$

其中 C_7, C_8, C_9 为常数.状态方程(2.3.5)是线性的，可唯一地确定 λ^*.分析(2.3.5)中的互补关系，即可确定控制变量

$$\lambda^* = \begin{cases} 0 & \text{当 } 2C_1C_6 > C_3C_4 \text{ 时} \\ \dfrac{2C_1C_6 - C_3C_4}{C_2C_4 - 2C_1C_5} & \text{当 } 2C_1C_6 \leqslant C_3C_4 \text{ 时} \end{cases} \tag{2.3.6}$$

将 λ^* 代回(2.3.3)可求出 $\xi^*(\lambda^*)$，继而求出其它物理量，得到问题的解.

上述过程可用一个几何图形来说明.图2.33所示坐标系有二根重合的横坐标，为清晰起见，画作上、下两根.上面一根表示坐标轴 ξ，下面一根表示坐标轴 λ.(ξ,Π) 坐标系就是普通直角坐标系；(λ,Π) 与 (ξ,Π) 坐标系不同之处在于 λ 轴零点不在原点，而在 $\xi = C_2/2C_1$ 处.

式(2.3.1)表示的函数 $\Pi(\xi,\lambda)$ 是一个焦点参数等于 $C_1/2$，开口朝上并经过原点的抛物线簇.极值点的轨迹 $\Pi(\xi^*,\lambda)$ 是一条焦点参数等于 $C_1/4$ 的开口朝下，顶点在原点的抛物线，见图2.33中

的虚线. λ 的容许域为 $\lambda \geqslant 0$ 所在的半平面. 直线 $\lambda=\lambda^*$ 与极值轨迹 $\Pi(\xi^*(\lambda),\lambda)$ 的交点 (ξ^*,λ^*,Π^*) 即为真实解所在点.

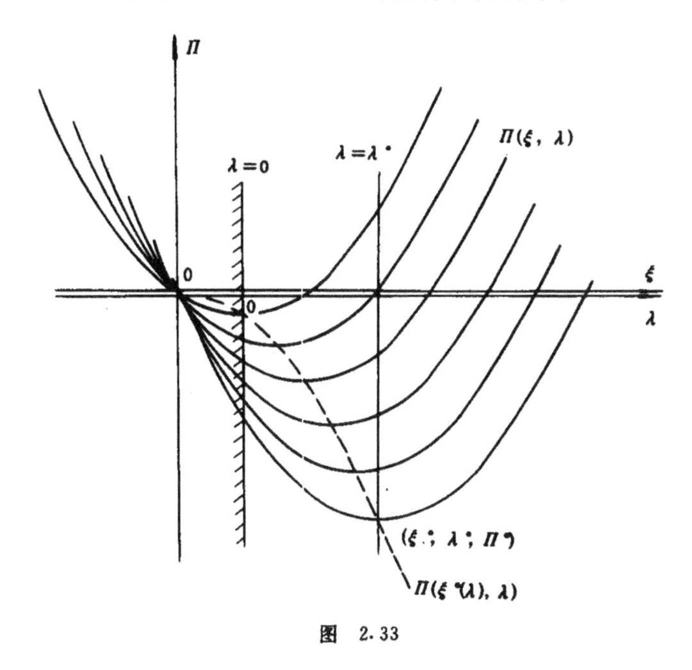

图 2.33

图 2.33 也反映了参变量变分原理的求解步骤,第一步变分时让参变量不参加变分得到的只是极值轨迹 $\Pi(\xi^*\lambda)$,第二步才是根据状态方程确定 Π 值取最小值时的最优控制 λ^*. 这里也可以看出,在容许域内,$\partial\Pi/\partial\lambda=0$ 不存在,经典变分原理是无能为力的.

§2.4 分区参变量变分原理

在§2.2 中我们给出了假定整个物体域 Ω 服从同一屈服准则的参变量最小势能原理和余能原理,它们的极值过程可以用一个控制图 2.32(b)来表示,这是一个具有极好性质的闭环控制系统. 如果不考虑控制系统,即令 $\lambda\equiv 0$,则参变量最小势能与最小余能原理就退化为弹性力学的变分原理. 不难发现，实际工程中的某些部位或子结构可以预先判定为弹性体，对于这些子结构没有必要建立控制系统，按弹性力学处理即可. 对于处于非线性的那些部位，也可能服从不同的屈服准则，即使是相同的屈服准则，准则中的参数也可能不同. 如图 2.34 所示某土锚法挡土结构，由挡土墙、

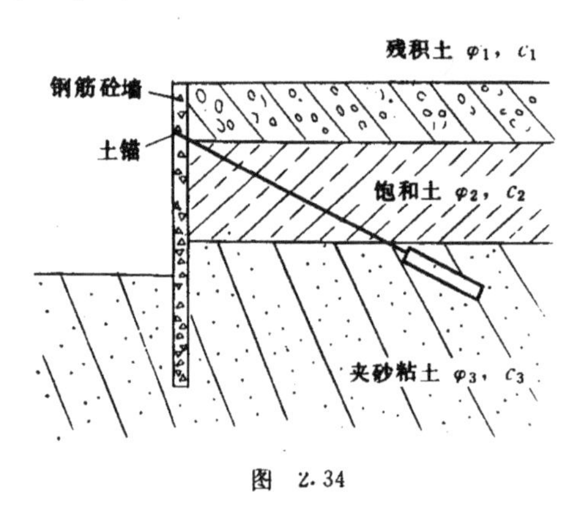

图 2.34

土层锚杆和土体三种子结构组成. 其中锚杆为钢材制成，服从 Mises 屈服准则，墙为钢筋混凝土制成，可作单纯弹性材料处理，土体则服从 Coulomb 准则，但由于土的含水量不同，沉积年代不同等原因，每一层土质的内聚力 c 和内摩擦角 φ 也不同.

一般地，可以把物体 Ω 分成若干个子域. 一部分是弹性子域，即不考虑产生塑性状态的子域，另一部分为弹塑性子域，即可能发生塑性屈服的子域. 若 Ω 可分成 N_e 个子域 $\Omega=\sum_{e=1}^{N_e}\Omega^e$，不失一般性，可假定其中 Ω^1, Ω^2, …, Ω^{N_p} 共 N_p 个弹塑性子域，显然 $N_p\leqslant N_e$. 设第 i 个弹塑性子域的屈服准则由 $\boldsymbol{m}_{fi}$ 个屈服条件组成，那么整个问题的状态方程共有 $\boldsymbol{m}_f=\sum_{i=1}^{N_p}\boldsymbol{m}_{fi}$ 个. 以位移增量表达的分区后状态方程可写成

$$
\left.\begin{aligned}
&f_{\alpha}^{e}(d\boldsymbol{\varepsilon},\boldsymbol{\lambda})+\nu_{\alpha}^{e}=0\\
&\nu_{\alpha}^{e}\lambda_{\alpha}^{e}=0,\ \nu_{\alpha}^{e},\ \lambda_{\alpha}^{e}\geqslant 0\\
&\alpha=1,2,\cdots,m_{fi},\ e=1,2,\cdots,N_{p}
\end{aligned}\right\}\tag{2.4.1}
$$

或依然写成向量的形式

$$
\left.\begin{aligned}
&\boldsymbol{f}(d\boldsymbol{\varepsilon},\boldsymbol{\lambda})+\boldsymbol{\nu}=0\\
&\boldsymbol{\nu}^{T}\boldsymbol{\lambda}=0,\ \boldsymbol{\nu},\ \boldsymbol{\lambda}\geqslant 0
\end{aligned}\right\}\tag{2.4.2}
$$

以应力增量表达的分区后的状态方程为

$$
\left.\begin{aligned}
&f_{\alpha}^{e}(d\boldsymbol{\sigma},\boldsymbol{\lambda})+\nu_{\alpha}^{e}=0\\
&\nu_{\alpha}^{e}\lambda_{\alpha}^{e}=0,\ \nu_{\alpha}^{e},\ \lambda_{\alpha}^{e}\geqslant 0\\
&\alpha=1,2,\cdots,m_{f},\ e=1,\ 2,\cdots,\ N_{p}
\end{aligned}\right\}\tag{2.4.3}
$$

或

$$
\left.\begin{aligned}
&\boldsymbol{f}(d\boldsymbol{\sigma},\boldsymbol{\lambda})+\boldsymbol{\nu}=0\\
&\boldsymbol{\nu}^{T}\boldsymbol{\lambda}=0,\ \boldsymbol{\nu},\boldsymbol{\lambda}\geqslant 0
\end{aligned}\right\}\tag{2.4.4}
$$

同样，相应于 f_{α}^{e} 可定义 g_{α}^{e}，或相应于 $f\in R^{m_f}$ 可定义 $\boldsymbol{g}\in R^{m_f}$，不再赘述.

分区后，子域 Ω^{e} 的边界 S^{e} 分成三部分，$S^{e}=S_{p}^{e}+S_{u}^{e}+S_{u'}^{e}$，其中 S_{p}^{e} 是给定力边界，S_{u}^{e} 是给定位移边界，$S_{u'}^{e}$ 是与任一子域 $\Omega^{e'}$ 相交的边界. 这里 $\Omega^{e}\neq\Omega^{e'}(e,\ e'\leqslant N_{e})$.

设子域 Ω^{e} 和 $\Omega^{e'}$ 的共同交界面为 $S_{u'}^{ee'}$，$e\neq e'$，$e,e'\leqslant N_{e}$，在 $S_{u'}^{e}$ 上法向单位矢量为 $\boldsymbol{n}_{ee'}^{e}$，在 $S_{u'}^{e'}$ 上法向单位矢量为 $\boldsymbol{n}_{ee'}^{e'}$，它们在 $S_{u'}^{ee'}$ 上应大小相等、方向相反，即

$$
n_{ee'i}^{e}=-n_{ee'i}^{e'},\ i=1,2,3\tag{2.4.5}
$$

同样，在 $S_{u'}^{ee'}$ 上存在位移连续条件

$$
d\boldsymbol{u}_{ee'}^{e}-d\boldsymbol{u}_{ee'}^{e'}=\boldsymbol{0}\tag{2.4.6}
$$

和合力平衡条件

$$
\boldsymbol{n}_{ee'}^{e}d\boldsymbol{\sigma}_{ee'}^{e}+\boldsymbol{n}_{ee'}^{e'}d\boldsymbol{\sigma}_{ee'}^{e'}=\boldsymbol{0}\tag{2.4.7}
$$

下面给出分区参变量最小势能原理和分区参变量最小余能原理. 这是有限元法计算的变分基础.

分区参变量最小势能原理：

设物体Ω可分成N_e个子域,$\Omega=\sum_{e=1}^{N_e}\Omega^e$，其中$\Omega^1$，$\Omega^2$，…,$\Omega^{N_p}$为弹塑性子域($N_p\leqslant N_e$). 那么在所有满足应变-位移关系(2.2.27)、几何边界条件(2.2.29)以及满足交界面上位移连续性条件(2.4.6)的可能位移场中,真实解使泛函

$$\Pi_9[\boldsymbol{\lambda}(\cdot)]=\sum_{e=1}^{N_e}\left\{\int_{\Omega^e}\frac{1}{2}d\boldsymbol{\varepsilon}^{eT}\boldsymbol{D}d\boldsymbol{\varepsilon}^e d\Omega-\int_{\Omega^e}d\boldsymbol{b}^{e^T}d\boldsymbol{u}^e d\Omega\right.$$

$$\left.-\int_{S_p^e}d\overline{\boldsymbol{p}}^{e^T}d\boldsymbol{u}^e dS\right\}-\sum_{e=1}^{N_p}\int_{\Omega^e}\boldsymbol{\lambda}^{e^T}\boldsymbol{R}^e d\boldsymbol{\varepsilon}^e d\Omega \quad (2.4.8)$$

在本构状态方程(2.4.1)的控制下取总体最小值. 其中:$d\boldsymbol{u}^e$是自变函数,$\boldsymbol{\lambda}^e$是不参加变分的参变量,而

$$\boldsymbol{R}^e=\left(\frac{\partial\boldsymbol{g}^e}{\partial\boldsymbol{\sigma}}\right)^T\boldsymbol{D} \quad (2.4.9)$$

式(2.4.8),(2.4.9)写成张量形式

$$\Pi_9[\boldsymbol{\lambda}(\cdot)]=\sum_{e=1}^{N_e}\left\{\int_{\Omega^e}\frac{1}{2}du_{i,j}^e D_{ijkl}du_{k,l}^e d\Omega\right.$$

$$\left.-\int_{\Omega^e}db_i^e du_i^e d\Omega-\int_{S_p^e}d\overline{p}^e du_i^e dS\right\}$$

$$-\sum_{e=1}^{N_p}\int_{\Omega^e}\lambda_a^e R_{kla}^e du_{k,l}d\Omega \quad (2.4.8)'$$

$$R_{kla}^e=\frac{\partial g_a^e}{\partial\sigma_{ij}}D_{ijkl} \quad (2.4.9)'$$

证明如下:

令λ^e不参加变分,对Π_9进行变分,得

$$\delta\Pi_9=\sum_{e=1}^{N_e}\left\{\frac{1}{2}\int_{\Omega^e}\delta du_{i,j}^e D_{ijkl}du_{k,l}^e d\Omega+\frac{1}{2}\int_{\Omega^e}du_{i,j}^e D_{ijkl}\delta du_{k,l}d\Omega\right.$$

$$\left.-\int_{\Omega^e}\delta du_i^e db_i^e d\Omega-\int_{S_p^e}d\overline{p}^e\delta du_i^e dS\right\}$$

$$- \sum_{e=1}^{N_b} \int_{\Omega^e} \lambda_\alpha^e R_{kl\alpha}^e \delta du_{kl}^e d\Omega \tag{2.4.10}$$

利用 Green 定理，通过分部积分，式(2.4.10)右端前两项成为

$$\frac{1}{2}\int_{\Omega^e} \delta du_{i,j}^e D_{ijkl} du_{k,l}^e d\Omega + \frac{1}{2}\int_{\Omega^e} du_{i,j}^e D_{ijkl} \delta du_{k,l}^e d\Omega$$

$$= \int_{S^e} \delta du_i^e n_j D_{ijkl} du_{k,l}^e dS - \int_{\Omega^e} \delta du_i^e [D_{ijkl} du_{k,l}^e]_{,j} \, d\Omega \tag{2.4.11}$$

式(2.4.11)的获得利用了条件 $D_{ijkl}=D_{klij}$.

同理式(2.4.10)右端最后一项成为

$$\int_{\Omega^e} \lambda_\alpha^e R_{kl\alpha}^e \delta du_{k,l} d\Omega = \int_{S^e} \delta du_i^e n_j \lambda_\alpha^e R_{ij\alpha}^e d\Omega$$

$$- \int_{\Omega^e} \delta du_i^e [\lambda_\alpha^e R_{ij\alpha}^e]_{,j} \, d\Omega \tag{2.4.12}$$

将式(2.4.11)，(2.4.12) 代入式(2.4.10)，并由几何边界条件预先满足，有

$$\delta \Pi_9 = \sum_{e=1}^{N_P} \Big\{ - \int_{\Omega^e} \delta du_i^e [(D_{ijkl} du_{k,l}^e)_{,j} - (\lambda_\alpha^e R_{ij\alpha}^e)_{,j} + db_i^e] d\Omega$$

$$+ \int_{S_p^e} \delta du_i^e [n_j (D_{ijkl} du_{k,l}^e - \lambda_\alpha^e R_{ij\alpha}^e)$$

$$- d\bar{p}_i^e] dS + \int_{S_{u'}^e} \delta du_i^e [n_j (D_{ijkl} du_{k,l}^e - \lambda_\alpha^e R_{ij\alpha}^e] dS \Big\}$$

$$+ \sum_{e=N_{p+1}}^{N_e} \Big\{ - \int_{\Omega^e} \delta du_i^e [(D_{ijkl} du_{k,l}^e)_{,j} + db_i^e] d\Omega$$

$$+ \int_{S_p^e} \delta du_i^e [n_j (D_{ijkl} du_{k,l}^e) - d\bar{p}_i^e] dS$$

$$+\int_{S_{u'}^e}\delta du_i^e[n_j(D_{ijkl}du_{k,l}^e)]dS \tag{2.4.13}$$

因为变分过程始终受控于状态方程，本构关系式应保持满足，于是

$$D_{ijkl}du_{k,l}^e-\lambda_\alpha^e R_{ij\alpha}^e=D_{ijkl}\left[\frac{1}{2}(du_{k,l}^e+du_{l,k}^e)\right.$$

$$\left.-\lambda_\alpha^e\frac{\partial g_\alpha^e}{\partial\sigma_{kl}}\right]=d\sigma_{ij}^e \tag{2.4.13$'$}$$

则式(2.4.13)成为

$$\delta\Pi_9=\sum_{e=1}^{N_p}\left\{-\int_{\Omega^e}\delta du_i^e[d\sigma_{ij,j}^e+db_i^e]d\Omega\right.$$

$$\left.+\int_{S_p^e}\delta du_i^e[n_jd\sigma_{ij}^e-d\bar{p}_i^e]dS+\int_{S_{u'}^e}\delta du_i^e[n_jd\sigma_{ij}^e]dS\right\}$$

$$+\sum_{e=N_p+1}^{N_e}\left\{-\int_{\Omega^e}\delta du_i^e[d\sigma_{ij,i}^e+db_i^e]d\Omega\right.$$

$$+\int_{S_p^e}\delta du_i^e[n_jd\sigma_{ij}^e-d\bar{p}_i^e]dS$$

$$+\int_{S_{u'}^e}\delta du_i^e[n_jd\sigma_{ij}^e]dS \tag{2.4.14}$$

根据交界面上位移连续条件(2.4.6)，有

$$\sum_{e=1}^{N_e}\int_{S_{u'}^e}\delta du_i^e[n_jd\sigma_{ij}^e]dS$$

$$=\sum_{\beta=1}^{N_0}\int_{S_{u'}^{ee'\beta}}[\delta du_{ee'i}^{e\beta}n_{ee'j}^{e\beta}d\sigma_{ij}^{e\beta}+\delta du_{ee'i}^{e'\beta}n_{ee'j}^{e'\beta}d\sigma_{ij}^{e'\beta}]dS$$

$$=\sum_{\beta=1}^{N_0}\int_{S_{u'}^{ee'\beta}}\delta du_{ee'i}^{e\beta}[n_{ee'j}^{e\beta}d\sigma_{ij}^{e\beta}+n_{ee'j}^{e'\beta}d\sigma_{ij}^{e'\beta}]dS \tag{2.4.15}$$

这里 N_0 是交界面总数，而上下标 e,e' 的意义参见式(2.4.5)～

(2.4.7)的说明.

将式(2.4.15)代入式(2.4.14)可得

$$\delta\Pi_9 = \sum_{e=1}^{N_e}\left\{-\int_{\Omega^e}\delta du_i^e[d\sigma_{ij,j}^e + db_i^e]d\Omega + \int_{S_p^e}\delta du_i^e[n_j d\sigma_{ij}^e - d\bar{p}_i^e]dS\right\} + \sum_{\beta=1}^{N_0}\int_{S_{u'}^{ee'\beta}}\delta du_{ee'i}^{e\beta}[n_{ee'j}^{e\beta}d\sigma_{ij}^{e\beta} + n_{ee'j}^{e'\beta}d\sigma_{ij}^{e'\beta}]dS \quad (2.4.16)$$

由于 δdu_i^e，$\delta du_{ee'i}^{e\beta}$ 均具有任意性，令 $\delta\Pi_9=0$，可导出分区平衡方程

$$d\sigma_{ij,j}^e + db_i^e = 0,\ 在\ \Omega^e\ 内 \quad (2.4.17)$$

和分区的力的边界条件

$$n_j d\sigma_{ij}^e = d\bar{p}_i^e,\ 在\ S_p^e\ 上 \quad (2.4.18)$$

以及交界面合力平衡条件

$$n_{ee'j}^{e\beta}d\sigma_{ij}^{e\beta} + n_{ee'j}^{e'\beta}d\sigma_{ij}^{e'\beta} = 0,\ 在\ S_{u'}^{\beta}\ 上 \quad (2.4.19)$$

又由式(2.4.8)可以看到，当 λ 取定值 λ^* 时 Π_9 是二次严格凸函数(参见式(2.2.61)的证明过程)，故 Π_9 对真实解取总体最小值.

证毕.

分区参变量最小势能原理表明，只要交界面上的位移连续性条件得到满足，参变量最小势能原理可分成若干个弹性区域和若干个弹塑性区域进行计算，并且每个弹塑性区域内的屈服准则可各不相同，这就为该原理的实际应用和有限元法逼近提供了理论依据. 对于交界面上位移不协调(非协调元)的问题而言，依照已有的固体力学的变分原理(如引入 Lagrange 乘子法处理这类问题)，是不难给出分区广义参变量最小势能原理的. 有兴趣读者可自行建立，不再赘述.

参照分区参变量最小势能原理，我们进一步可以给出分区参变量最小余能原理.

分区参变量最小余能原理：

设物体 Ω 可分成 N_e 个子域，$\Omega=\sum_{e=1}^{N_e}\Omega^e$，其中，$\Omega^1,\Omega^2,\cdots,\Omega^{N_p}$ 为弹塑性子域($N_p\leqslant N_e$)．那么满足平衡方程(2.2.26)，力的边界条件(2.2.28)以及交界面上合力平衡条件(2.4.7)的可能应力场中，真实解使泛函

$$\Pi_{10}[\boldsymbol{\lambda}(\cdot)]=\sum_{e=1}^{N_e}\left\{\int_{\Omega^e}\frac{1}{2}d\boldsymbol{\sigma}^{e^T}\boldsymbol{D}^{-1}d\boldsymbol{\sigma}^e d\Omega\right.$$

$$\left.-\int_{S_u^e}d\boldsymbol{u}^{e^T}\boldsymbol{n}d\boldsymbol{\sigma}^e dS\right\}+\sum_{e=1}^{N_p}\int_{\Omega^e}\boldsymbol{\lambda}^{e^T}\boldsymbol{Q}^e d\boldsymbol{\sigma}^e d\Omega \quad (2.4.20)$$

在本构状态方程(2.4.4)的控制下取总体最小值．其中 $d\sigma^e$ 是自变函数，$\boldsymbol{\lambda}^e$ 是不参加变分的参变量，而

$$\boldsymbol{Q}^e=\left(\frac{\partial \boldsymbol{g}^e}{\partial \boldsymbol{\sigma}}\right) \quad (2.4.21)$$

这个原理的证明可参照最小总余能原理和分区参变量最小势能原理的证明过程．从对 Π_{10} 一阶变分等于零和变分的任意性可以导出应变-位移关系(2.2.27)，几何边界条件(2.2.29)和交界面上的位移连续条件(2.4.6)．感兴趣的读者可自行证明．

式(2.4.20)，(2.4.21)写成张量表达式为

$$\Pi_{10}[\boldsymbol{\lambda}(\cdot)]=\sum_{e=1}^{N_e}\left\{\int_{\Omega^e}\frac{1}{2}d\sigma_{ij}^e D_{ijkl}^{-1}d\sigma_{kl}^e d\Omega-\int_{S_u^e}du_i^e n_j d\sigma_{ij}^e dS\right\}$$

$$+\sum_{e=1}^{N_p}\int_{\Omega^e}\lambda_\alpha^e Q_{kl\alpha}^e d\sigma_{kl}^e d\Omega \quad (2.4.20)'$$

$$Q_{kl\alpha}^e=\frac{\partial g_\alpha^e}{\partial \sigma_{kl}} \quad (2.4.21)'$$

参 考 文 献

[1] 钟万勰，岩土力学中的参变量最小余能原理，力学学报，3，1986.

[2] 张柔雷，钟万勰，参变量最小势能原理的有限元参数二次规划解，计算结构力学及其应用，4(1)，1987.

[3] 钟万勰,张柔雷,塑性理论中的二阶最小变分原理,计算结构力学及其应用,**4**(4),1987.
[4] 张柔雷,参变量变分原理及其应用,大连理工大学博士学位论文,1987.
[5] 钟万勰,张柔雷,孙苏明,参数二次规划法在计算力学中的应用(一,二,三),计算结构力学及其应用,**5**(4),1988;**6**(1),1989;**6**(2),1989.
[6] 钟万勰,张柔雷,理想弹塑性问题的参变量变分原理,力学学报(英文版),**4**(2),1988.
[7] 孙苏明,参数二次规划法的研究及其工程结构分析应用,大连理工大学博士学位论文,1988.
[8] Zhong W. X., Zhang R. L., Parametric Variational Principles and Its Quadratic Programming Solutions in Plasticity, ICCEM, 1987.
[9] Zhong W. X., Zhang R. L., Quadratic Programming with Parametric Vector in Plasticity and Geomechanics, Proc. NUMETA, **3**, 1987.
[10] Zhong W. X., Zhang R. L., Parametric Variational Principles and Their Quadratic Programming Solutions in Plasticity, Computers & Structures, **30** (4), 887—896, 1988
[11] Zhong Wanxie, Sun Suming, A Parametric Quadratic Programming Formulation for Elastic Contact Problems, Proc. Int. Conf. Computer Modelling Ocean Engineering, Venice, 1988.
[12] Zhong Wanxie, Sun Suming, A Finite Element Method for Elasto-Plastic Structure and Contact Problem by Parametric Quadratic Programming, Int. J., Numer. Meth. Eng., **26**, 2723-2738, 1988.
[13] 王仁,熊祝华,黄文彬,塑性力学基础,科学出版社,1982.
[14] 杨桂通,弹塑性力学,人民教育出版社,1980.
[15] Zienkiewicz, O. C. et al, Analysis of Nonlinear Problems in Rock Mechanics with Particular Reference to Jointed Rock Systems, 2nd Conf. Int. Soc. Rock Mec., **3**,501－509,1970.
[16] 殷有泉,曲圣年,刘钧,非线性问题的有限单元法在工程地质中的应用,地质科学,1979, 7.
[17] 张汝清,詹先义,非线性结构有限元分析,重庆大学出版社,1990.
[18] Zienkiewicz, O. C. et al, Elasto plastic Solution of Engineering Problems:"Initial Stress" Finite Element Approach, Int. J. Numer. Meth. Eng., **1**, 75－100, 1969.
[19] Yamada, Y. et al, Plastic Stress-Strain Matrix and Its Application for the Solution of Elastic-Plastic Problems by FEM, Int. J. Mech. Sci., **10**, 343－354, 1968.
[20] Marcal, P. V. and King. I. P., Elastic-Plastic Analysis of Two Dimensional Stress Systems by the Finite Element Method, Int. J. Mech. Sci., **9**,143-155, 1967.

[21] Anand, S. C., Lee, S. L., Rossow, E. C., Finite Element Analysis of Elastic-Plastic Plane Stress Problems Based up on Tresca Yield Criterion, Ingenieur-Archiv., 39, 1970.

[22] Zienkiewicz, O. C., et al, Finite Elements in Geomechanics, edited by Gudehus, G., ASME, 151-177, 1978.

[23] Chen, W. F., Plasticity in Reinforced Concrete, McGraw-Hill Book Company, 1982.

[24] Zienkiewicz, O. C., et al, Associated and Non-associated Viscoplasticity and Plasticity in Soil Mechanics, Geotech., **25**(4), 671-689, 1975.

[25] Chen, W. F., Limit Analysis and Soil Plasticity, Elsevier, Amsterdam, 1975.

[26] 徐秉业,黄炎,刘信声,孙学伟,弹塑性力学及其应用,机械工业出版社,1984.

[27] Barros, H. F., Marques M. S. and Marting, R. A. F., A Symmetric Formulation in Nonassociated Plasticity, Computers & Structures, **38**, (1), 25-29, 1991.

第三章 弹塑性分析的二次规划法

本章主要介绍参变量最小势能原理的有限元分析的基本原理与算法技巧. 将重点论述求解弹塑性问题有限元分析的参数二次规划算法. 这一算法采用规划论中的算法，无论是对理想弹塑性或软化材料，收敛速度都与强化材料相同. 而当屈服准则是 σ 线性函数，并不考虑卸载时，这一算法成为一步法.

§ 3.1 有限元求解基本方程的建立

3.1.1 有限元离散化

在第二章中我们对弹塑性力学分析问题的参变量变分原理进行了论述，并给出了几个解析法求参变量变分原理解的例子. 由于解析法能求解的问题十分有限，对于几何形状稍复杂的问题就显得无能为力了. 故这一章将介绍参变量变分原理的有限元参数二次规划解法.

有限元法的基本原理在第一章中我们已简略介绍过了. 这一方法(包括边界元法、有限条法等派生方法)是将变分原理与分块多项式插值技术结合起来的一种数值方法. 建立在经典变分原理基础上的有限元直接法(参见第一章介绍)通常是把不规则的复杂的求解域用随意的网格划分成很多单元，以网格节点的待求量 $\hat{u}_i$ 作为未知数建立方程组

$$\boldsymbol{K}\hat{\boldsymbol{u}}=\hat{\boldsymbol{p}}$$

其中 $\hat{\boldsymbol{u}}$ 是总位移矢量 .

对于非线性问题则通常将所获得的非线性方程组线性化，通过迭代法求方程组的解. 本文的有限元参数二次规划法继承了经

典有限元法中单元分析，总刚组装等离散化步骤，但在代数解算的手段上与一般有限元法有所不同. 参数二次规划法采用规划论中的算法直接求解原问题，且无论是理想弹塑性或软化材料，收敛速度都与强化材料相同. 一般当结构达到塑性无限流动之前，增量步都可取得较大，特别是当屈服准则是 σ 的线性函数，且不考虑卸载时，一个增量步便可达到(一步法).

现在对物体 Ω 进行有限元网格划分，设划分后单元总数为 N_E，自由度数为 N_u，若每个单元所占区域为 Ω_e，则 $\Omega=\sum_{e=1}^{N_E}\Omega_e$，这里 $\sum_{e=1}^{N_E}$ 表示从 $e=1,2,\cdots,N_E$ 对全体单元在装配意义下求和. 设有 N_p 个单元为可能产生塑性状态的弹塑性单元(显然 $N_p\leqslant N_E$)，不失一般性，可令 $e=1,2,\cdots,N_p$ 号单元为弹塑性弹元，$\sum_{e=1}^{N_p}\Omega_e=\Omega_p$，假定力学状态是在单元平均意义下而言的，即一个单元只有一种弹塑性状态，只服从一个屈服准则. 设第 e 个单元的屈服准则是由 m_{fe} 个光滑的屈服(面)条件组成的($m_{fe}\geqslant 1$)，那么系统一共有 $m_f=\sum_{e=1}^{N_p}m_{fe}$ 个状态方程，将它们依次排列后，由式(2.2.50)，可写成

$$\left.\begin{aligned}&\int_{\Omega_e}(f_\alpha^{0e}+\boldsymbol{W}_\alpha^e\cdot d\boldsymbol{\varepsilon}-\boldsymbol{m}_\alpha^e\boldsymbol{\lambda}_\alpha^e)d\Omega+\upsilon_\alpha^e=0\\&\upsilon_\alpha^e\lambda_\alpha^e=0;\upsilon_\alpha^e\geqslant 0,\lambda_\alpha^e\geqslant 0\\&\alpha=1,2,\cdots,m_{fe},e=1,2,\cdots,N_p\end{aligned}\right\}\tag{3.1.1}$$

其中

$$\boldsymbol{W}_\alpha^e=\left(\frac{\partial f_\alpha^e}{\partial\boldsymbol{\sigma}}\right)^T\boldsymbol{D}\tag{3.1.2}$$

$$\boldsymbol{m}_\alpha^e=\left[m_{\alpha1}^e,m_{\alpha2}^e,\cdots,m_{\alpha m_{fe}}^e\right]\tag{3.1.3}$$

$$m_{\alpha i}^e=\left(\frac{\partial f_\alpha^e}{\partial\boldsymbol{\sigma}}\right)^T\boldsymbol{D}\left(\frac{\partial g_i^e}{\partial\boldsymbol{\sigma}}\right)-\left(\frac{\partial f_\alpha^e}{\partial\boldsymbol{\varepsilon}_p}\right)^T\left(\frac{\partial g_i^e}{\partial\boldsymbol{\sigma}}\right)-\frac{\partial f_\alpha^e}{\partial\boldsymbol{\kappa}}h_i^e$$

$$i=1,2,\cdots,m_{fe}\tag{3.1.4}$$

$$\boldsymbol{\lambda}^e=\left[\lambda_1^e,\lambda_2^e,\cdots,\lambda_{m_{fe}}^e\right]^T,m_f=\sum_{e=1}^{N_p}m_{fe} \quad (3.1.5)$$

由式(3.1.1)看起来状态方程很多(m_{fe}个),但大多数单元只有一个屈服条件,即 $m_{fe}=1$,而且对于那些可以判断不会进入屈服状态的单元可当作弹性单元处理($m_{fe}=0$).

离散化后系统的总势能(2.4.8)式成为

$$\begin{aligned}\Pi_{11}[\boldsymbol{\lambda}(\cdot)] = & \sum_{e=1}^{N_E}\left\{\int_{\Omega_e}\frac{1}{2}d\boldsymbol{\varepsilon}^T\boldsymbol{D}d\boldsymbol{\varepsilon}d\Omega - \left[\int_{\Omega_e}d\boldsymbol{b}^T d\boldsymbol{u}d\Omega\right.\right.\\ & \left.\left.+\int_{S_p^e}d\overline{\boldsymbol{p}}^T d\boldsymbol{u}dS\right]\right\} - \sum_{e=1}^{N_p}\int_{\Omega_e}\boldsymbol{\lambda}^{eT}\boldsymbol{R}^e d\boldsymbol{\varepsilon}d\Omega \end{aligned} \quad (3.1.6)$$

其中

$$\boldsymbol{R}^e=\left(\frac{\partial \boldsymbol{g}^{(e)}}{\partial \boldsymbol{\sigma}}\right)\boldsymbol{D} \quad (3.1.7)$$

或

$$R_{kl\alpha}^e=\left(\frac{\partial g_\alpha^e}{\partial \sigma_{ij}}\right)D_{ijkl} \quad (3.1.8)$$

这里对位移增量和应变增量省去了上标 e.

由式(1.3.14)有

$$d\boldsymbol{u}^e=\boldsymbol{N}^e d\hat{\boldsymbol{u}}^e \quad (3.1.9)$$

再由式(1.3.20)有

$$d\boldsymbol{\varepsilon}^e=\boldsymbol{B}^e d\hat{\boldsymbol{u}}^e \quad (3.1.10)$$

将式(2.1.9),式(2.1.10)代入式(3.1.6),并注意到式(3.1.6)已省略了一些上标,得

$$\begin{aligned}\Pi_{11}[\boldsymbol{\lambda}(\cdot)] = & \sum_{e=1}^{N_E}\left\{\int_{\Omega_e}\frac{1}{2}(\boldsymbol{B}^e d\hat{\boldsymbol{u}}^e)^T\boldsymbol{D}^e(\boldsymbol{B}^e d\hat{\boldsymbol{u}}^e)d\Omega\right.\\ & \left.-\left[\int_{\Omega_e}d\boldsymbol{b}^T\boldsymbol{N}^e d\hat{\boldsymbol{u}}^e d\Omega+\int_{S_p^e}d\overline{\boldsymbol{p}}^T\boldsymbol{N}^e d\hat{\boldsymbol{u}}^e dS\right]\right\}\end{aligned}$$

$$-\sum_{e=1}^{N_p}\int_{\Omega_e}\boldsymbol{\lambda}^{e^T}\boldsymbol{R}^e\boldsymbol{B}^e d\hat{\boldsymbol{u}}^e d\Omega \tag{3.1.11}$$

如令式(3.1.11)中 $d\hat{\boldsymbol{u}}^e$ 与总体位移向量 $d\hat{\boldsymbol{u}}$ 之间有关系

$$d\hat{\boldsymbol{u}}^e=\boldsymbol{T}_e^e d\hat{\boldsymbol{u}} \tag{3.1.12}$$

式(3.1.12)中 T_e^e 为单元出口位移向量 $d\hat{\boldsymbol{u}}^e$ 与总体控制位移向量 $d\hat{\boldsymbol{u}}$ 之间的转换阵. 将式(3.1.12)代入式(3.1.11)得

$$\Pi_{11}[\boldsymbol{\lambda}(\cdot)]=\frac{1}{2}d\hat{\boldsymbol{u}}^T\boldsymbol{K}d\hat{\boldsymbol{u}}-d\hat{\boldsymbol{u}}^T(\boldsymbol{\Phi}\,\boldsymbol{\lambda}+\hat{\boldsymbol{p}}) \tag{3.1.13}$$

其中(用 $R^{N\times N}$ 代表 $N\times N$ 矩阵)

$$\begin{aligned}\boldsymbol{K}&=\sum_{e=1}^{N_E}\int_{\Omega_e}\boldsymbol{T}_e^{e^T}\boldsymbol{B}^{e^T}\boldsymbol{D}^e\boldsymbol{B}^e\boldsymbol{T}_e^e d\Omega\\&=\sum_{e=1}^{N_E}\boldsymbol{T}_e^{e^T}\boldsymbol{K}_e\boldsymbol{T}_e^e \qquad \in R^{N_u\times N_u}\end{aligned} \tag{3.1.14}$$

$$\boldsymbol{K}_e=\int_{\Omega_e}\boldsymbol{B}^{e^T}\boldsymbol{D}^e\boldsymbol{B}^e d\Omega \qquad \in R^{N_u^e\times N_u^e} \tag{3.1.15}$$

$$\begin{aligned}\hat{\boldsymbol{p}}&=\sum_{e=1}^{N_E}\left\{\int_{\Omega_e}\boldsymbol{T}_e^{e^T}\boldsymbol{N}^{e^T}d\boldsymbol{b}d\Omega\right.\\&\left.\quad+\int_{Sp^e}\boldsymbol{T}_e^{e^T}\boldsymbol{N}_e^T d\bar{\boldsymbol{p}}dS\right\} \qquad \in R^{N_u\times 1}\end{aligned} \tag{3.1.16}$$

$$\boldsymbol{\Phi}=\sum_{e=1}^{N_p}\int_{\Omega_e}\boldsymbol{T}_e^{e^T}\boldsymbol{B}^{e^T}\boldsymbol{R}^{e^T}\boldsymbol{T}_\lambda^e d\Omega \qquad \in R^{N_u\times m_f} \tag{3.1.17}$$

应当注意的是,上述公式推导是针对一般三维问题而言的. 对于二维问题以及对二、三维单元组合结构,公式应作一定的变化. 式(3.1.17)中的 $\boldsymbol{T}_\lambda^e$ 阵表示从总体参变量 $\boldsymbol{\lambda}$ 中提取单元的 $\boldsymbol{\lambda}^e$ 的转换阵,

$$\boldsymbol{\lambda}^e=\boldsymbol{T}_\lambda^e\boldsymbol{\lambda}, \qquad \boldsymbol{T}_\lambda^e\in R^{m_{fe}\times m_f} \tag{3.1.18}$$

其中 $\boldsymbol{\lambda}^e$ 为单元 e 的流动参数向量,形式为

$$\boldsymbol{\lambda}^e=[\lambda_1^e,\lambda_2^e,\cdots,\lambda_{m_{fe}}^e]^T \tag{3.1.19}$$

而

$$\boldsymbol{\lambda}=[\boldsymbol{\lambda}^{1^T},\boldsymbol{\lambda}^{2^T},\cdots,\boldsymbol{\lambda}^{N_p^T}]^T \tag{3.1.20}$$

又，将式(3.1.1)化为矩阵形式，有

$$\left.\begin{aligned}&\int_{\Omega_e}(\boldsymbol{f}^{0^e}+\boldsymbol{W}^e d\boldsymbol{\varepsilon}-\boldsymbol{m}^e\boldsymbol{\lambda}^e)d\Omega+\boldsymbol{\nu}^e=0\\&\boldsymbol{\nu}^{e^T}\boldsymbol{\lambda}^e=0,\boldsymbol{\nu}^e\geqslant 0,\boldsymbol{\lambda}^e\geqslant 0\\&\quad\boldsymbol{\nu}^e=[\nu_1^e,\nu_2^e,\cdots,\nu_{m_{f_e}}^e]^T\\&\quad\boldsymbol{\lambda}^e=[\lambda_1^e,\lambda_2^e,\cdots,\lambda_{m_{f_e}}^e]^T\end{aligned}\right\} \tag{3.1.21}$$

其中

$$\boldsymbol{f}^{0^e}=[f_1^{0^e},f_2^{0^e},\cdots,f_{m_{f_e}}^{0^e}]^T\in R^{m_{f_e}\times 1} \tag{3.1.22}$$

$$\boldsymbol{W}^e=[\boldsymbol{w}_1^{e^T},\boldsymbol{w}_2^{e^T},\cdots,\boldsymbol{w}_{m_{f_e}}^{e^T}]^T\in R^{m_{f_e}\times N_\varepsilon} \tag{3.1.23}$$

$$\boldsymbol{m}^e=[\boldsymbol{m}_1^{e^T},\boldsymbol{m}_2^{e^T},\cdots,\boldsymbol{m}_{m_{f_e}}^{e^T}]^T\in R^{m_{f_e}\times m_{f_e}} \tag{3.1.24}$$

这里 N_ε 为 $d\boldsymbol{\varepsilon}$ 的维数.

(3.1.21)第一式左端乘 $\boldsymbol{T}_\lambda^{e^T}$ 后进行域上求和有

$$\sum_{e=1}^{N_p}\left\{\int_{\Omega_e}\boldsymbol{T}_\lambda^{e^T}\boldsymbol{f}^{0^e}d\Omega+\int_{\Omega_e}\boldsymbol{T}_\lambda^{e^T}\boldsymbol{W}^e d\boldsymbol{\varepsilon}d\Omega\right.$$
$$\left.-\int_{\Omega_e}\boldsymbol{T}_\lambda^{e^T}\boldsymbol{m}^e\boldsymbol{T}_\lambda^e\boldsymbol{\lambda}d\Omega\right\}+\boldsymbol{\nu}=0 \tag{3.1.25}$$

将式(3.1.10)代入式(3.1.25)，并考虑到式(3.1.11)，得

$$\boldsymbol{C}d\hat{\boldsymbol{u}}-\boldsymbol{U}\boldsymbol{\lambda}-\boldsymbol{d}+\boldsymbol{\nu}=\boldsymbol{0} \tag{3.1.26}$$

$$\boldsymbol{\nu}^T\boldsymbol{\lambda}=0,\boldsymbol{\nu}\geqslant\boldsymbol{0},\boldsymbol{\lambda}\geqslant\boldsymbol{0} \tag{3.1.27}$$

其中

$$\boldsymbol{C}=\sum_{e=1}^{N_p}\int_{\Omega_e}\boldsymbol{T}_\lambda^{e^T}\boldsymbol{W}^e\boldsymbol{B}^e\boldsymbol{T}_e^e d\Omega\quad\in R^{m_f\times N_u} \tag{3.1.28}$$

$$\boldsymbol{U}=\sum_{e=1}^{N_p}\int_{\Omega_e}\boldsymbol{T}_\lambda^{e^T}\boldsymbol{m}^e\boldsymbol{T}_\lambda^e d\Omega\quad\in R^{m_f\times m_f} \tag{3.1.29}$$

$$d = -\sum_{e=1}^{N_p}\int_{\Omega_e} T_\lambda^{e^T} f^{0^e} d\Omega \quad \in R^{m_f\times 1} \tag{3.1.30}$$

$$\nu^e = [\nu_1^e, \nu_2^e, \cdots, \nu_{m_{fe}}^e]^T \tag{3.1.31}$$

$$\nu = [\nu^{1^T}, \nu^{2^T}, \cdots, \nu^{N_p^T}]^T \tag{3.1.32}$$

下面对式(3.1.14)～(3.1.32)中的几个公式作统一的说明.

(1) 对于式(3.1.14),(3.1.15)的矩阵 $\boldsymbol{K}$ 与 $\boldsymbol{K}_e$,这是一般有限元分析中的总刚度阵与单元刚度阵. 它们是常数矩阵,不随增量步变化. 式(3.1.14)中的($T_e^{e^T}$,T_e^e)体现了单刚向总刚组装的对号组装关系.

(2) 式(3.1.16)是增量荷载向量. 与常规有限元法中的概念相同.

(3) 式(3.1.17)$\boldsymbol{\Phi}$ 阵体现了系统的塑性势能,故可称为塑势阵. 式(3.1.17)可进一步写为

$$\Phi = \sum_{e=1}^{N_p} T_e^{e^T}\Phi_e T_\lambda^e \qquad \in R^{N_u\times m_f} \tag{3.1.33}$$

$$\Phi_e = \int_{\Omega_e} B^{e^T} R^{e^T} d\Omega \qquad \in R^{N_u^e\times m_{fe}} \tag{3.1.34}$$

与 $\boldsymbol{K}_e$ 相对应,$\boldsymbol{\Phi}_e$ 可称为单元塑势阵. 而($T_e^{e^T}$,T_λ^e)体现了向总塑势阵的组装对号关系.

(4) 式(3.1.28)的 $\boldsymbol{C}$ 阵在式(3.1.26)中体现了屈服约束状况,因而可称之为约束阵. 同式(3.1.33),(3.1.34),式(3.1.28)可进一步表为

$$C = \sum_{e=1}^{N_p} T_\lambda^{e^T} C_e T_e^e \qquad \in R^{m_f\times N_u} \tag{3.1.35}$$

$$C_e = \int_{\Omega_e} W^e B^e d\Omega \qquad \in R^{m_{fe}\times N_u^e} \tag{3.1.36}$$

则 $\boldsymbol{C}_e$ 称为单元约束阵. ($T_\lambda^{e^T}$,T_e^T)为单元约束阵向总约束阵组装的对号关系.

比较式(3.1.33),(3.1.34)与(3.1.35),(3.1.36),当为关联流动时,有 $\boldsymbol{g}=\boldsymbol{f}$,则由式(3.1.2)与(3.1.7)知,此时有 $\boldsymbol{W}^e=\boldsymbol{R}^e$,则

有

$$\Phi_e^T = C_e, \qquad \Phi^T = C \tag{3.1.37}$$

(5)同(3),(4),对于式(3.1.29)中的U,由于其在式(3.1.26)中反映了材料的强化性态,故可称为强化矩阵.可进一步表为

$$U = \sum_{e=1}^{N_p} T_\lambda^{e^T} U_e T_\lambda^e \qquad \in R^{m_f \times m_f} \tag{3.1.38}$$

$$U_e = \int_{\Omega_e} m^e d\Omega \qquad \in R^{m_{fe} \times m_{fe}} \tag{3.1.39}$$

同样,U_e 可称为单元强化矩阵.($T_\lambda^{e^T}$,T_λ^e)体现单元强化阵向总强化阵中的组装对号关系.

(6) 式(3.1.30)中约束向量 d 可进一步表为

$$d = -\sum_{e=1}^{N_p} T_\lambda^{e^T} d_e \qquad \in R^{m_f \times 1} \tag{3.1.40}$$

$$d_e = \int_{\Omega_e} f^{0^e} d\Omega \qquad \in R^{m_{fe} \times 1} \tag{3.1.41}$$

其形式十分简单,不必再述.

式(3.1.13),(3.1.26),(3.1.27)归并到一组,写为

$$\Pi_{11}[\lambda(\cdot)] = \frac{1}{2} d\hat{u}^T K d\hat{u} - d\hat{u}^T(\Phi\lambda + \hat{p}) \tag{3.1.42}$$

$$C d\hat{u} - U\lambda - d + \nu = 0 \tag{3.1.43}$$

$$\nu^T \lambda = 0, \nu \geqslant 0, \lambda \geqslant 0 \tag{3.1.44}$$

这就是有限元离散化后的系统总势能与状态方程.

3.1.2 指定位移边界条件处理

在计算结构力学中,一般可把有限元节点的位移特征划分为五种类型[1]:几何可动位移,独立位移,相关位移,零位移与给定非零位移.在上述五种类型(或称规格)的位移中,只有独立位移与指定非零位移将直接对总势能发生贡献,而相关位移由于受控于独立位移与指定非零位移,因而它对总势能的贡献是间接的,并不出现在总体控制位移向量 $d\hat{u}$ 中.关于这一部分的详细论述可参见

文献[1].

对于有指定位移边界条件的情况，可将总控制位移增量 $d\hat{u}$ 分为

$$d\hat{\boldsymbol{u}}=\begin{Bmatrix} d\hat{\boldsymbol{u}}_0 \\ d\hat{\boldsymbol{u}}_d \end{Bmatrix} \tag{3.1.45}$$

其中 $d\hat{\boldsymbol{u}}_o$ 为结构的全体独立增量位移，$d\hat{\boldsymbol{u}}_d$ 为全体指定增量位移. 我们规定全体独立增量位移自由度个数为 N_0，而全体指定增量位移自由度个数为 N_d.

相应的刚度阵可划分为

$$\boldsymbol{K}=\begin{bmatrix} \boldsymbol{K}_{00} & \boldsymbol{K}_{0d} \\ \boldsymbol{K}_{d0} & \boldsymbol{K}_{dd} \end{bmatrix} \tag{3.1.46}$$

而外力向量 $d\hat{\boldsymbol{p}}$，塑势阵 $\boldsymbol{\Phi}$ 和约束阵 $\boldsymbol{C}$ 也划分为

$$d\hat{\boldsymbol{p}}=\begin{Bmatrix} d\hat{\boldsymbol{p}}_0 \\ d\boldsymbol{p}_d \end{Bmatrix},\boldsymbol{\Phi}=\begin{bmatrix} \boldsymbol{\Phi}_0 \\ \boldsymbol{\Phi}_d \end{bmatrix},\boldsymbol{C}=[\boldsymbol{C}_0,\boldsymbol{C}_d] \tag{3.1.47}$$

将式(3.1.46)，(3.1.47)代入式(3.1.42)得

$$\begin{aligned} \Pi_{11}[\boldsymbol{\lambda}(\cdot)] &= \frac{1}{2}\begin{Bmatrix} d\hat{\boldsymbol{u}}_0 \\ d\hat{\boldsymbol{u}}_d \end{Bmatrix}^T \begin{bmatrix} \boldsymbol{K}_{00} & \boldsymbol{K}_{0d} \\ \boldsymbol{K}_{d0} & \boldsymbol{K}_{dd} \end{bmatrix} \begin{Bmatrix} d\boldsymbol{u}_0 \\ d\boldsymbol{u}_d \end{Bmatrix} - \begin{Bmatrix} d\hat{\boldsymbol{u}}_0 \\ d\hat{\boldsymbol{u}}_d \end{Bmatrix}^T \begin{Bmatrix} \boldsymbol{\Phi}_o\boldsymbol{\lambda} + d\hat{\boldsymbol{p}}_0 \\ \boldsymbol{\Phi}_d\boldsymbol{\lambda} + d\hat{\boldsymbol{p}}_d \end{Bmatrix} \\ &= \frac{1}{2}d\hat{\boldsymbol{u}}_0^T\boldsymbol{K}_{00}d\hat{\boldsymbol{u}}_0 - d\hat{\boldsymbol{u}}_0^T(\boldsymbol{\Phi}_0\boldsymbol{\lambda} + d\hat{\boldsymbol{p}}_0 - \boldsymbol{K}_{0d}d\hat{\boldsymbol{u}}_d) \\ &\quad - d\hat{\boldsymbol{u}}_d^T \cdot \boldsymbol{\Phi}_d\boldsymbol{\lambda} + \left(\frac{1}{2}d\hat{\boldsymbol{u}}_d^T\boldsymbol{K}_{dd}d\hat{\boldsymbol{u}}_d - d\hat{\boldsymbol{u}}_d^T d\hat{\boldsymbol{p}}_d\right) \end{aligned} \tag{3.1.48}$$

式(3.1.48)右端最后一项是常数，对总势能不作贡献，可删去. 由参变量变分原理知对 $\boldsymbol{\lambda}$ 不直接参加变分，故式(3.1.48)右端第三项在一阶变分时等于零，因而也可删去. 这样总势能泛函便可简化为

$$\Pi_{11}[\boldsymbol{\lambda}(\cdot)] = \frac{1}{2}d\hat{\boldsymbol{u}}_0^T\boldsymbol{K}_{00}d\hat{\boldsymbol{u}}_0 - d\hat{\boldsymbol{u}}_0^T(\boldsymbol{\Phi}_0\boldsymbol{\lambda} + d\hat{\boldsymbol{p}}_0 - \boldsymbol{K}_{0d}d\hat{\boldsymbol{u}}_d) \tag{3.1.49}$$

如果用

$$d\bar{\boldsymbol{p}}_0 = d\hat{\boldsymbol{p}}_0 - \boldsymbol{K}_{0d} d\hat{\boldsymbol{u}}_d \tag{3.1.50}$$

则式(3.1.49)可写为

$$\Pi_{11}[\boldsymbol{\lambda}(\cdot)] = \frac{1}{2} d\hat{\boldsymbol{u}}_0^T \boldsymbol{K}_{00} d\hat{\boldsymbol{u}}_0 - d\hat{\boldsymbol{u}}_0^T (\boldsymbol{\Phi}_0 \boldsymbol{\lambda} + d\bar{\boldsymbol{p}}_0) \tag{3.1.51}$$

将式(3.1.47)代入式(3.1.43)后有

$$\boldsymbol{C}_0 d\hat{\boldsymbol{u}}_0 - \boldsymbol{U}\boldsymbol{\lambda} - (\boldsymbol{d} - \boldsymbol{C} d\hat{\boldsymbol{u}}_d) + \boldsymbol{\nu} = \boldsymbol{0} \tag{3.1.52}$$

如令

$$\bar{\boldsymbol{d}} = \boldsymbol{d} - \boldsymbol{C}_d d\hat{\boldsymbol{u}}_d \tag{3.1.53}$$

则式(3.1.53)成为

$$\boldsymbol{C}_0 d\hat{\boldsymbol{u}}_0 - \boldsymbol{U}\boldsymbol{\lambda} - \bar{\boldsymbol{d}} + \boldsymbol{\nu} = 0 \tag{3.1.54}$$

这样总势能泛函(3.1.51)与状态方程(3.1.54)和式(3.1.42),(3.1.43)相似.只是在外载形成时,注意到指定位移对外力向量的贡献,而在状态方程形成时,注意指定位移对$\boldsymbol{d}$(向量)矩阵的贡献.对于有限元法实施技术来说,这只是一个组装技巧而已,故为了统一起见,以后仍然把总势能泛函和状态方程写成与式(3.1.42)~(3.1.44)相同的形式.

§ 3.2 参数二次规划解

如果网格划分采用的是位移协调单元,且S_u边界上的给定位移条件已满足,那么由§2.4节的内容可知问题的参变量最小势能原理可转为分析下述问题

$$\min_{\hat{u}} \Pi_{11}[\boldsymbol{\lambda}(\cdot)] = \frac{1}{2} d\hat{\boldsymbol{u}}^T \boldsymbol{K} d\hat{\boldsymbol{u}} - d\hat{\boldsymbol{u}}^T (\boldsymbol{\Phi}\boldsymbol{\lambda} + d\hat{\boldsymbol{p}}) \tag{3.2.1}$$

$$\text{s.t.}\ \boldsymbol{C} d\hat{\boldsymbol{u}} - \boldsymbol{U}\boldsymbol{\lambda} - \boldsymbol{d} + \boldsymbol{\nu} = 0 \tag{3.2.2}$$

$$\boldsymbol{\nu}^T\boldsymbol{\lambda}=0, \qquad \boldsymbol{\nu},\boldsymbol{\lambda}\geqslant 0 \tag{3.2.3}$$

式(3.2.1)～(3.2.3)不同于通常的数学二次规划的是,$\boldsymbol{\lambda}$ 是个参数向量,因而称式(3.2.1)～(3.2.3)为参数二次规划问题,以示区别.

由参变量变分原理知,真实解应当使 Π_{11} 对 $d\hat{u}$ 的一阶导数等于零,即有

$$\frac{\partial \boldsymbol{\Pi}_{11}}{\partial d\hat{\boldsymbol{u}}_0}=\boldsymbol{K}d\hat{\boldsymbol{u}}_0-(\boldsymbol{\Phi}\boldsymbol{\lambda}+d\hat{\boldsymbol{p}})=0 \tag{3.2.4}$$

将式(3.2.4)与(3.2.2),(3.2.3)联立起来,即将原问题(3.2.1)～(3.2.3)转化为求解下列线性互补问题

$$\begin{Bmatrix}\boldsymbol{\nu}\\ \boldsymbol{0}\end{Bmatrix}+\begin{bmatrix}-\boldsymbol{U} & \boldsymbol{C}\\ -\boldsymbol{\Phi} & \boldsymbol{K}\end{bmatrix}\begin{Bmatrix}\boldsymbol{\lambda}\\ d\hat{\boldsymbol{u}}\end{Bmatrix}=\begin{Bmatrix}\boldsymbol{d}\\ d\hat{\boldsymbol{p}}\end{Bmatrix} \tag{3.2.5}$$

$$\boldsymbol{\nu}^T\cdot\boldsymbol{\lambda}=0, \qquad \boldsymbol{\nu},\boldsymbol{\lambda}\geqslant \boldsymbol{0} \tag{3.2.6}$$

线性互补问题完全可以采用§1.4所介绍的求自由设计变量二次规划算法进行解算了.一般,由 $\boldsymbol{\nu}$ 与 $\boldsymbol{\lambda}$ 互补性质,先让 $\boldsymbol{\lambda}=0$,让 $\boldsymbol{\nu}$ 在基底,由(3.2.5)可导出

$$\begin{Bmatrix}\boldsymbol{\nu}\\ \boldsymbol{0}\end{Bmatrix}+\begin{bmatrix}\boldsymbol{U}_1 & \boldsymbol{0}\\ -\boldsymbol{\Phi}_1 & \boldsymbol{I}\end{bmatrix}\begin{Bmatrix}\boldsymbol{\lambda}\\ d\hat{\boldsymbol{u}}\end{Bmatrix}=\begin{Bmatrix}\boldsymbol{d}'\\ d\hat{\boldsymbol{p}}'\end{Bmatrix} \tag{3.2.7}$$

$$\boldsymbol{\nu}^T\cdot\boldsymbol{\lambda}=0, \qquad \boldsymbol{\nu},\boldsymbol{\lambda}\geqslant \boldsymbol{0} \tag{3.2.8}$$

其中

$\boldsymbol{I}$ 为单位阵 $\in R^{N_u\times N_u}$

$$\boldsymbol{\Phi}_1=\boldsymbol{K}^{-1}\boldsymbol{\Phi} \qquad \in R^{N_u\times m_f} \tag{3.2.9}$$

$$\boldsymbol{U}_1=\boldsymbol{C}\boldsymbol{\Phi}_1-\boldsymbol{U} \qquad \in R^{m_f\times m_f} \tag{3.2.10}$$

$$d\hat{\boldsymbol{p}}'=\boldsymbol{K}^{-1}d\hat{\boldsymbol{p}} \tag{3.2.11}$$

$$\boldsymbol{d}'=\boldsymbol{d}-\boldsymbol{C}d\hat{\boldsymbol{p}}' \tag{3.2.12}$$

式(3.2.7)的获得是不难理解的,它是一个行变换过程.实际上由

式(3.2.5)之第二式立即可得

$$-\boldsymbol{K}^{-1}\boldsymbol{\Phi}\boldsymbol{\lambda}+\boldsymbol{I}d\hat{\boldsymbol{u}}=\boldsymbol{K}^{-1}d\hat{\boldsymbol{p}} \tag{3.2.13}$$

这样首先得到了(3.2.7)之第二式. 由式(3.3.13)解得 $d\hat{\boldsymbol{u}}$ 后代入式(3.2.5)之第一式有

$$\boldsymbol{\nu}+(\boldsymbol{C}\boldsymbol{K}^{-1}\boldsymbol{\Phi}-\boldsymbol{U})\boldsymbol{\lambda}=\boldsymbol{d}-\boldsymbol{C}\boldsymbol{K}^{-1}d\hat{\boldsymbol{p}} \tag{3.2.14}$$

此即式(3.2.7)之第一式.

获得式(3.2.7)的计算工作主要在$\boldsymbol{\Phi}$与 $d\hat{\boldsymbol{p}}'$ 的计算上，这实际上是 $\boldsymbol{K}^{-1}$ 的计算问题. 由 $\boldsymbol{K}$ 具有对称正定特性，可以利用 LDL^T 三角化分解的手段将矩阵 $\boldsymbol{K}$ 先作分解，然后将$\boldsymbol{\Phi}$，$d\hat{\boldsymbol{p}}$ 当作右端向量回代求解(参见文献[1])，即可求出矩阵$\boldsymbol{\Phi}$ 和 $d\hat{\boldsymbol{p}}'$. 接下去的运算只需在 $\boldsymbol{\lambda}$ 和 $\boldsymbol{\nu}$ 之间选取基底变量做互补基底交换运算即可. 作为算法编程，这实际上就是式(3.3.14)的线性互补问题的求解了.

用二次规划法求解，开始时设 $\boldsymbol{\nu}$ 的所有分量皆在基底，$\boldsymbol{\lambda}$ 的所有分量都不在基底. 如果某个屈服约束条件 $i(i\in\{1,2,\cdots,m_f\})$有效，通过基底交换运算，相应的分量 λ_i 才会进入基底(这些过程可由§1.4中介绍的数值算法自动完成，不用从物理问题上判断). 因而若当荷载增量状态是完全弹性时，则不需作任何互补交换运算. 以 Lemke 算法为例，如果有 i 个($i\leqslant m_f$)屈服条件成为有效约束，则进行 $i+1$次基底交换运算，其中最后一次交换只是把人工变量赶出基底. 我们知道，一次基底交换的运算相当于对某个矩阵元素作一次 Gauss-Jordan 消元运算，即使全部单元进入塑性状态，也只需做 $i\leqslant m_f+1$次换基运算，因而收敛是很快的.

§3.3 单元出口矩阵的形式

3.3.1 单元出口塑势阵、约束阵和强化阵

由本章前两节叙述可以知道，基于参变量变分原理的有限元分析二次规划法(以下简称参数二次规划法)比常见有限元法多了

塑性势阵$\boldsymbol{\Phi}$，约束阵$\boldsymbol{C}$，强化阵$\boldsymbol{U}$和约束向量$\boldsymbol{d}$(参见式(3.2.5)). 我们在§3.1中已经说明，这些矩阵同刚度阵$\boldsymbol{K}$一样也有单元出口阵以及总体装配过程，由式(3.1.33)～(3.1.41)明确给出了具体的装配原则，剩下的问题是单元出口阵的计算. 如果读者对有限元法的刚度阵与外力向量阵的装配原则十分清楚(式(3.1.14)与(3.1.16)). 则$\boldsymbol{\Phi}$，$\boldsymbol{C}$，$\boldsymbol{U}$，$\boldsymbol{d}$阵的装配将会没有任何问题，可以毫不费力地处理它们. 下面我们将着重介绍单元本身出口阵有关的一些内容.

1. 强化阵$\boldsymbol{U}_e$与约束向量$\boldsymbol{d}_e$

由式(3.1.38)，(3.1.39)可以看到，如果$\boldsymbol{\lambda}$向量按式(3.1.21)的方式依单元次序排列，则$\boldsymbol{T}_\lambda^e$阵将是除单元e处子块为非零外，其余元素均为零. 只要通过简单的验证便可知道，$\boldsymbol{U}$阵将是个分块对角阵，其形式为

$$\boldsymbol{U}=\mathrm{diag}(\boldsymbol{U}_1,\boldsymbol{U}_2,\cdots,\boldsymbol{U}_{N_p}) \tag{3.3.1}$$

而$\boldsymbol{U}_e$的表达式为

$$\boldsymbol{U}_e=\int_{\Omega_e}\boldsymbol{m}^e d\Omega \qquad \in R^{m_{fe}\times m_{fe}} \tag{3.3.2}$$

由式(3.1.3)知，$\boldsymbol{m}^e$的形式为

$$\boldsymbol{m}^e=\begin{bmatrix} m_{11}^e & m_{12}^e & \cdots & m_{1m_{fe}}^e \\ m_{21}^e & m_{22}^e & \cdots & m_{2m_{fe}}^e \\ \vdots & \vdots & \vdots & \vdots \\ m_{m_{fe}1}^e & m_{m_{fe}2}^e & \cdots & m_{m_{fe}m_{fe}}^e \end{bmatrix}\in R^{m_{fe}\times m_{fe}} \tag{3.3.3}$$

而$m_{\alpha i}^e(\alpha=1,2,\cdots,m_{fe},i=1,2,\cdots,m_{fe})$的形式由式(3.1.4)给出. 这样问题只是具体屈服准则的屈服条件的梯度计算问题. 这部分内容将在3.3.2节中统一给出. 由于$\boldsymbol{m}^e$阵为常数阵，则由式(3.1.39)可计算出$\boldsymbol{U}_e$.

由式(3.1.40)，(3.1.41)同样可知，约束阵$\boldsymbol{d}$的形式为

$$\boldsymbol{d}=\begin{Bmatrix}\boldsymbol{d}_1\\\boldsymbol{d}_2\\\vdots\\\boldsymbol{d}_{N_p}\end{Bmatrix}\quad\in R^{m_f\times 1}\tag{3.3.4}$$

$$\boldsymbol{d}_e=-\int_{\Omega_e}\boldsymbol{f}^{0^e}d\Omega\quad\in R^{m_{fe}\times 1}\tag{3.3.5}$$

又由式(3.1.22)知

$$\boldsymbol{f}^{0^e}=\begin{Bmatrix}f_1^{0^e}\\f_2^{0^e}\\\vdots\\f_{m_{fe}}^{0^e}\end{Bmatrix}\quad\in R^{m_{fe}\times 1}\tag{3.3.6}$$

同样为常数向量. $\boldsymbol{f}^{0^e}$ 为增量步之前的加载函数，也是十分容易获得的. 这样 $\boldsymbol{d}_e$ 也就确定了.

2. 塑势阵$\boldsymbol{\Phi}_e$和约束阵 $\boldsymbol{C}_e$

由式(3.1.33)～(3.1.36)有

$$\boldsymbol{\Phi}=\sum_{e=1}^{N_p}\boldsymbol{T}_e^{e^T}\boldsymbol{\Phi}_e\boldsymbol{T}_\lambda^e\quad\in R^{N_u\times m_f}\tag{3.3.7}$$

$$\boldsymbol{\Phi}_e=\int_{\Omega_e}\boldsymbol{B}^{e^T}\boldsymbol{R}^{e^T}d\Omega\quad\in R^{N_u^e\times m_{fe}}\tag{3.3.8}$$

$$\boldsymbol{C}=\sum_{e=1}^{N_p}\boldsymbol{T}_\lambda^{e^T}\boldsymbol{C}_e\boldsymbol{T}_e^e\quad\in R^{m_f\times N_u}\tag{3.3.9}$$

$$\boldsymbol{C}_e=\int_{\Omega_e}\boldsymbol{W}^e\boldsymbol{B}^e d\Omega\quad\in R^{m_{fe}\times N_u^e}\tag{3.3.10}$$

不难发现，由于$\boldsymbol{\Phi}$ 与 $\boldsymbol{C}$ 与位移向量 $d\hat{u}$ 有直接关联，因而在计算上稍微复杂一些. 而在存在形式上也不象式(3.3.1)与式(3.3.4)那样简单，下面从四个方面分别论述$\boldsymbol{\Phi}_e$与 $\boldsymbol{C}_e$ 的建立过程. 而$\boldsymbol{\Phi}$ 与 $\boldsymbol{C}$ 则由(3.3.7)与(3.3.9)不难由单元阵组装而成. 为论证方便，下面

只给出第 e 号单元第 α 个状态方程的$\boldsymbol{\Phi}_e$,$\boldsymbol{C}_e$ 的表达形式,而全部状态方程则是 $\alpha=1,2,\cdots,m_{fe}$个状态方程的组合,不难求得.实际上,由式(3.3.8),(3.3.9),(3.1.8),(3.1.2)有

$$\boldsymbol{B}^e \in R^{N_\varepsilon^e \times N_u^e}, \quad \boldsymbol{R}^e \in R^{m_{fe} \times N_\varepsilon^e}$$

$$\boldsymbol{W}^e \quad \in R^{m_{fe} \times N_\varepsilon^e} \tag{3.3.11}$$

$$\boldsymbol{B}^e = \begin{bmatrix} b_{11}^e & b_{12}^e & \cdots & b_{1N_u^e}^e \\ b_{21}^e & b_{22}^e & \cdots & b_{2N_u^e}^e \\ \cdots & \cdots & \cdots & \cdots \\ b_{N_\varepsilon^e 1}^e & b_{N_\varepsilon^e 2}^e & \cdots & b_{N_\varepsilon^e N_u^e}^e \end{bmatrix} \tag{3.3.12}$$

$$\boldsymbol{R}^e = \begin{bmatrix} r_{11}^e & r_{12}^e & \cdots & r_{1N_\varepsilon^e}^e \\ r_{21}^e & r_{22}^e & \cdots & r_{2N_\varepsilon^e}^e \\ \cdots & \cdots & \cdots & \cdots \\ r_{m_{fe}1}^e & r_{m_{fe}2}^e & & r_{m_{fe}N_\varepsilon^e}^e \end{bmatrix} \tag{3.3.13}$$

$$\boldsymbol{r}_{\alpha\underline{kl}}^e = \frac{\partial g_\alpha^e}{\partial \sigma_{ij}} D_{ij\underline{kl}} \tag{3.3.14}$$

(其中 $\alpha=1,2,\cdots,m_{fe}$,$\underline{kl}=1,2,\cdots,N_\varepsilon^e$;$\underline{kl}$ 加一横线表示张量下标的安排与选用,应与应力应变的排列$1\sim N_\varepsilon^e$ 的顺序相对应.对平面问题而言,$N_\varepsilon^e=3$,对空间问题,$N_\varepsilon^e=6$.)

$$\boldsymbol{R}_\alpha^e = \left[r_{\alpha_1}^e \; r_{\alpha_2}^e, \cdots \; , r_{\alpha_{N_\varepsilon^e}}^e \right] \tag{3.3.15}$$

$$\boldsymbol{\Phi}_e^\alpha = \int_{\Omega_e} \boldsymbol{B}^{e^T} \boldsymbol{R}_2^{e^T} d\Omega \tag{3.3.16}$$

$$\boldsymbol{w}^e = \begin{bmatrix} w_{11}^e & w_{12}^e & \cdots & w_{1N_\varepsilon^e}^e \\ w_{21}^e & w_{22}^e & \cdots & w_{2N_\varepsilon^e}^e \\ \cdots & \cdots & \cdots & \cdots \\ w_{m_{fe}1}^e & w_{m_{fe}2}^e & \cdots & w_{m_{fe}N_\varepsilon^e}^e \end{bmatrix} \tag{3.3.17}$$

$$\boldsymbol{w}_{\alpha\underline{kl}}^e = \frac{\partial f_\alpha^e}{\partial \sigma_{ij}} D_{ij\underline{kl}} \tag{3.3.18}$$

$$\alpha = 1,2,\cdots,m_{fe}, \qquad \underline{kl} = 1,2,\cdots,N_e^e$$

$\underline{kl}$ 说明参见式(3.3.14)

$$\boldsymbol{W}_\alpha^e = \left[W_{\alpha_1}^e, W_{\alpha_2}^e, \cdots, W_{\alpha N_e^e}^e\right] \tag{3.3.19}$$

$$\boldsymbol{C}_e^\alpha = \int_{\Omega_e} \boldsymbol{W}_\alpha^e \boldsymbol{B}^e d\Omega \tag{3.3.20}$$

下面的问题就是$\boldsymbol{\Phi}_e^\alpha$与$\boldsymbol{C}_e^\alpha$的构造了.

1）一维问题

对于一维问题，此时 $\boldsymbol{D}=[E]$，$\boldsymbol{\sigma}=[\sigma]$，则由式(3.3.14)，(3.3.15)知

$$\boldsymbol{R}_\alpha^e = \left[r_{\alpha_1}^e\right] = \left[\frac{\partial g_\alpha^e}{\partial \sigma} \cdot E\right] \tag{3.3.21}$$

而又由式(3.3.18)与(3.3.19)有

$$\boldsymbol{W}_\alpha^e = \left[W_{\alpha_1}^e\right] = \left[\frac{\partial f_\alpha^e}{\partial \sigma} \cdot E\right] \tag{3.3.22}$$

采用图3.1所示的二力杆单元，则形函数可表示为

$$\boldsymbol{N}^e = \left[\frac{x_2' - x}{l}, \frac{x - x_1'}{l}\right] \tag{3.3.23}$$

则算子矩阵 B^e 为

$$\boldsymbol{B}^e = \frac{\partial \boldsymbol{N}^e}{\partial x} = \left[-\frac{1}{l}, \frac{1}{l}\right] \tag{3.3.24}$$

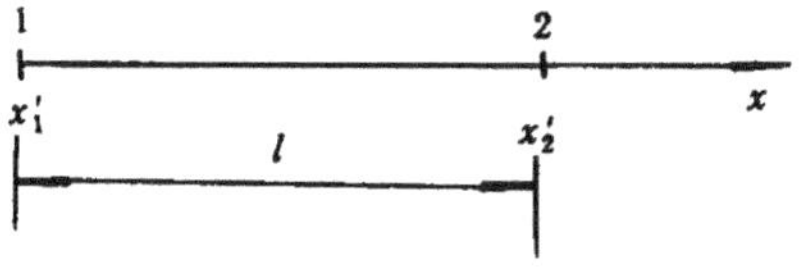

图 3.1

将式(3.3.24)，(3.3.21)代入式(3.3.16)得

$$\begin{aligned} \boldsymbol{\Phi}_e^\alpha &= \int_{\Omega_e} \begin{bmatrix} -1/l \\ 1/l \end{bmatrix} \left[\frac{\partial g_\alpha^e}{\partial \sigma} \cdot E\right] d\Omega \\ &= EA \frac{\partial g_\alpha^e}{\partial \sigma} [-1, 1]^T \end{aligned} \tag{3.3.25}$$

将式(3.3.24),(3.3.21)代入式(3.3.20)得

$$\boldsymbol{C}_e^{\alpha}=\int_{\Omega_e}\left[\frac{\partial f_{\alpha}^e}{\partial \sigma}E\right]\cdot\left[-\frac{1}{l},\frac{1}{l}\right]d\Omega$$

$$=EA\frac{\partial f_{\alpha}^e}{\partial \sigma}[-1,1] \tag{3.3.26}$$

其中 A 为杆的横截面积.

2) 平面问题

平面问题弹性矩阵和应力、应变可写为

$$\boldsymbol{D}=\begin{bmatrix} D_1 & D_2 & 0 \\ D_2 & D_3 & 0 \\ 0 & 0 & D_4 \end{bmatrix},\quad \boldsymbol{\sigma}=\{\sigma_x,\sigma_y,\tau_{xy}\}^T$$

$$\boldsymbol{\varepsilon}=\{\varepsilon_x,\varepsilon_y,\gamma_{xy}\}^T \tag{3.3.27}$$

其中 D_1,D_2,D_3,D_4 为正交各向异性弹性常数,在有关弹性力学的专著中均有所描述.则有

$$\frac{\partial g_{\alpha}^e}{\partial \boldsymbol{\sigma}}=\left\{\frac{\partial g_{\alpha}^e}{\partial \sigma_x},\frac{\partial g_{\alpha}^e}{\partial \sigma_y},\frac{\partial g_{\alpha}^e}{\partial \tau_{xy}}\right\}^T \tag{3.3.28}$$

$$\frac{\partial f_{\alpha}^e}{\partial \boldsymbol{\sigma}}=\left\{\frac{\partial f_{\alpha}^e}{\partial \sigma_x},\frac{\partial f_{\alpha}^e}{\partial \sigma_y},\frac{\partial f_{\alpha}^e}{\partial \tau_{xy}}\right\}^T \tag{3.3.29}$$

则由式(3.3.14)与(3.3.15)有

$$\boldsymbol{R}_{\alpha}^e=\left[D_1\frac{\partial g_{\alpha}^e}{\partial \sigma_x}+D_2\frac{\partial g_{\alpha}^e}{\partial \sigma_y},D_2\frac{\partial g_{\alpha}^e}{\partial \sigma_x}+D_3\frac{\partial g_{\alpha}^e}{\partial \sigma_y},D_4\frac{\partial g_{\alpha}^e}{\partial \tau_{xy}}\right]$$

$$=\left[r_{\alpha_1}^e,r_{\alpha_2}^e,r_{\alpha_3}^e\right] \tag{3.3.30}$$

而由式(3.3.18)与(3.3.19)得

$$\boldsymbol{W}_{\alpha}^e=\left[D_1\frac{\partial f_{\alpha}^e}{\partial \sigma_x}+D_2\frac{\partial f_{\alpha}^e}{\partial \sigma_y},D_2\frac{\partial f_{\alpha}^e}{\partial \sigma_x}+D_3\frac{\partial f_{\alpha}^e}{\partial \sigma_y},D_4\frac{\partial f_{\alpha}^e}{\partial \tau_{xy}}\right]$$

$$=\left[W_{\alpha_1}^e,W_{\alpha_2}^e,W_{\alpha_3}^e\right] \tag{3.3.31}$$

① 平面三角形单元

如图3.2平面三角形单元的形函数阵形式为

$$\boldsymbol{N}=\left[\begin{array}{cc:cc:cc}N_1 & 0 & N_2 & 0 & N_3 & 0\\ 0 & N_1 & 0 & N_2 & 0 & N_3\end{array}\right] \tag{3.3.32}$$

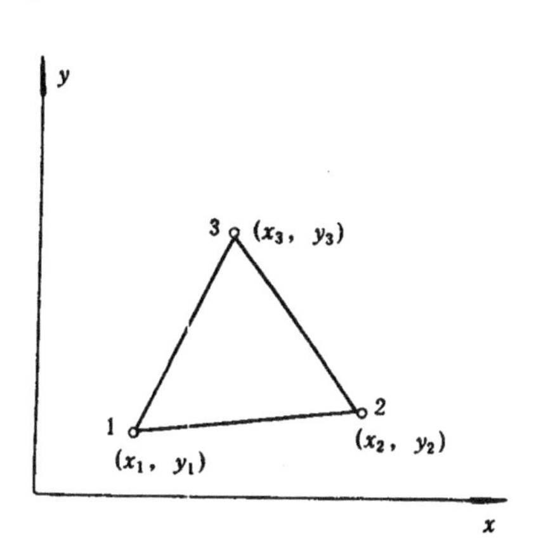

图 3.2

而矩阵 $\boldsymbol{B}$ 的形式为

$$\boldsymbol{B}^e=\begin{bmatrix}\frac{\partial N_1}{\partial x} & 0 & \frac{\partial N_2}{\partial x} & 0 & \frac{\partial N_3}{\partial x} & 0\\ 0 & \frac{\partial N_1}{\partial y} & 0 & \frac{\partial N_2}{\partial y} & 0 & \frac{\partial N_3}{\partial y}\\ \frac{\partial N_1}{\partial y} & \frac{\partial N_1}{\partial x} & \frac{\partial N_2}{\partial y} & \frac{\partial N_2}{\partial x} & \frac{\partial N_3}{\partial y} & \frac{\partial N_3}{\partial x}\end{bmatrix}$$

$$=\frac{1}{2A}\begin{bmatrix}b_1 & 0 & b_2 & 0 & b_3 & 0\\ 0 & c_1 & 0 & c_2 & 0 & c_3\\ c_1 & b_1 & c_2 & b_2 & c_3 & b_3\end{bmatrix} \tag{3.3.33}$$

其中

$$N_i=\frac{1}{2A}(a_i+b_ix+c_iy),i=1,2,3 \tag{3.3.34}$$

$$a_1=x_2y_3-x_3y_2,a_2=x_3y_1-x_1y_3,a_3=x_1y_2-x_2y_1$$

$$b_1=y_2-y_3,b_2=y_3-y_1,b_3=y_1-y_2$$

$$c_1=x_3-x_2, c_2=x_1-x_3, c_3=x_2-x_1$$

$$A=\pm\frac{1}{2}\begin{vmatrix}1 & x_1 & y_1\\ 1 & x_2 & y_2\\ 1 & x_3 & y_3\end{vmatrix} \tag{3.3.35}$$

这里 A 是三角形面积，当节点1，2，3按逆时针编排时，取正号（如图3.2）；顺时针编排时取负号.

将式(3.3.30)，(3.3.33)代入式(3.3.16)得

$$\boldsymbol{\Phi}_e^{\alpha}=\int_{\Omega_e}\frac{1}{2A}\begin{bmatrix}b_1 & 0 & c_1\\ 0 & c_1 & b_1\\ b_2 & 0 & c_2\\ 0 & c_2 & b_2\\ b_3 & 0 & c_3\\ 0 & c_3 & b_3\end{bmatrix}\begin{bmatrix}r_{\alpha_1}^e\\ r_{\alpha_2}^e\\ r_{\alpha_3}^e\end{bmatrix}d\Omega \tag{3.3.36}$$

将式(3.3.30)，(3.3.34)代入式(3.3.20)得

$$\boldsymbol{C}_e^{\alpha}=\int_{\Omega_e}\frac{1}{2A}\left[W_{\alpha_1}^e, W_{\alpha_2}^e, W_{\alpha_3}^e\right]\begin{bmatrix}b_1 & 0 & b_2 & 0 & b_3 & 0\\ 0 & c_1 & 0 & c_2 & 0 & c_3\\ c_1 & b_1 & c_2 & b_2 & c_3 & b_3\end{bmatrix}d\Omega \tag{3.3.37}$$

由于三角形单元为常应力元，则有

$$\boldsymbol{\Phi}_e^{\alpha}=\frac{\Delta t}{2}\begin{bmatrix}b_1 r_{\alpha_1}^e+c_1 r_{\alpha_3}^e\\ c_1 r_{\alpha_2}^e+b_1 r_{\alpha_3}^e\\ b_2 r_{\alpha_1}^e+c_2 r_{\alpha_3}^e\\ c_2 r_{\alpha_2}^e+b_2 r_{\alpha_3}^e\\ b_3 r_{\alpha_1}^e+c_3 r_{\alpha_3}^e\\ c_3 r_{\alpha_2}^e+b_3 r_{\alpha_3}^e\end{bmatrix} \tag{3.3.38}$$

$$
C_e^\alpha = \frac{\Delta t}{2}\begin{bmatrix} b_1 W_{\alpha_1}^e + c_1 W_{\alpha_3}^e \\ c_1 W_{\alpha_2}^e + b_1 W_{\alpha_3}^e \\ b_2 W_{\alpha_1}^e + c_2 W_{\alpha_3}^e \\ c_2 W_{\alpha_2}^e + b_2 W_{\alpha_3}^e \\ b_3 W_{\alpha_1}^e + c_3 W_{\alpha_3}^e \\ c_3 W_{\alpha_2}^e + b_3 W_{\alpha_3}^e \end{bmatrix}^T \tag{3.3.39}
$$

其中 Δt 表示单元的厚度.

② 四～八点等参膜元

关于四、五、六、八点等参膜单元的形式如图3.3所示. 其中点号是按规定的次序排列的. 所谓等参单元是指单元几何形状与位移都用同样的参数来描述. 由于等参膜元已在各种问题中得到了成功的应用,故下面给出这类单元的介绍. 首先给出具有8个自由度的四点元,至于五、六、八点单元可用类比的形式获取相应的矩阵.

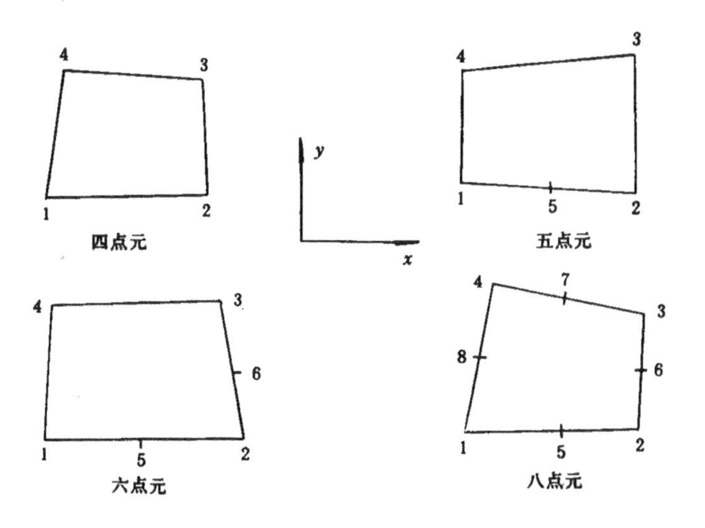

图 3.3

图3.4所示四点等参元，有

$$\begin{Bmatrix} x \\ y \end{Bmatrix} = \boldsymbol{N} \begin{Bmatrix} x_1 \\ y_1 \\ \vdots \\ x_4 \\ y_4 \end{Bmatrix} \tag{3.3.40}$$

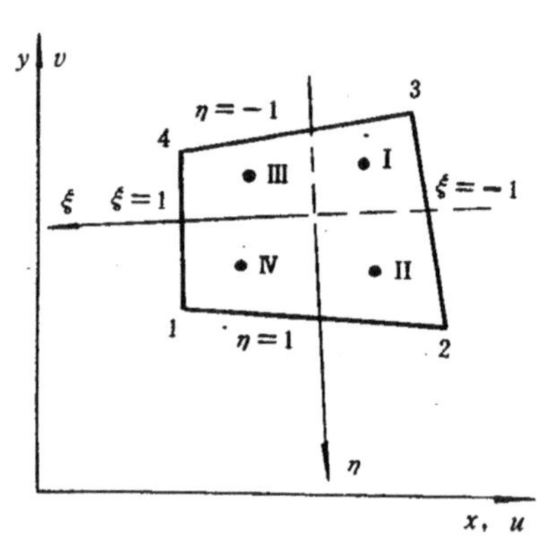

图　3.4

$$\begin{Bmatrix} u \\ v \end{Bmatrix} = \boldsymbol{N} \begin{Bmatrix} u_1 \\ v_1 \\ \vdots \\ u_4 \\ v_4 \end{Bmatrix} \tag{3.3.41}$$

$$\boldsymbol{N} = \begin{bmatrix} N_1 & 0 & N_2 & 0 & N_3 & 0 & N_4 & 0 \\ 0 & N_1 & 0 & N_2 & 0 & N_3 & 0 & N_4 \end{bmatrix} \tag{3.3.42}$$

$$N_i = (1+\xi_i\xi)(1+\eta_i\eta)/4, \qquad i=1,2,3,4 \tag{3.3.43}$$

其中(ξ_i, η_i)表示点i在ξ, η坐标系下的坐标值. 式(3.3.40)表明了一种几何映射关系，即把等参坐标系ξ, η下一个单位正方形映射

到 x,y 坐标系下的一般四边形. 在两个坐标系之间导数有下列关系:

$$\begin{Bmatrix} \dfrac{\partial}{\partial \xi} \\ \dfrac{\partial}{\partial \eta} \end{Bmatrix} = \begin{bmatrix} \dfrac{\partial x}{\partial \xi} & \dfrac{\partial y}{\partial \xi} \\ \dfrac{\partial x}{\partial \eta} & \dfrac{\partial y}{\partial \eta} \end{bmatrix} \begin{Bmatrix} \dfrac{\partial}{\partial x} \\ \dfrac{\partial}{\partial y} \end{Bmatrix} = \boldsymbol{J}_a \begin{Bmatrix} \dfrac{\partial}{\partial x} \\ \dfrac{\partial}{\partial y} \end{Bmatrix} \tag{3.3.44}$$

其中 $\boldsymbol{J}_a$ 为 Jacobi 矩阵,形式为

$$\boldsymbol{J}_a = \begin{bmatrix} \dfrac{\partial N_1}{\partial \xi} & \dfrac{\partial N_2}{\partial \xi} & \dfrac{\partial N_3}{\partial \xi} & \dfrac{\partial N_4}{\partial \xi} \\ \dfrac{\partial N_1}{\partial \eta} & \dfrac{\partial N_2}{\partial \eta} & \dfrac{\partial N_3}{\partial \eta} & \dfrac{\partial N_4}{\partial \eta} \end{bmatrix} \begin{bmatrix} x_1 & y_1 \\ x_2 & y_2 \\ x_3 & y_3 \\ x_4 & y_4 \end{bmatrix} \tag{3.3.45}$$

则有

$$\begin{Bmatrix} \dfrac{\partial}{\partial x} \\ \dfrac{\partial}{\partial y} \end{Bmatrix} = \boldsymbol{J}_a^{-1} \begin{Bmatrix} \dfrac{\partial}{\partial \xi} \\ \dfrac{\partial}{\partial \eta} \end{Bmatrix} \tag{3.3.46}$$

令 $\boldsymbol{J}_a^* = \boldsymbol{J}_a^{-1}$,则得

$$\begin{Bmatrix} \dfrac{\partial u}{\partial x} \\ \dfrac{\partial u}{\partial y} \\ \dfrac{\partial v}{\partial x} \\ \dfrac{\partial v}{\partial y} \end{Bmatrix} = \begin{bmatrix} J_{a11}^* & J_{a12}^* & & 0 \\ J_{a21}^* & J_{a22}^* & & \\ & 0 & J_{a11}^* & J_{a12}^* \\ & & J_{a21}^* & J_{a22}^* \end{bmatrix} \begin{Bmatrix} \dfrac{\partial u}{\partial \xi} \\ \dfrac{\partial u}{\partial \eta} \\ \dfrac{\partial v}{\partial \xi} \\ \dfrac{\partial v}{\partial \eta} \end{Bmatrix} \tag{3.3.47}$$

而由应变-位移关系式知

$$\begin{Bmatrix}\varepsilon_x \\ \varepsilon_y \\ \gamma_{xy}\end{Bmatrix}=\begin{bmatrix}1 & 0 & 0 & 0 \\ 0 & 0 & 0 & 1 \\ 0 & 1 & 1 & 0\end{bmatrix}\begin{Bmatrix}\dfrac{\partial u}{\partial x} \\ \dfrac{\partial u}{\partial y} \\ \dfrac{\partial v}{\partial x} \\ \dfrac{\partial v}{\partial y}\end{Bmatrix}$$

$$=\begin{bmatrix}1 & 0 & 0 & 0 \\ 0 & 0 & 0 & 1 \\ 0 & 1 & 1 & 0\end{bmatrix}\begin{bmatrix}\boldsymbol{J}_a^* & \boldsymbol{0} \\ \boldsymbol{0} & \boldsymbol{J}_a^*\end{bmatrix}\begin{Bmatrix}\dfrac{\partial u}{\partial \xi} \\ \dfrac{\partial u}{\partial \eta} \\ \dfrac{\partial v}{\partial \xi} \\ \dfrac{\partial v}{\partial \eta}\end{Bmatrix}=\boldsymbol{B}^e\cdot\begin{Bmatrix}u_1 \\ v_1 \\ u_2 \\ v_2 \\ u_3 \\ v_3 \\ u_4 \\ v_4\end{Bmatrix} \quad (3.3.48)$$

其中

$$\boldsymbol{B}^e=\begin{bmatrix}b_1 & 0 & b_2 & 0 & b_3 & 0 & b_4 & 0 \\ 0 & c_1 & 0 & c_2 & 0 & c_3 & 0 & c_4 \\ c_1 & b_1 & c_2 & b_2 & c_3 & b_3 & c_4 & b_4\end{bmatrix} \quad (3.3.49)$$

$$b_i=J_{a11}^*\frac{\partial N_i}{\partial \xi}+J_{a12}^*\frac{\partial N_i}{\partial \eta}$$

$$i=1,2,3,4$$

$$c_i=J_{a21}^*\frac{\partial N_i}{\partial \xi}+J_{a22}^*\frac{\partial N_i}{\partial \eta}$$

$$(3.3.50)$$

将式(3.3.30),(3.3.49)代入式(3.3.16)得

$$\boldsymbol{\Phi}_e^a=\int_{\Omega_e}\boldsymbol{B}^{e^T}\boldsymbol{R}_a^{e^T}d\Omega=\int_{\Omega_e(\xi,\eta)}\boldsymbol{B}^{e^T}\boldsymbol{R}_a^{e^T}\det\boldsymbol{J}_a d\Omega(\xi,\eta)$$

$$
=\int_{\Omega_e(\xi,\eta)}\begin{bmatrix} b_1 & 0 & c_1 \\ 0 & c_1 & b_1 \\ & \vdots & \\ b_4 & 0 & c_4 \\ 0 & c_4 & b_4 \end{bmatrix}[r_{a1}^e, r_{a2}^e, r_{a3}^e]^T \det \boldsymbol{J}_a d\Omega(\xi,\eta)
$$

$$
=[\varphi_{11},\varphi_{12},\varphi_{21},\varphi_{22},\varphi_{31},\varphi_{32},\varphi_{41},\varphi_{42}]^T \tag{3.3.51}
$$

其中

$$
\left.\begin{aligned} \varphi_{i1} &= \int_{-1}^{1}\int_{-1}^{1}(b_i r_{a_1}^e + c_i r_{a_3}^e)\det \boldsymbol{J}_a d\xi d\eta \\ \varphi_{i2} &= \int_{-1}^{1}\int_{-1}^{1}(c_i r_{a_2}^e + b_i r_{a_3}^e)\det \boldsymbol{J}_a d\xi d\eta \end{aligned}\right\} \tag{3.3.52}
$$

同理可得

$$
C_a^e=[C_{11},C_{12},C_{21},C_{22},C_{31},C_{32},C_{41},C_{42}] \tag{3.3.53}
$$

其中

$$
\left.\begin{aligned} C_{i1} &= \int_{-1}^{1}\int_{-1}^{1}(b_i W_{a_1}^e + c_i W_{a_3}^e)\det \boldsymbol{J}_a d\xi d\eta \\ C_{i2} &= \int_{-1}^{1}\int_{-1}^{1}(c_i W_{a_2}^e + b_i W_{a_3}^e)\det \boldsymbol{J}_a d\xi d\eta \end{aligned}\right\} \tag{3.3.54}
$$

以上对四边形四点等参元的公式进行了详尽的推导，而对于五、六、八点等参元，公式在形式上与上述公式完全相同，只要注意到点数有所增加就可以了，也就是矩阵维度有所扩大. 下面给出五、六、八点等参元形函数.

a. 八点等参元

$$
\left.\begin{aligned} N_i &= \frac{1}{4}(1+\xi\xi_i)(1+\eta\eta_i)(\xi\xi_i+\eta\eta_i-1), i=1,2,3,4 \\ N_i &= \frac{1}{2}(1-\xi^2)(1+\eta\eta_i) \qquad i=5,7 \\ N_i &= \frac{1}{2}(1+\xi\xi_i)(1-\eta^2) \qquad i=6,8 \end{aligned}\right\} \tag{3.3.55}
$$

b. 六点等参元（以八点等参元为基础）

$$\left.\begin{aligned}
N_1 &= N_1 + \frac{1}{2}N_8 \\
N_2 &= N_2 \\
N_3 &= N_3 + \frac{1}{2}N_7 \\
N_4 &= N_4 + \frac{1}{2}(N_7 + N_8) \\
N_5 &= \frac{1}{2}(1-\xi^2)(1+\eta) \\
N_6 &= \frac{1}{2}(1-\xi)(1-\eta^2)
\end{aligned}\right\} \tag{3.3.56}$$

c. 五点等参元(以八点等参元为基础)

$$\left.\begin{aligned}
N_1 &= N_1 + \frac{1}{2}N_8 \\
N_2 &= N_2 + \frac{1}{2}N_6 \\
N_3 &= N_3 + \frac{1}{2}(N_6 + N_7) \\
N_4 &= N_4 + \frac{1}{2}(N_7 + N_8) \\
N_5 &= \frac{1}{2}(1-\xi^2)(1+\eta)
\end{aligned}\right\} \tag{3.3.57}$$

3) 轴对称问题

对于轴对称问题,采用圆柱坐标(r,θ,x)比较方便. 这里 x 轴表示对称轴,r 指径向,θ 指环向. 则所有应力、应变、位移均与 θ 无关. 任意一点只有两个位移分量,即沿 x 方向的轴向位移 u 和沿 r 方向的径向位移 v. 由于对称,θ 方向(环向)位移等于零.

轴对称问题的弹性矩阵和应力、应变分别为

$$
\boldsymbol{D}=\begin{bmatrix} D_1 & D_2 & D_3 & 0 \\ D_2 & D_4 & D_2 & 0 \\ D_3 & D_2 & D_4 & 0 \\ 0 & 0 & 0 & D_5 \end{bmatrix}, \begin{array}{l} \boldsymbol{\sigma}=[\sigma_x,\sigma_r,\sigma_\theta,\tau_{xr}]^T \\ \boldsymbol{\varepsilon}=[\varepsilon_x,\varepsilon_r,\varepsilon_\theta,\varepsilon_{xr}]^T \end{array} \tag{3.3.58}
$$

其中 $D_1 \sim D_5$ 是弹性常数，因而有

$$
\left.\begin{array}{l} \dfrac{\partial g_\alpha^e}{\partial \boldsymbol{\sigma}}=\left[\dfrac{\partial g_\alpha^e}{\partial \sigma_x},\dfrac{\partial g_\alpha^e}{\partial \sigma_r},\dfrac{\partial g_\alpha^e}{\partial \sigma_\theta},\dfrac{\partial g_\alpha^e}{\partial \tau_{xr}}\right]^T \\ \dfrac{\partial f_\alpha^e}{\partial \boldsymbol{\sigma}}=\left[\dfrac{\partial f_\alpha^e}{\partial \sigma_x},\dfrac{\partial f_\alpha^e}{\partial \sigma_r},\dfrac{\partial f_\alpha^e}{\partial \sigma_\theta},\dfrac{\partial f_\alpha^e}{\partial \tau_{xr}}\right]^T \end{array}\right\} \tag{3.3.59}
$$

由式(3.3.14)与(3.3.15)有

$$
\boldsymbol{R}_\alpha^e=\begin{bmatrix} D_1\dfrac{\partial g_\alpha^e}{\partial \sigma_x}+D_2\dfrac{\partial g_\alpha^e}{\partial \sigma_r}+D_3\dfrac{\partial g_\alpha^e}{\partial \sigma_\theta} \\ D_2\left(\dfrac{\partial g_\alpha^e}{\partial \sigma_x}+\dfrac{\partial f_\alpha^e}{\partial \sigma_\theta}\right)+D_4\dfrac{\partial g_\alpha^e}{\partial \sigma_r} \\ D_3\dfrac{\partial g_\alpha^e}{\partial \sigma_x}+D_2\dfrac{\partial g_\alpha^e}{\partial \sigma_r}+D_4\dfrac{\partial g_\alpha^e}{\partial \sigma_r} \\ D_5\dfrac{\partial g_\alpha^e}{\partial \tau_{xr}} \end{bmatrix}^T=\begin{Bmatrix} r_{\alpha_1}^e \\ r_{\alpha_2}^e \\ r_{\alpha_3}^e \\ r_{\alpha_4}^e \end{Bmatrix} \tag{3.3.60}
$$

而由式(3.3.18)与(3.3.19)得

$$
\boldsymbol{w}_\alpha^e=\{W_{\alpha_1}^e,W_{\alpha_2}^e,W_{\alpha_3}^e,W_{\alpha_4}^e\} \tag{3.3.61}
$$

其中 $\boldsymbol{w}_\alpha^e$ 是将式(3.3.60)中的 g_α^e 换成 f_α^e 而得到的表达式.

以下仍以等参元为例. 由于只有 u,v 两个位移，则式(3.1.49)～式(3.3.54)的基本形式仍可照用. 这时有

$$
\boldsymbol{B}^e=\left[\begin{array}{cc:c:cc:c:cc} b_1 & 0 & & b_i & 0 & & b_{\mathrm{ICN}} & 0 \\ 0 & e_1 & \cdots & 0 & e_i & \cdots & 0 & e_{\mathrm{ICN}} \\ 0 & h_1 & & 0 & h_i & & 0 & h_{\mathrm{ICN}} \\ e_1 & b_1 & & e_i & b_i & & e_{\mathrm{ICN}} & b_{\mathrm{ICN}} \end{array}\right] \tag{3.3.62}
$$

其中 ICN 为等参元的出口点数.

$$\left.\begin{array}{l} b_i = J^*_{\alpha_{11}} \dfrac{\partial N_i}{\partial \xi} + J^*_{\alpha_{12}} \dfrac{\partial N_i}{\partial \eta} \\ e_i = J^*_{\alpha_{21}} \dfrac{\partial N_i}{\partial \xi} + J^*_{\alpha_{22}} \dfrac{\partial N_i}{\partial \eta} \qquad i = 1, 2, \cdots, \mathrm{ICN} \\ h_i = N_i / r \end{array}\right\} \tag{3.3.63}$$

式(3.3.63)中的各量与式(3.3.40)～(3.3.48),(3.3.55)～(3.3.57)中的各量相对应.只是将各式中的 y 换成 r 就可以了.仿式(3.3.51)～(3.3.54)有

$$\begin{aligned} \boldsymbol{\Phi}^a_e &= \int_{\Omega_e(\xi,\eta)} \boldsymbol{B}^{e^T} \left[r^e_{a_1}, r^e_{a_2}, r^e_{a_3}, r^e_{a_4} \right]^T \det \boldsymbol{J}_a r \cdot d\theta d\xi d\eta \\ &= \left[\varphi_{11}, \varphi_{12}, \cdots \varphi_{i1}, \varphi_{i2}, \cdots, \varphi_{\mathrm{ICN},1}, \varphi_{\mathrm{ICN},2} \right]^T \end{aligned} \tag{3.3.64}$$

$$\boldsymbol{C}^a_e = \left[W_{11}, W_{12}, W_{21}, W_{22}, \cdots, W_{i1}, W_{i2}, \cdots, W_{\mathrm{ICN},1}, W_{\mathrm{ICN},2} \right] \tag{3.3.65}$$

其中

$$\left.\begin{array}{l} \varphi_{i1} = \displaystyle\int_{-1}^{1}\int_{-1}^{1}\int_{0}^{2\pi} (b_i r^e_{a_1} + e_i r^e_{a_4}) r(\xi,\eta) \det \boldsymbol{J}_a d\theta d\xi d\eta \\ \varphi_{i2} = \displaystyle\int_{-1}^{1}\int_{-1}^{1}\int_{0}^{2\pi} (e_i r^e_{a_2} + h_i r^e_{a_3} + b_i r^e_{a_4}) r(\xi,\eta) \det \boldsymbol{J}_a d\theta d\xi d\eta \\ W_{i1} = \displaystyle\int_{-1}^{1}\int_{-1}^{1}\int_{0}^{2\pi} (b_i W^e_{a_1} + e_i W^e_{a_2}) r(\xi,\eta) \det \boldsymbol{J}_a d\theta d\xi d\eta \\ W_{i2} = \displaystyle\int_{-1}^{1}\int_{-1}^{1}\int_{0}^{2\pi} (e_i R^e_{a_2} + h_i R^e_{a_3} + b_i R^e_{a_4}) r(\xi,\eta) \det \boldsymbol{J}_a d\theta d\xi d\eta \end{array}\right\} \tag{3.3.66}$$

多数情况下,对 θ 积分后出现的 2π 可以由一阶变分等于零而消去.故也可以不写这一项积分.

4) 空间问题

空间问题的弹性矩阵和应力、应变分别为

$$
\left.\begin{aligned}
\boldsymbol{D}&=\begin{bmatrix} D_1 & D_2 & D_3 & 0 & 0 & 0 \\ D_2 & D_1 & D_4 & 0 & 0 & 0 \\ D_3 & D_4 & D_5 & 0 & 0 & 0 \\ 0 & 0 & 0 & D_6 & 0 & 0 \\ 0 & 0 & 0 & 0 & D_6 & 0 \\ 0 & 0 & 0 & 0 & 0 & D_6 \end{bmatrix}\\
\boldsymbol{\sigma}&=[\sigma_x,\sigma_y,\sigma_z,\tau_{xy},\tau_{yz},\tau_{zx}]^T\\
\boldsymbol{\varepsilon}&=[\varepsilon_x,\varepsilon_y,\varepsilon_z,\varepsilon_{xy},\varepsilon_{yz},\varepsilon_{zx}]^T
\end{aligned}\right\} \tag{3.3.67}
$$

其中 $D_1 \sim D_6$ 为弹性常数. 屈服函数梯度与势函数梯度为

$$
\left.\begin{aligned}
\frac{\partial g_\alpha^e}{\partial \boldsymbol{\sigma}}&=\left[\frac{\partial g_\alpha^e}{\partial \sigma_x},\frac{\partial g_\alpha^e}{\partial \sigma_y},\frac{\partial g_\alpha^e}{\partial \sigma_z},\frac{\partial g_\alpha^e}{\partial \tau_{xy}},\frac{\partial g_\alpha^e}{\partial \tau_{yz}},\frac{\partial g_\alpha^e}{\partial \tau_{zx}}\right]^T\\
\frac{\partial f_\alpha^e}{\partial \boldsymbol{\sigma}}&=\left[\frac{\partial f_\alpha^e}{\partial \sigma_x},\frac{\partial f_\alpha^e}{\partial \sigma_y},\frac{\partial f_\alpha^e}{\partial \sigma_z},\frac{\partial f_\alpha^e}{\partial \tau_{xy}},\frac{\partial f_\alpha^e}{\partial \tau_{yz}},\frac{\partial f_\alpha^e}{\partial \tau_{zx}}\right]^T
\end{aligned}\right\} \tag{3.3.68}
$$

由式(3.3.14)与(3.3.15)有

$$
\begin{aligned}
\boldsymbol{R}_\alpha^e&=\begin{bmatrix}
D_1\dfrac{\partial g_\alpha^e}{\partial \sigma_x}+D_2\dfrac{\partial g_\alpha^e}{\partial \sigma_y}+D_3\dfrac{\partial g_\alpha^e}{\partial \sigma_z}\\
D_2\dfrac{\partial g_\alpha^e}{\partial \sigma_x}+D_1\dfrac{\partial g_\alpha^e}{\partial \sigma_y}+D_4\dfrac{\partial g_\alpha^e}{\partial \sigma_z}\\
D_3\dfrac{\partial g_\alpha^e}{\partial \sigma_x}+D_4\dfrac{\partial g_\alpha^e}{\partial \sigma_y}+D_5\dfrac{\partial g_\alpha^e}{\partial \sigma_z}\\
D_6\dfrac{\partial g_\alpha^e}{\partial \tau_{xy}}\\
D_6\dfrac{\partial g_\alpha^e}{\partial \tau_{yz}}\\
D_6\dfrac{\partial g_\alpha^e}{\partial \tau_{zx}}
\end{bmatrix}\\
&=[r_{\alpha_1}^e,r_{\alpha_2}^e,r_{\alpha_3}^e,r_{\alpha_4}^e,r_{\alpha_5}^e,r_{\alpha_6}^e]^T
\end{aligned} \tag{3.3.69}
$$

同理有

$$
\boldsymbol{W}_\alpha^e=[W_{\alpha_1}^e,W_{\alpha_2}^e,W_{\alpha_3}^e,W_{\alpha_4}^e,W_{\alpha_5}^e,W_{\alpha_6}^e]^T \tag{3.3.70}
$$

这里只要将式(3.3.69)中的 g_a^e 换成 f_a^e,便可得到 W_a^e 的各分量表达式.

下面以八点块元为例说明 Φ_e^a 与 C_a^e 的形成过程.

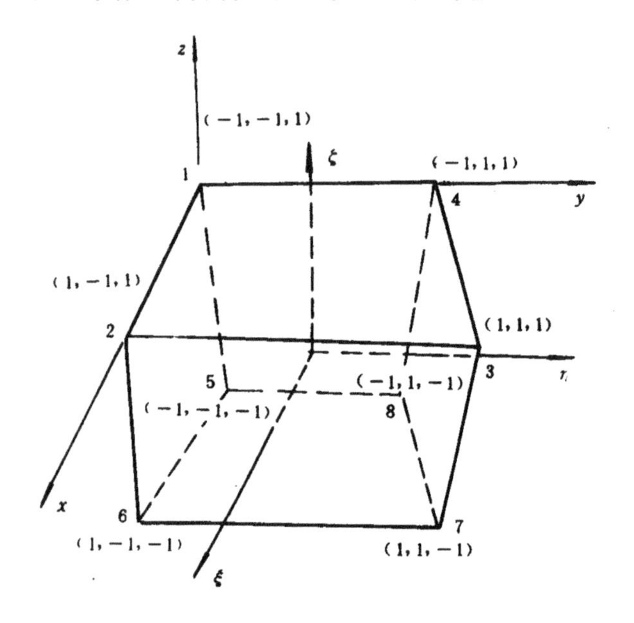

图 3.5

如图3.5所示八点等参块元,其形函数可以表示为

$$N_i(\xi,\eta,\zeta)=\frac{1}{8}(1+\xi_i\xi)(1+\eta_i\eta)(1+\zeta_i\zeta) \qquad (i=1,2,\cdots,8)$$

(3.3.71)

其中 (ξ_i,η_i,ζ_i) 为点 i 的 (ξ,η,ζ) 坐标值. 参见图3.5所示. 则有

$$\begin{Bmatrix} x \\ y \\ z \end{Bmatrix}=\sum_{i=1}^{8}N_i\begin{Bmatrix} x_i \\ y_i \\ z_i \end{Bmatrix} \qquad (3.3.72)$$

$$\begin{Bmatrix} u \\ v \\ w \end{Bmatrix} = \sum_{i=1}^{8} N_i \begin{Bmatrix} u_i \\ v_i \\ w_i \end{Bmatrix} \tag{3.3.73}$$

微分运算时，xyz 坐标系与 $\xi\eta\zeta$ 坐标系之间的变换关系为

$$\begin{Bmatrix} \dfrac{\partial}{\partial \xi} \\ \dfrac{\partial}{\partial \eta} \\ \dfrac{\partial}{\partial \zeta} \end{Bmatrix} = \begin{bmatrix} \dfrac{\partial x}{\partial \xi} & \dfrac{\partial y}{\partial \xi} & \dfrac{\partial z}{\partial \xi} \\ \dfrac{\partial x}{\partial \eta} & \dfrac{\partial y}{\partial \eta} & \dfrac{\partial z}{\partial \eta} \\ \dfrac{\partial x}{\partial \zeta} & \dfrac{\partial y}{\partial \zeta} & \dfrac{\partial z}{\partial \zeta} \end{bmatrix} \begin{Bmatrix} \dfrac{\partial}{\partial x} \\ \dfrac{\partial}{\partial y} \\ \dfrac{\partial}{\partial z} \end{Bmatrix} = \boldsymbol{J}_a \begin{Bmatrix} \dfrac{\partial}{\partial x} \\ \dfrac{\partial}{\partial y} \\ \dfrac{\partial}{\partial z} \end{Bmatrix} \tag{3.3.74}$$

$$\begin{Bmatrix} \dfrac{\partial}{\partial x} \\ \dfrac{\partial}{\partial y} \\ \dfrac{\partial}{\partial z} \end{Bmatrix} = \boldsymbol{J}_a^{-1} \begin{Bmatrix} \dfrac{\partial}{\partial \xi} \\ \dfrac{\partial}{\partial \eta} \\ \dfrac{\partial}{\partial \zeta} \end{Bmatrix} = \begin{bmatrix} J_{11}^* & J_{12}^* & J_{13}^* \\ J_{21}^* & J_{22}^* & J_{23}^* \\ J_{31}^* & J_{32}^* & J_{33}^* \end{bmatrix} \begin{Bmatrix} \dfrac{\partial}{\partial \xi} \\ \dfrac{\partial}{\partial \eta} \\ \dfrac{\partial}{\partial \zeta} \end{Bmatrix} \tag{3.3.75}$$

又由

$$\{\varepsilon\} = \begin{Bmatrix} \varepsilon_x \\ \varepsilon_y \\ \varepsilon_z \\ \varepsilon_{xy} \\ \varepsilon_{yz} \\ \varepsilon_{zx} \end{Bmatrix} = \begin{bmatrix} \dfrac{\partial}{\partial x} & 0 & 0 \\ 0 & \dfrac{\partial}{\partial y} & 0 \\ 0 & 0 & \dfrac{\partial}{\partial z} \\ \dfrac{\partial}{\partial y} & \dfrac{\partial}{\partial x} & 0 \\ 0 & \dfrac{\partial}{\partial z} & \dfrac{\partial}{\partial y} \\ \dfrac{\partial}{\partial z} & 0 & \dfrac{\partial}{\partial x} \end{bmatrix} \begin{Bmatrix} u \\ v \\ w \end{Bmatrix} \tag{3.3.76}$$

可得

$$\boldsymbol{\varepsilon} = \boldsymbol{B}^e \cdot [u_1, v_1, w_1, \cdots, u_i, v_i, w_i \cdots, u_8, v_8, w_8]^T \tag{3.3.77}$$

其中

$$\boldsymbol{B}^e = [B_1^e, B_2^e, B_3^e, \cdots, B_8^e] \tag{3.3.78}$$

$$
\boldsymbol{B}_i^e = \begin{bmatrix} a_i & 0 & 0 \\ 0 & b_i & 0 \\ 0 & 0 & e_i \\ b_i & a_i & 0 \\ 0 & e_i & b_i \\ e_i & 0 & a_i \end{bmatrix} \tag{3.3.79}
$$

$$
\left.\begin{aligned}
a_i &= J_{11}^* \frac{\partial N_i}{\partial \xi} + J_{12}^* \frac{\partial N_i}{\partial \eta} + J_{13}^* \frac{\partial N_i}{\partial \zeta} \\
b_i &= J_{21}^* \frac{\partial N_i}{\partial \xi} + J_{22}^* \frac{\partial N_i}{\partial \eta} + J_{23}^* \frac{\partial N_i}{\partial \zeta} \\
e_i &= J_{31}^* \frac{\partial N_i}{\partial \xi} + J_{32}^* \frac{\partial N_i}{\partial \eta} + J_{33}^* \frac{\partial N_i}{\partial \zeta}
\end{aligned}\right\} \tag{3.3.80}
$$

故可得

$$
\begin{aligned}
\boldsymbol{\Phi}_\alpha^e &= \int_{\Omega_e(\xi,\eta,\zeta)} \boldsymbol{B}^{e^T} [r_{\alpha1}^e, r_{\alpha2}^e, r_{\alpha3}^e, r_{\alpha4}^e, r_{\alpha5}^e, r_{\alpha6}^e]^T \det \boldsymbol{J}_a d\xi d\eta d\zeta \\
&= [\boldsymbol{\Phi}_{11}, \boldsymbol{\Phi}_{12}, \boldsymbol{\Phi}_{13}, \cdots, \boldsymbol{\Phi}_{i1}, \boldsymbol{\Phi}_{i2}, \boldsymbol{\Phi}_{i3}, \cdots, \boldsymbol{\Phi}_{81}, \boldsymbol{\Phi}_{82}, \boldsymbol{\Phi}_{83}]^T
\end{aligned} \tag{3.3.81}
$$

$$
\boldsymbol{C}_e^\alpha = [C_{11}, C_{12}, C_{13}, \cdots, C_{i1}, C_{i2}, C_{i3}, \cdots, C_{81}, C_{82}, C_{83}] \tag{3.3.82}
$$

其中

$$
\left.\begin{aligned}
\boldsymbol{\Phi}_{i1} &= \int_{-1}^{1}\int_{-1}^{1}\int_{-1}^{1} (a_i r_{\alpha1}^e + b_i r_{\alpha4}^e + e_i r_{\alpha6}^e) \det \boldsymbol{J}_a d\xi d\eta d\zeta \\
\boldsymbol{\Phi}_{i2} &= \int_{-1}^{1}\int_{-1}^{1}\int_{-1}^{1} (b_i r_{\alpha2}^e + a_i r_{\alpha4}^e + e_i r_{\alpha5}^e) \det \boldsymbol{J}_a d\xi d\eta d\zeta \\
\boldsymbol{\Phi}_{i3} &= \int_{-1}^{1}\int_{-1}^{1}\int_{-1}^{1} (e_i r_{\alpha3}^e + b_i r_{\alpha5}^e + a_i r_{\alpha6}^e) \det \boldsymbol{J}_a d\xi d\eta d\zeta \\
C_{i1} &= \int_{-1}^{1}\int_{-1}^{1}\int_{-1}^{1} (a_i W_{\alpha1}^e + b_i W_{\alpha4}^e + e_i W_{\alpha6}^e) \det \boldsymbol{J}_a d\xi d\eta d\zeta \\
C_{i2} &= \int_{-1}^{1}\int_{-1}^{1}\int_{-1}^{1} (b_i W_{\alpha2}^e + a_i W_{\alpha4}^e + e_i W_{\alpha5}^e) \det \boldsymbol{J}_a d\xi d\eta d\zeta \\
C_{i3} &= \int_{-1}^{1}\int_{-1}^{1}\int_{-1}^{1} (e_i W_{\alpha3}^e + b_i W_{\alpha5}^e + e_i W_{\alpha6}^e) \det \boldsymbol{J}_a d\xi d\eta d\zeta
\end{aligned}\right\}
$$

$$
i = 1, 2, \cdots, 8, \tag{3.3.83}
$$

3.3.2 常见屈服准则及梯度

上面3.3.1节中我们建立了$\boldsymbol{\Phi}_e^a$与C_e^a的基本表达式.由公式的推导可以发现,3.3.1节公式中还存在一个读者可能不太熟悉的量即$\frac{\partial f_a^e}{\partial \boldsymbol{\sigma}}$与$\frac{\partial g_a^e}{\partial \boldsymbol{\sigma}}$的计算.而公式中的其它量只要读者对有限元法的公式有所了解还是不难弄懂的,也是不难计算的.故本小节将着重叙述几种常见的屈服准则及梯度.

1. Tresca 准则(1864年)

在材料力学中这一准则通常称为第三强度理论或最大剪应力屈服准则,一般可表达为

$$f=\sigma_{\max}-\sigma_{\min}-2k\leqslant 0 \qquad (3.3.84)$$

其中$\sigma_{\max}$,$\sigma_{\min}$分别为最大和最小主应力;在纯拉伸屈服实验和纯剪屈服实验时,k分别为

$$k=\sigma_s/2 \qquad 和 \qquad k=\tau_s \qquad (3.3.85)$$

下面给出三种实用形式.

1) 空间问题

如果用工程应力(3.3.67)来描述该准则,则可表达成

$$f=4J_2^3-27J_3^2-36k^2J_2^2+96k^4J_2-64k^6 \qquad (3.3.86)$$

其中J_2,J_3的形式参见§1.1中所述.

屈服函数的梯度为

$$\frac{\partial f}{\partial \boldsymbol{\sigma}}=a_1\frac{\partial J_2}{\partial \boldsymbol{\sigma}}-a_2\frac{\partial J_3}{\partial \boldsymbol{\sigma}} \qquad (3.3.87)$$

其中

$$\left.\begin{aligned} a_1&=12J_2^2-72k^2J_2+96k^4 \\ a_2&=54J_3 \end{aligned}\right\} \qquad (3.3.88)$$

2) 平面应力问题

对于平面应力问题，由材料力学 Mohr 圆方法已知

$$\sigma_{1,3}=\frac{\sigma_x+\sigma_y}{2}\pm\sqrt{\left(-\frac{\sigma_x-\sigma_y}{2}\right)^2+\tau_{xy}{}^2} \qquad (3.3.89)$$

其中 σ_1，σ_3分别为 xoy 平面内的最大和最小主应力，由于 σ_2也是主应力，且 $\sigma_2=0$，因而有三种情况

(a) 如果 $\sigma_1>0$，$\sigma_3\leqslant 0$，那么 σ_2是中主应力，$\sigma_{\max}=\sigma_1$，$\sigma_{\min}=\sigma_3$，从式(3.3.84)可导出

$$f=(\sigma_x-\sigma_y)^2+4\tau_{xy}{}^2-4k^2\leqslant 0 \qquad (3.3.90)$$

(b) 如果 $\sigma_1>0$，$\sigma_3\geqslant 0$，那么 $\sigma_{\max}=\sigma_1$，$\sigma_{\min}=\sigma_2=0$，因而有

$$f=-\sigma_x\sigma_y+k(\sigma_x+\sigma_y)+\tau_{xy}{}^2-k^2\leqslant 0 \qquad (3.3.91)$$

(c) 如果 $\sigma_1\leqslant 0$，$\sigma_3<0$，则 $\sigma_{\max}=\sigma_2=0$，$\sigma_{\min}=\sigma_3$，则有

$$f=-\sigma_x\sigma_y-k(\sigma_x+\sigma_y)+\tau_{xy}{}^2-k^2\leqslant 0 \qquad (3.3.92)$$

由以上分析可以看到，当规定了 $\sigma_1\geqslant\sigma_3$时，应力点只能处于图3.6中的 $ABCDOA$ 中，而且当应力点处在 $ABCD$ 边界上时才会发

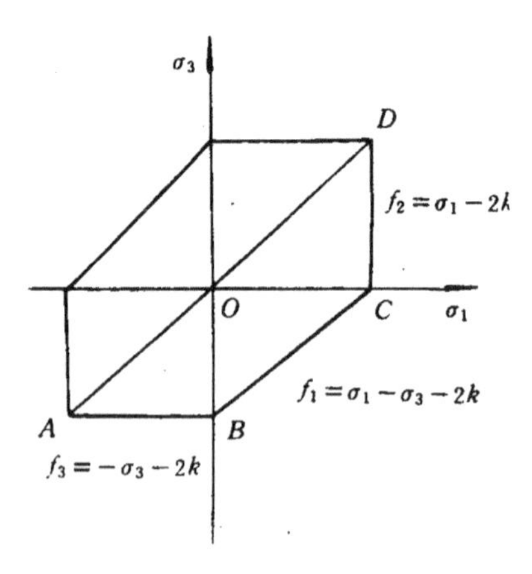

图 3.6

生屈服.综合起来,平面应力 Tresca 准则由三个屈服条件组成

$$f_1=(\sigma_x-\sigma_y)^2+4\tau_{xy}{}^2-4k^2\leqslant 0 \tag{3.3.93}$$

$$f_2=-\sigma_x\sigma_y+k(\sigma_x+\sigma_y)+\tau_{xy}{}^2-k^2\leqslant 0 \tag{3.3.94}$$

$$f_3=-\sigma_x\sigma_y-k(\sigma_x+\sigma_y)+\tau_{xy}{}^2-k^2 \tag{3.3.95}$$

相应于 f_1,f_2,f_3的梯度分量为

$$\left.\begin{aligned}&\frac{\partial f_1}{\partial\sigma_x}=2(\sigma_x-\sigma_y)\\&\frac{\partial f_1}{\partial\sigma_y}=2(\sigma_y-\sigma_x)\\&\frac{\partial f_1}{\partial\tau_{xy}}=8\tau_{xy}\end{aligned}\right\} \tag{3.3.96}$$

$$\left.\begin{aligned}&\frac{\partial f_2}{\partial\sigma_x}=-\sigma_y+k\\&\frac{\partial f_2}{\partial\sigma_y}=-\sigma_x+k\\&\frac{\partial f_2}{\partial\tau_{xy}}=2\tau_{xy}\end{aligned}\right\} \tag{3.3.97}$$

$$\left.\begin{aligned}&\frac{\partial f_3}{\partial\sigma_x}=-\sigma_y-k\\&\frac{\partial f_3}{\partial\sigma_y}=-\sigma_x-k\\&\frac{\partial f_3}{\partial\tau_{xy}}=2\tau_{xy}\end{aligned}\right\} \tag{3.3.98}$$

3) 平面应变问题

平面应变问题下,有关系 $\sigma_2=\frac{1}{2}(\sigma_1+\sigma_3)$(假定塑性流动情况下,材料是不可压缩的),则知 σ_2为中主应力.因而屈服条件与式(3.3.93)相同,梯度与(3.3.96)相同.

2. Mises 准则(1913年,Huber 1904年)

这一准则在材料力学中称为第四强度理论,也叫形状改变比

能屈服准则.一般写成

$$f=J_2-\frac{1}{3}k^2\leqslant 0 \tag{3.3.99}$$

相应于纯拉伸和纯剪切实验,k 值分别为

$$k=\sigma_s \qquad 和 \qquad k=\sqrt{3}\,\tau_s \tag{3.3.100}$$

对于平面应力问题,(3.3.99)式简化为

$$f=\sigma_x^2+\sigma_y^2-\sigma_x\sigma_y+3\tau_{xy}^2-k^2\leqslant 0 \tag{3.3.101}$$

梯度分量为

$$\left.\begin{aligned}\frac{\partial f}{\partial \sigma_x}&=2\sigma_x-\sigma_y\\ \frac{\partial f}{\partial \sigma_y}&=2\sigma_y-\sigma_x\\ \frac{\partial f}{\partial \tau_{xy}}&=6\tau_{xy}\end{aligned}\right\} \tag{3.3.102}$$

对于平面应变问题,有

$$f=(\sigma_x-\sigma_y)^2+4\tau_{xy}{}^2-\frac{4}{3}k^2\leqslant 0 \tag{3.3.103}$$

梯度分量为

$$\left.\begin{aligned}\frac{\partial f}{\partial \sigma_x}&=2(\sigma_x-\sigma_y)\\ \frac{\partial f}{\partial \sigma_y}&=2(\sigma_y-\sigma_x)\\ \frac{\partial f}{\partial \tau_{xy}}&=8\tau_{xy}\end{aligned}\right\} \tag{3.3.104}$$

3. Mohr-Coulomb 准则(1773年)

这是个工程上最常用的准则,可表达成

$$f=\tau+\sigma_n\tan\varphi-c\leqslant 0 \tag{3.3.105}$$

式中，τ 是材料破坏面上剪应力的绝对值，σ_n 为破坏面上的正应力（注意本文以拉为正），φ，c 分别为内摩擦角和内聚力，由实验确定. 与式(3.3.105)相对应的塑性势函数为

$$g=\tau+\psi\sigma_n\tan\varphi+c_0 \tag{3.3.106}$$

其中 c_0 为任意常数；ψ 为膨胀因子，当 $\psi=1$ 时的流动法则是相关联的，$\psi\neq1$ 时为非关联的，特别，当 $\psi=0$ 时为无塑性膨胀非关联的，$\psi<0$ 时为塑性收缩非关联的.

Mohr-Coulomb 准则见图3.7所示.

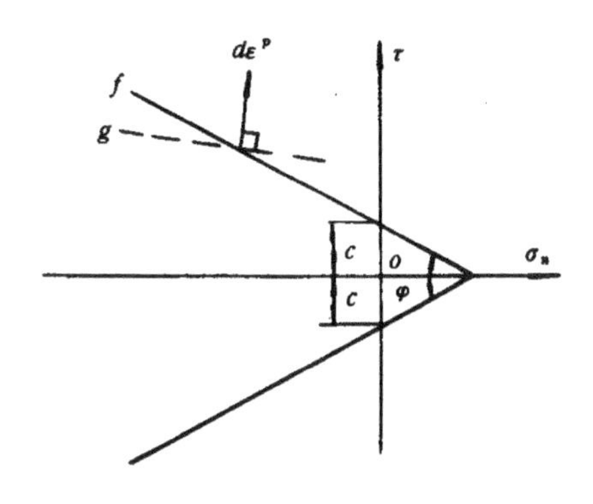

图 3.7

这个准则有几种很有用的替换形式，如

$$f=\sigma_1-\sigma_3\tan^2\left(\frac{\pi}{4}-\frac{\varphi}{2}\right)-2c\tan\left(\frac{\pi}{4}-\frac{\varphi}{2}\right)\leqslant0 \tag{3.3.107}$$

或

$$f=-\left[\sigma_3-\sigma_1\tan^2\left(\frac{\pi}{4}+\frac{\varphi}{2}\right)+2c\tan\left(\frac{\pi}{4}+\frac{\varphi}{2}\right)\right]\leqslant0 \tag{3.3.108}$$

或

$$f=\sqrt{(\sigma_x-\sigma_y)^2+4\tau_{xy}{}^2}+(\sigma_x+\sigma_y)\sin\varphi-2c\cos\varphi\leqslant 0$$
(3.3.109)

这里 σ_1，σ_3是平面内的最大和最小主应力.

鉴于式(3.3.109)形式的屈服条件较常用且一般，下面给出与之对应的势函数及梯度分量

$$g=\sqrt{(\sigma_x-\sigma_y)^2+4\tau_{xy}{}^2}+\psi(\sigma_x+\sigma_y)\sin\varphi+c_0 \quad (3.3.110)$$

$$\left.\begin{aligned}\frac{\partial f}{\partial\sigma_x}&=(\sigma_x-\sigma_y)/R_0+\mathrm{sim}\varphi\\ \frac{\partial f}{\partial\sigma_y}&=(\sigma_y-\sigma_x)/R_0+\mathrm{sim}\varphi\\ \frac{\partial f}{\partial\tau_{xy}}&=4\tau_{xy}/R_0\end{aligned}\right\} \quad (3.3.111)$$

$$\left.\begin{aligned}\frac{\partial g}{\partial\sigma_x}&=(\sigma_x-\sigma_y)/R_0+\psi\mathrm{sim}\varphi\\ \frac{\partial g}{\partial\sigma_y}&=(\sigma_y-\sigma_x)/R_0+\psi\mathrm{sim}\varphi\\ \frac{\partial g}{\partial\tau_{xy}}&=4\tau_{xy}/R_0\end{aligned}\right\} \quad (3.3.112)$$

其中

$$R_0=\sqrt{(\sigma_x-\sigma_y)^2+4\tau_{xy}{}^2} \quad (3.3.113)$$

4. Drucker-Prager 准则(1952年)

这个准则将 Mohr-Coulomb 准则作了一点简单的推广，可用于求解空间问题. 其屈服条件和塑性势函数可分别表示成

$$f=\alpha I_1+J_2^{1/2}-k\leqslant 0 \quad (3.3.114)$$

和

$$g=\psi\alpha I_1+J_2^{1/2}+c_0 \quad (3.3.115)$$

其中 α,k 是实验常数. 可通过与 Mohr-Coulomb 准则的拟合转为 φ,c 的组合常数, ψ 和 c_0 的意义与 Mohr-Coulomb 准则中相同, I_1 和 J_2 分别为应力第一不变量和应力偏量第二不变量. 这一准则示于图3.8.

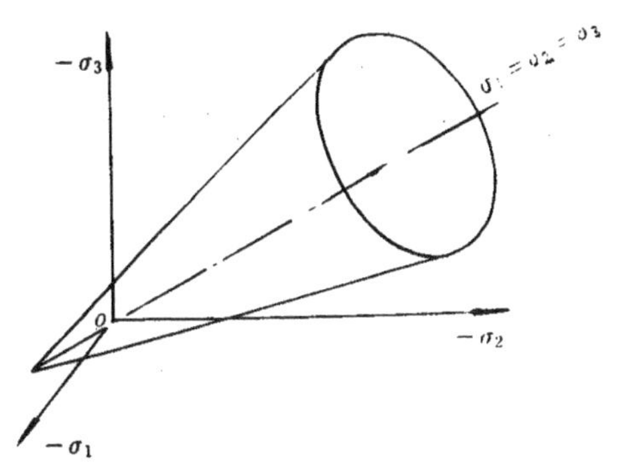

图 3.8

这一准则的梯度分量为

$$\left.\begin{aligned}
\frac{\partial f}{\partial \sigma_x}&=\alpha+\frac{1}{2}J_2^{-1/2}\frac{\partial J_2}{\partial \sigma_x}\\
\frac{\partial f}{\partial \sigma_y}&=\alpha+\frac{1}{2}J_2^{-1/2}\frac{\partial J_2}{\partial \sigma_y}\\
\frac{\partial f}{\partial \sigma_z}&=\alpha+\frac{1}{2}J_2^{-1/2}\frac{\partial J_2}{\partial \sigma_z}\\
\frac{\partial f}{\partial \tau_{xy}}&=\frac{1}{2}J_2^{-1/2}\frac{\partial J_2}{\partial \tau_{xy}}\\
\frac{\partial f}{\partial \tau_{yz}}&=\frac{1}{2}J_2^{-1/2}\frac{\partial J_2}{\partial \tau_{yz}}\\
\frac{\partial f}{\partial \tau_{zx}}&=\frac{1}{2}J_2^{-1/2}\frac{\partial J_2}{\partial \tau_{zx}}
\end{aligned}\right\}\tag{3.3.116}$$

$$\left.\begin{aligned}
\frac{\partial g}{\partial \sigma_x}&=\psi\alpha+\frac{1}{2}J_2^{-1/2}\frac{\partial J_2}{\partial \sigma_x}\\
\frac{\partial g}{\partial \sigma_y}&=\psi\alpha+\frac{1}{2}J_2^{-1/2}\frac{\partial J_2}{\partial \sigma_y}\\
\frac{\partial g}{\partial \sigma_z}&=\psi\alpha+\frac{1}{2}J_2^{1/2}\frac{\partial J_2}{\partial \sigma_z}\\
\frac{\partial g}{\partial \tau_{xy}}&=\frac{\partial f}{\partial \tau_{xy}};\frac{\partial g}{\partial \tau_{yz}}=\frac{\partial f}{\partial \tau_{yz}};\frac{\partial g}{\partial \tau_{zx}}=\frac{\partial f}{\partial \tau_{zx}}
\end{aligned}\right\} \tag{3.3.117}$$

对于平面应力问题，令 $\sigma_z=0$，$\tau_{xy}=\tau_{zy}=0$，可仍用式(3.3.114)～(3.3.117)，推导上十分简单. 对于平面应变问题，由于这一准则对 $\sigma_z=\frac{1}{2}(\sigma_x+\sigma_y)$ 的关系不再成立，需重新推导公式.

按照流动法则

$$d\varepsilon_z^p=\lambda\frac{\partial g}{\partial \sigma_z}=\lambda\left(\psi\alpha+\frac{1}{6J_2^{1/2}}[2\sigma_z-(\sigma_x+\sigma_y)]\right) \tag{3.3.118}$$

因为在平面应变状态下 $d\varepsilon_z=d\gamma_{zy}=d\gamma_{zx}=0$，假定屈服状态下弹性变形不发生改变，则有

$$d\varepsilon_z^p=d\gamma_{zx}^p=d\gamma_{zy}^p=0$$

由式(3.3.118)得

$$\sigma_z=\frac{1}{2}(\sigma_x+\sigma_y)-3\psi\alpha J_2^{1/2} \tag{3.3.119}$$

由式(3.3.119)有

$$\left.\begin{aligned}
(\sigma_y-\sigma_z)^2&=\left[\frac{1}{2}(\sigma_x-\sigma_y)-3\psi\alpha J_2^{1/2}\right]^2\\
(\sigma_z-\sigma_x)^2&=\left[\frac{1}{2}(\sigma_x-\sigma_y)+3\psi\alpha J_2^{1/2}\right]^2
\end{aligned}\right\} \tag{3.3.120}$$

将式(3.3.120)代入式(1.1.14)得

$$J_2=\frac{1}{1-3(\psi\alpha)^2}\left[\frac{(\sigma_x-\sigma_y)^2}{4}+{\tau_{xy}}^2\right] \tag{3.3.121}$$

其中式(3.3.121)的获得另外用到了条件

$$
\left.\begin{aligned}
d\gamma_{zx}^{p}=\lambda\frac{\partial g}{\partial\tau_{zx}}=0 \quad \Rightarrow \quad \tau_{zx}=0\\
d\gamma_{zy}^{p}=\lambda\frac{\partial g}{\partial\tau_{zy}}=0 \quad \Rightarrow \quad \tau_{zy}=0
\end{aligned}\right\} \tag{3.3.122}
$$

则由式(3.3.119)有

$$
I_1=\frac{1}{2}(\sigma_x+\sigma_y)-3\psi\alpha J_2^{1/2} \tag{3.3.123}
$$

其中 J_2 由式(3.3.121)给出.

将式(3.3.123),(3.3.121)代入式(3.3.114)得到平面应变下的 Drucker-Prager 屈服准则

$$
f=\frac{3\alpha}{2}(\sigma_x+\sigma_y)+\frac{1-3\psi\alpha^2}{2\sqrt{1-3(\psi\alpha)^2}}\sqrt{(\sigma_x-\sigma_y)^2+4\tau_{xy}{}^2}-k\leqslant 0 \tag{3.3.124}
$$

由于考虑了非关联流动法则,导出的条件与文献中的不一样,当 $\psi=1$ 时,(3.3.124)式便与通常文献中介绍的形式一样. 当 $\alpha=0$ 时,准则(3.3.114)与(3.3.124)退化成 Mises 准则,且 $k=\frac{\sigma_s}{\sqrt{3}}$.

将式(3.3.123),(3.3.121)代入式(3.3.115)得到平面应变下的势函数

$$
g=\frac{3\alpha\psi}{2}(\sigma_x+\sigma_y)+\frac{\sqrt{1-3(\psi\alpha)^2}}{2}\sqrt{(\sigma_x-\sigma_y)^2+4\tau_{xy}^2}+c_0 \tag{3.3.125}
$$

进而求出梯度分量

$$
\left.\begin{aligned}
\frac{\partial f}{\partial\sigma_x}&=\frac{3\alpha}{2}+\frac{\beta}{R_0}(\sigma_x-\sigma_y)\\
\frac{\partial f}{\partial\sigma_y}&=\frac{3\alpha}{2}+\frac{\beta}{R_0}(\sigma_y-\sigma_x)\\
\frac{\partial f}{\partial\tau_{xy}}&=\frac{4\beta}{R_0}\tau_{xy}
\end{aligned}\right\} \tag{3.3.126}
$$

$$\left.\begin{aligned}\frac{\partial g}{\partial \sigma_x}&=\frac{3\psi\alpha}{2}+\frac{\theta}{R_0}(\sigma_x-\sigma_y)\\\frac{\partial g}{\partial \sigma_y}&=\frac{3\psi\alpha}{2}+\frac{\theta}{R_0}(\sigma_y-\sigma_x)\\\frac{\partial g}{\partial \tau_{xy}}&=\frac{4\theta}{R_0}\tau_{xy}\end{aligned}\right\}\tag{3.3.127}$$

其中

$$\left.\begin{aligned}&\beta=\frac{1-3\psi\alpha^2}{2\sqrt{1-3(\psi\alpha)^2}},\theta=\frac{\sqrt{1-3(\psi\alpha)^2}}{2}\\&R_0=\sqrt{(\sigma_x-\sigma_y)^2+4\tau_{xy}^2}\end{aligned}\right\}\tag{3.3.128}$$

把式(3.3.126)与(3.3.111)作一类比，可获得下列关系：

$$\left.\begin{aligned}\frac{3\alpha\sqrt{1-3(\psi\alpha)^2}}{1-3\psi\alpha^2}&=\sin\varphi\\\frac{k\sqrt{1-3(\psi\alpha)^2}}{1-3\psi\alpha^2}&=c\cos\varphi\end{aligned}\right\}\tag{3.3.129}$$

进而有

当$0<\psi<1$时

$$\alpha=\left[\frac{3+2\psi\sin^2\varphi-\sqrt{9+12\psi(1-\psi)\sin^2\varphi}}{\psi^2(18+6\sin^2\varphi)}\right]^{1/2}\tag{3.3.130}$$

当$\psi=0$时

$$\alpha=\frac{\sin\varphi}{3}\tag{3.3.131}$$

当$\psi=1$时

$$\alpha=\frac{\tan\varphi}{\sqrt{9+12\tan^2\varphi}}\tag{3.3.132}$$

对于$0\leqslant\psi\leqslant1$时

$$k = 3c\alpha\cot\varphi \tag{3.3.133}$$

5. 层状材料屈服准则

层状材料即，假定材料由大量的弹性薄层组成，层与层之间靠摩擦力传递层间剪应力，并可以传递压应力，但不能传递拉应力，即垂直于层向不抗拉，而其它方向仍允许拉应力. 这个准则可以模拟岩石的节理面，在区域地质构造应力场中模拟断层带等等.

对于层状材料，我们规定单元局部坐标系的 x 轴与 z 轴一定平行于层面，如图3.9所示. 以下的叙述都是在这个坐标系下进行的.

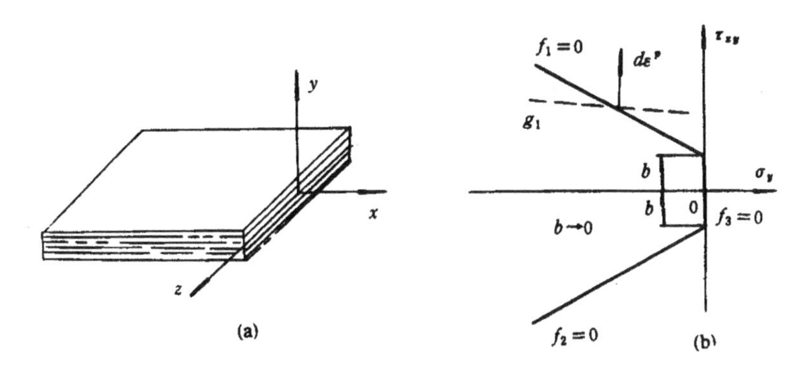

图 3.9

(a) 坐标系规定 (b) 屈服模型

对于空间问题，屈服条件和塑性势函数可分别写成

$$f = (\tau_{xy}{}^2 + \tau_{yz}{}^2)^{1/2} + \bar{\mu}\sigma_y \leqslant 0 \tag{3.3.134}$$

和

$$g = (\tau_{xy}{}^2 + \tau_{yz}{}^2)^{1/2} + \psi\bar{\mu}\sigma_y + c_0 \tag{3.3.135}$$

其中 $\bar{\mu}$ 为摩擦系数，ψ，c_0的意义同 Mohr-Coulomb 准则.

对于平面问题，这个准则可以用三个线性屈服条件来描述(如图3.9(b))

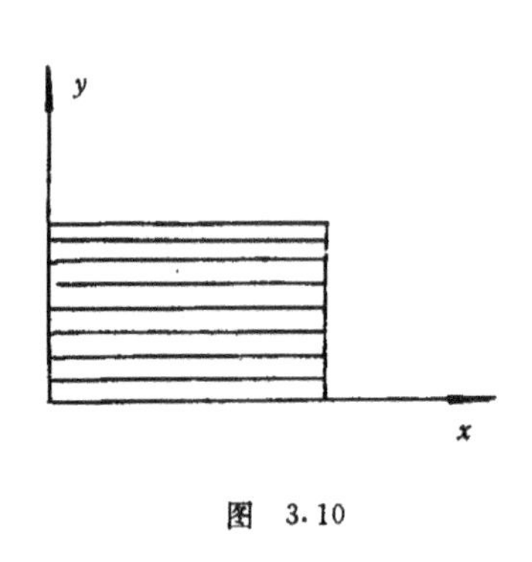

图 3.10

$$\left.\begin{aligned}f_1&=\tau_{xy}+\bar{\mu}\sigma_y\leqslant 0\\f_2&=-\tau_{xy}+\bar{\mu}\sigma_y\leqslant 0\\f_3&=\sigma_y\leqslant 0\end{aligned}\right\}\tag{3.3.136}$$

相应势函数为

$$\left.\begin{aligned}g_1&=\tau_{xy}+\psi\bar{\mu}\sigma_y+c_0\\g_2&=-\tau_{xy}+\psi\bar{\mu}\sigma_y+c_0\\g_3&=\sigma_y\end{aligned}\right\}\tag{3.3.137}$$

梯度分量为

$$\left.\begin{aligned}&\frac{\partial f_1}{\partial\sigma_x}=0,\frac{\partial f_1}{\partial\sigma_y}=\bar{\mu},\frac{\partial f_1}{\partial\tau_{xy}}=1\\&\frac{\partial f_2}{\partial\sigma_x}=0,\frac{\partial f_2}{\partial\sigma_y}=\bar{\mu},\frac{\partial f_2}{\partial\tau_{xy}}=1\\&\frac{\partial f_3}{\partial\sigma_x}=0,\frac{\partial f_3}{\partial\sigma_y}=1,\frac{\partial f_3}{\partial\tau_{xy}}=0\end{aligned}\right\}\tag{3.3.138}$$

$$\left.\begin{aligned}&\frac{\partial g_1}{\partial\sigma_x}=0,\frac{\partial g_1}{\partial\sigma_y}=\psi\bar{\mu},\frac{\partial g_1}{\partial\tau_{xy}}=1\\&\frac{\partial g_2}{\partial\sigma_x}=0,\frac{\partial g_2}{\partial\sigma_y}=\psi\bar{\mu},\frac{\partial g_2}{\partial\tau_{xy}}=-1\\&\frac{\partial g_3}{\partial\sigma_x}=0,\frac{\partial g_3}{\partial\sigma_y}=1,\frac{\partial g_3}{\partial\tau_{xy}}=0\end{aligned}\right\}\tag{3.3.139}$$

如果材料不受压时层面间也能承受微小剪应力，只需在 f_1，f_2 中增加一个常数项即可. 即

$$\left.\begin{aligned}f_1&=\tau_{xy}+\bar{\mu}\sigma_y+c\leqslant 0\\f_2&=-\tau_{xy}+\bar{\mu}\sigma_y+c\leqslant 0\\f_3&=\sigma_y\leqslant 0\end{aligned}\right\}\tag{3.3.140}$$

6. 剑桥准则(1968年)

这是英国剑桥大学 Roscoe 等人建立的一种适用于正常固结

粘土和弱固结粘土的屈服准则，也称 Cam 模型. 近年来这个准则在土力学工程中应用较多. 该准则的建立比较复杂，下面仅将结论作一简要介绍.

剑桥准则的模型示于图3.11，图中三坐标量的意义为：$p=-I_1/3$ 为有效压力；q 为八面体剪应力，$q=\sqrt{3J_2}$；e 为孔隙比，$ABCFE$ 为物态边界面，CSL 线为临界物态线，其在 pq 平面上的投影为 $q=Mp$，即所谓破坏线，在这个状态下土将发生很大的剪切变形，而 p，q 和 e 却保持不变. VICL 线为原始各向等压固结线，即 $\sigma_1=\sigma_2=\sigma_3$ 时，试验情况下的 e-p 曲线；BR 为其上的卸载和

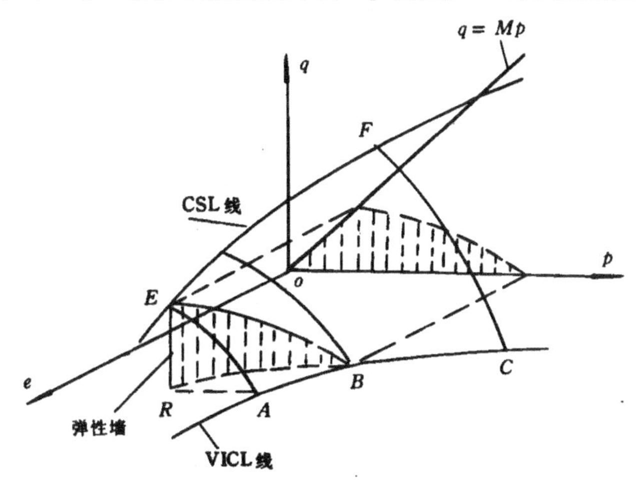

图 3.11

重新加载曲线，即回弹曲线，这两条曲线的数学表达式为

$$e=e_{ao}-\xi_0\ln p \tag{3.3.141}$$

和

$$e=e_k-k\ln p \tag{3.3.142}$$

其中：e_{ao} 与 e_k 分别为正常固结曲线上和回弹曲线上 $p=1$ 时的孔隙比，ξ_0 为压缩特性常数，k 为膨胀特性常数，均由实验获得.

这个模型经过一系列假定和推导后，可导出加载或物态边界

面的应力空间表达式

$$f=(\xi_0-k)\left(\frac{q}{Mp}-\ln p\right)-h \tag{3.3.143}$$

式中

$$h=e_{a0}-(1+e_0)I_1'^p \tag{3.3.144}$$

这里 e_0 为初始孔隙比，$I_1'^p=\varepsilon_x^p+\varepsilon_y^p+\varepsilon_z^p$.

式(3.3.143)也可表达成 I_1 和 J_2 的函数式

$$f=A_1J_2^{1/2}/I_1+B_1\ln(-I_1)-B_1\ln 3-h \tag{3.3.145}$$

式中

$$B_1=\xi_0-k,\qquad A_1=B_1/\sqrt{3}M \tag{3.3.146}$$

由于 $h=h(\varepsilon^p)$，因而剑桥准则属于等向强化准则.

剑桥准则假定服从相关流动法则，函数梯度为

$$\frac{\partial f}{\partial \boldsymbol{\sigma}}=\frac{\partial g}{\partial \boldsymbol{\sigma}}=C_1\frac{\partial J_2}{\partial \boldsymbol{\sigma}}+D_1\boldsymbol{i}_3 \tag{3.3.147}$$

其中 $C_1=A_1/(2I_1\sqrt{J_2})$，$D_1=B_1/I_1-A_1\sqrt{J_2}/I_1^2$，$\boldsymbol{i}_3=\{1,1,1,0,0,0,\}^T$.

7. 修正的剑桥准则

实践证明，当 q/p 值较小时，按剑桥准则式(3.3.143)或(3.3.145)计算的应变值一般偏大. 当 q/p 值较大时，计算值才与实测很接近. 因而后来又提出一个“修正的 Cam 粘土模型”，其物态边界条件表达成

$$f=(\xi_0-k)\ln\left(p+\frac{q^2}{pM^2}\right)-h \tag{3.3.148}$$

或

$$f=(\xi_0-k)\ln\left(-\frac{I_1}{3}-\frac{9J_2}{M^2I_1}\right)-\left[e_{a0}-(1+e_0)I_1'^p\right] \tag{3.3.149}$$

相应的梯度分量为

$$\frac{\partial f}{\partial \sigma_i}=\frac{(\xi_0-k)}{3}\left[\frac{(M^2-n^2-9)I_1/3+9\sigma_i}{M^2I_1^2/9+3J_2}\right],i=x,y,z \tag{3.3.150}$$

$$\frac{\partial f}{\partial \tau_i}=(\xi_0-k)\frac{6I_i}{M^2I_1^2/9+3J_2},i=xy,yz,zx \tag{3.3.151}$$

其中

$$n^2=\frac{27J_2}{I_1^2}$$

8. Lade-Duncan 准则（1973）

这个准则适用于砂土. 它假定材料屈服后，屈服面逐步扩大，直至达到破坏，此时的屈服面称作破坏面，如图3.12所示.

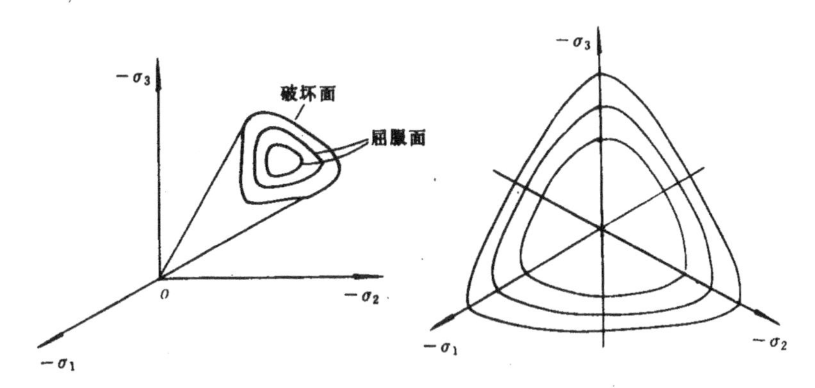

图 3.12

此准则的屈服条件为

$$f=(I_1^3/I_3-27)(I_1/P_a)^m-h(k)\leqslant 0 \tag{3.3.152}$$

其中 m 为实验常数，k 为塑性比功强化参数，参见式(2.2.18). P_a 为大气压力. Lade 与 Ducan 根据三轴压缩实验获得

$$h(k)=ae^{-bk}(k/P_a)^{\frac{1}{n}} \tag{3.3.153}$$

其中:$e=2.7183$;a,b,n 都是随 σ_3 而变的实验系数.

Lade 与 Ducan 从实验中发现塑性势函数与屈服面明显不同,应当采用非关联流动法则加以纠正.经研究所得势函数为

$$g=I_1^3-\left[(27+sf+R_0\sqrt{\frac{\sigma_3}{P_a}}+t_0)\left(\frac{P_a}{I_1}\right)^m\right]I_3 \quad (3.3.154)$$

其中 s,R_0,t_0 均为实验常数.

这个准则认为当 $h(k)$ 等于某个实验常数 n_f 时,材料便处于破坏状态.

与 f 和 g 相应的梯度分量为

$$\left.\begin{aligned}\frac{\partial f}{\partial\sigma_i}&=A_1-B_1\frac{\partial I_3}{\partial\sigma_i},i=x,y,z\\ \frac{\partial f}{\partial\tau_i}&=-B_1\frac{\partial I_3}{\partial\tau_i},\quad i=xy,yz,zx\end{aligned}\right\} \quad (3.3.155)$$

$$\left.\begin{aligned}\frac{\partial g}{\partial\sigma_i}&=C_1-D_1\frac{\partial I_3}{\partial\sigma_i},i=x,y,z\\ \frac{\partial g}{\partial\tau_i}&=-D_1\frac{\partial I_3}{\partial\tau_i},\quad i=xy,yz,zx\end{aligned}\right\} \quad (3.3.156)$$

其中

$$\left.\begin{aligned}A_1&=\frac{(3+m)I_1^{2+m}}{P_a^mI_3}-\frac{27mI_1^{m-1}}{P_a^m}\\ B_1&=\frac{I_1^{3+m}}{P_a^mI_3^2}\\ C_1&=\frac{I_3}{I_1}m\left(sf+R_0\sqrt{\frac{\sigma_3}{P_a}}+t_0\right)\left(\frac{P_a}{I_1}\right)^m+3I_1^2\\ D_1&=27+\left(sf+R_0\sqrt{\frac{\sigma_3}{P_a}}+t_0\right)\left(\frac{P_a}{I_1}\right)^m\end{aligned}\right\} \quad (3.3.157)$$

这是个等向强化准则.

9. Khosla-Wu 准则 (1976)

这个模型适用于砂土. 这个准则由一个理想弹塑性屈服条件和一个混合强化屈服条件组成. 如果用 p-q 应力空间表达，可分别写成

$$f_1=q-Mp\leqslant 0 \tag{3.3.158}$$

$$f_2=\left(\frac{p-p_1}{p_0p_1}\right)^2+\left(\frac{q}{Mp_1}\right)^2-1\leqslant 0 \tag{3.3.159}$$

f_1，f_2 分别可用图 3.13(a) 中的直线和椭圆形帽子表示. 式 (3.3.159) 中 p_1 和 p_0 分别代表椭圆中心与长半轴的距离. 由于椭圆短半轴与 f_1 相交，可得到

$$p_0=p_1(1+R_0M) \tag{3.3.160}$$

这里 R_0 是椭圆长轴与短轴之比，M 为实验常数.

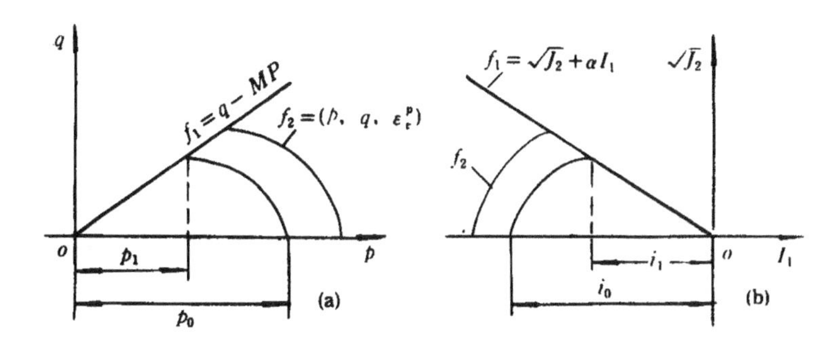

图 3.13

(a) p-q 空间表示 (b) I_1-I_2 空间表示

从三向等压 $\sigma_1=\sigma_2=\sigma_3$ 实验可求得 p_0-ε_v^p 关系曲线，从常规三轴压缩实验可求得 p_1-ε_v^p 关系曲线. 一般 p_1-ε_v^p 曲线为直线

$$p_1=a_1+b_1\varepsilon_v^p \tag{3.3.161}$$

其中，a_1，b_1 为实验常数，ε_v^p 为塑性体积膨胀量，$\varepsilon_v^p=\varepsilon_x^p+\varepsilon_y^p+\varepsilon_z^p$.

作代换

$$p=-\frac{I_1}{3}, q=\sqrt{3J_2} \tag{3.3.162}$$

可将式(3.3.158),(3.3.159)写成

$$f_1=\alpha I_1+\sqrt{J_2}\leqslant 0 \tag{3.3.163}$$

$$f_2=\left(\frac{I_1-i_1}{i_0-i_1}\right)^2+\frac{J_2}{(\alpha i_1)^2}-1\leqslant 0 \tag{3.3.164}$$

其中 $\alpha=M/(3\sqrt{3})$, $i_0=-3p_0$, $i_1=-3p_1$,是 I_1-J_2坐标系下椭圆中心与长轴的距离,见图3.13(b)所示. 一般可将 f_2写成

$$f_2=(I_1-i_1)^2+R_0^2J_2-(i_0-i_1)^2\leqslant 0 \tag{3.3.165}$$

由于 R_0和 i_0, i_1都是 ε_v^p 的函数,可知 f_2是既有等向强化又有随动强化的混合强化屈服条件. f_1, f_2的梯度分量为

$$\left.\begin{array}{l}
\left.\begin{array}{l}
\dfrac{\partial f_1}{\partial \sigma_i}=\alpha+\dfrac{1}{2\sqrt{J_2}}s_i \\[2ex]
\dfrac{\partial f_2}{\partial \sigma_i}=2(I_1-i_1)+R_0^2 s_i
\end{array}\right\} \quad i=x,y,z \\[6ex]
\left.\begin{array}{l}
\dfrac{\partial f_1}{\partial \tau_i}=\dfrac{1}{2\sqrt{J_2}}\tau_i \\[2ex]
\dfrac{\partial f_2}{\partial \tau_i}=R_0^2\tau_i
\end{array}\right\} \quad i=xy,yz,zx
\end{array}\right\} \tag{3.3.166}$$

10. Chen-Chen 准则(1975)

这个准则是为混凝土塑性问题而建立的. 屈服面由二个光滑曲面组成,一个处在主应力空间中的纯压区,一个处在压-拉(或拉-压)区和纯拉区. 如图3.14(a)所示.

在纯压区,即当 $I_1<0$且$\sqrt{J_2}+I_1/\sqrt{3}<0$时,屈服面可表示成

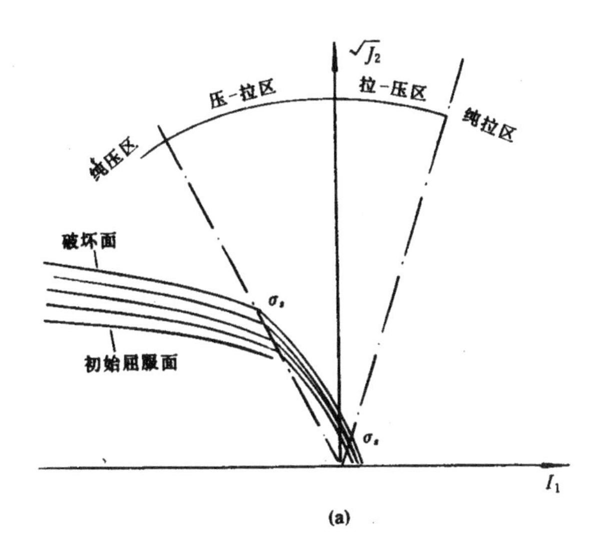

(a)

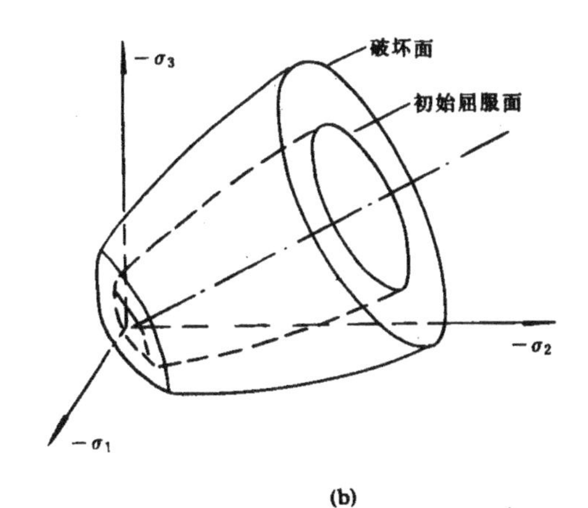

(b)

图 3.14

(a)I_1-I_2空间表示 (b) 主应力空间表示

σ_s——纯拉极限应力,σ_s'——纯压极限应力

$$f_1=\frac{J_2+(\beta/3)I_1}{1-(\alpha/3)I_1}-k^2\leqslant 0 \tag{3.3.167}$$

在压-拉、拉-压和纯拉区，即当$I_1>0$或$\sqrt{J_2}+I_1/\sqrt{3}>0$时，屈服面可表示成

$$f_2=\frac{J_2-\frac{1}{6}I_1^2+(\beta/3)I_1}{1-(\alpha/3)I_1}-k^2\leqslant 0 \tag{3.3.168}$$

这里α,β是材料实验常数，k是强化参数，一般取塑性变形量假定值，参见式(2.2.20). 此外，这个准则假定有一个初始屈服面，相应的公式仍为式(3.3.167)与(3.3.168)，但$k=k_0$，k_0为实验常数；还有一个破坏面，即强化中止面，相应地$k=k_f$，k_f亦由实验确定.

f_1和f_2的梯度分量为

$$\left.\begin{aligned}\frac{\partial f_1}{\partial\sigma_i}&=A_1s_i+B_1\\\frac{\partial f_2}{\partial\sigma_i}&=A_1s_i+C_1\end{aligned}\right\}\quad i=x,y,z \tag{3.3.169}$$

$$\left.\begin{aligned}\frac{\partial f_1}{\partial\tau_i}&=2A_1\tau_i\\\frac{\partial f_2}{\partial\tau_i}&=2A_1\tau_i\end{aligned}\right\}\quad i=xy,yz,zx \tag{3.3.170}$$

其中

$$\left.\begin{aligned}A_1&=\frac{1}{1-(\alpha/3)I_1}\\B_1&=\frac{1}{3}\beta A_1+\frac{A_1^2}{9}\alpha(3J_2+\beta I_1)\\C_1&=\frac{A_1}{3}(\beta-I_1)+\frac{A_1^2}{9}\alpha\left(3J_2+\beta I_1-\frac{1}{2}I_1^2\right)\end{aligned}\right\} \tag{3.3.171}$$

这是个等向强化准则.

11. 一维准则

这个准则主要是为杆单元的弹塑性问题设计的. 一维构件，如钢筋，土锚、链杆等，在岩土、混凝土工程中常起加固作用，其屈服

准则能够反映加、卸载过程，又适合于参数二次规划法求解. 这里只给出一种单级线性强化的例子，多级线性强化也可依次推出. 这个模型示于图3.15.

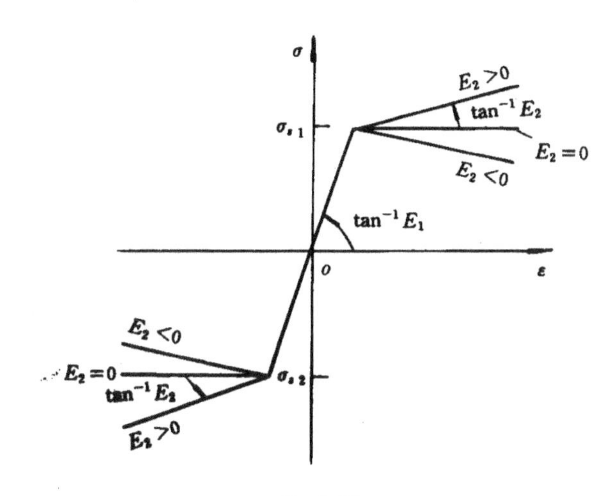

图 3.15

屈服准则可以表达成

$$f_1=\sigma-\sigma_{s1}-H\int d\varepsilon^p\leqslant 0 \qquad (3.3.172)$$

$$f_2=-\sigma-\sigma_{s2}+H\int d\varepsilon^p\leqslant 0 \qquad (3.3.173)$$

这里的积分是指追踪塑性变形历史而言，$H=\dfrac{E_1E_2}{E_1-E_2}$，$E_2>0$时为硬化，$E_2=0$为理想弹塑性，$E_2<0$为软化. 准则 f_1针对受拉，f_2针对受压. 梯度为

$$\frac{\partial f_1}{\partial\sigma}=1,\qquad \frac{\partial f_2}{\partial\sigma}=-1 \qquad (3.3.174)$$

如果取 $f=g$，则有

$$d\varepsilon^p=\lambda\frac{\partial g}{\partial\sigma}=\pm\lambda \qquad (3.3.175)$$

于是

$$\left.\begin{aligned} f_1 &= \sigma - \sigma_{s1} - H\lambda \\ f_2 &= -\sigma - \sigma_{s1} + H\lambda \end{aligned}\right\} \qquad (3.3.176)$$

关于这个准则的应用参见例2.7与例2.8.

§3.4 计算例题

本节将着重叙述用有限元参数二次规划算法进行问题求解的具体实施过程. 使读者对有限元参数二次规划的理论有一个较深刻的认识.

例3.1 如图3.16所示问题. 一超静定杆两端固定，中间受集中力荷载 P 作用. 两杆截面积和长分别为 A 和 l. 设杆2为线弹性材料，本构关系如图3.16(b)所示；杆1材料本构模型为折线硬化材料，如图3.16(c)所示，$E_2=E_1/2$. 取作用荷载 $P=3A\sigma_s$. 试用有限元法求解该题.

解 把杆系分为两个单元，单元1为弹塑性单元，单元2为线弹性单元. 由有限元理论，立即可获得杆元单元刚度阵

$$\boldsymbol{K}_e=\frac{E_1A}{l}\begin{bmatrix} 1 & -1 \\ -1 & 1 \end{bmatrix}=\boldsymbol{K}_1=\boldsymbol{K}_2 \qquad (3.4.1)$$

则首先会有(对于式(3.1.13))

$$d\hat{\boldsymbol{u}}=\boldsymbol{u}_0 \qquad (3.4.2)$$

而组装后的刚度阵为

$$\begin{aligned} \boldsymbol{K} &= \sum_{e=1}^{2}\boldsymbol{T}_e^{e^T}\boldsymbol{K}_e\boldsymbol{T}_e^e \\ &=[1,0]\boldsymbol{K}_2\begin{bmatrix}1\\0\end{bmatrix}+[0,1]\boldsymbol{K}_1\begin{bmatrix}0\\1\end{bmatrix} \\ &=\left[\frac{2E_1A}{l}\right] \end{aligned} \qquad (3.4.3)$$

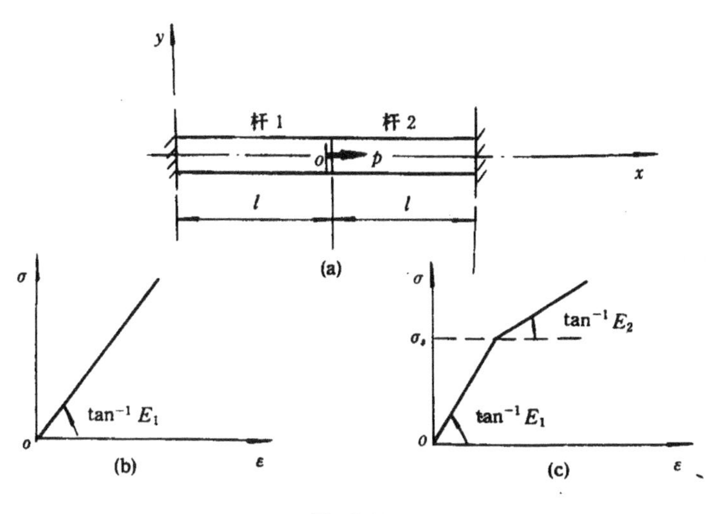

图 3.16

又由式(3.3.25)有

$$\boldsymbol{\Phi}_1' = E_1 A \frac{\partial g_1'}{\partial \sigma} [-1, 1]^T \tag{3.4.4}$$

由于弹塑性单元

$$f = \sigma - \sigma_s - \frac{E_1 E_2}{E_1 - E_2} \int d\varepsilon^p = g \tag{3.4.5}$$

故有

$$\boldsymbol{\Phi}_1' = E_1 A [-1, 1]^T \tag{3.4.6}$$

则由式(3.1.33)得

$$\boldsymbol{\Phi} = [0, 1] E_1 A \begin{bmatrix} -1 \\ 1 \end{bmatrix} [1] = [E_1 A] \tag{3.4.7}$$

而式(3.1.16)中

$$\hat{\boldsymbol{p}} = \{3A\sigma_s\} \tag{3.4.8}$$

这样我们可以首先获得式(3.2.4)

$$\left[\frac{2E_1A}{l}\right]\{u_0\}-[E_1A]\{\lambda\}-\{3A\sigma_s\}=0 \tag{3.4.9}$$

由式(3.3.26)有

$$C_1'=E_1A\frac{\partial f_1'}{\partial\sigma}[-1,1]=E_1A[-1,1] \tag{3.4.10}$$

则从(3.1.35)可得

$$C=[1]E_1A[-1,1]\begin{bmatrix}0\\1\end{bmatrix}=[E_1A] \tag{3.4.11}$$

由式(3.3.3),(3.1.4)知

$$\begin{aligned}m_{11}'&=\left(\frac{\partial f_1'}{\partial\sigma}\right)E_1\left(\frac{\partial g_1'}{\partial\sigma}\right)-\left(\frac{\partial f_1'}{\partial\varepsilon^p}\right)\left(\frac{\partial g_1'}{\partial\sigma}\right)\\&=E_1+\frac{E_1E_2}{E_1-E_2}=\frac{E_1^2}{E_1-E_2}=\frac{E_1^2}{E_1-E_1/2}=2E_1\end{aligned} \tag{3.4.12}$$

则由式(3.3.1),(3.3.2)知

$$U=\left[\int_0^l 2E_1Adx\right]=[2E_1Al] \tag{3.4.13}$$

同理由式(3.3.4),(3.3.5)得

$$d=-\left\{\int_0^l(-\sigma_s)Adx\right\}=\{+\sigma_sAl\} \tag{3.4.14}$$

至此可以获得式(3.1.26)与式(3.1.27),这样就可以获得图3.16所示问题求解方程组

$$\left[\frac{2E_1A}{l}\right]\{u_0\}-[E_1A]\{\lambda\}-\{3A\sigma_s\}=0 \tag{3.4.15}$$

$$[E_1A]\{u_0\}-[2E_1Al]\{\lambda\}-\{\sigma_sAl\}+\{\nu\}=0 \tag{3.4.16}$$

$$\lambda\nu=0,\qquad \lambda\cdot\nu\geqslant0 \tag{3.4.17}$$

亦可化为式(3.2.5)所示形式

$$\begin{Bmatrix} \nu \\ 0 \end{Bmatrix} + \begin{bmatrix} -2E_1Al & E_1A \\ -E_1A & \dfrac{2E_1A}{l} \end{bmatrix} \begin{Bmatrix} \lambda \\ u_0 \end{Bmatrix} = \begin{Bmatrix} \sigma_s Al \\ 3A\sigma_s \end{Bmatrix} \qquad (3.4.18)$$

$$\lambda\nu = 0, \qquad \lambda \cdot \nu \geqslant 0 \qquad (3.4.19)$$

下面就可以列表格求解了.

表 3.1

基底	ν	λ	u_0	q	备注
ν	0	$-2E_1Al$	E_1A	$Al\sigma_3$	首先让 u_0
	0	$-E_1A$	$\left(\dfrac{2E_1A}{l}\right)$	$3A\sigma_s$	进基

以表中圆圈所框元素为枢轴消元,解出弹性解 $u=\dfrac{3l\sigma_s}{2E_1}$. 可得表3.2,按 Lemke 算法求解.

表 3.2

基底	ν	λ	u_0	z_0	q	备注
ν	1	$-\dfrac{3}{2}E_1Al$	0	(-1)	$-\dfrac{1}{2}Al\sigma_s$	ν<0表示 ν 不应在
	0	$-\dfrac{l}{2}$	1	0	$\dfrac{3l\sigma_s}{2E_1}$	基底引入人工变量 z_0
z_0	-1	$\left(\dfrac{3}{2}E_1Al\right)$	0	1	$\dfrac{1}{2}Al\sigma_s$	ν 出基后下一次
u	0	$-\dfrac{l}{2}$	1	0	$\dfrac{3l\sigma_s}{2E_1}$	应 λ 进基
λ	$-\dfrac{2}{3E_1Al}$	1	0	$\dfrac{2}{3E_1Al}$	$\dfrac{\sigma_s}{3E_1}$	z_0被赶出基底,
u	0	$-\dfrac{l}{2}$	1	0	$\dfrac{3l\sigma_s}{2E_1}$	运算结束

人工变量出基后,便得到真实可行解

$$\lambda = \frac{\sigma_s}{3E_1}, \qquad u_0 = \frac{5l}{3E_1}\sigma_s \qquad (3.4.20)$$

有了位移和流动参数值,就可求解系统的应变和应力了. 对于杆1,有

$$\varepsilon=\frac{\partial u}{\partial x}=\boldsymbol{B}^e\begin{bmatrix}0\\1\end{bmatrix}u_0=\frac{1}{e}[-1,1]\begin{bmatrix}0\\1\end{bmatrix}u_0=\frac{5}{3E_1}\sigma_s \quad (3.4.21)$$

$$\sigma=E_1(\varepsilon-\varepsilon^p)=E_1\left(\varepsilon-\lambda\frac{\partial g}{\partial\sigma}\right)=E_1\left(\frac{5}{3E_1}\sigma_s-\frac{\sigma_s}{3E_1}\right)=\frac{4}{3}\sigma_s \quad (3.4.22)$$

对于杆2，有

$$\varepsilon=\boldsymbol{B}^e\begin{bmatrix}1\\0\end{bmatrix}u_0=-\frac{5}{3E_1}\sigma_s \quad (3.4.23)$$

$$\sigma=E_1\varepsilon=-\frac{5}{3}\sigma_s \quad (3.4.24)$$

求解完毕.

若杆1为理想弹塑性材料时，$E_2=0$，则采取与上面同样的求解步骤，二次换基可求得

$$u=2l\sigma_s/E_1 \quad (3.4.25)$$

$$\sigma=\begin{cases}\sigma_s & \text{对杆1}\\ -2\sigma_s & \text{对杆2}\end{cases} \quad (3.4.26)$$

若用初应变法求解，则需24次迭代以上的求解过程[27]. 结果(3.4.21)～(3.4.24)可参见文献[13].

例3.2　层状岩石材料流动分析. 如图3.17所示. 单元1,3为弹性单元，单元2为弹塑性单元. 单元在局部坐标系下节点号的编排见图3.18所示. 由结构及荷载的对称性知上面一排节点的位移与下面一排节点相同. 为了减少计算量，可以把节点4,6,8取作从节点，对应的主节点分别为3,5,7. 图中节点旁的长方框内的数字分别表示该节点两个位移在总未知位移向量中的编号. 字下面一横横表示从位移所服从的主位移的编号. 假设三个单元的材料均为各向同性的，$E=5\times10^5$，$\mu=0.25$. 一般，层状材料的屈服准则与势函数可取为

$$f=|\tau_{xy}|+\tan\varphi\,\sigma_y\leqslant 0 \quad (3.4.27)$$

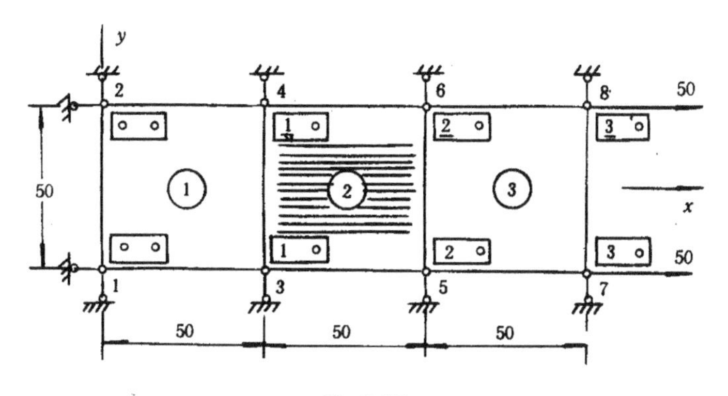

图 3.17

$$g=|\tau_{xy}|+\psi\tan\varphi\sigma_y+c_0 \tag{3.4.28}$$

$$f_1=\sigma_y\leqslant 0 \tag{3.4.29}$$

$$g_1=f_1 \tag{3.4.30}$$

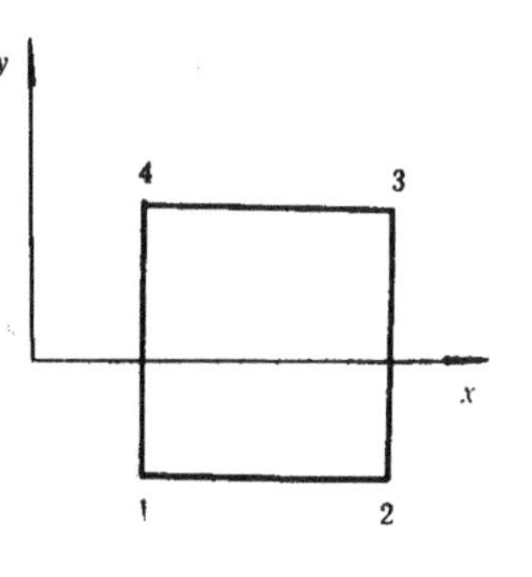

图 3.18

其中 c_0 为任意常数. φ 为内摩擦角，显然有 $\bar{\mu}=\tan\varphi$，$\bar{\mu}$ 为摩擦系数，ψ 为塑性膨胀因子. 经分析可以发现，当层状材料受压发生剪切滑动时，准则(3.4.27)，(3.4.28)已能较好地反映实际流动情况，如图3.19(a)所示，但当层面受拉时，$\sigma_y=0$，则需式(3.4.29)，(3.4.30)来确定流动方向，这时材料层与层之间表现为互相脱开，即开裂且不承受拉力. 经式(3.4.29)，(3.4.30)修正后的准则图示于图3.19(b). 理解这个准则对于了解 Mohr-Coulomb 准则也是有益的.

对于本例而言，由对称性可知材料在 y 方向受拉，因而式(3.4.27)与(3.4.28)不起作用. 只需考虑式(3.4.29)，(3.4.30)的屈服条件. 这也是我们将屈服准则分开写的原因.

f_1 与 g_1 的梯度分别为

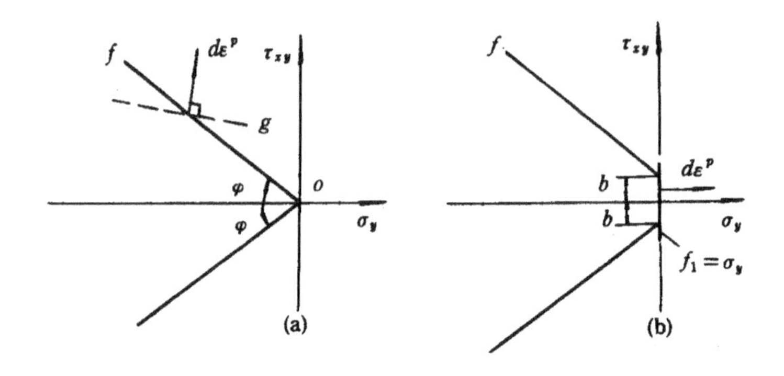

图 3.19

(a) 层状材料屈服模型 (b) 改进模型 $b\to 0$

$$\frac{\partial f_1}{\partial \sigma}=[0,1,0]^T,\frac{\partial g_1}{\partial \sigma}=[0,1,0]^T \tag{3.4.31}$$

按平面应变问题计算，弹性常数为

$$D_1=D_3=6\times 10^5,D_2=2\times 10^5,D_4=2\times 10^5 \tag{3.4.32}$$

同例3.1相同的求解过程，可以获得

$$\boldsymbol{B}^e=\frac{1}{2500}\begin{bmatrix} \eta-25 & 0 & 25-\eta & 0 & 25+\eta & 0 & -25-\eta & 0 \\ 0 & \zeta-25 & 0 & -25-\xi & 0 & 25+\xi & 0 & 25-\xi \\ \zeta-25 & \eta-25 & -25-\xi & 25-\eta & 25+\xi & 25+\eta & 25-\xi & -25-\eta \end{bmatrix} \tag{3.4.33}$$

$$\boldsymbol{K}^e=\begin{bmatrix} 8 & 3 & -5 & 0 & -4 & -3 & 1 & 0 \\ & 8 & 0 & 1 & -3 & -4 & 0 & -5 \\ & & 8 & -3 & 1 & 0 & -4 & 3 \\ & & & 8 & 0 & -5 & 3 & 4 \\ & & & & 8 & 3 & -5 & 0 \\ & & & & & 8 & 0 & 1 \\ & \text{对称} & & & & & 8 & -3 \\ & & & & & & & 8 \end{bmatrix}\frac{10^5}{3} \tag{3.4.34}$$

$$\boldsymbol{\Phi}^e=5\times 10^6[-1,-3,1,-3,1,3,-1,3]^T \tag{3.4.35}$$

其中变量ξ,η在运算过程中自动消除.

$$\hat{\boldsymbol{P}}=\begin{Bmatrix}0\\0\\100\end{Bmatrix} \tag{3.4.36}$$

$$\boldsymbol{C}^e=5\times10^6[-1,-3,1,-3,1,3,-1,3] \tag{3.4.37}$$

$$\boldsymbol{U}^e=[15\times10^8] \tag{3.4.38}$$

$$\boldsymbol{d}^e=\{0\} \tag{3.4.39}$$

对于单元2,应有

$$\boldsymbol{T}_e^2=\begin{bmatrix}1&0&0\\0&0&0\\0&1&0\\0&0&0\\0&1&0\\0&0&0\\1&0&0\\0&0&0\end{bmatrix} \tag{3.4.40}$$

$$\boldsymbol{T}_\lambda^2=[1] \tag{3.4.41}$$

而对于单元1,3有

$$\boldsymbol{T}_e^1=\begin{bmatrix}0&0&0\\0&0&0\\1&0&0\\0&0&0\\1&0&0\\0&0&0\\0&0&0\\0&0&0\end{bmatrix},\boldsymbol{T}_e^3=\begin{bmatrix}0&1&0\\0&0&0\\0&0&1\\0&0&0\\0&0&1\\0&0&0\\0&1&0\\0&0&0\end{bmatrix} \tag{3.4.42}$$

通过组装可以获得

$$
\left.\begin{aligned}
&\boldsymbol{K}=6\times10^{5}\begin{bmatrix}2&-1&0\\-1&2&-1\\0&-1&1\end{bmatrix}\\
&\boldsymbol{\Phi}=10^{7}\begin{bmatrix}-1\\1\\0\end{bmatrix}\\
&\hat{\boldsymbol{P}}=\begin{bmatrix}0\\0\\100\end{bmatrix}\\
&\boldsymbol{C}=10^{7}[-1,1,0]\\
&\boldsymbol{U}=[15\times10^{8}]\\
&\boldsymbol{d}=[0]\\
&\hat{\boldsymbol{u}}=\begin{Bmatrix}u_3\\u_5\\u_7\end{Bmatrix},\boldsymbol{\lambda}=\{\lambda\}
\end{aligned}\right\}\qquad(3.4.43)
$$

进而可以求出

$$
\left.\begin{aligned}
&\boldsymbol{K}^{-1}\boldsymbol{\Phi}=\frac{50}{3}[0,1,1]^{T}\\
&\boldsymbol{C}\boldsymbol{K}^{-1}-\boldsymbol{U}=-\frac{4}{3}\times10^{9}\\
&\boldsymbol{K}^{-1}\hat{\boldsymbol{P}}=\frac{1}{6}\times10^{-3}[1,2,3]^{T}\\
&\boldsymbol{d}-\boldsymbol{C}\boldsymbol{K}^{-1}\hat{\boldsymbol{P}}=-\frac{10^{4}}{6}
\end{aligned}\right\}\qquad(3.4.44)
$$

余下的问题是对式(3.2.7),(3.2.8)求解.求解过程示于表3.3.其中求解过程同例3.1,故不再给出 Lemke 算法的求解过程的详尽解释.

表 3.3

基底	ν	λ	u_3	u_5	u_7	z_0	q
ν	1	$-\frac{4}{3}\times10^9$	0	0	0	-1	$-\frac{1}{6}\times10^4$
u_3	0	0	1	0	0	0	$\frac{1}{6}\times10^{-3}$
u_5	0	$-\frac{50}{3}$	0	1	0	0	$\frac{1}{3}\times10^{-3}$
u_7	0	$-\frac{50}{3}$	0	0	1	0	$\frac{1}{2}\times10^{-3}$
z_0	-1	$\frac{4}{3}\times10^9$	0	0	0	1	$\frac{1}{6}\times10^4$
u_3	0	0	1	0	0	0	$\frac{1}{6}\times10^{-3}$
u_5	0	$-\frac{50}{3}$	0	1	0	0	$\frac{1}{3}\times10^{-3}$
u_7	0	$-\frac{50}{3}$	0	0	1	0	$\frac{1}{2}\times10^{-3}$
λ	$-\frac{3}{4}\times10^{-9}$	1	0	0	0	$\frac{3}{4}\times10^9$	$\frac{1}{8}\times10^{-5}$
u_3	0	0	1	0	0	0	$\frac{1}{6}\times10^{-3}$
u_5	$-\frac{5}{4}\times10^{-8}$	0	0	1	0	$\frac{5}{4}\times10^{-8}$	$\frac{17}{48}\times10^{-3}$
u_7	$-\frac{5}{4}\times10^{-8}$	0	0	0	1	$\frac{5}{4}\times10^{-8}$	$\frac{25}{48}\times10^{-3}$

经过列表求解，获得了流动参数与 u_3, u_5, u_7 的结果，分别如下：

$$\left.\begin{aligned}&\lambda=\frac{10^{-5}}{8}\\&u_3=\frac{10^{-3}}{6}, u_5=\frac{17\times10^{-3}}{48}, u_7=\frac{25\times10^{-9}}{48}\end{aligned}\right\}\tag{3.4.45}$$

从而可得各单元局部系的位移向量

$$\left.\begin{aligned}\hat{\boldsymbol{u}}^1&=\left[0,0,\frac{10^{-3}}{6},0,\frac{10^{-3}}{6},0,0,0\right]^T\\\hat{\boldsymbol{u}}^2&=\left[\frac{10^{-3}}{6},0,\frac{17\times10^{-3}}{48},0,\frac{17\times10^{-3}}{48},0,\frac{10^{-3}}{6},0\right]^T\\\hat{\boldsymbol{u}}^3&=\left[\frac{17\times10^{-3}}{48},0,\frac{25\times10^{-3}}{48},0,\frac{25\times10^{-3}}{48},0,\frac{17\times10^{-3}}{48},0\right]^T\end{aligned}\right\}\tag{3.4.46}$$

利用 $\boldsymbol{\varepsilon}^e=\boldsymbol{B}^e\hat{\boldsymbol{u}}^e$ 得到

$$\left.\begin{aligned}\boldsymbol{\varepsilon}^1&=\left\{\frac{1}{3}\times10^{-5},0,0\right\}^T\\\boldsymbol{\varepsilon}^2&=\left\{\frac{3}{8}\times10^{-5},0,0\right\}^T\\\boldsymbol{\varepsilon}^3&=\left\{\frac{1}{3}\times10^{-5},0,0\right\}^T\end{aligned}\right\}\tag{3.4.47}$$

下面进一步求单元应力.对于单元1,3,流动参数等于零.而由式(3.4.47)知 $\boldsymbol{\varepsilon}^1=\boldsymbol{\varepsilon}^3$,则必有

$$\boldsymbol{\sigma}^1=\boldsymbol{\sigma}^3=\boldsymbol{D}\boldsymbol{\varepsilon}^1$$

$$\begin{Bmatrix}\sigma_x^1\\\sigma_y^1\\\tau_{xy}^1\end{Bmatrix}=\begin{Bmatrix}\sigma_x^3\\\sigma_y^3\\\tau_{xy}^3\end{Bmatrix}=2\times10^5\begin{bmatrix}3&1&0\\1&3&0\\0&0&1\end{bmatrix}\begin{Bmatrix}\frac{1}{3}\times10^{-5}\\0\\0\end{Bmatrix}=\begin{Bmatrix}2\\\frac{2}{3}\\0\end{Bmatrix}\tag{3.4.48}$$

对于单元2,有

$$\boldsymbol{\sigma}^2=\boldsymbol{D}\left(\boldsymbol{\varepsilon}^2-\lambda\frac{\partial g}{\partial\boldsymbol{\sigma}}\right)$$

$$\begin{Bmatrix}\sigma_x^2\\\sigma_y^2\\\tau_{xy}^2\end{Bmatrix}=2\times10^5\begin{bmatrix}3&1&0\\1&3&0\\0&0&1\end{bmatrix}\left(\begin{Bmatrix}\frac{3\times10^{-5}}{8}\\0\\0\end{Bmatrix}-\frac{10^{-5}}{8}\begin{Bmatrix}0\\1\\0\end{Bmatrix}\right)=\begin{Bmatrix}2\\0\\0\end{Bmatrix}\tag{3.4.49}$$

精确满足单元2在垂直于层面方向不受拉的要求.

例3.3 无限长厚壁圆筒，内径为$2R_1$，外径为$2R_2$，受内压 p 作用产生弹塑性变形，材料服从 Tresca 屈服准则

$$f=\sigma_\theta-\sigma_r-\sigma_s\leqslant 0 \tag{3.4.50}$$

按理想弹塑性问题分析其弹塑性力学状态.

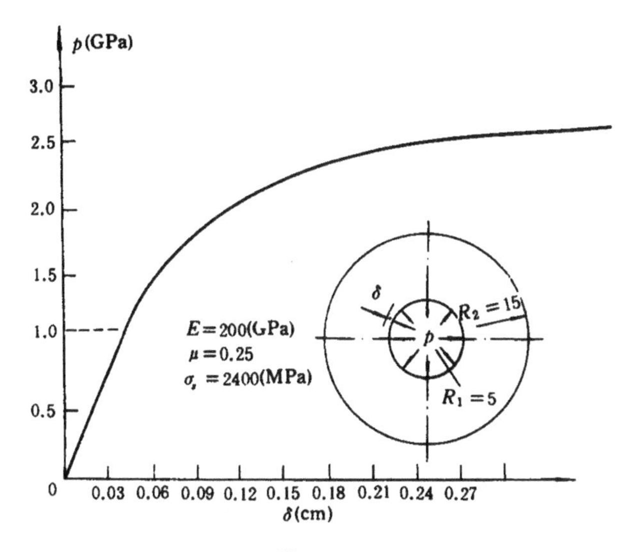

图 3.20

这是个轴对称问题，许多塑性理论的专著中都给出了理论解. 图3.20为给定一组常数 E,μ,σ_s,R_1,R_2时内壁径向变形与内压 p 之间的关系曲线. 若采用参变量有限元法求解，由于圆筒无限长，在径向取一个切环，如图3.21(a)所示，在半个轴向截面上进行单元划分，见图3.21(b)，在适当靠近内壁处加密网格. 得到的塑性区径向扩展，内壁位移等与理论解完全相同. 而且若不考虑卸载情况，给定内压 p，一步便可得到精确解，这是因为屈服准则(3.4.50)是线性函数. 例如在径向取24个四节点轴对称单元，图3.20所给曲线上任何一点解都可一步获得. 当取10个四节点元时的解见表3.4，其结果令人满意.

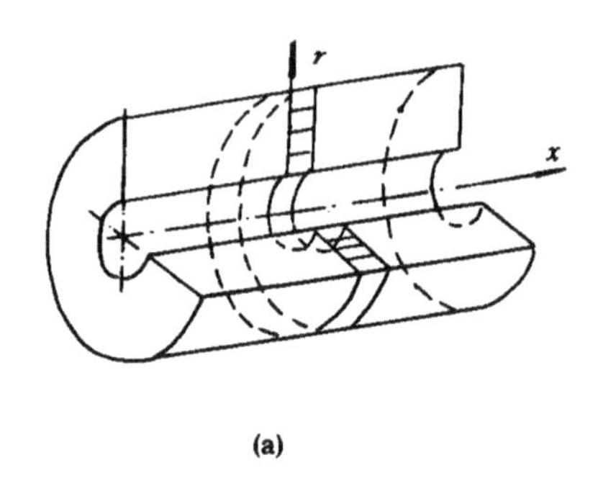

(a)

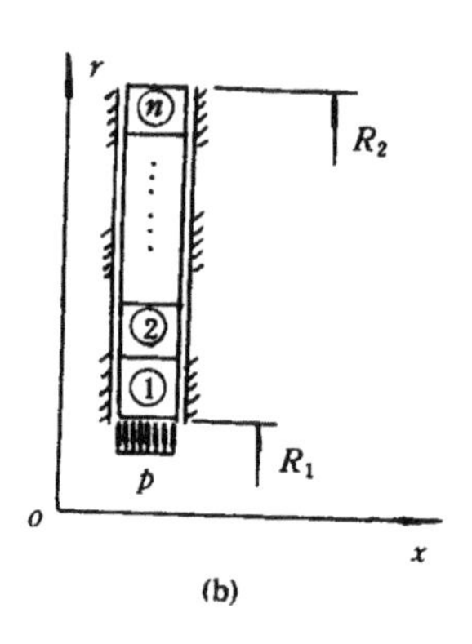

(b)

图 3.21

表 3.4

P(MPa)		-200.0	-1445.6	-1746.4	-1986.7	-2330.2
V(cm)	理论解	0.0074	0.058	0.081	0.101	0.158
	本文解	0.0074	0.058	0.081	0.101	0.158
弹塑性交线半径 R	理论解		6	7	8	10
	本文解		6	7	8	10
塑性区分布		弹性状态	单元1	单元1,2	单元1—3	单元1—5
换基次数			2	3	4	6

例3.4 这是个考察相关联与非关联流动差异性的例题. 截面为矩形的试件受两个方向相反的刚性压条作用，如图3.22所示，压条与试件之间的接触假定是完全粗糙的，所用材料假定为理想弹塑性并服从 Drucker-Prager 屈服准则. 按平面应变问题计算（参见3.32内容）. 材料物理性质与试件几何尺寸见图3.22.

由于试件对称，可取其1/4截面划分单元，见图3.22. 采取了不同的 α 与 ψ 参数值计算，结果表明，开始发生塑性变形的位置，初始屈服荷载以及塑性区扩散的速度与参数 α,ψ 密切相关，图3.23(a)～(e)分别为取 $\alpha=0, 0.174, 0.25$ 时试件的塑性区随荷载的变化情况；$\psi=1.0$ 时为相关联流动的情形，$\psi=0.0$ 为消除全部塑性

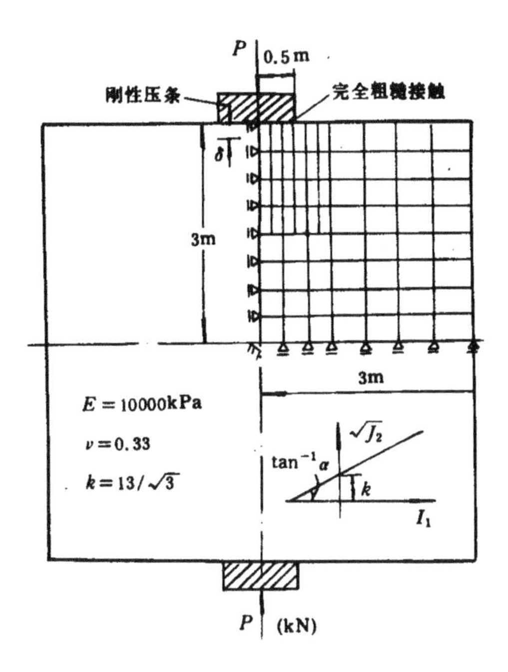

图 3.22

膨胀后的情形，当 $\alpha=0$时首先发生屈服的是靠近压条边缘处；当 $\alpha=0.174$时，在压条边与试件中心之间也首先发生塑性屈服，如图3.23(b)，(c)；当 $\alpha>0.174$时，试件中心首先屈服，见图3.23(d)，(e). 从图3.23可以看到，非关联流动法则下的塑性区扩展速度比相关联流动法则下的快.

图3.24为试件的承载能力解曲线. 图中实线为相关联流动法则下的 p-δ 曲线(δ 为垂向位移)，虚线为无膨胀非关联法则下的解. 很明显，α 越大，二种流动法则下求出的承载能力差别越大.

本例当 $\alpha=0$时，Drucker-Prager 准则化为 Mises 准则，得到的解答(图3.23(a)和图3.24中 $\alpha=0$的实线)与文献[25]用三角形单元计算的解相近(量纲作了更动). 但是，本文解只采用了68个四节点单元，10个增量步；而文献[25]采用了274个三角形单元，120个增量步. 说明本文解法的计算效率是相当高的.

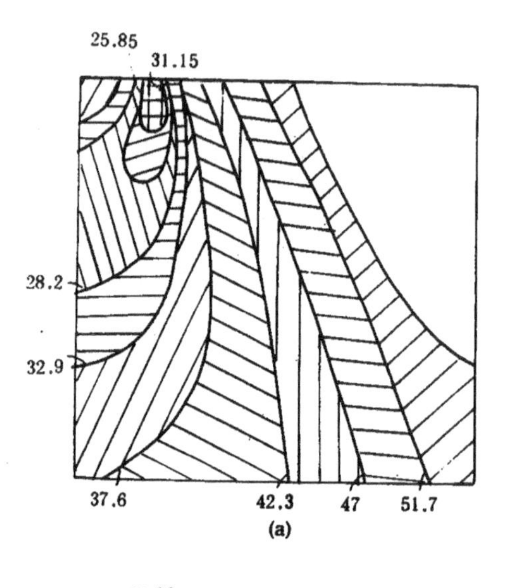

(a)

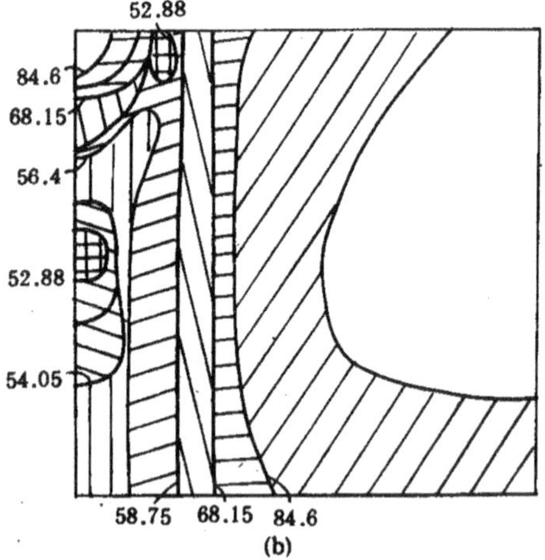

(b)

图 3.23

(a) $\alpha=0$，相当于 Mises 准则 (b) $\alpha=0.174$，$\psi=1.0$

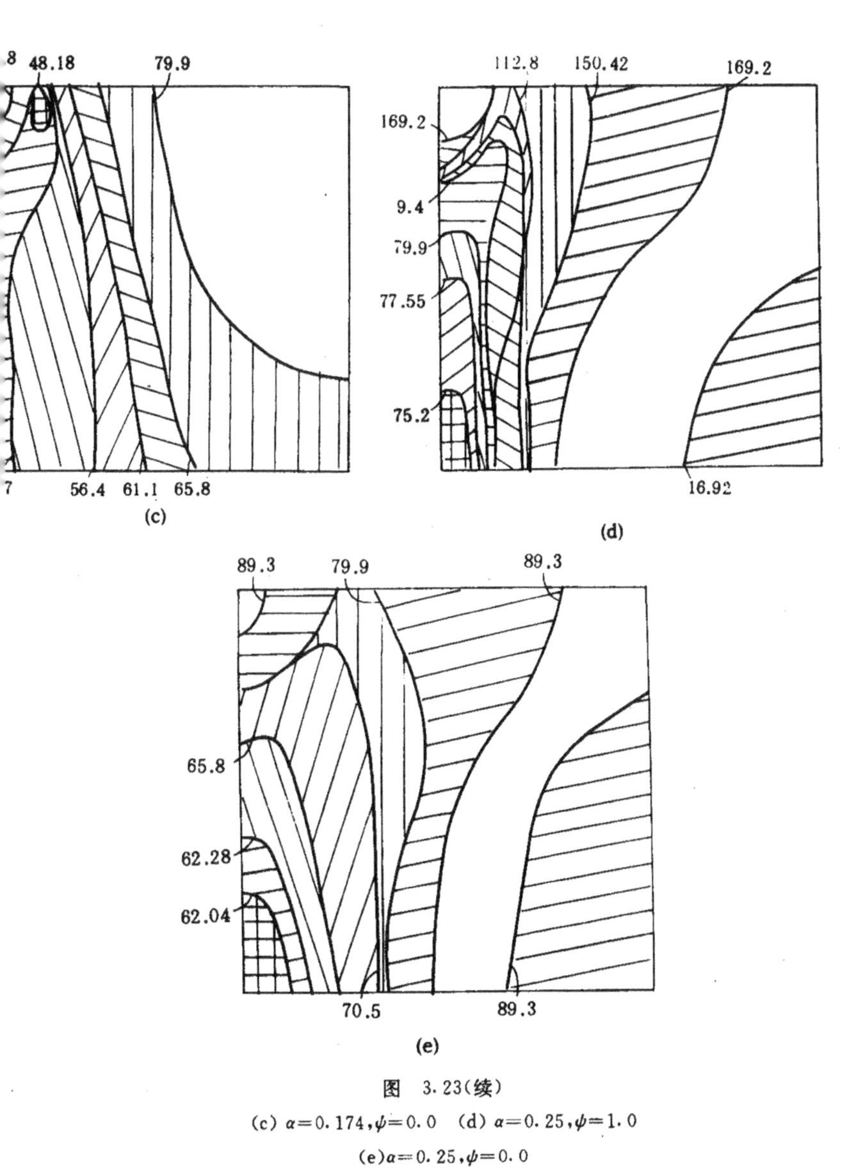

图 3.23(续)

(c) $\alpha=0.174,\psi=0.0$ (d) $\alpha=0.25,\psi=1.0$

(e) $\alpha=0.25,\psi=0.0$

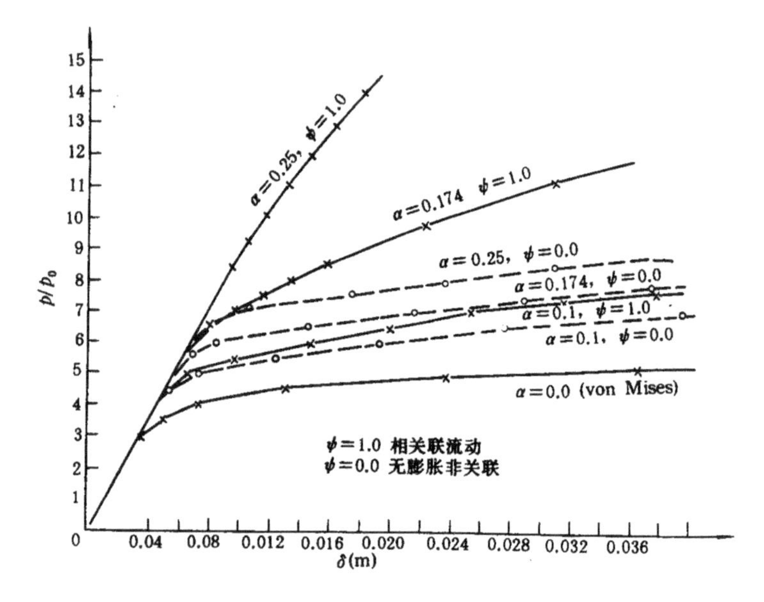

图 3.24 参数 α,ψ 对承载能力的影响(p_0=7.52kN)

参 考 文 献

[1] 钟万勰,计算结构力学微机程序设计,水利电力出版社,1987.

[2] 张柔雷,钟万勰,参变量最小势能原理的有限元参数二次规划解,计算结构力学及其应用,**4**(1),1987.

[3] 钟万勰,张柔雷,塑性理论中的二阶最小变分原理,计算结构力学及其应用,**4**(4),1987.

[4] 张柔雷,参变量变分原理及其应用,大连理工大学博士学位论文,1987.

[5] 钟万勰,张柔雷,孙苏明,参数二次规划法在计算力学中的应用(一,二,三),计算结构力学及其应用,**5**(4),1988;**6**(1),1989;**6**(2),1989.

[6] 钟万勰,张柔雷,理想弹塑性问题的参变量变分原理,力学学报(英文版),**4**(2),1988.

[7] 孙苏明,参数二次规划法的研究及其工程结构分析应用,大连理工大学博士学位论文,1988.

[8] Zhong, W. X., Zhang, R. L., Parametric Variational Principles and Its Quadratic Programming Solutions in Plasticity, ICCEM, 1987.

[9] Zhong, W. X., Zhang, R. L., Quadratic Programming with Parametric Vector in

Plasticity and Geomechanics, Proc. NUMETA, Vol. 3, 1987.

[10] Zhong, W. X., Zhang, R. L., Parametric Variational Principles and Their Quadratic Programming Solutions in Plasticity, Computers & Structures, **30**(4), 887—896, 1988.

[11] Zhong Wanxie, Sun Suming, A Parametric Quadratic Programming Formulation for Elastic Contact Problems, Proc. Int. Conf. Computer Modelling Ocean Engineering, Venice, 1988.

[12] Zhong Wanxie, Sun Suming, A Finite Element Method for Elasto-Plastic Structure and Contact Problem by Parametric Quadratic Programming, Int. J. Numer, Meth. Eng., **26**, 2723—2738, 1988.

[13] 王仁，熊祝华，黄文彬，塑性力学基础，科学出版社，1982.

[14] 杨桂通，弹塑性力学，人民教育出版社，1980.

[15] Zienkiewicz, O. C. et al, Analysis of Nonlinear Problems in Rock Mechanics with Particular Reference to Jointed Rock Systems, 2nd Conf. Int. Soc. Rock Mec., **3**, 501—509, 1970.

[16] 殷有泉，曲圣年，刘钧，非线性问题的有限单元法在工程地质中的应用，地质科学，1979. 7.

[17] 张汝青，詹先义，非线性结构有限元分析，重庆大学出版社，1990.

[18] Zienkiewicz, O. C. et al, Elasto-Plastic Solution of Engineering Problems: "Initial Stress" Finite Element Approach, Int. J. Numer. Meth. Eng., **1**, 1969, 75—100.

[19] Yamada, Y. et al, Plastic Stress-Strain Matrix and Its Application for the Solution of Elastic-Plastic Problems by FEM, Int. J. Mech. Sci., **10**, 343—354, 1968.

[20] Marcal, P. V. and King, I. P., Elastic-Plastic Analysis of Two Dimensional Stress Systems by the Finite Element Method, Int. J. Mech. Sci., **9**, 143—155, 1967.

[21] Anand, S. C., Lee, S. L., Rossow, E. C., Finite Element Analysis of Elastic-Plastic Plane Stress Problems Based up on Tresca Yield Criterion, Ingenieur-Archiv., **39**, 1970.

[22] Zienkiewicz, O, C., et al, Finite Elements in Geomechanics, edited by Gudehus, G., ASME, 151—177, 1978.

[23] Chen, W. F., Plasticity in Reinforced Concrete, McGraw-Hill Book Company, 1982.

[24] Zienkiewicz, O. C., et al, Associated and Non-associated Viscoplasticity and Plasticity in Soil Mechanics, Geotech., **25**(4), 671—689, 1975.

[25] Chen, W. F., Limit Analysis and Soil Plasticity, Elsevier, Amsterdam, 1975.

[26] 徐秉业，黄炎，刘信声，孙学伟，弹塑性力学及其应用. 机械工业出版社，1984.

[27] 王仁，黄文彬，黄筑平，塑性力学引论，北京大学出版社，1992.

第四章　接触问题参数二次规划法

接触问题大量存在于机械工程，土木工程等领域. 这类问题的特点是具有单向边界条件和未知接触区域，接触区域的确定依赖于加载方式，荷载水平以及接触面性质等因素，属于边界待定问题. 本章在前几章理论的基础上，采取参数二次规划法求解平面、空间弹性以及弹塑性接触问题. 接触考虑摩擦和初始间隙等条件，建立了这类问题求解的参变量变分原理，借助罚函数手段推导了这类问题的有限元分析列式. 通过后面的论述可知，存在于方程中的惩罚因子是可以消除的，从而使数值计算变得简便，易行.

§4.1　接触力学发展简介

接触力学的研究工作可以追溯到 1882 年 Hertz 在柏林大学发表的学术论文“论弹性体的接触(On the contact of elastic solids)”，问题是由玻璃透镜的光波干涉实验引起的. 两个相接触的球形透镜受压后其弹性变形对干涉条纹图象存在着有趣的影响，从条纹图不难想象接触面保持椭圆型区域，于是推出接触压力呈椭圆型 Hertz 分布. 这个结论一直在铁路、齿轮、轴承等工业的发展中起着重要的作用.

实际上，Hertz 理论仅限于理想弹性体的无摩擦接触. 本世纪下半叶接触力学便超出了这个限制，开始对接触体表面摩擦进行合理处理使弹性理论扩展到滑动和滚动接触；同时，随着塑性理论和粘塑性理论的发展，非弹性体的接触应力和变形分析也受到人们的关注.

对接触问题从不同角度划分可有不同的分类，从接触物体的材料性质划分可分为四类：

a. 弹性体接触；

b. 粘弹性体接触；

c. 塑性体接触；

d. 可变形固体与液体的接触.

按所用数学工具则可分为：

a. 经典接触力学；

b. 非经典接触力学.

经典接触力学的求解大都是用积分方程法[9]，这种方法实际上为解析法，所给结果漂亮，但所解决问题有限.

近 30 年来随着数值解法的兴起和发展，出现了大量的接触力学非经典方法. 有限元法的问世，大大地促进了接触问题研究工作的发展. Fichera[10]与 Durant[11]等首先从数学角度建立了刚性体与弹性体单边接触问题的变分原理. 接着，以有限元离散化为基础，接触问题的数值求解便沿着两个主要方向——迭代法和数学规划法发展.

迭代法是解决非线性问题普遍采用的方法[16]，Chan 和 Tuba[12]曾提出用修改的有限元方法求解弹性接触问题. 这一方法首先对小荷载下接触区域作初始接触状态估计，然后根据接触条件对工作荷载下的接触状态不断地修改，直至收敛. 在迭代过程中，Francavilla 与 Zienkiewicz[13]发现接触问题在变形过程中的非线性本质主要表现在沿着可能的接触边界上，为节省计算成本，可以将系统柔度阵凝聚到可能接触边界上，再根据接触边界上的协调条件迭代求解. 作为进一步的发展，Fredriksson[14]避免了构造系统柔度阵的麻烦，采用超单元技术将由有限元位移法得到的系统刚度阵凝聚到接触边界上，根据边界正则关系，建立增量正则方程，并迭代求解.

Okamoto 与 Nakazawa[35]从另外一个角度提出了一种减少计算工作量的方法——接触单元法. 该方法根据接触条件，把接触点对的位移和接触力，以单元的形式进行表示，这种单元被称为“接触单元”. 接触单元同其它有限元法中的普通单元一样，可以直接向总刚度阵中组装. 形成的总刚同样可以进行向可能接触面上的凝聚,可以得到在接触点的经过缩聚的刚度阵,这样就可使问题处理的方程阶数大大降低,只需对已缩聚的刚度方程进行修正和求解,大大减少了计算工作量. Stadter 与 Weiss 在文献[53]中系统地提出了间隙单元方法,并在理论上建立了依据.

陈万吉在文献[15]中提出应用有限元混合法求解弹性接触问题. 这一方法先根据假定位移场建立系统刚度阵,以接触力为变量,根据接触边界连续性条件迭代求解,这样使每一接触点有两个未知量,提高了解题速度并节省了存贮空间. Tsang 和 Olson[17], Sachdeva 和 Ramakrishnan[18],郭仲衡[19]等也讨论了类似于文献[15]的思想.

目前使用迭代方法求解弹性接触问题已经有了较成熟的发展,这种方法的主要形式是所谓"试验-误差-迭代",即首先假定接触状态,然后不断迭代修改. 然而迭代法往往伴随着较大的计算工作量;如果接触状态的线性增量不能适应结构变化时,也可能导致错误的解. 所以,迭代法的增量步长也受到了一定的限制.

对于接触问题这类单边约束问题,数学规划法是几乎平行于迭代法发展起来的一种解法[20,21]. 这一方法是基于势能或余能原理推导出来的,因而是理论上比较严格和直观的一种方法.

Conry 和 Seireg[22],Chand 和 Haug[23,24],Haug 和 Saxce[25], Fischer 和 Melosh[26]等都利用无摩擦接触弹性体的互补条件和非穿透条件

$$\delta^* - \Delta u_n \geqslant 0, \quad \sigma_n \leqslant 0 \tag{4.1.1}$$

$$\sigma_n(\delta^* - \Delta u_n) = 0 \tag{4.1.2}$$

借助现代泛函分析的新概念(如广义微分和变分不等式)建立无摩擦接触问题的数学规划法. 成熟的数学规划算法,如二次规划,序列线性规划法等都可以保证解的收敛性.

Panagiotopoulos 自 1975 年起逐步应用凸分析理论对带有线性摩擦(Coulomb 摩擦)的小变形问题求解变分理论进行了研

究[27-29]. 进入80年代，摩擦接触问题数学规划法的研究愈来愈受到重视. 具有代表性的是Oden与他的同事们的研究工作[30-34]. 1980年Ohtake, Oden和Kikuchi[30]讨论了大挠度板弯曲问题中某些具有单边约束条件问题的分析，将惩罚项引入系统势能泛函，建立一类以非线性变分不等式表征的带惩罚因子的变分原理，文章介绍了应用最优化算法中惩罚函数方法得到的数值解. 另外，Oden和Pires[31]用变分原理继续研究弹性接触问题的非局部、非线性摩擦定律，认为摩擦表面在受力后表面层带有塑性变形，会使摩擦问题成为弹塑性，必须用一组非线性式子表示这种摩擦规律.

关于空间摩擦接触问题，由二维领域的研究成果直接向三维推广并非易事. 1979年，Okamoto和Nakazawa[35]用增量法求解三维接触问题，然而摩擦条件用得比较粗糙. 三维摩擦接触问题其Coulomb摩擦本构关系在接触力空间中应表示为无底圆锥体，而文献[35]只是用了该无底圆锥体的外接四棱锥，因此误差太大. Chaudhary和Bathe[36]求解空间摩擦接触问题是先用空间Coulomb摩擦定律估计一个接触状态，对假定接触状态，求解一个线性问题，其解满足接触边界条件时，计算结束，否则修改接触状态，进行下一轮迭代，它属于典型的迭代方法. Klarbring在文[37,38]的工作中，给出了空间接触问题的互补关系，将无底圆锥形本构关系线性化为八边或多边无底棱锥，并求解了一个空间冲头沉陷问题.

当考虑接触体材料为非线性时，迭代法从塑性增量理论出发，利用体系刚度阵的变化体现非线性影响，然后，结合边界非线性接触判据，进行迭代求解[16,39-41]. 由于两种非线性的双重作用，使增量步长受到了不允许在一个增量步内出现两种非线性耦合的限制. 文献[42]中提出了拟弹性叠加双重迭代法，这种方法的实质是模拟弹性叠加原理建立有限元方程，再利用内外循环迭代求出方程的近似解，由于这种方法在整个计算过程中不改变接触体刚度阵，仅增加平衡力修正项，所以能达到快速简便.

弹塑性接触问题的数学规划法，早在70年代Maier[43]在对近海海底管线的结构分析中就有描述，文中将管道作为弹塑性梁与刚性海底无摩擦接触，用线性互补法求解. 1984 年 Byung[44]等又在弹塑性小变形假设基础上，利用增量步描述边值问题，然后类似于弹性接触问题导出弹塑性无摩擦接触问题相等价的最小化问题，最终成为求解标准二次规划问题.

关于固、液两相介质下的弹性、弹塑性接触问题则涉及流体动力润滑理论、弹塑性理论、有限元理论等，关于这部分的理论与分析方法，读者可参见文献[45～49]，也可参见本书第七章的内容.

以上对接触力学的发展作了一个简略的回顾. 下面将着重叙述采用参变量变分原理对接触问题进行处理. 从以下的论述可以看到，基于参变量变分原理的接触力学分析的参数二次规划法在求解问题时具有没有迭代过程、收敛迅速、平稳，计算工作量小等优点. 因而是弹塑性接触问题分析的一条新途径.

§4.2　平面弹性接触问题分析

4.2.1　接触问题的描述

一般来说，物体间接触，其接触面的尺寸并不能事先确定，它依赖于加载方式、荷载水准以及接触面性质等等，要通过变分后才能确定. 从参变量变分角度来看，接触问题与弹塑性问题本质上是一样的，都属于边界待定的变分问题. 只不过前者属于外摩擦外边界待定问题，后者属于内摩擦内边界待定问题. 从下面的分析结果可知，二者在理论分析和数值方法上手段相同，在软件设计时可共享同一程序，前者只相当于在单元库和本构关系库中分别增加了一种单元和一种本构模型而已.

由于接触边界在变分前不能真正确定，所以凡说到接触边界，一般是指在变形后可能发生接触的边界.

为简述方便，设接触体系 Ω 由两个物体组成，见图 4.1(a)所示，分别记为 $\Omega^{(1)}$ 和 $\Omega^{(2)}$. $\Omega=\Omega^{(1)}+\Omega^{(2)}$，虽然接触也可以发生在一个物体的几个部分或多个物体之间，但原理是一样的. 一般，物体的边界可以区分为给定外力边界 $S_p^{(\alpha)}$，给定位移边界 $S_u^{(\alpha)}$ 和可能发生接触的边界 $S_c^{(\alpha)}$，这里上标 $\alpha=1,2$ 指两个可能发生接触的物体.

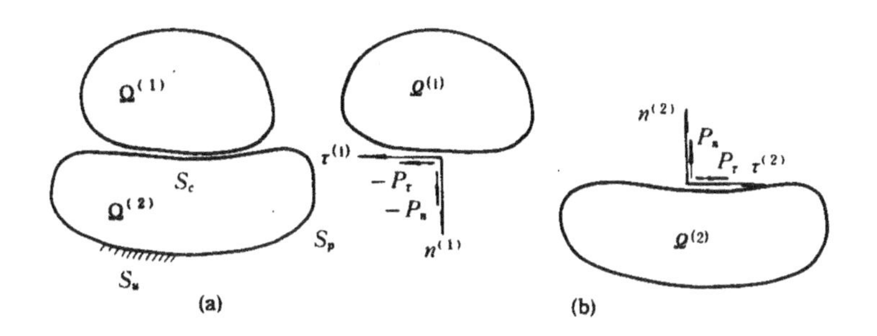

图 4.1

假设所研究的问题满足如下条件：

1. 接触物体是弹性的(在 §4.4 中这一点放松了)，且位移和变形很小.
2. 接触表面连续.
3. 接触表面的摩擦力遵循一定的规律(如库伦摩擦定律).

另外，两个物体可能接触边界非常接近，可以公用 S_c 表征. 其定义为：两个物体各有 $S_c^{(1)}$ 和 $S_c^{(2)}$，可令其相应的点一一对应，对应点之间的连线为公法线，所有公法线中点的连线定义为 S_c，如图 4.2 所示. 所谓公法线是忽略了一个小量的意义下成立的. 根据 S_c 与 $S_c^{(\alpha)}$ 上点的对应关系，可以沿 S_c 来定义 $S_c^{(\alpha)}$ 上点的位移，由于两物体间的间隙 δ^* 很小(小变位理论)，因而这样做是合理的. 经上述定义，体系的总边界 S 可以写成

$$S = S_p + S_u + S_c = S_c + \sum_{\alpha=1}^{2} (S_p^{(\alpha)} + S_u^{(\alpha)}) \quad (4.2.1)$$

并且接触面两侧几乎处处满足

$$n^{(1)} = -n^{(2)}, \tau^{(1)} = -\tau^{(2)} \quad (4.2.2)$$

其中：$n^{(\alpha)}$，$\tau^{(\alpha)}$ 分别为两物体的外法向单位矢量和切向单位矢量. 为具体起见，以下均以 $n^{(2)}$，$\tau^{(2)}$ 作为边界 S_c 上一点的局部坐标系，

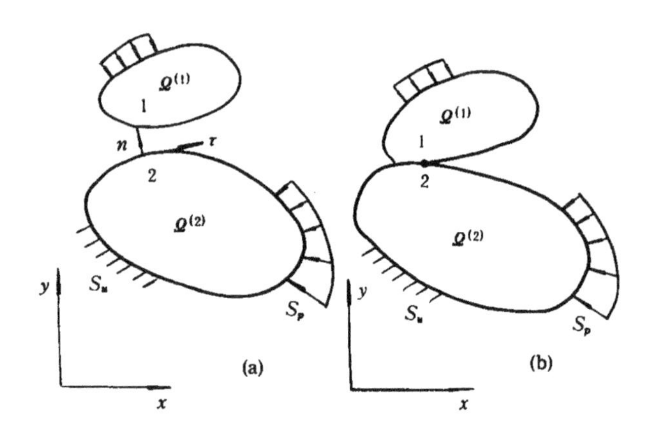

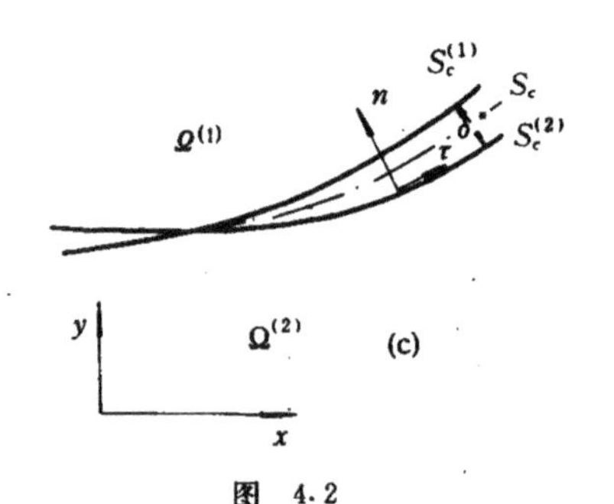

图 4.2

(a) 接触前 $\Omega^{(1)}$,$\Omega^{(2)}$的状态　(b) 受力接触后 $\Omega^{(1)}$,$\Omega^{(2)}$的状态

(c) 接触边界

如图 4.1,4.2 所示,在不致混淆的情况下,记为 n,τ,略去上标,这一点提醒读者注意,不要混淆了.

S_c 上一点的接触力可分解为法向接触力 p_n 和切向接触力 p_τ,规定它们与局部坐标系同向为正,见图 4.1 所示. 设 S_c 的接触力满足库伦摩擦定律,则应有

$$|P_\tau| \leqslant -\bar{\mu} P_n \tag{4.2.3}$$

这里 $\bar{\mu}$ 为物体间的摩擦系数.

另外法向力还应满足不受拉条件

$$P_n \leqslant 0 \tag{4.2.4}$$

条件(4.2.3),(4.2.4)也可表示成

$$\tilde{f}_1 = p_\tau + \bar{\mu} p_n \leqslant 0 \qquad (\text{图 4.3 中 } b \to 0) \tag{4.2.5}$$

$$\tilde{f}_2 = -p_\tau + \bar{\mu} p_n \leqslant 0 \tag{4.2.6}$$

$$\tilde{f}_3 = p_n \leqslant 0 \tag{4.2.7}$$

或写成("～"用以标记接触问题的量)

$$\tilde{f}_k = \tilde{f}_k(p_\tau, p_n) \leqslant 0, k = 1,2,3 \tag{4.2.8}$$

它们在接触力空间的几何图形见图 4.3 所示. 当 $\tilde{f}_k < 0$ 时($k=1$, 2,3),接触力状态点处于 $\tilde{f}_k = 0$ 所围区域之内,虽发生接触,但未滑动. 当 $\tilde{f}_k = 0$ 时,状态点处于区域边界,物体作接触滑动,或脱开($\tilde{f}_3 = 0$ 时). 我们把 $\tilde{f}_3 = 0$ 时的脱开也广义地称作滑动. 不等式(4.2.5)～(4.2.7)代表了接触边界上一点是否处在接触和滑动状态,我们称之为接触滑动条件,简称为滑动条件. 把 $\tilde{f}_k$, $k=1,2,3$, 称作滑动函数,$\tilde{f}_k = 0$ 在接触力空间的几何图形称作滑动面.

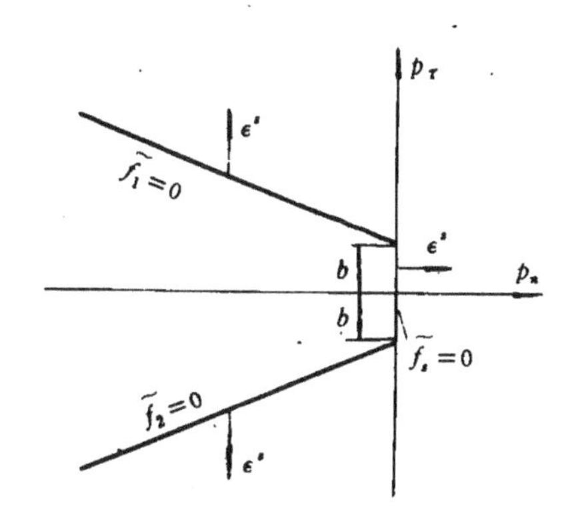

图 4.3

考虑到接触面的位移约束，式(4.2.5)～(4.2.7)可进一步表示为

$$|p_\tau| < -\bar{\mu} p_n \text{ 时} \qquad |u_\tau^{(1)} - u_\tau^{(2)}| = 0 \tag{4.2.9}$$

$$|p_\tau| = -\bar{\mu} p_n \text{ 时} \qquad |u_\tau^{(1)} - u_\tau^{(2)}| > 0 \tag{4.2.10}$$

$$\left.\begin{aligned} u_n^{(1)} - u_n^{(2)} + \delta^* \geqslant 0, p_n \leqslant 0 \\ (u_n^{(1)} - u_u^{(2)} + \delta^*) \cdot p_n = 0 \end{aligned}\right\} \tag{4.2.11}$$

式中 $u_n^{(\alpha)}$，$u_\tau^{(\alpha)}$ 为物体 $\Omega^{(1)}$，$\Omega^{(2)}$ 相对接触点局部坐标系下的切向、法向位移；δ^* 为物体间的初始间隙.

4.2.2 平面接触本构模型

用位移法求解力学问题，必须先求出位移，然后才能求力，因而必须建立位移与接触力之间的联系. 由于可能接触边界上物体之间的距离非常小，甚至等于零，宜采用相对位移来描述接触位移

$$\varepsilon_c = \{\varepsilon_\tau, \varepsilon_n\}^T \tag{4.2.12}$$

其中

$$\varepsilon_\tau = u_\tau^{(1)} - u_\tau^{(2)} = \Delta u_\tau \tag{4.2.13}$$

$$\varepsilon_n = u_n^{(1)} - u_n^{(2)} + \delta^* = \Delta u_n + \delta^* \tag{4.2.14}$$

经过这样定义的接触力，相对位移与局部坐标系三者的正向相同.

实际上，由于弹性接触问题分析的不同加载方式与接触面特性，使其变形与受力过程有可逆与不可逆之分，因而对于问题的一般描述，公式推导过程应采取增量形式描述. 但为使公式推导上书写简便、易懂，故仍采用一步法的方式进行问题的描述，对于问题的增量方式方程，我们在本章第四节中给出.

由式(4.2.9)～(4.2.11)不难发现，当法向压力 p_n 为负时，表面保持接触，法向位移和法向力作为线性弹簧的反应. 当法向力 p_n 是正时(实际上等于零)，接触被打破，无力能传递. 所以 p_n 与相对位移的关系(如图 4.4a 所示)为

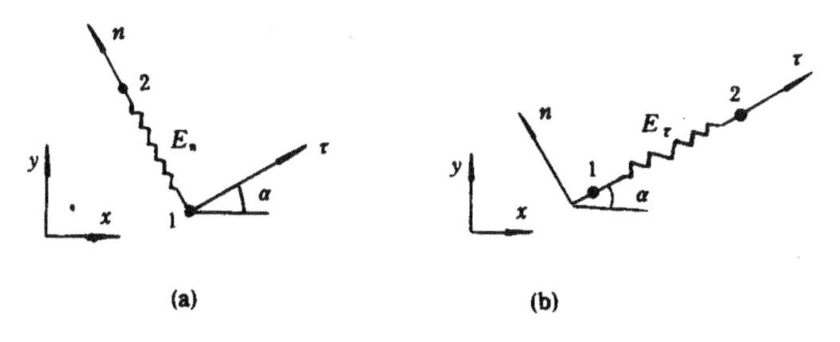

图 4.4

$$p_n = E_n \cdot \beta(\varepsilon_n) \qquad \text{在 } S_c \text{ 上} \tag{4.2.15}$$

$$\beta(\varepsilon_n) = \varepsilon_n \cdot [1 - \mathrm{sign}(\varepsilon_n)]/2 \tag{4.2.16}$$

$$\varepsilon_n = \Delta u_n + \delta^* \tag{4.2.17}$$

这里当有初始间隙时 $\delta^* > 0$，如有过盈配合时 $\delta^* < 0$，而 E_n 则为具有很大值的量. 式(4.2.15)～(4.2.17)可以理解为：由图 4.4(a)可以看到，当两体接触时，$p_n < 0$，此时 $\beta(\varepsilon_n)$ 取值即为 ε_n；而当两体脱离时，$\varepsilon_n \geqslant 0$，$\beta(\varepsilon_n)$ 为零，p_n 自然等于零，无力能传递. 当刚度 $E_n \to \infty$ 时，式(4.2.15)～(4.2.17)成为法向位移与接触力的关系条件. 这里 E_n 显然为惩罚因子. 由式(4.2.15)～(4.2.17)描述的接触力与相对位移之间的关系如图 4.5 所示，其中图 4.5(a)为无间隙时力-位移曲线，图 4.5(b)为 $\delta^* > 0$ 时力-位移曲线，图 4.5(c)为 $\delta^* < 0$ 时力-位移曲线. 当 $E_n \to \infty$ 时，曲线变得与 $-p_n$ 轴方向相一致了.

对于在切线方向的摩擦力 p_τ 来说，仅在 $p_n < 0$ 时方能被定义. p_τ 绝对值小于 $|\bar{\mu} p_n|$ 时，作为线性弹簧的反应是接触面不能滑动，如图 4.4(b)所示. 若 p_τ 绝对值等于 $|\mu p_n|$ 时滑动发生，此乃 Coulomb 定律. 故可表示为

$$p_\tau = \begin{cases} E_\tau \cdot \varepsilon_\tau, \ |p_\tau| < -\mu p_n \text{ 时} \\ -\bar{\mu} p_n \mathrm{sign}(\varepsilon_\tau), \ |p_\tau| = -\mu p_n \text{ 时} \end{cases} \tag{4.2.18}$$

显然对于刚度 $E_\tau \to \infty$ 时，式(4.2.18)实际化为式(4.2.9)，(4.2.10)之条件，如图 4.6 所示. 式(4.2.15)～(4.2.18)便是接触

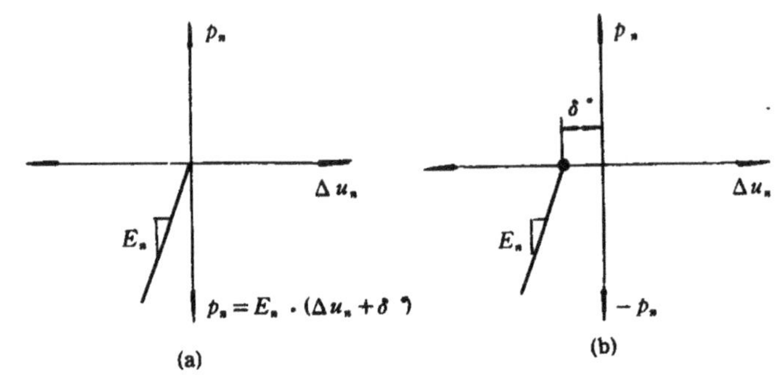

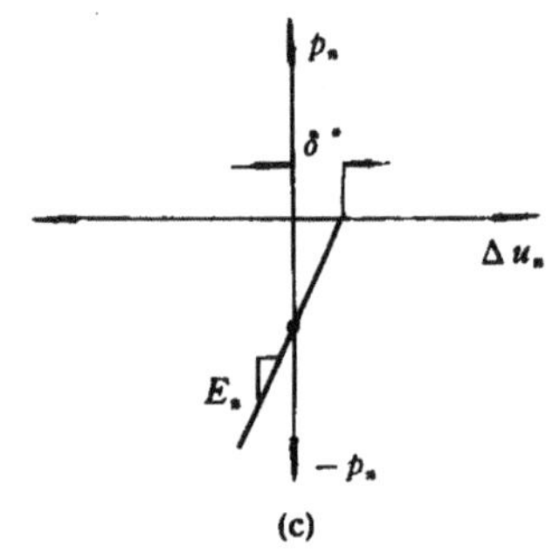

图 4.5

(a) 无间隙时力-位移曲线 (b) $\delta^*>0$ 时力-位移曲线
(c) $\delta^*<0$ 时力-位移曲线

力对接触相对位移的惩罚函数表示. 显然 E_n, E_τ 为惩罚因子.

通过上述分析,我们可以仿照弹塑性力学,把接触相对位移分解成两部分,一部分是弹性相对位移 $\boldsymbol{\varepsilon}_c^e$,即发生接触但未达到滑动时的相对位移,第二部分是滑动相对位移 $\boldsymbol{\varepsilon}_c^p$,于是有

$$\boldsymbol{\varepsilon}_c=\boldsymbol{\varepsilon}_c^e+\boldsymbol{\varepsilon}_c^p \tag{4.2.19}$$

接触力 $\boldsymbol{p}_c=\{p_\tau, p_n\}^T$ 与弹性相对位移之间满足 Hooke 定律

$$\boldsymbol{p}_c=\boldsymbol{D}_c\cdot\boldsymbol{\varepsilon}_c^e \tag{4.2.20}$$

其中 $\boldsymbol{D}_c$ 为接触面弹性矩阵

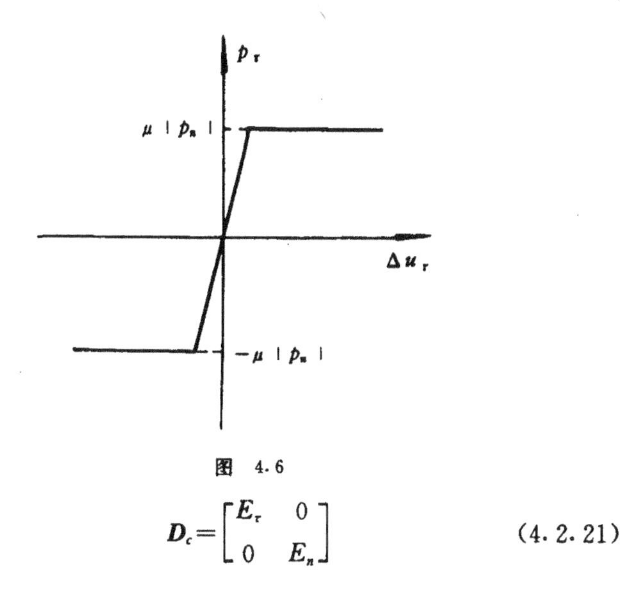

图 4.6

$$D_c=\begin{bmatrix}E_\tau & 0\\ 0 & E_n\end{bmatrix} \tag{4.2.21}$$

其中 E_τ,E_n 的物理意义如前所述,为惩罚因子. 将式(4.2.19)代入式(4.2.20)可得

$$p_c=D_c(\varepsilon_c-\varepsilon_c^p) \tag{4.2.22}$$

这便是接触力与接触位移之间的关系. 下面来确定滑动相对位移 ε_c^p.

由图 4.3 可以看到,当接触力状态点落到滑动面上时,接触力之间达到极限状态,将发生滑动相对位移.

1. 当状态点落在 $\tilde{f}_1=0$ 或 $\tilde{f}_2=0$ 上时,切向摩擦力达到临界值,物体间可能发生沿接触面切向的滑动,但不能发生沿法向的滑动,即 $\varepsilon_n^p=0$. 我们可以定义对应 $\tilde{f}_1=0$ 面上的滑动量为 $\tilde{\lambda}_1$,对应 $\tilde{f}_2=0$ 面的滑动量为 $-\tilde{\lambda}_2$,显然应有 $\tilde{\lambda}_1$,$\tilde{\lambda}_2\geqslant 0$.

2. 当状态点落在 $\tilde{f}_3=0$ 面上时,$p_n=p_\tau=0$,沿接触面切向的移动没有制约,但法向只能沿物体间相互脱离开的方向,即 $\varepsilon_n^p\geqslant 0$.

同样我们也可定义这种脱离量的大小为 $\tilde{\lambda}_3$，显然 $\tilde{\lambda}_3 \geqslant 0$.

如果与 $\tilde{f}_k, k=1,2,3$ 对应地定义滑动势函数

$$\tilde{g}_1 = p_\tau + c_0 \tag{4.2.23}$$

$$\tilde{g}_2 = -p_\tau + c_0 \tag{4.2.24}$$

$$\tilde{g}_3 = p_n \tag{4.2.25}$$

其中，c_0 为任意常数. 那么上面分析的滑动相对位移可表示成(“~”的符号代表接触问题有关的量)

$$\boldsymbol{\varepsilon}_c^p = \sum_{k=1}^{3} \tilde{\lambda}_k \cdot \frac{\partial \tilde{g}_k}{\partial \boldsymbol{p}_c} \tag{4.2.26}$$

写成矩阵形式为

$$\boldsymbol{\varepsilon}_c^p = \left(\frac{\partial \boldsymbol{g}}{\partial \boldsymbol{p}_c} \right)^T \tilde{\boldsymbol{\lambda}} \tag{4.2.27}$$

其中

$$\boldsymbol{g} = [\tilde{g}_1, \tilde{g}_2, \tilde{g}_3]^T; \tilde{\boldsymbol{\lambda}} = [\tilde{\lambda}_1, \tilde{\lambda}_2, \tilde{\lambda}_3]^T \tag{4.2.28}$$

并规定 m 维向量 $\boldsymbol{g}$ 对 n 维向量 $\boldsymbol{x}$ 的微商得到的矩阵为

$$\frac{\partial \boldsymbol{g}}{\partial \boldsymbol{x}} = \begin{bmatrix} \frac{\partial g_1}{\partial x_1} & \frac{\partial g_1}{\partial x_2} & \cdots & \frac{\partial g_1}{\partial x_n} \\ \vdots & \cdots & & \\ \frac{\partial g_m}{\partial x_1} & \frac{\partial g_m}{\partial x_2} & \cdots & \frac{\partial g_m}{\partial x_n} \end{bmatrix} \tag{4.2.29}$$

显然$\frac{\partial \tilde{g}_k}{\partial \boldsymbol{p}_c}$体现了相对滑动位移的方向. $\tilde{\lambda}_k$ 是滑动比例因子或滑动参量，代表了滑动量的大小. 应满足

$$\tilde{\lambda}_k \begin{cases} =0 & \text{当 } f_k < 0 \text{ 时} \quad (4.2.30) \\ \geqslant 0 & \text{当 } f_k = 0 \text{ 时} \quad (4.2.31) \end{cases}$$

我们把式(4.2.26)或(4.2.27)称作接触滑动法则. 对比塑性力学中的流动法则，显然摩擦接触问题的滑动法则只能是非关联的，相

关联的滑动法则(即当$\tilde{g}_k=\tilde{f}_k$)没有实际意义.

接触问题滑动条件和滑动法则与岩土力学中 Mohr-Coulomb 准则和流动法则非常相似,只不过前者对物体外部而言,而后者对物体的内部而言.这也使我们从一个侧面对内摩擦非关联流动的物理性质有了进一步认识.

将式(4.2.26),(4.2.22)代入式(4.2.5)～(4.2.7)得

$$\tilde{f}_1=E_\tau\varepsilon_\tau+\bar{\mu}E_n\varepsilon_n-E_\tau\tilde{\lambda}_1\leqslant 0 \tag{4.2.32}$$

$$\tilde{f}_2=-E_\tau\varepsilon_\tau+\bar{\mu}E_n\varepsilon_n-E_\tau\tilde{\lambda}_2\leqslant 0 \tag{4.2.33}$$

$$\tilde{f}_3=E_n\varepsilon_n-E_n\lambda_3\leqslant 0 \tag{4.2.34}$$

注意到$\tilde{\lambda}_1$与$\tilde{f}_1$对应,$\tilde{\lambda}_2$与$\tilde{f}_2$对应,故在$\tilde{f}_1$式中导出的$\tilde{\lambda}_2$为零,而在$\tilde{f}_2$中出现的$\tilde{\lambda}_1$为零.因而式(4.2.32)与(4.2.33)中各自略去了一项$\tilde{\lambda}_2$与$\tilde{\lambda}_1$.式(4.2.32)～(4.2.34)可用位移增量表达为

$$\tilde{f}_1=E_\tau\Delta u_\tau+\bar{\mu}E_n(\Delta u_n+\delta^*)-E_\tau\tilde{\lambda}_1\leqslant 0 \tag{4.2.35}$$

$$\tilde{f}_2=-E_\tau\Delta u_\tau+\bar{\mu}E_n(\Delta u_n+\delta^*)-E_\tau\tilde{\lambda}_2\leqslant 0 \tag{4.2.36}$$

$$\tilde{f}_3=E_n(\Delta u_n+\delta^*)-E_n\tilde{\lambda}_3\leqslant 0 \tag{4.2.37}$$

引入原约束松弛变量$\tilde{\nu}_k$,令

$$\tilde{f}_k+\tilde{\nu}_k=0,\quad k=1,2,3 \tag{4.2.38}$$

显然$\tilde{\nu}_k\geqslant 0$,且当$\tilde{\nu}_k>0$时,$\tilde{f}_k<0$对应于未滑动状态,$\tilde{\nu}_k=0$时$\tilde{f}_k=0$,对应于滑动状态.结合$\tilde{\lambda}_k$的取值公式(4.2.30),及(4.2.31)导出接触问题的状态方程为

$$\tilde{f}_k(\Delta u_\tau,\Delta u_n,\tilde{\lambda}_k)+\tilde{\nu}_k=0 \tag{4.2.39}$$

$$\tilde{\lambda}_k\cdot\tilde{\nu}_k=0,\tilde{\nu}_k,\tilde{\lambda}_k\geqslant 0,\quad k=1,2,3 \tag{4.2.40}$$

或

$$\tilde{\boldsymbol{f}}(\boldsymbol{u}_c,\tilde{\boldsymbol{\lambda}})+\tilde{\boldsymbol{\nu}}=0 \tag{4.2.41}$$

$$\tilde{\boldsymbol{\nu}}^T\cdot\tilde{\boldsymbol{\lambda}}=0,\quad \tilde{\boldsymbol{\nu}},\tilde{\boldsymbol{\lambda}}\geqslant 0 \tag{4.2.42}$$

其中

$$\left.\begin{aligned}&\tilde{\boldsymbol{f}}=\{\tilde{f}_1,\tilde{f}_2,\tilde{f}_3\}^T\\&\tilde{\boldsymbol{u}}_c=\{\Delta u_\tau,\Delta u_n\}^T\\&\tilde{\boldsymbol{\nu}}=\{\tilde{\nu}_1,\tilde{\nu}_2,\tilde{\nu}_3\}^T\\&\tilde{\boldsymbol{\lambda}}=\{\tilde{\lambda}_1,\tilde{\lambda}_2,\tilde{\lambda}_3\}^T\end{aligned}\right\} \tag{4.2.43}$$

对于位移法，位移 $\boldsymbol{u}_c$ 是状态变量，$\boldsymbol{\lambda}$ 是控制参变量，由状态方程唯一解出.

仿照式(2.2.50)的推导过程，我们可以把状态方程式(4.2.39)，(4.2.40)写成另一种表达形式

$$\tilde{f}_k^0+\tilde{\boldsymbol{w}}_k\boldsymbol{\varepsilon}_c-\tilde{\boldsymbol{m}}_k\tilde{\boldsymbol{\lambda}}+\tilde{\nu}_k=0 \tag{4.2.44}$$

$$\tilde{\lambda}_k\cdot\tilde{\nu}_k=0,\quad \tilde{\lambda}_k,\tilde{\nu}_k\geqslant 0,\quad k=1,2,3 \tag{4.2.45}$$

其中 $\tilde{f}_k^0$ 为起始时 $\tilde{f}_k$ 值，而

$$\tilde{\boldsymbol{w}}_k=\left[\frac{\partial\tilde{f}_k}{\partial\boldsymbol{p}_c}\right]^T\boldsymbol{D}_c \tag{4.2.46}$$

$$\tilde{\boldsymbol{m}}_k=\left[\frac{\partial\tilde{f}_k}{\partial\boldsymbol{p}_c}\right]^T\boldsymbol{D}_c\left(\frac{\partial\tilde{g}}{\partial\boldsymbol{p}_c}\right)^T \tag{4.2.47}$$

为只与状态发生之前有关的量. 这样我们就把接触问题的状态方程与弹塑性问题状态方程在公式写法上也统一起来了.

4.2.3 平面弹性接触问题参变量最小势能原理

由前两节的论述可以看到，接触问题与弹塑性问题除了都属于边界待定边值问题外，在本构性质上有许多相似之处，最典型的是§3.3中介绍的层状材料，其本构性质就介于弹塑性和接触问题之间. 事实上，接触问题的本构性质与弹塑性力学中的理想弹塑

性材料的性质十分相似，特别是法向压力 p_n 与法向相对位移 ε_n 之间，见图 4.7 所示，相当于简单应力状态下的理想弹塑性 δ-ε 曲线所表达的关系，因而第二，三章讨论过的理论和方法亦可通过类比的数学方法应用到接触问题中来.

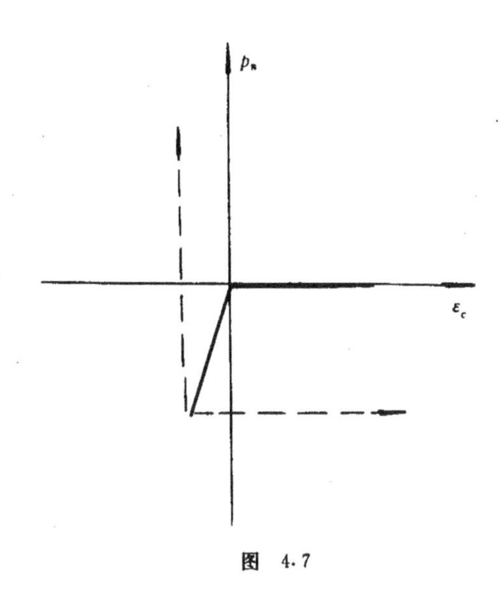

图 4.7

平面弹性接触静力学边值问题在区域 $\Omega=\Omega^{(1)}+\Omega^{(2)}$ 内应满足：

1. 平衡方程

$$A^{(0)}\sigma+b=0 \qquad \text{在 } \Omega^{(1)},\Omega^{(2)} \text{ 内} \tag{4.2.48}$$

2. 应变-位移关系

$$\varepsilon=L^{(0)}u \qquad \text{在 } \Omega^{(1)},\Omega^{(2)} \text{ 内} \tag{4.2.49}$$

3. 边界条件，在 $S=S_c+S_p+S_u$ 上满足

$$n\cdot\sigma=\bar{p} \qquad \text{在 } S_p \text{ 上} \tag{4.2.50}$$

$$u=\bar{u} \qquad \text{在 } S_u \text{ 上} \tag{4.2.51}$$

$$\left.\begin{aligned}&\tilde{\boldsymbol{f}}(\boldsymbol{u}_c,\tilde{\boldsymbol{\lambda}})+\tilde{\boldsymbol{\nu}}=0\\&\tilde{\boldsymbol{\nu}}^T\tilde{\boldsymbol{\lambda}}=0,\tilde{\boldsymbol{\nu}},\tilde{\boldsymbol{\lambda}}\geqslant 0\end{aligned}\right\}\text{在 } S_c \text{ 上} \tag{4.2.52}$$

4. 本构方程

$$\boldsymbol{\sigma}=\boldsymbol{D}\,\boldsymbol{\varepsilon} \tag{4.2.53}$$

平面弹性接触问题参变量最小势能原理：在所有满足几何方程(4.2.48)和几何边界条件(4.2.51)的可能位移场中，真实解使总势能泛函

$$\Pi_{12}[\tilde{\lambda}(\cdot)]=\int_\Omega\frac{1}{2}\boldsymbol{\varepsilon}^T\boldsymbol{D}\boldsymbol{\varepsilon}d\Omega-\left[\int_\Omega\boldsymbol{b}^T\boldsymbol{u}d\Omega+\int_{S_p}\tilde{\boldsymbol{p}}^T\boldsymbol{u}dS\right]+\int_{S_c}\left(\frac{1}{2}\boldsymbol{\varepsilon}_c^T\boldsymbol{D}_c\boldsymbol{\varepsilon}_c-\tilde{\boldsymbol{\lambda}}^T\tilde{\boldsymbol{R}}\boldsymbol{\varepsilon}_c\right)dS \tag{4.2.54}$$

在接触系统状态方程(4.2.52)的控制下取总体最小值. 这里

$$\tilde{\boldsymbol{R}}=\left(\frac{\partial\tilde{\boldsymbol{g}}}{\partial\boldsymbol{p}_c}\right)\boldsymbol{D}_c \tag{4.2.55}$$

为常数矩阵. 它的物理意义是：当发生单位滑动时的接触弹性松弛力. 位移 $\boldsymbol{u}$ 为自变量；$\tilde{\boldsymbol{\lambda}}$ 为不直接参加变分的参变量，其物理意义是滑动比例因子.

式(4.2.54)与(4.2.55)也可写成张量形式

$$\Pi_{12}[\tilde{\lambda}(\cdot)]=\int_\Omega\frac{1}{2}u_{i,j}\quad D_{ijkl}u_{k,l}-\left[\int_\Omega b_iu_id\Omega+\int_{S_p}\tilde{p}_iu_idS\right]+\int_{S_c}\left[\frac{1}{2}\varepsilon_{ci}\quad D_{cij}\varepsilon_{cj}-\tilde{\lambda}_\alpha\tilde{R}_{k\alpha}\varepsilon_{ck}\right]dS \tag{4.2.56}$$

$$\tilde{R}_{k\alpha}=\left(\frac{\partial\tilde{g}_\alpha}{\partial p_{ci}}\right)D_{cik}\qquad(\alpha=1,2,3) \tag{4.2.57}$$

注意

$$\boldsymbol{\varepsilon}_c=[\varepsilon_{c1},\varepsilon_{c2}]^T=[\varepsilon_\tau,\varepsilon_n]^T \tag{4.2.58}$$

$$\boldsymbol{p}_c = [p_{c1}, p_{c2}]^T = [p_\tau, p_n]^T \tag{4.2.59}$$

$$D_{c11} = E_\tau, D_{c22} = E_n, \quad D_{c12} = D_{c21} = 0 \tag{4.2.60}$$

张量运算下标：$i, j, k, l = 1, 2$ 代表 x, y.

证明如下：对 Π_{12} 求变分，$\tilde{\lambda}$ 为控制参变量，不参加变分．经过一些常规的分部积分运算（参见式(2.2.63)的证明过程），并且在物体内部及边界 S_p, S_u 上取极小后，即可从变分 Euler 方程导出平衡方程(4.2.48)和力的边界条件(4.2.49)．经熟知的推导，最后只剩下在接触边界上的部分

$$\delta\Pi_{12} = \int_{S_c} \delta u_i n_j D_{klij} u_{k,l} dS + \int_{S_c} \delta \varepsilon_{ci} (D_{cij} \varepsilon_{cj} - \tilde{\lambda}_a \tilde{R}_{ia}) dS \tag{4.2.61}$$

由于 $S_c = S_c^{(1)} + S_c^{(2)}$，且接触边界上局部坐标系是以 $S_c^{(2)}$ 上的局部坐标系为正向的，且有 $n^{(1)} = -n^{(2)}$，于是式(4.2.61)右端第一项可写成

$$\begin{aligned}
\int_{S_c} \delta u_i n_j \sigma_{ij} dS &= \int_{S_c^{(1)}} \delta u_i^{(1)} n_j^{(1)} \sigma_{ij} dS + \int_{S_c^{(2)}} \delta u_i^{(2)} n_j^{(2)} \sigma_{ij} dS \\
&= \int_{S_c^{(2)}} \delta u_i^{(1)} (-n_j^{(2)}) \sigma_{ij} dS + \int_{S_c^{(2)}} \delta u_i^{(2)} (n_j^{(2)}) \sigma_{ij} dS \\
&= \int_{S_c} \delta (u_i^{(2)} - u_i^{(1)}) n_j \sigma_{ij} dS \\
&= \int_{S_c} -\delta u_{ci} \cdot n_j \sigma_{ij} dS = -\int_{S_c} \delta u_{ci} \cdot p_{ci} dS
\end{aligned} \tag{4.2.62}$$

因为整个变分极值过程受控于状态方程，接触边界上的本构关系式(4.2.22)应始终满足，即

$$D_{cij} \varepsilon_{cj} - \tilde{\lambda}_a \tilde{R}_{ia} = p_{ci} \tag{4.2.63}$$

始终成立，而

$$\delta \varepsilon_{ci} = \delta (u_{ci} + \delta^*) = \delta u_{ci} \tag{4.2.64}$$

将式(4.2.62)～(4.2.64)代入式(4.2.61)有

$$\delta\Pi_{12}=-\int_{S_c}\delta u_{ci}p_{ci}dS+\int_{S_c}\delta u_{ci}p_{ci}dS=0 \quad (4.2.65)$$

由此得知，平面弹性接触参变量最小势能原理等价于平衡方程和力的边界条件.

由于变分极值问题得到的解是参变量 λ 的连续函数，尤其是接触边处的位移 u_c，因此变动 $\tilde{\lambda}$ 以使互补关系(4.2.51)得以满足. 设此时得到的参变量为 $\tilde{\lambda}^*$，即

$$\tilde{\boldsymbol{f}}(\boldsymbol{u}_c,\tilde{\boldsymbol{\lambda}}^*)\leqslant 0 \quad (\text{当}<0\text{ 时 }\tilde{\lambda}^*=0;=0\text{ 时},\tilde{\lambda}^*\geqslant 0) \quad (4.2.66)$$

由 D 和 D_c 的对称正定性，$\delta^2\Pi_{12}(\tilde{\lambda}^*)\geqslant 0$，即说明(4.2.51)控制下的由 $\delta\Pi_{12}=0$ 导出的位移使 Π_{12} 取总体最小值. 证毕.

4.2.4 平面弹性接触问题参数二次规划法

现对物体 $\Omega=\Omega^{(1)}+\Omega^{(2)}$ 进行有限元网格划分，设划分后的单元总数为 N_E，自由度数为 N_u，若每个单元所占区域为 Ω_e，则 $\Omega=\sum_{e=1}^{N_E}\boldsymbol{\Omega}_e$. 应当注意的是，在 S_c 边界上用 N_c 个接触单元进行划分，使 $S_c=\sum_{e=1}^{N_c}S_c^e$. 假设该边界上的力学状态是对单元平均意义下成立的，即一个接触单元只有一种接触状态，设第 e 个单元的滑动条件为 $\tilde{m}_{fe}$ 个，显然 $\tilde{m}_{fe}\geqslant 1$. 那么系统一共有 $\tilde{m}_f=\sum_{e=1}^{N_c}\tilde{m}_{fe}$ 个状态方程，将它们依次排列后，将接触面条件(4.2.51)在单元上平均，有

$$\left.\begin{array}{l}\displaystyle\int_{S_c^e}\left(\tilde{f}_a^{0^e}+\tilde{\boldsymbol{w}}_a^e\boldsymbol{\varepsilon}_c-\tilde{\boldsymbol{m}}_a^e\tilde{\boldsymbol{\lambda}}^e\right)dS+\tilde{\boldsymbol{\nu}}_a^e=0\\ \tilde{\boldsymbol{\nu}}_a^e\cdot\tilde{\boldsymbol{\lambda}}_a^e=0,\qquad \tilde{\boldsymbol{\lambda}}_a^e\geqslant 0,\qquad \tilde{\boldsymbol{\lambda}}_a^e\geqslant 0\\ \alpha=1,2,\cdots,\tilde{m}_{fe},\qquad e=1,2,\cdots,N_c\end{array}\right\} \quad (4.2.67)$$

其中

$$\widetilde{\boldsymbol{w}}_{\alpha}^{e}=\left(\frac{\partial \widetilde{f}_{\alpha}^{e}}{\partial \boldsymbol{p}_{c}}\right)^{T} \boldsymbol{D}_{c} \tag{4.2.68}$$

$$\widetilde{\boldsymbol{m}}_{\alpha}^{e}=\left[\widetilde{\boldsymbol{m}}_{\alpha 1}^{e}, \widetilde{\boldsymbol{m}}_{\alpha 2}^{e}, \widetilde{\boldsymbol{m}}_{\alpha 3}^{e}, \cdots, \widetilde{\boldsymbol{m}}_{\alpha \widetilde{m}_{fe}}^{e}\right] \tag{4.2.69}$$

$$\widetilde{m}_{\alpha 1}^{e}=\left[\frac{\partial f_{\alpha}^{e}}{\partial \boldsymbol{p}_{c}}\right]^{T} \boldsymbol{D}_{c}\left(\frac{\partial g_{i}^{e}}{\partial \boldsymbol{p}_{c}}\right), \qquad i=1,2, \cdots, \widetilde{m}_{fe} \tag{4.2.70}$$

$$\left.\begin{array}{l}
\widetilde{\boldsymbol{\lambda}}^{e}=\left[\widetilde{\lambda}_{1}^{e}, \widetilde{\lambda}_{2}^{e}, \cdots, \widetilde{\lambda}_{\widetilde{m}_{fe}}^{e}\right]^{T} \\
\widetilde{\boldsymbol{\nu}}^{e}=\left[\widetilde{\nu}_{1}^{e}, \widetilde{\nu}_{2}^{e}, \cdots, \widetilde{\nu}_{\widetilde{m}_{fe}}^{e}\right]^{T}
\end{array}\right\} \tag{4.2.71}$$

离散化后系统的总势能(4.2.55)式为

$$\begin{aligned}
\Pi_{12}[\widetilde{\boldsymbol{\lambda}}(\cdot)]= & \sum_{e=1}^{N_{E}}\left\{\int_{\Omega e} \frac{1}{2} \boldsymbol{\varepsilon}^{e^{T}} \boldsymbol{D}^{e} \boldsymbol{\varepsilon}^{e} d \Omega-\left[\int_{\Omega e} \boldsymbol{b}^{e^{T}} \boldsymbol{u}^{e} d \Omega\right.\right. \\
& \left.\left.+\int_{S p^{e}} \boldsymbol{p}^{e^{T}} \boldsymbol{u}^{e} d S\right]\right\} \\
& -\sum_{e=1}^{N_{c}} \int_{S_{c}}\left(\frac{1}{2} \boldsymbol{\varepsilon}_{c}^{e^{T}} \boldsymbol{D}_{c}^{e} \boldsymbol{\varepsilon}_{c}^{e}-\widetilde{\boldsymbol{\lambda}}^{e^{T}} \widetilde{\boldsymbol{R}}^{e} \boldsymbol{\varepsilon}_{c}^{e}\right) d S
\end{aligned} \tag{4.2.72}$$

其中

$$\widetilde{\boldsymbol{R}}^{e}=\left[\frac{\partial \widetilde{\boldsymbol{g}}^{e}}{\partial \boldsymbol{p}_{c}}\right] \boldsymbol{D}_{c}^{e} \tag{4.2.73}$$

或

$$\widetilde{\boldsymbol{R}}_{k \alpha}^{e}=\frac{\partial \widetilde{\boldsymbol{g}}_{\alpha}^{e}}{\partial \boldsymbol{p}_{c i}} \boldsymbol{D}_{c i k}^{e} \tag{4.2.74}$$

由式(1.3.14)有

$$\boldsymbol{u}^{e}=\boldsymbol{N}^{e} \hat{\boldsymbol{u}}^{e} \tag{4.2.75}$$

而由式(1.3.17)与(1.3.20),(4.2.12)有

$$\boldsymbol{\varepsilon}^{e}=\boldsymbol{B}^{e} \hat{\boldsymbol{u}}^{e} \tag{4.2.76}$$

$$\boldsymbol{\varepsilon}_{c}^{e}=\boldsymbol{N}_{c}^{e}\left(\hat{\boldsymbol{u}}_{c}^{e}+\boldsymbol{\delta}_{c}^{* e}\right), \boldsymbol{\delta}_{c}^{* e}=\left[0, \boldsymbol{\delta}^{* e}\right] \tag{4.2.77}$$

将式(4.2.75)～(4.2.77)代入式(4.2.72)有

$$\Pi_{13}[\tilde{\lambda}(\cdot)] = \sum_{e=1}^{N_E}\left\{\int_{\Omega e}\frac{1}{2}(B^e\hat{u}^e)^T D^e(B^e\hat{u}^e)d\Omega - \left[\int_{\Omega e} b^T N^e\hat{u}^e d\Omega + \int_{S_p}\bar{p}^T N^e\hat{u}^e dS\right\}\right.$$

$$+\sum_{e=1}^{N_c}\int_{S_c^e}\left(\frac{1}{2}N_c^e(\hat{u}_c^e+\delta_c^{*e})\right)^T D_c^e(N_c^e(\hat{u}_c^e+\delta_c^{*e}))$$

$$-\tilde{\lambda}^{e^T}\tilde{R}^e(N_c^e(\hat{u}_c^e+\delta_c^{*e}))dS \tag{4.2.78}$$

式(4.2.78)中 $\hat{u}^e$ 与 $\hat{u}_c^e$ 可由总体位移向量 $\hat{u}$ 予以表达，其形式为

$$\hat{u}^e = T_e^e\hat{u}, \qquad \hat{u}_c^e = T_c^e\hat{u} \tag{4.2.79}$$

显然，T_e^e，T_c^e 为单元出口位移向量及单元出口接触位移到总体控制位移向量 $\hat{u}$ 间的转换阵. 对于通常的有限元分析而言，$\hat{u}$ 是由有限元节点的独立位移所组成的向量[8]；而对接触问题来说，则进一步引入了接触点对的主位移 $u^{(m)}$ 与相对位移 Δu. 接触点对的主位移 $u^{(m)}$ 与通常的节点位移一起编排在总体位移向量 $\hat{u}$ 中；而接触点对的相对位移则反映了接触的特性，它也是体系未知量，故也应编入总体位移向量之中，为了便于辨别，编排在总体位移向量的最前端. 将式(4.2.79)代入(4.2.78)得

$$\Pi_{13}[\tilde{\lambda}(\cdot)] = \frac{1}{2}\hat{u}^T k\hat{u} - \hat{u}(\Phi\tilde{\lambda} + \hat{p}) \tag{4.2.80}$$

其中

$$K = \sum_{e=1}^{N_E}\int_{\Omega_e} T_e^{e^T} B^{e^T} D^e B^e T_e^e d\Omega + \sum_{e=1}^{N_c}\int_{S_c^e} T_c^{e^T} N_c^{e^T} D_c^e N_c^e T_c^e dS$$

$$= \sum_{e=1}^{N_E} T_e^{e^T} K_e T_e^e + \sum_{e=1}^{N_c} T_c^{e^T} K_c^e T_c^e \in R^{N_u\times N_u} \tag{4.2.81}$$

$$K_e = \int_{\Omega_e} B^{e^T} D^e B^e d\Omega \tag{4.2.82}$$

$$\boldsymbol{K}_e^c = \int_{S_c^e} \boldsymbol{N}_c^{e^T} \boldsymbol{D}_c^e \boldsymbol{N}_c^e dS \tag{4.2.83}$$

$$\begin{aligned} \hat{\boldsymbol{p}} = & \sum_{e=1}^{N_E} \left\{ \int_{\Omega_e} \boldsymbol{T}_e^{e^T} \boldsymbol{N}^{e^T} \boldsymbol{b} d\Omega + \int_{S_p^e} \boldsymbol{T}_e^{e^T} \boldsymbol{N}^{e^T} \overline{\boldsymbol{p}} dS \right\} \\ & - \sum_{e=1}^{N_c} \int_{S_c^e} \boldsymbol{T}_c^{e^T} \boldsymbol{N}_c^{e^T} \boldsymbol{D}_c^e \boldsymbol{N}_c^e \boldsymbol{\delta}_c^{*e} dS \end{aligned} \tag{4.2.84}$$

$$\hat{\boldsymbol{p}} = \hat{\boldsymbol{p}}_0 - \sum_{e=1}^{N_c} \boldsymbol{T}_c^{e^T} \boldsymbol{K}_e^c \boldsymbol{\delta}_c^{*e} dS \in R^{N_u \times 1} \tag{4.2.85}$$

$$\hat{\boldsymbol{p}}_0 = \sum_{e=1}^{N_E} \left\{ \int_{\Omega_e} \boldsymbol{T}_e^{e^T} \boldsymbol{N}^{e^T} \boldsymbol{b} d\Omega + \int_{S_p^e} \boldsymbol{T}_e^{e^T} \boldsymbol{N}^{e^T} \overline{\boldsymbol{p}} dS \right\} \tag{4.2.86}$$

$$\boldsymbol{\Phi} = \sum_{e=1}^{N_c} \int_{S_c^e} \boldsymbol{T}_c^{e^T} \boldsymbol{N}_c^{e^T} \widetilde{\boldsymbol{R}}^{e^T} \boldsymbol{T}_\lambda^e dS \in R^{N_u \times \tilde{m}_f} \tag{4.2.87}$$

其中 $\boldsymbol{T}_\lambda^e$ 为 $\widetilde{\boldsymbol{\lambda}}^e$ 与总体 $\widetilde{\boldsymbol{\lambda}}$ 之间的关系矩阵，

$$\widetilde{\boldsymbol{\lambda}}^e = \boldsymbol{T}_\lambda^e \widetilde{\boldsymbol{\lambda}} \tag{4.2.88}$$

如果将 $\boldsymbol{\delta}_c^{*e}$ 也向接触间隙的全空间 δ_c^* 扩展，则有

$$\boldsymbol{\delta}_c^{*e} = \boldsymbol{T}_\delta^e \boldsymbol{\delta}_c^* \tag{4.2.89}$$

则式(4.2.85)可进一步写成

$$\hat{\boldsymbol{p}} = \hat{\boldsymbol{p}}_0 - \hat{\boldsymbol{p}}_\delta \tag{4.2.90}$$

其中

$$\hat{\boldsymbol{p}}_\delta = \left[\sum_{e=1}^{N_c} \boldsymbol{T}_c^{e^T} \boldsymbol{K}_e^c \boldsymbol{T}_\delta^e \right] \boldsymbol{\delta}_c^* \tag{4.2.91}$$

又将式(4.2.67)化为矩阵形式，有

$$\left.\begin{array}{l}\int_{S_c^e}(\tilde{\boldsymbol{f}}^{0^e}+\tilde{\boldsymbol{w}}^e\boldsymbol{\varepsilon}_c-\tilde{\boldsymbol{m}}^e\tilde{\boldsymbol{\lambda}}^e)dS+\tilde{\boldsymbol{\nu}}^e=0\\ \tilde{\boldsymbol{\nu}}^e\cdot\tilde{\boldsymbol{\lambda}}^e=0,\tilde{\boldsymbol{\nu}}^e,\tilde{\boldsymbol{\lambda}}^e\geqslant 0\\ \tilde{\boldsymbol{\nu}}_T^e=[\tilde{\nu}_1^e,\cdots,\tilde{\nu}_{m_{\tilde{f}_e}}^e]^T\\ \tilde{\boldsymbol{\lambda}}^e=[\tilde{\lambda}_1^e,\cdots,\tilde{\lambda}_{m_{\tilde{f}_e}}^e]^T\end{array}\right\}\tag{4.2.92}$$

其中

$$\tilde{\boldsymbol{f}}^{0^e}=[\tilde{f}_1^0,\cdots,\tilde{f}_{m_{\tilde{f}_e}}^0]^T\in R^{\tilde{m}_{fe}\times 1}\tag{4.2.93}$$

$$\tilde{\boldsymbol{W}}^e=[\tilde{\boldsymbol{W}}_1^{e^T},\tilde{\boldsymbol{W}}_2^{e^T},\cdots,\tilde{\boldsymbol{W}}_{m_{\tilde{f}_e}}^{e^T}]^T\in R^{\tilde{m}_{fe}\times N_{\varepsilon c}}\tag{4.2.94}$$

$$\tilde{\boldsymbol{m}}^e=[\tilde{\boldsymbol{m}}_1^{e^T},\tilde{\boldsymbol{m}}_2^{e^T},\cdots,\tilde{\boldsymbol{m}}_{m_{\tilde{f}_e}}^{e^T}]^T\in R^{\tilde{m}_{fe}\times\tilde{m}_{fe}}\tag{4.2.95}$$

这里 $N_{\varepsilon c}$ 为 ε_c 的维数.

式(4.2.92)第一式左端乘 $\boldsymbol{T}_\lambda^e\in R^{\tilde{m}_f\times\tilde{m}_{fe}}$,然后进行 S_c^e 上求和有

$$\sum_{e=1}^{N_c}\left\{\int_{S_c^e}\boldsymbol{T}_\lambda^{e^T}\tilde{\boldsymbol{f}}^{0^e}dS+\int_{S_c^e}\boldsymbol{T}_\lambda^{e^T}\tilde{\boldsymbol{W}}^e\boldsymbol{\varepsilon}_c dS-\int_{S_c^e}\boldsymbol{T}_\lambda^{e^T}\tilde{\boldsymbol{m}}^e\boldsymbol{T}_\lambda^e\boldsymbol{\lambda}dS\right\}+\tilde{\boldsymbol{\nu}}=0\tag{4.2.96}$$

将式(4.2.77)代入上式有

$$\boldsymbol{C}\hat{\boldsymbol{u}}-\tilde{\boldsymbol{U}}\boldsymbol{\lambda}-\boldsymbol{d}+\tilde{\boldsymbol{\nu}}=0\tag{4.2.97}$$

$$\tilde{\boldsymbol{\nu}}^T\cdot\tilde{\boldsymbol{\lambda}}=0,\tilde{\boldsymbol{\nu}},\qquad\tilde{\boldsymbol{\lambda}}\geqslant 0\tag{4.2.98}$$

其中

$$\boldsymbol{C}=\sum_{e=1}^{N_c}\int_{S_c^e}\boldsymbol{T}_\lambda^{e^T}\tilde{\boldsymbol{W}}^e\boldsymbol{N}_c^e\boldsymbol{T}_c^e dS\in R^{\tilde{m}_f\times N_u}\tag{4.2.99}$$

$$\boldsymbol{U}=\sum_{e=1}^{N_c}\int_{S_c^e}\boldsymbol{T}_\lambda^{e^T}\tilde{\boldsymbol{m}}^e\boldsymbol{T}_\lambda^e dS\in R^{\tilde{m}_f\times\tilde{m}_f}\tag{4.2.100}$$

$$\boldsymbol{d}=\boldsymbol{d}_0+\boldsymbol{d}_\delta\quad\in R^{\tilde{m}_f\times 1}\tag{4.2.101}$$

$$\boldsymbol{d}_0=-\sum_{e=1}^{N_c}\int_{S_c^e}\boldsymbol{T}_\lambda^{e^T}\tilde{\boldsymbol{f}}^{0^e}dS\tag{4.2.102}$$

$$d_\delta = -\sum_{e=1}^{N_c}\int_{s_c^e} T_\lambda^{e^T}\widetilde{W}^e T_\delta^e dS \cdot \delta_c^* \tag{4.2.103}$$

$$\left.\begin{aligned}\tilde{\lambda} &= [\tilde{\lambda}^{1^T}, \tilde{\lambda}^{2^T}, \cdots, \tilde{\lambda}^{N_c^T}]^T \\ \tilde{\lambda}^e &= [\tilde{\lambda}_1^e, \cdots, \tilde{\lambda}_{\tilde{m}_{fe}}]^T\end{aligned}\right\} \tag{4.2.104}$$

$$\left.\begin{aligned}\tilde{\nu} &= [\tilde{\nu}^{1^T}, \tilde{\nu}^{2^T}, \cdots, \tilde{\nu}^{N_c^T}]^T \\ \tilde{\nu}^e &= [\tilde{\nu}_1^e, \cdots, \tilde{\nu}_{\tilde{m}_{fe}}]^T\end{aligned}\right\} \tag{4.2.105}$$

上述矩阵组装部分的说明与§3.1节的说明完全相同，不再赘述.

综上所述，可将平面弹性接触问题有限元二次规划求解方程的提法归纳如下

$$\left.\begin{aligned}&\min.\ \Pi_{13}[\tilde{\lambda}(\cdot)] \\ &\text{s.t.}\quad C\hat{u} - U\tilde{\lambda} - d + \tilde{\nu} = 0 \\ &\qquad \tilde{\nu}^T \cdot \tilde{\lambda} = 0, \tilde{\nu} \geqslant 0, \tilde{\lambda} \geqslant 0\end{aligned}\right\} \tag{4.2.106}$$

由于式(4.2.106)是一个凸规划问题，利用 kuhn-Tucker 条件，可得下面互补问题

$$\tilde{\nu} - (U - Ck^{-1}\Phi)\tilde{\lambda} = -CK^{-1}\hat{p} + \hat{d} \tag{4.2.107}$$

$$\tilde{\nu}^T \cdot \tilde{\lambda} = 0, \tilde{\nu}, \quad \tilde{\lambda} \geqslant 0 \tag{4.2.108}$$

如将式(4.2.90)与(4.2.101)代入上两式，有

$$\tilde{\nu} - (U - CK^{-1}\Phi)\tilde{\lambda} = -CK^{-1}\hat{p}_0 + d_0 + (d_\delta + CK^{-1}\hat{p}_\delta) \tag{4.2.109}$$

$$\tilde{\nu}^T \cdot \tilde{\lambda} = 0, \tilde{\nu} \geqslant 0, \tilde{\lambda} \geqslant 0 \tag{4.2.110}$$

其中，式(4.2.109)右端最后一项是由初始缝隙存在引起的“外载”贡献. 关于式(4.2.109)—(4.2.110)的求解完全可以采用§1.4中介绍的方法. 实际上，关于式(4.2.106)的求解方式在本书的§3.2节中已全面论述过了.

4.2.5 有限元分析平面点接触单元

设计接触单元是求解接触问题的一个重要环节，根据设计者的要求可以建立许多种接触单元. 这里向读者介绍一种适应性较强，应用较灵活的单元——点接触单元.

点接触单元由二个单元节点组成，它们的连线与公法线重合. 在局部坐标系下，节点 1 处在 $S_c^{(1)}$ 上，节点 2 处在 $S_c^{(2)}$ 上，两点间的初始间隙为 δ^*，如图 4.8 所示. 节点占一个单位边界宽度. 局部

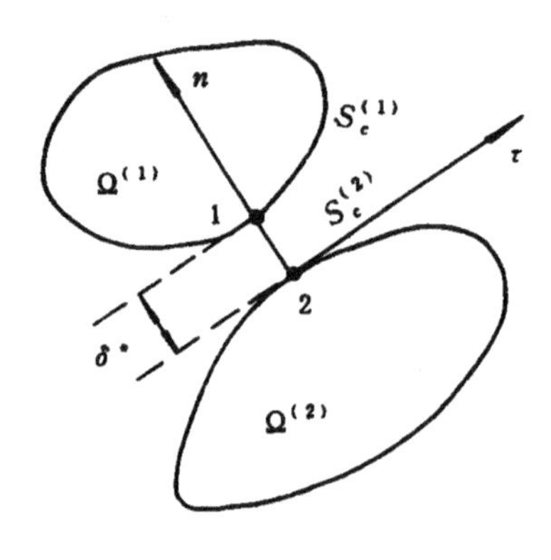

图 4.8

坐标系下的单元的接触位移是

$$
\begin{aligned}
\boldsymbol{\varepsilon}_c &= \begin{Bmatrix} \varepsilon_\tau \\ \varepsilon_n \end{Bmatrix} \\
&= \begin{Bmatrix} u_\tau^{(1)} - u_\tau^{(2)} \\ u_n^{(1)} - u_n^{(2)} + \delta^* \end{Bmatrix} \\
&= \begin{Bmatrix} \Delta u_\tau \\ \Delta u_n + \delta^* \end{Bmatrix}
\end{aligned}
\tag{4.2.111}
$$

由于接触单元的位移是相对位移而有别于有限元中其它普通单元，因此应当建立必要的变换. 我们定义图 4.8 中 $\Omega^{(1)}$ 为目标接触体，$\Omega^{(2)}$ 为被接触体. 定义 $\Omega^{(1)}$ 中的可能接触点称为从接触点，$\Omega^{(2)}$ 中的可能接触点称为主接触点. 结构的总体位移向量 $\hat{\boldsymbol{u}}$ 包括

两部分：普通位移向量 $\hat{u}_s$，这部分位移向量包含主接触点的位移和从接触点的角位移以及其它非接触点的位移等；另一部分位移向量是从节点的相对位移向量 $\hat{u}_r$

$$\hat{\boldsymbol{u}}=\{\hat{\boldsymbol{u}}_s^T,\hat{\boldsymbol{u}}_r^T\}^T$$

于是，从接触点的线位移不在结构总位移向量中出现，取而代之的是接触相对位移. 这样，如果某个普通单元与接触单元无公共点，那么不需要进行特殊的变换；即使普通单元中含有主接触点，也不需要变换；只有当普通单元中含有从接触点，才需要对单元进行接触变换. 另外这同时也表明，接触单元刚度阵对应的出口位移只是接触相对位移，而与主节点位移及其它非接触点位移无关. 这一点十分重要，这对惩罚因子 E_τ，E_n 的消除是有用的，后文中将讨论这一问题.

在具体地讨论接触单元有关的特性阵之前，下面进一步对含有次接触点单元的变换作一介绍，以使读者对相对位移的概念有更深刻的理解.

假设三角形平面膜元的第三个节点是从接触点，该接触元的接触角为 θ，则在单元局部系下有

$$\begin{Bmatrix} u_1 \\ v_1 \\ u_2 \\ v_2 \\ u_3 \\ v_3 \end{Bmatrix}=\begin{bmatrix} 1 & & & & & \\ & 1 & & & 0 & \\ & & 1 & & & \\ & & & 1 & & \\ & 0 & & & c_0 & -s_0 \\ & & & & s_0 & c_0 \end{bmatrix}\begin{Bmatrix} u_1 \\ v_1 \\ u_2 \\ v_2 \\ u_\tau \\ v_n \end{Bmatrix} \qquad (4.2.112)$$

其中

$$c_0=\cos\theta_0,\qquad s_0=\sin\theta_0 \qquad (4.2.113)$$

这里 θ_0 指接触元在三角形单元局部坐标系下描述的接触角. 显然 c_0，s_0 值可以通过三角形单元局部坐标系与接触单元接触角 θ 值而确定，即为相对坐标系变换.

由于$\{u_\tau, u_n\}^T$是在接触单元局部坐标系下的分量，它不直接在总位移向量$\hat{\boldsymbol{u}}$中出现，而是通过主接触点位移$\{u_\tau^{(m)}, u_n^{(m)}\}^T$和相对位移$\{\Delta u_\tau, \Delta u_n\}^T$来描述，由于

$$\Delta u_\tau = u_\tau - u_\tau^{(m)}, \quad \Delta u_n = u_n - u_n^{(m)} \tag{4.2.114}$$

故有

$$\begin{Bmatrix} u_\tau \\ u_n \end{Bmatrix} = \begin{bmatrix} 1 & 0 & 1 & 0 \\ 0 & 1 & 0 & 1 \end{bmatrix} \begin{Bmatrix} u_\tau^{(m)} \\ u_n^{(m)} \\ \Delta u_\tau \\ \Delta u_n \end{Bmatrix} \tag{4.2.115}$$

将式(4.2.115)代入式(4.2.112)得

$$\begin{Bmatrix} u_1 \\ v_1 \\ u_2 \\ v_2 \\ u_3 \\ v_3 \end{Bmatrix} = \boldsymbol{H} \cdot [u_1, v_1, u_2, v_2, u_\tau^{(m)}, u_n^{(m)}, \Delta u_\tau, \Delta u_n]^T \tag{4.2.116}$$

$$\boldsymbol{H} = \begin{bmatrix} 1 & & & & & & & \\ & 1 & & & & \boldsymbol{0} & & \\ & & 1 & & & & & \\ & & & 1 & & & & \\ & \boldsymbol{0} & & & c_0 & -s_0 & c_0 & -s_0 \\ & & & & s_0 & c_0 & s_0 & c_0 \end{bmatrix} \tag{4.2.117}$$

进而不难获得总位移向量$\hat{\boldsymbol{u}}$对$[u_1, v_1, u_2, v_2, u_\tau^{(m)}, u_n^{(m)}, \Delta u_\tau, \Delta u_n]^T$的控制矩阵$\boldsymbol{T}_e^{e'}$，即

$$\begin{Bmatrix} u_1 \\ v_1 \\ u_2 \\ v_2 \\ u_\tau^{(m)} \\ u_n^{(m)} \\ \Delta u_\tau \\ \Delta u_n \end{Bmatrix} = \boldsymbol{T}_e^{e'} \cdot \hat{\boldsymbol{u}} \tag{4.2.118}$$

则有

$$\begin{Bmatrix} u_1 \\ v_1 \\ u_2 \\ v_2 \\ u_3 \\ v_3 \end{Bmatrix} = T_e^e \cdot \hat{u}; \qquad T_e^e = HT_e^{e'} \tag{4.2.119}$$

这样便获得了单元位移控制阵$\boldsymbol{T}_e^e$,以后的单刚变换与总刚组装就与常规的相同了.

下面推导接触单元有关矩阵.

1. 单元刚度阵

由式(4.2.77),知

$$\boldsymbol{N}_c^e = \begin{bmatrix} 1 & 0 \\ 0 & 1 \end{bmatrix} \tag{4.2.120}$$

代入式(4.2.83),有

$$\begin{aligned} \boldsymbol{K}_e^c &= \boldsymbol{N}_c^{e^T} \boldsymbol{D}_c^e \boldsymbol{N}_c^e \\ &= \begin{bmatrix} \boldsymbol{E}_\tau & 0 \\ 0 & \boldsymbol{E}_n \end{bmatrix} \end{aligned} \tag{4.2.121}$$

则由(4.2.91)不难求得间隙存在引起的 $\hat{\boldsymbol{p}}_{\delta}$.

2. 其它矩阵 $\boldsymbol{\Phi}_e^c, \boldsymbol{C}_e^c, \boldsymbol{U}_e^c$

由式(4.2.87)知

$$\boldsymbol{\Phi}_e^c = \boldsymbol{N}_c^{e^T} \widetilde{\boldsymbol{R}}_e^T \tag{4.2.122}$$

由于

$$\begin{aligned}
\widetilde{\boldsymbol{R}}_e &= \left[\frac{\partial \widetilde{\boldsymbol{g}}^e}{\partial \boldsymbol{p}_c}\right] \boldsymbol{D}_c^e \\
&= \begin{bmatrix} \partial \widetilde{g}_1^e/\partial p_\tau & \partial \widetilde{g}_1^e/\partial p_n \\ \partial \widetilde{g}_2^e/\partial p_\tau & \partial \widetilde{g}_2^e/\partial p_n \\ \partial \widetilde{g}_3^e/\partial p_\tau & \partial \widetilde{g}_3^e/\partial p_n \end{bmatrix} \begin{bmatrix} E_\tau & 0 \\ 0 & E_n \end{bmatrix} \\
&= \begin{bmatrix} E_\tau & 0 \\ -E_\tau & 0 \\ 0 & E_n \end{bmatrix}
\end{aligned} \tag{4.2.123}$$

则有

$$\boldsymbol{\Phi}_e^c = \begin{bmatrix} E_\tau & -E_\tau & 0 \\ 0 & 0 & E_n \end{bmatrix} \tag{4.2.124}$$

由式(4.2.99)知

$$\boldsymbol{C}_e^c = \widetilde{\boldsymbol{W}}_e \cdot \boldsymbol{N}_c^e \tag{4.2.125}$$

而由式(4.2.68)知

$$\widetilde{\boldsymbol{W}}_e = \begin{bmatrix} \dfrac{\partial \widetilde{f}_1^e}{\partial p_\tau} & \dfrac{\partial \widetilde{f}_1^e}{\partial p_n} \\[2ex] \dfrac{\partial \widetilde{f}_2^e}{\partial p_\tau} & \dfrac{\partial \widetilde{f}_2^e}{\partial p_n} \\[2ex] \dfrac{\partial \widetilde{f}_3^e}{\partial p_\tau} & \dfrac{\partial \widetilde{f}_3^e}{\partial p_n} \end{bmatrix} \boldsymbol{D}_c = \begin{bmatrix} 1 & \bar{\mu} \\ -1 & \bar{\mu} \\ 0 & 1 \end{bmatrix} \boldsymbol{D}_c \tag{4.2.126}$$

再注意式(4.2.120),有

$$\boldsymbol{C}_e^c=\begin{bmatrix} E_\tau & \bar{\mu}E_n \\ -E_\tau & \bar{\mu}E_n \\ 0 & E_n \end{bmatrix} \tag{4.2.127}$$

又由式(4.2.100)知

$$\boldsymbol{U}_e^c=\widetilde{\boldsymbol{m}}^e \tag{4.2.128}$$

而由式(4.2.69),(4.2.70)知

$$\widetilde{\boldsymbol{m}}^e=\begin{bmatrix} \widetilde{m}_{11}^e & \widetilde{m}_{12}^e & \widetilde{m}_{13}^e \\ \widetilde{m}_{21}^e & \widetilde{m}_{22}^e & \widetilde{m}_{23}^e \\ \widetilde{m}_{31}^e & \widetilde{m}_{32}^e & \widetilde{m}_{33}^e \end{bmatrix} \tag{4.2.129}$$

而

$$\widetilde{m}_{\alpha i}^e=\left[\frac{\partial \widetilde{f}_\alpha^e}{\partial \boldsymbol{p}_c}\right]^T \boldsymbol{D}_c\left[\frac{\partial \widetilde{g}_i^e}{\partial \boldsymbol{p}_c}\right] \tag{4.2.130}$$

故有

$$\widetilde{\boldsymbol{m}}^e=\boldsymbol{U}_e^c=\begin{bmatrix} E_\tau & -E_\tau & \bar{\mu}E_n \\ -E_\tau & E_\tau & \bar{\mu}E_n \\ 0 & 0 & E_n \end{bmatrix} \tag{4.2.131}$$

而 $\boldsymbol{d}$ 阵由(4.2.101)式不难获得.

4.2.6 有限元分析技巧

由 4.2.4 节的介绍可以看到,平面弹性接触问题归根结底就是式(4.2.109),(4.2.110)的求解了. 为了更方便有限元计算,我们首先对式(4.2.109)右端最后一项在写法上略作一下变换. 由式(4.2.102)知

$$\boldsymbol{d}_\delta=-\left[\sum_{e=1}^{N_c}\int_{S_c^e}\boldsymbol{T}_\lambda^{e^T}\widetilde{\boldsymbol{W}}^e\boldsymbol{T}_\delta^e dS\right]\cdot\boldsymbol{\delta}_c^* \tag{4.2.132}$$

由于 $\boldsymbol{\delta}^*$ 只对于接触单元的 n 轴方向存在,因而利用式(4.2.126)有

$$\widetilde{W}^e T_\delta^e = \begin{bmatrix} E_\tau & \bar{\mu}E_n \\ -E_\tau & \bar{\mu}E_n \\ 0 & E_n \end{bmatrix} \begin{bmatrix} 0 & 0 & \cdots & 0 & \cdots & 0 \\ 0 & 0 & \cdots & 1 & \cdots & 0 \end{bmatrix}$$

$$= \begin{bmatrix} E_\tau & -E_\tau & \bar{\mu}E_n \\ -E_\tau & E_\tau & \bar{\mu}E_n \\ 0 & 0 & E_n \end{bmatrix} \begin{bmatrix} 0 & 0 & \cdots & 0 & \cdots & 0 \\ 0 & 0 & \cdots & 0 & \cdots & 0 \\ 0 & 0 & \cdots & 1 & \cdots & 0 \end{bmatrix}$$

$$= \widetilde{m}^e, T_\delta^{e^*} \tag{4.2.133}$$

这里

$$T_\delta^{e^*} = \begin{bmatrix} 0 & 0 & \cdots & 0 & \cdots & 0 \\ 0 & 0 & \cdots & 0 & \cdots & 0 \\ 0 & 0 & \cdots & 1 & \cdots & 0 \end{bmatrix} \tag{4.2.133}'$$

为只有第三行第 e 单元对应位置为 1，而其余元素为零的矩阵. 如果我们把 $\boldsymbol{\delta}_c^*$ 扩展成与 $\bar{\lambda}$ 对应的空间，则显然有

$$T_\delta^{e^*} \boldsymbol{\delta}_c^* = T_\lambda^{e^*} \boldsymbol{\delta}_c^*(\lambda) \tag{4.2.134}$$

$\boldsymbol{\delta}_c^*(\lambda)$表示已把 $\boldsymbol{\delta}_c^*$ 扩展成与 $\boldsymbol{\lambda}$ 对应的空间，显然对应于切向滑动量位置 $\boldsymbol{\delta}_c^*(\boldsymbol{\lambda})$中元素应等于零，这样即使 $T_\lambda^{e^*}$ 中的元素不为零也没有关系了. 如此式(4.2.132)可表示为(我们仍把 $\boldsymbol{\delta}_c^*(\lambda)$写成 $\boldsymbol{\delta}_c^*$)

$$\boldsymbol{d}_\delta = -\left[\sum_{e=1}^{N_c} \int_{S_c^e} T_\lambda^{e^T} \widetilde{m}^e T_\lambda^e dS\right] \cdot \boldsymbol{\delta}_c^*$$

$$= -U\boldsymbol{\delta}_c^* \tag{4.2.134}'$$

又由式(4.2.91)有

$$\hat{\boldsymbol{p}}_\delta = \left[\sum_{e=1}^{N_c} T_c^{e^T} K_e^c T_\delta^e\right] \boldsymbol{\delta}_c^* \tag{4.2.135}$$

由式(4.2.121)，并利用 $\boldsymbol{\delta}_c^*$ 只对接触单元法向有贡献的特点，得

$$K_e^c T_\delta^e = \begin{bmatrix} E_\tau & 0 \\ 0 & E_n \end{bmatrix} \begin{bmatrix} 0 & 0 & \cdots & 0 & \cdots & 0 \\ 0 & 0 & \cdots & 1 & \cdots & 0 \end{bmatrix}$$

$$
=\begin{bmatrix} E_\tau & -E_\tau & 0 \\ 0 & 0 & E_n \end{bmatrix}\begin{bmatrix} 0 & 0 & \cdots & 0 & \cdots & 0 \\ 0 & 0 & \cdots & 0 & \cdots & 0 \\ 0 & 0 & \cdots & 1 & \cdots & 0 \end{bmatrix}
$$

(4.2.136)

由式(4.2.124),(4.2.133)′,并与式(4.2.136)比较,得

$$
\boldsymbol{K}_e^c \boldsymbol{T}_\delta^e = \boldsymbol{\Phi}_e^c \cdot \boldsymbol{T}_\delta^{e*} \tag{4.2.137}
$$

利用式(4.2.134),可将式(4.2.135)写成

$$
\begin{aligned}
\hat{\boldsymbol{p}}_\delta &= \left[\sum_{e=1}^{N_c} \boldsymbol{T}_c^{e^T} \boldsymbol{\Phi}_e^c \boldsymbol{T}_\lambda^e\right] \boldsymbol{\delta}_c^*(\boldsymbol{\lambda}) \\
&= \boldsymbol{\Phi} \boldsymbol{\delta}_c^*
\end{aligned} \tag{4.2.138}
$$

由式(4.2.134)与式(4.2.138),我们可把式(4.2.109),(4.2.110)写成下列形式:

$$
\tilde{\boldsymbol{\nu}} - (\boldsymbol{U} - \boldsymbol{C}\boldsymbol{K}^{-1}\boldsymbol{\Phi})\tilde{\boldsymbol{\lambda}} = -\boldsymbol{C}\boldsymbol{K}^{-1}\hat{\boldsymbol{p}}_0 + \boldsymbol{d}_0 - (\boldsymbol{U} - \boldsymbol{C}\boldsymbol{K}^{-1}\boldsymbol{\Phi})\boldsymbol{\delta}_c^*
$$

(4.2.139)

$$
\tilde{\boldsymbol{\nu}}^T \cdot \tilde{\boldsymbol{\lambda}} = 0, \quad \tilde{\boldsymbol{\nu}}, \quad \tilde{\boldsymbol{\lambda}} \geqslant \boldsymbol{0} \tag{4.2.140}
$$

这样就把对有初始缝隙问题的处理变得十分简单了. 只要生成好矩阵$(\boldsymbol{U}-\boldsymbol{C}\boldsymbol{K}^{-1}\boldsymbol{\Phi})$之后,作一个简单的矩阵乘积就可以了. 从式(4.2.139)也可以看到,当有初始缝隙 $\boldsymbol{\delta}_c^* \geqslant \boldsymbol{0}$时,如果 $\hat{\boldsymbol{p}}_0, \hat{\boldsymbol{d}}_0 = \boldsymbol{0}$,则立刻可以求得

$$
\tilde{\boldsymbol{\lambda}} = \boldsymbol{\delta}_c^* \tag{4.2.141}
$$

这相当于没有作用任何外力的情况,则滑动量就等于初始缝隙. 从这一点使我们对滑动参量 $\tilde{\boldsymbol{\lambda}}$ 有了一个更深刻的了解.

公式推导至此,对平面弹性接触问题的解似乎就是对式(4.2.139),(4.2.140)的简单的求解了. 然而有经验的读者可以发现,式(4.2.139)中仍有惩罚因子存在,如果处理不当将会引起方程的病态,使求解变得困难,只有消去惩罚因子,才能使问题(4.2.139),(4.2.140)有效地求解. 令 $E_n = E_\tau = E \to \infty$,并注意到接触力仅与接触相对位移有关,所以总位移向量中的普通位移与

惩罚因子无关. 设 N_u 为结构总独立位移向量 $\hat{\boldsymbol{u}}$ 的维数，Ndn 和 Ndr 分别为普通位移向量 $\hat{\boldsymbol{u}}_s$ 和接触相对位移向量 $\hat{\boldsymbol{u}}_r$ 的维数，$N_u=Ndn+Ndr$，于是

$$\hat{\boldsymbol{u}}=\begin{Bmatrix}\hat{\boldsymbol{u}}_s\\ \hat{\boldsymbol{u}}_r\end{Bmatrix}\begin{matrix}Ndn\\ Ndr\end{matrix} \tag{4.2.142}$$

所以，结构总刚度阵可表为

$$\boldsymbol{K}=\left[\begin{array}{c:c}\boldsymbol{K}_{11} & \boldsymbol{K}_{12}\\ \hdashline \boldsymbol{K}_{21} & \boldsymbol{K}_{22}+E\boldsymbol{K}_{22'}\end{array}\right]\begin{matrix}N_{dn}\\ N_{dr}\end{matrix}$$
$$\qquad\quad N_{dn}\qquad N_{dr} \tag{4.2.143}$$

这里 $E\boldsymbol{K}'_{22}$ 为与接触单元有关的刚度阵. 并且总约束阵和势矩阵分别是如下形式：

$$\boldsymbol{C}=\left[\begin{array}{c:c}0 & E\boldsymbol{C}'\end{array}\right]$$
$$\quad Ndn\qquad Ndr \tag{4.2.144}$$

$$\boldsymbol{\Phi}=\left[\begin{array}{c}0\\ \hdashline E\boldsymbol{\Phi}'\end{array}\right]\begin{matrix}N_{dn}\\ N_{dr}\end{matrix} \tag{4.2.145}$$

阻尼阵有分块对角形式

$$\boldsymbol{U}=E\boldsymbol{U}'=E\begin{bmatrix}\boldsymbol{U}'_1 & & & 0\\ & \boldsymbol{U}'_2 & & \\ & & \ddots & \\ 0 & & & \boldsymbol{U}'_{N_c}\end{bmatrix} \tag{4.2.146}$$

从式(4.2.139)可以看到，总刚度阵是以逆阵的形式出现的.由于惩罚因子$E\to\infty$的存在，直接对(4.2.143)求逆显然是严重病态的，这条途径不可取，应另寻其它方法.若考虑方程

$$\begin{bmatrix} \boldsymbol{K}_{11} & \boldsymbol{K}_{12} \\ \boldsymbol{K}_{21} & \boldsymbol{K}_{22}+E\boldsymbol{K}'_{22} \end{bmatrix} \begin{Bmatrix} \boldsymbol{X}_1 \\ \boldsymbol{X}_2 \end{Bmatrix} = \begin{Bmatrix} \boldsymbol{Y}_1 \\ \boldsymbol{Y}_2 \end{Bmatrix} \tag{4.2.147}$$

即

$$\boldsymbol{K}_{11}\boldsymbol{X}_1+\boldsymbol{K}_{12}\boldsymbol{X}_2=\boldsymbol{Y}_1 \tag{4.2.148}$$

$$\boldsymbol{K}_{21}\boldsymbol{X}_1+(\boldsymbol{K}_{22}+E\boldsymbol{K}'_{22})\boldsymbol{X}_2=\boldsymbol{Y}_2 \tag{4.2.149}$$

由$E\to\infty$，得第一次近似值

$$\boldsymbol{X}_1=\boldsymbol{K}_{11}^{-1}Y_1+O\left(\frac{1}{E}\right) \tag{4.2.150}$$

$$\boldsymbol{X}_2=\frac{1}{E}\boldsymbol{K}_{22}'^{-1}(Y_2-\boldsymbol{K}_{21}\boldsymbol{X}_1)+O\left(\frac{1}{E^2}\right) \tag{4.2.151}$$

将式(4.2.150)代入式(4.2.151)得

$$\boldsymbol{X}_2=\frac{1}{E}\boldsymbol{K}_{22}'^{-1}(\boldsymbol{Y}_2-\boldsymbol{k}_{21}\boldsymbol{K}_{11}^{-1}\boldsymbol{Y}_1)+O\left(\frac{1}{E^2}\right) \tag{4.2.152}$$

则有

$$\boldsymbol{K}_{22}\boldsymbol{X}_2=\frac{1}{E}\boldsymbol{K}_{22}\boldsymbol{K}_{22}'^{-1}(\boldsymbol{Y}_2-\boldsymbol{k}_{21}\boldsymbol{K}_{11}^{-1}\boldsymbol{Y}_1)+O\left(\frac{1}{E^2}\right) \tag{4.2.153}$$

由式(4.2.152)，(4.2.148)我们进一步得到

$$\begin{aligned} \boldsymbol{X}_1 &= \boldsymbol{K}_{11}^{-1}\boldsymbol{Y}_1 - \boldsymbol{K}_{11}^{-1}\boldsymbol{K}_{12}\boldsymbol{X}_2 \\ &= (\boldsymbol{K}_{11}^{-1} + \frac{1}{E}\boldsymbol{K}_{11}^{-1}\boldsymbol{K}_{12}\boldsymbol{K}_{22}'^{-1}\boldsymbol{K}_{21}\boldsymbol{K}_{11}^{-1})\boldsymbol{Y}_1 \\ &\quad - \frac{1}{E}\boldsymbol{K}_{11}^{-1}\boldsymbol{K}_{12}\boldsymbol{K}_{22}'^{-1}\boldsymbol{Y}_2 + O\left(\frac{1}{E^2}\right) \end{aligned} \tag{4.2.154}$$

将式(4.2.153)和(4.2.154)代入式(4.2.149)，有

$$\boldsymbol{X}_2 = \frac{1}{E}\boldsymbol{K}_{22}'^{-1}[\boldsymbol{Y}_2 - \boldsymbol{K}_{22}\boldsymbol{X}_2 - \boldsymbol{K}_{21}\boldsymbol{X}_1]$$

$$=\frac{1}{E}\Big[-\boldsymbol{K}_{22}^{'-1}\boldsymbol{K}_{21}\boldsymbol{K}_{11}^{-1}-\frac{1}{E}\boldsymbol{K}_{22}^{'-1}\boldsymbol{K}_{21}\boldsymbol{K}_{11}^{-1}\boldsymbol{K}_{12}\boldsymbol{K}_{22}^{'-1}\boldsymbol{K}_{21}\boldsymbol{K}_{11}^{-1}$$

$$+\frac{1}{E}\boldsymbol{K}_{22}^{'-1}\boldsymbol{K}_{22}\boldsymbol{K}_{22}^{'-1}\boldsymbol{K}_{21}\boldsymbol{K}_{11}^{-1}\Big]\boldsymbol{Y}_1$$

$$+\frac{1}{E}\Big[\boldsymbol{K}_{22}^{'-1}-\frac{1}{E}\boldsymbol{K}_{22}^{'-1}(\boldsymbol{K}_{22}-\boldsymbol{K}_{21}\boldsymbol{K}_{11}^{-1}\boldsymbol{K}_{12})\boldsymbol{K}_{22}^{'-1}\Big]\boldsymbol{Y}_2$$

$$+O\left(\frac{1}{E^3}\right) \tag{4.2.155}$$

另外，根据式(4.2.142)，接触相对位移均排在总位移向量的最后，结合式(4.2.121)与(4.2.81)可得

$$\boldsymbol{K}_{22}^{'}=[\boldsymbol{I}]_{Ndr\times Ndr} \tag{4.2.156}$$

这里 $\boldsymbol{I}$ 指单位矩阵，故可得

$$\begin{Bmatrix}\boldsymbol{X}_1\\\boldsymbol{X}_2\end{Bmatrix}=\begin{bmatrix}\boldsymbol{V}_1 & \boldsymbol{V}_2\\\boldsymbol{V}_3 & \boldsymbol{V}_4\end{bmatrix}\begin{Bmatrix}\boldsymbol{Y}_1\\\boldsymbol{Y}_2\end{Bmatrix}=[\boldsymbol{K}]^{-1}\begin{Bmatrix}\boldsymbol{Y}_1\\\boldsymbol{Y}_2\end{Bmatrix} \tag{4.2.157}$$

其中

$$\boldsymbol{V}_1=\boldsymbol{K}_{11}^{-1}+\frac{1}{E}\boldsymbol{K}_{11}^{-1}\boldsymbol{K}_{12}\boldsymbol{K}_{21}\boldsymbol{K}_{11}^{-1}+O\left(\frac{1}{E^2}\right) \tag{4.2.158}$$

$$\boldsymbol{V}_2=-\frac{1}{E}\boldsymbol{K}_{11}^{-1}\boldsymbol{K}_{12}+O\left(\frac{1}{E^2}\right) \tag{4.2.159}$$

$$\boldsymbol{V}_3=-\frac{1}{E}\boldsymbol{K}_{21}\boldsymbol{K}_{11}^{-1}-\frac{1}{E^2}\boldsymbol{K}_{21}\boldsymbol{K}_{11}^{-1}\boldsymbol{K}_{12}\boldsymbol{K}_{21}\boldsymbol{K}_{11}^{-1}$$

$$+\frac{1}{E^2}\boldsymbol{K}_{22}\boldsymbol{K}_{21}\boldsymbol{K}_{11}^{-1}+O\left(\frac{1}{E^3}\right) \tag{4.2.160}$$

$$\boldsymbol{V}_4=\frac{1}{E}\boldsymbol{I}-\frac{1}{E^2}(\boldsymbol{K}_{22}-\boldsymbol{K}_{21}\boldsymbol{K}_{11}^{-1}\boldsymbol{K}_{12})+O\left(\frac{1}{E^3}\right) \tag{4.2.161}$$

将总刚度阵的逆阵(4.2.158)～(4.2.161)，总约束阵、总势矩阵和总阻尼阵(4.2.144)～(4.2.146)代入到 $\boldsymbol{U}-\boldsymbol{C}\boldsymbol{K}^{-1}\boldsymbol{\Phi}$ 与 $-\boldsymbol{C}\boldsymbol{K}^{-1}\hat{\boldsymbol{p}}_0$ 中去，有

$$\boldsymbol{U}-\boldsymbol{C}\boldsymbol{K}^{-1}\boldsymbol{\Phi}=E\boldsymbol{U}'-E^2\boldsymbol{C}'\boldsymbol{V}_4\boldsymbol{\Phi}'$$

$$=EU'-EC'\boldsymbol{\Phi}'+C'(K_{22}-\boldsymbol{K}_{21}\boldsymbol{K}_{11}^{-1}\boldsymbol{K}_{12})\boldsymbol{\Phi}'+O\left(\frac{1}{E}\right) \tag{4.2.162}$$

$$-\boldsymbol{C}\boldsymbol{K}^{-1}\hat{\boldsymbol{p}}_0=-EC'[\boldsymbol{V}_3\hat{\boldsymbol{p}}_{01}+\boldsymbol{V}_4\hat{\boldsymbol{p}}_{02}]$$

$$=\boldsymbol{C}'[\boldsymbol{K}_{21}\boldsymbol{K}_{11}^{-1}\hat{\boldsymbol{p}}_{01}-\hat{\boldsymbol{p}}_{02}]+O\left(\frac{1}{E}\right) \tag{4.2.163}$$

且

$$\hat{\boldsymbol{p}}_0=\begin{Bmatrix}\hat{\boldsymbol{p}}_{01}\\ \hat{\boldsymbol{p}}_{02}\end{Bmatrix}\begin{matrix}Ndn\\ Ndr\end{matrix} \tag{4.2.164}$$

值得注意的是，每个接触单元都有其本身的接触相对位移和约束条件，每个单元对 $\boldsymbol{C}$、$\boldsymbol{\Phi}$ 阵的贡献都是独立的，因此 $\boldsymbol{C}'$ 与 $\boldsymbol{\Phi}'$ 也是分块对角阵，其对角阵的元素由式(4.2.124)与(4.2.127)决定. 有了这个结论，我们便可以对每个单元分别处理，例如可能存在三个滑动方向，由式(4.2.124)与(4.2.127)便得

$$\boldsymbol{\Phi}_e'=\begin{bmatrix}1 & -1 & 0\\ 0 & 0 & 1\end{bmatrix} \tag{4.2.165}$$

$$\boldsymbol{C}_e'=\begin{bmatrix}1 & \bar{\mu}\\ -1 & \bar{\mu}\\ 0 & 1\end{bmatrix} \tag{4.2.166}$$

C' 与 $\boldsymbol{\Phi}'$ 的乘积实际上是一个对角子矩阵，形式为

$$\boldsymbol{C}'\boldsymbol{\Phi}'=\begin{bmatrix}\widetilde{\boldsymbol{W}}_1 & & & 0\\ & \widetilde{\boldsymbol{W}}_2 & & \\ & & \ddots & \\ 0 & & & \widetilde{\boldsymbol{W}}_{N_c}\end{bmatrix} \tag{4.2.167}$$

其中 $\widetilde{\boldsymbol{W}}_e$ 为第 e 个接触单元的对角阵，形式为

$$\widetilde{\boldsymbol{W}}_e=\boldsymbol{C}_e^{c'}\boldsymbol{\Phi}_e^{c'}=\begin{bmatrix}1 & -1 & \bar{\mu}\\ -1 & 1 & \bar{\mu}\\ 0 & 0 & 1\end{bmatrix} \tag{4.2.168}$$

比较上式与(4.2.146)，并注意到

$$\boldsymbol{U}_e^c=\begin{bmatrix}1 & -1 & \bar{\mu}\\ -1 & 1 & \bar{\mu}\\ 0 & 0 & 1\end{bmatrix} \tag{4.2.169}$$

故可得到

$$E\boldsymbol{U}_e^{c'}=E\boldsymbol{C}_e^{'c}\boldsymbol{\Phi}_e^{c'} \tag{4.2.170}$$

即

$$E\boldsymbol{U}'-E\boldsymbol{C}'\boldsymbol{\Phi}'=\boldsymbol{0} \tag{4.2.171}$$

利用式(4.2.87)，(4.2.99)，(4.2.100)以及(4.2.124)，(4.2.127)，(4.2.131)，可以证明，当存在一个或两个方向滑动时式(4.2.171)同样成立. 据此，式(4.2.162)中的惩罚因子便可消去，

$$\lim_{E\to\infty}(\boldsymbol{U}-\boldsymbol{C}\boldsymbol{K}^{-1}\boldsymbol{\Phi})=\boldsymbol{C}'\boldsymbol{K}_r\boldsymbol{\Phi}' \tag{4.2.172}$$

$$\lim_{E\to\infty}(\boldsymbol{C}\boldsymbol{K}^{-1}\hat{\boldsymbol{p}}_0)=\boldsymbol{C}'\hat{\boldsymbol{p}}_{0r} \tag{4.2.173}$$

这里

$$\boldsymbol{K}_r=\boldsymbol{K}_{22}-\boldsymbol{K}_{21}\boldsymbol{K}_{11}^{-1}\boldsymbol{K}_{12} \tag{4.2.174}$$

$$\hat{\boldsymbol{p}}_{0r}=\hat{\boldsymbol{p}}_{02}-\boldsymbol{K}_{21}\boldsymbol{K}_{11}^{-1}\hat{\boldsymbol{p}}_{01} \tag{4.2.175}$$

熟悉子结构分析法的读者立刻可以发现，式(4.2.174)和(4.2.175)表示结构向接触点的凝聚. 非接触点的独立位移均被作为子结构的内部点而被凝聚掉了，最后要解的独立位移仅是 $\hat{\boldsymbol{u}}_r$. 这

与子结构分析方法是完全一致的，因而可以看到，这使接触问题在多层子结构分析程序上更容易实现.

将式(4.2.172)与(4.2.173)代入式(4.2.139)后可得

$$\tilde{\boldsymbol{\nu}}-(\boldsymbol{C}'\boldsymbol{K}_r\boldsymbol{\Phi}')\tilde{\boldsymbol{\lambda}}=-\boldsymbol{C}'\hat{\boldsymbol{p}}_{0r}-(\boldsymbol{C}'\boldsymbol{K}_r\boldsymbol{\Phi}')\boldsymbol{\delta}_c^*+\boldsymbol{d}_0 \quad (4.2.176)$$

注意这里 $\boldsymbol{\delta}_c^*$ 是在 $\tilde{\boldsymbol{\lambda}}$ 空间上表述的. 由于间隙仅是法向的，从而会有(参见式(4.2.165))

$$\boldsymbol{\delta}_c^*(\hat{\boldsymbol{u}}_c)=\boldsymbol{\delta}_c^*(\hat{\boldsymbol{u}}_r)=\boldsymbol{\Phi}'\boldsymbol{\delta}_c^*(\tilde{\boldsymbol{\lambda}}) \quad (4.2.177)$$

式(4.2.177)中括号内参量的意义均指 $\boldsymbol{\delta}_c^*$ 描述所对应的空间. 如果我们将括号内容略去不写，则式(4.2.176)可进一步简化，这样式(4.2.139),(4.2.140)最后化为

$$\tilde{\boldsymbol{\nu}}-(\boldsymbol{C}'\boldsymbol{K}_r\boldsymbol{\Phi}')\tilde{\boldsymbol{\lambda}}=-\boldsymbol{C}\hat{\boldsymbol{p}}_{0r}-(\boldsymbol{C}'\boldsymbol{K}_r)\boldsymbol{\delta}_c^*+\boldsymbol{d}_0 \quad (4.2.178)$$

$$\tilde{\boldsymbol{\nu}}^T\cdot\tilde{\boldsymbol{\lambda}}=0, \qquad \tilde{\boldsymbol{\nu}}\geqslant 0, \qquad \tilde{\boldsymbol{\lambda}}\geqslant 0 \quad (4.2.179)$$

注意 $\boldsymbol{\delta}_c^*$ 是在 $\tilde{\boldsymbol{u}}_r$ 空间上描述的向量. 有了式(4.2.178)和式(4.2.179)后，接触问题的求解就不难进行了.

4.2.7 应用实例

欲解有间隙摩擦接触问题，最后归结为解互补问题(4.2.178)与(4.2.179). 下面举几个典型的实例，以说明这种求解方法的有效性.

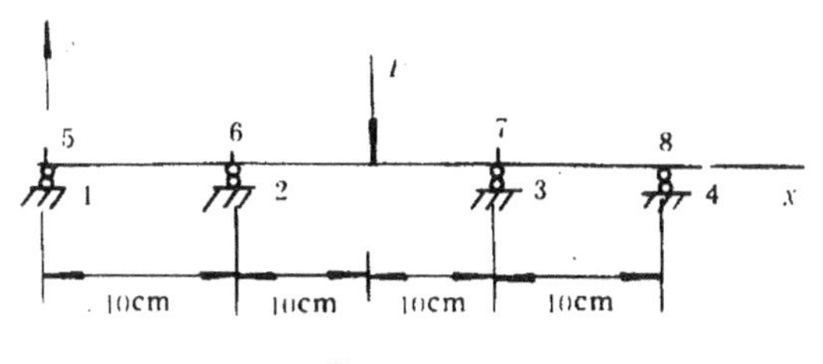

图 4.9

例4.1 如图4.9中所示连续梁中间跨受集中力 $P=150\text{kN}$，

梁与地面接触，其弹性模量、横截面积和惯性矩分别为 $E=200\text{GPa}$，$A=0.024\text{m}^2$，$I=7.2\times10^{-4}\text{m}^4$，表4.1的结果表明此问题相当于梁简支在2，3号节点上. 接触元摩擦系数 $\bar{\mu}=0.1$

表 4.1

接触点	5	6	7	8
u(m)	0.000	0.000	0.000	0.000
v(m)	0.259	0.000	0.000	0.259
p_τ(kN)	0.000	0.000	0.000	0.000
p_n(kN)	0.000	−75.00	−75.00	0.000

例4.2　如图4.10所示平面应力梁单元受接触元支撑，材料性质为 $E=689.69\text{MPa}$，$\nu=0.333$，摩擦系数 $\bar{\mu}=0.1$，表4.2给出计算结果. 如果 $P=66.738\text{kN}$，作用在相反方向，那么问题求解时会出现射线解，即接触单元全部脱离，物体发生移动.

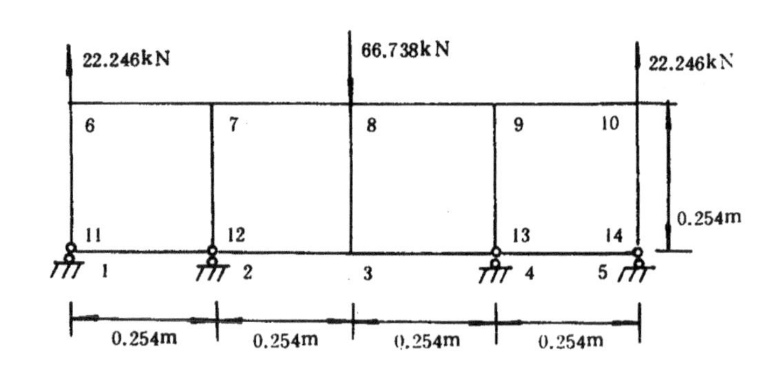

图　4.10

表 4.2

接触点	11	12	13	14
u(cm)	−1.163	−0.935	0.935	1.163
v(cm)	2.263	0.000	0.000	2.263
p_τ(kN)	0.000	−1.1123	1.1123	0.000
p_n(kN)	0.000	−11.123	−11.123	0.000

例4.3　如图4.11所示平面问题，接触单元35-24，36-25，37-26的摩擦系数 $\bar{\mu}=0.6$，材料性质同例4.2. 计算结果示于表4.3，可见接触元35-24脱离.

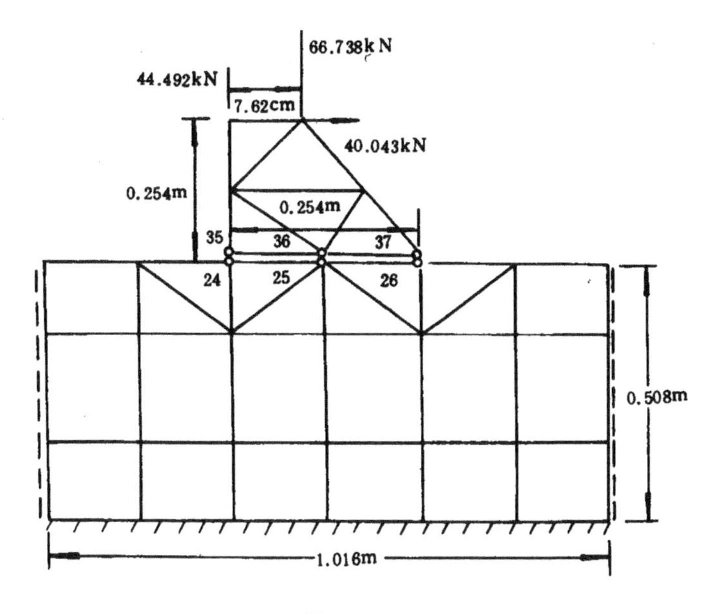

图　4.11

表　4.3

接触点	35	36	37
Δu_τ(cm)	0.01384	0.00328	0.00000
Δu_n(cm)	0.02565	0.00000	0.00000
p_τ(kN)	0.000	13.400	26.620
p_n(kN)	0.000	−22.335	−48.897

例4.4　刚性圆柱体沉陷到弹性模量 $E=98.0$MPa，泊松比 $\nu=0.3$的弹性体上. 在平面应变假设下，问题被分成46个四点元，6个五点元和11个接触单元来求解. 考虑圆柱半径 $R=8$cm，沉陷 δ

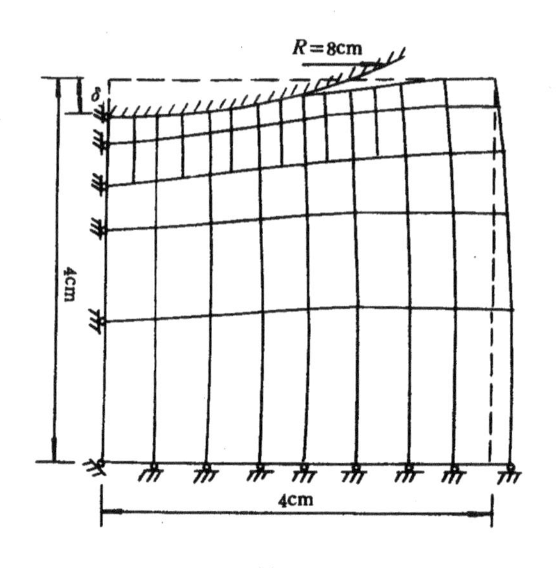

图 4.12

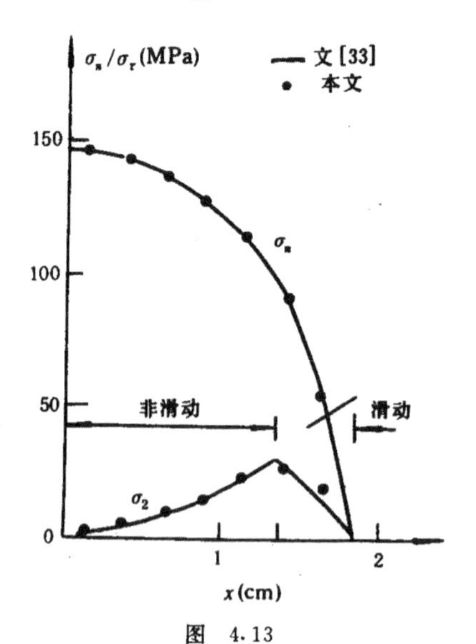

图 4.13

=0.4cm，而弹性体尺寸为8cm×4cm，利用对称性，仅取一半来分

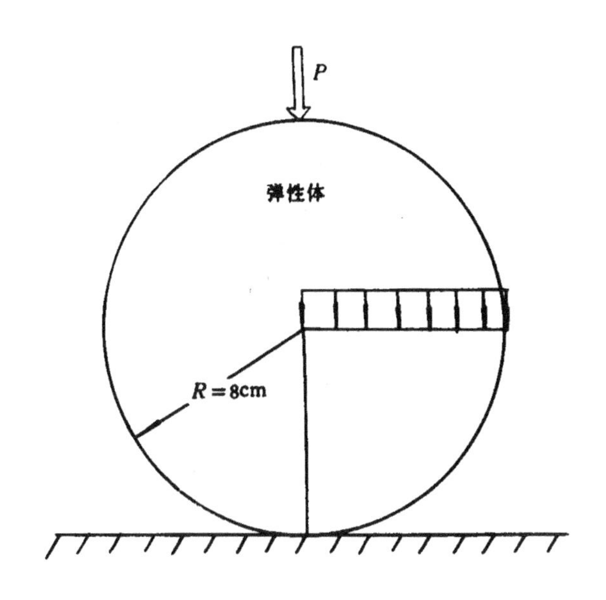

图 4.14

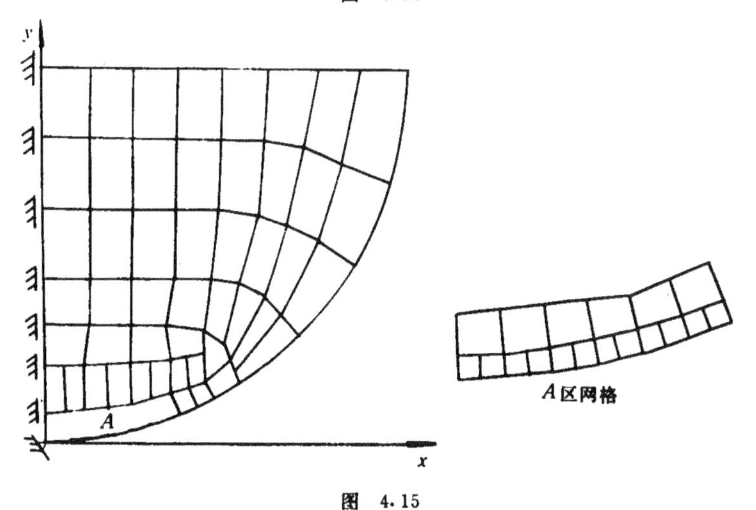

图 4.15

析，如图4.12所示，摩擦系数 $\bar{\mu}=0.3$时的计算结果示于图4.13.变形情况可以从图4.12中看到.从图4.13可以看到，本题的接触长度 $l_c=1.83\text{cm}$.按照我们的网格划分，有三个点进入滑动状态.与文

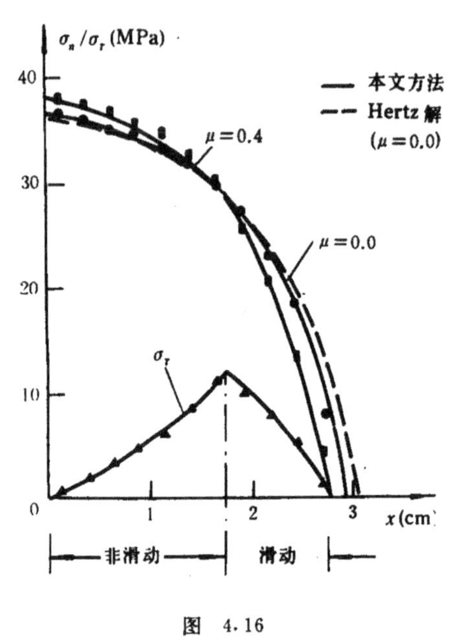

图 4.16

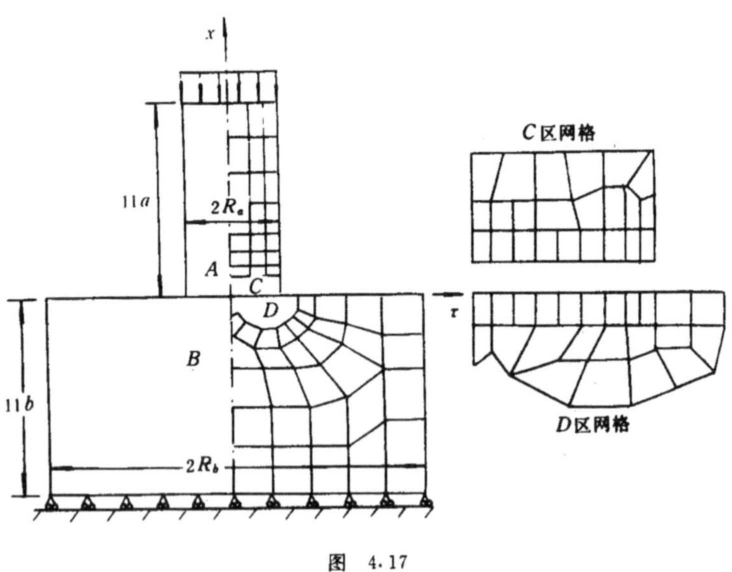

图 4.17

献[33]所算得的接触压力、接触摩擦应力曲线相比较，是非常接近

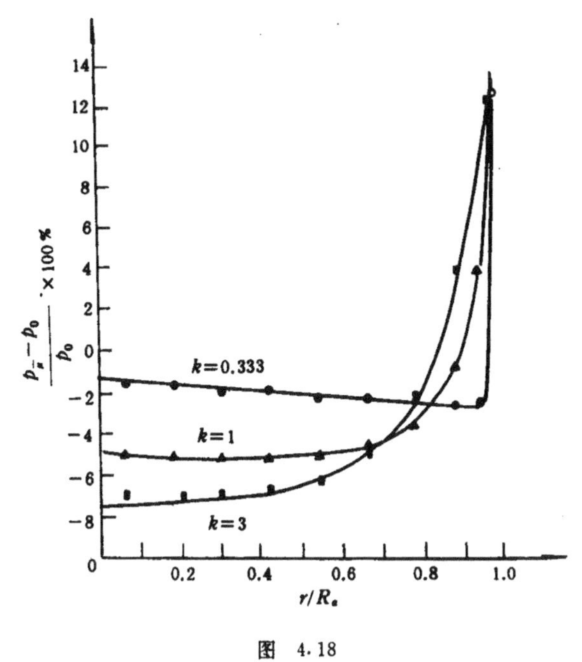

图 4.18

P_u——有摩擦时正压力 P_o——无摩擦时正压力

的.

例4.5 两个大小相同的无限长圆柱体相互接触属于古典 Hertz 问题.可以模型化为圆柱体与刚性板相接触，如图4.14所示，并考虑成平面应变问题.且有力 $P=1.5288\text{kN}$，杨氏模量 $E=19.60\text{MPa}$，泊松比 $\nu=0.3$.

作为简化，我们可以仅用四分之一结构来分析求解此问题.将圆筒顶点所受的集中力 P 均匀在四分之一弹性体表面上，其有限元网格划分如图4.15所示.模型化是用54个四点元，10个五点过渡元以及13个接触元组成，共有171个自由度.

对于这个问题，古典的 Hertz 解是在无摩擦条件下计算的接触压力，如图4.16中的虚线所示.设 $\bar{\mu}=0.0$，用本文所提方法求解，所得结果与 Hertz 解比较，仅在边界点处有所不同，另外，我们考虑摩擦存在，设摩擦系数 $\bar{\mu}=0.4$，所得的接触压力以及摩擦应力 σ_n，σ_τ 均示于图4.16.

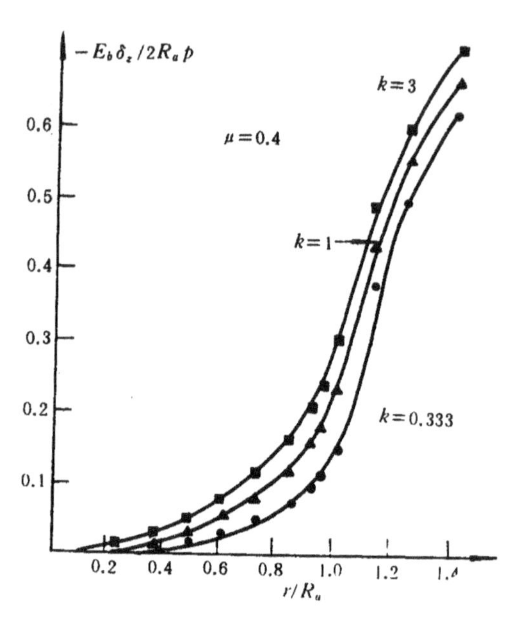

图 4.19

δ_z——垂向位移

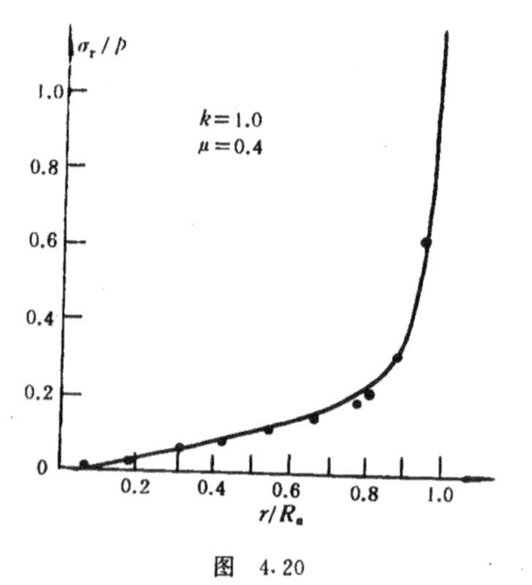

图 4.20

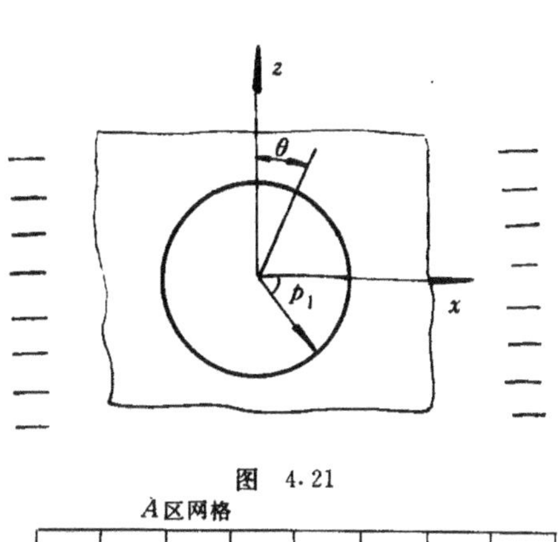

图 4.21

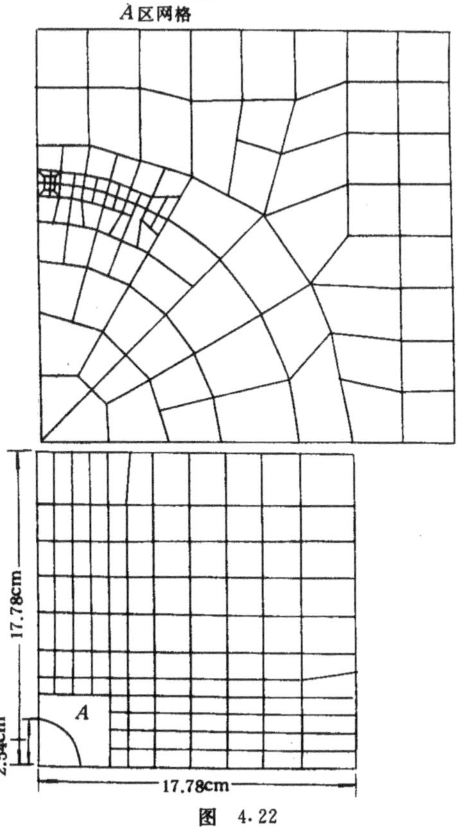

图 4.22

可以明显地看到，摩擦的效应是减少了接触区域，而增加了接触压力. 这与文[50]所得结论相同. 从摩擦应力分布曲线可以看出滑动区域占接触区的36.8%.

例4.6　半无限大的弹性板其表面受有限宽度的矩形板的压迫，如图4.17所示，均布压力 p 作用在物体 A 的表面上；物体 A 宽

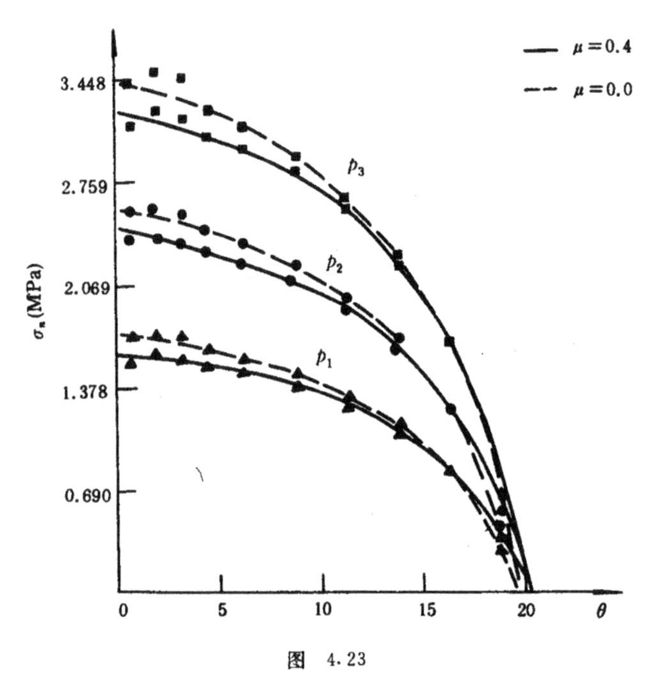

图　4.23

$2R_a$，高 H_a，而物体 B 宽 $2R_b$，高 H_b，且计算数据如下：

$$R_b=100\text{mm},\qquad H_b=100\text{mm},\qquad p=11.760\text{MPa}$$

$$R_a=25\text{mm},\qquad H_a=100\text{mm}$$

由于对称性，仅考虑一半结构来分析，网格划分如图4.17所示，总共为254个自由度，其中 $N_{dn}=232$，$N_{dr}=22$，两个物体的材料被处理为各向同性且具有不同的弹性模量比 $k=E_b/E_a$.

对于不同的 $k=0.333,1.0,3.0$，在接触区域内部摩擦对于正

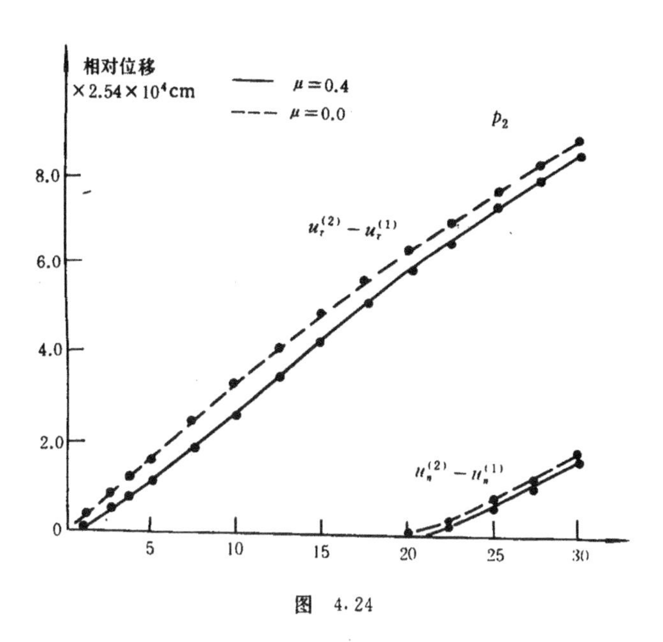

图 4.24

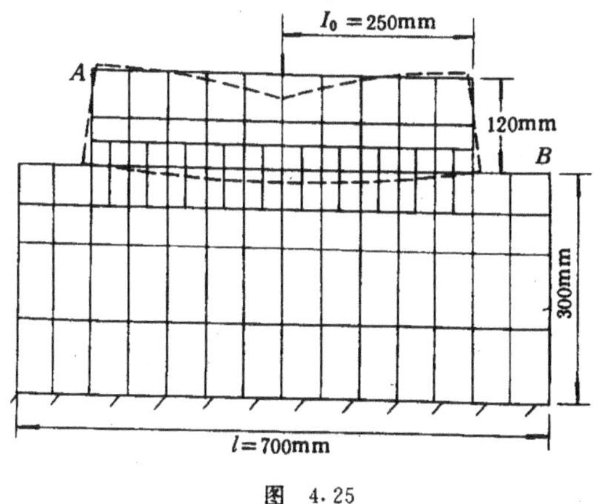

图 4.25

接触应力的影响见图4.18所示. $p_{\bar{\mu}}$ 表示有摩擦时正压力, p_0表示无摩擦时($\bar{\mu}=0$)正压力. 沿接触表面相对于接触中心的位移分布 δ_z 如图4.19所示. 而对于 $k=0.1$, $\bar{\mu}=0.4$时接触切向应力分布如图4.20所示. 显然,接触一直维持着,并在$0.95\leqslant r/R_a\leqslant 1.0$区域内

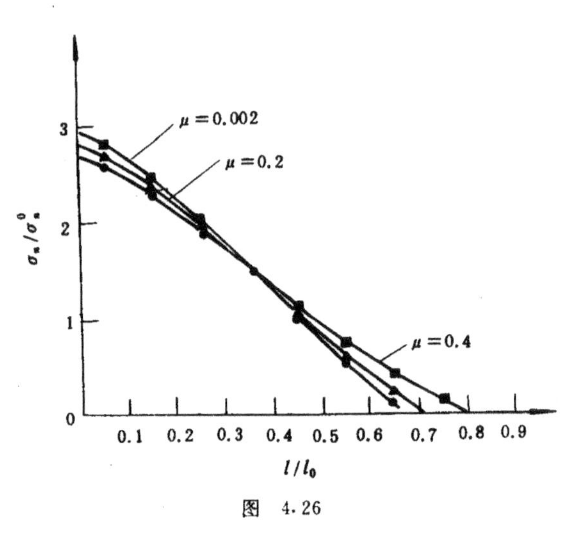

图 4.26

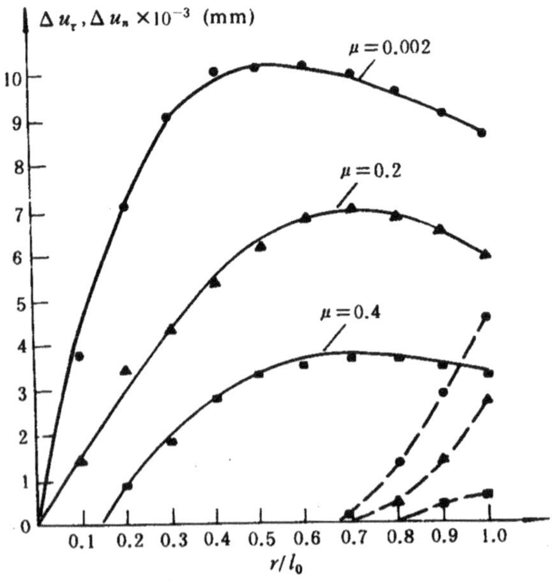

图 4.27

—— $u_\tau^{(A)}-u_\tau^{(B)}=\Delta u_\tau$， -------- $u_n^{(A)}-u_n^{(B)}=\Delta u_n$

接触单元滑动. 这些结果均与 Sachdeva 和 Ramakrishnan 在文献[18]中采用增量法所获得的结果相近.

例4.7 在无穷大板上有一个直径为5.08cm 的圆孔，嵌入一个同样直径的圆盘，无穷大板受单方向均匀拉伸，如图4.21所示. 由于问题的对称性，仅考虑四分之一结构来分析. 沿着圆弧定义可能接触边界对应的角 θ 为30°，两个物体共分成243个单元，其中15个为接触单元，自由度为550个，此问题的有限元网格划分如图4.22所示，板和盘所用材料相同，如文献[51]所给，杨氏模量 $E=6.8969\text{GPa}$，泊松比 $\nu=0.3$.

在不同摩擦系数 $\bar{\mu}=0.0, 0.4$ 下考虑 $p_1=2.759\text{MPa}$，$p_2=4.138\text{MPa}$，$p_3=5.5175\text{MPa}$ 三种荷载工况，可得法向接触应力分布如图4.23所示. 当 $p_2=4.138\text{MPa}$ 时，沿着可能接触边界的相对位移分布如图4.24所示. 当 $\mu=0.0$时本文方法算得的接触角为19.60°，接触最大应力与 p 力值之比为0.623. 另外从图4.23还可看出摩擦的效应减少了最大接触压力；从图4.24可以得出结论，不论 $\mu=0$还是 $\mu=0.4$，除接触角为0°的接触单元外，其它接触元均发生滑动.

例4.8 两个平板间的接触问题. 两个铸铁板如图4.25所示. 中间受一个点荷载 $p=1.96\text{kN}$ 作用，物体的杨氏模量均为$9.31\times10^7\text{kPa}$，名义接触法向应力 $\sigma_n^0=3.92\times10^2\text{kPa}$.

分析采用86个四节点等参元，20个五节点等参元和21个接触单元，选取两物体间摩擦系数 $\bar{\mu}=0.002$，$\bar{\mu}=0.2$，$\bar{\mu}=0.4$重复进行接触分析. 摩擦对法向接触应力 σ_n 分布及接触区长度的影响如图4.26所示，这些结果与 Sachdeva 和 Ramakrishnan 在文献[18]中算出的结果非常接近.

图4.27给出接触面相对位移曲线，结果表明对于 $\bar{\mu}=0.002$，$\bar{\mu}=0.2$，两种情况除中间点外一切接触点均处于滑动状态；而对于 $\mu=0.4$这种情况，在接触区中部有三个接触点没有滑动.

§4.3 空间弹性接触问题分析

4.3.1 空间接触问题的提法

在实际工程结构中，往往都是以空间形式出现的，所以能简化成平面问题求解的结构有限，而寻求一种求解三维接触问题的方法是很有必要的.

本书§4.2节利用前几章阐述的参数二次规划法在弹塑性问题中的应用理论，来处理平面弹性有摩擦接触问题，这一原理是将接触力与接触相对位移用惩罚因子联系起来，最后通过对结构总刚度阵求逆、对惩罚因子取极限等一些特殊技巧，消去惩罚因子，导致有效的计算. 有兴趣的读者自然会问，这些理论对于空间弹性接触问题是否仍然适用呢?对这一问题的回答，是肯定的.

接触问题的关键是滑动函数 $\tilde{f}$ 与势函数 $\tilde{g}$ 的确立问题. 滑动函数类似于塑性力学中的屈服函数 f，滑动势函数 $\tilde{g}$ 对应弹塑性力学中的塑性势函数 g. $\tilde{f}$ 的作用是使可能接触边界 S_c 上点的力或位移满足单边边界条件和 Coulomb 摩擦定律. 而参变量 $\tilde{\boldsymbol{\lambda}}$ 则是一个表示接触边界上点接触状态的滑动参量，对 $\tilde{g}$ 的梯度则提供了 $\tilde{\boldsymbol{\lambda}}$ 的滑动方向，设一个接触单元有一个参变矢量

$$\tilde{\boldsymbol{\lambda}}_e=\{\tilde{\lambda}_e^1,\tilde{\lambda}_e^2,\tilde{\lambda}_e^3\}^T \tag{4.3.1}$$

则 $\tilde{\lambda}_e^1,\tilde{\lambda}_e^2$ 分别表示正、负切向的滑动参数，$\tilde{\lambda}_e^3$ 表示法向的接触参数，它们的意义是

$$\tilde{\lambda}_e^3=\begin{cases}>0 & \text{接触单元脱开}\\ =0 & \text{接触单元接触}\end{cases} \tag{4.3.2}$$

而且

$$\tilde{\lambda}_e^1 \cdot \tilde{\lambda}_e^2 = 0 \begin{cases} 1)\ \tilde{\lambda}_e^1 = 0, \tilde{\lambda}_e^2 > 0 & \text{往负切向滑动} \\ 2)\ \tilde{\lambda}_e^1 > 0, \tilde{\lambda}_e^2 = 0 & \text{往正切向滑动} \\ 3)\ \tilde{\lambda}_e^1 = 0, \tilde{\lambda}_e^2 = 0 & \text{不发生滑动} \end{cases} \quad (4.3.3)$$

从平面弹性接触问题分析式(4.2.178)与(4.2.179)可知，参变量二次规划法的物理意义也是很简单的. 事实上，$\boldsymbol{C}'$阵是用来限制摩擦力的大小的，以使Coulomb定律得到满足，$\boldsymbol{C}'$另一个作用是保证法向接触的单边性；$\boldsymbol{\Phi}'$阵是用来决定三个滑动方向的，即正、负切向和法向接触与脱离. $\tilde{\boldsymbol{\lambda}}_e$则是接触单元的正负向和法向滑动量，单元松弛向量$\tilde{\boldsymbol{\nu}}_e = \{\tilde{\nu}_e^1, \tilde{\nu}_e^2, \tilde{\nu}_e^3\}^T$与参变向量$\tilde{\lambda}$互补，且$\tilde{\nu}_e^1, \tilde{\nu}_e^2$分别是正、负切向摩擦力与$\bar{\mu} p_n$值之差，$\tilde{\nu}_e^3$是法向接触力.

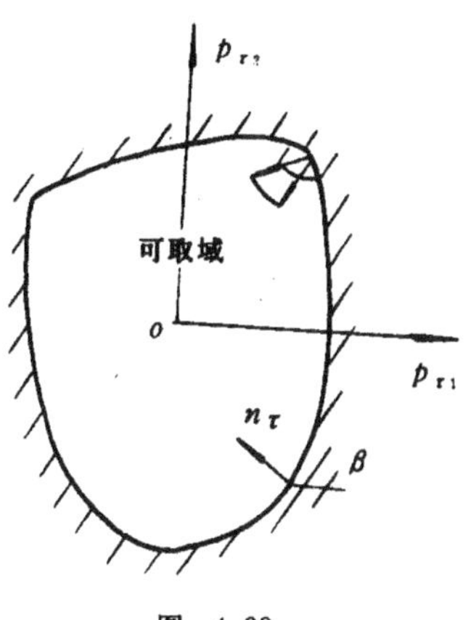

图 4.28

至此我们可以发现，空间弹性接触与平面弹性接触问题之间相差的一个本质问题是对空间弹性接触滑动函数$\tilde{f}$与滑动势函数$\tilde{g}$的确立问题，如果$\tilde{f}$与$\tilde{g}$给出了，那么§4.2节的公式推导过程则完全可以照用，问题也就会得到较好的解决了. 因而本节的重点是关于$\tilde{f}$与$\tilde{g}$函数的建立过程与相应的几个接触矩阵$\boldsymbol{C}', \boldsymbol{\Phi}', \boldsymbol{U}'$的形式问题.

空间接触体中可能接触面$S_c^{(\alpha)}(\alpha=1,2)$上一点的力由法向力$\boldsymbol{p}_n$和切向力$\boldsymbol{p}_\tau$确定；切向力$\boldsymbol{p}_\tau$有两个独立分量$p_{\tau 1}, p_{\tau 2}$，应当定义一个切向力的模函数$\mathrm{Mod}(p_{\tau 1}, p_{\tau 2})$. 设在切向力点$o$处模为零；在任一条自$o$点出发的射线上，模应当单调增加，与离$o$点距离成正比. 由

$$\operatorname{mod}(p_{\tau1},p_{\tau2}) = \bar{\mu}p_n \tag{4.3.4}$$

确定的周边应是不凹的，见图4.28所示. 容许切向力的区域为可取域，可取域的范围与垂直压力 p_n 有关，可表示为

$$\operatorname{mod}(p_{\tau1},p_{\tau2}) \leqslant \bar{\mu}p_n \tag{4.3.5}$$

当在可取域内部时，滑动不会发生，滑动只可能在可取域边界上发生. 其方向应是垂直于周边的内法线 $\boldsymbol{n}_\tau$ 的方向. 如果周线有尖点，则滑动可以在两根切线的内法线所组成的扇形内发生，如图4.28所示. 本文讨论各向同性滑动，则可取域周界回线是一个圆，滑动方向总是朝着切向力的反方向. 以上是针对目标接触体而言的，而对于被接触体，情况恰好相反. 其滑动的方向总是朝着切向的方向. 如图4.29所示，$\Omega^{(2)}$ 被称为目标接触体，$\Omega^{(1)}$ 称为被接触体. 采取图示的坐标系对问题进行研究，则与§4.2节规定完全一致.

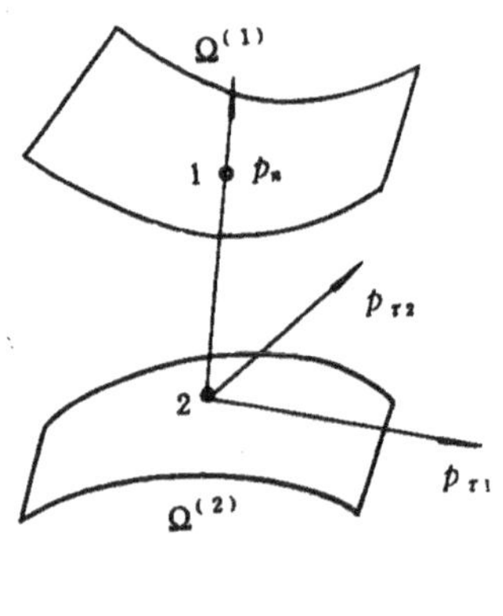

图 4.29

切向力可取域是根据古典 Coulomb 定律得来的，可以表为一个闭集：

$$C_\infty(p_n)=\{\boldsymbol{p}_\tau : f=|p_\tau|+\bar{\mu}p_n\leqslant 0\} \tag{4.3.6}$$

$$\boldsymbol{p}_\tau=p_{\tau1}\boldsymbol{i}+p_{\tau2}\boldsymbol{j} \tag{4.3.7}$$

式(4.3.6)与(4.3.7)实际上是一个无限大的无底圆锥体，如图4.30(a)所示；若对 Coulomb 定律逐次线性化，可以得到一个近似的 Coulomb 定律，实际上是一个无限大的无底 N_f 边棱锥形，如图4.30(b)所示，其闭集可表示为

$$C_{N_f}(p_n)=\{\boldsymbol{p}_\tau ; f_i(\boldsymbol{p}_\tau,p_n)\leqslant 0,\quad i=1,2,\cdots,N_f\} \tag{4.3.8}$$

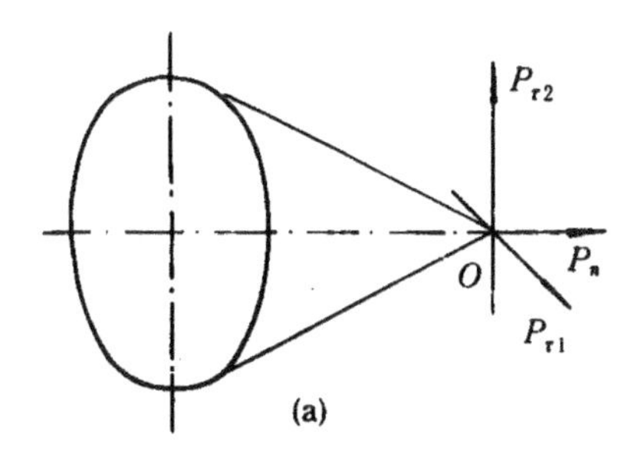

(a)

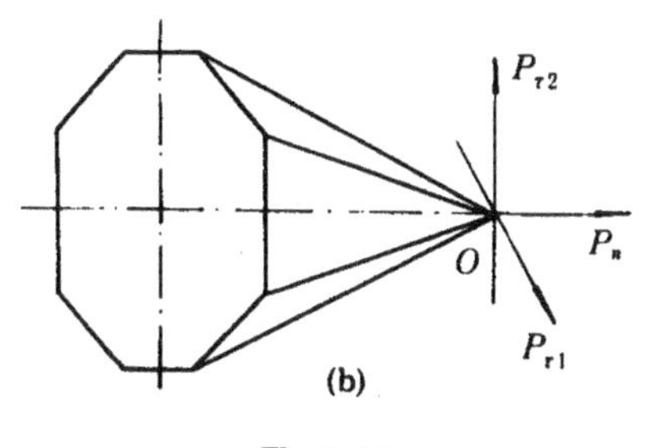

(b)

图 4.30

$$f_i=[\cos\alpha_i,\sin\alpha_i,\bar{\mu}]\begin{Bmatrix}p_{\tau1}\\p_{\tau2}\\p_n\end{Bmatrix}\leqslant 0 \tag{4.3.9}$$

且有

$$\lim_{N_f\to\infty}C_{N_f}(p_n)=C_\infty(p_n) \tag{4.3.10}$$

其中，N_f 为圆周等分数

$$\alpha_i=\frac{360}{N_f}i,\quad i=1,2,\cdots,N_f \tag{4.3.11}$$

见图4.31所示，文献[35]便是取 $N_f=4$进行求解的，显然误差较大. 其可能接触面 $S_c^{(\alpha)}$ 上力 $p_c=\{p_{\tau1},p_{\tau2},p_n\}^T$ 和位移的关系同样可用式(4.2.9)～(4.2.11)表示.

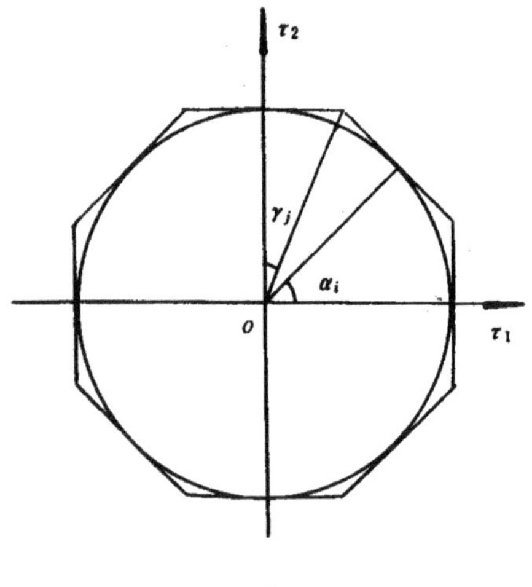

图 4.31

4.3.2 空间接触本构模型

同平面接触模型一样，可以定义接触位移

$$\varepsilon_c=\begin{Bmatrix}\varepsilon_{\tau1}\\ \varepsilon_{\tau2}\\ \varepsilon_n\end{Bmatrix} \tag{4.3.12}$$

其中

$$\varepsilon_{\tau1}=u_{\tau1}^{(1)}-u_{\tau1}^{(2)}=\Delta u_{\tau1} \tag{4.3.13}$$

$$\varepsilon_{\tau2}=u_{\tau2}^{(1)}-u_{\tau2}^{(2)}=\Delta u_{\tau2} \tag{4.3.14}$$

$$\varepsilon_n=u_n^{(1)}-u_n^{(2)}+\delta^*=\Delta u_n+\delta^* \tag{4.3.15}$$

引入惩罚因子，则 p_n 与相对位移的关系可表为

$$p_n=E_n\beta(\varepsilon_n)\qquad 在 S_c 上 \tag{4.3.16}$$

$$\beta(\varepsilon_n)=\varepsilon_n[1-\mathrm{sign}(\varepsilon_n)]/2 \tag{4.3.17}$$

$$\varepsilon_n=\Delta u_n+\delta^* \tag{4.3.18}$$

由 Coulomb 摩擦定律，切向力与切向相对位移的关系可表为

$$p_{\tau i}=\left\{\begin{array}{ll}E_\tau \varepsilon_{\tau i}\text{，当}|p_{\tau i}|<-\bar{\mu}p_n|\cos\gamma_i|\text{时} & \\ & i=1,2 \\ -\bar{\mu}p_n\operatorname{sing}_n(\varepsilon_{\tau i})\text{，当}|p_{\tau i}|=-\bar{\mu}p_n|\cos\gamma_i|\text{时}\end{array}\right\} \tag{4.3.19}$$

其中 γ_i 为 $\boldsymbol{p}_\tau$ 与 $p_{\tau i}$ 间的夹角，参见图4.31. $E_\tau=E_n\to\infty$ 为惩罚因子.

根据上述原理，我们可以把接触相对位移分解成两部分，一部分是弹性相对位移 $\boldsymbol{\varepsilon}_c^e$，即发生接触但未发生滑动时的位移；第二部分是滑动相对位移，用 $\boldsymbol{\varepsilon}_c^p$ 表示，则有

$$\boldsymbol{\varepsilon}_c=\boldsymbol{\varepsilon}_c^e+\boldsymbol{\varepsilon}_c^p \tag{4.3.20}$$

接触力 $\boldsymbol{p}_c=\{p_{\tau1},p_{\tau2},p_n\}^T$ 与弹性相对位移之间满足 Hooke 定律

$$\boldsymbol{p}_c=\boldsymbol{D}_c\boldsymbol{\varepsilon}_c^e \tag{4.3.21}$$

其中 $\boldsymbol{D}_c$ 为接触面弹性矩阵

$$\boldsymbol{D}_c=\begin{bmatrix}E_\tau & & 0\\ & E_\tau & \\ 0 & & E_n\end{bmatrix}=\begin{bmatrix}E & & 0\\ & E & \\ 0 & & E\end{bmatrix} \tag{4.3.22}$$

将式(4.3.20)代入式(4.3.21)有

$$\boldsymbol{p}_c=\boldsymbol{D}_c(\boldsymbol{\varepsilon}_c-\boldsymbol{\varepsilon}_c^p) \tag{4.3.23}$$

这便是接触力与接触相对位移之间的关系.

在另一方面，如图4.29所示，在摩擦面上满足 Coulomb 定律，其切向力 $\boldsymbol{p}_\tau$ 的可取域为 $C_\infty(p_n)$，那么滑动函数和流动势函数分别可表示为

$$\mathcal{F}_1=p_{\tau1}^2+p_{\tau2}^2-\bar{\mu}^2p_n^2\leqslant0 \tag{4.3.24}$$

$$\tilde{g}_1 = p_{\tau 1}^2 + p_{\tau 2}^2 \tag{4.3.25}$$

对于法向，满足单边条件

$$\tilde{f}_2 = p_n \leqslant 0 \tag{4.3.26}$$

$$\tilde{g}_2 = p_n \tag{4.3.27}$$

若用逐次线性化所得的Coulomb定律，切向力p_τ可取域$C_{N_f}(p_n)$. 这时共有N_{f+1}个滑动函数$\tilde{f}_i$和流动势函数$\tilde{g}_i$. 前N_f个是由线性化Coulomb定律决定的，一般形式为

$$\tilde{f}_i = p_{\tau 1}\cos\alpha_i + p_{\tau 2}\sin\alpha_i + \bar{\mu} p_n \leqslant 0 \tag{4.3.28}$$

$$\tilde{g}_i = p_{\tau 1}\cos\alpha_i + p_{\tau 2}\sin\alpha_i \qquad i = 1, 2, \cdots, N_f \tag{4.3.29}$$

第N_{f+1}个则为

$$\tilde{f}_{N_{f+1}} = p_n \leqslant 0 \tag{4.3.30}$$

$$\tilde{g}_{N_{f+1}} = p_n \tag{4.3.31}$$

则滑动相对位移可表示为

$$\boldsymbol{\varepsilon}_c^p = \sum_{k=1}^{N_{f+1}} \tilde{\lambda}_k \frac{\partial \tilde{g}_k}{\partial \boldsymbol{p}_c} \tag{4.3.32}$$

写成矩阵形式

$$\boldsymbol{\varepsilon}_c^p = \left(\frac{\partial \tilde{\boldsymbol{g}}}{\partial \boldsymbol{p}_c} \right)^T \tilde{\boldsymbol{\lambda}} \tag{4.3.33}$$

其中

$$\tilde{\boldsymbol{g}} = [\tilde{g}_1, \tilde{g}_2, \cdots, \tilde{g}_{N_{f+1}}]^T \tag{4.3.34}$$

$$\tilde{\boldsymbol{\lambda}} = [\tilde{\lambda}_1, \tilde{\lambda}_2, \cdots, \tilde{\lambda}_{N_{f+1}}]^T \tag{4.3.35}$$

这样我们就可建立与式(4.2.63)，(4.2.65)几乎相同的状态方程.

$$\tilde{f}_k^0+\widetilde{W}_k\varepsilon_c-\widetilde{m}_k\tilde{\lambda}+\tilde{\nu}_k=0 \qquad (4.3.36)$$

$$\tilde{\lambda}_k\cdot\tilde{\nu}_k=0, \qquad \tilde{\lambda}_k,\nu_k\geqslant 0 \qquad (4.3.37)$$

其中 $\tilde{f}_k^0$ 为起始时 $\tilde{f}_k$ 的值.

$$\widetilde{W}_k=\left[\frac{\partial \tilde{f}_k}{\partial p_c}\right]^T D_c \qquad (4.3.38)$$

$$\widetilde{m}_k=\left[\frac{\partial \tilde{f}_k}{\partial p_c}\right]^T D_c\left[\frac{\partial \tilde{g}}{\partial p_c}\right]^T \qquad (4.3.39)$$

$$k=1,2,\cdots,N_{f-1}$$

与式(4.2.63),(4.2.64)所不同的只是 k 的取值范围有所不同,平面弹性接触问题一般 $k=1,2,3$,而空间弹性接触问题为1,2,…,N_{f+1}.

4.3.3 参变量最小势能原理与有限元二次规划解

与式(4.2.47)～(4.2.51)相对应,空间弹性接触问题力学边值方程的提法如下:

1. 平衡方程

$$A^{(\nabla)}\sigma+b=0 \quad 在\ \Omega^{(1)},\Omega^{(2)}\ 内 \qquad (4.3.40)$$

2. 应变-位移关系

$$\varepsilon=L^{(0)}u \qquad (4.3.41)$$

3. 边界条件在 $S=S_c+S_p+S_u$ 上满足

$$n\cdot\sigma=p \quad 在\ S_p\ 上 \qquad (4.3.42)$$

$$u=\bar{u} \quad 在\ S_u\ 上 \qquad (4.3.43)$$

$$\left.\begin{array}{l}\widetilde{\boldsymbol{f}}(\boldsymbol{u}_c,\widetilde{\boldsymbol{\lambda}})+\widetilde{\boldsymbol{\nu}}=\boldsymbol{0}\\ \widetilde{\boldsymbol{\nu}}^T\widetilde{\boldsymbol{\lambda}}=0,\widetilde{\boldsymbol{\nu}},\widetilde{\boldsymbol{\lambda}}\geqslant\boldsymbol{0}\end{array}\right\}\text{在 } S_c \text{ 上} \tag{4.3.44}$$

4. 本构方程

$$\boldsymbol{\sigma}=\boldsymbol{D}\,\boldsymbol{\varepsilon} \tag{4.3.45}$$

与式(4.2.27)～(4.2.32)不同的是，式(4.3.40)～(4.3.45)中的量均是对三维空间而言的，并且式(4.3.44)是与式(4.3.36)，(4.3.37)相对应的.

如此可以给出空间弹性接触问题参变量最小势能原理：

在所有满足几何条件(4.3.41)，(4.3.43)的可能位移场中，真实解使总势能泛函

$$\begin{aligned}\Pi_{14}[\tilde{\lambda}(\cdot)]=&\int_\Omega\frac{1}{2}\boldsymbol{\varepsilon}^T\boldsymbol{D}\boldsymbol{\varepsilon}d\Omega-\left[\int_\Omega\boldsymbol{b}^T\boldsymbol{u}d\Omega+\int_{S_p}\overline{\boldsymbol{p}}^T\boldsymbol{u}dS\right]\\&+\int_{S_c}\left(\frac{1}{2}\boldsymbol{\varepsilon}_c^T\boldsymbol{D}_c\boldsymbol{\varepsilon}_c-\widetilde{\boldsymbol{\lambda}}^T\widetilde{\boldsymbol{R}}\boldsymbol{\varepsilon}_c\right)dS\end{aligned} \tag{4.3.46}$$

在接触状态方程(4.3.44)的控制下取总体最小值，这里

$$\widetilde{\boldsymbol{R}}=\left(\frac{\partial\widetilde{\boldsymbol{g}}}{\partial\boldsymbol{p}_c}\right)\boldsymbol{D} \tag{4.3.47}$$

将式(4.3.46)，(4.3.47)写成张量形式：

$$\begin{aligned}\Pi_{14}[\tilde{\lambda}(\cdot)]=&\int_\Omega\frac{1}{2}u_{i,j}D_{ijkl}u_{k,l}d\Omega-\left[\int_\Omega b_iu_id\Omega+\int_{S_p}\overline{p}_iu_idS\right]\\&+\int_{S_c}\left(\frac{1}{2}\varepsilon_{ci}D_{cij}\varepsilon_{cj}-\widetilde{\lambda}_\alpha\widetilde{R}_{k\alpha}\varepsilon_{ck}\right)dS\end{aligned} \tag{4.3.48}$$

$$\widetilde{R}_{k\alpha}=\left(\frac{\partial\widetilde{g}_\alpha}{\partial p_{ci}}\right)D_{cik}\qquad(\alpha=1,2,\cdots,N_{f+1}) \tag{4.3.49}$$

其中

$$\boldsymbol{\varepsilon}_c=[\varepsilon_{c1},\varepsilon_{c2},\varepsilon_{c3}]^T=[\varepsilon_{\tau1},\varepsilon_{\tau2},\varepsilon_n]^T \tag{4.3.50}$$

$$\boldsymbol{p}_c=[p_{c1},p_{c2},p_{c3}]^T=[p_{\tau1},p_{\tau2},p_n]^T \tag{4.3.51}$$

$$D_{cij}=\begin{cases}E & i=j \text{ 时} \\ 0 & i\neq j \text{ 时}\end{cases} \quad i,j=1,2,3 \tag{4.3.52}$$

式(4.3.48)张量运算下标$i,j,k,l=1,2,3$.

关于空间弹性接触问题参变量最小势能原理的证明同平面问题参变量变分原理的证明是完全一样的,故不再重复.

基于上述原理,可以构造空间弹性接触问题有限元参数二次规划求解方程的基本列式,公式推导同4.2.4节的内容完全一样,下面列出有限元离散化后的结果,下列各式中有关参量的含义请参见4.2.4节中的说明.

总势能离散后的表达形式为

$$\Pi_{15}[\tilde{\lambda}(\cdot)]=\frac{1}{2}\hat{\boldsymbol{u}}^T\boldsymbol{K}\hat{\boldsymbol{u}}-\hat{\boldsymbol{u}}(\boldsymbol{\Phi}\tilde{\boldsymbol{\lambda}}+\hat{\boldsymbol{p}}) \tag{4.3.53}$$

其中

$$\boldsymbol{K}=\sum_{e=1}^{N_E}\boldsymbol{T}_e^{e^T}\boldsymbol{K}_e\boldsymbol{T}_e^e+\sum_{e=1}^{N_c}\boldsymbol{T}_c^{e^T}\boldsymbol{K}_e^c\boldsymbol{T}_c^e\in R^{Nu\times Nu} \tag{4.3.54}$$

$$\boldsymbol{K}_e=\int_{\Omega_e}\boldsymbol{B}^{e^T}\boldsymbol{D}^e\boldsymbol{B}^e d\Omega \tag{4.3.55}$$

$$\boldsymbol{K}_e^c=\int_{S_c^e}\boldsymbol{N}_c^{e^T}\boldsymbol{D}_c^e\boldsymbol{N}_c^e dS \tag{4.3.56}$$

$$\hat{\boldsymbol{p}}=\hat{\boldsymbol{p}}_0-\hat{\boldsymbol{p}}_\delta \qquad \in R^{N_u\times 1} \tag{4.3.57}$$

$$\hat{\boldsymbol{p}}_0=\sum_{e=1}^{N_E}\left\{\int_{\Omega_e}\boldsymbol{T}_e^{e^T}\boldsymbol{N}^{e^T}\boldsymbol{b}d\Omega+\int_{S_p^e}\boldsymbol{T}_e^{e^T}\boldsymbol{N}^{e^T}\tilde{\boldsymbol{p}}dS\right\} \tag{4.3.58}$$

$$\hat{\boldsymbol{p}}_\delta=\left[\sum_{e=1}^{N_c}\boldsymbol{T}_c^{e^T}\boldsymbol{K}_e^c\boldsymbol{T}_\delta^e\right]\delta_c^* \tag{4.3.59}$$

$$\boldsymbol{\Phi} = \sum_{e=1}^{N_c} \int_{S_c^e} \boldsymbol{T}_c^{e^T} \boldsymbol{N}_c^{e^T} \widetilde{\boldsymbol{R}}^{e^T} \boldsymbol{T}_\lambda^e dS \in R^{N_u \times \widetilde{m}_f} \tag{4.3.60}$$

状态方程离散化后的形式

$$\boldsymbol{C}\hat{\boldsymbol{u}} - \boldsymbol{U}\widetilde{\boldsymbol{\lambda}} - \boldsymbol{d} + \widetilde{\boldsymbol{\nu}} = 0 \tag{4.3.61}$$

$$\widetilde{\boldsymbol{\nu}}^T \cdot \widetilde{\boldsymbol{\lambda}} = 0, \qquad \widetilde{\boldsymbol{\nu}}, \widetilde{\boldsymbol{\lambda}} \geqslant 0 \tag{4.3.62}$$

其中

$$\boldsymbol{C} = \sum_{e=1}^{N_c} \int_{S_c^e} \boldsymbol{T}_\lambda^{e^T} \widetilde{\boldsymbol{W}}^e \boldsymbol{N}_c^e \boldsymbol{T}_c^e dS \in R^{\widetilde{m}_f \times N_u} \tag{4.3.63}$$

$$\boldsymbol{U} = \sum_{e=1}^{N_c} \int_{S_c^e} \boldsymbol{T}_\lambda^{e^T} \widetilde{\boldsymbol{m}}^e \boldsymbol{T}_\lambda^e \, dS \in R^{\widetilde{m}_f \times \widetilde{m}_f} \tag{4.3.64}$$

$$\boldsymbol{d} = \boldsymbol{d}_0 + \boldsymbol{d}_\delta \quad \in R^{\widetilde{m}_f \times 1} \tag{4.3.65}$$

$$\boldsymbol{d}_0 = - \sum_{e=1}^{N_c} \int_{S_c^e} \boldsymbol{T}_\lambda^{e^T} \widetilde{\boldsymbol{f}}^{0^e} dS \tag{4.3.66}$$

$$\boldsymbol{d}_\delta = - \sum_{e=1}^{N_c} \int_{S_c^e} \boldsymbol{T}_\lambda^{e^T} \widetilde{\boldsymbol{W}}^e \boldsymbol{T}_\delta^e dS \boldsymbol{\delta}_c^* \tag{4.3.67}$$

$$\left.\begin{aligned} \widetilde{\boldsymbol{\lambda}} &= [\widetilde{\boldsymbol{\lambda}}^{1^T}, \widetilde{\boldsymbol{\lambda}}^{2^T}, \cdots, \widetilde{\boldsymbol{\lambda}}^{N_c^T}]^T \\ \widetilde{\boldsymbol{\lambda}}^e &= [\widetilde{\lambda}_1^e, \widetilde{\lambda}_2^e, \cdots, \widetilde{\lambda}_{m_{fe}}^e]^T \end{aligned}\right\} \tag{4.3.68}$$

$$\left.\begin{aligned} \widetilde{\boldsymbol{\nu}} &= [\widetilde{\boldsymbol{\nu}}^{1^T}, \widetilde{\boldsymbol{\nu}}^{2^T}, \cdots, \widetilde{\boldsymbol{\nu}}^{N_c^T}]^T \\ \widetilde{\boldsymbol{\nu}}^e &= [\widetilde{\nu}_1^e, \widetilde{\nu}_2^e, \cdots, \widetilde{\nu}_{m_{fe}}^e]^T \end{aligned}\right\} \tag{4.3.69}$$

对于空间接触单元，$\widetilde{m}_{fe}$值一般等于 N_f+1，而对于平面接触问题，$\widetilde{m}_{fe}=3$，这是这两个问题在公式表述上的主要差别.

这样，我们可以给出空间弹性接触问题有限元二次规划求解方程的提法

$$\left.\begin{array}{ll}\min\limits_{u}. & \boldsymbol{\Pi}_{15}[\tilde{\boldsymbol{\lambda}}(\cdot)] \\ \text{s.t.} & \boldsymbol{C}\hat{\boldsymbol{u}}-\boldsymbol{U}\tilde{\boldsymbol{\lambda}}-\boldsymbol{d}+\tilde{\boldsymbol{\nu}}=0 \\ \multicolumn{2}{l}{\tilde{\boldsymbol{\nu}}^{T}\tilde{\boldsymbol{\lambda}}=0,\ \tilde{\boldsymbol{\nu}}\geqslant 0,\ \tilde{\boldsymbol{\lambda}}\geqslant 0}\end{array}\right\} \tag{4.3.70}$$

对于凸规划问题(4.3.70),利用 Kuhn-Tucker 条件,可转变为下列互补问题

$$\tilde{\boldsymbol{\nu}}-(\boldsymbol{U}-\boldsymbol{C}\boldsymbol{K}^{-1}\boldsymbol{\Phi})\tilde{\boldsymbol{\lambda}}=-\boldsymbol{C}\boldsymbol{K}^{-1}\hat{\boldsymbol{p}}_{0}+\hat{\boldsymbol{d}}_{0}+(\hat{\boldsymbol{d}}_{\delta}+\boldsymbol{C}\boldsymbol{K}^{-1}\hat{\boldsymbol{p}}_{\delta}) \tag{4.3.71}$$

$$\tilde{\boldsymbol{\nu}}^{T}\tilde{\boldsymbol{\lambda}}=0,\ \tilde{\boldsymbol{\nu}}\geqslant 0,\ \tilde{\boldsymbol{\lambda}}\geqslant 0 \tag{4.3.72}$$

这就是空间弹性接触问题二次规划法求解的基本方程. 与式(4.2.89),(4.2.90)在形式上是完全相同的,只是$\tilde{\boldsymbol{\nu}}$,$\tilde{\boldsymbol{\lambda}}$ 的含义上略有不同.

4.3.4 空间点接触单元

空间点接触单元是由两个节点组成的单元,它们的连线与接触边界的公法线重合. 在局部坐标系下,节点1处在 $S_c^{(1)}$ 上,节点2处在 $S_c^{(2)}$ 上,两点间初始间隙为 δ^*,如图4.32所示. 节点占有一个单位面积. 局部坐标系下的单元接触位移是

$$\boldsymbol{\varepsilon}_c=\begin{Bmatrix}\varepsilon_{\tau1}\\ \varepsilon_{\tau2}\\ \varepsilon_n\end{Bmatrix}=\begin{Bmatrix}u_{\tau1}^{(1)}-u_{\tau1}^{(2)}\\ u_{\tau2}^{(1)}-u_{\tau3}^{(2)}\\ u_n^{(1)}-u_n^{(2)}+\delta^*\end{Bmatrix}=\begin{Bmatrix}\Delta u_{\tau1}\\ \Delta u_{\tau2}\\ \Delta u_n+\delta^*\end{Bmatrix} \tag{4.3.73}$$

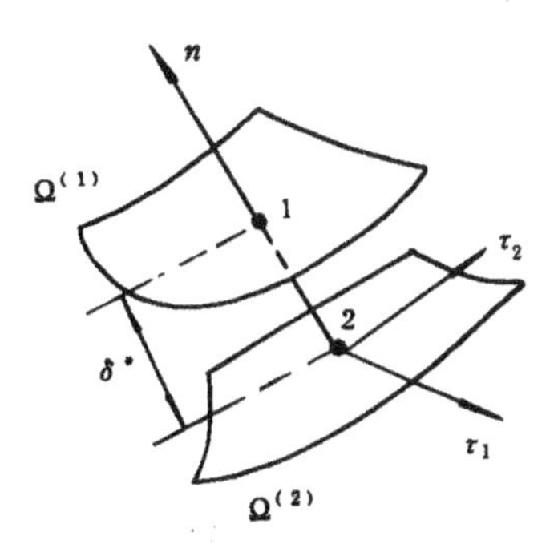

图 4.32

单元刚度阵:

空间接触单元的形函数矩阵形式为

$$
\boldsymbol{N}_c^e=\begin{bmatrix}1 & 0 & 0\\ 0 & 1 & 0\\ 0 & 0 & 1\end{bmatrix} \tag{4.3.74}
$$

代入式(4.3.56)，得

$$
\begin{aligned}
\boldsymbol{K}_e^c &= \boldsymbol{N}_c^e \boldsymbol{D}_c^e \boldsymbol{N}_c^e \\
&= \begin{bmatrix} E_\tau & & 0 \\ & E_\tau & \\ 0 & & E_n \end{bmatrix} = \begin{bmatrix} E & & 0 \\ & E & \\ 0 & & E \end{bmatrix}
\end{aligned} \tag{4.3.75}
$$

$\boldsymbol{\Phi}_e^c$， $\boldsymbol{C}_e^c$， $\boldsymbol{U}_e^c$ 矩阵：

由式(4.3.60)知

$$
\boldsymbol{\Phi}_e^c = \boldsymbol{N}_c^{e^T} \widetilde{\boldsymbol{R}}_e^T \tag{4.3.76}
$$

其中

$$
\widetilde{\boldsymbol{R}}_e = \left[\frac{\partial \widetilde{\boldsymbol{g}}^e}{\partial \boldsymbol{p}_c}\right] \boldsymbol{D}_c^e \tag{4.3.77}
$$

与式(4.3.25)，(4.3.27)相对应，可推得

$$
\widetilde{\boldsymbol{R}}_e = \begin{bmatrix} 2p_{\tau 1} & 2p_{\tau 2} & 0 \\ 0 & 0 & 1 \end{bmatrix} \begin{bmatrix} E_\tau & & 0 \\ & E_\tau & \\ 0 & & E_n \end{bmatrix}
$$

则有

$$
\boldsymbol{\Phi}_e^c = \begin{bmatrix} 2E_\tau p_{\tau_1} & 2E_\tau p_{\tau_2} & 0 \\ 0 & 0 & E_n \end{bmatrix}^T \tag{4.3.78}
$$

与式(4.3.29)，(4.3.31)相对应，可推得将 Coulomb 定律逐次线性化后的$\boldsymbol{\Phi}_e^c$，其中

$$\widetilde{\boldsymbol{R}}_e=\begin{bmatrix}\dfrac{\partial \widetilde{g}_1^e}{\partial p_{\tau 1}} & \dfrac{\partial \widetilde{g}_1^e}{\partial p_{\tau 2}} & \dfrac{\partial \widetilde{g}_1^e}{\partial p_n} \\ \dfrac{\partial \widetilde{g}_2^e}{\partial p_{\tau 1}} & \dfrac{\partial \widetilde{g}_2^e}{\partial p_{\tau 2}} & \dfrac{\partial \widetilde{g}_2^e}{\partial p_n} \\ \vdots & \vdots & \vdots \\ \dfrac{\partial \widetilde{g}_{N_f+1}^e}{\partial p_{\tau 1}} & \dfrac{\partial \widetilde{g}_{N_f+1}^e}{\partial p_{\tau 2}} & \dfrac{\partial \widetilde{g}_{N_f+1}^e}{\partial p_n}\end{bmatrix}\begin{bmatrix}E_\tau & & 0 \\ & E_\tau & \\ 0 & & E_n\end{bmatrix} \tag{4.3.79}$$

则可推得

$$\boldsymbol{\Phi}_e^c=\begin{bmatrix}E_\tau\cos\alpha_1 & E_\tau\sin\alpha_1 & 0 \\ E_\tau\cos\alpha_2 & E_\tau\sin\alpha_2 & 0 \\ \vdots & \vdots & \vdots \\ E_\tau\cos\alpha_{N_f} & E_\tau\sin\alpha_{N_f} & 0 \\ 0 & 0 & E_n\end{bmatrix}^T \tag{4.3.80}$$

由式(4.3.63)知

$$\boldsymbol{C}_e^c=\widetilde{\boldsymbol{W}}_e\boldsymbol{N}_c^e \tag{4.3.81}$$

其中

$$\widetilde{\boldsymbol{W}}_e=\begin{bmatrix}\partial \widetilde{f}_1^e/\partial \boldsymbol{p}_c \\ \partial \widetilde{f}_2^e/\partial \boldsymbol{p}_c \\ \vdots \\ \partial \widetilde{f}_{m_{fe}}^e/\partial \boldsymbol{p}_c\end{bmatrix}\boldsymbol{D}_c \tag{4.3.82}$$

与式(4.3.24),(4.3.26)相对应,可推得

$$\begin{aligned}\widetilde{\boldsymbol{W}}_e &=\begin{bmatrix}\dfrac{\partial \widetilde{\mathcal{F}}_1^e}{\partial p_{\tau 1}} & \dfrac{\partial \widetilde{\mathcal{F}}_1^e}{\partial p_{\tau 2}} & \dfrac{\partial \widetilde{\mathcal{F}}_1^e}{\partial p_n} \\ \dfrac{\partial \widetilde{\mathcal{F}}_2^e}{\partial p_{\tau 1}} & \dfrac{\partial \widetilde{\mathcal{F}}_2^e}{\partial p_{\tau 2}} & \dfrac{\partial \widetilde{\mathcal{F}}_2^e}{\partial p_n}\end{bmatrix}\boldsymbol{D}_c \\ &=\begin{bmatrix}2E_\tau p_{\tau 1} & 2E_\tau p_{\tau 2} & -2E_n\bar{\mu}^2 p_n \\ 0 & 0 & E_n\end{bmatrix}\end{aligned} \tag{4.3.83}$$

故有

$$
\boldsymbol{C}_e^c=\begin{bmatrix} 2E_\tau p_{\tau 1} & 2E_\tau p_{\tau 2} & -2E_n\bar{\mu}^2 p_n \\ 0 & 0 & E_n \end{bmatrix} \tag{4.3.84}
$$

与式(4.3.28),(4.3.30)对应,可导出

$$
\boldsymbol{C}_e^c=\begin{bmatrix} E_\tau\cos\alpha_1 & E_\tau\sin\alpha_1 & \bar{\mu}E_n \\ E_\tau\cos\alpha_2 & E_\tau\sin\alpha_2 & \bar{\mu}E_n \\ \vdots & \vdots & \vdots \\ E_\tau\cos\alpha_{N_f} & E_\tau\sin\alpha_{N_f} & \bar{\mu}E_n \\ 0 & 0 & E_n \end{bmatrix} \tag{4.3.85}
$$

由式(4.3.57)知

$$
\boldsymbol{U}_e^c=\widetilde{\boldsymbol{m}}^e \tag{4.3.86}
$$

与式(4.3.24)～(4.3.27)相对应,有

$$
\widetilde{\boldsymbol{m}}^e=\begin{bmatrix} \widetilde{m}_{11}^e & \widetilde{m}_{12}^e \\ \widetilde{m}_{21}^e & \widetilde{m}_{22}^e \end{bmatrix} \tag{4.3.87}
$$

其中

$$
\widetilde{m}_{ij}^e=\left[\frac{\partial \widetilde{f}_i^c}{\partial \boldsymbol{p}_c}\right]^T \boldsymbol{D}_c\left(\frac{\partial \widetilde{g}_j^c}{\partial \boldsymbol{p}_c}\right) \tag{4.3.88}
$$

将式(4.3.24)～(4.3.27)代入式(4.3.87)与(4.3.88),得

$$
\widetilde{\boldsymbol{m}}^e=\boldsymbol{U}_e^c=\begin{bmatrix} 4E_\tau(p_{\tau 1}^2+p_{\tau 2}^2) & -2E_n\bar{\mu}^2 p_n \\ 0 & E_n \end{bmatrix} \tag{4.3.89}
$$

而与式(4.3.28)～(4.3.31)相对应,可导出

$$
\widetilde{\boldsymbol{m}}^e=\boldsymbol{U}_e^c=\begin{bmatrix} \widetilde{m}_{11}^e & \widetilde{m}_{12}^e & \cdots & \widetilde{m}_{1N_f}^e & \widetilde{m}_{1N_f+1}^e \\ \widetilde{m}_{21}^e & \widetilde{m}_{22}^e & & \widetilde{m}_{2N_f}^e & \widetilde{m}_{2N_f+1}^e \\ \cdots & \cdots & \cdots & \cdots & \cdots \\ \widetilde{m}_{N_f1}^e & \widetilde{m}_{N_f2}^e & \cdots & \widetilde{m}_{N_fN_f}^e & \widetilde{m}_{N_fN_f+1}^e \\ \widetilde{m}_{N_f+1_1}^e & \widetilde{m}_{N_f+1_2}^e & \cdots & \widetilde{m}_{N_f+1N_f}^e & \widetilde{m}_{N_f+1N_f+1}^e \end{bmatrix}
$$

(4.3.90)

其中

$$
\left.\begin{aligned}
&\widetilde{m}_{ii}^{e}=E_{\tau},\ i=1,2,\cdots,N_{f}\\
&\widetilde{m}_{ij}^{e}=E_{\tau}(\cos\alpha_{i}\cos\alpha_{j}+\sin\alpha_{i}\sin\alpha_{j})\\
&\qquad\qquad\qquad\qquad i=1,2,\cdots,N_{f}\\
&\qquad\qquad\qquad\qquad j=1,2,\cdots,N_{f}\\
&\widetilde{m}_{iN_{f}+1}^{e}=\bar{\mu}E_{n},\quad i=1,2,\cdots,N_{f}\\
&\widetilde{m}_{N_{f}+1i}^{e}=0,\qquad i=1,2,\cdots,N_{f}\\
&\widetilde{m}_{N_{f}+1N_{f-1}}^{e}=E_{n}
\end{aligned}\right\}\tag{4.3.91}
$$

4.3.5 计算方法

有了空间接触单元刚度阵(4.3.75),以及单元势矩阵,约束阵和阻尼阵(4.3.77)～(4.3.91),求解空间摩擦接触问题是不难的.由于接触力仅与接触相对位移有关,因此完全同平面弹性摩擦接触问题的解法,将结构总位移$\{\hat{u}\}$分成普通独立位移$\{\hat{u}_s\}$和接触相对位移$\{\hat{u}_r\}$,则组装的总刚度阵、总约束阵、总势矩阵和总阻尼阵形式同平面摩擦接触问题是一样的.应用4.2.6给出的有限元分析技巧,便可将总刚度阵的逆近似写成如式(4.2.157)的形式,并综合考虑式(4.3.77)～(4.3.91),消去$\boldsymbol{U}-\boldsymbol{C}\boldsymbol{K}^{-1}\boldsymbol{\Phi}$中的惩罚因子$E$是不困难的.实际上只要验证一下式(4.2.170)就可以了.对于与式(4.3.78),(4.3.84),(4.3.89)对应的情况,有

$$
\boldsymbol{C}_{e}^{c}\boldsymbol{\Phi}_{e}^{\prime c}=\begin{bmatrix}2p_{\tau1} & 2p_{\tau2} & -2\bar{\mu}^{2}p_{n}\\ 0 & 0 & 1\end{bmatrix}\begin{bmatrix}2p_{\tau1} & 0\\ 2p_{\tau2} & 0\\ 0 & 1\end{bmatrix}
$$

$$
=\begin{bmatrix}4p_{\tau1}^{2}+4p_{\tau2}^{2} & -2\bar{\mu}^{2}p_{n}\\ 0 & 1\end{bmatrix}=\boldsymbol{U}_{e}^{\prime c}\tag{4.3.92}
$$

而与式(4.3.80),(4.3.85),(4.3.90)相对应,同样可以证明

$$
\boldsymbol{C}_{e}^{c}\boldsymbol{\Phi}_{e}^{\prime c}=\boldsymbol{U}_{e}^{\prime c}\tag{4.3.93}
$$

故式(4.2.170)成立.因而惩罚因子可以消除.另外注意到初始间隙只是对接触点的法向方向才存在的,因而空间弹性接触问题的参数规划方程最终仍归结为式(4.2.178),(4.2.179)所表达的形式.

4.3.6 应用实例

例4.9 无栓板架结构分析

桥、建筑物和楼板结构可以由交叉梁组成.如图4.33所示,1～k 号为主梁,两端铰支,而 $k+1$～$k+m$ 为横梁,支撑在主梁上,但未焊牢.所以在节点(i,j)上允许有压力,即可用接触单元处理.外荷载作用在梁上.

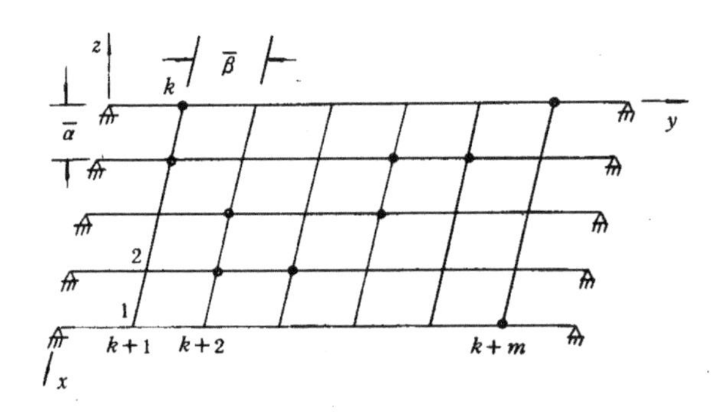

图 4.33

这时可能的接触区域是梁 i 和 j 的交界面.由于1～k 号梁两端铰支,所以无刚体自由度;而 $k+1$～$k+m$ 号横梁,由于其未加焊接,则存在刚体自由度.初始间隙设为零.标有圆圈处有44.492kN 的垂直压力.$k=5$,$m=6$,$\bar{\alpha}=\bar{\beta}=3.048$m,杨氏模量 $E=206.907$GPa,$I=4.1623\times10^{-4}\text{m}^4$.

用本节所给方法,对无摩擦情况每个接触单元仅一个滑动条件,即法向 $p_n\leqslant0$,所以整个结构总约束数为30个.计算结果示于表4.4,和文献[24]所给结果比较,非常接近.表中括号中的数值为文献[24]中的解.

表 4.4

主梁 / 横梁	6	7	8	9	10	11
5	51.050 (51.059)	2.367 (2.353)	6.267 (6.273)	14.834 (14.829)	12.436 (12.440)	42.196 (42.200)
4	35.749 (35.736)	9.4590 (9.472)	0 (0)	28.982 (28.987)	22.557 (22.544)	0 (0)
3	0 (0)	35.291 (35.296)	0 (0)	31.816 (31.794)	6.562 (6.576)	0 (0)
2	0 (0)	25.058 (25.040)	19.420 (19.407)	12.556 (12.596)	2.936 (2.932)	9.183 (9.161)
1	2.185 (2.189)	16.814 (16.818)	18.802 (18.816)	0.796 (0.779)	0 (0)	37.605 (37.622)

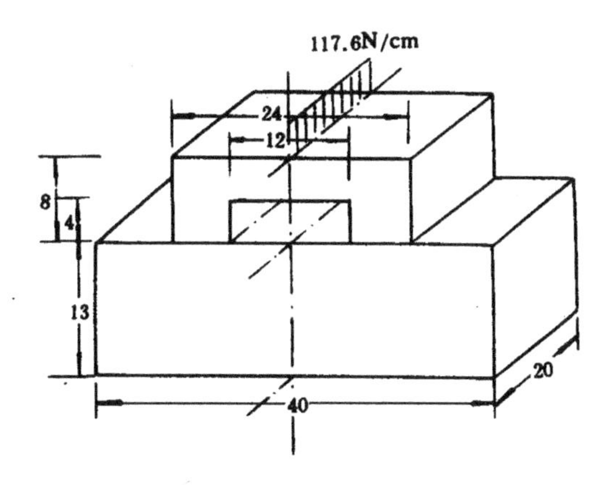

图 4.34

(尺寸单位为 cm)

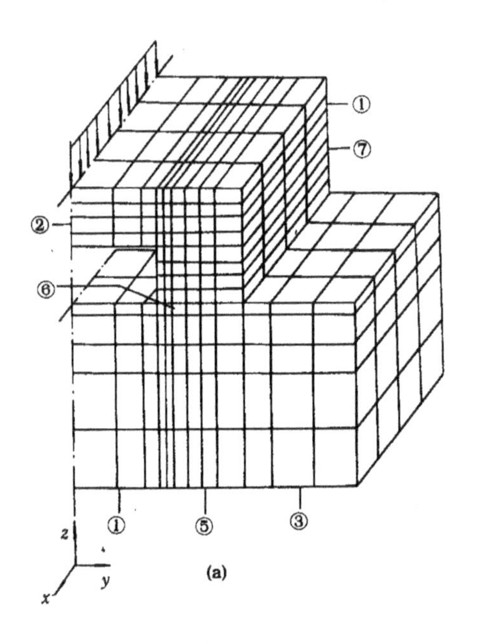

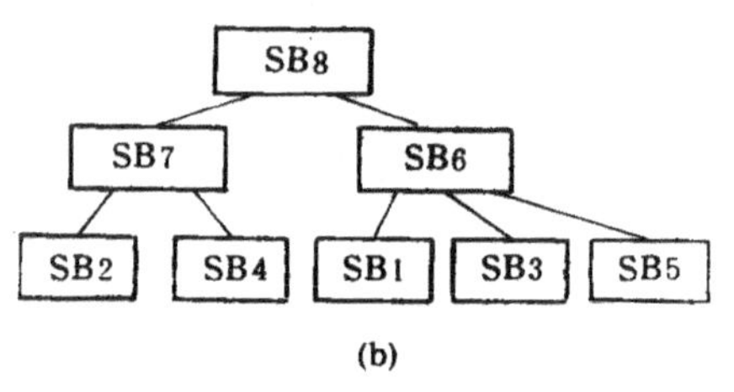

图 4.35

(a) 结构的有限元网格划分 (b) 子结构调用关系图

例4.10 全滑动接触问题分析

如图4.34所示两个物体中间受均布荷载 $q=117.6\mathrm{N/cm}$，两物体材料均相同，其弹性模量 $E=93.1\mathrm{GPa}$，泊松比 $\nu=0.3$，物体间摩擦系数为 $\bar{\mu}=0.0$ 和 $\bar{\mu}=0.4$ 两种情况.

考虑对称性，只需用整个结构的四分之一来分析，采用多层子结构技术(详见第五章的论述)，整个结构共分为8个超级单元，网格划分和子结构调用关系如图4.35所示. 最高级子结构模式为8. 在此级上所有单元均是接触单元，用作接触分析. 结构约有2400个自由度，空间接触单元有35个.

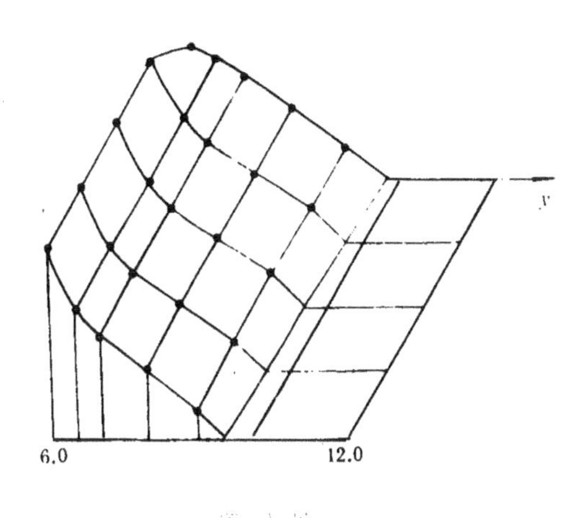

图 4.36

图4.36所示为 $\mu=0.4$ 时法向接触应力在接触面上的分布. 在可能接触区域 $y=6.0\sim12.0$cm 范围内，随着 y 值的增加，法向接触应力逐渐减小，而在 x 方向，法向接触应力变化不大. 图4.37(b)给出了 A-A 截面在 $\bar{\mu}=0.0$ 和 $\mu=0.4$ 时的接触应力数值. 从图中可以看出，随着 $\bar{\mu}$ 的增加，最大法向接触应力减少，而接触区域增大，切向接触应力 σ_τ 在任何接触点上均满足 $|\sigma_\tau|=+\bar{\mu}\sigma_n$，即处于滑动状态. 图4.37(c)是 B-B 和 C-C 截面上各接触点的相对滑动量($\bar{\mu}=0.4$时)，图4.37(d)是 A-A 截面上各接触点对应的法向位移分布图($\bar{\mu}=0.4$)，此图可以获得法向接触位移 Δu_n. 从图4.37(b)或4.37(d)可知，在 $\mu=0.4$ 时，A-A 截面上当 $y\geqslant9.83$cm 时，物体将发生脱离.

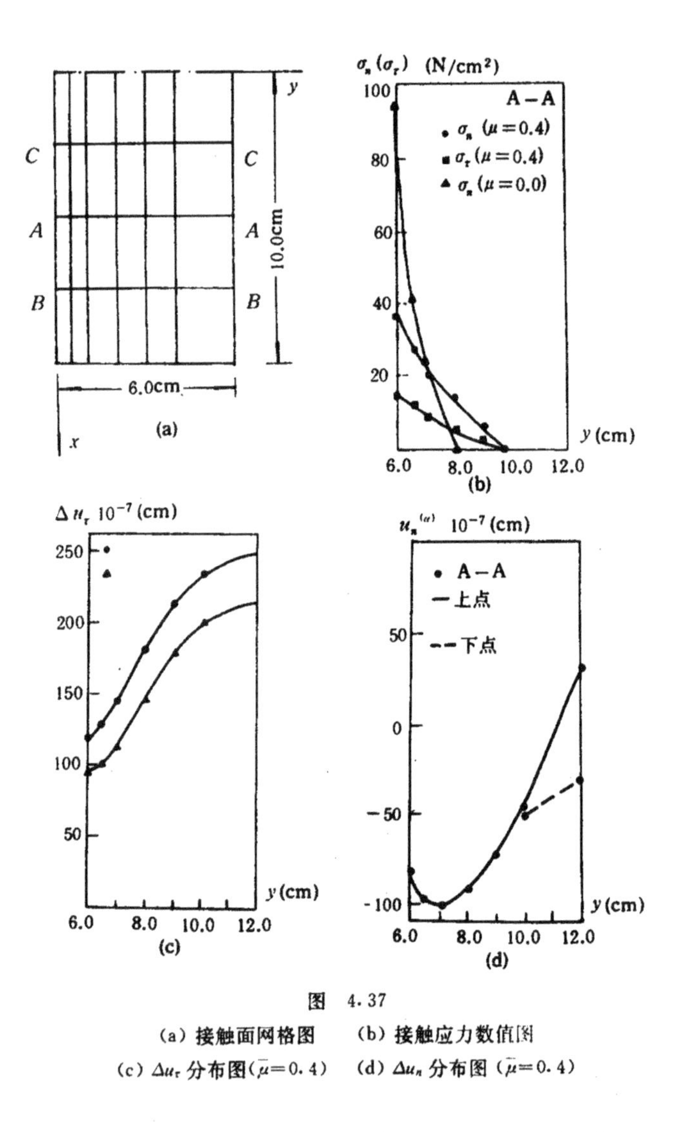

图 4.37

(a) 接触面网格图　　(b) 接触应力数值图

(c) Δu_τ 分布图($\bar{\mu}$=0.4)　　(d) Δu_n 分布图($\bar{\mu}$=0.4)

§4.4　弹塑性接触问题参数二次规划法

4.4.1　接触增量理论公式

正如我们在§2.2中所指出的那样，塑性力学的状态与历史有关，因此一般的公式描述是用增量理论来进行的．同样，对于弹塑性接触问题中的接触理论的公式也应用增量的形式来描述．弹塑性接触体内部的有关应力、应变的一系列公式已在第二章中给出，接触体系仍采用前两节所示的两体接触问题，实际上关于两体接触的理论对于多体接触问题同样适用．我们感兴趣的是可能接触的边界 S_c，对接触本构方程的描述应建立在增量的内容基础之上．

从§4.3节的叙述可以看到，空间接触问题与平面接触问题的参变量变分原理方程和二次规划有限元解的基本列式几乎是完全相同的，相差的只是接触单元本构模型略有变化．不失一般性，并考虑到公式推导方便，故仍在§4.2内容的基础上对弹塑性接触问题分析的基本公式进行推导．

由§4.2的论述可以知道，在可能的接触边界 S_c 上，当前状态下的接触力可分解为法向接触力 p_n 和切向摩擦力 p_τ，位移分解为法向位移 $u_n^{(\alpha)}$ 和切向位移 $u_\tau^{(\alpha)}$．当前状态下的接触缝隙为 δ^*．在增量之后，相应的接触力和位移便成为 $p_n+dp_n, p_\tau+dp_\tau, u_n^{(\alpha)}+du_n^{(\alpha)}, u_\tau^{(\alpha)}+du_\tau^{(\alpha)}(\alpha=1,2)$，它们应满足如下关系式：

$$du_n^{(1)}-du_n^{(2)}+\delta^*\geqslant 0 \tag{4.4.1}$$

$$p_n+dp_n\leqslant 0 \tag{4.4.2}$$

可以定义

$$d\boldsymbol{\varepsilon}_c=\begin{Bmatrix} d\varepsilon_\tau \\ d\varepsilon_n \end{Bmatrix} \tag{4.4.3}$$

其中

$$d\varepsilon_\tau=du_\tau^{(1)}-du_\tau^{(2)}=d\Delta u_\tau \tag{4.4.4}$$

$$d\varepsilon_n=du_n^{(1)}-du_n^{(2)}+\delta^*=d\Delta u_n+\delta^* \tag{4.4.5}$$

这样我们可以同样把接触相对位移增量分解成两部分，一部分是

弹性相对位移增量 $d\boldsymbol{\varepsilon}_c^e$，第二部分是滑动相对位移增量 $d\boldsymbol{\varepsilon}_c^p$，则有

$$d\boldsymbol{\varepsilon}_c = d\boldsymbol{\varepsilon}_c^e + d\boldsymbol{\varepsilon}_c^p \tag{4.4.6}$$

接触力的增量

$$d\boldsymbol{p}_c = \begin{Bmatrix} dp_\tau \\ dp_n \end{Bmatrix} \tag{4.4.7}$$

与弹性相对位移之间满足 Hooke 定律

$$d\boldsymbol{p}_c = \boldsymbol{D}_c d\boldsymbol{\varepsilon}_c^e \tag{4.4.8}$$

其中

$$\boldsymbol{D}_c = \begin{bmatrix} E_\tau & 0 \\ 0 & E_n \end{bmatrix} = \begin{bmatrix} E & 0 \\ 0 & E \end{bmatrix} \tag{4.4.9}$$

这里 $E_\tau = E_n = E \to \infty$ 为惩罚因子. 而滑动条件可以表示为

$$\tilde{f}_1 = (p_\tau + dp_\tau) + \bar{\mu}(p_n + dp_n) \leqslant 0 \tag{4.4.10}$$

$$\tilde{f}_2 = -(p_\tau + dp_\tau) + \bar{\mu}(p_n + dp_n) \leqslant 0 \tag{4.4.11}$$

$$\tilde{f}_3 = p_n + dp_n \leqslant 0 \tag{4.4.12}$$

与 $\tilde{f}_i (i=1,2,3)$ 对应定义流动势函数

$$\tilde{g}_1 = p_\tau \tag{4.4.13}$$

$$\tilde{g}_2 = -p_\tau \tag{4.4.14}$$

$$\tilde{g}_3 = p_n \tag{4.4.15}$$

式(4.4.8)～(4.4.15)的建立过程同§4.2节公式的建立过程是一样的.

这样，接触面上的塑性变形增量 $d\boldsymbol{\varepsilon}_c^p$ 可由滑动规则决定，即为

$$d\boldsymbol{\varepsilon}_c^p = \sum_{k=1}^{3} \tilde{\lambda}_k \frac{\partial \tilde{g}_k}{\partial \boldsymbol{p}_c} \tag{4.4.16}$$

写成矩阵形式

$$d\boldsymbol{\varepsilon}_c^p=\left(\frac{\partial \boldsymbol{g}}{\partial \boldsymbol{p}_c}\right)^T\tilde{\boldsymbol{\lambda}} \tag{4.4.17}$$

其中

$$\boldsymbol{g}=[\tilde{g}_1,\tilde{g}_2,\tilde{g}_3]^T \tag{4.4.18}$$

$$\tilde{\boldsymbol{\lambda}}=[\tilde{\lambda}_1,\tilde{\lambda}_2,\tilde{\lambda}_3]^T \tag{4.4.19}$$

这里$\tilde{\boldsymbol{\lambda}}$为滑动参量,其隐含的意义是一个增量滑动位移.应满足

$$\tilde{\lambda}_k\begin{cases}=0 & \text{当 } f_k<0\text{ 时}\\ & \qquad (k=1,2,3)\\ \geqslant 0 & \text{当 } f_k=0\text{ 时}\end{cases} \tag{4.4.20}$$

由式(4.4.8),(4.4.10)~(4.4.12),(4.4.16)可导出增量形式下的接触问题条件,形式为

$$\tilde{f}_1=\tilde{f}_1^0+E_\tau d\Delta u_\tau+\bar{\mu}E_n(d\Delta u_n+\delta^*)-E_\tau\tilde{\lambda}_1\leqslant 0 \tag{4.4.21}$$

$$\tilde{f}_2=\tilde{f}_2^0-E_\tau d\Delta u_\tau+\bar{\mu}E_n(d\Delta u_n+\delta^*)-E_\tau\tilde{\lambda}_2\leqslant 0 \tag{4.4.22}$$

$$\tilde{f}_3=E_n(d\Delta u_n+\delta^*)-E_n\tilde{\lambda}_3\leqslant 0 \tag{4.4.23}$$

引入原约束松弛变量$\tilde{\nu}_k$,则可得互补性方程

$$\left.\begin{aligned}&\tilde{f}_i(d\Delta u_\tau,d\Delta u_n,\tilde{\lambda}_k)+\tilde{\nu}_k=0\\&\tilde{\lambda}_k\tilde{\nu}_k=0,\tilde{\nu}_k,\tilde{\lambda}_k\geqslant 0\quad(k=1,2,3)\end{aligned}\right\} \tag{4.4.24}$$

或

$$\left.\begin{aligned}&\tilde{\boldsymbol{f}}(d\boldsymbol{u}_c,\tilde{\boldsymbol{\lambda}})+\tilde{\boldsymbol{\nu}}=0\\&\tilde{\boldsymbol{\nu}}^T\tilde{\boldsymbol{\lambda}}=0,\tilde{\boldsymbol{\nu}},\tilde{\boldsymbol{\lambda}}\geqslant 0\end{aligned}\right\} \tag{4.4.25}$$

其中

$$\left.\begin{array}{l}\widetilde{\boldsymbol{f}}=\{\widetilde{f}_1,\widetilde{f}_2,\widetilde{f}_3\}^T\\ d\boldsymbol{u}_c=\{d\Delta u_\tau,d\Delta u_n\}^T\\ \tilde{\boldsymbol{\nu}}=\{\tilde{\nu}_1,\tilde{\nu}_2,\tilde{\nu}_3\}^T\\ \widetilde{\boldsymbol{\lambda}}=\{\widetilde{\lambda}_1,\widetilde{\lambda}_2,\widetilde{\lambda}_3\}^T\end{array}\right\} \tag{4.4.26}$$

与式(4.2.63)～(4.2.66)相对应，式(4.4.24)～(4.4.26)也可表述成下列形式：

$$\widetilde{f}_k^0+\widetilde{\boldsymbol{W}}_k d\boldsymbol{\varepsilon}_c-\widetilde{\boldsymbol{m}}_k\widetilde{\boldsymbol{\lambda}}+\tilde{\nu}_k=0 \tag{4.4.27}$$

$$\widetilde{\lambda}_k\tilde{\nu}_k=0,\qquad \widetilde{\lambda}_k,\tilde{\nu}_k\geqslant 0\qquad (k=1,2,3) \tag{4.4.28}$$

其中 $\widetilde{f}_k^0$ 为增量步起始时刻的 $\widetilde{f}_k$ 值. 而

$$\widetilde{\boldsymbol{W}}_k=\left[\frac{\partial \widetilde{f}_k}{\partial \boldsymbol{p}_c}\right]^T\boldsymbol{D}_c \tag{4.4.29}$$

$$\widetilde{\boldsymbol{m}}_k=\left[\frac{\partial \widetilde{f}_k}{\partial \boldsymbol{p}_c}\right]^T\boldsymbol{D}_c\left[\frac{\partial \widetilde{g}}{\partial \boldsymbol{p}_c}\right]^T \tag{4.4.30}$$

均为只与增量状态发生之前量有关的向量.

至此可以给出弹塑性接触问题力学边值问题在区域 $\boldsymbol{\Omega}=\boldsymbol{\Omega}^{(1)}+\boldsymbol{\Omega}^{(2)}$ 上基本方程的提法

1. 平衡方程

$$\boldsymbol{A}^{(\nabla)}d\boldsymbol{\sigma}+d\boldsymbol{b}=0 \tag{4.4.31}$$

2. 应变-位移关系

$$d\boldsymbol{\varepsilon}=\boldsymbol{L}^{(\nabla)}d\boldsymbol{u} \tag{4.4.32}$$

3. 边界条件，在 $S=S_c+S_p+S_u$ 上满足

$$\boldsymbol{n}d\boldsymbol{\sigma}=d\bar{\boldsymbol{p}}\qquad 在\ S_p\ 上 \tag{4.4.33}$$

$$d\boldsymbol{u}=d\bar{\boldsymbol{u}}\qquad 在\ S_u\ 上 \tag{4.4.34}$$

$$\left.\begin{array}{l}\boldsymbol{f}(d\boldsymbol{u}_c,\widetilde{\boldsymbol{\lambda}})+\tilde{\boldsymbol{\nu}}=\boldsymbol{0}\\ \tilde{\boldsymbol{\nu}}^T\widetilde{\boldsymbol{\lambda}}=0,\tilde{\boldsymbol{\nu}},\ \widetilde{\boldsymbol{\lambda}}\geqslant\boldsymbol{0}\end{array}\right\}\qquad 在\ S_c\ 上 \tag{4.4.35}$$

4. 本构关系

$$d\boldsymbol{\sigma}=\boldsymbol{D}(d\boldsymbol{\varepsilon}-d\boldsymbol{\varepsilon}^{p}) \tag{4.4.36}$$

$$\boldsymbol{f}(\boldsymbol{\sigma},\boldsymbol{\varepsilon}^{p},\boldsymbol{\kappa})\leqslant 0 \tag{4.4.37}$$

$$d\boldsymbol{\varepsilon}^{p}=\left(\frac{\partial \boldsymbol{g}}{\partial \boldsymbol{\sigma}}\right)^{T}\boldsymbol{\lambda} \tag{4.4.38}$$

$$\lambda\begin{cases}\geqslant 0 & \text{当 } f=0\text{ 时}\\ =0 & \text{当 } f<0\text{ 时}\end{cases} \tag{4.4.39}$$

实际上,由§2.2可知,本构关系可合并成

$$\left.\begin{array}{l}\boldsymbol{f}(d\boldsymbol{\varepsilon},\boldsymbol{\lambda})+\boldsymbol{\nu}=\boldsymbol{0}\\ \boldsymbol{\nu}^{T}\boldsymbol{\lambda}=0,\quad \boldsymbol{\nu},\boldsymbol{\lambda}\geqslant\boldsymbol{0}\end{array}\right\} \tag{4.4.40}$$

读者请参见式(2.2.58)的推导过程.

4.4.2 弹塑性接触问题参变量最小势能原理

弹塑性接触问题的参变量最小势能原理完全可以参照弹塑性问题参变量最小势能原理和接触问题参变量最小势能原理进行.该原理可叙述如下:

在所有满足应变-位移关系(4.4.32)和几何边界条件(4.4.34)的可能位移增量场中,真实解使弹塑性接触系统的总势能

$$\begin{aligned}\Pi_{16}[\boldsymbol{\lambda}(\cdot),\tilde{\boldsymbol{\lambda}}(\cdot)]=&\int_{\Omega}\left[\frac{1}{2}d\boldsymbol{\varepsilon}^{T}\boldsymbol{D}d\boldsymbol{\varepsilon}-\boldsymbol{\lambda}^{T}\boldsymbol{R}d\boldsymbol{\varepsilon}-d\boldsymbol{b}^{T}d\boldsymbol{u}\right]d\Omega\\ &+\int_{S_c}\left[\frac{1}{2}d\boldsymbol{\varepsilon}_c^{T}\boldsymbol{D}_c d\boldsymbol{\varepsilon}_c-\tilde{\boldsymbol{\lambda}}^{T}\tilde{\boldsymbol{R}}d\boldsymbol{\varepsilon}_c\right]dS\\ &-\int_{S_p}d\bar{\boldsymbol{p}}^{T}d\boldsymbol{u}dS\end{aligned} \tag{4.4.41}$$

在状态方程(4.4.35)和(4.4.40)的控制下取总体最小值.其中

$$\boldsymbol{R}=\left(\frac{\partial \boldsymbol{g}}{\partial \boldsymbol{\sigma}}\right)\boldsymbol{D} \tag{4.4.42}$$

$$\widetilde{\boldsymbol{R}}=\left(\frac{\partial \widetilde{\boldsymbol{g}}}{\partial \boldsymbol{p}_c}\right)\boldsymbol{D}_c \tag{4.4.43}$$

而 $\boldsymbol{\lambda}$ 和 $\widetilde{\boldsymbol{\lambda}}$ 为不参加变分的参变量，其物理意义分别为流动参数和滑动参数.

式(4.4.41)～(4.4.43)也可写成张量形式

$$\begin{aligned}\Pi_{16}[\boldsymbol{\lambda}(\cdot),\boldsymbol{\lambda}(\cdot)]=&\int_{\Omega}\left[\frac{1}{2}du_{i,j}D_{ijkl}du_{k,l}-\lambda_a R_{kla}du_{k,l}\right.\\&\left.-db_i du_i\right]d\Omega+\int_{S_c}\left(\frac{1}{2}d\varepsilon_{c_i}D_{cij}d\varepsilon_{cj}-\widetilde{\lambda}_a\widetilde{R}_{ka}d\varepsilon_{ck}\right)dS\\&-\int_{S_p}d\bar{p}_i du_i dS\end{aligned} \tag{4.4.44}$$

$$R_{kla}=\frac{\partial g_a}{\partial \sigma_{ij}}D_{ijkl} \tag{4.4.45}$$

$$\widetilde{R}_{ka}=\left(\frac{\partial \widetilde{g}_a}{\partial p_{ci}}\right)D_{cik} \tag{4.4.46}$$

其中

$$d\boldsymbol{\varepsilon}_c=[d\varepsilon_{c1},d\varepsilon_{c2}]^T=[d\varepsilon_\tau,d\varepsilon_n]^T \tag{4.4.47}$$

$$d\boldsymbol{p}_c=[dp_{c1},dp_{c2}]^T=[dp_\tau,dp_n]^T \tag{4.4.48}$$

$$D_{c11}=E_\tau,D_{c22}=E_n,D_{c12}=D_{c21}=0 \tag{4.4.49}$$

下面进一步给出弹塑性接触问题分区参变量最小势能原理，这为多体接触问题分析以及有限元法公式的建立奠定了基础. 在前几节中我们均没有给出参变量变分原理对应的分区变分原理，因而下面给出的分区最小势能原理也算是对前几节内容的一个补充. 实际上这一变分原理包容了本书前面几章给出的变分原理的势能泛函表达式.

弹塑性接触问题分区参变量最小势能原理：

设结构 Ω 可分成 N_E 个子域(或子结构)，$\Omega=\sum_{i=1}^{N_E}\Omega^{(i)}$，其中

$\Omega^{(1)},\Omega^{(2)},\cdots,\Omega^{(N_p)}$为弹塑性子域($N_p\leqslant N_E$)，每个子域边界由三部分组成$S^{(i)}=S_p^{(i)}+S_u^{(i)}+S_c^{(i)}$，整个区域共有$M_c$条接触边界，其表达形式为$S_c^1,S_c^2,\cdots,S_c^{M_c}$，那么，在所有满足应变-位移关系(4.4.32)和几何边界条件(4.4.34)以及交界面(非接触面)位移连续性条件(2.4.6)的可能增量位移场中，真实解使弹塑性接触系统的总势能

$$
\begin{aligned}
\Pi_{17}[\boldsymbol{\lambda}(\cdot),\tilde{\boldsymbol{\lambda}}(\cdot)]= & \sum_{i=1}^{N_E}\left\{\int_{\Omega^{(i)}}\frac{1}{2}d\boldsymbol{\varepsilon}^T\boldsymbol{D}d\boldsymbol{\varepsilon}d\Omega\right. \\
& \left.-\int_{\Omega^{(i)}}d\boldsymbol{b}^T d\boldsymbol{u}d\Omega+\int_{S_p^{(i)}}d\bar{\boldsymbol{p}}^T d\boldsymbol{u}dS\right\} \\
& +\sum_{i=1}^{M_c}\int_{S_c^i}\left(\frac{1}{2}d\boldsymbol{\varepsilon}_c^T\boldsymbol{D}_c d\boldsymbol{\varepsilon}_c-\tilde{\boldsymbol{\lambda}}^T\tilde{\boldsymbol{R}}d\boldsymbol{\varepsilon}_c\right)dS \\
& -\sum_{i=1}^{N_p}\int_{\Omega^{(i)}}\boldsymbol{\lambda}^T\boldsymbol{R}d\boldsymbol{\varepsilon}d\Omega
\end{aligned}
\tag{4.4.50}
$$

在弹塑性状态方程(4.4.40)和接触状态方程(4.4.35)的控制下取最小值.

上述两个原理的证明可参见§2.2，§2.4，§4.2中有关原理的证明过程进行，不再赘述.

4.4.3 弹塑性接触问题参数二次规划解

仿式(3.1.13)与式(4.2.80)的形成过程，基于弹塑性接触问题参变量最小势能原理，可以推出势能的离散形式

$$
\Pi_{18}[\boldsymbol{\lambda}'(\cdot)]=\frac{1}{2}d\hat{\boldsymbol{u}}^T\boldsymbol{K}d\hat{\boldsymbol{u}}-d\hat{\boldsymbol{u}}^T(\boldsymbol{\Phi}\boldsymbol{\lambda}'+\hat{\boldsymbol{p}}) \tag{4.4.51}
$$

其中

$$
\boldsymbol{K}=\sum_{e=1}^{N_E}\boldsymbol{T}_e^{e^T}\boldsymbol{K}_e\boldsymbol{T}_e^e+\sum_{e=1}^{N_c}\boldsymbol{T}_c^{e^T}\boldsymbol{K}_e^c\boldsymbol{T}_c^e\quad\in R^{N_u\times N_u} \tag{4.4.52}
$$

$$
\boldsymbol{K}_e=\int_{\Omega_e}\boldsymbol{B}^{e^T}\boldsymbol{D}^e\boldsymbol{B}^e d\Omega \tag{4.4.53}
$$

$$\boldsymbol{K}_e^c = \int_{S_c^e} \boldsymbol{N}_c^{e^T} \boldsymbol{D}_c^e \boldsymbol{N}_c^e dS \tag{4.4.54}$$

$$\hat{\boldsymbol{p}} = \hat{\boldsymbol{p}}_0 - \hat{\boldsymbol{p}}_\delta \qquad \in R^{N_u \times 1} \tag{4.4.55}$$

$$\hat{\boldsymbol{p}}_0 = \sum_{e=1}^{N_E} \left\{ \int \boldsymbol{T}_e^{e^T} \boldsymbol{N}^{e^T} d\boldsymbol{b} d\Omega + \int_{S_p^e} \boldsymbol{T}_e^{e^T} \boldsymbol{N}^{e^T} d\bar{\boldsymbol{p}} dS \right\} \tag{4.4.56}$$

$$\hat{\boldsymbol{p}}_\delta = \sum_{e=1}^{N_c} \boldsymbol{T}_c^{e^T} \boldsymbol{K}_e^c \boldsymbol{T}_\delta^e \boldsymbol{\delta}_c^* \tag{4.4.57}$$

$$\begin{aligned} \boldsymbol{\Phi} = & \sum_{e=1}^{N_p} \int_{\Omega_e} \boldsymbol{T}_e^{e^T} \boldsymbol{B}^{e^T} \boldsymbol{R}^{e^T} \boldsymbol{T}_\lambda^e d\Omega \\ & + \sum_{e=1}^{N_c} \int_{S_c^e} \boldsymbol{T}_c^{e^T} \boldsymbol{N}_c^{e^T} \widetilde{\boldsymbol{R}}^{e^T} \boldsymbol{T}_{\tilde{\lambda}}^e dS \qquad \in R^{N_u \times m'_f} \end{aligned} \tag{4.4.58}$$

$$\boldsymbol{\lambda}' = [\boldsymbol{\lambda}^T, \tilde{\boldsymbol{\lambda}}^T]^T, \ m'_f = m_f + \widetilde{m}_f \tag{4.4.59}$$

对比式(3.1.18),(4.2.68),显然有

$$\boldsymbol{\lambda}^e = \boldsymbol{T}_\lambda^e \boldsymbol{\lambda}' \tag{4.4.60}$$

$$\tilde{\boldsymbol{\lambda}}^e = \boldsymbol{T}_{\tilde{\lambda}}^e \boldsymbol{\lambda}' \tag{4.4.61}$$

对于有限元矩阵形成而言,读者应注意上述两个公式,即此时参变量 λ' 的空间包含 λ 的同时也包含了 $\tilde{\lambda}$.

同样由式(3.1.26)与(4.2.97),我们可得弹塑性接触分析状态方程的离散化形式

$$\boldsymbol{C} d\hat{\boldsymbol{u}} - \boldsymbol{\nu} \boldsymbol{\lambda}' - \boldsymbol{d} + \boldsymbol{\nu}' = \boldsymbol{0} \tag{4.4.62}$$

$$\boldsymbol{\nu}'^T \boldsymbol{\lambda}' = 0, \qquad \boldsymbol{\nu}', \boldsymbol{\lambda}' \geqslant \boldsymbol{0} \tag{4.4.63}$$

其中

$$C=\sum_{e=1}^{N_p}\int_{\Omega_e}\boldsymbol{T}_\lambda^{e^T}\boldsymbol{W}^e\boldsymbol{B}^e\boldsymbol{T}_e^e d\Omega$$

$$+\sum_{e=1}^{N_c}\int_{S_c^e}\boldsymbol{T}_\lambda^{e^T}\widetilde{\boldsymbol{W}}^e\boldsymbol{N}_c^e\boldsymbol{T}_c^e dS \qquad \in R^{m'_f\times N_u} \tag{4.4.64}$$

$$\boldsymbol{U}=\sum_{e=1}^{N_p}\int_{\Omega_e}\boldsymbol{T}_\lambda^{e^T}\boldsymbol{m}^e\boldsymbol{T}_\lambda^e d\Omega$$

$$+\sum_{e=1}^{N_c}\int_{S_c^e}\boldsymbol{T}_\lambda^{e^T}\widetilde{\boldsymbol{m}}^e\boldsymbol{T}_\lambda^e dS\in R^{m'_f\times m'_f} \tag{4.4.65}$$

$$\boldsymbol{d}=\boldsymbol{d}_0+\boldsymbol{d}_\delta \qquad \in R^{m'_f\times 1} \tag{4.4.66}$$

$$\boldsymbol{d}_0=-\sum_{e=1}^{N_p}\int_{\Omega_e}\boldsymbol{T}_\lambda^{e^T}\boldsymbol{f}^{0^e}d\Omega-\sum_{e=1}^{N_c}\int_{S_c^e}\boldsymbol{T}_\lambda^{e^T}\widetilde{\boldsymbol{f}}^{0^e}dS \tag{4.4.67}$$

$$\boldsymbol{d}_\delta=-\sum_{e=1}^{N_c}\int_{S_c^e}\boldsymbol{T}_\lambda^{e^T}\widetilde{\boldsymbol{W}}^e\boldsymbol{T}_\delta^e dS\boldsymbol{\delta}_c^* \tag{4.4.68}$$

$$\left.\begin{aligned}\boldsymbol{\lambda}'&=[\boldsymbol{\lambda}^{1T},\boldsymbol{\lambda}^{2T},\cdots,\boldsymbol{\lambda}^{N_pT},\widetilde{\boldsymbol{\lambda}}^{1T},\widetilde{\boldsymbol{\lambda}}^{2T},\cdots,\widetilde{\boldsymbol{\lambda}}^{N_cT}]^T\\ \boldsymbol{\lambda}^e&=[\lambda_1^e,\lambda_2^e,\cdots,\lambda_{m_{fe}}^e]^T\\ \widetilde{\boldsymbol{\lambda}}^e&=[\widetilde{\lambda}_1^e,\widetilde{\lambda}_2^e,\cdots,\widetilde{\lambda}_{m_{fe}}^e]^T\end{aligned}\right\} \tag{4.4.69}$$

$$\left.\begin{aligned}\widetilde{\boldsymbol{\nu}}&=[\boldsymbol{\nu}^{1^T},\boldsymbol{\nu}^{2^T},\cdots,\boldsymbol{\nu}^{N_p^T},\widetilde{\boldsymbol{\nu}}^{1^T},\widetilde{\boldsymbol{\nu}}^{2^T},\cdots,\widetilde{\boldsymbol{\nu}}^{N_c^T}]^T\\ \widetilde{\boldsymbol{\nu}}^e&=[\nu_1^e,\nu_2^e,\cdots,\nu_{m_{fe}}^e]^T\\ \widetilde{\boldsymbol{\nu}}^e&=[\widetilde{\nu}_1^e,\widetilde{\nu}_2^e,\cdots,\widetilde{\nu}_{m_{fe}}^e]^T\end{aligned}\right\} \tag{4.4.70}$$

这样,弹塑性接触问题参数二次规划方程的提法如下:

$$\left.\begin{aligned}&\min_{\hat{u}}.\quad \Pi_{18}=\frac{1}{2}d\hat{\boldsymbol{u}}^T\boldsymbol{K}d\hat{\boldsymbol{u}}-d\hat{\boldsymbol{u}}^T(\boldsymbol{\Phi}\,\boldsymbol{\lambda}'+\hat{\boldsymbol{p}})\\ &\text{s.t.}\quad \boldsymbol{C}d\hat{\boldsymbol{u}}-\boldsymbol{U}\,\boldsymbol{\lambda}'-\boldsymbol{d}-\boldsymbol{\nu}'=\boldsymbol{0}\\ &\qquad\qquad \boldsymbol{\nu}'^T\boldsymbol{\lambda}'=0,\quad \boldsymbol{\nu}',\boldsymbol{\lambda}'\geqslant\boldsymbol{0}\end{aligned}\right\} \tag{4.4.71}$$

式(4.4.71)的求解最后归结为解一个互补问题.

$$\left.\begin{aligned}&\boldsymbol{\nu}'-(\boldsymbol{U}-\boldsymbol{C}\boldsymbol{K}^{-1}\boldsymbol{\Phi})\boldsymbol{\lambda}'=-\boldsymbol{C}\boldsymbol{K}^{-1}\hat{\boldsymbol{p}}_0+\boldsymbol{d}_0+(d\boldsymbol{\delta}+\boldsymbol{C}\boldsymbol{K}^{-1}\hat{\boldsymbol{p}}_\delta)\\ &\boldsymbol{\nu}'^T\boldsymbol{\lambda}'=0,\quad \boldsymbol{\nu}',\boldsymbol{\lambda}'\geqslant\boldsymbol{0}\end{aligned}\right\}$$

(4.4.72)

利用4.2.6节中的分析方法，式(4.4.72)同样可以化为下述等价问题的求解.

$$\left.\begin{array}{l}\boldsymbol{\nu}'-(\boldsymbol{U}-\boldsymbol{C}\boldsymbol{K}^{-1}\boldsymbol{\Phi})\boldsymbol{\lambda}'=-\boldsymbol{C}\boldsymbol{K}^{-1}\hat{\boldsymbol{p}}_0+\boldsymbol{d}_0-(\boldsymbol{U}-\boldsymbol{C}\boldsymbol{K}^{-1}\boldsymbol{\Phi})\boldsymbol{\delta}_c^*\\ \boldsymbol{\nu}'^T\boldsymbol{\lambda}'=0,\qquad \boldsymbol{\nu}',\boldsymbol{\lambda}'\geqslant\boldsymbol{0}\end{array}\right\}\tag{4.4.73}$$

注意到这里已将接触面法向缝隙(且只有法向缝隙)$\boldsymbol{\delta}_c^*$ 扩展为 $\boldsymbol{\lambda}'$ 对应的空间上了.

式(4.4.73)剩下的一个关键问题是其中仍含有惩罚因子 $E\to\infty$. 读者也许会问，4.2.6节中消去惩罚因子的技巧是否同样有用呢?下面就来研究这个问题.

采取与4.2.6节中同样的处理方法，将结构总独立位移向量分解为普通位移向量和接触相对位移增量向量. 非线性单元(如弹塑性单元、接触元等)的约束总数为 NCTS$=m_f'$ 个，它也分成两部分，一部分是塑性流动约束总数，为 NNCTS$=m_f$ 个，另一部分是接触滑动约束总数 NCCTS$=\tilde{m}_f$ 个. 则有 NCTS=NNCTS+NCCTS. 总刚度阵和它的逆可表示为与(4.2.123)和(4.2.137)同样的形式. 而总约束阵 $\boldsymbol{C}$，势矩阵$\boldsymbol{\Phi}$ 及强化阵(或阻尼阵)$\boldsymbol{U}$ 的形式分别如下：

$$\boldsymbol{C}=\begin{bmatrix}\boldsymbol{C}_{11} & \boldsymbol{C}_{12}\\ \boldsymbol{0} & E\boldsymbol{C}_{22}'\end{bmatrix}\begin{matrix}\text{NNCTS}\\ \text{NCCTS}\end{matrix}\tag{4.4.74}$$

（列分块：$N\,dn$，$N\,dr$）

$$\boldsymbol{\Phi}=\begin{bmatrix}\boldsymbol{\Phi}_{11} & \boldsymbol{0}\\ \boldsymbol{\Phi}_{21} & E\boldsymbol{\Phi}_{22}'\end{bmatrix}\begin{matrix}Ndn\\ Ndr\end{matrix}\tag{4.4.75}$$

（列分块：NNCTS NCCTS）

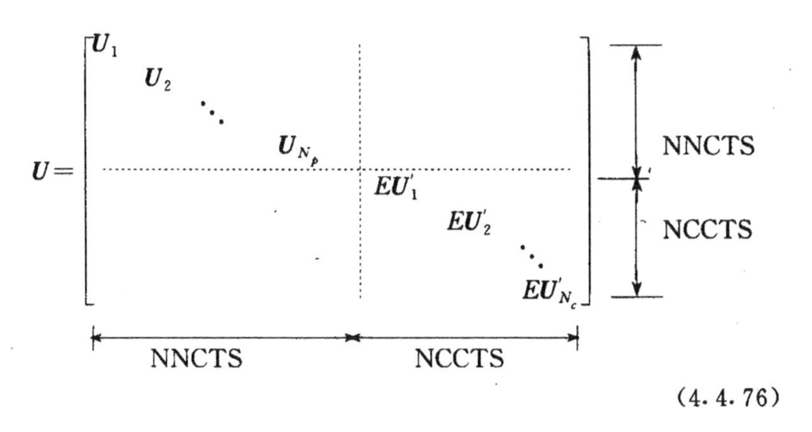

(4.4.76)

则由式(4.2.157)有

$$U - CK^{-1}\boldsymbol{\Phi} = \begin{bmatrix} U_{11} & 0 \\ 0 & EU'_{22} \end{bmatrix} - \begin{bmatrix} C_{11} & C_{12} \\ 0 & EC'_{22} \end{bmatrix} \begin{bmatrix} V_1 & V_2 \\ V_3 & V_4 \end{bmatrix} \begin{bmatrix} \boldsymbol{\Phi}_{11} & 0 \\ \boldsymbol{\Phi}_{21} & E\boldsymbol{\Phi}'_{22} \end{bmatrix}$$

$$= \begin{bmatrix} G_1 & G_2 \\ G_3 & G_4 \end{bmatrix} \begin{matrix} \text{NNCTS} \\ \text{NCCTS} \end{matrix}$$

$$\qquad \text{NNCTS} \quad \text{NCCTS} \tag{4.4.77}$$

其中

$$G_1 = U_{11} - C_{11}K_{11}^{-1}\boldsymbol{\Phi}_{11} + O\left(\frac{1}{E}\right) \tag{4.4.78}$$

$$G_2 = (C_{11}K_{11}^{-1}K_{12} - C_{12})\boldsymbol{\Phi}'_{22} + O\left(\frac{1}{E}\right) \tag{4.4.79}$$

$$G_3 = C'_{22}(K_{21}K_{11}^{-1}\boldsymbol{\Phi}_{11} - \boldsymbol{\Phi}_{21}) + O\left(\frac{1}{E}\right) \tag{4.4.80}$$

$$G_4 = EU'_{22} - EC'_{22}\boldsymbol{\Phi}'_{22} + C'_{22}(K_{22} - K_{21}K_{11}^{-1}K_{12})\boldsymbol{\Phi}'_{22} + O\left(\frac{1}{E}\right) \tag{4.4.81}$$

而式(4.4.73)中的右端第一项也可写成

$$-\boldsymbol{C}\boldsymbol{K}^{-1}\hat{\boldsymbol{p}}_0=\begin{bmatrix}\hat{\boldsymbol{R}}_1\\ \hat{\boldsymbol{R}}_2\end{bmatrix}=\begin{Bmatrix}-\boldsymbol{C}_{11}\boldsymbol{K}_{11}^{-1}\hat{\boldsymbol{p}}_{01}+O\left(\dfrac{1}{E}\right)\\ \boldsymbol{C}_{22}'(\boldsymbol{K}_{21}\boldsymbol{K}_{11}^{-1}\hat{\boldsymbol{p}}_{01}-\hat{\boldsymbol{p}}_{02})\end{Bmatrix}\begin{matrix}\text{NNCTS}\\ \text{NCCTS}\end{matrix}$$

(4.4.82)

其中

$$\hat{\boldsymbol{p}}_0=\begin{bmatrix}\hat{\boldsymbol{p}}_{01}\\ \hat{\boldsymbol{p}}_{02}\end{bmatrix} \tag{4.4.83}$$

相应地 $\boldsymbol{d}_0$ 也表示成

$$\boldsymbol{d}_0=\begin{Bmatrix}\boldsymbol{d}_{01}\\ \boldsymbol{d}_{02}\end{Bmatrix}\begin{matrix}\text{NNCTS}\\ \text{NCCTS}\end{matrix}$$

(4.4.84)

在4.2.6节中已证明了在(4.4.81)式中

$$EU_{22}'=EC_{22}'\ \boldsymbol{\Phi}_{22}' \tag{4.4.85}$$

于是将式(4.4.74)～(4.4.84)代入互补问题(4.4.73)中，得

$$\begin{aligned}&\boldsymbol{\nu}-(\boldsymbol{U}_{11}-\boldsymbol{C}_{11}\boldsymbol{K}_{11}^{-1}\boldsymbol{\Phi}_{11})\boldsymbol{\lambda}-(\boldsymbol{C}_{11}\boldsymbol{K}_{11}^{-1}\boldsymbol{K}_{12}-\boldsymbol{C}_{12})\boldsymbol{\Phi}_{22}'\tilde{\boldsymbol{\lambda}}\\&\quad=-\boldsymbol{C}_{11}\boldsymbol{K}_{11}^{-1}\hat{\boldsymbol{p}}_{01}+\boldsymbol{d}_{01}-(\boldsymbol{C}_{11}\boldsymbol{K}_{11}^{-1}\boldsymbol{K}_{12}-\boldsymbol{C}_{12})\boldsymbol{\delta}_c^*+O\left(\frac{1}{E}\right)\end{aligned}$$

(4.4.86)

$$\begin{aligned}&\tilde{\boldsymbol{\nu}}-\boldsymbol{C}_{22}'(\boldsymbol{K}_{21}\boldsymbol{K}_{11}^{-1}\boldsymbol{\Phi}_{11}-\boldsymbol{\Phi}_{21})\boldsymbol{\lambda}-\boldsymbol{C}_{22}'(\boldsymbol{K}_{22}-\boldsymbol{K}_{21}\boldsymbol{K}_{11}^{-1}\boldsymbol{K}_{12})\boldsymbol{\Phi}_{22}'\tilde{\boldsymbol{\lambda}}\\&\quad=-\boldsymbol{C}_{22}'(\hat{\boldsymbol{p}}_{02}-\boldsymbol{K}_{21}\boldsymbol{K}_{11}^{-1}\hat{\boldsymbol{p}}_{01})+\boldsymbol{d}_{02}-\boldsymbol{C}_{22}'(\boldsymbol{K}_{22}-\boldsymbol{K}_{21}\boldsymbol{K}_{11}^{-1}\boldsymbol{K}_{12})\boldsymbol{\delta}_c^*\\&\qquad+O\left(\frac{1}{E}\right)\end{aligned} \tag{4.4.87}$$

$$\boldsymbol{\nu}^T\boldsymbol{\lambda}=0,\tilde{\boldsymbol{\nu}}^T\tilde{\boldsymbol{\lambda}}=\mathbf{0},\boldsymbol{\nu},\boldsymbol{\lambda}\tilde{\boldsymbol{\nu}},\tilde{\boldsymbol{\lambda}}\geqslant\mathbf{0} \tag{4.4.88}$$

应注意

$$\boldsymbol{\nu}'=\begin{Bmatrix}\boldsymbol{\nu}\\ \tilde{\boldsymbol{\nu}}\end{Bmatrix}\begin{matrix}\text{NNCTS}\\ \text{NCCTS}\end{matrix} \tag{4.4.89}$$

$$\boldsymbol{\lambda}' = \begin{Bmatrix} \boldsymbol{\lambda} \\ \tilde{\boldsymbol{\lambda}} \end{Bmatrix} \begin{matrix} \text{NNCTS} \\ \text{NCCTS} \end{matrix} \tag{4.4.90}$$

考察(4.4.86)～(4.4.88)，只要 $E\to\infty$ 取极限，便可以消去惩罚因子，克服数值计算上的困难.

由此将弹塑性接触问题的求解转化为一个二次规划互补问题(4.4.86)～(4.4.88)的求解. 且当 NNCTS＞0，NCCTS＝0时，方程退化为第三章中给出的弹塑性问题分析公式；而当 NNCTS＝0，NCCTS＞0时，互补问题与§4.2，§4.3中所导出的弹性接触公式完全相同. 只有当 NNCTS＞0，NCCTS＞0时，才是弹塑性接触问题方程.

4.4.4 接触力的计算

在前几节的叙述当中我们一直没有提及接触力的计算问题. 虽然接触单元的接触压力增量 dp_n 和摩擦力增量 dp_τ 由表达式(4.4.8)给出，但由于式中存在惩罚因子，导致不能直接计算，必须另寻它法. 利用参变量最小势能原理不难解决这一问题.

利用最小总势能原理对式(4.4.51)进行关于 $d\hat{\boldsymbol{u}}$ 的变分，即

$$\frac{\partial \Pi_{18}}{\partial d\boldsymbol{u}} = \boldsymbol{K} d\hat{\boldsymbol{u}} - (\boldsymbol{\Phi}\,\boldsymbol{\lambda}' + \hat{\boldsymbol{p}}) = 0 \tag{4.4.91}$$

故有

$$\begin{bmatrix} \boldsymbol{K}_{11} & \boldsymbol{K}_{12} \\ \boldsymbol{K}_{21} & \boldsymbol{K}_{22} + E\boldsymbol{K}'_{22} \end{bmatrix} \begin{Bmatrix} d\hat{\boldsymbol{u}}_s \\ d\hat{\boldsymbol{u}}_r \end{Bmatrix} = \begin{bmatrix} \boldsymbol{\Phi}_{11} & \boldsymbol{O} \\ \boldsymbol{\Phi}_{21} & E\boldsymbol{\Phi}'_{22} \end{bmatrix} \begin{Bmatrix} \boldsymbol{\lambda} \\ \tilde{\boldsymbol{\lambda}} \end{Bmatrix} + \begin{Bmatrix} \hat{\boldsymbol{p}}_{01} - \hat{\boldsymbol{p}}_{\partial 1} \\ \hat{\boldsymbol{p}}_{02} - \hat{\boldsymbol{p}}_{\partial 2} \end{Bmatrix} \tag{4.4.92}$$

若将式(4.4.92)的第二式展开，有

$$\begin{aligned} &E\boldsymbol{K}'_{22} d\hat{\boldsymbol{u}}_r + \hat{\boldsymbol{p}}_{\partial 2} - E\boldsymbol{\Phi}'_{22}\tilde{\boldsymbol{\lambda}} \\ &\quad = \boldsymbol{\Phi}_{21}\boldsymbol{\lambda} + \hat{\boldsymbol{p}}_{02} - \boldsymbol{K}_{21} d\hat{\boldsymbol{u}}_s - \boldsymbol{K}_{22} d\hat{\boldsymbol{u}}_r \end{aligned} \tag{4.4.93}$$

另一方面，由式(4.4.6)，(4.4.8)，(4.4.17)有

$$d\boldsymbol{p}_c^e=\begin{Bmatrix} d\boldsymbol{p}_\tau^e \\ d\boldsymbol{p}_n^e \end{Bmatrix}=\boldsymbol{D}_c^e\left(d\boldsymbol{\varepsilon}_c-\left(\frac{\partial \tilde{\boldsymbol{g}}}{\partial \boldsymbol{p}_c}\right)^T\tilde{\boldsymbol{\lambda}}\right) \tag{4.4.94}$$

采取与式(4.4.77)同样的离散过程，有

$$d\boldsymbol{p}_c=\sum_{e=1}^{N_c}\int_{S_c^e}\boldsymbol{T}_c^{e^T}d\boldsymbol{p}_c^e dS=\sum_{e=1}^{N_c}\int_{S_c^e}\boldsymbol{T}_c^{e^T}\boldsymbol{N}_c^e\boldsymbol{D}_c^e\boldsymbol{T}_c^e dS(d\boldsymbol{u}_r+\boldsymbol{\delta}_c^*)$$

$$-\sum_{e=1}^{N_c}\int_{S_c^e}\boldsymbol{T}_c^{e^T}\boldsymbol{D}_c^e\left(\frac{\partial \tilde{\boldsymbol{g}}^e}{\partial \boldsymbol{p}_c}\right)^T\boldsymbol{T}_\lambda^e\tilde{\boldsymbol{\lambda}}dS \tag{4.4.95}$$

对比式(4.2.63)，(4.2.53)，(4.2.67)与(4.2.71)，并注意到对接触单元$\boldsymbol{N}_c^e$为单位阵，则式(4.4.95)可进一步表示为

$$d\boldsymbol{p}_c=\sum_{e=1}^{N_c}\boldsymbol{T}_c^{e^T}\boldsymbol{K}_e^c\boldsymbol{T}_c^e d\hat{\boldsymbol{u}}_r-\sum_{e=1}^{N_c}\boldsymbol{T}_c^e\boldsymbol{\Phi}_e^c\boldsymbol{T}_\lambda^e\tilde{\boldsymbol{\lambda}}$$

$$+\sum_{e=1}^{N_c}\boldsymbol{T}_c^{e^T}\boldsymbol{K}_c^e\boldsymbol{T}_c^e\boldsymbol{\delta}_c^* \tag{4.4.96}$$

如果$\boldsymbol{\delta}_c^*$处于$d\hat{\boldsymbol{u}}_r$空间上，则有$\boldsymbol{T}_c^e=\boldsymbol{T}_\delta^e$，故式(4.4.96)成为

$$d\boldsymbol{p}_c=E\boldsymbol{K}'_{22}d\hat{\boldsymbol{u}}_r-E\,\boldsymbol{\Phi}'_{22}\tilde{\boldsymbol{\lambda}}+\hat{\boldsymbol{p}}_{\delta 2} \tag{4.4.97}$$

将式(4.4.97)代入式(4.4.93)得

$$d\boldsymbol{p}_c=\boldsymbol{\Phi}_{21}\boldsymbol{\lambda}+\hat{\boldsymbol{p}}_{02}-\boldsymbol{K}_{21}d\hat{\boldsymbol{u}}_s-\boldsymbol{K}_{22}d\hat{\boldsymbol{u}}_r \tag{4.4.98}$$

这就是接触力计算公式.

将式(4.2.157)代入式(4.4.92)，并令$E\rightarrow\infty$，可推得

$$d\hat{\boldsymbol{u}}_s=\boldsymbol{K}_{11}^{-1}\boldsymbol{\Phi}_{11}\boldsymbol{\lambda}-\boldsymbol{K}_{11}^{-1}\boldsymbol{K}_{12}\boldsymbol{\Phi}'_{22}\tilde{\boldsymbol{\lambda}}+\boldsymbol{K}_{11}^{-1}\hat{\boldsymbol{p}}_{01} \tag{4.4.99}$$

$$d\hat{\boldsymbol{u}}_r=\boldsymbol{\Phi}'_{22}\tilde{\boldsymbol{\lambda}}-\boldsymbol{\delta}_c^* \tag{4.4.100}$$

因而弹塑性接触问题的计算过程是先由式(4.4.86)～(4.4.88)求解$\boldsymbol{\nu},\tilde{\boldsymbol{\nu}},\boldsymbol{\lambda},\tilde{\boldsymbol{\lambda}}$. 再由式(4.4.99)，(4.4.100)计算$d\hat{\boldsymbol{u}}_s,d\hat{\boldsymbol{u}}_r$，进而由(4.4.98)求得接触内力.

4.4.5 应用实例

例4.11 接触的两个物体如图4.38所示，横杆和竖杆长$l=$

10^6，横截面积 $A=5$，斜杆截面积为$10\sqrt{2}$，弹性常数均为2×10^5，悬挂的弹簧刚度为20. 杆的屈服条件为 $f=\sigma-\sigma_s\leqslant0$，其中 $\sigma_s=200$，无初内力. 当刚体上未作用力之前两物体间隙为 $\delta_0=0.2$，试分析在不同摩擦系数 $\bar{\mu}$ 下，物体间的接触变形与接触力.

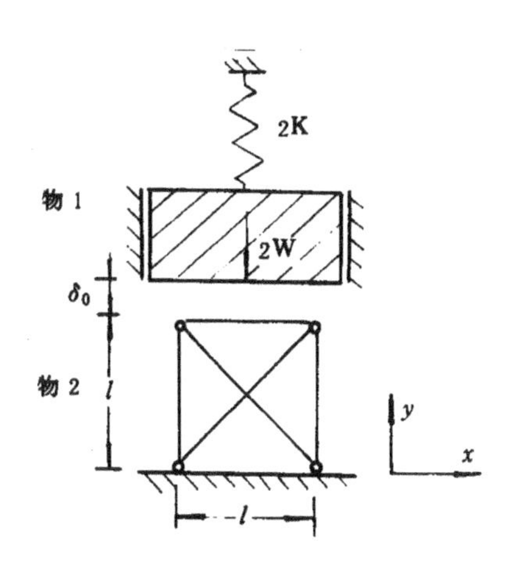

图 4.38

由于结构对称，可只取右边一半进行分析，见图4.39所示. 该系统有三个独立的自由度，可分别定义为 $V_1,\Delta u_2,\Delta V_2$，即 $\hat{\boldsymbol{u}}=[V_1,\Delta u_2,\Delta V_2]^T$，$\hat{\boldsymbol{u}}_s=[V_1]$，$\hat{\boldsymbol{u}}_r=[\Delta u_2,\Delta V_2]^T$，且有 $\Delta u_2=-u_2+u_1=-u_2$，$(u_1=0)$，$\Delta V_2=-V_2+V_1$. 这里 V_1是刚体的 y 方向位移，u_2，V_2是 M 点 x 和 y 方向位移，$Nd_n=1$，$Nd_r=2$，系统有 ε 个杆元①～③，一个弹簧元④以及可能接触边界 M 点处配置的一个接触元⑤，由于杆③受压不会屈服，可当作弹性元处理. 三根杆的刚度分别为：杆①，②$\dfrac{EA}{l}=2$，杆③$\dfrac{EA}{l}=1$. 刚杆①～④的单元刚度阵分别为

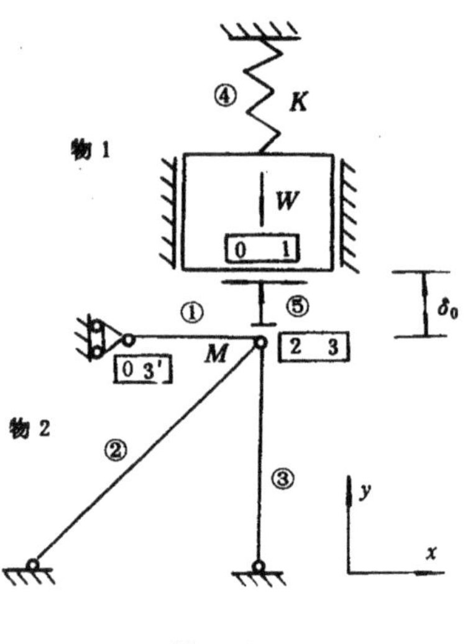

图 4.39

$$\left.\begin{aligned}&\boldsymbol{K}^{(1)}=\begin{bmatrix}2 & -2\\ -2 & 2\end{bmatrix},\quad \boldsymbol{K}^{(2)}=\begin{bmatrix}2 & -2\\ -2 & 2\end{bmatrix},\quad \boldsymbol{K}^{(3)}=\begin{bmatrix}1 & -1\\ -1 & 1\end{bmatrix}\\ &\boldsymbol{K}^{(4)}=[10]\end{aligned}\right\}$$

(4.4.101)

而相应的接口矩阵为

$$\left.\begin{aligned}&\boldsymbol{T}_e^1=\begin{bmatrix}0 & 0 & 0\\ 0 & -1 & 0\end{bmatrix},\quad \boldsymbol{T}_e^2=\begin{bmatrix}0 & 0 & 0\\ \dfrac{\sqrt{2}}{2} & -\dfrac{\sqrt{2}}{2} & -\dfrac{\sqrt{2}}{2}\end{bmatrix}\\ &\boldsymbol{T}_e^3=\begin{bmatrix}0 & 0 & 0\\ 1 & 0 & -1\end{bmatrix},\quad \boldsymbol{T}_e^4=[-1,\ \ 0,\ \ 0]\end{aligned}\right\}$$

(4.4.102)

由式(3.3.25),(3.3.26)求得单元1,2的塑势阵等为

$$\left.\begin{aligned}&\boldsymbol{\Phi}_1=10^6[-1,\ \ 1]^T,\quad \boldsymbol{\Phi}_2=2\sqrt{2}\cdot 10^6[-1,\ \ 1]^T\\ &\boldsymbol{C}_1=10^6[-1,\ \ 1],\quad \boldsymbol{C}_2=2\sqrt{2}\cdot 10^6[-1,\ \ 1]\end{aligned}\right\}$$

(4.4.103)

相应于式(4.4.60),(4.4.61)中的$\boldsymbol{T}_{\lambda}^{e}$为

$$\boldsymbol{T}_{\lambda}^{1}=[1,0,0,0,0], \qquad \boldsymbol{T}_{\lambda}^{2}=[0,1,0,0,0]$$

而由式(3.3.2)有

$$\boldsymbol{U}_1=\frac{1}{2}[10^{12}], \qquad \boldsymbol{U}_2=[4\times10^{12}] \qquad (4.4.104)$$

另一方面,对接触单元⑤有

$$\boldsymbol{K}_5^c=\begin{bmatrix}1 & 0\\0 & 1\end{bmatrix}E, \qquad \boldsymbol{T}_c^5=\begin{bmatrix}0 & 1 & 0\\0 & 0 & 1\end{bmatrix} \qquad (4.4.105)$$

$$\boldsymbol{\Phi}_5^c=\begin{bmatrix}1 & -1 & 0\\0 & 0 & 1\end{bmatrix}E, \qquad \boldsymbol{T}_{\lambda}^5=\begin{bmatrix}0 & 0 & 1 & 0 & 0\\0 & 0 & 0 & 1 & 0\\0 & 0 & 0 & 0 & 1\end{bmatrix}$$

$$(4.4.106)$$

$$\boldsymbol{C}_5^c=\begin{bmatrix}1 & \bar{\mu}\\-1 & \bar{\mu}\\0 & 1\end{bmatrix}E, \qquad \boldsymbol{U}_5^c=\begin{bmatrix}1 & -1 & \bar{\mu}\\-1 & 1 & \bar{\mu}\\0 & 0 & 1\end{bmatrix}E \qquad (4.4.107)$$

$$\begin{aligned}\boldsymbol{T}_{\delta}^5\boldsymbol{\delta}_c^*&=[0,0,\delta_0] \qquad (\text{对应于位移空间})\\&=[0,0,0,0,\delta_0]\ (\text{对应于}\ \lambda'\ \text{空间}) \qquad (4.4.108)\end{aligned}$$

经过装配后可得

$$\boldsymbol{K}=\begin{bmatrix}12 & -1 & -2\\-1 & 3+E & 1\\-2 & 1 & 2+E\end{bmatrix} \qquad (4.4.109)$$

$$\boldsymbol{\Phi}=\begin{bmatrix}0 & 2\times10^6 & 0 & 0 & 0\\-10^6 & -2\times10^6 & E & -E & 0\\0 & -2\times10^6 & 0 & 0 & E\end{bmatrix} \qquad (4.4.110)$$

$$
\boldsymbol{C}=\begin{bmatrix} 0 & -10^6 & 0 \\ 2\times10^6 & -2\times10^6 & -2\times10^6 \\ 0 & E & \bar{\mu}E \\ 0 & -E & \bar{\mu}E \\ 0 & 0 & E \end{bmatrix} \tag{4.4.111}
$$

$$
\boldsymbol{U}=\begin{bmatrix} \frac{1}{2}\times10^{12} & 0 & 0 & 0 & 0 \\ 0 & 4\times10^{12} & 0 & 0 & 0 \\ 0 & 0 & E & -E & \bar{\mu}E \\ 0 & 0 & -E & E & \bar{\mu}E \\ 0 & 0 & 0 & 0 & E \end{bmatrix} \tag{4.4.112}
$$

$$
\hat{\boldsymbol{p}}_0=\begin{Bmatrix} -W \\ 0 \\ 0 \end{Bmatrix} \tag{4.4.113}
$$

$$
\hat{\boldsymbol{p}}_\delta=\begin{Bmatrix} 0 \\ 0 \\ E\delta_0 \end{Bmatrix} \tag{4.4.114}
$$

$$
\boldsymbol{d}_0=\begin{Bmatrix} 5\times10^6\sigma_3 \\ 4\times10^7\sigma_3 \\ 0 \\ 0 \\ 0 \end{Bmatrix} \tag{4.4.115}
$$

$$
\boldsymbol{d}_\delta=-\begin{Bmatrix} 0 \\ 0 \\ \bar{\mu}\delta_0 \\ \bar{\mu}\delta_0 \\ \delta_0 \end{Bmatrix}E \tag{4.4.116}
$$

利用上述手算推出的公式来验证我们在4.2.6节中给出的几个技巧算法.

1. 式(4.2.134)的验证.

将$\boldsymbol{\delta}_c^*$扩展到$\boldsymbol{\lambda}'$空间上有

$$\boldsymbol{\delta}_c^* = [0, 0, 0, 0, 0, \delta_0]$$

由式(4.4.112),(4.4.116)立即可得

$$d\boldsymbol{\delta} = -\boldsymbol{U}\boldsymbol{\delta}_c^*$$

2. 式(4.2.138)的验证

由式(4.4.110),(4.4.114)立即获得

$$\hat{\boldsymbol{p}}_\delta = \boldsymbol{\Phi}\,\boldsymbol{\delta}_c^*$$

3. 式(4.2.151)的验证

由式(4.4.110),(4.4.111),(4.4.112)知

$$\boldsymbol{\Phi}' = \begin{bmatrix} 0 & 0 & 0 \\ 1 & -1 & 0 \\ 0 & 0 & 1 \end{bmatrix}, \qquad \boldsymbol{C}' = \begin{bmatrix} 0 & 1 & \bar{\mu} \\ 0 & -1 & \bar{\mu} \\ 0 & 0 & 1 \end{bmatrix}$$

$$\boldsymbol{U}' = \begin{bmatrix} 1 & -1 & \bar{\mu} \\ -1 & 1 & \bar{\mu} \\ 0 & 0 & 1 \end{bmatrix}$$

则有

$$\boldsymbol{C}'\boldsymbol{\Phi}' = \begin{bmatrix} 1 & -1 & \bar{\mu} \\ -1 & 1 & \bar{\mu} \\ 0 & 0 & 1 \end{bmatrix} = \boldsymbol{U}'$$

这就验证了式(4.2.171).

基于上述基本矩阵的建立,则可利用式(4.4.86)～(4.4.88)进行例4.11的计算了.由于解算过程比较繁琐(一般用计算机编程进行),下面给出分析结果.

表4.5为各种不同$\bar{\mu}$值下的接触力、M点的位移及三个杆的轴力值；表4.6为结构临界屈服时的接触力，M点位移及各杆轴力. 从表4.6可以看到，临界屈服时只有杆1发生塑性变形. 本题临界压力W^*加上初始间隙δ_0所引起的相当荷载$W_0=\frac{k}{2}\times 0.2=2$，与文献[38]的结果比较，几乎完全一致. 此问题还可用结构力学方法得到理论解，结果也与本文相同. 当$\mu\geqslant 0.5$时，系统水平位移消失，杆1不可能进入塑性状态，可见摩擦对结构的受力影响很大.

表 4.5

$\bar{\mu}$	u_2	V_2	p_n	p_τ	N_1	N_2	N_3	注
0.0	0.0435	−0.0870	−0.1304	0	0.0435	−0.0615	−0.0870	滑动
0.1	0.0364	−0.0864	−0.1364	0.0136	0.0364	−0.0707	−0.0864	滑动
0.2	0.0286	−0.0857	−0.1429	0.0286	0.0286	−0.0808	−0.0857	滑动
0.3	0.0200	−0.0850	−0.1500	0.045	0.0200	−0.0919	−0.0850	滑动
0.4	0.0105	−0.0842	−0.1579	0.6632	0.0105	−0.1042	−0.0842	滑动
0.5	0	−0.0833	−0.1667	0.0833	0	−0.1179	−0.0833	无滑
≥0.5	0	−0.0833	−0.1667	0.0833	0	−0.1179	−0.0833	无滑

表 4.6

$\bar{\mu}$	u_2	V_2	p_n	p_τ	N_1	N_2	N_3	W^*
0.0	1000	−2000	−3000	0	1000	−1414	−2000	23004
0.1	1000	−2375	−3750	375	1000	−1945	−2375	27504
0.2	1000	−3000	−5000	1000	1000	−2828	−3000	35004
0.3	1000	−4250	−7500	2250	1000	−4596	−4250	50004
0.4	1000	−8000	−1500	6000	1000	−9900	−8000	95004
≥0.5								∞

例 4.12 平面沉陷问题

两块平板尺寸和有限元网格划分如图4.40所示，均匀压力作

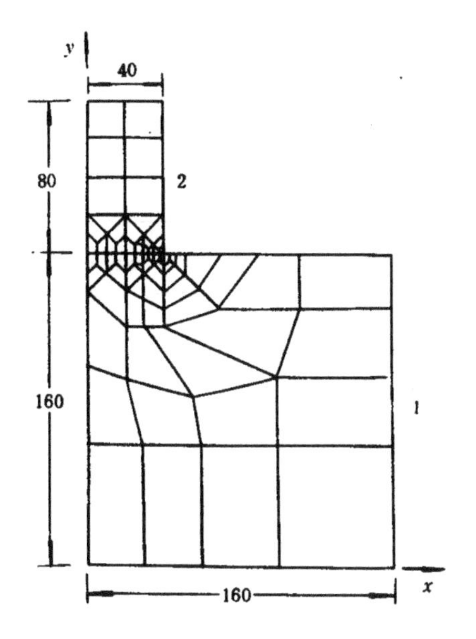

图 4.40 理想弹塑性材料的平面沉陷问题(尺寸单位为 mm)

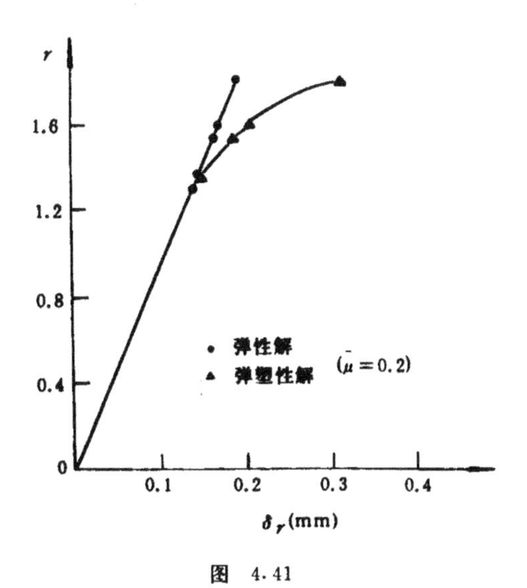

图 4.41

用在平板2之上表面.平板1材料假设为理想弹塑性的,且具有屈服应力196MPa，平面2屈服应力1.96MPa，采用 Mises 屈服准则. 两个平板的弹性模量和泊松比均相同，分别为 $E=206\text{GPa}$，$\nu=0.3$，计算当摩擦系数 $\bar{\mu}=0.0$和0.2时的接触应力和位移，选平板2接触区域中点的竖向位移为结构刚体位移.

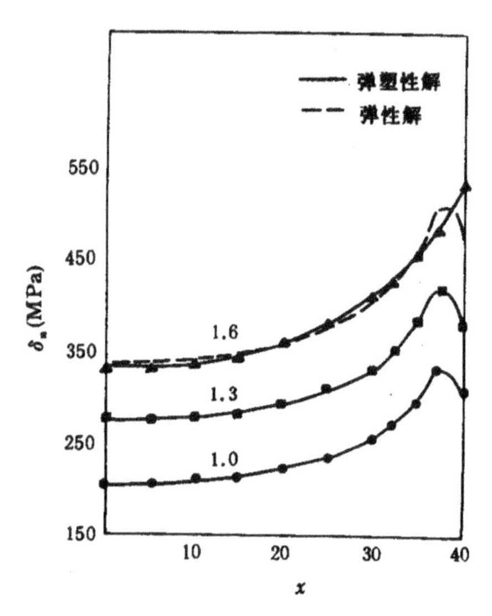

图 4.42 $\mu=0.0$时法向接触应力分布

在平面应变条件下，当 $\bar{\mu}=0.0$和0.2时，平板1开始发生屈服的外荷载值均为 $Q_0=9.96\text{kN}$，文献[44]所计算的初始屈服荷载为 $Q_0=9.72\text{kN}$（$\bar{\mu}=0.0$时），则误差为2.4%，首先发生屈服应在两板接触边上向下几毫米处. 图4.41所给荷载因子 r 与结构刚体位移 δ_r 关系图（$\bar{\mu}=0.2$），荷载因子 r 定义为总荷载值 Q 与发生屈服的荷载 Q_0之比. 图4.42和图4.43分别为 $\bar{\mu}=0.0$及 $\bar{\mu}=0.2$时不同外荷载值的法向应力分布. 不论 $\bar{\mu}=0.0$时还是 $\bar{\mu}=0.2$时，$r=1.6$时的最大压力的弹塑性解都比其弹性解要大. 图4.44是 $r=1.53$时两个 $\bar{\mu}$ 值弹塑性法向接触应力的比较，显然，$\mu=0.2$时的最大法向接触应力大. 图4.45是不同 r 值摩擦应力的弹塑性解，从图中便可知，当 $x\leqslant17.85\text{mm}$ 时接触区域为连续区，而当 $17.85\text{mm}<x\leqslant40\text{mm}$ 为滑动区.

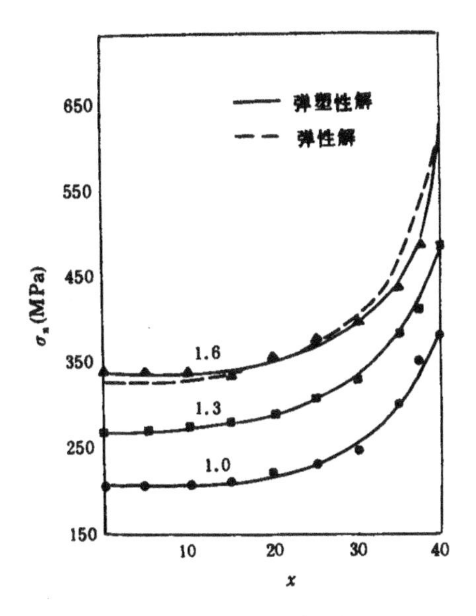

图 4.43 $\mu=0.2$时法向接触应力分布

例 4.13 一正六面体岩石试样挤压试验如图4.46所示. 假定上、下平板与试样之间摩擦系数相同. 材料服从 Mohr-Coulomb

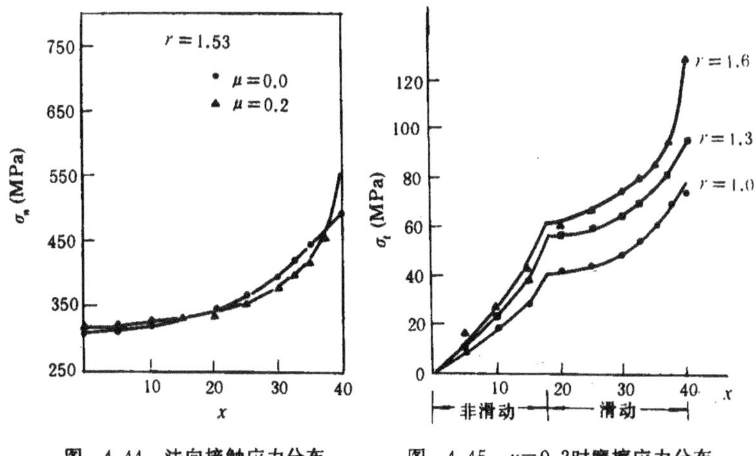

图 4.44 法向接触应力分布

图 4.45 $\mu=0.2$时摩擦应力分布

准则($f=\tau+\sigma\tan\varphi-c$, $g=\tau+\psi\sigma\tan\varphi+c$),材料常数为 $E=490\text{MPa}$, $\nu=0.25$, $c=19.6\text{kPa}$,且内摩擦角 $\varphi=40°$(同文[38]). 分别取 $\psi=0$和1两种极值情况来分析摩擦系数 $\bar{\mu}$ 对弹塑性状态的影响.

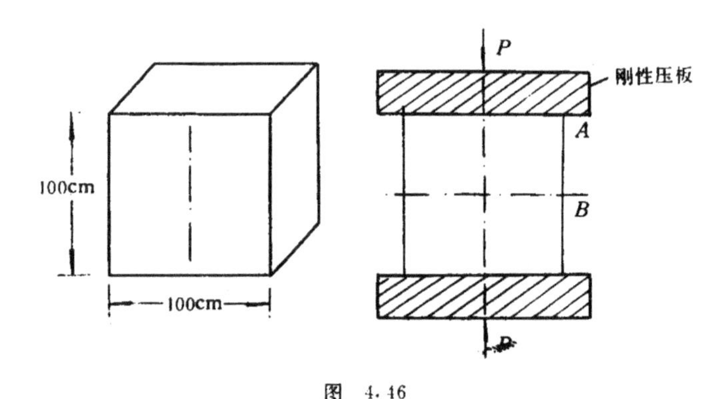

图 4.46

由对称性可取试件的1/4来分析,见图4.47,压板用5个刚性单

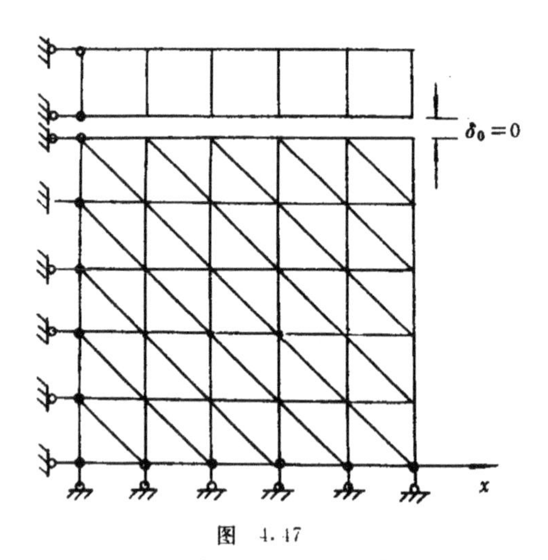

图 4.47

元,试件用50个三角形元划分,在压板与试件之间配5个接触元. 图4.48和图4.49为边 AB 在压力 $P=1215.2\text{N}$ 作用下 $\bar{\mu}=0.1$和 $\bar{\mu}=$

0.2两种情况下水平和垂直方向变形曲线. 从图中看出，位移随摩擦系数的增大而减少，例如，当$\psi=1.0$时，$\bar{\mu}=0.1$在点A处的水平位移是$\bar{\mu}=0.2$的50倍. 还可以观察到，非关联流动准则($\psi=0.0$)下的水平位移比相关联流动准则($\psi=1.0$)下的要小；然而，垂直位移正好与水平位移的规律相反.

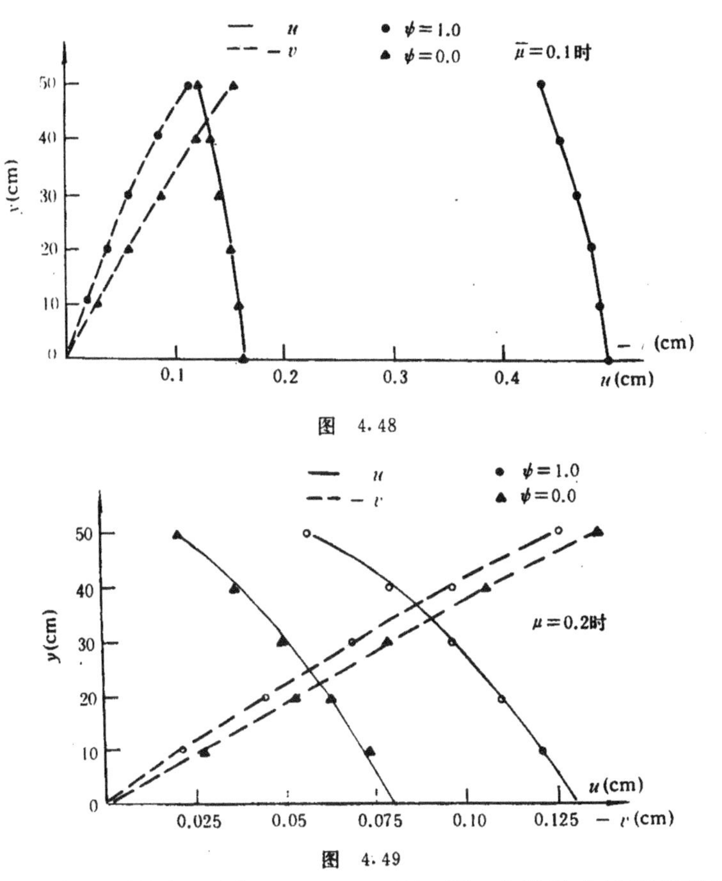

图 4.48

图 4.49

图4.50是同一压力($p=1215.2$N)下取5个增量步计算得到的$\bar{\mu}$分别取0.1，0.2，0.4，0.5时试样塑性区分布图. 很明显，$\bar{\mu}$对试样塑性状态的影响很大，$\bar{\mu}$越小，试件越容易破坏. 当$\bar{\mu}\geqslant0.3$后，$\bar{\mu}$对塑性分布影响保持不变. 这些结果都与文献[38]的结果相一致.

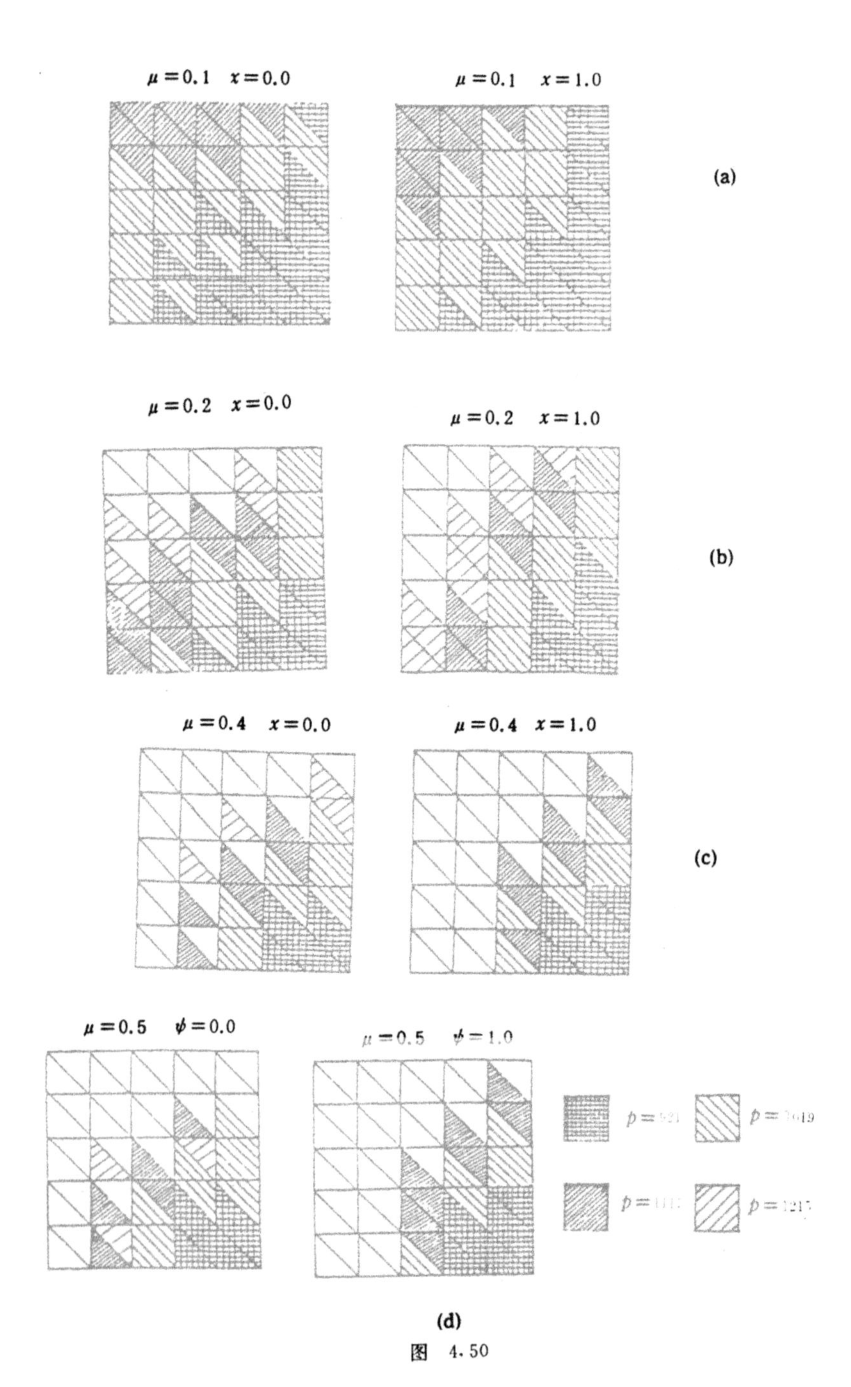
μ=0.1 x=0.0
μ=0.1 x=1.0
(a)
μ=0.2 x=0.0
μ=0.2 x=1.0
(b)
μ=0.4 x=0.0
μ=0.4 x=1.0
(c)
μ=0.5 ψ=0.0
μ=0.5 ψ=1.0
(d)

图 4.50

例 4.14　一个无限长圆筒放在一个刚性地基上，圆筒顶部均匀作用线荷载 P_0，如图4.51所示. 在平面应变条件下，物体材料假定为理想弹塑性材料，并遵循 Mises 屈服准则，屈服应力 $\sigma_s=1.568\text{MPa}$，弹性常数 $E=19.6\text{MPa}$，泊松比 $\nu=0.3$，圆筒半径 $R=8\text{cm}$.

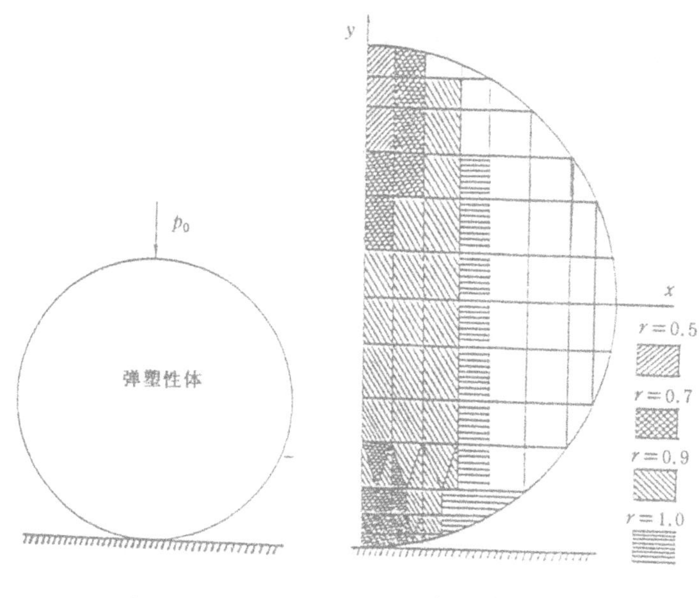

图 4.51　　　　图 4.52

所用有限元网格如图4.52所示，用73个四点弹塑性平面元，32个弹塑性三角形元和11个接触单元，且 $Ndn=181$，$Ndr=22$，NNCTS=105，NCCTS=22，问题采用 $\mu=0.0$ 和 $\mu=0.4$ 两种情况进行分析. 荷载合力 $p_0=1528.8\text{N}$，采用5个增量步计算.

图4.52表示在不同荷载因子 $r=(p/p_0)$ 下 $\bar{\mu}=0.4$ 时的塑性分布图. 在 $\bar{\mu}=0.0$ 时，不同荷载水平下弹塑性法向接触应力和文献[33]提供的法向接触应力以及弹性解均示于图4.53，当有摩擦存在时，接触点的切向运动受到约束，有切向摩擦力存在. 图4.54和图4.55分别表示 $\bar{\mu}=0.4$ 时的法向接触应力和切向摩擦应力在不同荷载水平下的分布.

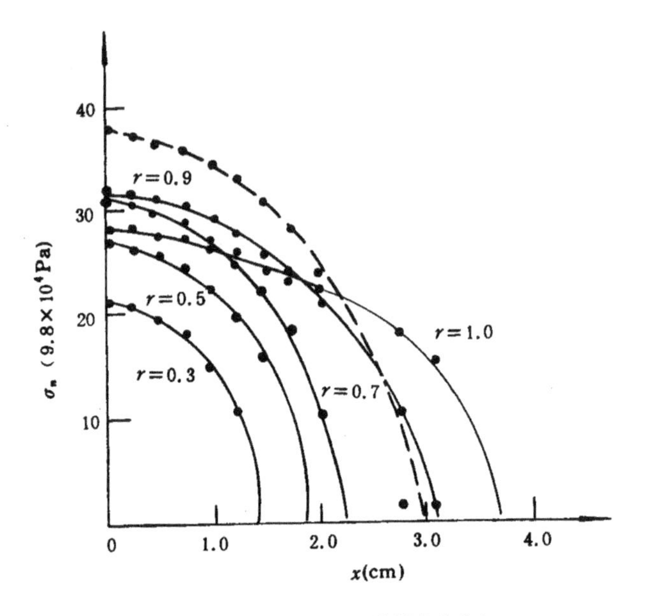

图　4.53　$\mu=0.0$时法向接触应力分布

--------Hertz 解　○弹性解　● 弹塑性解

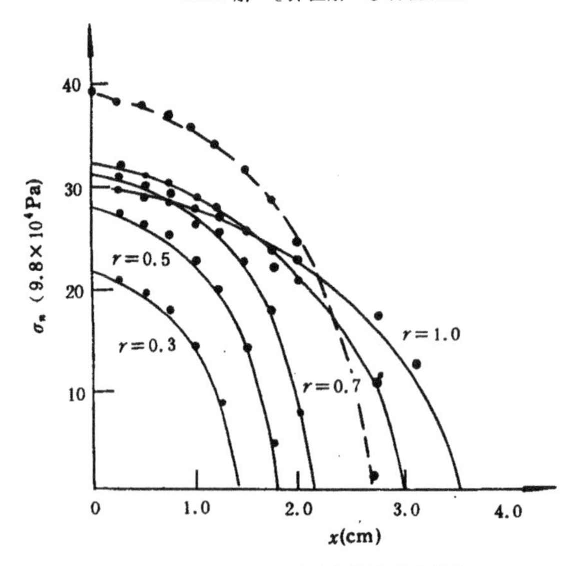

图　4.54　$\mu=0.4$时法向接触应力分布

--------弹性解　——弹塑性解

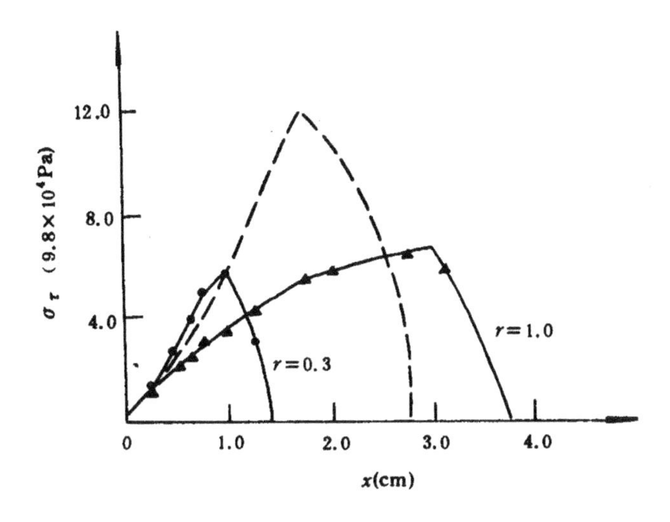

图 4.55 $\mu=0.4$时摩擦应力分布图

--------弹性解 ——弹塑性解

从图4.52～图4.54可见，塑性使最大法向应力减少，这个结论对表面接触，齿轮、轴承等模型有直接的影响.

参 考 文 献

[1] 钟万勰，弹性接触问题的变分原理及参数二次规划解，计算结构力学及其应用，**2**(1)，1985.

[2] 钟万勰，弹性接触问题的势能原理及其算法，计算结构力学及其应用，**2**(2)，1985.

[3] 张柔雷，参变量变分原理及其应用，大连理工大学博士学位论文，1987.

[4] 钟万勰、张柔雷、孙苏明，参数二次规划法在计算力学中的应用(一、二、三)，计算结构力学及其应用，**5**(4)，1988；**6**(1)，1989；**6**(2)，1989.

[5] 孙苏明，参数二次规划法的研究及其工程结构分析应用，大连理工大学博士学位论文，1988.

[6] Zhong Wanxie，Sun Suming，A Parametric Quadratic Programming Formulation for Elastic Contact Problems，Proc. Int. Conf. on Computer Modelling in Ocean Engineering，Venice，1988.

[7] Zhong Wanxie，Sun Suming，A Finite Element Method for Elasto-Plastic Struc-

ture and Contact Problem by Parametric Quadratic Programming, Int. J. Numer. Meth. Eng., 26, 2723—2738,1988.

[8] 钟万勰,计算结构力学微机程序设计,水利电力出版社,1987.

[9] Gladwell, GML., Contact Problems in the Classical Theory of Elasticity, 1980.

[10] Fichera, G., Problem, Elastostatic Con Vincali Unilaterali: il Problema di Signorini Con Ambigue Conditiorial Contorno, Mem. Acc. Naz. Lincei VIII, 7a, 1964.

[11] Durant, G. and Lions, J. L., Un Problem d'slasticite avec frottement, J. Mec., 10, 409—420,1970.

[12] Chan S. K., Tuba T. S., A Finite Element Method for Contact Problems of Solid Bodies, Int. J. Mech., Sci., 13,1971.

[13] Francavilla, A. and Zienkiewicz, O. C., A Note on Numerical Computation of Elastic Contact Problems, Int. J. Num. Meth. Eng., 9,913—924,1975.

[14] Fredriksson, B., Finite Element Solution of Surface Nonlinearities in Structural Mechanics with Special Emphasis to Contact and Fracture Mechanics Problems, Computers & Structures, 6,281—290,1976.

[15] 陈万吉,用有限元混合法分析弹性接触问题,大连工学院学报,No. 2,1979.

[16] 张汝青,詹先义,非线性结构有限元分析,重庆大学出版社,1990.

[17] Tsang J. and Olson, M. D., The Mixed Finite Element Method Applied to Two-dimensional Elastic Contact Problem, Int. J. Numer. Meth. Eng., 17,991—1014, 1981.

[18] Sachdeva, T. D. and Ramakrishnan, C. V., A Finite Element Solution for the Two-dimensional Elastic Contact Problems with Friction, Int. J. Num. Meth. Eng., 17, 1257—1271, 1981.

[19] 郭仲衡,弹性接触问题分析的广义子结构法,中国科学,No. 9,1980.

[20] Grierson, D. E., Franchi, A., Donato, O. and Corradi, L., Mathematical Programming and Nonlinear Finite Element Analysis, Comp. Meth. Appl. Mech. Eng., 17,497—518, 1979.

[21] Maier, G. and Munro, J., Mathematical Programming Application to Engineering Plastic Analysis, Appl. Mech. Rev., 35,1631—1643,1982.

[22] Conry, T. F. and Seireg, A Mathematical Programming Method for Design of Elastic Bodies in Contact, ASME, J. Appl. Mech., 2, 387—392,1971.

[23] Chand, R., Haug, E. J. and Rim, K., Analysis of Unbounded Contact Problems by Means of Quadratic Programming, J. Opt. Theo. Appl., 20,1976.

[24] Haug, E. J., Chand, R. and Pau, K., Multibody Elastic Contact Analysis by Quadratic Programming, J. Opt. Theo. Appl., 21, 1977.

[25] Haug, D. D. and Saxce, G. , Frictionless Contact of Elastic Bodies by Finite Element Method and Mathematical Programming Technique, Comp. &. Struct. , 11, 55—67, 1980.

[26] Fischer, U. and Melosh, R. J. , Solving Discretized Contact Problems Using Linear Programming, Comp. &. Struct. , 25, 661—664,1987.

[27] Panagiotopoulos, P. D. , On the Unilateral Contact Problem of Structures with a Non Quadratic Strain Energy Density, Int. J. Solids Struct. , 13, 253—261, 1977.

[28] Panagiotopoulos, P. D. ,A Variational Inequality Approach to The Friction Problems of Structures with Convex Strain Energy Density and Application to The Frictional Unilateral Contact Problem, J. Struct. Meth. , 6(3), 303—318,1978.

[29] Panagiotopoulos. P. D. ,A Nonlinear Programming Approach to the Unilateral Contact and Friction Boundary Value Problem in the Theory of Elasticity, Ing. Arch. , 44,421—432,1975.

[30] Ohtake, K. , Oden J. T. and Kikuchi N. , Analysis of Certain Unilateral Problems in Von Karman Plate Theory by a Penalty Method, Comp. Meth. Appl. Mech. Eng. , 24,187—213,1980.

[31] Oden, J. T. and Pires E. B. , Nonlocal and Nonlinear Friction Law and Variational Principles for Contact Problems in Elasticity, J. Appl. Mech. , 50,67—76, 1983.

[32] Campos, L. T. , Oden, J. T. and Kikuchi, N. , A Numerical Analysis of a Class of Contact Problems with Friction in Elastisitics, Comp. Meth. Appl. Mech. Eng. , 34, 821—845,1982.

[33] Oden, J. T. and Carey, G. F. , Finite Element Special Problems in Solid Mechanics, Vol. V, Prentice-Hall Inc. , 1984.

[34] Oden, J. T. and Lin, T. C. , On the General Rolling Contact Problem for Finite Deformations of a Viscoelastic Cylinder, Comp. Meth. Appl. Mech. Eng. , 57, 1986.

[35] Okamoto, N. and Nakazawa, M. , Finite Element Incremental Contact Analysis with Various Frictional Conditions, Int. J. Num. Meth. Eng. , 14,337—359, 1979.

[36] Chaudhary, B. , Bathe, K. , A Solution Method for Static and Dynamic Analysis of Three-Dimensional Contact Problems with Friction, Comp. &. Struct. , 24, 855—873,1984.

[37] Klarbring, A. , General Contact Boundary Condition and the Analysis of Frictional Systems, Int. J. Solids Struct. , 22, 1377—1398,1986.

[38] Klarbring, A., A Mathmatical Programming Approach to Three Dimensional Contact Problems with Friction, Comp. Meths. Appl. Mech. Eng., 58,175—200,1986.

[39] 刘元杰,徐福娣,弹塑性接触问题的有限元分析,郑州机械研究所,11,1979.

[40] Endahl,N..On the Finite Element Solution of the Elasto Plastic Axisymmetric Hertz Contact Problem, Comp. & Struct.. 24. 517—524,1986.

[41] Nagarej, H.S., Elastoplastic Contact of Bodies with Friction under Normal and Tangential Loading. ASME, J. Tribology. 106. 519—526,1984.

[42] 陈曼琪,用拟弹性叠加、双重迭代法解弹塑性接触问题,固体力学学报,3,1983.

[43] Maier, G. and Andrenzzi. A.. Elastic and Elasto-Plastic Analysis of Submarine Pipelines as Unilateral Contact Problems. Comp. & Struct; 8.421—431,1978.

[44] Byung, C.L. and Byung. M.K.. A Computational Method for Elastoplastic Contact Problems. Comp. & Struct.. 18. 757—765.1984.

[45] 万长森,滚动轴承的分析方法,机械工业出版社,1987.

[46] 胡西樵,弹性流体动力润滑,高等教育出版社,1986.

[47] Kong. P.O. ,The Formulation of the Mixed Lubrication Problems as a Generalized Nonlinear Complementary Problem. J. Tribology. ASME. 108. 598—604, 1986.

[48] Koupert. L.. Fast Numerical Calculations of EHD Sliding Traction Forces, A pplication to Rolling Bearing. ASME. J. Tribology. 107. 1985.

[49] Kieckner. R.J. and Pirvics. J.. Spherical Roller Bearing Analysis, ASME. J. Tribology. 104.99—108.1982.

[50] Chandrasekaran. N.. Haisler. W.E. and Geoforth, R.E.. A Finite Element Solution Method for Contact Problems with Friction. Int. J. Num. Meth. Eng.. **24**(3). 1987.

[51] Timoshenko. S. and Goodier. J.N., Theory of Elasticity, 2nd Ed., McGraw-Hill Book Company. N.Y.. 1951.

[52] Okamoto, N. and Nakazawa. M.. Finite Element Incremental Contact Analysis with Various Frictional Conditions. Int. J. Num. Meth. Engng., **14**, 337—357.1979.

[53] Stadter. J.T. and Weiss, R.O.. Analysis of Contact Through Finite Element Gaps, Computers & Structures, **10**. 867—873.1979.

第五章　非线性分析子结构技术及 FEEPCA 程序

现介绍实现前几章理论的多重子结构非线性分析程序 FEEPCA(Finite Element Elastic-Plastic Contact Analysis). 对于弹塑性分析,接触分析和断裂分析等非线性结构分析问题,一般根据经验和物理特性可事先知道整个结构在变形期间保持弹性效应的部分,对这部分结构可划分为多个子结构,而把其余可能发生非线性现象的结构定义为独立的子结构. 这样的处理方程可提高程序的解题规模,并可在一定程度上减少计算工作量. 特别是非线性区较小时,如接触问题分析,应用多重子结构技术效果更加明显.

§5.1　多重子结构分析的概念

近 30 年来子结构分析方法处理复杂结构力学分析问题已得到越来越广泛的应用. 在许多结构分析程序系统里,都采用了这种分析技术. 比如:ASKA, FORMAT, MAGIC, NASTRAN, NAJIF, ASKA80 和 JIGFEX 等,众所周知,处理子结构之间的连接问题通常有三种方法. 即位移法,力法与混合法. 本文所介绍的程序属于位移法.

5.1.1　子结构和子结构模式

一般的有限元结构分析,是把结构直接离散为各种有限单元,如梁、膜、板、壳、块、弹簧等单元,这些都是最基本的单元. 然而对于处理复杂结构力学分析一类问题,往往会出现节点和单元数目较大,自由度较多等问题,使有限元分析出现许多困难,有时甚至无法进行. 多重子结构方法是处理大型复杂结构的一种有效的方法. 该方法是将一个规模较大的结构分解成一系列规模较小的子结构来处理. 在计算工作上是将一个阶数十分高的线性方程组的求解转化为一系列阶数较低的线性方程组的求解. 且各组之间具有相对独立性,从而可以在计算机内对之逐个进行求解,使大型复杂结构的力学分析得以方便地实现.

为说明多重子结构的分析原理,首先让我们看一个示例,如图 5.1 所示,给出一多层平面框架有限元结构图,下部为基础. 图 5.2 给出了该结构的一种子结构划分形式. 其中②,④,⑤,⑥,⑦,⑨均由基本单元构成,⑧由⑨与基本单元构成. ③由④,⑤,⑥,⑦,⑧构成,①由②,③与基本单元构成. 图 5.1 中的阴影区为非线性区,而图 5.2①中的基本单元就是这些非线性单元(包括接触单元).

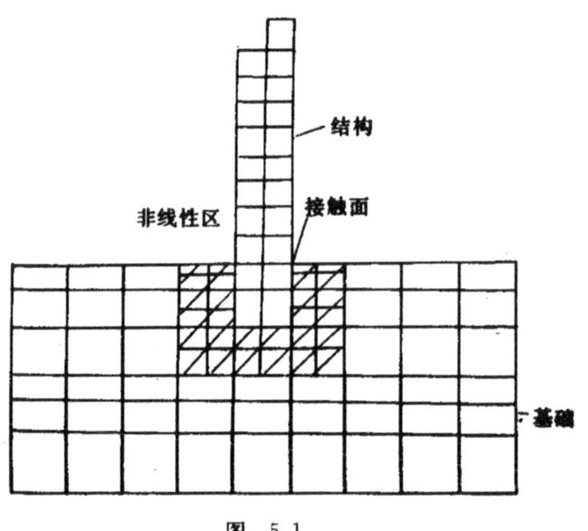

图 5.1

在多重子结构分析中,②,③,…,⑨也看作是一种单元,只不过是比基本单元的意义更广泛而已,我们称之为"超级单元". 显然超级单元可由一系列基本单元构成,也可由一系列别的超级单元构成,也可由基本单元与超级单元联合构成. 因而从有限元结构分析模型化角度看多重子结构的组成,可以给出下列构成关系图.

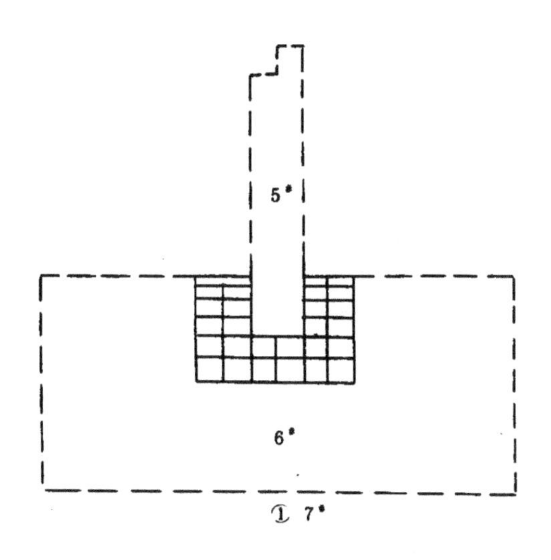

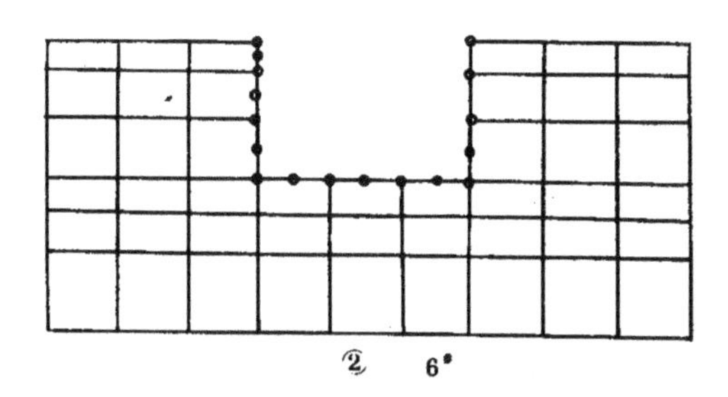

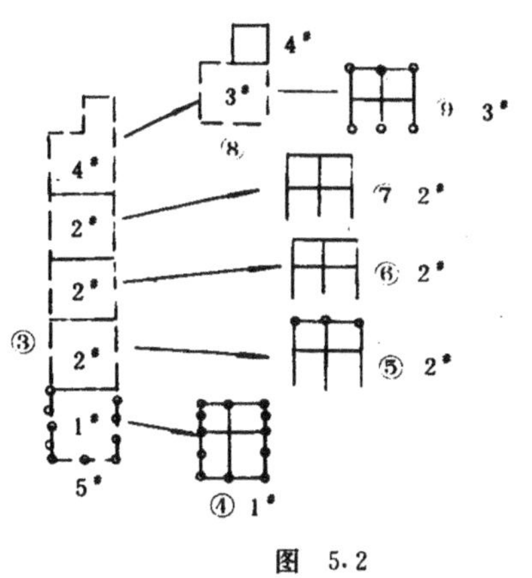

图 5.2

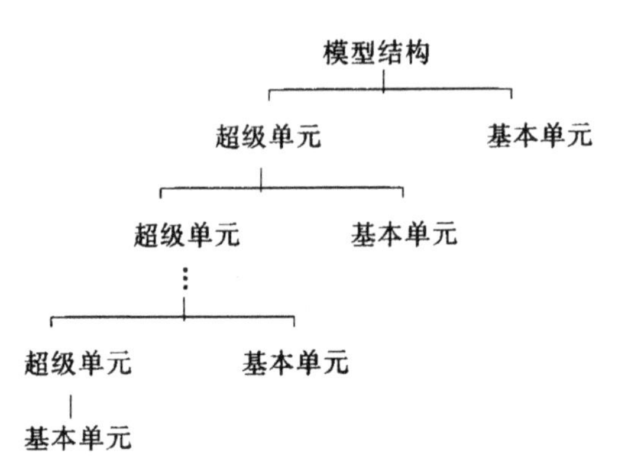

在多重子结构分析中，用超级单元来模拟构成整体结构的各个子结构，且相同的子结构用相同的超级单元去模拟. 基本单元和超级单元在组成结构的地位上是平等的. 不同的是，基本单元的模式由程序编制者定义，而超级单元的模式由程序使用者定义. 下面就来介绍一下子结构模式的概念.

我们规定组成结构的所有超级单元(子结构)的总数(包括结构自身)由字符 Ncomp 表示. 如图 5.2 中，Ncomp=9.

这里我们给出子结构模式的定义：子结构模式是具有确定的几何形状，结构拓扑以及出口条件，而刚度可按比例变化的结构模型. 在组成结构的 Ncomp 个子结构中，有的子结构是相同的，因此我们只需按某种次序抽象地定义 NSB 个互不相同的子结构模式(如同基本单元的模式定义一样)来表示全部的 Ncomp 个子结构就可以了. 这些子结构模式组成了序号依次为 1，2，3，…，NSB 的子结构模式序列 SB_1，SB_2，…，SB_{NSB}. 在此序列中，第 ISB 号子结构模式(ISB≤NSB)可以将序号小于 ISB 的任何一个或若干个子结构模式作为超级单元多次调用拼装而组成自身子结构模式的不同部分. 子结构模式序列中的模式排列应遵守先定义后调用的原则. 子结构模式被调用来组成新的子结构模式，称被调用的子结构模式为一个超级单元. 应当注意，子结构模式序列中的每一个子结构模式都不能看作是一个子结构的具体组成部分，它只能被看作是一种可以被调用和拼装的子结构类型的一系列样品，这是子结构模式和子结构的概念上的差别.就像程序编制者定义的基本单元模式与结构中的一个具体的单元的差别一样.第NSB号子结构模式是子结构模式序列中的最后一个,由于它是整个结构的模式,不会再被调用和拼装,因此第NSB子结构模式可以看作是要计算的结构体本身.一般地,对第NSB号子结构模式和结构在提法上不做严格区分.

子结构模式要有确定的几何形状和尺寸,它不像基本单元,例如不同长度和断面形状的梁都属于同一单元类型.子结构模式要求有确定的结构拓扑,这是指它的内部单元划分及连接方式、相互位置等必须是确定不变的.子结构模式要求有确定的出口条件,这是指其出口点和出口自由度的多少,以及出口点的位置都是确定不变的.子结构模式的刚度可按比例变化,主要的目的是为了增加子结构模式被调用的机会.值得注意的是,必须所有的刚度都具有相同的比例因子.

通过子结构模式的描述,全部Ncomp个子结构(超级单元)就由NSB个子结构模式的描述所代替.因为NSB≤Ncomp,所以结构的描述和计算工作量在一定程度上得以减少.由于各子结构模式间的相互独立性,也为复杂结构分析的数据组织创造了方便的条件.

按图5.2所示的结构组成关系,可以定义7个子结构模式,即NSB=7(Ncomp=9).由于超级单元⑤,⑥,⑦结构组成上完全相同,故用一个子结构模式2#来描述就可以了."#"表示子结构模式的意义.

由图5.2可以看到,各级子结构模式的调用拼装组成了结构体.这一过程可以通过一个倒置的树形结构形象直观地表示出来,这种图示法称为结构构成树,简称为结构树.我们约定结构树中不表示基本单元.图5.2所示的结构构成树如图5.3所示.

结构树包含两部分要素:结点和连线,每一个结点表示组成结构的一个子结构(超级单元),在子结构树中称为成员,为便于管理,我们为所有结点按规则编号,即成员号,标在方框的外边.结构

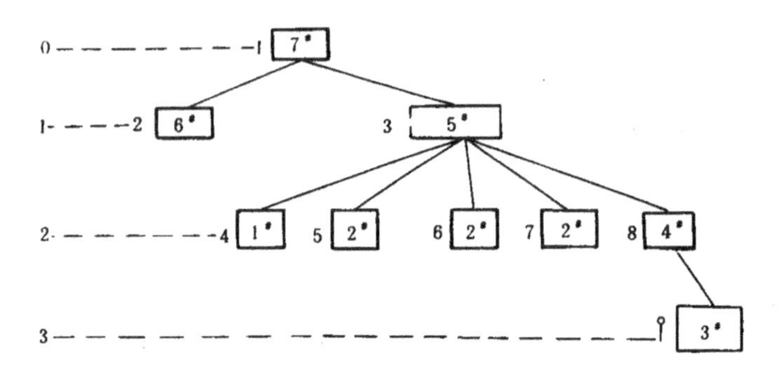

图 5.3

树的连线表示了成员间的调用关系，连线是有向的，连线均由上指向下，这表明了调用关系是有向的，只能是上边的成员调用下边的成员.

从结构树来看，它是分层的，以图 5.3 为例，结构 7#(SB7)处于最高一层，没有别的成员调用它了，因此把这个节点定义为树根点. 处在第 0 层，它直接调用的成员由它的连线指向表示，SB7(7#)有二条连线，按由左至右分别指向 SB6，SB5 代表的结点上，这两个节点处在 SB7 的下一层，称为 1 层，同理 SB5 指向 SB1，SB2，…，SB4，这些结点称为第二层，等等. 向下没有连线的结点称为树梢结点，树梢成员一定是由基本子结构模式代表的.

在结构树中，每一条连线均表示一个分支，对于一个结点射出的分支，可按自左到右的次序编号，这个序号称为该节点的分支号(IUNIT). 位于该结点上的成员相对于它的各分支上的结点成员来讲，称为母下属(母成员). 因此除根结点上的成员外，结构树中每个成员均位于其母成员的一个确定的分支结点上. 如图 5.3 所示，2，3 号成员位于 1 号成员的第 1，2 分支上；4，5，6，7，8 号成员则分别位于 3 号成员的 1，2，3，4，5 分支上，等等. 母成员下属的分支号表明了对其下属成员的调用拼装的先后次序.

结构树中除根结点外的每一个成员均可与从树根点沿有向连

线到该成员所在结点的一个唯一的路径相对应.这个路径可以用按先后次序通过各层次相应连线的分支号组成的序列来表示，称作该成员的迹.显然，其分支号序列中元素的个数就等于该成员所在层次的序号.以图 5.3 为例，6 号成员位于第二层，它的迹为 2，3；9 号成员位于第三层，相应的迹为 2，5，10 等等.

结构树中成员编号的方法是约定好的，FEEPCA 的编序原则是：树根必是 1 号成员，这是规定，即从树根开始编排.从树根开始逐个访问它的全部下属成员，规定在每访问到一个成员后，应首先访问位于以成员为母成员的第一分支上的全部各层次下属成员，然后是第二支，第三支，直到访问遍及结构树的所有成员为止.这一访问次序，就是为各成员编号的次序，这一访问称为结构构成树前序周游.图 5.4 给出结构树前序周游的形象表示.

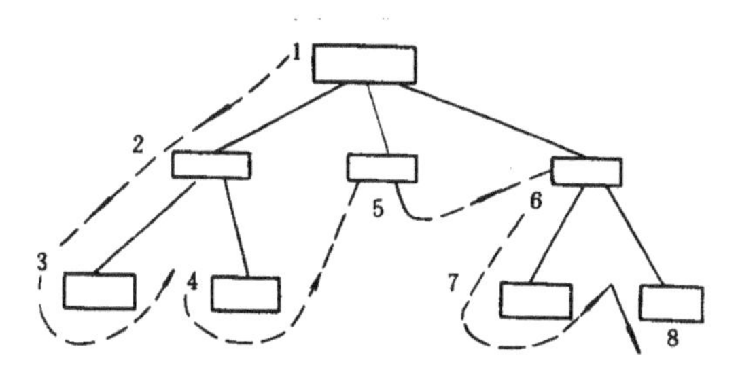

图 5.4

结构的成员及其在结构树中所在层次、分支、迹以及结构树周游的概念在多重子结构分析中占有重要的地位.我们要进行的结构分析所面对的结构模型是复杂的，子结构划分和拼装方式是多种多样的.结构构成树对直观了解结构的构成是非常有用的.同时，了解结构构成树的概念对进行计算机辅助设计，实现对子结构分析程序的前后处理，以及在子结构分析程序基础上扩展更广泛的功能是十分有用的.

通过以上的介绍，读者将会对多重子结构分析的概念有了较好的了解.下面就介绍多重子结构法实施的两个基本问题，即多重子结构分析中的荷载生成及刚度装配原则.

5.1.2 静力分析的荷载模式和荷载工况

一个结构在工作时要受到各种外荷载作用,结构分析往往要找出几种典型荷载进行分析,以确定结构的承载能力.这几种典型的荷载就称为结构的荷载工况.图 5.5 表示梁在受载作用下的工作状态分析.图左边所示为梁的三种荷载工况,这几种工况可由更基本的荷载的线性组合来表示,如图 5.5 右上的两种荷载,可分别称为荷载模式 1 和模式 2.所谓荷载模式是指一种荷载模型,它只有在被调用时,才成为真正的荷载.需分析的三种荷载工况可由两种荷载模式的不同的线性组合来表示.线性组合时的调用系数(图 5.5 右下表中数据)组成的数据表称为模式调用系数表,写成矩阵形式则称为调用系数矩阵.这就是荷载模式和荷载工况的基本概念.

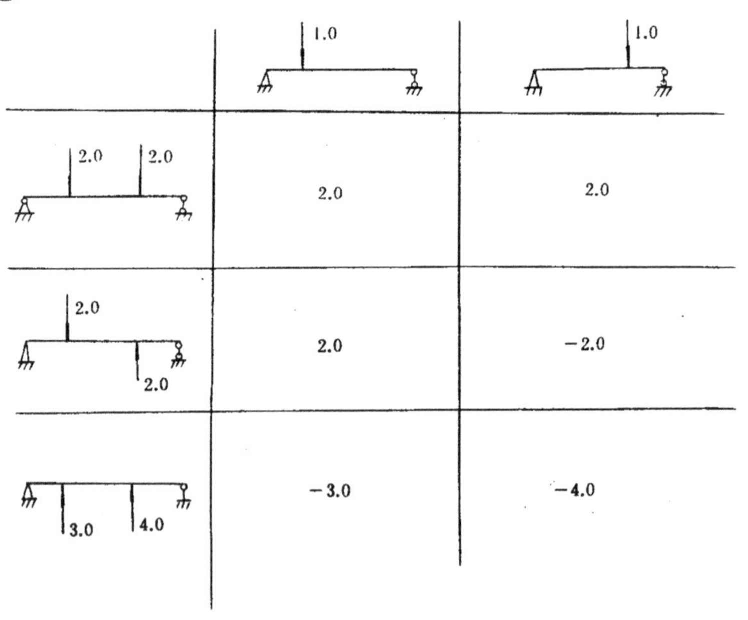

图 5.5

在 FEEPCA 程序中，同定义子结构模式 $SB_1, SB_2, \cdots, SB_{NSB}$ 相平行，在每一个子结构模式中又定义了荷载模式和荷载工况. 每一个子结构模式的荷载工况均应看作由该子结构模式的所有荷载模式线性组合而成的. 在这些荷载模式中，一部分是通过对作用于有限元节点或基本单元上的荷载直接描述而成的，称为基本荷载模式，简称荷载基模式；另一部分是通过超级单元调用带入的，这一部分荷载模式实际上就是构成各超级单元的相应子结构模式的荷载工况. 因而在多重子结构分析中，荷载工况与荷载模式具有相对意义.

显然子结构基模式的荷载工况仅由荷载基模式线性组合而成. 最后的第 NSB 级子结构模式的荷载工况是真正的荷载工况.

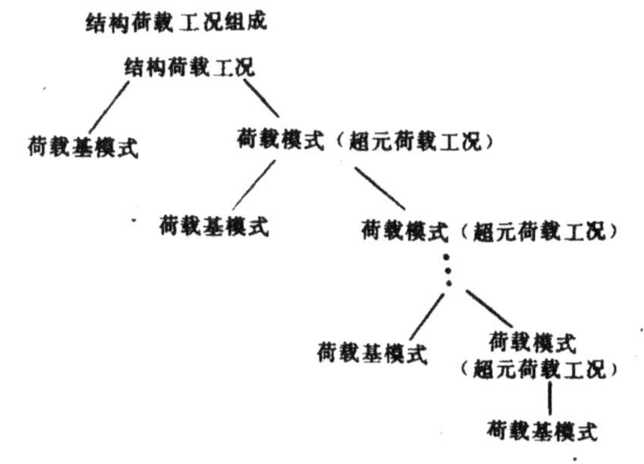

下面给出多重子结构分析中荷载工况组成的数学表述：

设第 ISB 号子结构模式调用了 ISON(ISB) 个超级单元(ISB $=1,2,\cdots,$NSB)，构成第 I 个超级单元的子结构模式序号是 ISU(I)，则必有 ISU(I)<ISB(I$=1,2,\cdots,$ISON(ISB)). 在 ISB 子结构模式中定义了 ICASE(ISB) 种荷载工况和 LDMDL 种荷载基模式，那么 ISB 级子结构模式的荷载工况应当是

$$[\boldsymbol{P}_{\mathrm{ISB}}] = [\boldsymbol{Q}_{\mathrm{ISB}}] \cdot [\boldsymbol{\beta}_{\mathrm{ISB}}]^T + \sum_{I=1}^{\mathrm{ISON(ISB)}} [\boldsymbol{P}'_{\mathrm{ISU(I)}}] \cdot [\boldsymbol{\alpha}_{\mathrm{ISU(I)}}]^T \tag{5.1.1}$$

式(5.1.1)中：[$\boldsymbol{P}_{\mathrm{ISB}}$]是第ISB号子结构模式的荷载工况矩阵，由ICASE[ISB]个荷载列向量组成，其中第IC个列向量表示第IC种荷载工况，显然IC=1,2,…,ICASE(ISB)；[$\boldsymbol{Q}_{\mathrm{ISB}}$]是第ISB号子结构模式的荷载基模式矩阵，由LDMDL个荷载基模式列向量组成，其中第IL个列向量表示第IL种荷载基模式(IL=1,2,…,LDMDL)；[$\boldsymbol{\beta}_{\mathrm{ISB}}$]是第ISB号子结构模式的荷载工况对荷载基模式的调用系数矩阵，有ICASE(ISB)行，LDMDL列，其中第IC行的LDMDL个系数就是第IC种荷载工况依次对各荷载基模式的调用系数；[$\boldsymbol{P}'_{\mathrm{ISU(I)}}$]是第ISB号子结构模式调用第I个超级单元代入的荷载工况矩阵，由ICASE[ISU(I)]个荷载模式列向量组成，其中第JL个列向量表示相应超级单元的第JL种荷载模式(JL=1,2,…,ICASE(ISU(I)))，应当注意，[$\boldsymbol{P}'_{\mathrm{ISU(I)}}$]与[$\boldsymbol{P}_{\mathrm{ISU(I)}}$]是略有不同的，[$\boldsymbol{P}'_{\mathrm{ISU(I)}}$]是将[$\boldsymbol{P}_{\mathrm{ISU(I)}}$]由ISU(I)子结构模式描述空间变换到ISB子结构模式空间上的描述；[$\boldsymbol{\alpha}_{\mathrm{ISU(I)}}$]是第ISB号子结构模式的荷载工况对第I个超级单元荷载模式的调用系数矩阵，有ICASE(ISB)行，ICASE(ISU(I))列，其中第IC行的ICASE(ISU(I))个系数是第IC种荷载工况依次对各荷载模式的调用系数.

5.1.3 弹性问题多重子结构分析方法

在多重子结构分析过程中，NSB个子结构模式SB_1,SB_2,…,SB_{NSB}组成了一个描述和计算序列.其中第ISU号子结构模式可以被当作超级单元而被第ISB号子结构模式(ISB>ISU)所调用、拼装.这一个过程类似于将具有内部自由度的有限基本单元凝聚掉内部自由度后再拼装到结构中去的过程.

在第ISB号子结构模式的所有节点中，将有一部分节点在子结构模式被调用过程中被凝聚掉，而只保留一部分有用的节点.被凝聚掉的节点称为第ISB号子结构模式的内部节点，有IOT(ISB)个；保留下的节点作为该子结构模式的出口节点有JOT(ISB)个；而IOT(ISB)个内部节点一经凝聚即意味着已不存在.它们的力学性态由JOT(ISB)个出口节点所控制.出口节点的一个主要用途就是子结构模式作为超级单元被调用而与结构其它部分拼装时，可作为拼装节点.

对于弹性分析而言，由于最后的 NSB 子结构模式已经构成了整个结构，不需做为超级单元同其它结构相拼装，因此应当没有出口节点，即 JOT(NSB)=0，需处理的节点总数是 IOT(NSB)个，全部是内部节点，也就不存在凝聚问题. 对于非线性分析由于问题的特殊性，则对第 NSB 级子结构模式仍需做必要的凝聚计算. 这部分内容请参见§5.2 的叙述.

对于第 ISB 号子结构模式来说，需处理的 JOT(ISB)+IOT(ISB)个节点是按某种次序形成的序列. 称为该子结构模式的节点序列. 这个序列可按如下方法逐步形成.

首先根据第 ISB 号子结构模式描述上的需要，定义 NNODE 个节点，并给予人工编号 1,2,…,NNODE，我们称这些节点为该子结构模式的自身节点，至少符合下面几种情形之一的节点，应该被定义为自身节点：(1) 做连接基本单元描述的节点；(2) 做施加外荷载描述的节点；(3) 超级单元代入的需重新描述的节点；(4) 为体现结构的某种力学特性或子结构模式将来被调用时所必须存在的节点，等等.

一般地说，NNODE 个自身节点已经描述了第 ISB 号子结构模式的部分结构，并形成了一个自身节点序列. 接下去依次调用组成该子结构模式的 ISON(ISB)个超级单元，将超级单元上的出口节点逐个地同节点临时序列中的每一个节点相比较，相比较的两个节点中，节点临时序列中的节点称为已有节点，而超级单元上的出口节点为后入节点. 比较结果，若已有节点和后入节点在几何位置上相重合，则结构在该节点上拼装成功，这样重合在一起的节点称作重复节点. 重复节点在节点临时序列中占据原来已有的节点序号，节点临时序列中的节点个数并不增加. 若后入节点同临时序列中的每一个节点相比较，几何位置均不重合，那么这个后入节点将加入节点临时序列，这样的节点称为新增节点. 当全部的 ISON(ISB)个超级单元上的所有出口节点均完成了比较，则第 ISB 号子结构模式的节点号序列就形成了.节点序列中的节点总数为 JOT(ISB)+IOT(ISB)个.不失一般性,通过重新排列,总可使内部点排在前面,而出口点排到后面.

结构分析的矩阵位移法是以结构节点位移向量$\{\hat{\boldsymbol{u}}\}$中的元素为未知数,在形成了相应的结构总刚度阵$\{\boldsymbol{K}\}$和外力向量$\{\hat{\boldsymbol{p}}\}$以后,求解矩阵形成的线性方程组

$$[\boldsymbol{K}]\{\hat{\boldsymbol{u}}\}=\{\hat{\boldsymbol{p}}\} \tag{5.1.2}$$

而获得节点位移向量的.

对于第 ISB 号子结构模式的分析而言,式(5.1.2)可以分块地表示为

$$\begin{bmatrix}\boldsymbol{K}_{ii} & \boldsymbol{K}_{io}\\ \boldsymbol{K}_{oi} & \boldsymbol{K}_{oo}\end{bmatrix}\begin{Bmatrix}\hat{\boldsymbol{u}}_i\\ \boldsymbol{u}_o\end{Bmatrix}=\begin{Bmatrix}\hat{\boldsymbol{p}}_i\\ \hat{\boldsymbol{p}}_o\end{Bmatrix} \tag{5.1.3}$$

这里$\{\hat{\boldsymbol{u}}_o\}$和$\{\hat{\boldsymbol{p}}_o\}$分别是 JOT(ISB)个出口节点对应的 MOT(ISB)个出口独立位移组成的未知数向量和相应的出口外力向量;$\{\hat{\boldsymbol{u}}_i\}$,$\{\hat{\boldsymbol{p}}_i\}$分别是 IOT(ISB)个内部节点对应的 NDT(ISB)个内部独立位移组成的未知数向量和相应的内部自由度外力向量,$[\boldsymbol{K}_{oo}]$,$[\boldsymbol{K}_{ii}]$分别称为子结构模式的出口刚度阵和内部刚度矩阵.$[\boldsymbol{K}_{io}]=[\boldsymbol{K}_{oi}]^T$ 称为子结构模式的交互刚度矩阵.

将式(5.1.3)展开有

$$[\boldsymbol{K}_{io}]\{\hat{\boldsymbol{u}}\boldsymbol{u}_o\}+[\boldsymbol{K}_{ii}]\{\hat{\boldsymbol{u}}_i\}=\{\hat{\boldsymbol{p}}_i\} \tag{5.1.4}$$

$$[\boldsymbol{K}_{oo}]\{\hat{\boldsymbol{u}}_o\}+[\boldsymbol{K}_{oi}]\{\hat{\boldsymbol{u}}_i\}=\{\hat{\boldsymbol{p}}_o\} \tag{5.1.5}$$

由式(5.1.4)得

$$\{\hat{\boldsymbol{u}}_i\}=[\boldsymbol{K}_{ii}]^{-1}(\{\hat{\boldsymbol{p}}_i\}-[\boldsymbol{K}_{io}]\{\hat{\boldsymbol{u}}_o\}) \tag{5.1.6}$$

将式(5.1.6)代入式(5.1.5)得

$$[\boldsymbol{K}_{oo}]^{*}\{\hat{\boldsymbol{u}}_{o}\}=\{\hat{\boldsymbol{p}}_{o}\}^{*} \tag{5.1.7}$$

其中

$$[\boldsymbol{K}_{oo}]^{*}=[\boldsymbol{K}_{oo}]-[\boldsymbol{K}_{oi}][\boldsymbol{K}_{ii}]^{-1}[\boldsymbol{K}_{io}] \tag{5.1.8}$$

$$\{\hat{\boldsymbol{p}}_{o}\}^{*}=\{\hat{\boldsymbol{p}}_{o}\}-[\boldsymbol{K}_{oi}][\boldsymbol{K}_{ii}]^{-1}\{\hat{\boldsymbol{p}}_{i}\} \tag{5.1.9}$$

至此式(5.1.7)已同内部自由度无关,即所有 NDT(ISB)个内部独立位移已全部被凝聚掉. $[\boldsymbol{K}_{oo}]^{*}$,$\{\hat{\boldsymbol{p}}_{o}\}^{*}$分别称为经过凝聚的出口刚度阵和出口外力向量. 凝聚计算是通过式(5.1.8),(5.1.9)的矩阵求逆和相乘完成的.

经过凝聚后的子结构模式出口刚度阵$[\boldsymbol{K}_{oo}]^{*}$和出口外力向量$\{\hat{\boldsymbol{p}}_{o}\}^{*}$实际上就是待组装的超级单元出口刚度阵和出口外力向量,其地位相当于待组装的一个基本单元. 例如梁单元参考单元局部坐标系表示的单元出口刚度阵和出口外力向量,不同的是梁单元只有两个出口节点,而这里的超级单元的出口节点有 JOT(ISB)个.

通过上述描述过程,就可以完成对 SB_1,SB_2,…,SB_{NSB}子结构模式刚度阵与外力向量的逐个组装,直至最高级子结构模式. 对于弹性分析来说,由于最高级子结构模式已没有出口节点,可利用一般的方程求解算法如 LDL^T 分解法对其进行求解. 最高级子结构模式方程自由度已较整个结构所描述的自由度大大降低,求解是十分容易的. 在最高级子结构模式方程求解完成之后,相当于结构构成树第 1 层的超级单元的出口节点的位移向量为已知的,于是由式(5.1.6)可以进行 1 层上各个超级单元的内部位移场的求解,进而可求第 2 层,第 3 层的超级单元位移场,直至全部超级单元. 求出位移场后,内力则会相应地求出.

§5.2 非线性分析多重子结构法

5.2.1 非线性分析子结构技术

非线性分析在结构分析中已成为一个很重要的研究领域,然而，非线性分析极耗计算时间. 有幸的是，不少结构的非线性效应只发生在个别几个区域，从而可将结构分成弹性区域和非线性区域，用多重子结构技术还可将弹性区域分成几级，最后都凝聚到弹性和非弹性区域边界处，非线性区域可被认为是最高一级子结构.

按照非线性分析增量理论，最高级模式结构总刚度阵 $\boldsymbol{K}$ 和增量外向量 $\hat{\boldsymbol{p}}$，以及增量位移向量 $d\hat{\boldsymbol{u}}$、势矩阵$\boldsymbol{\Phi}$ 及参变量$\boldsymbol{\lambda}'$可表示为(4.4.91)的形式

$$\boldsymbol{K}d\hat{\boldsymbol{u}}=(\boldsymbol{\Phi}\boldsymbol{\lambda}'+\hat{\boldsymbol{p}}) \tag{5.2.1}$$

若将整个结构分解为弹性和非弹性区域，e 和 p 分别表示弹性和非弹性，则各矩阵和矢量的分块形式为

$$\boldsymbol{K}=\begin{bmatrix}\boldsymbol{K}_{ee} & \boldsymbol{K}_{ep}\\ \boldsymbol{K}_{pe} & \boldsymbol{K}_{pp}\end{bmatrix} \tag{5.2.2}$$

$$d\hat{\boldsymbol{u}}=\begin{Bmatrix}d\hat{\boldsymbol{u}}_e\\ d\hat{\boldsymbol{u}}_p\end{Bmatrix},\ \hat{\boldsymbol{p}}=\begin{Bmatrix}\hat{\boldsymbol{p}}_e\\ \hat{\boldsymbol{p}}_p\end{Bmatrix} \tag{5.2.3}$$

$$\boldsymbol{\Phi}=\begin{bmatrix}\boldsymbol{\Phi}_e\\ \boldsymbol{\Phi}_p\end{bmatrix}=\begin{bmatrix}0\\ \boldsymbol{\Phi}_p\end{bmatrix},\boldsymbol{\lambda}'=\begin{Bmatrix}\boldsymbol{\lambda}'_e\\ \boldsymbol{\lambda}'_p\end{Bmatrix}=\begin{Bmatrix}0\\ \boldsymbol{\lambda}'_p\end{Bmatrix} \tag{5.2.4}$$

由于事先可以确定弹性区域，所以$\boldsymbol{\lambda}'_e$总为零；非弹性区域中的哪些单元进入非线性状态预先不知道，当然$\boldsymbol{\lambda}'_p$也不能确定，只知应大于零或等于零.

将式(5.2.1)按(5.2.2)～(5.2.4)的形式进行展开，有

$$\hat{\boldsymbol{p}}_e=\boldsymbol{K}_{ee}d\hat{\boldsymbol{u}}_e+\boldsymbol{K}_{ep}d\hat{\boldsymbol{u}}_p \tag{5.2.5}$$

$$\hat{\boldsymbol{p}}_p+\boldsymbol{\Phi}_p\boldsymbol{\lambda}'_p=\boldsymbol{K}_{pe}d\hat{\boldsymbol{u}}_e+\boldsymbol{K}_{pp}d\hat{\boldsymbol{u}}_p \tag{5.2.6}$$

对 $d\hat{\boldsymbol{u}}_e$ 解等式(5.2.5)得

$$d\hat{\boldsymbol{u}}_e=\boldsymbol{K}_{ee}^{-1}(\hat{\boldsymbol{p}}_e-\boldsymbol{K}_{ep}d\hat{\boldsymbol{u}}_p) \tag{5.2.7}$$

然后代入(5.2.6)获得一个仅关于非线性位移 $d\hat{u}_p$ 的表达式

$$\hat{\boldsymbol{p}}_p+\boldsymbol{\Phi}_p\boldsymbol{\lambda}'_p-\boldsymbol{K}_{pe}\boldsymbol{K}_{ee}{}'\hat{\boldsymbol{p}}_e=(\boldsymbol{K}_{pp}-\boldsymbol{K}_{pe}\boldsymbol{K}_{ee}^{-1}\boldsymbol{K}_{ep})d\hat{\boldsymbol{u}}_p \tag{5.2.8}$$

令

$$\hat{\boldsymbol{p}}_p^*=\hat{\boldsymbol{p}}_p-\boldsymbol{K}_{pe}\boldsymbol{K}_{ee}^{-1}\hat{\boldsymbol{p}}_e \tag{5.2.9}$$

$$\boldsymbol{K}_{pp}^*=\boldsymbol{K}_{pp}-\boldsymbol{K}_{pe}\boldsymbol{K}_{ee}^{-1}\boldsymbol{K}_{ep} \tag{5.2.10}$$

则式(5.2.8)重新表示为

$$\hat{\boldsymbol{p}}_p^*+\boldsymbol{\Phi}_p\boldsymbol{\lambda}'_p=\boldsymbol{K}_{pp}^*d\hat{\boldsymbol{u}}_p \tag{5.2.11}$$

式(5.2.9),(5.2.10)分别称为经凝聚后的结构外力向量增量与刚度矩阵.

在对接触问题进行非线性处理时,$\hat{\boldsymbol{p}}_p$ 含有两部分

$$\hat{\boldsymbol{p}}_p=\hat{\boldsymbol{p}}_{p0}-\hat{\boldsymbol{p}}_{p\delta},\hat{\boldsymbol{p}}_e=\hat{\boldsymbol{p}}_{e0}-\hat{\boldsymbol{p}}_{e\delta} \tag{5.2.12}$$

则由式(5.2.9)有

$$\hat{\boldsymbol{p}}_p^*=\hat{\boldsymbol{p}}_{p0}-\boldsymbol{K}_{pe}\boldsymbol{K}_{ee}^{-1}\hat{\boldsymbol{p}}_{e0}-\hat{\boldsymbol{p}}_{p\delta}+\boldsymbol{K}_{pe}\boldsymbol{K}_{ee}^{-1}\hat{\boldsymbol{p}}_{e\delta} \tag{5.2.13}$$

因为 $\hat{\boldsymbol{p}}_{p\delta}$只对接触相对位移增量对应的空间($Ndr$)有值,而对其它自由度($Ndn$)无力值贡献,即 $\hat{\boldsymbol{p}}_{e\delta}=0$,则式(5.2.13)表示为

$$\hat{\boldsymbol{p}}_p^*=\hat{\boldsymbol{p}}_{p0}^*-\hat{\boldsymbol{p}}_{p\delta} \tag{5.2.14}$$

其中

$$\hat{\boldsymbol{p}}_{p0}^*=\hat{\boldsymbol{p}}_{p0}-\boldsymbol{K}_{pe}\boldsymbol{K}_{ee}^{-1}\hat{\boldsymbol{p}}_{e0} \tag{5.2.15}$$

这样经上述变换后的非线性问题的求解完全可以采用式(4.4.73)所给出的形式了:

$$\begin{aligned}&\boldsymbol{\nu}'_p-(\boldsymbol{U}_p-\boldsymbol{C}_p\boldsymbol{K}_{pp}^{*-1}\boldsymbol{\Phi}_p)\boldsymbol{\lambda}'_p\\&\quad=-\boldsymbol{C}_p\boldsymbol{K}_{pp}^{*-1}\hat{\boldsymbol{p}}_{p0}^*+\boldsymbol{d}_{op}-(\boldsymbol{U}_p-\boldsymbol{C}_p\boldsymbol{K}_{pp}^{*-1}\boldsymbol{\Phi}_p)\boldsymbol{\delta}_c^*\end{aligned} \tag{5.2.16}$$

$$\boldsymbol{\nu}'^T_p\boldsymbol{\lambda}'_p=0,\ \boldsymbol{\nu}'_p,\ \boldsymbol{\lambda}'_p\geqslant 0 \tag{5.2.17}$$

对式(5.2.16),(5.2.17)的求解完全可以采用式(4.4.73)的求解手段,即将$\boldsymbol{\nu}'_p$,$\boldsymbol{\lambda}'_p$进一步分为塑性流动约束与接触滑动约束两部分,而将位移场也分成普通位移增量 $d\hat{\boldsymbol{u}}_{ps}$($Ndn$ 维)和接触相对位移向量 $d\hat{\boldsymbol{u}}_{pr}$($Ndr$ 维). 最后可获得与式(4.4.86)～(4.4.88)几乎相同的形式.

当由式(5.2.11),(5.2.16),(5.2.17)求得了非线性区域位移增量 $d\hat{\boldsymbol{u}}_p$之后,弹性区域的节点位移增量 $d\hat{\boldsymbol{u}}_e$ 由式(5.2.7)求得. 如果弹性区域是由多重子结构法多级进行描述的,则按弹性问题给出的多重子结构方法进行求解,求解过程与非线性方程无关.

由式(5.2.9),(5.2.10),(5.2.15)可以看到,非线性多重子结构分析法在最高级子结构模式又进行了一次刚度阵与外力向量的凝聚,这是与一般弹性问题多重子结构方法所不同的. 而非线性分析相当于在NSB+1级上进行,在NSB+1级上的计算主要是二次规划互补问题,即式(5.2.16),(5.2.17)的求解.

5.2.2 多体接触问题子结构法

接触问题属于局部非线性问题,主要是由于系统的接触状态方程不能事先确定以及摩擦效应不能事先判定而引起的. 随着接触体数目的增多,接触状态变得更加复杂化. 给求解带来许多困难. 借用参数二次规划法,并考虑子结构技术,可以非常方便地实现带摩擦多体接触问题的有限元分析.

考虑如图5.6所示三体接触问题. 三体接触问题是多体接触的基本问题. 设三个弹性体 Ω_1,Ω_2,Ω_3;S_A^{I},S_A^{II} 分别是 Ω_1和 Ω_2的可能相互接触边界;S_B^{I},S_B^{II} 分别是 Ω_1和 Ω_3可能相互接触边界;而 S_C^{I},S_C^{II} 分别是 Ω_2和 Ω_3可能相互接触的边界. $A^{\mathrm{I}} \in S_A^{\mathrm{I}}$ 和 $A^{\mathrm{II}} \in S_A^{\mathrm{II}}$ 是任一对可能接触点组成的接触元,初始间隙 δ_A^* 切向与法向位移为 u_A^{I},u_A^{II},v_A^{I},v_A^{II};同样 $B^{\mathrm{I}} \in S_B^{\mathrm{I}}$ 和 $B^{\mathrm{II}} \in S_B^{\mathrm{II}}$ 组成一对接触元,切向与法向位移为 u_B^{I},u_B^{II},v_B^{I},v_B^{II};$C^{\mathrm{I}} \in S_C^{\mathrm{I}}$ 和 $C^{\mathrm{II}} \in S_C^{\mathrm{II}}$ 也组成一对接触元,u_c^{I}, u_c^{II},v_c^{I},v_c^{II} 为切向与法向位移.

由于仅考虑小间隙接触问题,可以近似地认为接触点对的法

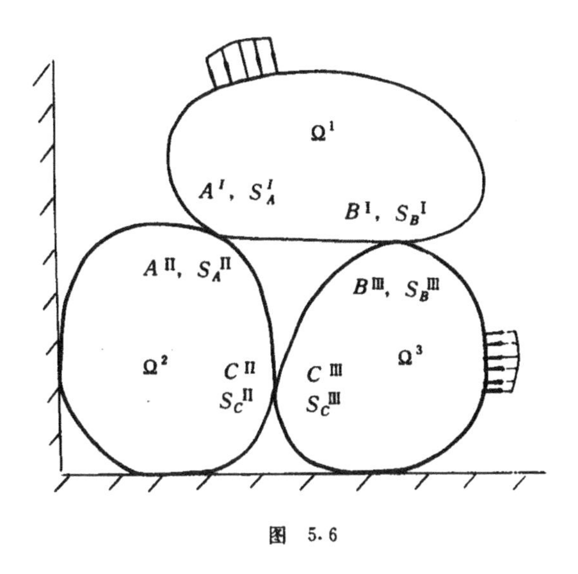

图 5.6

向是重合的. $p_n^A, p_\tau^A, p_n^B, p_\tau^B, p_n^C, p_\tau^C$ 分别表示三对接触点的法向力、切向力，n-τ 是由接触边界的法向和切向构成的局部坐标系，x-y 是全局坐标系.

摩擦接触问题在其接触边界上每一对可能接触点之间均存在三种接触状态：连续状态、滑动状态和自由状态. 对每种接触状态可提出如下定解条件：

1）连续状态（接触但不滑动）

$$v_A^{I} - v_A^{II} + \delta_A^* = 0, \quad p_n^A < 0 \tag{5.2.18}$$

$$u_A^{I} = u_A^{II}, \ |p_\tau^A| < -\bar{\mu} p_n^A \tag{5.2.19}$$

$$v_B^{I} - v_B^{III} + \delta_B^* = 0, \quad p_n^B < 0 \tag{5.2.20}$$

$$u_B^{I} = u_B^{III}, \ |p_\tau^B| < -\bar{\mu} p_n^B \tag{5.2.21}$$

$$v_C^{III} - v_C^{II} + \delta_C^* = 0, \quad p_n^c < 0 \tag{5.2.22}$$

$$u_c^{III} = u_c^{II}, \ |p_\tau^c| < -\bar{\mu} p_n^C \tag{5.2.23}$$

2）滑动状态

$$v_A^{\mathrm{I}}-v_A^{\mathrm{II}}+\delta_A^*=0,\ p_n^A<0 \tag{5.2.24}$$

$$|p_\tau^A|=-\bar{\mu}p_n^A,\ \mathrm{Sign}(p_\tau^A)\cdot(u_A^{\mathrm{I}}-u_A^{\mathrm{II}})\geqslant 0 \tag{5.2.25}$$

$$v_B^{\mathrm{I}}-v_B^{\mathrm{II}}+\delta_B^*=0,\quad p_n^B<0 \tag{5.2.26}$$

$$|p_\tau^B|=-\bar{\mu}p_n^B,\ \mathrm{Sign}(p_\tau^B)\cdot(u_B^{\mathrm{I}}-u_B^{\mathrm{II}})\geqslant 0 \tag{5.2.27}$$

$$v_C^{\mathrm{II}}-v_C^{\mathrm{I}}+\delta_C^*=0,\ p_n^c<0 \tag{5.2.28}$$

$$|p_\tau^c|=-\bar{\mu}p_n^c,\ \mathrm{sign}(p_\tau^c)\cdot(u_c^{\mathrm{II}}-u_c^{\mathrm{I}})\geqslant 0 \tag{5.2.29}$$

3）自由状态（不接触）

$$v_A^{\mathrm{I}}-v_A^{\mathrm{II}}+\delta_A^*>0,\quad p_n^A=p_\tau^A=0 \tag{5.2.30}$$

$$v_B^{\mathrm{I}}-v_B^{\mathrm{II}}+\delta_B^*>0,\quad p_n^B=p_\tau^B=0 \tag{5.2.31}$$

$$v_C^{\mathrm{II}}-v_C^{\mathrm{I}}+\delta_C^*>0,\quad p_n^C=p_\tau^C=0 \tag{5.2.32}$$

假定将三体接触问题的总位移表示为(4.2.142)所示的形式，则其中相对位移向量可表示为

$$\{\hat{\boldsymbol{u}}_r\}=\{\hat{\boldsymbol{u}}_r^{AT},\ \hat{\boldsymbol{u}}_r^{BT},\ \hat{\boldsymbol{u}}_r^{CT}\}^T \tag{5.2.33}$$

那么三个接触边界上组成的接触元分别向刚度阵组装形成的总刚度阵仍如同式(4.2.143)，同样，势矩阵、约束阵和阻尼阵，以及荷载向量也如同式(4.2.144)，(4.2.145)，(4.2.146)，(4.2.164). 若欲求解三体接触问题，则式(4.2.178)～(4.2.179)仍适用，$\hat{\boldsymbol{K}}_r$，$\hat{\boldsymbol{p}}_{or}$只是向三个可能接触边界的凝聚刚度阵和凝聚荷载向量. 并且参变向量和松弛向量分别形如

$$\tilde{\boldsymbol{\lambda}}=\{\tilde{\boldsymbol{\lambda}}^{A^T},\tilde{\boldsymbol{\lambda}}^{B^T},\ \tilde{\boldsymbol{\lambda}}^{C^T}\}^T \tag{5.2.34}$$

$$\tilde{\boldsymbol{\nu}}=\{\tilde{\boldsymbol{\nu}}^{A^T},\ \tilde{\boldsymbol{\nu}}^{B^T},\ \tilde{\boldsymbol{\nu}}^{C^T}\}^T \tag{5.2.35}$$

在程序实现过程中，解接触问题时会自动进行凝聚，只需指定

接触单元. 因而，若划分 NSB 级子结构模式进行接触分析，接触单元必须在最高级子结构模式中描述，则接触分析一定在 NSB+1 级上进行. 在 NSB+1级上的结构分析就是先实现式(4.2.174)，(4.2.175)，进而进行接触分析.

上面以三体弹性接触问题为例对多体接触问题的求解方法进行了说明. 由 §4.3，§4.4及§4.5的叙述可知，上述的弹性多体接触问题的求解方法对弹塑性接触问题是同样适用的.

§5.3 FEEPCA 程序系统

FEEPCA (Finite Element Elastic Plastic Contact Analysis) 是弹塑性有限元接触分析程序系统. 该系统是在原通用线性结构分析程序系统 JIGFEX 上开发、完善的. FEEPCA 是一个具有多种单元、多种边界条件、多种材料模式，多种荷载工况的通用结构分析程序系统，可对结构进行线弹性、弹塑性、弹性接触以及弹塑性接触等非线性分析.

下面介绍一下 FEEPCA 程序的几个最显著的特点及功能：

1. 在多重子结构基础上的结构模型化描述. 复杂结构可以简化为对基本子结构模式的描述和数据准备，由于子结构模式间的相互独立性，因而程序的使用适合多人多机器集团性作业，有利于原始数据组织、查错，提高计算效率. 方程的求解由子结构模式逐级凝聚到最高层子结构.

2. 结构静动力分析功能，主要是指一般的线性结构，包括均质、非均质、各向同性和各向异性材料在外部静动力荷载作用下的变形和内力状态分析.

3. 结构弹塑性分析的功能. 可以给出结构塑性区的发展情况，加载、卸载情况以及应力状态等弹塑性力学增量理论研究范畴内的计算结果.

4. 接触问题分析的功能. 可计算两体或多体接触的二维或三维结构受力后的接触状态与内力分布. 接触分析过程中也可考虑

弹塑性材料的非线性模型，求解接触与弹塑性偶合问题. 接触中可计及摩擦也可不计摩擦.

5. 程序系统具备较多的单元种类，其中包括杆单元、弹簧单元、带刚臂与不带刚臂的梁元，平面应力单元、二维4—8节点等参单元(平面应力、平面应变及轴对称)，八节点和二十节点三维块体单元，三角形板壳单元，十六节点厚板和厚壳弯曲单元，平面和空间接触单元，以及各种弹塑性单元.

6. 灵活的边界条件模拟方式. 采用位移规格数[1]方法描述节点的位移状态，每个节点的六个位移自由度分量可以分别独立地描述为下列五种状态之一：几何可动位移、相关位移、独立位移、零位移、指定非零位移. 位移规格数可以在任意的相对坐标系中来描述. 因此，可对复杂的边界条件方便灵活地进行描述.

7. 可以通过节点位移之间的多重主从关系，来描述结构中的刚性约束，从而缩减方程的阶数，避免方程病态.

8. 荷载是通过荷载模式来定义，并且逐级调用荷载模式组成荷载工况. 因而对多种工况的描写和计算十分方便.

9. 程序对结构有限元节点编号有假优序和优序的功能，有利于存贮空间的节省与提高计算效率. 另外程序中还具备多种求解器，方便了对不同问题的处理.

10. 数据输入文件采用了自由格式，在文件中可以用文字加以注解，对数据排列位置(列号)不加限制，方便用户的数据准备. 程序还具有有限元分析模型化数据自动生成的前处理软件与计算结果图形输出的后处理系统. 对各种可能存在的数据准备和程序使用错误，程序配备了查错信息表.

FEEPCA 程序的特色为，依据本书前几章所阐述的原理而具有结构的非线性分析功能. 系统建立了一个非线性本构关系库. 用户只需填写一个以14个字为一组的非线性性质文件. 每一组14个数表示一种材料的本构模型，可以多组本构模型同时使用.

一个工程结构往往由多种材料组成，材料间的加载函数，塑性势函数，强化方式也不尽相同，因而程序系统在设计时应充分考虑到这种千变万化的本构假设，而将与实际本构关系的接口部分设计成“发展型的”. 可以根据用户的要求，随时增添新的本构模型.

FEEPCA 程序设计了下面这种方式的本构模型描述数据组成，即为

I_1, I_2, I_3, I_4	$R_1, R_2, R_3, R_4, R_5, R_6, R_7, R_8, R_9, R_{10}$
整　型	实　型

其中每个数的意义是：

I_1：本构模型(即本构准则)在本构模型库中的编号. 由程序编制者定义，可由1，2，……不断增加.

I_2：问题方式号，$I_2=1,2,3$分别表示为平面应力，平面应变和空间问题.

I_3：可暂空不用，以备将来扩展功能使用.

R_1—R_{10}：为所选本构模型的有关参数. 如对 Mohr-Coulomb 准则而言，即为 φ，ψ，c 值等.

I_4：流动规格数，是一个六位数的整型数，即

$$I_4=i_1\times10^5+i_2\times10^4+i_3\times10^3+i_4\times10^2+i_5\times10^1+i_6\times10^0$$

流动规格数的建立是仿照结构分析中节点位移特征描述的位移规格数[1]而建立的. 对于非接触模型而言，I_4值的确定是由程序编制者规定好的. 如对 Tresca 模型而言，可以规定 $i_1\geqslant0$，$i_k=0$($k=2,3,\cdots,6$)，其中 i_1表示本构模型中应力-应变曲线的折点数，或者是等效的单向应力-应变曲线折点数. 而对一维模型则可规定 $i_1\geqslant0$，$i_2\geqslant0$，$i_k(k=3,4,5,6)=0$，这时 i_1表示拉方向本构模型中应力-应变曲线的折点数，i_2表示压方向折点数.

对于接触模型而言，接触滑动条件的流动规格数 I_4值由使用者自己选择. 下面介绍一下点接触单元的方向、符号规定以及相应的流动规格数.

接触单元的可滑动方向是在接触单元局部坐标系下定义的，

是指节点1相对于节点2的可能的滑动方向. 当物体间接触后,滑动方向有三个可能性:向右、向左或脱开,分别与$\tilde{f}_1$,$\tilde{f}_2$,$\tilde{f}_3$相对应,见图5.7所示. 图5.8(a)~(c)是点接触元的三种符号规定,其中箭头表示滑动方向,圆圈用来连接节点2. 图中的数字是单元流动规格数.

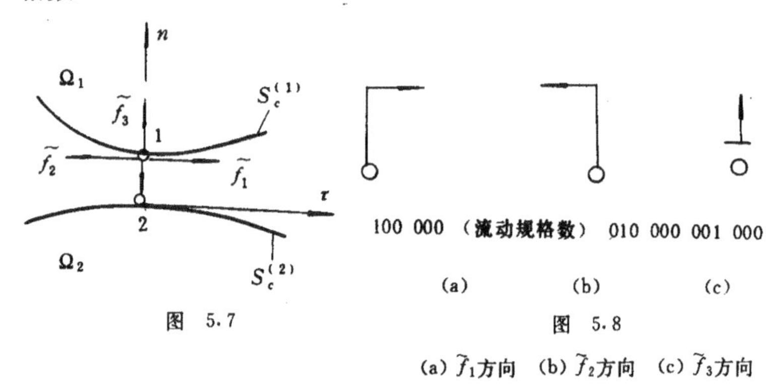

图 5.7

(a) (b) (c)

图 5.8

(a) $\tilde{f}_1$方向 (b) $\tilde{f}_2$方向 (c) $\tilde{f}_3$方向

在具体工程应用时,可以在三种单元方向中选择各种组合. 如图5.9所示,(a) 表示可能向右或向左滑动,(b)表示可能向左滑动或脱开,(c) 表示可能向左、向右滑动或脱开.

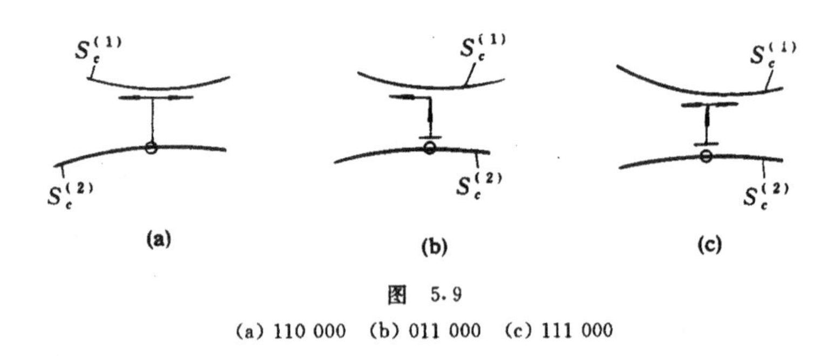

图 5.9

(a) 110 000 (b) 011 000 (c) 111 000

在同一个接触点,可以配置几个不同角度的点接触元,如对图5.10所示的水坝下面的岩石裂隙问题. 在裂隙的拐角 M 处可以配置角度分别为$-\beta_1$和 β_2(β_1,$\beta_2>0$)的二个点接触单元,见图5.11.

A,B,C 三个节点的坐标相同,其中 A,B 是同一个点,为了能看清楚,把它画在两处了,这两个单元滑动方向皆为$\tilde{f}_1$和$\tilde{f}_3$,即滑动规格数为101000.

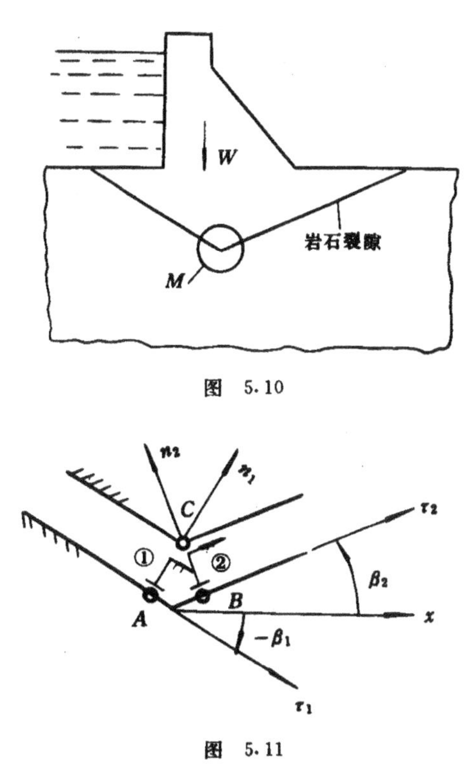

图 5.10

图 5.11

由于点接触单元只与节点有联系,而与单元之间没有直接作用,因此不但可以与膜元连接,还可与杆元、块元、板元等单元联合使用,具有较强的适应性.

§5.4 计算例题

例5.1 利用 FEEPCA 程序对例3.2问题进行计算.通过两次换基运算,得知单元2进入塑性状态,且非线性流动量为1.25×

10^{-6}，单元2的应力计算结果为 $\sigma_x=2.00000$，$\sigma_y=-0.00000$，$\tau_{xy}=0.00000$，表5.1给出节点水平位移弹性与非线性结果的比较.

表 5.1

节点号 / 位移	1	2	3	4	5	6	7	8
线性	0.0	0.0	1.7 $\times10^{-4}$	1.7 $\times10^{-4}$	3.3 $\times10^{-4}$	3.3 $\times10^{-4}$	5.0 $\times10^{-4}$	5.0 $\times10^{-4}$
弹塑性	0.0	0.0	1.667 $\times10^{-4}$	1.667 $\times10^{-4}$	3.542 $\times10^{-4}$	3.542 $\times10^{-4}$	5.208 $\times10^{-4}$	5.208 $\times10^{-4}$

例5.2　接触问题计算

在某堑壕上放着一根弹性梁，如图5.12所示，梁的各刚度参数为 $EA=300$，$EJ_y=4.8$，$EJ_z=9.6$，$GJ_d=10.0$. 设梁与地面摩擦系数为 $\bar{\mu}=0.1$. 分析当梁的中间作用有 $P=15.0$集中力时的梁的力学状态. 梁的纵向长为40.0.

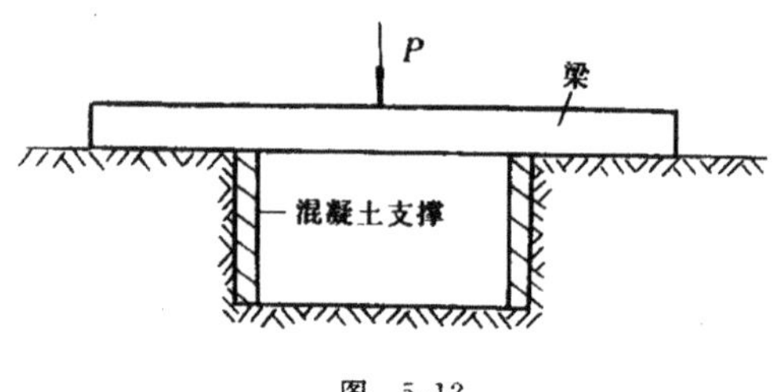

图　5.12

把梁分成4个单元，在梁节点与地面之间装接4个双向可脱开型点接触单元，如图5.13所示.

通过计算发现，接触元①，①发生塑性滑动，也就是发生了脱离，脱离量的大小为383.123，没有切向滑动. 通过计算获得的接触单元内力结果为：

1号单元：$P_\tau=0.0$，　　　　　$P_n=0.0$

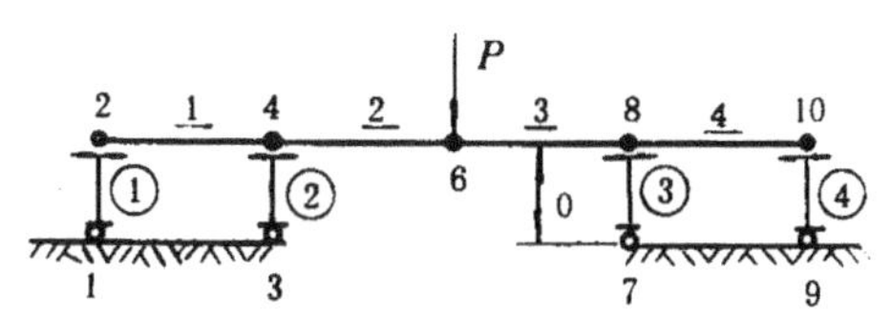

图 5.13

2号单元：$P_\tau=-0.00000$，　$P_n=-7.49999$

3号单元：$P_\tau=0.00000$，　$P_n=-7.50005$

4号单元：$P_\tau=0.0$，　$P_n=0.0$

表5.2给出弹塑性分析的位移结果。

表 5.2

点号	u	v
1	0.00000	0.0000000
2	−0.00000	383.1230000
3	0.00000	0.0000000
4	−0.00000	−7.4999910
5	0.00000	0.0000000
6	0.00000	−268.1656000
7	0.00000	0.0000000
8	0.00000	−7.5000480
9	0.00000	0.0000000
10	0.00000	383.1214000

例5.3　水平地面上用弹簧串起来的刚性小球(如火车车厢)，如图5.14所示，小球与地面的摩擦系数为$\bar{\mu}$，自重为w. 弹簧刚度为k，第一个小球上作用有水平牵引力P. 分析每个小球滑动时的力P与滑动量.

这个问题非常简单，一眼可以看出第i个球滑动时，牵引力应

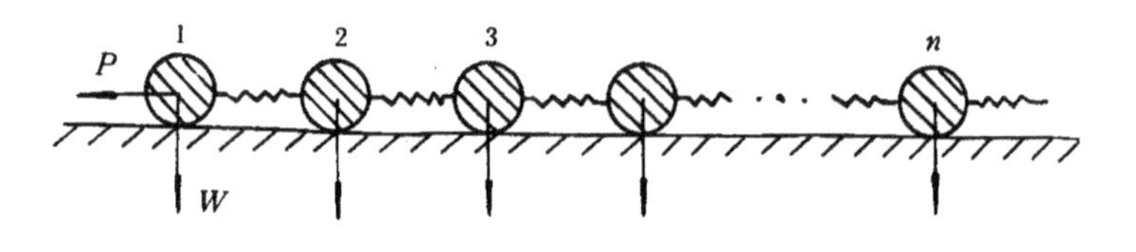

图 5.14

满足

$$P > i\bar{\mu}W, \ i=1, 2, \cdots, n$$

因为有弹簧力作用,$P=i\bar{\mu}W$ 为临界状态,小球不会滑动,只有取大于号时才会滑动. 取 $n=5$, $\bar{\mu}=0.1$, $W=10$, $k=10$,在小球与地面之间安排左向点接触单元,即滑动规格数为010000,见图5.15.

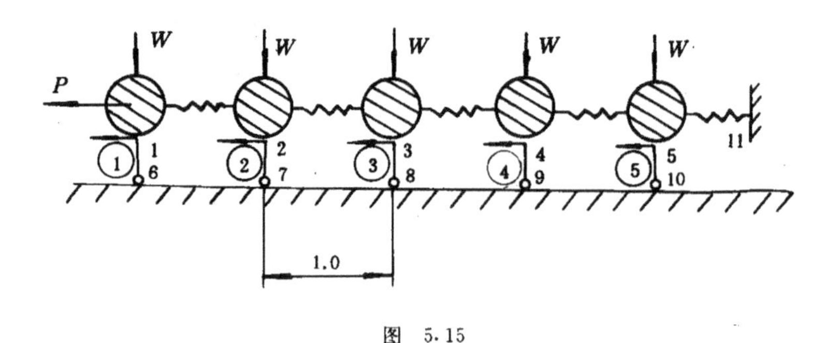

图 5.15

若对各小球施加全部重力 W,然后再逐渐施加水平力 P,共取6个水平荷载增量步.

$$\Delta P_i = \Delta_i P_0, \ i=1, 2, \cdots, 6$$

其中:$P_0=1.0$, $\Delta i=0.901, 0.1, 1.0, 1.0, 1.0, 1.0$,加载路径见图5.16.

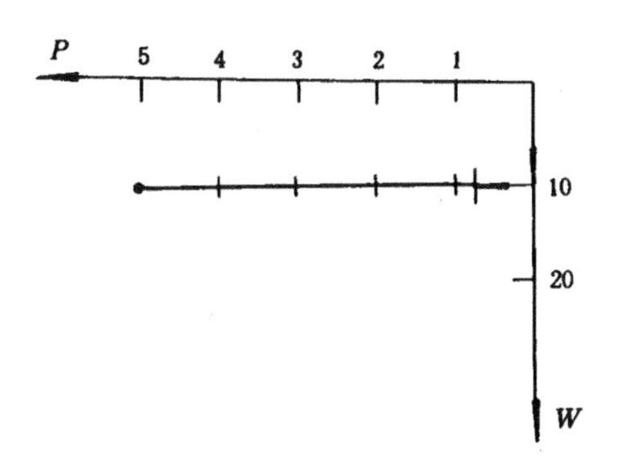

图 5.16

$\Delta P_1=0.901$作用时所有小球仍处于静止状态，$\Delta P_2=0.1$作用时第1个小球超过临界状态开始滑动，以后每作用一个增量荷载，相应地多一个小球发生滑动.

表5.3给出各增量步后的小球点1，2，3，4，5的水平滑移情况.表5.4给出各增量步后的接触单元的内力值，其中压力 P_n 始终等于-10.0.

表 5.3

增量步	u_1	u_2	u_3	u_4	u_5
1	−0.0000	−0.0000	−0.0000	−0.0000	−0.0000
2	−0.0001	−0.0000	−0.0000	−0.0000	−0.0000
3	−0.1002	−0.0001	−0.0000	−0.0000	−0.0000
4	−0.3003	−0.1002	−0.0001	−0.0000	−0.0000
5	−0.6004	−0.3003	−0.1002	−0.0001	−0.0000
6	−1.0005	−0.6004	−0.3003	−0.1002	−0.0001

表 5.4

增量步	P_{τ_1}	P_{τ_2}	P_{τ_3}	P_{τ_4}	P_{τ_5}
1	−0.901	−0.000	−0.000	−0.000	−0.000
2	−1.000	−0.001	−0.000	−0.000	−0.000
3	−1.000	−1.000	−0.001	−0.000	−0.000
4	−1.000	−1.000	−1.000	−0.001	−0.000
5	−1.000	−1.000	−1.000	−1.000	−0.001

例5.4　本构模型考题

图5.17所示弹塑性体放在一个光滑的方形刚性容器内，受均布荷载 q 的作用，显然，无论在弹性或塑性状态都有

$$\sigma_y = -q,\ \tau_{xy} = 0 \tag{5.4.1}$$

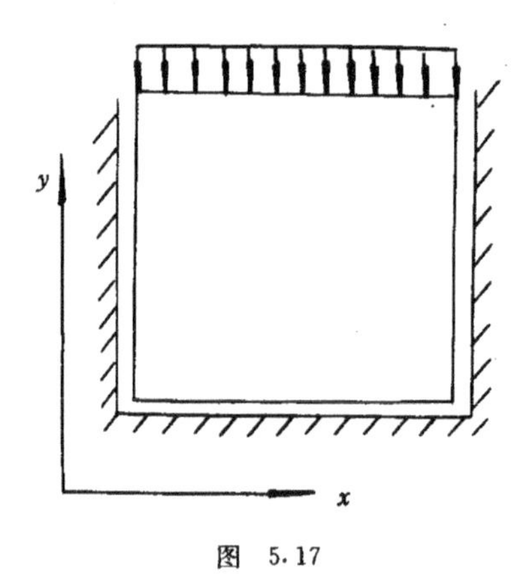

图 5.17

当该物体上一点处于弹性状态时，由弹性力学理论知

$$\sigma_x = \nu' \sigma_y,\ \nu' = \frac{\nu}{1-\nu} \tag{5.4.2}$$

当一点处于塑性状态时，则需根据本构准则来决定 σ_x. 对图

5.17所示问题进行有限元离散化.把区域用10个四边形膜元和20个三角形膜元划分成五层,见图5.18.从上至下分别服从 Tresca, Mises, Mohr-Coulomb, Drucker-Prager 相关联和 Drucker-Prager 无膨胀非关联准则.把式(5.4.1),(5.4.2)代入3.32节中

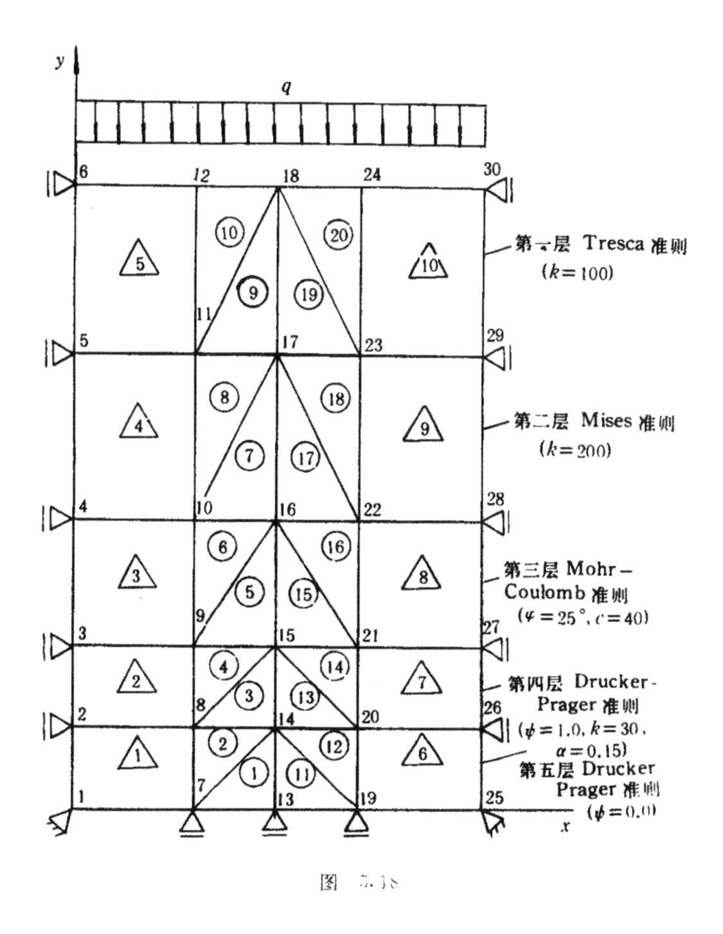

图 5.18

介绍的这些准则在平面应变问题时的公式,可得到发生初始屈服时所对应的各极限分布荷载值 q_y 如下:

1. Tresca(第一层)

从

$$f=(\sigma_x-\sigma_y)^2+4\tau_{xy}^2-4k_1^2=(1-\nu')^2q^2-\sigma_s^2\leqslant 0$$

导出

$$q_y=\frac{\sigma_s}{1-\nu'}=\frac{2k_1}{1-\nu'} \tag{5.4.3}$$

2. Mises（第二层）

从

$$f=(\sigma_x-\sigma_y)^2+4\tau_{xy}^2-\frac{4}{3}k_s^2=(1-\nu')^2q^2-\frac{4}{3}\sigma_s^2\leqslant 0$$

导出

$$q_y=\frac{2\sigma_s}{\sqrt{3}(1-\nu')}=\frac{2k_s}{\sqrt{3}(1-\nu')} \tag{5.4.4}$$

3. Mohr-Coulomb（第三层）

由

$$\begin{aligned}f&=\sqrt{(\sigma_x-\sigma_y)^2+4\tau_{xy}^2}+(\sigma_x+\sigma_y)\sin\varphi-2c\cos\varphi\\&=[1-\nu'-(1+\nu')\sin\varphi]q-2c\cos\varphi\leqslant 0\end{aligned}$$

导出

$$q_y=\frac{2c\cos\varphi}{1-\nu'-(1+\nu')\sin\varphi} \tag{5.4.5}$$

4. Drucker-Prager（第四、五层）

a. 当 $\psi=1.0$ 时

从

$$\begin{aligned}f&=\frac{3\alpha}{2}(\sigma_x+\sigma_y)+\frac{1}{2}\sqrt{(1-3\alpha^2)[(\sigma_x-\sigma_y)^2+4\tau_{xy}^2]}-k_s\\&=\frac{1}{2}[(1-\nu')\sqrt{1-3\alpha^2}-3\alpha(1+\nu')]q-k_s\leqslant 0\end{aligned}$$

导出

$$q_y=\frac{2k_s}{(1-\nu')\sqrt{1-3\alpha^2}-3\alpha(1+\nu')} \tag{5.4.6}$$

b. 当 $\psi=0.0$时

从

$$f=\frac{3\alpha}{2}(\sigma_x+\sigma_y)+\frac{1}{2}\sqrt{(\sigma_x-\sigma_y)^2+4\tau_{xy}^2}-k_s$$
$$=\frac{1}{2}[1-\nu'-3\alpha(1+\nu')]q-k_s\leqslant 0$$

导出

$$q_y=\frac{2k_s}{1-\nu'-3\alpha(1+\nu')} \tag{5.4.7}$$

取各参数为：

$$\left.\begin{array}{l}\sigma_s=200,\ k_1=100,\ k_2=200,\ k_3=30\\ \varphi=25^\circ,\ c=40,\ \alpha=0.15\end{array}\right\} \tag{5.4.8}$$

则由式(5.4.3)～(5.4.7)计算出各准则的初始屈服荷载为

$$\left.\begin{array}{l}\text{Tresca: } q_y=266.7=0.834q_0\\ \text{Mises: } q_y=308.0=0.963q_0\\ \text{Mohr-Coulomb: } q_y=327.0=1.022q_0\\ \text{Drucker-Prager: } \psi=1.0\text{时}, q_y=371.0=1.16q_0\\ \qquad\qquad\qquad\quad \psi=0.0\text{时}, q_y=320.0=1.0q_0\end{array}\right\} \tag{5.4.9}$$

其中

$$q_0=320.0$$

取七个增量步进行计算，分别为

$\Delta q_1=0.83q_0$，　$\Delta q_2=0.004q_0$，　$\Delta q_3=0.12q_0$

$\Delta q_4=0.009q_0$，　$\Delta q_5=0.0372q_0$，　$\Delta q_6=0.0218q_0$

$\Delta q_7=0.138q_0$

各增量步下的计算结果如下：

增量步1：得到弹性解

表5.5给出部分节点位移值.表5.6为部分单元的应力场.

表 5.5

节点	u	v
1	0.0000	0.0000
2	0.0000	−0.0199
3	0.0000	−0.0398
4	0.0000	−0.0697
5	0.0000	−0.1096
6	0.0000	−0.1494

表 5.6

单元	σ_x	σ_y	τ_{xy}
△1	−66.399	−265.599	0.000
△2	−66.399	−265.599	0.000
△3	−66.399	−265.600	0.000
△4	−66.400	−265.600	−0.000
△5	−66.400	−265.599	0.000

增量步2:计算知四点元中△5,△10元进入塑性,三角形元⑨,⑩,⑲,⑳进入塑性.表5.7为节点位移值;表5.8为单元应力值.

表 5.7

节点	u	v
1	0.0000	0.0000
2	0.0000	−0.0200
3	0.0000	−0.0400
4	0.0000	−0.0701
5	0.0000	−0.1101
6	0.0000	−0.1501

表 5.8

单元	$\sigma_{x'}$	$\sigma_{y'}$	$\tau_{x'y'}$
△1	−66.720	−266.880	0.000
△2	−66.720	−266.880	0.000
△3	−66.720	−266.880	0.000
△4	−66.720	−266.880	0.000
△5	−66.878	−266.880	0.000
⑪	−66.720	−266.880	0.000
⑫	−166.800	−166.800	−100.080
⑬	−66.720	−266.800	0.000
⑭	−166.800	−166.800	−100.080
⑮	−66.720	−266.880	0.000
⑯	−205.292	−128.308	−92.381
⑰	−66.720	−266.880	−0.000
⑱	−266.848	−106.752	−80.064
⑲	−66.878	−266.880	−0.000
⑳	−226.880	−106.879	−80.001

表5.8中单元应力是在单元局部坐标系下给出的.图5.19给出了增量步2结束时的塑性区分布状况.

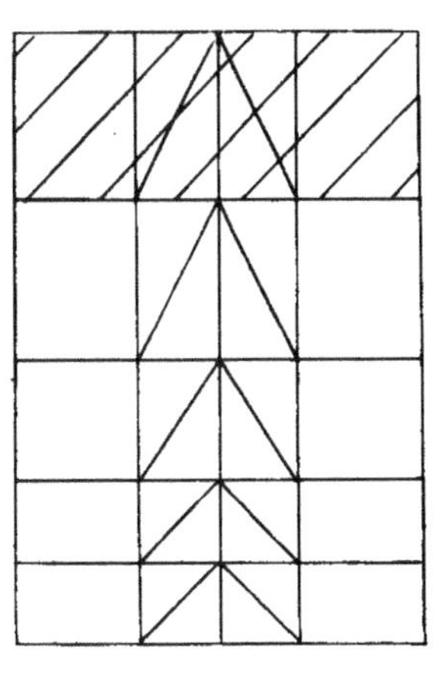
图 5.19

增量步4:四点元△4,△5,△9,△10进入塑性状态,三角元⑦,⑧,⑨,⑩,⑰,⑱,⑲,⑳进入塑性状态(其中增量步3没有产生新的塑性区).

增量步4结束时,单元应力值列于表5.9中,新的塑性区分布示于图5.20.此时第二层进入塑性区.

表 5.9

单元	$\sigma_{x'}$	$\sigma_{y'}$	$\tau_{x'y'}$
△1	−77.040	308.160	0.000
△2	−77.040	−308.160	0.000
△3	−77.040	−308.160	0.000
△4	−77.212	−308.160	0.000
△5	−108.158	−308.160	0.000
①	−77.040	−308.160	0.000
②	−192.600	−192.600	−115.560
③	−77.040	−308.160	0.000
④	−192.600	−192.600	−115.560
⑤	−77.040	−308.160	−0.000
⑥	−237.046	−148.154	−106.671
⑦	−77.212	−308.160	−0.000
⑧	−261.970	−123.402	−92.380
⑨	−108.158	−308.160	−0.000
⑩	−268.160	−148.159	−80.001

表 5.10

单元	$\sigma_{x'}$	$\sigma_{y'}$	$\tau_{x'y'}$
△6	−80.024	−320.064	0.000
△7	−80.016	−320.064	−0.000
△8	−80.016	−320.064	−0.000
△9	−89.116	−320.064	−0.000
△10	−120.062	−320.064	−0.000
①	−80.023	−320.068	0.000
②	−200.045	−200.045	−120.019
③	−80.017	−320.066	−0.001
④	−200.040	−200.040	−120.024
⑤	−80.016	−320.065	−0.001
⑥	−246.203	−153.877	−110.792
⑦	−89.116	−320.064	−0.000
⑧	−273.874	−135.306	−92.380
⑨	−120.062	−320.064	−0.000
⑩	−280.064	−160.063	−80.001

增量步5：此时除上两层单元进入塑性区外，最下面一层也进入塑性状态. 见图5.21所示. 表5.10列出此步结束时的单元应力值结果. 同样是在单元局部坐标系下描述的.

增量步6：在增量步5的基础上，第三层单元进一步进入塑性状态. 表5.11为单元应力结果. 图5.22为塑性区分布图.

增量步7：此时全部单元均进入塑性状态. 如图5.23所示. 表5.12给出单元应力结果.

例5.5 如图5.24所示，弹塑性物体的四周作用有分布剪力b_τ，弹性常数与例5.4相同. 计算模型见图5.25，其中△1—△8为弹性单元. 网格划分相当于在图5.18基础上，上、下各增加了一层弹

表 5.11

单元	$\sigma_{x'}$	$\sigma_{y'}$	$\tau_{x'y'}$
△1	−82.671	−327.040	−0.000
△2	−81.760	−327.039	0.000
△3	−81.766	−327.040	0.000
△4	−96.092	−327.040	0.000
△5	−127.038	−327.040	−0.000
①	−82.670	−327.043	0.000
②	−204.856	−204.355	−122.184
③	−81.761	−327.041	−0.001
④	−204.400	−204.400	−122.640
⑤	−81.766	−327.040	−0.004
⑥	−251.571	−157.236	−113.203
⑦	−96.091	−327.040	−0.000
⑧	−280.850	−142.282	−92.380
⑨	−127.038	−327.040	−0.000
⑩	−287.040	−167.039	−80.001

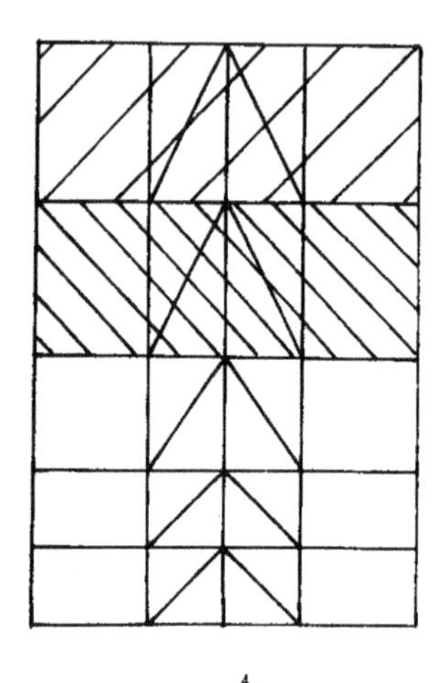

图 5.20 $q=\sum_{i=1}^{4}\Delta q_i=308.16$

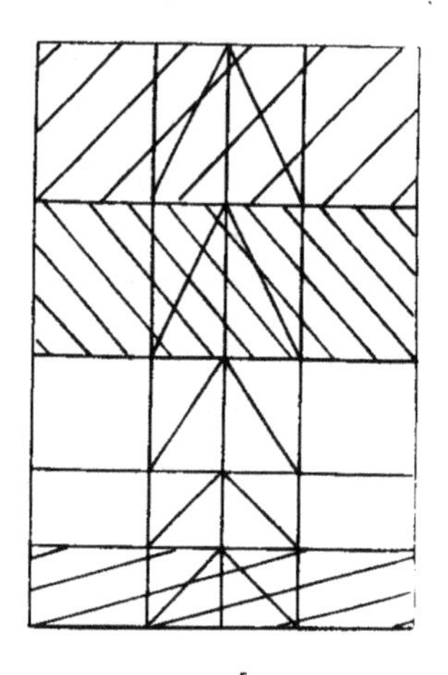

图 5.21 $q=\sum_{i=1}^{5}\Delta q_i=320.064$

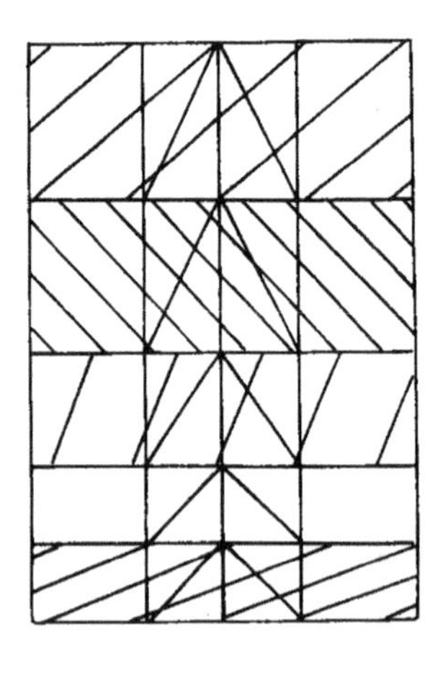

图 5.22 $q=\sum_{i=1}^{6}\Delta q_i=327.04$

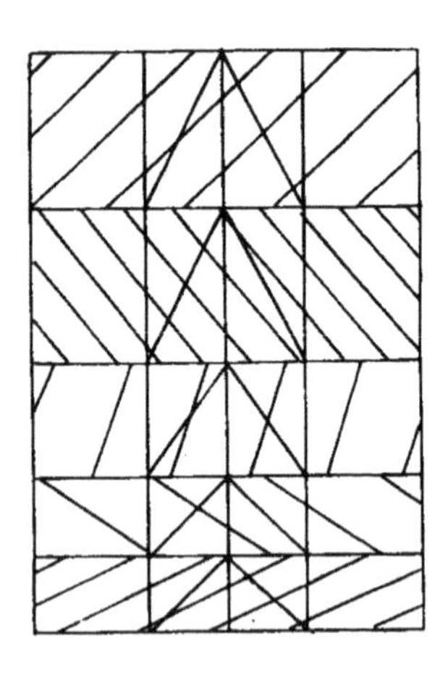

图 5.23 $q=\sum_{i=1}^{7}\Delta q_i=371.2$

表 5.12

单元	$\sigma_{x'}$	$\sigma_{y'}$	$\tau_{x'y'}$
△1	−99.425	−371.205	0.002
△2	−92.831	−371.203	−0.000
△3	−99.692	−371.204	0.000
△4	−140.252	−371.201	−0.001
△5	−171.198	−371.199	−0.000
⑪	−99.418	−371.184	0.000
⑫	−235.301	−235.191	−135.870
⑬	−92.838	−371.191	−0.001
⑭	−232.010	−232.016	−139.177
⑮	−99.688	−371.189	−0.001
⑯	−287.655	−183.232	−125.310
⑰	−140.250	−371.198	0.002
⑱	−325.011	−186.442	−92.380
⑲	−171.199	−371.200	0.001
⑳	−331.199	−211.199	−80.001

性单元.弹性单元的作用是可以防止出现塑性几何不定.中间五层弹塑性单元服从的本构准则仍与例5.4相同.设初始屈服时的剪力分布为 by.可以导出对应于各层本构准则的屈服剪力如下:

1) Tresca:

$$by=k_1 \qquad (5.4.10)$$

2) Mises:

$$by=k_2/\sqrt{3} \qquad (5.4.11)$$

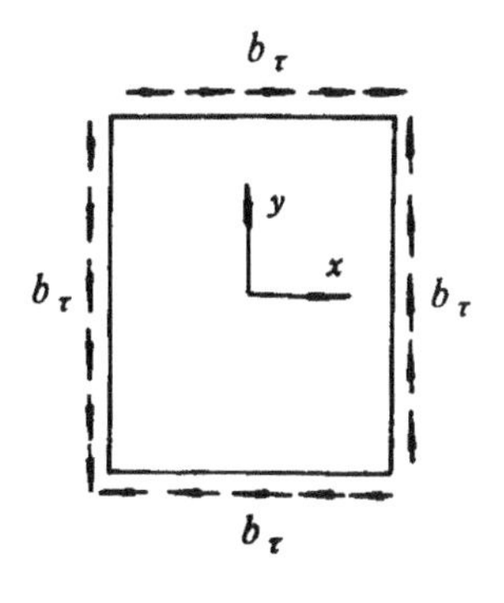

图 5.24

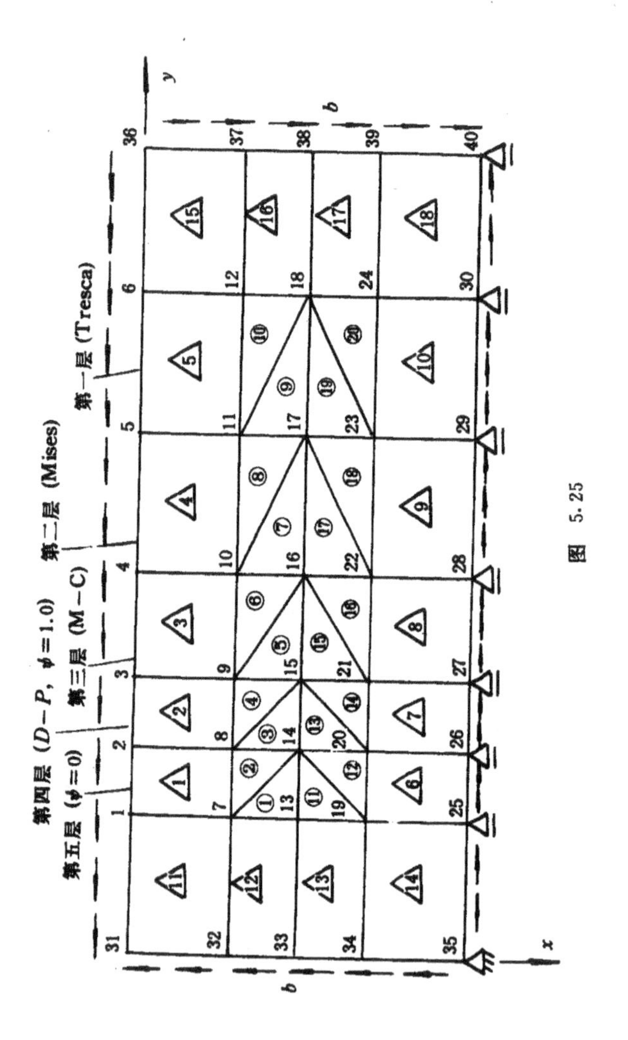

图 5.25

3）Mohr-Coulomb：

$$by = c\cos\varphi \tag{5.4.12}$$

4）Drucker-Parager：

$$by = \begin{cases} k_3/\sqrt{1-3\alpha^2}) & 当\ \psi = 1.0 \\ k_4 & 当\ \psi = 0.0 \end{cases} \tag{5.4.13}$$

如取 $by = 200$，那么这五层弹塑性单元同时进入塑性时的参数为：

$$k_1 = k_4 = 200,\ k_2 = 346.4,\ k_3 = 193.11$$
$$c = 220.67,\ \varphi = 250, \alpha = 0.15$$

计算时取两个增量步：

$$\Delta b_1 = 0.98 b_0,\ \Delta b_2 = 0.03 b_0,\ b_0 = 200.0$$

增量步1：此时计算得到的是弹性解. 表5.13给出位移结果；表5.14为单元应力结果.

表 5.13

节点	u	v
1	0.0000	−0.1959
2	0.0000	−0.1959
3	0.0000	−0.1959
4	−0.0000	−0.1959
5	−0.0000	−0.1959
31	−0.0000	−0.1959
32	−0.0000	−0.1372
33	−0.0000	−0.0979
34	−0.0000	−0.05879
35	0.0000	+0.0000

表 5.14

单元	$\sigma_{x'}$	$\sigma_{y'}$	$\tau_{x'y'}$
△1	−0.000	−0.000	196.000
△2	−0.000	−0.000	196.000
△3	0.000	−0.000	196.000
△4	0.000	−0.000	196.000
△5	0.000	−0.000	196.000
①	0.000	−0.000	−195.999
②	195.999	−195.999	−0.000

增量步2:这时全部单元均进入塑性状态.其中位移结果列于表5.15中;单元应力结果列于表5.16中.

表 5.15

节点	u	v
1	−0.0075	−0.2315
2	0.0016	−0.2323
3	−0.0039	−0.2318
4	0.0011	−0.2324
5	−0.0009	−0.2318
6	0.0059	−0.2318
7	−0.0069	−0.1587
8	0.0021	−0.1586
9	−0.0029	−0.1578
10	0.0009	−0.1576
11	−0.0009	−0.1576
12	0.0052	−0.1574
31	0.0078	−0.2308
32	0.0073	−0.1586
33	0.0062	−0.1109
34	0.0043	−0.0643
35	0.0000	0.0000

表 5.16

单元	$\sigma_{x'}$	$\sigma_{y'}$	$\tau_{x'y'}$
△1	3.5326	−3.8346	200.0707
△2	−5.2042	−3.6963	202.0393
△3	2.8296	−0.8087	199.5673
△4	−0.2882	1.9045	200.0346
△5	−1.4177	5.2378	200.0408
①	12.2421	1.2044	−196.9689
②	200.4940	−198.6971	−0.2892
③	−7.1786	−2.0002	−202.1005
④	200.2622	−199.0998	1.9152
⑤	5.7641	1.1196	−198.5350
⑥	185.2407	−184.2512	−76.0502
⑦	−0.5547	0.5762	−200.0346
⑧	160.3969	−159.9435	−119.8307
⑨	−0.0013	0.5029	−200.0408
⑩	156.6331	−168.5733	−116.5971

如果继续加大荷载，正应力将逐渐增大，开始出现膨胀. 图5.26为弹性状态下的纯剪变形图. 图5.27为第二个增量步后的弹塑性变形图. 为了图示醒目，故对位移值作了适当的放大.

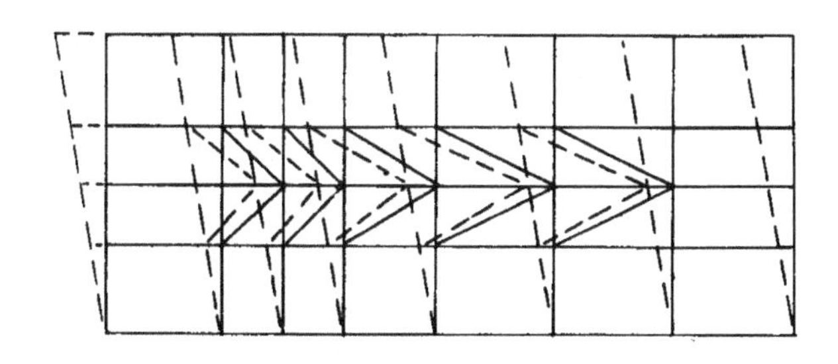

图 5.26

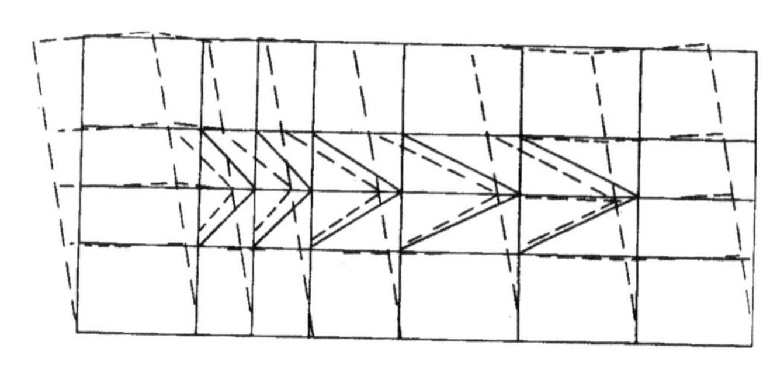

图 5.27

例5.6 承受单向拉伸的开孔板条，利用对称性，计算区域取板条的四分之一部分. 见图5.28所示，按平面应力问题计算，材料为理想弹塑性并满足Mises准则，弹性模量 $E=68.6\text{GPa}$，$\nu=0.2$，屈服应力 $\sigma_s=238.14\text{MPa}$，顶部沿 y 方向平均受力 $\sigma_0=117.6\text{MPa}$，几何尺寸与有限元网格划分如图5.28所示. 本问题共有41个四节点协调元，其中7个弹塑性单元(图中涂黑部分)和34个弹性单元. 如果未知的塑性区域比起整个结构来说较小，用子结构方法将弹性刚度阵先凝聚再来进行非线性分析显然比较经济. 表5.17是用子结构方法和不用该作法时的CPU时间比较，用五个增量步，荷载因子分别为0.4，0.2，0.2，0.1，0.1，0.1. 在计算过程中发现，当进行到第三步时，才有单元进入塑性，其塑性区扩展如图5.29所示. 从表

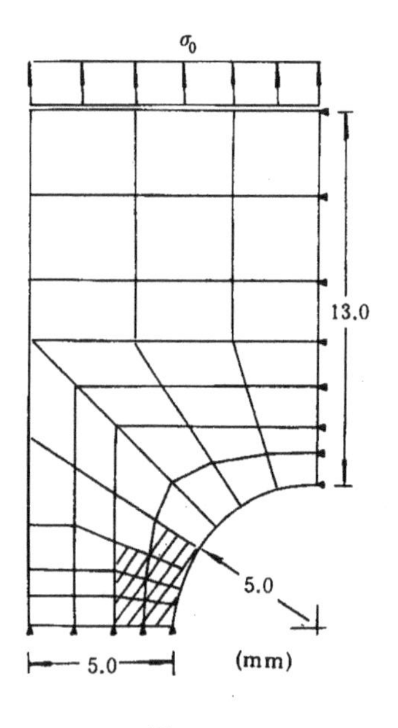

图 5.28

5.17可以看到，若去掉数据输入，刚度阵所花 CPU 时间外，单纯进行非线性分析，用子结构法可节约时间46.3%. 当增量步取的越多时，这种差别变得越大.

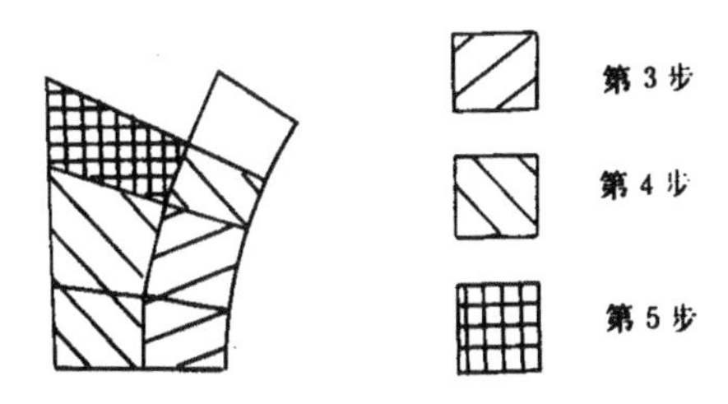

图 5.29

表 5.17

时间	组装、数据输入等	非线性分析	总时间
非子结构法	58	108	166
子结构法	78	58	136
百分比差	−34.5	46.3	18.2

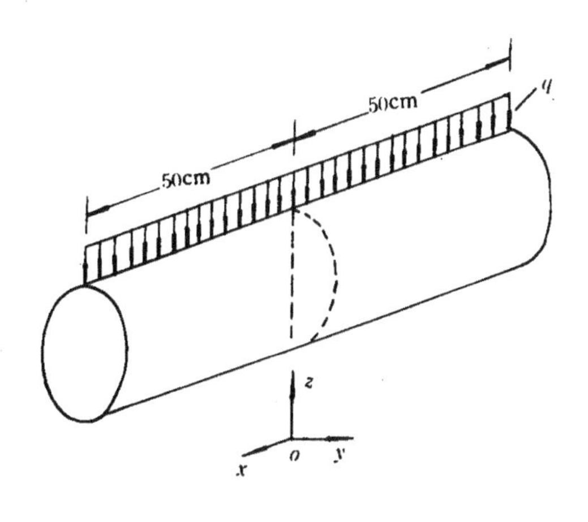

图 5.30 有限长圆柱体

例5.7　两个有限长的圆柱体相互接触问题. 每个圆柱体尺寸，材料性质及受力大小均相同. 图5.30为其中之一圆柱体. 于是问题可化为该圆柱体与刚性地基的接触问题.

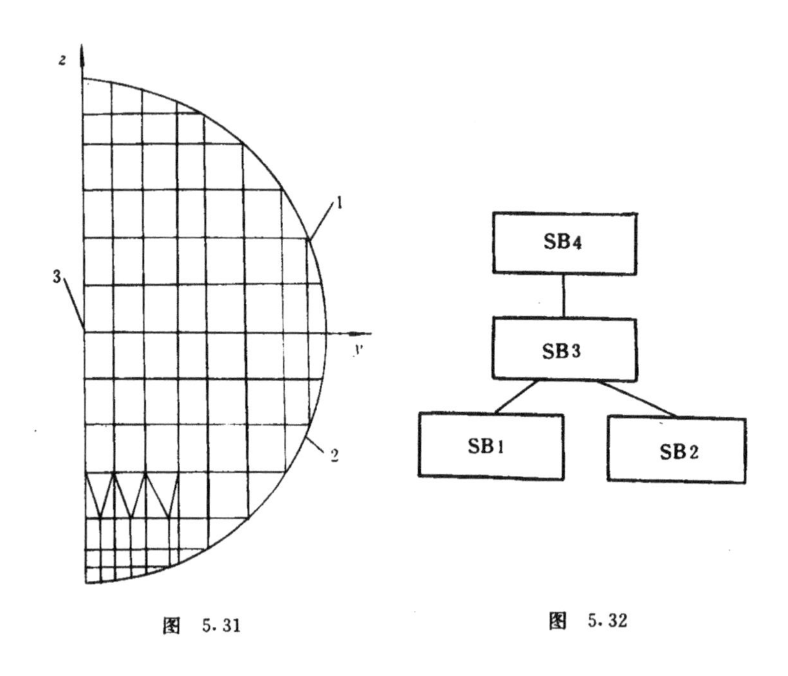

图　5.31　　　　图　5.32

圆柱体总长 $l=100\text{cm}$，半径 $R=8\text{cm}$，弹性模量 $E=19.6\text{MPa}$，泊松比 $\nu=0.3$，圆柱体顶边受均布力 q 作用，$q=15.288\text{N/cm}$. 分析物体间摩擦系数 $\bar{u}=0.0$ 和 $\bar{u}=0.4$ 两种情况. 利用对称性，仅分析一个圆柱的四分之一部分. 结构沿 x 方向分成四等分，每个剖面的网格划分如图5.31所示. 结构共划分为372个八节点块元，35个空间接触元. 将结构分成四个子结构模式. 子结构仅沿 z 方向划分，SB_1，SB_2 分别为结构的上、下两部分，SB_3 是整个四分之一圆柱体凝聚于可能接触面上，SB_4 则为最高级子结构，仅含接触单元. 图5.32为结构构成树，表明了子结构间的调用关系.

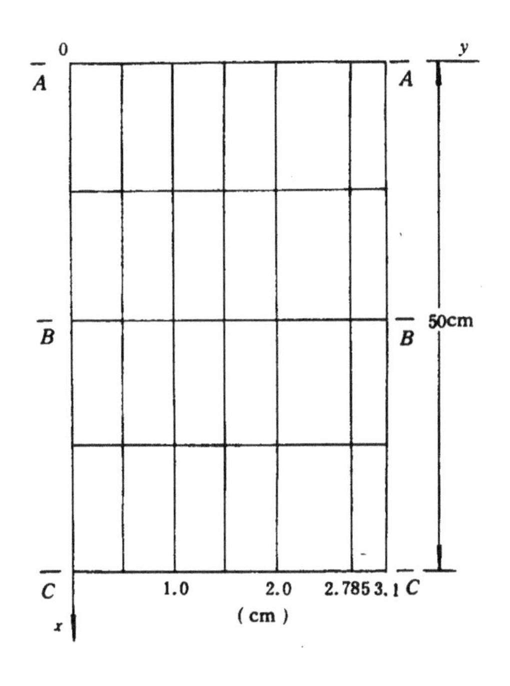

图 5.33

可能接触面选为$0\leqslant x\leqslant 50$，$0\leqslant y\leqslant 3.1$的范围内，网格划分如图5.33. 当$\overline{u}=0.0$和$\overline{u}=0.4$时，法向接触应力在接触表面上的分布分别示于图5.34和图5.35. 由这两个图可知，法向接触应力沿x方向变化不大，仅在边缘上有些变化.

由此可见，用平面应变处理这类问题，反映的是圆柱体中间一段的应力和变形状态. 图5.36和图5.37表示在$\overline{\mu}=0.0$和$\overline{\mu}=0.4$两种情况下，A-A剖面上法向接触应力分布与按平面应变问题处理时的结果比较，两者非常接近. $\overline{\mu}=0.4$时各剖面切向摩擦应力示于图5.38.

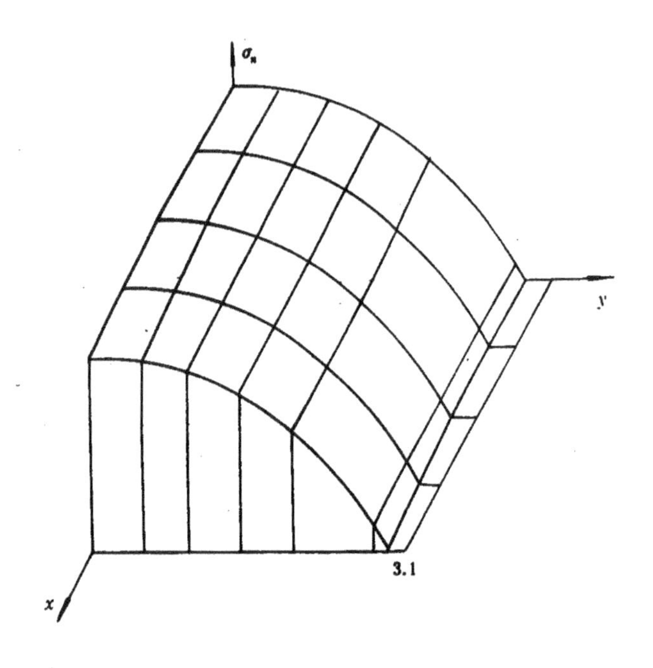

图　5.34　$\mu=0.0$时的法向接触应力

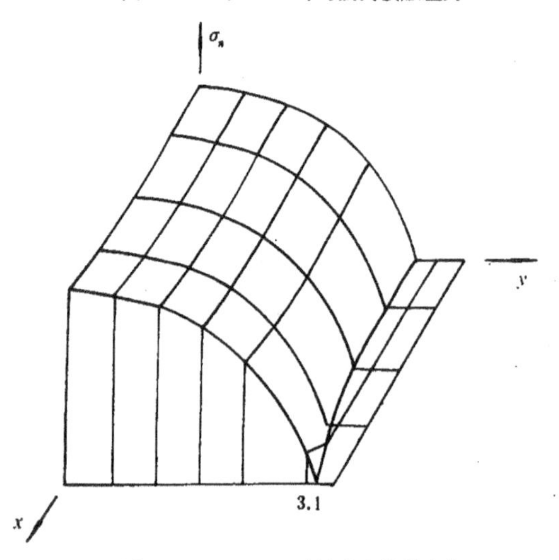

图　5.35　$\mu=0.4$时的法向接触应力

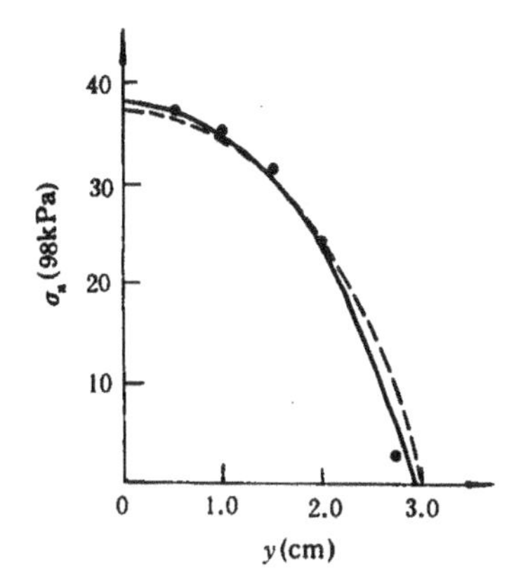

图 5.36 $\mu=0.0$时法向接触应力数值比较

---Hertz 解 —— 平面应变 ·本例

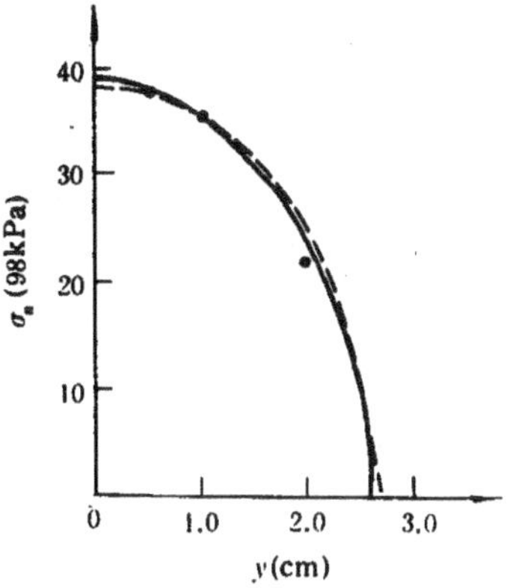

图 5.37 $\mu=0.4$时法向接触应力数值比较

---平面应变 ·A-A 断面

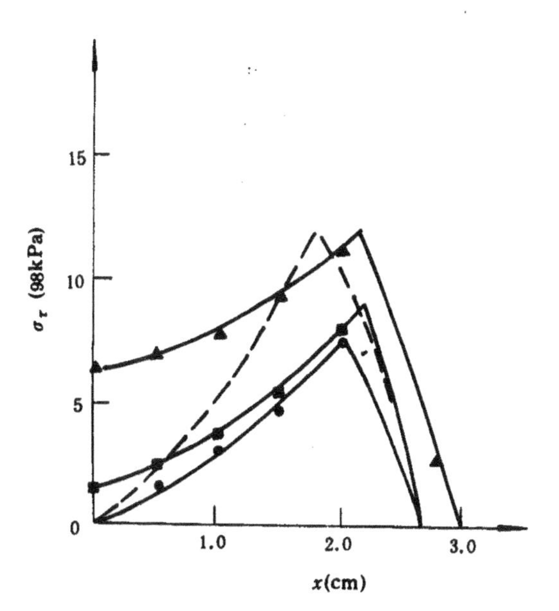

图 5.38 $\mu=0.4$时切向摩擦应力数值比较

---平面应变 ·A-A 断面 ■B-B 断面 ▲C-C 断面

参 考 文 献

[1] 钟万勰,计算结构力学微机程序设计,水利电力出版社,1987.

[2] 钟万勰,一个多用途的结构分析程序 JIGFEX,大连工学院学刊,**3**(4),1977.

[3] 钟万勰,张柔雷,孙苏明,参数二次规划法在计算力学中的应用(一,二,三),计算结构力学及其应用,**5**(4),1988;**6**(1),1989;**6**(2),1989.

[4] 张柔雷,参变量变分原理及其应用,大连理工大学博士学位论文,1987.

[5] 孙苏明,参数二次规划法的研究及其工程结构分析应用,大连理工大学博士学位论文,1988.

[6] Zhong Wanxie, Sun Suming, A Finite Element Method for Elasto-Plastic Structure and Contact Problem by Parametric Quadratic Programming. Int. J. Num. Meth. Eng., 26, 2723—2738, 1988.

第六章　在岩土工程问题中的应用

本章介绍参变量变分原理在岩土工程数值分析中的应用. 对土力学中Rankine挡土墙模型进行了较为细致的分析；对地下结构开挖施工时的稳定性问题进行了研究；讨论了静止侧向土压力系数k_0的下限问题，对岩石滑坡问题给出了分析示例.

§6.1　岩土塑性力学

"土力学"这一术语是太沙基(Terzaghi)首先提出来的，是研究土在应力作用下的工程性质与行为的学科. 自从太沙基博士1925年第一部关于土力学的论著出版以来，关于土力学的研究，取得了飞速的发展. 今天，关于土力学的研究已发展成为包括实验研究与理论研究在内的一门系统而完整的学科. 现代土力学的研究面之广，很难用几句明了的话来加以概括. 在土力学发展的早期，在极大程度上是依赖于试验手段的，而在理论研究方面，往往受到计算上困难的限制. 如今，计算力学方法在土力学计算中已有了相当广泛的应用，但其计算理论还远远不如常规的结构力学那样成熟，这主要是因为土体力学性态的复杂性，以致如何选取合适而又较为通用的土体力学模型成为解决问题的关键.

岩石和土质是工程中最古老、最常见的有内摩擦性质的材料，但至今人们对它们的认识还只能说是非常肤浅的. 所谓岩土塑性力学是指岩石力学岩土力学和土力学中的塑性理论与分析方法. 岩土力学和塑性力学的发展是相辅相成，互相渗透的. 作为独立学科，塑性力学是在19世纪70年代建立的，由Saint-Venant, Tresca, Levy等人奠定了基础；土力学是本世纪20年代形成的，而岩石力学形成的最晚，只有40多年的历史. 虽然塑性力学学科的产生比岩土力学早得多，但对材料塑性力学性质的研究却最早起源于对土体运动和作用力的研究.

纵观岩土力学的发展历史，可以大致分为如下几个阶段：一为早期的经验积累阶段，在这一阶段，人们凭着自己的经验利用岩土作为建筑地基和材料，并产生了许多永垂青史的艺术杰作，如我国的长城、大运河、赵洲桥、宫殿和世界上的知名建筑物如比萨斜塔、埃及金字塔等等，这一系列的建筑都需要有丰富的岩土知识才能得以完成. 但由于早期社会生产力和科学技术条件的限制，因而人们对土的认识还只能停留在经验积累和感性认识阶段.

土力学发展的第二阶段为早期经验积累基础上的理论发展阶段. 产业革命以后，大量建筑物的兴建促使人们对土进行研究，把已积累的经验进行理论上的升华. 1773 年法国科学家库伦(C. A. Coulomb)发表《极大值和极小值规划在建筑静力学问题中的应用》一文，提出了著名土压力定律，第一次提出了屈服条件的概念，建立了土压力滑移理论和土的抗剪强度公式；并由 Poncelet (1840 年)，Collin(1846 年)和 Rankine(1853 年)等人应用于计算挡土墙应力之类的工程问题中. 1827 年 Cauchy 建立了土压力理论，在他的著作中阐明了应力与应变的概念，并指出对任何连续介质力学的分支，应力与应变关系都是很重要的. 1857 年法国科学家 Rankine 发表了动土压力理论，在关于疏松土体极限平衡的著作中提出连续极限平衡的概念，与库伦公式共同形成古典土压力理论. 1885 年，Boussinesq 提出半无限弹性体中应力分布的计算公式，成为迄今为止进行地基应力计算普遍使用的方法. 随后，Karman(1909 年)、Mises(1913 年)等人对塑性力学又作出了重要贡献. Mises 提出了应力和应变速率之间的流动定律，推动了塑性力学的发展，等等. 这一时期人们在以往经验积累的基础上，已经获得了一批系统的实验研究成果，但在很大程度上受到了已建立的土压力理论的影响，发展还具有局限性，只是在某些局部问题上的单独突破，例如 Tresca，Mises 屈服条件实际上是土压力理论中 Coulomb 条件的特例. 因而这一时期没有能形成统一的土力学理论.

岩土塑性力学消沉了一个时期(约半个世纪),到了本世纪20年代,随着科学技术的迅猛发展,对岩土的理论研究也有了飞跃性的进展,发表了一系列的岩土方面的系统性论著. 1916年,瑞典人Petterson提出,以后由瑞典Fellenius与美国Taylor进一步发展的计算边坡稳定性的圆弧滑动法. 1920年,Prandtl发表了地基滑动面的数学公式,1923年Nadai用理论和实验的方法研究了柱体扭转问题;1932年,Henky和Prandtl提出了平面塑性应变问题中剪切线的几何性质,建立了滑移线场理论;1925年Terzaghi发表《土力学》专著,较系统地论述了若干重要土力学问题,提出著名的有效应力原理,至此土力学形成一门独立的学科. 在其后的30至40年间,岩土力学的研究基本上是对原有理论与试验的充实和完善. 从总体上看,这一阶段的工作成果基本上是对以古典弹塑性理论为基础的古典岩土力学的发展和完善. 许多研究成果是从研究金属材料的性质得来的,而被用于计算地基承载能力、土体稳定性等课题.

本世纪50年代初人们曾展开了塑性增量理论(或流动理论)和塑性全量理论(形变理论)的辩论,促使对这两种理论从更根本的理论基础上进行探讨. 1951年美国科学家Drucker从稳定材料的定义出发讨论塑性势函数,提出塑性势面与屈服面相关联的流动法则,建立了著名的Drucker公式,推动了增量理论的发展. 这一时期人们还对强化模型的研究开展了许多实际工作. 而土力学在这一时期最重要的研究课题是土的抗剪强度及影响因素. 但由于用数学分析的方法计算岩土的应力与应变,不可能用比较符合实际情况的复杂的本构模型求解. 岩土中弹塑性方法的发展比较缓慢. 从本世纪60年代末开始,这种状况发生了巨大的变化. 随着电子计算机的出现和新的计算技术的迅速发展,使土力学的研究进入了一个新的阶段. 在实验手段方面,60年代以前,加载时测力用的是标准压力计,仪器由人工操作,数据用眼看、用手记,利用计算尺进行结果计算. 而今天的试验量测可用电子传感器,数据用自动记录仪表显示，由计算机进行处理. 塑性力学的研究对象逐渐转向广泛地研究颗粒状、疏松状等非金属材料，使弹塑性本构关系得以应用到岩、土、混凝土、复合材料等众多的工程材料中去. 从70年代起人们对弹塑性本构关系的研究十分活跃，各种岩土、混凝土等材料的屈服准则可谓各式各样，层出不穷. 近年来，岩土的变形和稳定性计算方面又有了新的进展，过去人为地分割开的变形与强度问题，又可以结合起来考虑，用较严格的弹塑性理论边值问题的方法来分析和计算了.

对于岩土计算力学来说，尚有许多课题有待完成. 现代科学技术的发展，不仅提高了计算水平，同时也提高了试验的测试精度. 测试能力的不断发展，使人们发现了许多过去观测不到的新现象，制订出更多、更为复杂的本构模型. 这就要求计算力学不仅能够分析各种工程结构的应力与变形水平，还要考虑应力途径、主应力转向、排水、排气、蠕变、流变、动力、接触损伤等等较为复杂的本构特性和工程环境. 另一方面，也要求能够把不断涌现的材料本构模型及时而又简便地应用于工程实际问题.

§6.2 单剪试验问题的解析解

在土力学单剪试验中，英国剑桥大学的刚性单剪仪是试验剪切试样效果较为理想的一种仪器，其剪切原理见图6.1(a)所示. 试样是方形的. 剪切时，在剪力方向的侧板可以转动，上压板可以上移和水平移动，但不能转动. 侧板互相平行，保持试样无侧向变形. 这种方法使试样的剪应变均匀，破坏面为水平，而且体积增加的方向限于垂直方向，见图6.1(b)所示.

单剪试验模拟水平的破坏面较好，主应力的方向在剪切时发生的变化接近水平土层实际的应力情况，所以近年来国内外都应用较多，但往往都认为单剪仪中试样的应力条件是不清楚的，一些近似解不能严格解释试验结果[10]. 下面利用参变量变分原理给出这一问题的解析解.

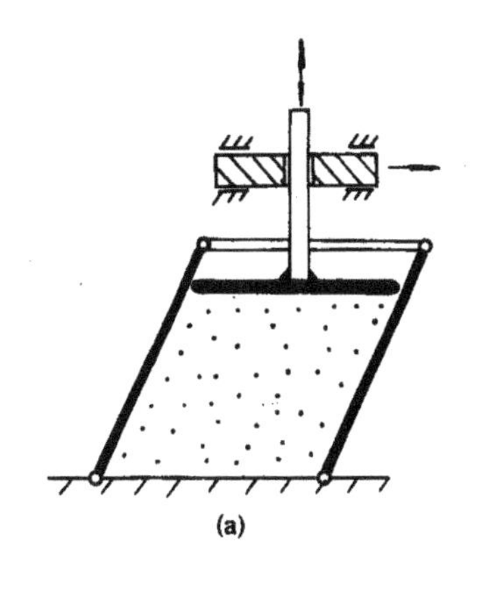
(a)

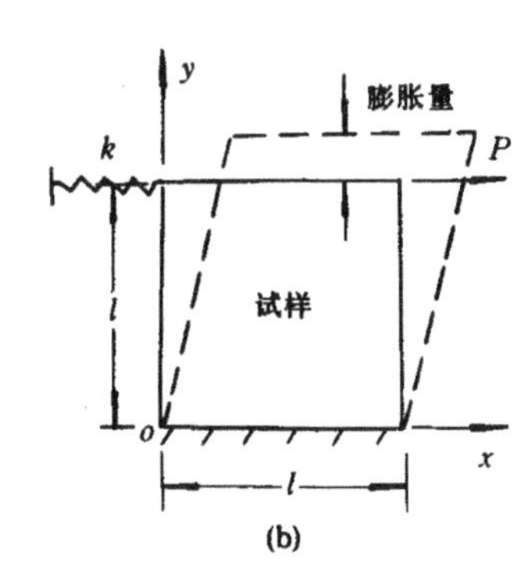

(b)

图 6.1

(a) 剑桥单剪仪原理 (b) 计算模型

假定试样与板面之间为光滑接触. 计算模型及试样变形后的轮廓线如图 6.1(b)所示,图中轮廓线(虚线)也是变形后的全部位移边界条件. 由于侧板与顶板做刚体运动,不消耗能量,可将全部水平方向的荷载用一个集中力 P 表示,并作用在右侧板上端 $x=l$, $y=l$ 处. 为了使系统不致出现几何可变体系,在左侧板上作用($x=o$, $y=l$ 处)一个刚度为 k 的弹簧. 因为已知屈服面水平,采用 Mohr-Coulomb 屈服准则

$$f=\tau_{xy}+\sigma_y\tan\varphi-c_0\leqslant 0 \tag{6.2.1}$$

相应的势函数为

$$g=\tau_{xy}+\psi\sigma_y\tan\varphi-c_0 \tag{6.2.2}$$

其中 φ,c_0 分别为内摩擦角和内聚力常数,ψ 为塑性膨胀因子. 当 $\psi=1$ 时,$f=g$,为相关联流动问题,$\psi\neq1$ 时为非关联流动问题.

设在初始状态,$\sigma_x^0=\sigma_y^0=\sigma_{xy}^0=0$,得 f 和 g 的梯度:

$$\left.\begin{aligned}\frac{\partial f}{\partial \boldsymbol{\sigma}}&=\left\{\frac{\partial f}{\partial \sigma_x},\ \frac{\partial f}{\partial \sigma_y},\ \frac{\partial f}{\partial \tau_{xy}}\right\}^T=\{0,\ \beta,\ 1\}^T\\ \frac{\partial g}{\partial \boldsymbol{\sigma}}&=\left\{\frac{\partial g}{\partial \sigma_x},\ \frac{\partial g}{\partial \sigma_y},\ \frac{\partial g}{\partial \tau_{xy}}\right\}^T=\{0,\ \psi\beta,\ 1\}^T\end{aligned}\right\} \tag{6.2.3}$$

其中 $\beta=\tan\varphi$. 对于各向同性材料平面应变问题，弹性矩阵

$$\boldsymbol{D}=\begin{bmatrix} D_1 & D_2 & 0 \\ D_2 & D_3 & 0 \\ 0 & 0 & D_4 \end{bmatrix} \tag{6.2.4}$$

其中为避免混淆，泊松比记为 μ，有

$$\left.\begin{aligned} & D_1=D_3=\frac{E(1-\mu)}{(1+\mu)(1-2\mu)};\ D_2=\frac{\mu}{1-\mu}D_1, \\ & D_4=\frac{E}{2(1+\mu)} \end{aligned}\right\} \tag{6.2.5}$$

将式(6.2.3)～(6.2.5)代入式(2.2.50)～(2.2.53)有

$$\alpha=1,\ f_\alpha^0=-c_0$$

$$\left.\begin{aligned} & \boldsymbol{W}_\alpha=\left(\begin{bmatrix} D_1 & D_2 & 0 \\ D_2 & D_3 & 0 \\ 0 & 0 & D_4 \end{bmatrix}\begin{Bmatrix} 0 \\ \beta \\ 1 \end{Bmatrix}\right)^T=[D_2\beta,\ D_1\beta,\ D_4]^T \\ & \boldsymbol{m}_\alpha=\begin{Bmatrix} 0 \\ \beta \\ 1 \end{Bmatrix}^T\begin{bmatrix} D_1 & D_2 & 0 \\ D_2 & D_3 & 0 \\ 0 & 0 & D_4 \end{bmatrix}\begin{Bmatrix} 0 \\ \psi\beta \\ 1 \end{Bmatrix}=[D_1\psi\beta^2+D_4] \end{aligned}\right\} \tag{6.2.6}$$

进而得到状态方程

$$\left.\begin{aligned} & D_2\beta d\varepsilon_x+D_1\beta d\varepsilon_y+D_4 d\gamma_{xy}-(D_1\psi\beta^2+D_4)\lambda-c_0+v=0 \\ & \nu\cdot\lambda=0,\ \nu\geqslant 0, \lambda\geqslant 0 \end{aligned}\right\} \tag{6.2.7}$$

根据式(2.2.61)得到系统总势能

$$\begin{aligned} \Pi = \int_0^l \int_0^l \Bigg(& \frac{1}{2}\begin{Bmatrix} d\varepsilon_x \\ d\varepsilon_y \\ d\gamma_{xy} \end{Bmatrix}^T \begin{bmatrix} D_1 & D_2 & 0 \\ D_2 & D_3 & 0 \\ 0 & 0 & D_4 \end{bmatrix}\begin{Bmatrix} d\varepsilon_x \\ d\varepsilon_y \\ d\gamma_{xy} \end{Bmatrix} \\ & -\lambda\begin{Bmatrix} 0 \\ \psi\beta \\ 1 \end{Bmatrix}^T\begin{bmatrix} D_1 & D_2 & 0 \\ D_2 & D_3 & 0 \\ 0 & 0 & D_4 \end{bmatrix}\begin{Bmatrix} d\varepsilon_x \\ d\varepsilon_y \\ d\gamma_{xy} \end{Bmatrix}\Bigg) dxdy \end{aligned}$$

$$+\frac{k}{2}u^2(o,\ l)-Pu(l,\ l) \tag{6.2.8}$$

由于 f 和 g 都是应力分量的线性函数，当不考虑卸载时，可取一步解，即令 $du=u$，$d\varepsilon=\varepsilon$，取位移函数

$$u=\xi_1 y,\ v=\xi_2 y \tag{6.2.9}$$

其中 ξ_1，ξ_2 为待定常数. 显然 u，v 满足全部边界条件. 由应变-位移关系得

$$\varepsilon_x=0,\ \varepsilon_y=\xi_2,\ \gamma_{xy}=\xi_1 \tag{6.2.10}$$

将式(6.2.9)，(6.2.10)代入式(6.2.7)，(6.2.8)，分别得到

$$\Pi=\frac{l^2}{2}[(D_4+k)\xi_1^2+D_1\xi_2^2]-\lambda\, l^2(D_4\xi_1+D_1\psi\beta\xi_2)-\xi_1 lp \tag{6.2.11}$$

和

$$\left.\begin{aligned}&D_4\xi_1+D_1\beta\xi_2-(D_1\psi\beta^2+D_4)\lambda-c_0+\nu=0\\&\lambda\nu=0,\ \lambda\geqslant 0,\ \nu\geqslant 0\end{aligned}\right\} \tag{6.2.12}$$

由 $\frac{\partial\Pi}{\partial\xi_1}=0$，$\frac{\partial\Pi}{\partial\xi_2}=0$ 得到

$$\left.\begin{aligned}&\xi_1=\frac{D_4}{k+D_4}\lambda+\frac{P}{l(k+D_4)}\\&\xi_2=\psi\beta\lambda\end{aligned}\right\} \tag{6.2.13}$$

再将(6.2.13)代入状态方程(6.2.12)，可求出控制变量

$$\lambda=\begin{cases}0 & \text{当 } P<c_0 l\left(\frac{k}{D_4}+1\right)\text{ 时}\\ \frac{P}{kl}-c_0\left(\frac{1}{D_4}+\frac{1}{k}\right), & \text{当 } P\geqslant c_0 l\left(\frac{k}{D_4}+1\right)\text{ 时}\end{cases} \tag{6.2.14}$$

可见，当 $P<cl\left(\frac{k}{D_4}+1\right)$ 时，$\lambda=0$，为弹性状态. 此时

$$\xi_1=\frac{P}{l(k+D_4)},\ \xi_2=0 \tag{6.2.15}$$

为弹性解，即有

$$u=\frac{Py}{l(k+D_4)},\ v=0 \tag{6.2.16}$$

$$\varepsilon_x=\varepsilon_y=0,\ \gamma_{xy}=\frac{P}{l(k+D_4)} \tag{6.2.17}$$

$$\sigma_x=\sigma_y=0,\ \tau_{xy}=\frac{D_4 P}{l(k+D_4)} \tag{6.2.18}$$

当 $P\geqslant c_0 l(k/D_4+1)$ 时，$\lambda\geqslant 0$，试样进入塑性，此时，

$$\left.\begin{aligned}\xi_1&=\frac{1}{k}\left(\frac{P}{l}-c_0\right)\\ \xi_2&=\psi\tan\varphi\left(\frac{P}{lk}-c_0\left(\frac{1}{D_4}+\frac{1}{k}\right)\right)\end{aligned}\right\} \tag{6.2.19}$$

得弹塑性解

$$\left.\begin{aligned}u&=\frac{1}{k}\left(\frac{P}{l}+c_0\right)y\\ v&=\psi\tan\varphi\left[\frac{P}{lk}-c_0\left(\frac{1}{D_4}+\frac{1}{k}\right)\right]y\end{aligned}\right\} \tag{6.2.20}$$

$$\left.\begin{aligned}&\varepsilon_x=0,\ \varepsilon_y=\psi\tan\varphi\left[\frac{P}{lk}-c_0\left(\frac{1}{D_4}+\frac{1}{k}\right)\right]\\ &\gamma_{xy}=\frac{1}{k}\left(\frac{P}{l}-c_0\right)\end{aligned}\right\} \tag{6.2.21}$$

$$\left.\begin{aligned}&\sigma_x=D_1\psi\tan\varphi\left[\frac{P}{lk}-c_0\left(\frac{1}{D_4}+\frac{1}{k}\right)\right]\\ &\sigma_y=0,\ \tau_{xy}=c_0\end{aligned}\right\} \tag{6.2.22}$$

这里应力由式(2.2.30)计算给出.

分析以上结果，在弹性状态时 $\varepsilon_x=\varepsilon_y=0$，在塑性状态时 $\varepsilon_x=0$，因而式(6.2.20)所得 v 便是全部塑性体积膨胀量. 实验结果表明，真实土体的膨胀并没有 $\psi=1.0$ 时那么大，因而根据实验便可调整确定 ψ 值. 当 $\psi=0$ 时，体积膨胀消失，当 $\psi<0$ 时还可得到塑

性压缩结果.见图 6.2 所示.

在图 6.1(b)中装一个弹簧是必要的.从式(6.2.14)可以看出,如果弹簧刚度 $k\to 0$,控制变量 λ 的值不确定.说明系统是塑性几何不定或不可控的,类似于塑性机构的无限流动.

比较弹性解答和弹塑性解答可知,在弹性状态处于纯剪的 Mohr-Coulomb 材料,在塑性状态时将产生附加正应力和正应变.因而我们也就解释了塑性剪胀现象.

§6.3 Rankine 土压力模型分析[11]

6.3.1 Rankine 土压力模型参变量解析解

计算主动土压力和被动土压力的土压力理论最早是 Rankine 于 1857 年提出的,以后有不少学者加以补充,沿用至今,是岩土工程中重要的一种近似计算方法.墙背光滑,地面水平和挡土墙主、被动土压力计算公式是根据弹塑性半无限土体均匀膨胀假设推导出来的.这个假设可简述如下:假设地表水平的半无限土体作均匀膨胀或压缩,土体任一与地面垂直的平面变形后仍然与地面垂直,任一水平面变形后仍保持水平面,见图 6.3(a).在这个假设下,膨胀与压缩前后水平和垂直面上的正应力始终为主应力.当挡土墙背摩擦力等于零且墙体水平移动时的侧压力按此假设计算(见图 6.3(b)),Rankine,Bell,Resal 等人[6,10]曾给出侧压力的极限解答.下面我们用参变量最小势能原理对土体的均匀膨胀与压缩问题进行分析,并给出变形和应力的弹塑性解答.

取深为 H,宽为 L 的一块土体进行分析,见图 6.4.由对称性可令左端 $x=0$ 处在水平方向位移固定,取 $y=0$ 处在 y 方向位移固定.对位移有下列条件

$$\left.\begin{aligned} &u|_{x=0}=0,\ u|_{x=L}=C_1(\text{常数}) \\ &v|_{y=0}=0,\ v|_{y=H}=C_2(\text{常数}) \end{aligned}\right\} \tag{6.3.1}$$

对应力要求除满足 $y=H$ 处 $\sigma_y=0$ 外,还应满足在任一水平

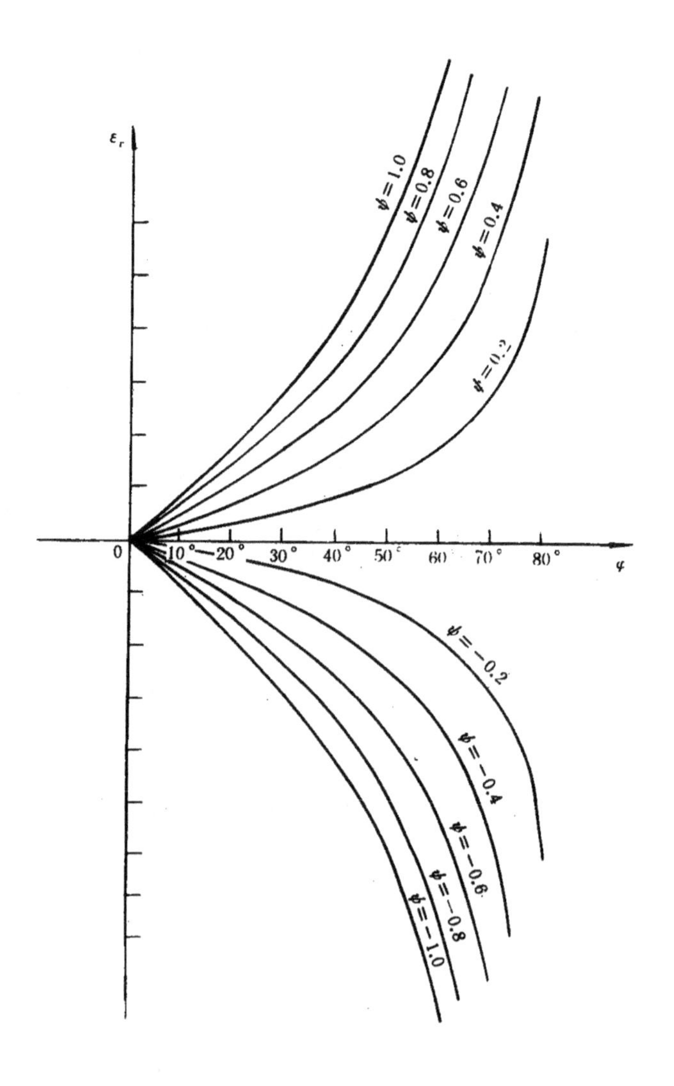

ε_r
0
10°
20°
30°
40°
50°
60
70°
80°
φ
ψ=1.0
ψ=0.8
ψ=0.6
ψ=0.4
ψ=0.2
ψ=−0.2
ψ=−0.4
ψ=−0.6
ψ=−0.8
ψ=−1.0

图 6.2

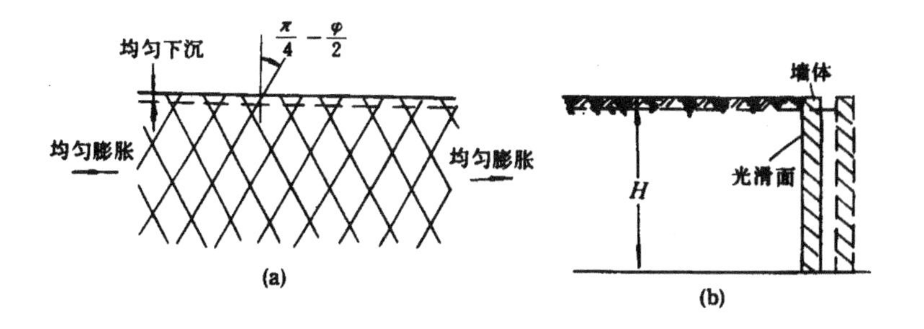

图 6.3

(a) 半无限土体主动状态 (b) 挡土墙土体主动状态

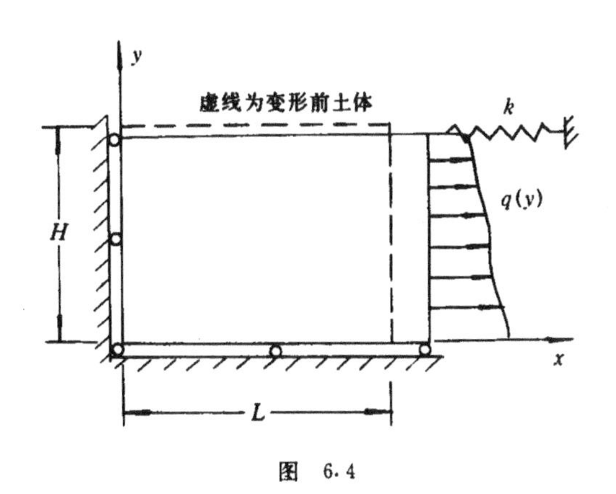

图 6.4

面上应力状态相同的条件.

荷载分析如下:在变形发生前,由静止土压力理论知地表下任一点应力状态如下:

$$\sigma_x^0=k_0\sigma_y^0,\ \sigma_y^0=\gamma(y-H),\ \tau_{xy}^0=0 \tag{6.3.2}$$

这里 k_0 为静止侧压力系数,γ 为土的容重.当截取土体后,截面处的压力得以释放,以外荷载的形式表现出来,见图 6.4 中 $x=L$ 处的分布力 $q(y)$.在增量状态下这个荷载是如何分布的还不能预定.但是采用变分法求解时,所关心的是总外荷载所作的功,因此

可设外荷载的合力为 P，即

$$P=\int_0^H q(y)dy \tag{6.3.3}$$

所作的功为 $Pu(L)$.

为了避免出现塑性几何不可控体系，故在水平方向施加一个刚度为 k 的假想弹簧. 见图 6.4.

当 σ_x, σ_y 保持为主应力时的 Mohr-Coulomb 屈服准则可以写成为

主动情形：

$$f=\sigma_x-k_a\sigma_y-2c\sqrt{k_a}\leqslant 0 \tag{6.3.4}$$

这里

$$k_a=\tan^2\left(\frac{\pi}{4}-\frac{\varphi}{2}\right) \tag{6.3.5}$$

为主动土压力系数. φ 为内摩擦角，c 为粘结力系数.

被动情形：

$$f=-[\sigma_x-k_p\sigma_y+2c\sqrt{k_p}]\leqslant 0 \tag{6.3.6}$$

其中

$$k_p=\tan^2\left(\frac{\pi}{4}+\frac{\varphi}{2}\right) \tag{6.3.7}$$

为被动土压力系数.

对主动土压力情形，如果采用相关联的流动情形，在 y 方向将会出现塑性收缩：

$$d\varepsilon_y^p=-\lambda k_a \tag{6.3.8}$$

考虑到问题的一般性，取塑性势函数如下：

主动情形：

$$g=\sigma_x-\omega_a\sigma_y \tag{6.3.9}$$

其中

$$\omega_a = \psi k_a \tag{6.3.10}$$

被动情形：

$$g = -[\sigma_x - \omega_p \sigma_y] \tag{6.3.11}$$

其中

$$\omega_p = \psi k_p \tag{6.3.12}$$

这里 ψ 是塑性流动调整因子.

仿§6.2节中问题的求解过程，可以分别对主动与被动两种情形进行求解.

1. 主动情形的求解

由式(6.3.4)，(6.3.9)有

$$\frac{\partial f}{\partial \boldsymbol{\sigma}} = [1,\ -k_a,\ 0]^T \tag{6.3.13}$$

$$\frac{\partial g}{\partial \boldsymbol{\sigma}} = [1,\ -\omega_a,\ 0]^T \tag{6.3.14}$$

与应力无关，若不考虑卸载情况，流动方向与增量无关.

将式(6.3.13)，(6.3.14)代入式(2.2.50)～(2.2.53)有

$$\left.\begin{array}{l}(\mu' - k_a)d\varepsilon_x + (1 - \mu' k_a)d\varepsilon_y \\ -[\mu' - k_a - \omega_a(1 - \mu' k_a')]\lambda \\ + f^0/D_2 + \nu = 0 \\ \nu\lambda = 0,\ \nu \geqslant 0,\ \lambda \geqslant 0\end{array}\right\} \tag{6.3.15}$$

其中弹性本构关系矩阵与式(6.2.4)相同. 而

$$\mu' = \frac{1-\mu}{\mu},\ f^0 = \gamma(k_0 - k_a)(y - H) - 2c\sqrt{k_a} \tag{6.3.16}$$

同样导出系统的总势能

$$\Pi = \frac{k}{2}du^2(L) + \int_0^H \int_0^L \left[\frac{1}{2}\begin{Bmatrix} d\varepsilon_x \\ d\varepsilon_y \\ d\gamma_{xy}\end{Bmatrix}^T \begin{bmatrix} D_1 & D_2 & 0 \\ D_2 & D_3 & 0 \\ 0 & 0 & D_4\end{bmatrix}\begin{Bmatrix} d\varepsilon_x \\ d\varepsilon_y \\ d\gamma_{xy}\end{Bmatrix}\right.$$

$$
-\lambda\begin{Bmatrix}1\\-\omega_a\\0\end{Bmatrix}^T\begin{bmatrix}D_1 & D_2 & 0\\D_2 & D_3 & 0\\0 & 0 & D_4\end{bmatrix}\begin{Bmatrix}d\varepsilon_x\\d\varepsilon_y\\d\gamma_{xy}\end{Bmatrix}\Bigg\}dxdy-Pdu(L)
$$

$$
\begin{aligned}
=\int_0^H\int_0^L\Big\{&\frac{D_2}{2}\mu'[(d\varepsilon_x)^2+(d\varepsilon_x)^2]+D_2d\varepsilon_xd\varepsilon_y\\
&+\frac{D_4}{2}(d\gamma_{xy})^2-\lambda[D_2(\mu'-\omega_a)d\varepsilon_x\\
&-D_2(1-\mu'\omega_a)d\varepsilon_y]\Big\}dxdy+\frac{k}{2}du^2(L)-Pdu(L)
\end{aligned}
\tag{6.3.17}
$$

根据均匀膨胀假设，可将增量位移函数设定为

$$
du=\xi_{1a}x,\ dv=\xi_{2a}y \tag{6.3.18}
$$

显然可以满足位移边界条件及膨胀后的变形要求．从应变-位移关系有

$$
d\varepsilon_x=\xi_{1a},\ d\varepsilon_y=\xi_{2a},\ d\gamma_{xy}=0 \tag{6.3.19}
$$

将式(6．3．18)，(6．3．19)代入(6．3．15)，(6．3．17)得

$$
\left.\begin{aligned}
&(\mu'-k_a)\xi_{1a}+(1-\mu'k_a)\xi_{2a}\\
&-[\mu'-k_a-\omega_a(1-\mu'k_a)]\lambda\\
&+f^0/D_2+\nu=0\\
&\nu\cdot\lambda=0,\ \nu\geqslant0,\ \lambda\geqslant0
\end{aligned}\right\} \tag{6.3.20}
$$

和

$$
\begin{aligned}
\Pi=&\frac{1}{2}(KL^2+D_2\mu'HL)\xi_{1a}^2+\frac{1}{2}D_2\mu'HL\xi_{2a}^2+D_2HL\xi_{1a}\xi_{2a}\\
&-D_2HL\lambda[(\mu'-\omega_a)\xi_{1a}-(1-\mu'\omega_a)\xi_{2a}]\\
&-PL\xi_{1a}
\end{aligned}
\tag{6.3.21}
$$

其中 P 见(6．3．3)．对式(6．3．21)取变分，有

$$
\frac{\partial\Pi}{\partial\xi_{1a}}=0\rightarrow(\mu'+t)\xi_{1a}+\xi_{2a}-\lambda(\mu'-\omega_a)-T=0 \tag{6.3.22}
$$

$$\frac{\partial \Pi}{\partial \xi_{2a}}=0 \rightarrow \xi_{1a}+\mu' \xi_{2a}-\lambda(1-\mu' \omega_a)=0 \tag{6.3.23}$$

其中

$$t=\frac{kL}{D_2 H}, \ T=\frac{P}{D_2 H} \tag{6.3.24}$$

联立式(6.3.22),(6.3.23),解得

$$\left.\begin{aligned} \xi_{1a}&=\frac{(1-\mu'^2)\lambda-\mu' T}{1-\mu'(\mu'+t)} \\ \xi_{2a}&=\frac{[\omega_a(\mu'^2-1)+t(\mu'\omega_a-1)]\lambda+T}{1-\mu'(\mu'+t)} \end{aligned}\right\} \tag{6.3.25}$$

将式(6.3.25)代入式(6.3.20)得

$$\left.\begin{aligned} &T-t\xi_{1a}+f^0/D_2+\nu=\frac{1-\mu'^2}{1-\mu'^2-\mu' t}(T-t\lambda) \\ &\qquad\qquad\qquad +f^0/D_2+\nu=0 \\ &\lambda\nu=0, \ \lambda\geqslant 0, \nu\geqslant 0 \end{aligned}\right\} \tag{6.3.26}$$

令

$$\begin{aligned} \rho(y)&=D_2 T+\left(1-\frac{\mu' t}{1-\mu'^2}\right) f^0 \\ &=\frac{P}{H}+\left(1-\frac{\mu' t}{1-\mu'^2}\right)[\gamma(k_a-k_a)(y-H)-c\sqrt{k_a}] \end{aligned} \tag{6.3.27}$$

可将式(6.3.26)写成

$$\left.\begin{aligned} &-t\lambda+\rho(y)/D_2+\nu=0 \\ &\nu\lambda=0, \nu\geqslant 0, \lambda\geqslant 0 \end{aligned}\right\} \tag{6.3.28}$$

分析 λ 与 ν 之间的互补关系可得控制变量

$$\lambda=\begin{cases} 0, & \text{当 } \rho(y)<0 \text{ 时} \\ \dfrac{\rho(y)}{tD_2}=\dfrac{H\rho(y)}{kL}, & \text{当 } \rho(y)\geqslant 0 \text{ 时} \end{cases} \tag{6.3.29}$$

1）全弹性状态解

此时有 $\rho(y)<0(0\leqslant y\leqslant H)$，故可推得（取 $t\to 0$）

$$\left.\begin{aligned} d\varepsilon_x=\xi_{1a}=\frac{\mu' P}{(\mu'^2-1)D_2H},\ d\varepsilon_y=\frac{-P}{(\mu'^2-1)D_2H} \\ du=\frac{\mu' P}{(\mu'-1)D_2H}x,\qquad dv=\frac{-P}{(\mu'^2-1)D_2H}y \end{aligned}\right\} \tag{6.3.30}$$

$$\begin{aligned}\begin{Bmatrix}\sigma_x\\ \sigma_y\\ \tau_{xy}\end{Bmatrix}&=\begin{Bmatrix}-k_o(H-y)\gamma\\ -(H-y)\gamma\\ 0\end{Bmatrix}+\begin{Bmatrix}(\mu'\xi_{1a}+\xi_{2a})D_2\\ (\xi_{1a}+\mu'\xi_{2a})D_2\\ 0\end{Bmatrix}\\ &=\begin{Bmatrix}\dfrac{P}{H}-k_0\gamma(H-y)\\ -\gamma(H-y)\\ 0\end{Bmatrix}\end{aligned} \tag{6.3.31}$$

2）全塑性状态解

此时有 $\rho(y)\geqslant 0(0\leqslant y\leqslant H)$，故可推得

$$\xi_{1a}=\frac{P-f^0H}{kL} \tag{6.3.32}$$

$$\xi_{2a}=\omega_a\left(\frac{\mu' f^0}{D_2(1-\mu'^2)}-\frac{P+f^0H}{kL}\right)-\frac{f^0}{D_2(1-\mu'^2)} \tag{6.3.33}$$

$$\left.\begin{aligned} du=\xi_{1a}x,\ dv=\xi_{2a}y \\ d\varepsilon_x=\xi_{1a},\ d\varepsilon_y=\xi_{2a},\ d\gamma_{xy}=0 \end{aligned}\right\} \tag{6.3.34}$$

$$\begin{aligned}\begin{Bmatrix}\sigma_x\\ \sigma_y\\ \tau_{xy}\end{Bmatrix}&=\begin{Bmatrix}\sigma_x^0\\ \sigma_y^0\\ \tau_{xy}^0\end{Bmatrix}+\begin{bmatrix}D_1 & D_2 & 0\\ D_2 & D_3 & 0\\ 0 & 0 & D_4\end{bmatrix}\left(\begin{Bmatrix}\xi_{1a}\\ \xi_{2a}\\ 0\end{Bmatrix}-\lambda\begin{Bmatrix}1\\ -w_a\\ 0\end{Bmatrix}\right)\\ &=\begin{Bmatrix}-k_0\gamma(H-y)\\ -\gamma(H-y)\\ 0\end{Bmatrix}+\begin{Bmatrix}-f^0\\ 0\\ 0\end{Bmatrix}=\begin{Bmatrix}-k_a\gamma(H-y)+2c\sqrt{k_a}\\ -\gamma(H-y)\\ 0\end{Bmatrix}\end{aligned} \tag{6.3.35}$$

可见土体一旦达到屈服状态，水平及垂直压力即保持为常量，而且与k_0，μ，E等参数有关. 这说明Rankine土压力理论对于均匀膨胀条件的土压力公式是正确的. 将极限状态下的水平压力沿y方向积分得到

$$\int_0^H \sigma_x dy = -\int_0^H \left[k_a \gamma(H-y) - 2c\sqrt{k_a}\right] dy$$

$$= -\frac{\gamma}{2} H^2 k_a + 2Hc\sqrt{k_a} \tag{6.3.36}$$

这便是主动土压力公式[6].

3）弹塑性状态解

此时有$\rho(y)<0$（$0\leqslant y\leqslant y^*$），$\rho(y)\geqslant 0$（$y^*\leqslant y\leqslant H$），即$y=y^*$处为弹塑性分界面，下部分为弹性区，上部分为塑性区. 设此时荷载也分为两部分

$$P = P_e + P_p \tag{6.3.37}$$

其中：P_e为弹性区荷载，P_p为塑性区荷载. 由此可推得：

在弹性区有（$\widetilde{p}$见(6.3.43)以下）

$$\left.\begin{aligned} \xi_{1a}^e &= \frac{\mu' \widetilde{p}_e}{(\mu'^2 - 1)D_2} \\ \xi_{2a}^e &= \frac{-\widetilde{p}_e}{(\mu'^2 - 1)D_2} \end{aligned}\right\} \tag{6.3.38}$$

$$\left.\begin{aligned} &du^e = \xi_{1a}^e x,\ dv^e = \xi_{2a}^e y \\ &d\varepsilon_x^e = \xi_{1a}^e,\ d\varepsilon_y^e = \xi_{2a}^e,\ d\gamma_{xy}^e = 0 \end{aligned}\right\}. \tag{6.3.39}$$

$$\begin{Bmatrix} \sigma_x^e \\ \sigma_y^e \\ \tau_{xy}^e \end{Bmatrix} = \begin{Bmatrix} \widetilde{p}_e - k_0 \gamma(H-y) \\ -\gamma(H-y) \\ 0 \end{Bmatrix}, \tag{6.3.40}$$

μ'见(6.3.16)式，而μ为泊松比.

在塑性区内有

$$
\left.\begin{aligned}
\xi_{1a}^{p} &= \frac{H}{kL}(\widetilde{p}_{p}+f^{0}) \\
\xi_{2a}^{p} &= \omega_{a}\left[\frac{\mu' f^{0}}{D_{2}(1-\mu'^{2})}-\frac{H}{kL}(\widetilde{p}_{p}+f_{0})\right] \\
&\quad -\frac{f^{0}}{D_{2}(1-\mu'^{2})}\varphi
\end{aligned}\right\} \tag{6.3.41}
$$

$$
\left.\begin{aligned}
& du^{p}=\xi_{1a}^{p}x,\ dv^{p}=\xi_{2a}^{p}y \\
& d\varepsilon_{x}^{p}=\xi_{1a}^{p},\ d\varepsilon_{y}^{p}=\xi_{2a}^{p},\ d\gamma_{xy}^{p}=0
\end{aligned}\right\} \tag{6.3.42}
$$

$$
\begin{Bmatrix} \sigma_{x}^{p} \\ \sigma_{y}^{p} \\ \tau_{xy}^{p} \end{Bmatrix} = \begin{Bmatrix} -k_{a}\gamma(H-y)+2c\sqrt{k_{a}} \\ -\gamma(H-y) \\ 0 \end{Bmatrix} \tag{6.3.43}
$$

其中 $\widetilde{p}_{e}=P_{e}/y^{*}$，$\widetilde{p}_{y}=P_{p}/(H-y^{*})$.

令 $\overline{P}_{a}$ 为主动土压力，则有

$$
\begin{aligned}
\overline{P}_{a} &= \int_{0}^{y^{*}} \sigma_{x}^{e} dy+\int_{y^{*}}^{H} \sigma_{x}^{p} dy \\
&= \widetilde{p}_{e} y^{*}-k_{0}\gamma\left(Hy^{*}-\frac{y^{*2}}{2}\right)+2c\sqrt{k_{a}}(H-y*) \\
&\quad -k_{a}\gamma\left(\frac{H^{2}}{2}-Hy^{*}+\frac{y^{*2}}{2}\right)
\end{aligned} \tag{6.3.44}
$$

实际上，由 $y=y^{*}$ 处的力的平衡条件 $\sigma_{x}^{e}|_{y=y^{*}}=\sigma_{x}^{p}|_{y=y^{*}}$ 立刻可得

$$
\widetilde{p}_{e}=(k_{0}-k_{a})\gamma(H-y^{*})+2c\sqrt{k_{a}} \tag{6.3.45}
$$

代入式(6.3.44)后得

$$
\overline{P}_{a}=\frac{1}{2}(k_{a}-k_{0})\gamma y^{*2}+2Hc\sqrt{k_{a}}-\frac{1}{2}\gamma k_{a}H^{2} \tag{6.3.46}
$$

这就是塑性区的扩展方程.

令 $y^{*}=0$，即全部进入塑性区，同样可推得式(6.3.36). 如令 $y^{*}=H$，则最上边刚进入塑性，此时有

$$\overline{P}_a = 2Hc\sqrt{k_a} - \frac{1}{2}\gamma k_0 H^2 \tag{6.3.47}$$

这就是土体刚进入塑性时的临界土压力.

由式(6.3.46)还可推得

$$y^* = \left[\frac{\overline{P}_a - 2Hc\sqrt{k_a} + \frac{1}{2}\gamma k_a H^2}{\frac{1}{2}\gamma(k_a - k_0)}\right]^{1/2} \tag{6.3.48}$$

即获得了塑性区大小范围.

2. 被动情形的求解

由式(6.3.6),(6.3.11)得

$$\frac{\partial f}{\partial \boldsymbol{\sigma}} = [-1,\ k_p,\ 0]^T \tag{6.3.49}$$

$$\frac{\partial g}{\partial \boldsymbol{\sigma}} = [-1,\ \omega_p,\ 0]^T \tag{6.3.50}$$

将式(6.3.49),(6.3.50)代入式(2.2.50)～(2.2.53)得

$$\left.\begin{aligned} &-(\mu' - k_p)d\varepsilon_x - (1-\mu' k_p)d\varepsilon_y - [\mu' - k_p - w_p(1-\mu' k_p)]\lambda \\ &-f^0/D_2 + \nu = 0 \\ &\lambda\nu = 0,\ \lambda,\ \nu \geqslant 0 \end{aligned}\right\} \tag{6.3.51}$$

其中

$$\mu' = \frac{1-\mu}{\mu},\ f^0 = \gamma(k_0 - k_p)(y - H) + 2c\sqrt{k_p} \tag{6.3.52}$$

根据均匀膨胀假设,将增量位移函数设定为

$$du = \xi_{1p}x,\ dv = \xi_{2p}y \tag{6.3.53}$$

则可以满足全部位移边界条件.下面导出系统的总势能

$$\Pi = \frac{1}{2}(kL^2 + D_2\mu' HL)\xi_{1p}^2 - \frac{1}{2}D_2\mu' HL\xi_{2p}^2 + D_2HL\xi_{1p}\xi_{2p}$$

$$+D_2HL\lambda[(\mu'-\omega_p)\xi_{1p}-(1-\mu'\omega_p)\xi_{2p}]-PL\xi_{1p} \tag{6.3.54}$$

令 Π 的一阶变分等于零，有

$$\frac{\partial \Pi}{\partial \xi_{1p}}=0 \rightarrow (\mu'+t)\xi_{1p}+\xi_{2p}+\lambda(\mu'-\omega_p)-T=0 \tag{6.3.55}$$

$$\frac{\partial \Pi}{\partial \xi_{2p}}=0 \rightarrow \xi_{1p}+\mu'\xi_{2p}+\lambda(1-\mu'\omega_p)=0 \tag{6.3.56}$$

其中 t，T 形式同式(6.3.24).

由式(6.3.55)，(6.3.56)解得

$$\xi_{1p}=\frac{-(1-\mu'^2)\lambda-\mu'T}{1-\mu'(\mu'+t)} \tag{6.3.57}$$

$$\xi_{2p}=\frac{-[\omega_p(\mu'^2-1)+t(\mu'\omega_p-1)]\lambda+T}{1-\mu'(\mu'+t)} \tag{6.3.58}$$

将式(6.3.57)，(6.3.58)代入式(6.3.51)有

$$\left.\begin{aligned}&-\frac{(1-\mu'^2)}{1-\mu'^2-\mu't}(T+t\lambda)-f^0/D_2+\nu=0\\&\nu\lambda=0,\ \nu,\ \lambda\geqslant 0\end{aligned}\right\} \tag{6.3.59}$$

令

$$\begin{aligned}\rho(y)&=D_2T+\left(1-\frac{\mu't}{1-\mu'^2}\right)f^0\\&=\frac{P}{H}+\left(1-\frac{\mu't}{1-\mu'^2}\right)[\gamma(k_0-k_p)(y-H)+ck_p^{1/2}]\end{aligned} \tag{6.3.60}$$

则式(6.3.59)变为

$$\left.\begin{aligned}&-t\lambda-\rho(y)/D_2+\nu=0\\&\nu\lambda=0,\ \nu,\ \lambda\geqslant 0\end{aligned}\right\} \tag{6.3.61}$$

利用 λ 与 ν 之间的互补关系可得控制变量

$$\lambda=\begin{cases} 0, & \text{当 } \rho(y)>0 \text{ 时} \\ -\dfrac{H\rho(y)}{kL}, & \text{当 } \rho(y)\leqslant 0 \text{ 时} \end{cases} \tag{6.3.62}$$

1）弹性状态解

当 $\rho(y)>0$ 时，$\lambda=0$，$t\to 0$，有

$$\left.\begin{aligned} &d\varepsilon_x=\xi_{1p}=\frac{\mu' P}{(\mu'^2-1)D_2H};\ d\varepsilon_y=\frac{-P}{(\mu'^2-1)D_2H} \\ &du=\frac{\mu' P}{(\mu'^2-1)D_2H}x,\ dv=\frac{-P}{(\mu'^2-1)D_2H}y \end{aligned}\right\} \tag{6.3.63}$$

$$\begin{Bmatrix}\sigma_x\\ \sigma_y\\ \tau_{xy}\end{Bmatrix}=\begin{Bmatrix}-k_0(H-y)\gamma\\ -(H-y)\gamma\\ 0\end{Bmatrix}+\begin{Bmatrix}(\mu'\xi_{1p}+\xi_{2p})D_2\\ (\xi_{1p}+\mu'\xi_{2p})D_2\\ 0\end{Bmatrix}$$

$$=\begin{Bmatrix}\dfrac{P}{H}-k_0\gamma(H-y)\\ -\gamma(H-y)\\ 0\end{Bmatrix} \tag{6.3.64}$$

2）全塑性状态解

此时 $P(y)\leqslant 0$，$(0\leqslant y\leqslant H)$，故推得

$$\left.\begin{aligned} &\xi_{1p}=\frac{P+f^0H}{kL} \\ &\xi_{2p}=\omega_p\left[\frac{\mu' f^0}{D_2(1-\mu'^2)}-\frac{P+f^0H}{kL}\right]-\frac{f^0}{D_2(1-\mu'^2)} \end{aligned}\right\} \tag{6.3.65}$$

$$\left.\begin{aligned} &du=\xi_{1p}x,\ dv=\xi_{2p}y \\ &d\varepsilon_x=\xi_{1p},\ d\varepsilon_y=\xi_{2p} \end{aligned}\right\} \tag{6.3.66}$$

$$\begin{Bmatrix}\sigma_x\\ \sigma_y\\ \tau_{xy}\end{Bmatrix}=\begin{Bmatrix}\sigma_x^0\\ \sigma_y^0\\ \tau_{xy}^0\end{Bmatrix}+\begin{bmatrix}D_1 & D_2 & 0\\ D_2 & D_3 & 0\\ 0 & 0 & D_4\end{bmatrix}\left\{\begin{Bmatrix}\xi_{1p}\\ \xi_{2p}\\ 0\end{Bmatrix}-\lambda\begin{Bmatrix}-1\\ \omega_p\\ 0\end{Bmatrix}\right\}$$

$$
=\begin{Bmatrix} -k_0\gamma(H-y) \\ -\gamma(H-y) \\ 0 \end{Bmatrix}+\begin{Bmatrix} -f^0 \\ 0 \\ 0 \end{Bmatrix}=\begin{Bmatrix} -k_p\gamma(H-y)-2c\sqrt{k_p} \\ -\gamma(H-y) \\ 0 \end{Bmatrix} \tag{6.3.67}
$$

3）弹塑性状态解

仿式(6.3.38)—(6.3.43)的建立过程，有：

在弹性区($0\leqslant y<y^*$)

$$
\left.\begin{aligned} \xi_{1p}^e &= \frac{\mu'\widetilde{p}_e}{(\mu'^2-1)D_2} \\ \xi_{2p}^e &= \frac{-\widetilde{p}_e}{(\mu'^2-1)D_2} \end{aligned}\right\} \tag{6.3.68}
$$

$$
\left.\begin{aligned} & du^e=\xi_{1p}^e x,\ dv^e=\xi_{2p}^e y \\ & d\varepsilon_x^e=\xi_{1p}^e,\ d\varepsilon_y^e=\xi_{2p}^e,\ d\gamma_{xy}^e=0 \end{aligned}\right\} \tag{6.3.69}
$$

$$
\begin{Bmatrix} \sigma_x^e \\ \sigma_y^e \\ \tau_{xy}^e \end{Bmatrix}=\begin{Bmatrix} \widetilde{p}_e-k_0\gamma(H-y) \\ -\gamma(H-y) \\ 0 \end{Bmatrix} \tag{6.3.70}
$$

在塑性区内，有($y^*\leqslant y\leqslant H$)

$$
\left.\begin{aligned} \xi_{1p}^p &= \frac{H}{kL}(\widetilde{p}_e+f^0) \\ \xi_{2p}^p &= \omega_p\left[\frac{\mu' f^0}{D_2(1-\mu'^2)}-\frac{H}{kL}(\widetilde{p}_p+f^0)\right]-\frac{f^0}{D_2(1-\mu'^2)} \end{aligned}\right\} \tag{6.3.71}
$$

$$
\left.\begin{aligned} & du^p=\xi_{1p}^p x,\ dv^p=\xi_{2p}^p y \\ & d\varepsilon_x^p=\xi_{1p}^p,\ d\varepsilon_y^p=\xi_{2p}^p,\ d\gamma_{xy}^p=0 \end{aligned}\right\} \tag{6.3.72}
$$

$$
\begin{Bmatrix} \sigma_x^p \\ \sigma_y^p \\ \tau_{xy}^p \end{Bmatrix}=\begin{Bmatrix} -k_p\gamma(H-y)-2c\sqrt{k_p} \\ -\gamma(H-y) \\ 0 \end{Bmatrix} \tag{6.3.73}
$$

令$\overline{P}_p$为被动土压力，则有

$$\overline{P}_p = \int_0^{y^*} \sigma_x^e dy + \int_{y^*}^{H} \sigma_x^p dy$$

$$= \frac{1}{2}(k_p - k_0)\gamma y^{*2} - 2Hc\sqrt{k_p} - \frac{1}{2}\gamma k_p H^2 \quad (6.3.74)$$

这就是塑性区扩展方程.

令 $y^*=0$，则土体全部进入塑性，从而导出

$$\overline{P}_p = -2Hc\sqrt{k_p} - \frac{1}{2}\gamma k_p H^2 \quad (6.3.75)$$

这就是被动土压力，与 Rankine 经典解一致. 令 $y^*=H$，则最上边的土刚刚进入塑性，得

$$\overline{P}_p = -2Hc\sqrt{k_p} - \frac{1}{2}k_0 H^2 \quad (6.3.76)$$

这就是土体进入塑性时的临界土压力.

由式(6.3.74)可导出$\overline{P}_p$作用下的塑性区范围

$$y^* = \left[\frac{\overline{P}_p + 2Hc\sqrt{k_p} + \frac{1}{2}\gamma H^2 k_p}{\frac{1}{2}\gamma(k_p - k_0)}\right]^{1/2} \quad (6.3.77)$$

6.3.2 解析解分析

下面就 6.3.1 中导出的结果进行一下分析.

1. $\overline{P}$-u 曲线

即土压力与墙体横向位移曲线.

对于主动状态，土压力与墙体横向位移关系由式(6.3.39)与(6.3.45)确定，为(忽略微分符号)

$$u\big|_{x=L}^{a} = \frac{\mu' L}{(\mu'^2 - 1)D_2}\left[\gamma(k_0 - k_a)(H - y^*) + 2c\sqrt{k_a}\right] \quad (6.3.78)$$

其中

$$
\left.\begin{aligned}
&y^{*}=\left[\frac{\overline{P}_a-2Hc\sqrt{k_a}+\frac{1}{2}H^2\gamma k_a}{\frac{1}{2}\gamma(k_a-k_0)}\right]^{1/2}\\
&|\overline{P}_a|\leqslant|2Hc\sqrt{k_a}-\frac{1}{2}H^2\gamma k_a|
\end{aligned}\right\}\qquad(6.3.79)
$$

对于被动状态，同样有

$$
u\Big|_{x=L}^{p}=\frac{\mu' L}{(\mu'^2-1)D_2}\Big[\gamma(k_0-k_p)(H-y^{*})+2c\sqrt{k_p}\Big]\qquad(6.3.80)
$$

其中

$$
\left.\begin{aligned}
&y^{*}=\left[\frac{\overline{P}_p+2Hc\sqrt{k_p}+\frac{1}{2}H^2\gamma k_p}{\frac{1}{2}\gamma(k_p-k_0)}\right]^{1/2}\\
&|\overline{P}_p|\geqslant|-2Hc\sqrt{k_p}-\frac{1}{2}\gamma k_0 H^2|
\end{aligned}\right\}\qquad(6.3.81)
$$

对于弹性状态位移，无论对于主、被动情形，均有

$$
u\Big|_{x=L}=\frac{\mu' L}{(\mu'^2-1)D_2 H}\left(\overline{P}+\frac{1}{2}k_0\gamma H^2\right)\qquad(6.3.82)
$$

图 6.5，6.6 给出了粘结力系数 c 与内摩擦角 φ 对$\overline{P}$-u 曲线的影响.

2. 塑性区的扩展

由式(6.3.46)与(6.3.74)知，Rankine模型塑性区y^{*}与挡土墙土压力$\overline{P}$是一抛物线关系. 图 6.7 就是在 $c=0$ 的特殊情形下给出了 $\overline{P}-y^{*}$ 关系曲线.

当$c=0$ 时，由式(6.3.29)，(6.3.62)知，主动土压一开始就进入塑性状态，然后逐渐扩展到整个区域都进入塑性状态.

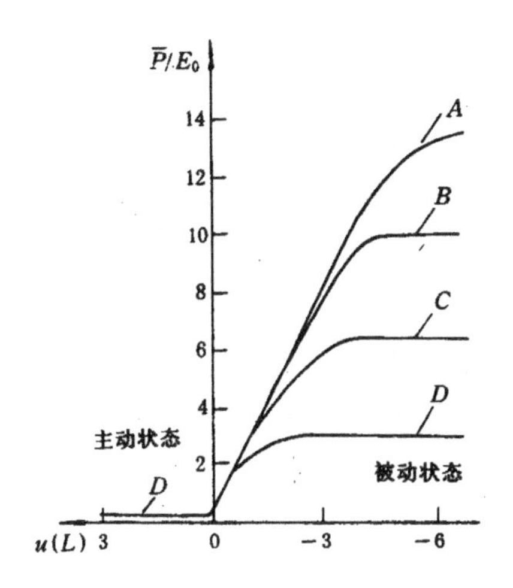

图 6.5

A——$C=1.5$ B——$C=1$ C——$C=0.5$ D——$C=0$

$\varphi=30°$ $\Psi=1$ $\gamma=1$ $\mu=1/3$ $k_0=1/2$

$E=2.47$ $L=2$ $E_0=-\frac{1}{2}\gamma H^2$

3. 极限分析

当土体全部进入塑性状态时，外荷载处于极限状态，对于式(6.3.46)，(6.3.74)有

$$\frac{d\overline{P}}{dy^*}=0\rightarrow y^*=0 \tag{6.3.83}$$

对于主动情形，由式(6.3.46)，得

$$\frac{d^2\overline{P}}{dy^{*2}}=-\gamma(k_0-k_a) \tag{6.3.84}$$

由于 $k_a<k_0<k_p$，故

$$\frac{d^2P}{dy^{*2}}<0 \tag{6.3.85}$$

即对于主动情形，$y^*=0$ 点为极大值点. 这时的极限土压力为式

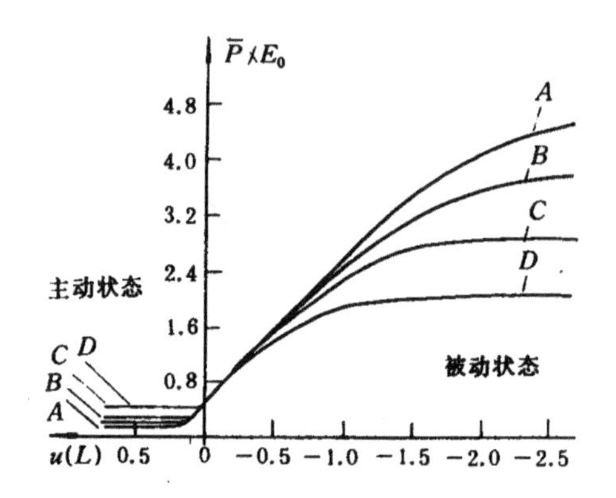

图 6.6

A——$\varphi=40°$ B——$\varphi=35°$ C——$\varphi=30°$ D——$\varphi=20°$

$c=0.0$ $\Psi=1.0$ $\gamma=1.0$ $\mu=1/3$ $k_0=1/2$

$E=2/47$ $L=2.0$ $E_0=-\frac{1}{2}\gamma H^2$

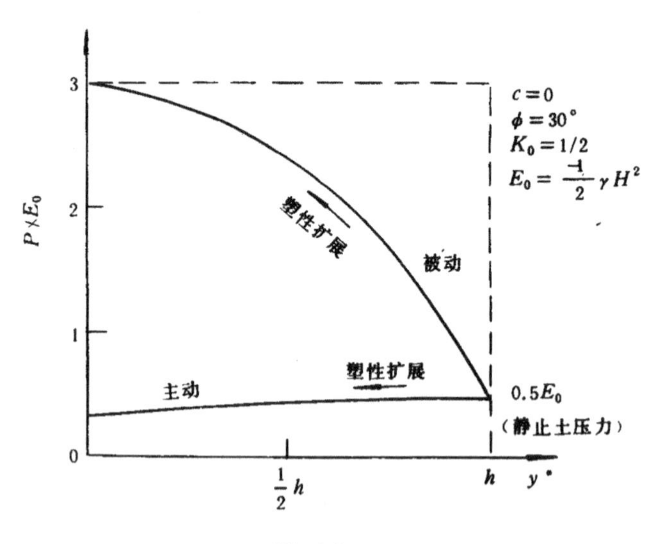

图 6.7

(6.3.36). 如果取受压为正,则就变为极小值点了.

同理对于被动情形,由式(6.3.74)

$$\frac{d^2 \overline{P}}{dy^{*2}}=-\gamma(k_0-k_p)>0 \tag{6.3.86}$$

即 $y^*=0$ 点为极小值点. 极小值为式(6.3.75). 相当于受压力最大.

6.3.3 参变量有限元数值分析

将 6.3.1 中所述的 Rankine 挡土墙模型利用本书前几章所介绍的参数二次规划有限元程序进行分析. 采取的有限元计算模型如图 6.8,6.9 所示,其中图 6.8 为粗网格模型(4×4),图 6.9 为细网格划分. 土体基本参数取为

$$E=2.47\text{MPa}, \ \mu=0.3333, \gamma=10^{-3}\text{kg/cm}^3$$

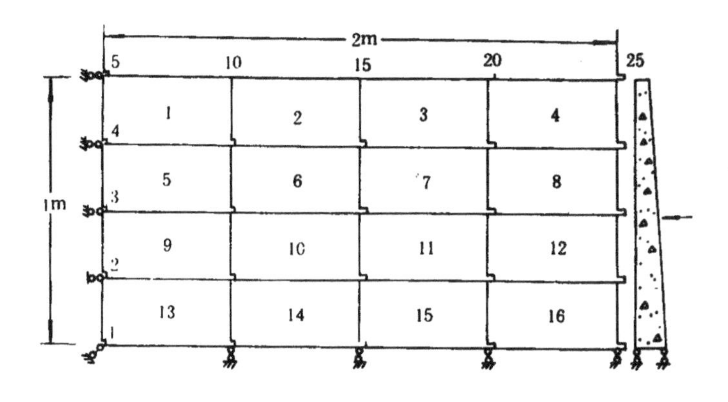

图 6.8 4×4 单元计算模型

1. 基本计算过程

为模拟挡土墙向前、向后移动,并计算土体内部的应力、应变,我们可以采用位移规格数的方法模拟边界条件. 施加外载方式有下面两种:

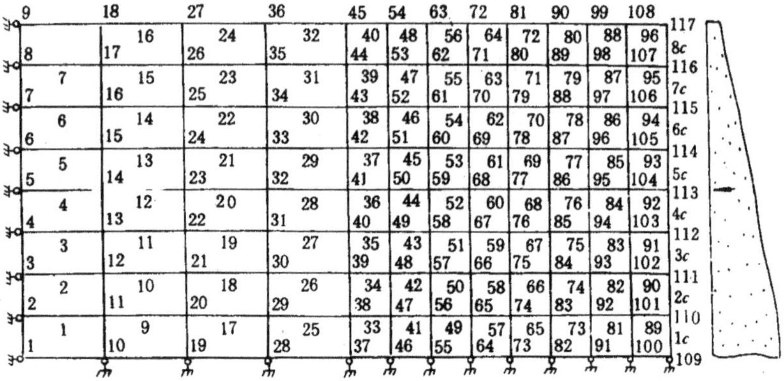

图 6.9

a. $\Delta\overline{P}$ 实现，即施加外荷载增量 $\Delta\overline{P}_1$, $\Delta\overline{P}_2$, …, $\Delta\overline{P}_n$.

b. Δu 实现，即施加挡土墙位移增量 Δu_1, Δu_2, …, Δu_n.

图 6.10 给出了 $c=0$, $\varphi=30°$ 情形分别采用上述两种办法实现的参变量有限元法计算结果. 可见有限元法的解是十分可靠的.

为了观察塑性区的扩展过程，设计算增量步长为 Δ_i，则在逐步加载过程中土体的土压力为

$$\overline{P}=-\left(E_0k_0-\sum_{i=1}^{n}\Delta_i q\right) \tag{6.3.87}$$

其中

$$q=1, E_0=\frac{1}{2}H^2\gamma \tag{6.3.88}$$

对图 6.10 所示问题而言

$$\overline{P}_a=-\frac{1}{3}E_0 \tag{6.3.89}$$

$$\overline{P}_p=-3E_0$$

主动情形：

取六个增量步，分别为

$\Delta_i=0.0208, 0.00004, 0.03223, 0.01986, 0.0104, 0.00006$

土体破坏发生在第六步，由式(6.3.87)得这时计算获得的极

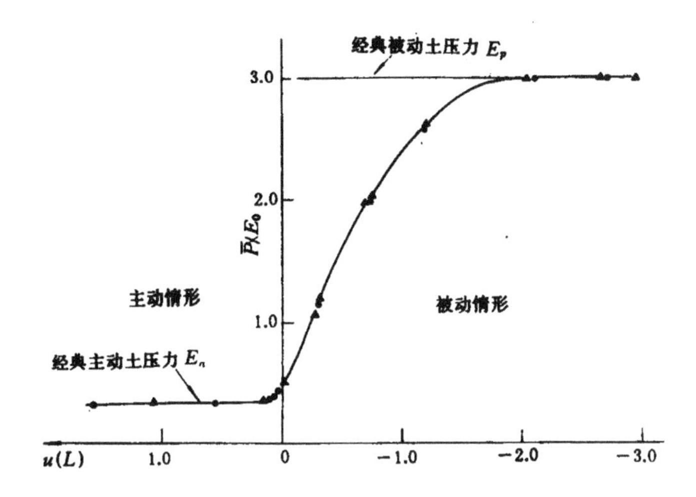

图 6.10 Rankine 模型的挡土墙的土压力与位移曲线

—— 参变量解析解 · 参变有限元(ΔP 实现) ▲ 参变有限元(Δu 实现)

$c=0\quad \varphi=30°\quad \psi=1\quad \gamma=1\quad \mu=1/3\quad k_0=0.5\quad E=2.47\quad L=2\quad E_0=-\frac{1}{2}\gamma H^2$

限土压力为

$$\overline{P}_a' = -\left(k_0E_0 - \sum_{i=1}^{6}\Delta iq\right) = -0.33322E_0$$

图 6.11 展示了各荷载增量步下的塑性区发展过程.

被动情形:

取六个增量步,分别为

$$\Delta_i = -0.3120, -0.0006, -0.46876$$
$$-0.3126, -0.1560, -0.0005$$

在第六步土体发生破坏.此时由计算获得的极限土压力为

$$\overline{P}_p' = -\left(k_0E_0 - \sum_{i=1}^{6}\Delta_i q\right) = 3.00092E_0$$

图 6.12 给出被动情形塑性区发展与荷载增量步间的关系.

图 6.13 与 6.14 分别给出了主动与被动情形的变形情况.表 6.1 给出了数值分析结果与解析法结果的比较.

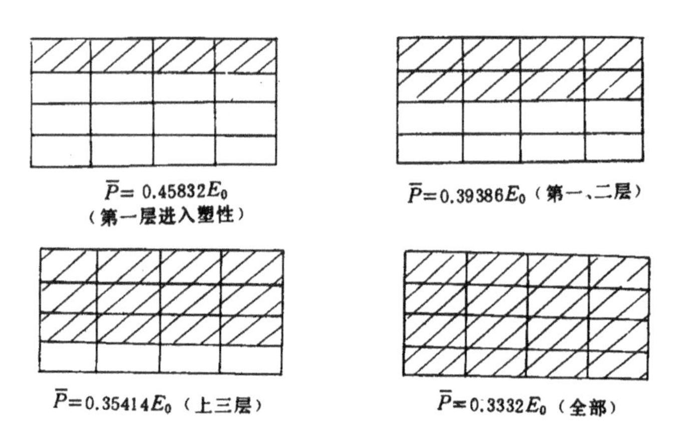

图　6.11

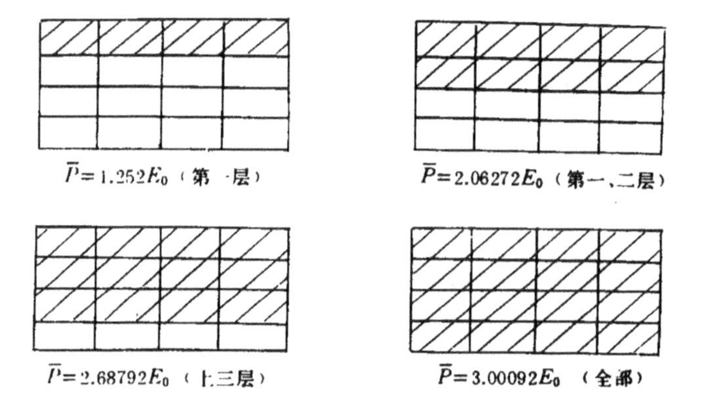

图　6.12

由于许多实际情况是因挡土墙产生移动而导致墙后土体破坏的，因而这里也用增量位移法计算了 Rankine 模型，计算结果示于表 6.2. 可见有限元分析的结果与经典方法分析的结果十分接近. 而且极限状态时的结构塑性失稳在计算过程中也能明显地表现出来.

2. 接触单元法

除了利用位移规格数描述边界条件的方法之外，也可以采用接触单元法对挡土墙与土体间的连接条件进行模拟. 对于 Rankine 模型的假设条件，相当于墙土之间摩擦系数 $\bar{\mu}=0.0$.

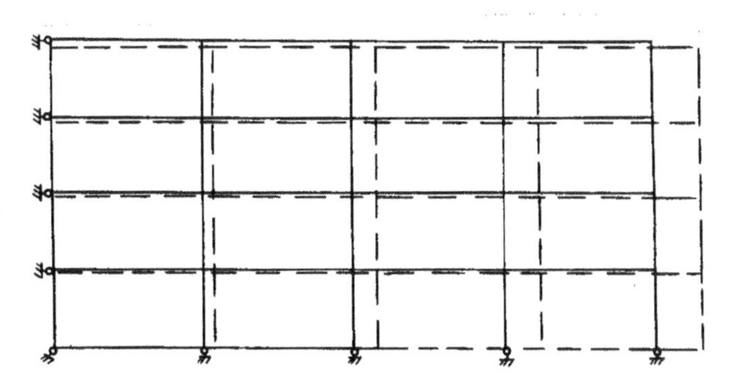

图 6.13 主动情形变形图

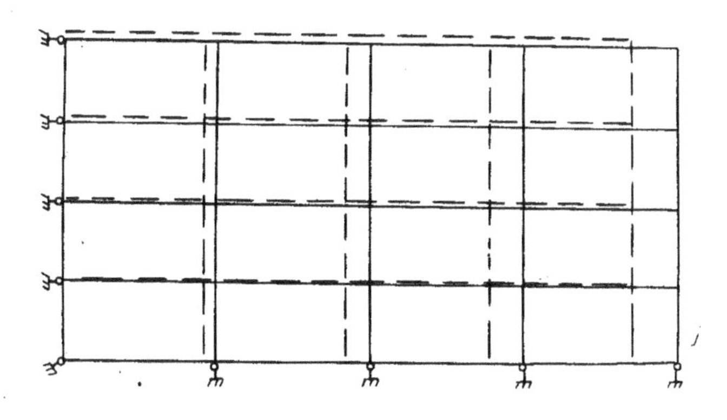

图 6.14 被动情形变形图

主动情形：

取增量步 $\Delta_i = 0.0, 0.0208, 0.00004, 0.0322, 0.01986, 0.01035$

在第六步时土体破坏，这时计算求得的极限土压力为

$$\overline{P_a}' = -0.3335E_0$$

表 6.1 各层土体进入塑性时的土压力与位移 $c=0$, $\varphi=30°$, $\psi=1$

	土体层数（上下）	土压力			挡土墙的位移（x 方向）	
		$\bar{P}$（参变有限元）	$\bar{P}$（解析解）	$\bar{P}$（经典极限解）	u（参变有限元）	u（解析解）
主动情形	1	$0.45832E_0$	$0.46093E_0$		0.0168732	0.0168696
	2	$0.39386E_0$	$0.39844E_0$		0.0521956	0.0506083
	3	$0.35414E_0$	$0.35677E_0$		0.084372	0.0843465
	4	$0.33332E_0$	$0.33333E_0$	$\frac{1}{3}E_0$	34.30761	0.1349547
被动情形	1	$1.1252E_0$	$1.08594E_0$		−0.2530984	−0.253038
	2	$2.06272E_0$	$2.02342E_0$		−0.7591488	−0.759086
	3	$2.68792E_0$	$2.64844E_0$		−1.265628	−1.265186
	4	$3.00092E_0$	$3.00000E_0$	$3E_0$	（射线解）	−2.024293

表 6.2 通过 Δu 加载的计算结果 $c=0$, $\varphi=30°$, $\varphi=1$

主动情形			被动情形		
Δu 加载		土压力$\bar{P}$（$\times E_0$）	Δu 加载		土压力$\bar{P}$（$\times E_0$）
Δu_i	$u=\sum\Delta u_i$		Δu_i	$u=\sum\Delta u_i$	
0.0	0.0	0.5	0.0	0.0	0.5
0.01684	0.01684	0.45840	−0.2526	−0.2526	1.12404
0.00004	0.01688	0.44481	−0.0015	−0.2541	1.127055
0.03532	0.0522	0.39386	−0.50605	−0.76015	2.06395
0.03218	0.08438	0.354135	−0.50649	−1.26664	2.68854
0.03362	0.118	0.33337	−0.50411	−1.77075	2.999885
0.0003	0.1183	0.33334	−0.00012	−1.77087	2.99996
0.0001	0.1184	0.33334	−0.00005	−1.77092	2.99999
0.0001	0.1185	0.33334	−0.00005	−1.77097	3.00000
1.0	1.1185	0.33334	−1.0	−2.77097	2.999985

被动情形：

取增量步 $\Delta_i=0.0,-0.312,-0.0006,-0.46875,$

$$-0.3126,-0.156,-0.0002$$

土体破坏发生在第七步，这时极限土压力

$$\overline{P}_p'=-3.0003E_0$$

其它计算结果与非接触元计算模型的结果几乎完全相同，不再重复. 在 6.3.4 节我们还将给出 $\bar{\mu}\neq 0$ 时的计算结果.

3. 关于增量步长的选择

在一般有限元弹塑性分析中，增量步长对计算结果的影响是非常大的，这是非线性数值分析的一个主要困难. 在参变量有限元分析方法中，决定增量步长的关键因素是加载函数 f 的展开形式. 而对于二次规划的互补性条件 $\nu^T\cdot\lambda=0$，虽然是非线性的，但确采用了精确的求解方法，即不存在算法上的误差问题. 因而参变量有限元法对加载增量步长不太敏感，下面进一步用例子来说明这一点.

取 $c=1.0, \varphi=30°$的 Rankine 模型作参变量有限元计算.

1. 主动情形

先取 4 个增量步：

$$\Delta_i=0.80, 0.30, 0.10, 0.03$$

如此所施加的载荷量占极限加载量的 99%，当施加完第 4 步时，有 12 个单元进入塑性，计算结果由表 6.3 给出.

如果选用大增量步一步完成，即

$$\Delta_1=1.23$$

一步计算完成后同样有 12 个单元进入塑性. 表 6.4 给出计算结果. 与表 6.3 比较，结果几乎完全一致.

2. 被动情形

先取 4 个增量步：

$$\Delta_i = -2.0, -2.0, -0.2, -0.2$$

占极限加载量的93%，此时分析结果示于表6.5.

表 6.3 小增量步主动情形的计算结果(4步)

	σ_x	σ_y	各层 y 方向位移 v	挡土墙 x 方向位移 u
第一层单元	1.11303	−0.1250	−0.0427701	1.026854(cm)
第二层单元	1.02970	−0.3750	−0.0855404	
第三层单元	0.94637	−0.6250	−0.1283110	
第四层单元	0.83090	−0.8750	−0.1710822	

表 6.4 大增量步主动情形的计算结果(1步)

	σ_x	σ_y	各层 y 方向位移 v	挡土墙 x 方向位移 u
第一层单元	1.11303	−0.1250	−0.0427701	1.026854(cm)
第二层单元	1.02970	−0.3750	−0.0855403	
第三层单元	0.94637	−0.6250	−0.1283110	
第四层单元	0.83089	−0.8750	−0.1710822	

表 6.5 小增量步被动情形的计算结果(4步)

	σ_x	σ_y	各层 y 方向位移 v	挡土墙 x 方向位移 u
第一层单元	−3.83910	−0.1250	−0.1588510	−3.813797
第二层单元	−4.58910	−0.3750	0.3177031	
第三层单元	−5.02338	−0.6250	0.5600192	
第四层单元	−5.14838	−0.8750	0.9710044	

如果取一个增量步 $\Delta_1 = -4.4$ 计算，结果示于表6.6中.

表 6.6 大增量步被动情形的计算结果(1步)

	σ_x	σ_y	各层 y 方向位移 v	挡土墙 x 方向位移 u
第一层单元	−4.46249	−0.1250	0.1483677	−3.562108
第二层单元	−4.58749	−0.3750	0.2967353	
第三层单元	−4.71249	−0.6250	0.4451029	
第四层单元	−4.83750	−0.8750	0.5934705	

由表6.5与6.6可以看到，对于被动情形的步长影响相对要大一些.这一点可从图6.10的压力-位移关系曲线来说明.对于主动情形而言，$\overline{P}$ 从静止土压力变化很小就得到了极限土压力，位移变化也不大；而被动情形情况正好相反，$\overline{P}$，u 的变化幅值均较大，因而也就使被动情形有限元分析对步长的敏感程度要比主动情形要大.在进行参变量变分原理的数值应用时，应当注意到这一点.但即使被动情形的步长选取很大，数值结果也是较好的，这从另一个方面说明本书所介绍的方法的优越性.

6.3.4 参数变化及摩擦效应的影响

1. φ 角变化的影响

图6.15给出了某一确定模型当其内摩擦角 φ 变化时的参变量有限元法的计算结果.图中曲线为解析解.图6.16是 $\varphi=30°$ 时Rankine模型各层土体的 y 方向位移随挡土墙压力的变化曲线.可以看出，土体上层的 y 方向位移比较大，特别是在极限状态附近塑性流动增长很快.

2. c 值变化的影响

图6.17给出不同 c 值下的土压力随挡土墙位移变化曲线.显然有限元计算结果与解析解完全拟合.

由计算结果可知，在主动情形加载时土体很快进入极限状态，而对被动情形则不然，φ 与 c 值的变化对被动情形的影响比对主动情形要大得多.

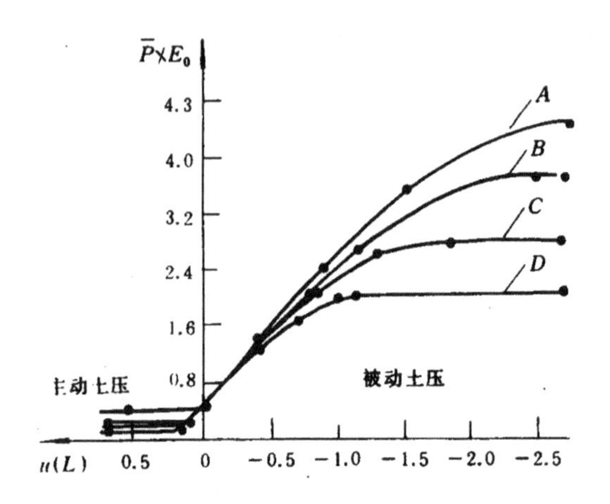

图 6.15

· 有限元 —— 解析解

A——$\varphi=40°$ B——$\varphi=35°$ C——$\varphi=30°$ D——$\varphi=20°$

$C=0.0$ $\Psi=1.0$ $\gamma=1.0$ $\mu=1/3$ $k_0=1/2$

$E=2.47$ $L=2.0$ $E_0=-\frac{1}{2}\gamma H^2$

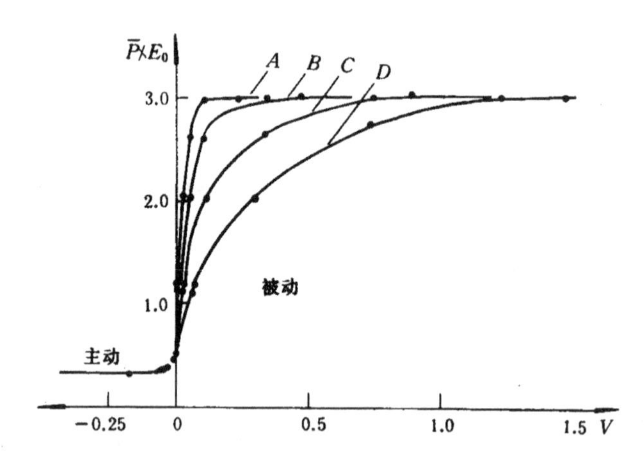

图 6.16

· 本书有限元解 —— 解析法

A——4层 B——3层 C——2层 D——1层

$c=0.0$ $\varphi=30°$ $\psi=1.0$ $\gamma=1.0$ $\mu=1/3$ $k_0=1/2$ $E=2.47$ $L=2.0$ $E_0=-\frac{1}{2}\gamma H^2$

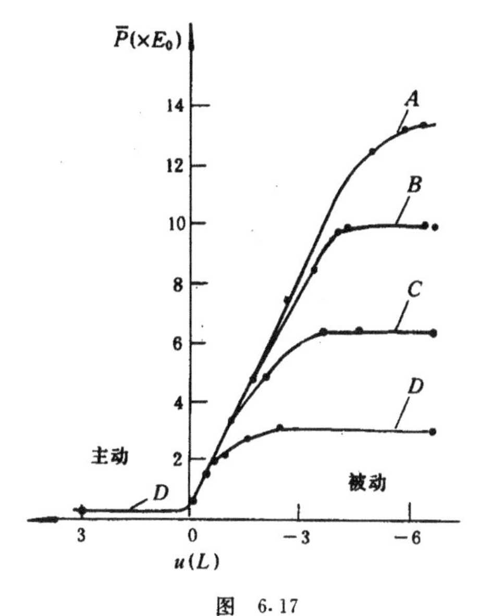

图 6.17

· 参变有限元 —— 解析法

A——$c=1.5$ B——$c=1$ C——$c=0.5$ D——$c=0$

$\varphi=30°$ $\psi=1$ $\gamma=1$ $\mu=1/3$ $k_0=1/2$ $E=2.47$ $L=2.0$ $E_0=-\frac{1}{2}\gamma H^2$

3. 极限分析

表 6.7 与表 6.8 分别给出不同 φ 值与不同 c 值情况下的极限土压力结果.

表 6.7 不同 φ 值的极限土压力 $c=0$, $\psi=1$

		$\varphi=20°$	$\varphi=30°$	$\varphi=35°$	$\varphi=40°$
主动极限土压力	参变有限元结果	$0.4902E_0$	$0.3332E_0$	$0.2708E_0$	$0.2172E_0$
	经典极限结果	$0.4903E_0$	$0.3333E_0$	$0.2710E_0$	$0.2174E_0$
被动极限土压力	参变有限元结果	$2.0400E_0$	$3.0010E_0$	$3.6900E_0$	$4.5960E_0$
	经典极限结果	$2.0396E_0$	$3.0000E_0$	$3.6902E_0$	$4.5989E_0$

4. 非关联流动问题

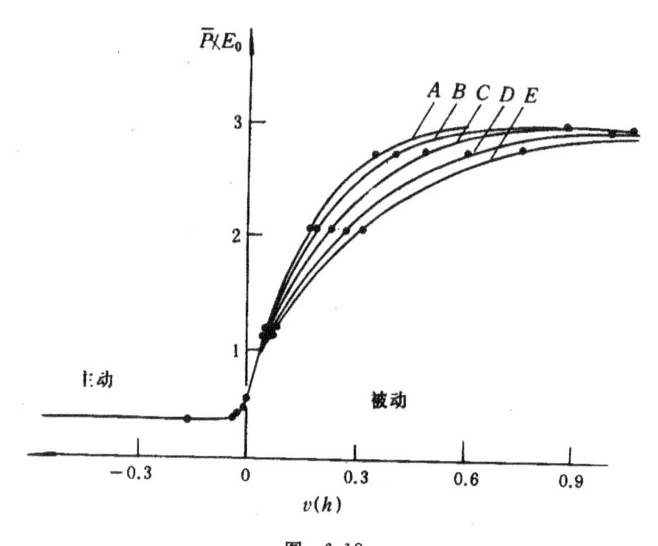

图 6.18

A——$\psi=0$ B——$\psi=0.2$ C——$\psi=0.5$ D——$\psi=0.8$ E——$\psi=1.$

$c=0$ $\varphi=30°$ $\gamma=1$ $\mu=1/3$ $k_0=1/2$ $E=2.47$ $h=1.0$ $E_0=-\frac{1}{2}\gamma H^2$

计算结果表明非关联流动 Rankine 模型对极限荷载影响不大，而对位移结果影响较大. 图 6.18 给出了不同 ψ 值下的$\bar{P}$-v 曲线. 表 6.9 为不同 ψ 值下的极限土压力值.

表 6.8 不同 c 值的极限土压力 $c=30°$, $\psi=1$

		$c=0$	$c=0.5$	$c=1$	$c=1.5$
主动极限土压力	参变有限元结果	$0.3332E_0$			
	经典极限结果	$0.3333E_0$			
被动极限土压力	参变有限元结果	$3.0010E_0$	$6.4640E_0$	$9.9260E_0$	$13.3920E_0$
	经典极限结果	$3.0000E_0$	$6.4642E_0$	$9.9282E_0$	$13.3924E_0$

5. 墙-土摩擦效应

采取 8×12 单元划分模型，在挡土墙与土体间装有接触单元. 取 $c=1.0$，$\varphi=30.0°$，$\psi=1.0$. 墙土间摩擦系数 $\bar{\mu}=0.25$，加载增量

步取为

$$\Delta_i = -3.0,\ -0.6,\ -0.3,\ -0.3,\ -0.2,\ -0.06,\ -0.04$$

得到被动情形极限土压力为

$$\overline{P}_p' = -\left(k_0 E_0 - \sum_{i=1}^{7} \Delta_i q\right) = 10.1 E_0$$

表 6.9 不同 ψ 值的极限土压力 $c=0$，$\varphi=30°$ 时

	$\psi=1$	$\psi=0.8$	$\psi=0.5$	$\psi=0.2$	$\psi=0$
主动极限土压力	$0.33332E_0$	$0.33331E_0$	$0.33332E_0$	$0.33330E_0$	$0.33332E_0$
被动极限土压力	$3.00092E_0$	$3.00091E_0$	$3.00092E_0$	$3.00009E_0$	$3.00092E_0$

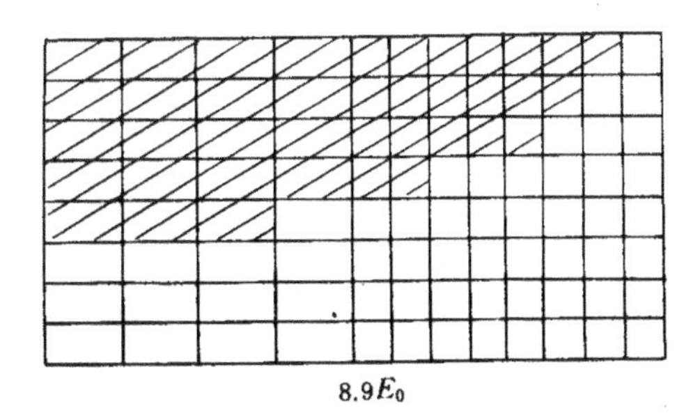

$8.9E_0$

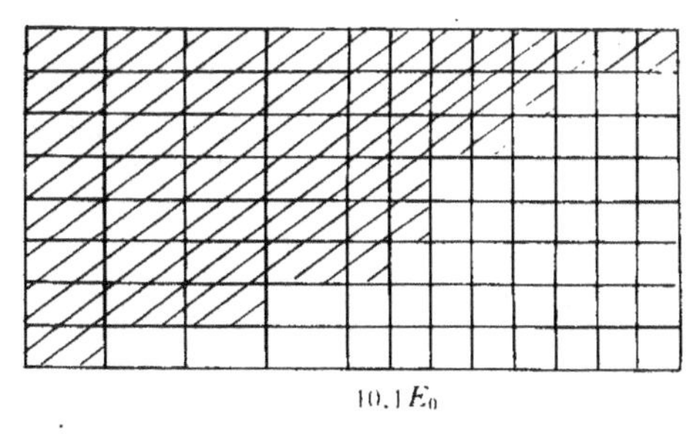

$10.1E_0$

图 6.19

图 6.19 为塑性区发展过程，图 6.20 为土体变形图. 经典土力学对这一问题常采用假定滑动面分析滑动楔体力学平衡，解算出的极限被动土压力值为$\overline{P}_p=10.054E_0$，与参变量有限元解十分接近.

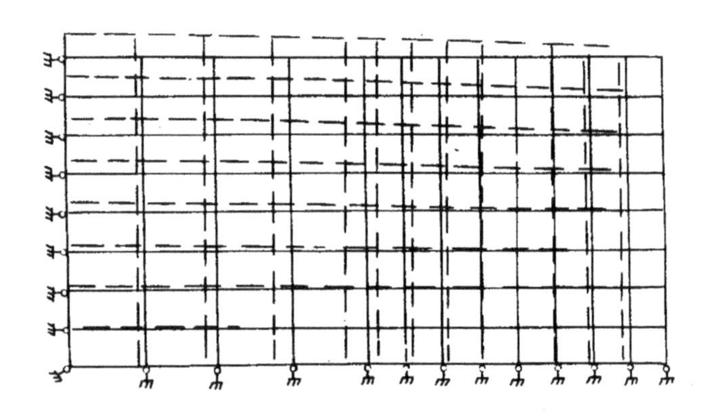

图 6.20

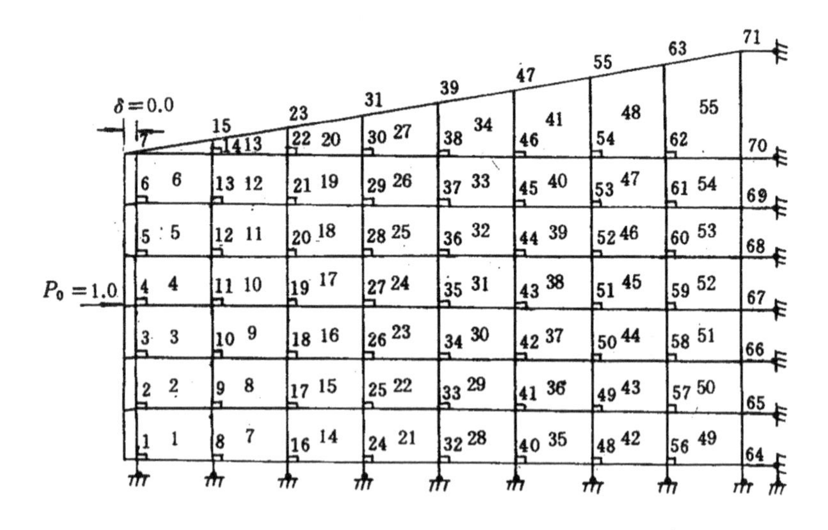

图 6.21

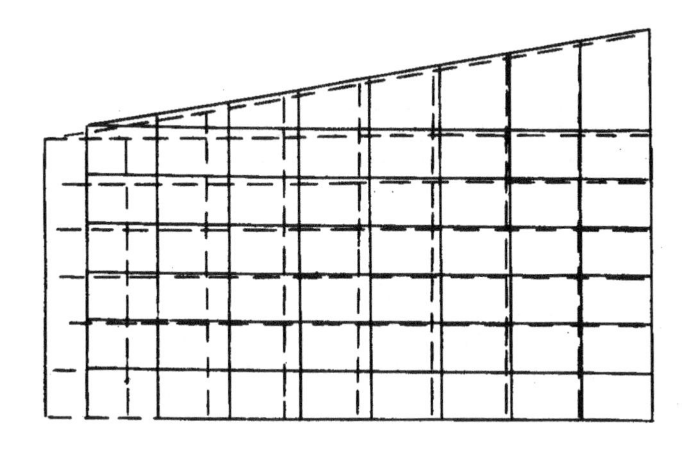

图 6.22

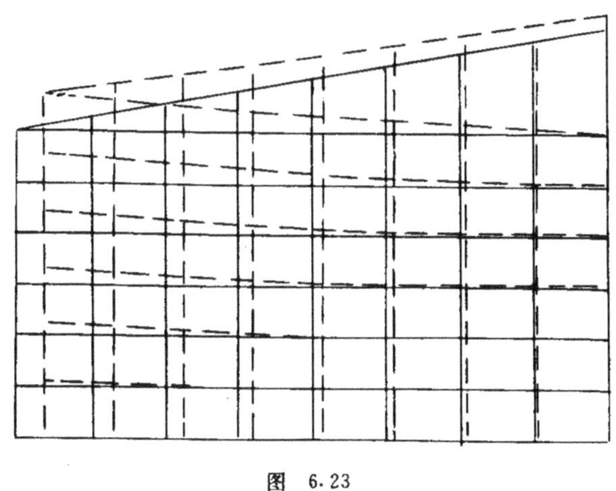

图 6.23

表 6.10 为不同的墙、土摩擦系数 $\bar{\mu}$ 对被动极限土压力结果的影响.

表 6.10 不同 $\bar{\mu}$ 值的极限土压力(被动) $c=1.0$, $\varphi=30°$, $\psi=1$

	$\bar{\mu}=0.1$	$\bar{\mu}=0.25$	$\bar{\mu}=0.5$	$\bar{\mu}=0.8$
参变量有限元计算结果 $\bar{P}_p$	$10.06E_0$	$10.1E_0$	$10.14E_0$	$10.14E_0$
无摩擦的 $\bar{P}_p$	$9.926E_0$	$9.926E_0$	$9.926E_0$	$9.926E_0$

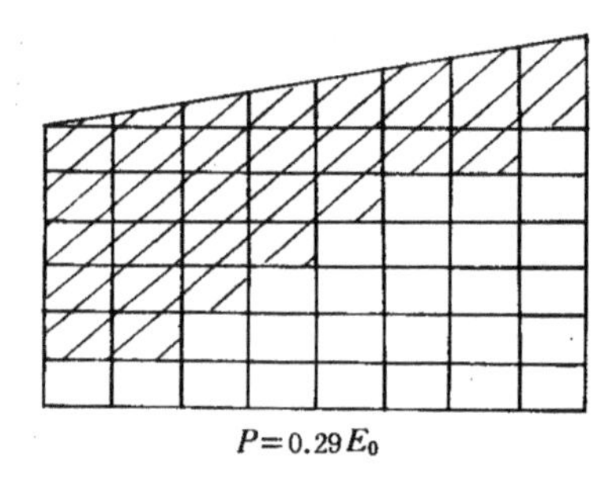

$P=0.29E_0$

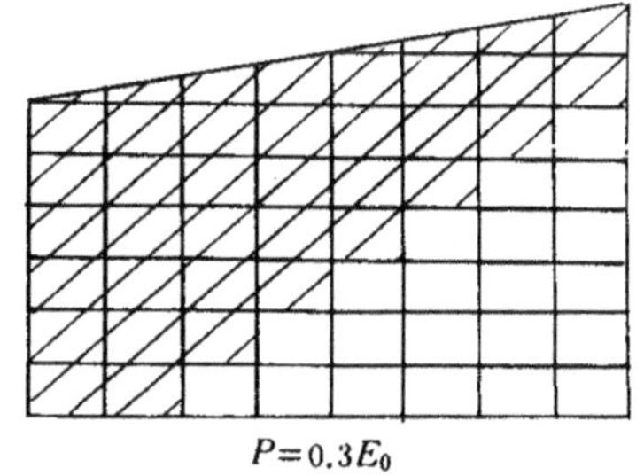

$P=0.3E_0$

图 6.24

$\beta=10°, \delta=10°$　$\varphi=30°, C=0.0$

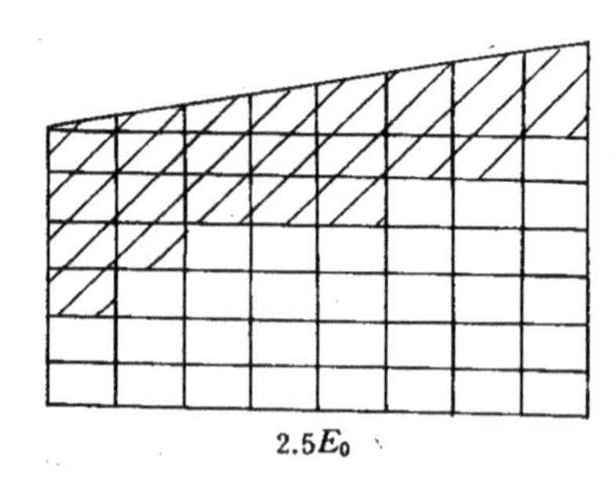

$2.5E_0$

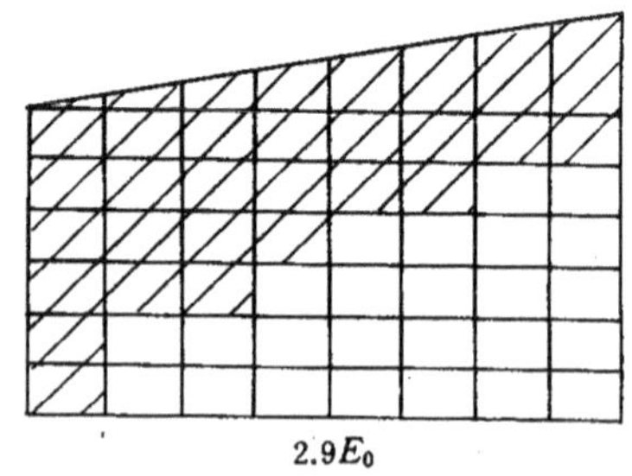

$2.9E_0$

图 6.25

$\beta=10°, \delta=10°$　$\varphi=30°, C=0.0$

6. 填土面倾斜问题计算

图 6.21 是结构形式及单元划分，左边是挡土墙，挡土墙与土体之间装有接触单元. 填土面倾角为 10°，摩擦角也取 10°. 图 6.22，6.23 分别给出了主动和被动情形的变形图.

图 6.24，6.25 分别是主动和被动情形时的塑性区扩展示意图.

§6.4 放坡开挖后变形及稳定性分析

6.4.1 问题的提出

土基在进行大面积开挖后，基坑土体的隆起、回弹及稳定等是地下工程施工中首要关心的问题. 土工设计中通常采用的是简化方法和经验方法，可用于开挖范围较小的基坑，这些方法能够近似地考虑土的形状. 但对于重要的和复杂的工程，设计中应考虑的因素较多，简化和经验的方法显然是不够的. 此外，对某些特殊的情况，可以借鉴的经验很少，例如核电站、大型地下设施等都是设计、施工过程中的新课题，这就需要探求更可靠的计算方法.

图 6.26 所示为我国某市的一个大型地下结构的平面图形，为一接近矩形的五边形. 长 176m，宽 145m，基底埋深 10.5m. 采用地下连续墙作为施工时的挡土结构和使用期的主体外墙. 为了解决连续墙的支撑问题，施工时首先采用大放坡的方法开挖中间部分基坑，先做好中间部分的主体结构，形成所谓“中间岛”的形式，然后开挖周围余下的土，即图 6.26 中第 Ⅱ 期开挖部分，并把钢管设在中间岛以支撑连续墙，最后完成周围的主体结构并与中间岛相连. 显然，施工的关键就是中间部分基坑的开挖，此时基坑隆起，回弹变形，边坡稳定和连续墙位移等是所计算的中心问题.

图 6.26 所示问题的结构主要位于淤泥质粘土和淤泥质亚粘土层中. 根据实测地质报告提供的资料可以把基础周围以及基坑以下取四个土层计算，最下部土层位于暗绿色密实亚粘土层之上并取为固定边界，因为暗绿色亚粘土层较为坚硬且回弹指数较小，

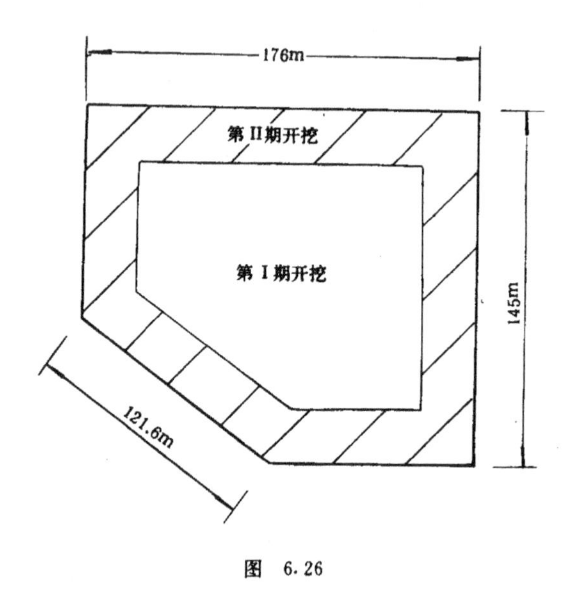

图 6.26

其回弹变形对基坑底部的影响可忽略不计. 图 6.27 为开挖断面部分地质参数.

考虑到土的压缩-膨胀特性，在这个既有加载又有卸载的问题中，需要压缩模量与回弹模量两个参数. 一般地，压缩模量可以从 e-p 实验曲线求得

$$E_{is}=\frac{He_{i1}}{\alpha_{i(1-2)}} \tag{6.4.1}$$

回弹模量可以从室内回弹-再压缩 e-$\log p$ 曲线上获得，见图 6.28.

$$E_{ie}=\frac{(1+e_i)(p_{i2}-p_{i1})}{C_{ic}(\log p_{c2}-\log p_{i1})} \tag{6.4.2}$$

式中：e_{i1} 为加压至一个单位压力时的孔隙比，为和工程上统一，这里定义一个单位压力为 98kPa，即 1kgf/cm^2. 本节的压力单位均采用这个量纲；$\alpha_{i(1-2)}$ 为压力间隙 1—2 个压力单位时的压缩系数；e_i

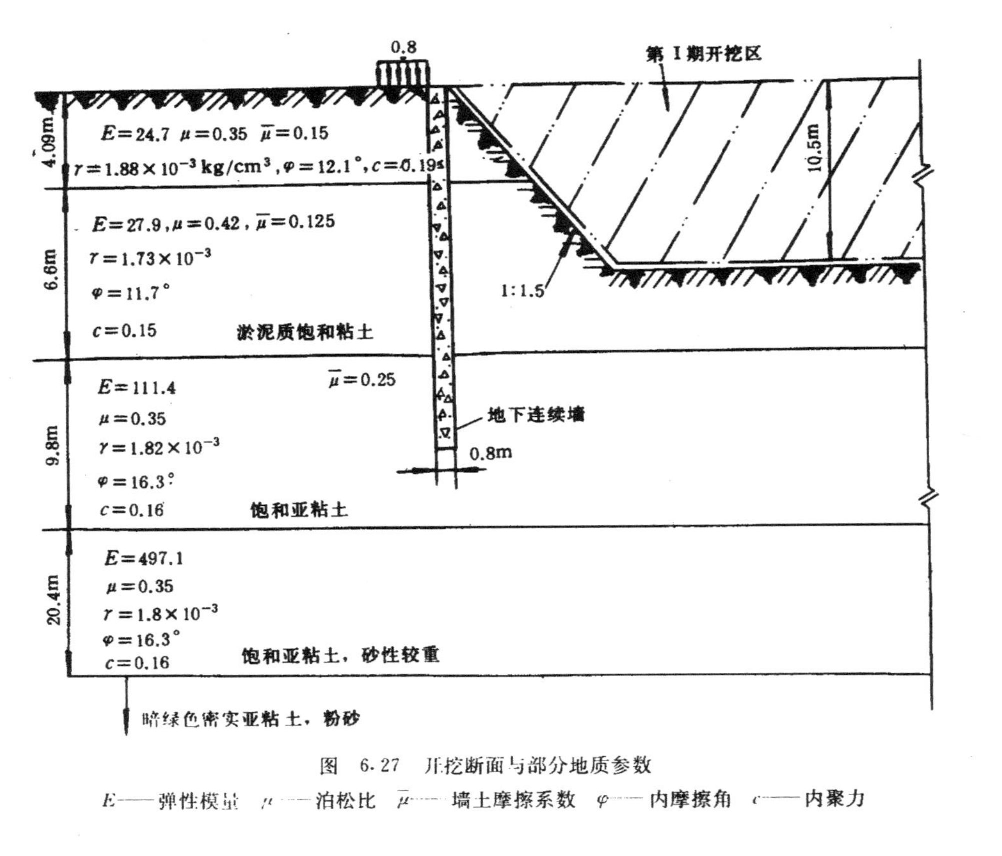

图 6.27 开挖断面与部分地质参数

E——弹性模量 μ——泊松比 $\overline{\mu}$——墙土摩擦系数 φ——内摩擦角 c——内聚力

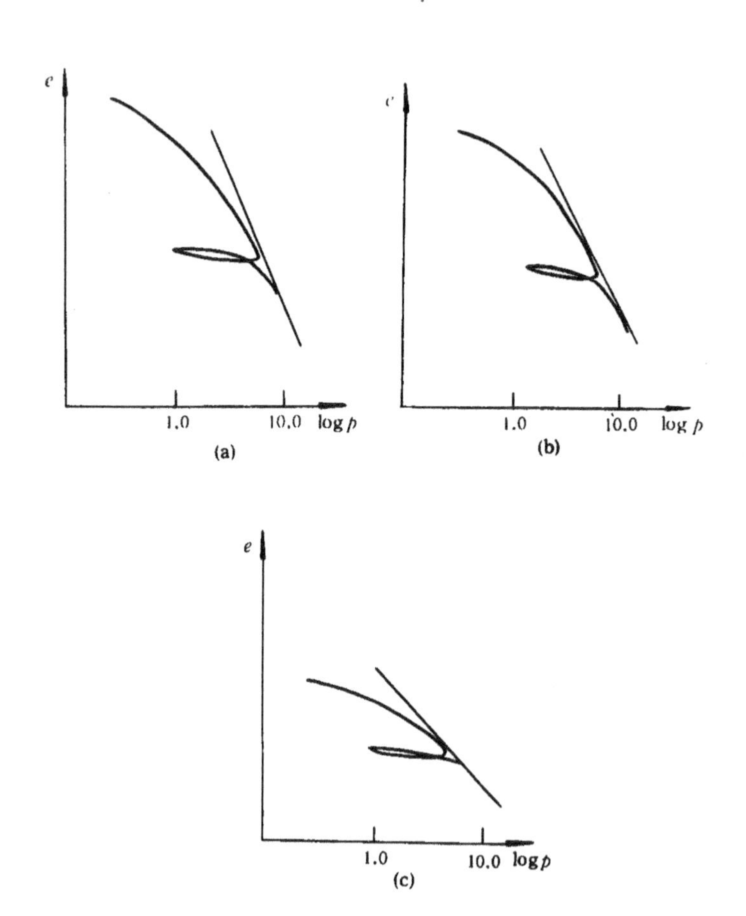

图 6.28 土体回弹-再压缩曲线

(a) 取土深度 H=25.5—26.0m 回弹指数 C_s=0.031

(b) H=15.5—16.0m C_s=0.045 (c) H=38.5—39.0m C_s=0.014

为天然孔隙比；p_{i2}为第 i 层土的先期固结压力(对正常固结土为上部土层的自重压力)；p_{i1}为第 i 层土的上部土层卸土后剩余的自重压力；C_{ic}为第 i 层土的回弹指数，等于回弹曲线和再压缩曲线斜率的平均值.

由于 $E_{s(1-2)}$ 和 E_c 均为单向压缩或回弹指标，还须把它们换算成无侧限变形的变形模量.

图 6.29 为单向压缩试验示意图，由于试件属于轴对称问题，且无侧向变形，其内任一点的弹性应力状态假定为

$$\sigma_x=\sigma_y=k_0\sigma_z,\ \tau_{xy}=\tau_{yz}=\tau_{zx}=0 \tag{6.4.3}$$

其中 k_0 为静止侧压力系数，根据压缩模量的定义有

$$E_s=\frac{\sigma_z}{\varepsilon_z} \tag{6.4.4}$$

由于土样无侧向变形，可知

$$\varepsilon_x=\varepsilon_y=0 \tag{6.4.5}$$

土样在弹性阶段应满足虎克定律

$$\left.\begin{aligned}\varepsilon_x&=[\sigma_x-\mu(\sigma_y+\sigma_z)]/E\\ \varepsilon_y&=[\sigma_y-\mu(\sigma_x+\sigma_z)]/E\\ \varepsilon_z&=[\sigma_z-\mu(\sigma_x+\sigma_y)]/E\end{aligned}\right\} \tag{6.4.6}$$

将式(6.4.3)～(6.4.5)代入式(6.4.6)导出

$$k_0=\frac{\mu}{1-\mu},\ E=\frac{(1+\mu)(1-2\mu)}{1-\mu}E_s \tag{6.4.7}$$

上式给出了 k_0 与泊松比 μ，E_s 与弹性模量之间的关系，由于实际土体的 k_0 并非常数，式(6.4.7)常改写成

$$E=\beta E_s,\ \beta\leqslant 1 \tag{6.4.8}$$

其中 β 是由实验确定的常数，对于饱和软土，β 接近于 1，对于砂土等较坚硬的土体，$\beta\ll 1$.

对于图 6.30 所示问题，根据静止土压力理论，水平地面半无限均匀土体内一点在未扰动前的应力状态为

$$\sigma_x^0=k_0\sigma_y^0,\ \sigma_y^0=-\gamma y,\ \tau_{xy}^0=0 \tag{6.4.9}$$

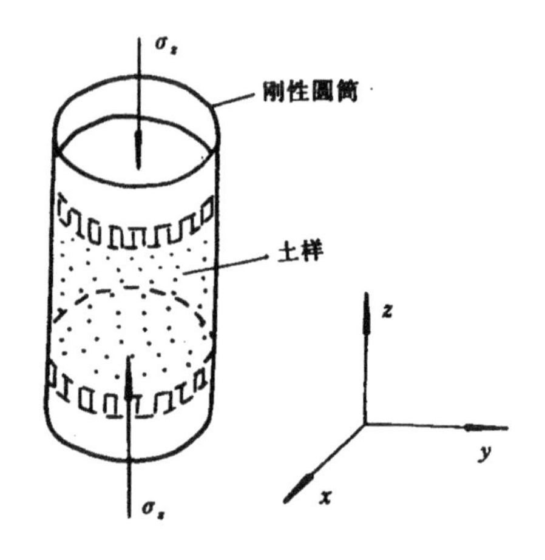

图 6.29 单向压缩试验

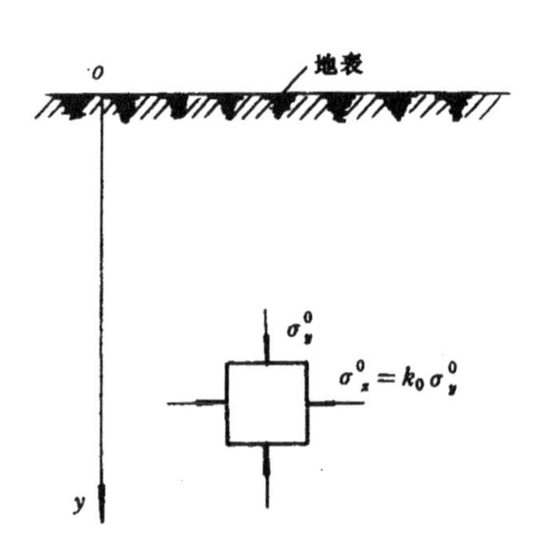

图 6.30 初始土压力状态

应当指出,实际无侧向变形压缩实验的应力-应变之间并非直线关系. 从弹塑性理论的角度来看,还应当从屈服条件来确定 k_0 的值. 以 Mohr-Coulomb 条件为例,静止土压力状态应满足

$$\sigma_x^0-\sigma_y^0\tan^2\left(\frac{\pi}{4}-\frac{\varphi}{2}\right)-2c\tan\left(\frac{\pi}{4}-\frac{\varphi}{2}\right)\leqslant 0 \quad (6.4.10)$$

将式(6.4.9)代入上式得

$$-ry\left[k_0-\tan^2\left(\frac{\pi}{4}-\frac{\varphi}{2}\right)\right]-2c\tan\left(\frac{\pi}{4}-\frac{\varphi}{2}\right)\leqslant 0 \quad (6.4.11)$$

或

$$k_0\geqslant\tan^2\left(\frac{\pi}{4}-\frac{\varphi}{2}\right)-\frac{2c}{ry}\tan\left(\frac{\pi}{4}-\frac{\varphi}{2}\right)=k_{0\min} \quad (6.4.12)$$

其中：$k_{0\min}$为 k_0 的容许最小值. 显然，y 值越小，$k_{0\min}$值越小，反之 y 值越大，$k_{0\min}$的值越大. 说明 k_0 的容许最小值随土体深浅变化，当 $y\to\infty$或 $c=0$ 时，得到

$$k_{0\min}=\tan^2\left(\frac{\pi}{4}-\frac{\varphi}{2}\right) \quad (6.4.13)$$

这就是静止土压力系数 k_0 的下限.

6.4.2 参数有限元法实施过程

假定土体服从 Mohr-Coulomb 准则，由于饱和土的膨胀几乎等于零，故取 $\varphi=0$. 墙与土之间服从 Coulomb 摩擦定律和法向压力不受拉条件. 图 6.31 给出问题的有限元网格划分图形，图中深度一直取到较坚硬的第五层土，在宽的方向以墙为中心向外（向左）取坑深的 4 倍以上，向坑内取深的 5 倍. 由于土体取得较大，位移边界可按对称性原理确定.

在计算中，连续墙分别取了 22m 和 18m 两种情况进行分析. 连续墙是作为等效梁单元处理的，22m 墙取成 10 个单元，18m 墙取成 8 个单元.

墙与土体之间的作用是通过接触发生的，开挖后可能发生摩擦滑动现象. 因此在墙与土之间安排了两列点接触单元，其方向见图 6.32.

土体的荷载可以分为三个部分：

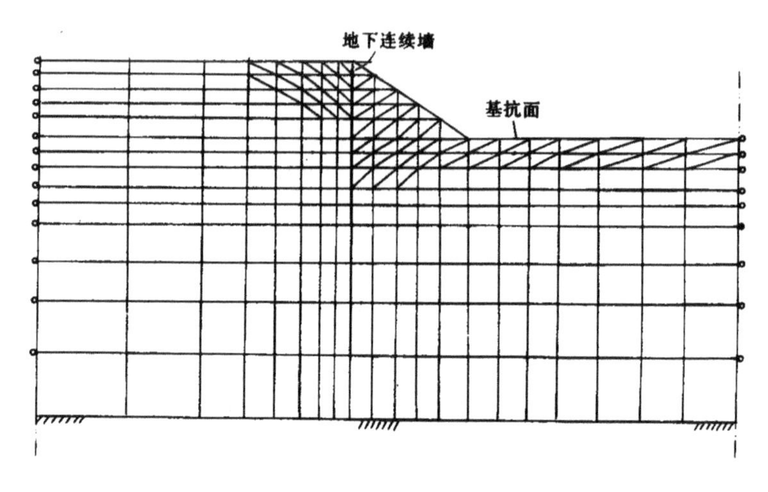

图 6.31

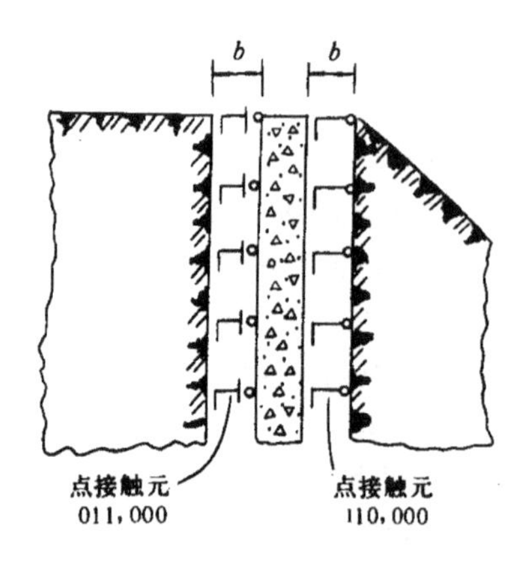

图 6.32 墙与土之间的接触元连接($b=0$)

1. 由于地下连续墙所占部分的土体被取掉，这部分土体的静止压力状态被破坏，应力释放产生土对墙体的作用力，如图 6.33(a)所示.

2. 在施工过程中，假定在墙头有一垂直分布荷载(由于施工机械重力等引起)，大小为 0.8 个压力单位，见图 6.33(b)所示.

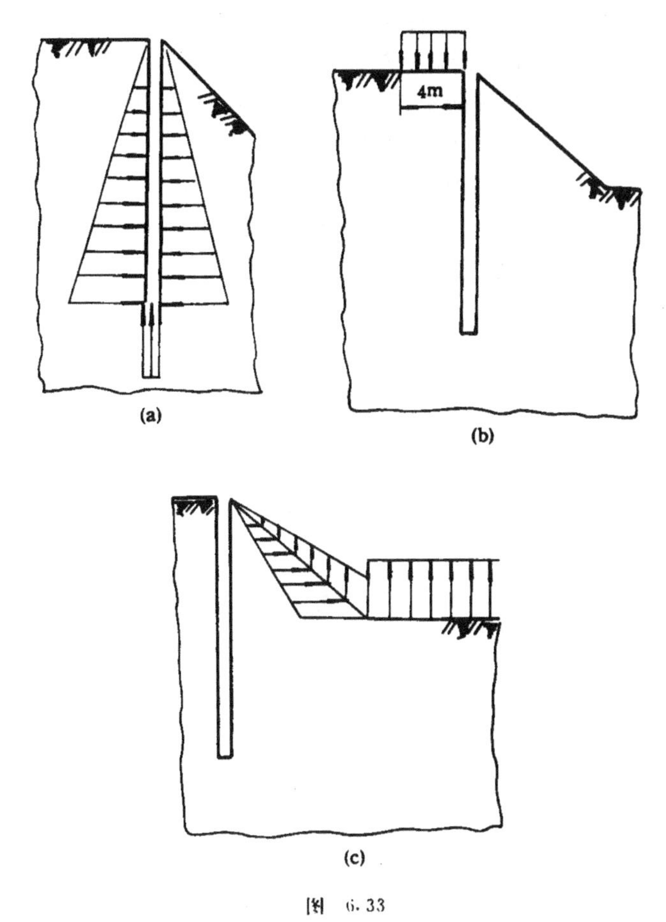

图 6.33

(a) 墙边上的荷载 (b) 墙头处的荷载 (c) 开挖面的荷载

3. 由于大开挖后基坑内的土体被取掉，破坏了静止土压力状态，原来被取掉的土体部分对基坑的压力没有了，使基坑对取掉的那块土体的压力当作拉力荷载释放出来，见图 6.33(c).

这是个加载路径不同的问题，因为施工过程要求首先开挖并做好地下连续墙，然后才把基坑内的土挖掉，故计算分三个步骤进行：

1. 首先计算出所有土体单元的静止土压力.

2. 将第 1 和第 2 两部分荷载一次施加到土体上（注意荷载 1 是施加于土体，通过接触单元传给连续墙的，除重力外，墙本身不承受任何荷载），这时土体为弹性状态.

3. 按流动理论，将第 3 部分荷载分成若干个增量步施加于基坑面土体. 本次计算中采用了七个增量步，但最后发现，把荷载分成三步所得最终结果与七步的最终结果相差甚小.

6.4.3 结果及分析

图 6.34 为开挖后的土体表层变形放大图，

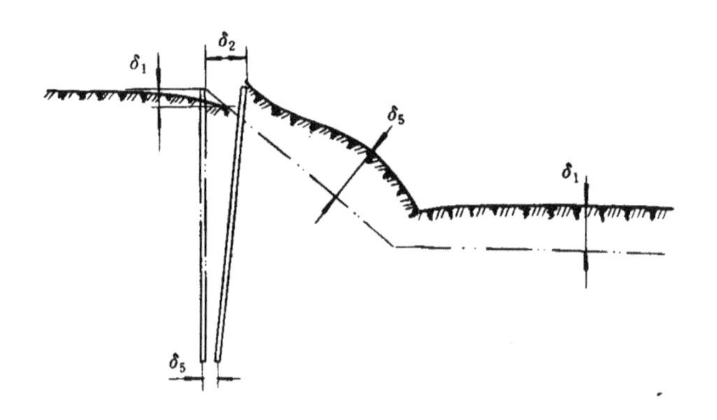

图 6.34

δ_1 墙背土体的下陷量；δ_2 墙头水平位移量；δ_3 墙根水平位移量
δ_4 坑底的回弹量；δ_5 斜坡处的塑性隆起量

表 6.11 分别给出了 18m 和 22m 墙的上述变形量. 从这批结果可以看出，墙背土体的下陷与水平位移塑性解要比相应的弹性解值大得多，而墙根及根底的二种结果相差甚小. 这个现象从图 6.35 中给出的土体塑性分布可以得到解释，图中阴影部分为塑性

表 6.11

位移(cm)	18m 深连续墙		22m 深连续墙	
	弹性解	塑性解	弹性解	塑性解
δ_1	−0.372	−22.079	0.127	−19.187
δ_2	13.223	20.923	11.371	16.995
δ_3	8.026	7.755	7.378	7.394
δ_4	34.571	34.577	34.573	34.572
δ_5		27.413		24.858

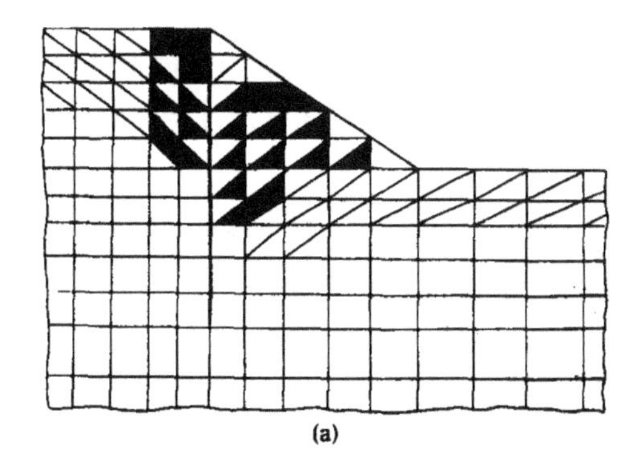

(a)

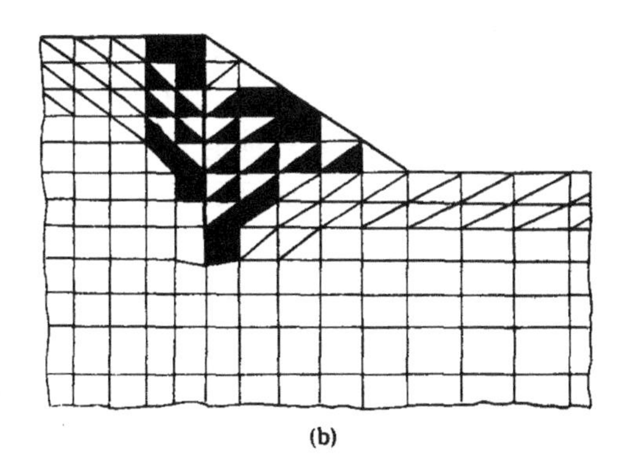

(b)

图 6.35

(a) 22m 地下墙,仍有 7.5m 在弹性土中 (b) 18m 地下墙,塑性区已扩展到墙根区.由于墙背与斜坡处部分土体已进入塑性状态,因而位移较大,而墙根与坑底仍未进入塑性状态,所以弹性解与塑性解基本一致.

比较 18m 和 22m 墙的塑性解,前者墙头水平位移为后者的 1.151 倍,墙背下陷为后者的 1.231 倍.从稳定性上看,18m 墙的塑性区已伸展到墙体根部,而 22m 墙尚有 7.5m 完全插在弹性状态的土中,可见采用 22m 深(与坑深之比约为 2∶1)的地下连续墙作为支护是安全的.18m 深(与坑深之比大约为 1.7∶1)的墙根部的位移比弹性解小,说明有翻转的趋势,但总体上来看仍然是安全的.这是因为一方面参数二次规划求解过程中没有出现射线解,说明材料内部虽有塑性区,但仍有抵抗无限流动的能力;另一方面,在施工过程中土体将不断排水,内聚力与内摩擦角及外摩擦角也随之会有一定的增大,实际的塑性区将比计算的要小.

§6.5 土工分析中的其它应用

6.5.1 土锚护墙的变形及稳定性分析

土层锚杆是土木建筑施工中的一项实用技术.当深基础邻近有建筑物,交通干线或地下管线,使得基坑开挖不能放坡时,采用单层或多层锚杆以支承护墙,维护深基础的稳定,对简化支撑,改善施工条件,加速施工进度等方面显示出很大的优越性.土锚护墙技术近年来在国外已大量应用于基础工程中.从 1972 年开始,美、德、法、日、俄等国都根据使用的经验制定了土层锚杆设计和施工规范,进一步促进了土锚技术的发展.我国随着深基础工程的逐渐增多,这项技术也得到了不断的应用.

土锚支护技术由于涉及钢材,水泥和土体等多种材料,通常认为按弹塑性理论和土力学原理进行精确设计过于复杂,而采取经验的办法根据经验数据进行设计,然后经过场地试验进行检验.这种经验-试验的方法容易被设计人员所接受,但一般耗资较大,有时不能准确预计土体状态.

下面利用弹塑性接触问题的参数二次规划方法,根据上一节提供的数据进行土锚护墙结构分析.

图 6.36 为土体的网格划分与边界条件，仍然是三角形单元与四边形单元混合使用. 本计算分别对采用一层土锚，二层与三层土锚的情况，以及墙深为 18m 和 22m 的情况作了分析.

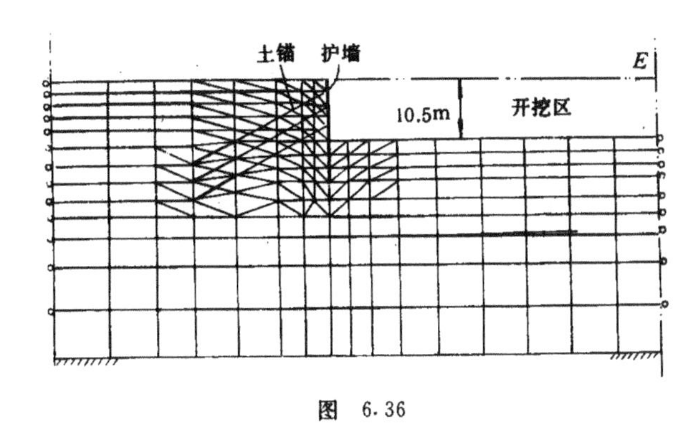

图 6.36

在土体与墙体之间安排了两列接触单元，见图 6.37 所示.

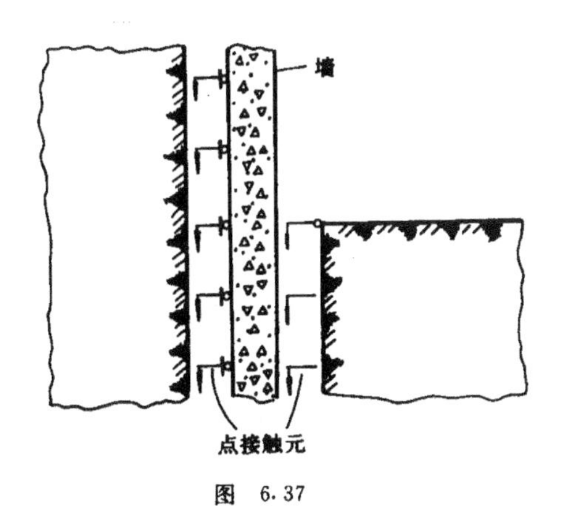

图 6.37

除初始静止土压力状态外，荷载可分为二部分. 一部分为施工机械等的垂直作用力，见图 6.38(a)所示；另一部分为开挖面土压力释放而产生的作用力，见图 6.38(b)所示，图中虚线部分的荷载已相互抵消.

计算时首先求出土体的初始静止压力，然后将荷载分成三个增量步施加于土体.

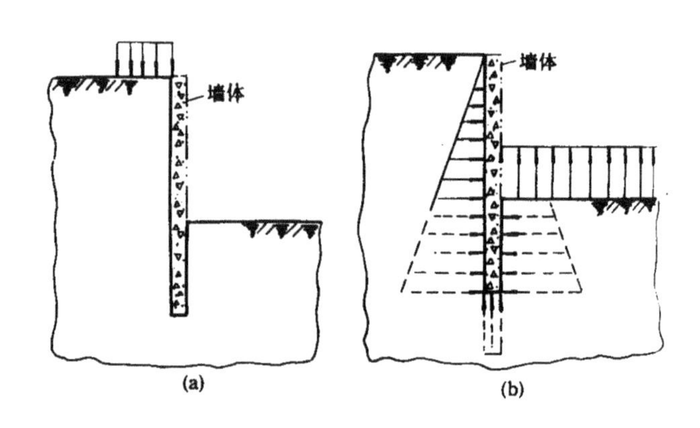

图 6.38

(a) 施工机械荷载 (b) 土扰动荷载

图 6.39(a)～(c)为土锚配置及塑性区分布，其中(a)，(b)为 18m 墙的情况，(c)为 22m 墙的情况. 18m 墙时，三层锚杆是稳定的，而二层锚杆时出现(规划法求解中)射线解，说明图 6.39(a)的情况下，墙根部土体将发生塑性滑移而导致失稳. 在计算中还发现土锚位置越向上，越容易发生失稳，这也与第二层土的含水量最大有关，见图 6.27；反之，土锚越靠近基坑，稳定性越好.

图 6.39(d)为土锚支护结构开挖后土体的变形示意图，其中 $\delta_1, \delta_2, \cdots, \delta_5$ 的意义同图 6.34 中的意义. 表 6.12 给出了与图 6.39 相对应的位移值.

与 § 6.4 节计算相比，土锚法护墙结构的土体塑性区比土坡护墙结构小，墙头的水平位移及墙背土体的下陷都比后者小，但墙根部的位移要大些. 土锚法的隆起发生在墙根基坑底处，二排土锚结构的隆起较明显. 计算结果表明，加大墙的入土深度或将土锚靠

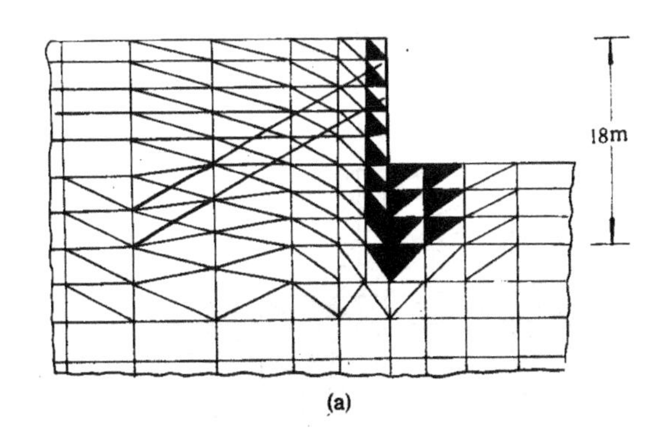

(a)

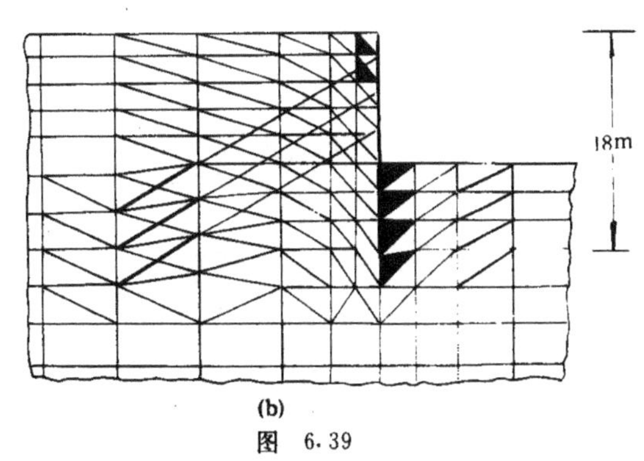

(b)

图 6.39

(a) 18m 墙，二排土锚，出现射线解 (b) 18m 墙，三排土锚，稳定

表 6.12

位移(cm)	18m 墙，二排土锚		22m 墙，二排土锚	
	弹性解	本文解	弹性解	本文解
δ_1	1.656	−11.640	2.202	−10.215
δ_2	5.399	9.602	5.620	9.660
δ_3	10.551	10.518	8.049	7.919
δ_4	34.561	34.542	34.566	34.568
δ_5	1.686	33.908	2.234	40.311

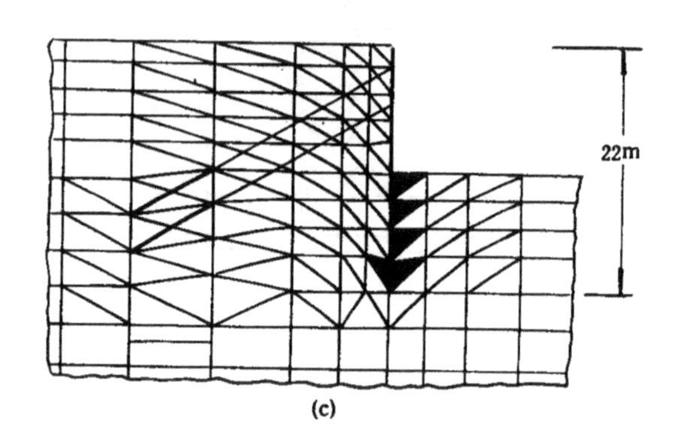

(c)

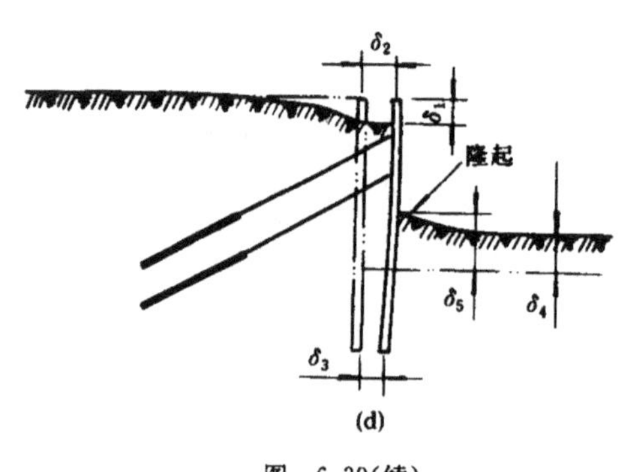

(d)

图 6.39(续)

(c) 22m 墙，二排土锚，稳定 (d) 土体变形

近基坑底部安置都可增强土体的稳定性.

6.5.2 岩石斜坡稳定性分析

几乎所有的岩石(或岩土)斜坡的失稳滑动都是沿着一条已经存在的软弱结构面发生的. 这个软弱结构面可能是天然岩石裂隙节理面、层理面、断层或工程结构中的裂缝等等，一般都是预知的. 因此岩石斜坡失稳时的滑动面主要与软弱面的空间位置、地理分

布以及抗剪参数等有关.

这一小节举一个受雨水冲刷而引起的岩土滑坡问题稳定性分析. 按弹性接触问题计算所得结果与近似公式所得结果相比,后者偏于安全.

某一公路地段,路旁的山坡构造断面如图 6.40 所示. 在上部岩土与下部硬石地层之间有一可渗透破碎软弱面. 上部坡台在雨季可能产生裂缝,要求的是软弱面的最小允许摩擦系数. 已知上部岩土比重 $\gamma=1.8\times10^3\text{kg/m}^3$,雨比重 $\gamma_w=10^3\text{kg/m}^3$,$E=497\times9.8\text{MPa}$,$\mu=0.35$.

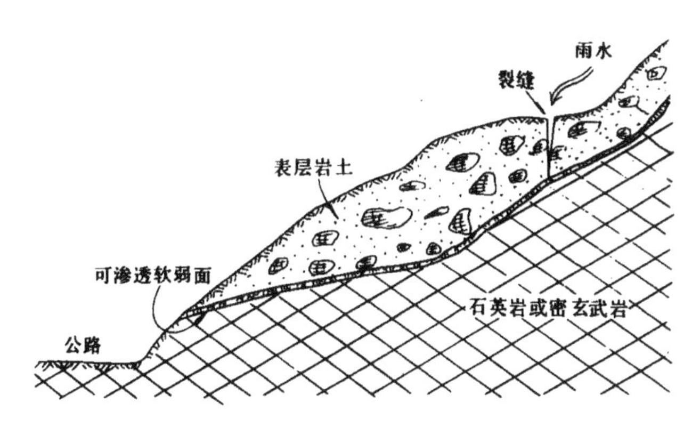

图 6.40 岩土滑坡面的地理示意

该问题的简化模型见图 6.41 所示,按弹性接触问题计算. 图中的几何数据为 $l=40\text{m}$,$h=20.34\text{m}$,$\theta=11.45°$,$\alpha=36°$. 拐角处的接触单元配置见图 6.42. 渗流对上部岩土的分布荷载见图 6.41,分布形式按 Crieger 和 McCoy 的线性假设. 计算结果表明,当 $\bar{\mu}=0.399$ 时发生总体滑动,图 6.43 为滑动变形状态. 当 $\bar{\mu}$ 小于 0.4 时,规划解出现射线解,说明已出现无限滑动失稳.

这个问题的近似解公式为

$$\eta=\frac{(W\cos\alpha-H_s\sin\alpha-U)\tan\varphi+C}{W\sin\alpha+H\cos\alpha}$$

其中

$$\eta=\begin{cases}<1.0 & \text{失稳}\\=1.0 & \text{极限临界滑动}\\>1.0 & \text{稳定}\end{cases}$$

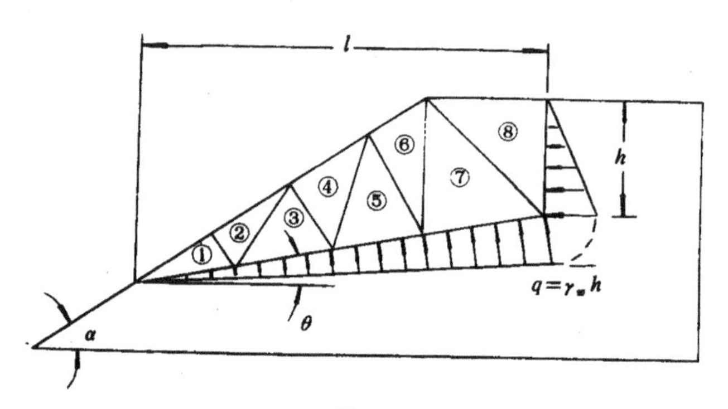

图 6.41

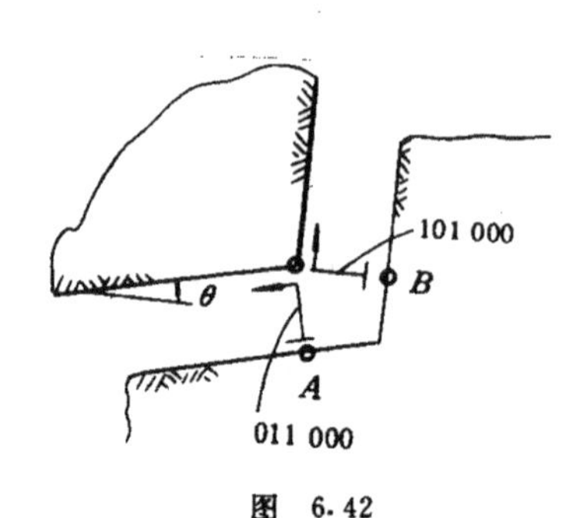

图 6.42

$C=0$, $\tan\varphi=\bar{\mu}$, W 为滑动岩土块的整体重量,U,H 分别为向上和水平渗透总压力. 由近似解公式算得的临界摩擦系数为 $\bar{\mu}=0.535$,为弹性接触解的 1.34 倍.

6.5.3 涵洞开挖分析

下面介绍用本书方法对某个假设涵洞所做的计算.

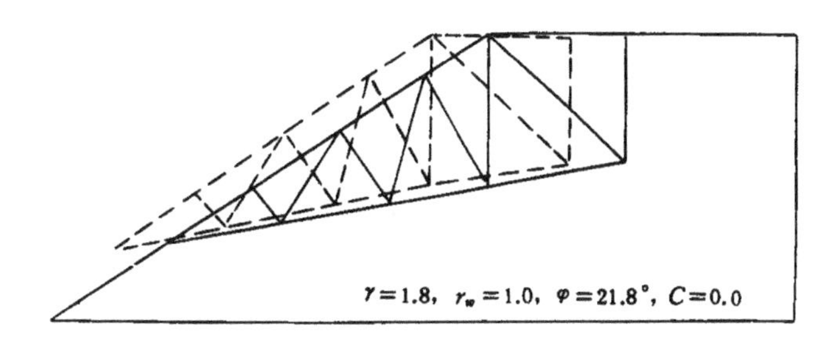

图 6.43

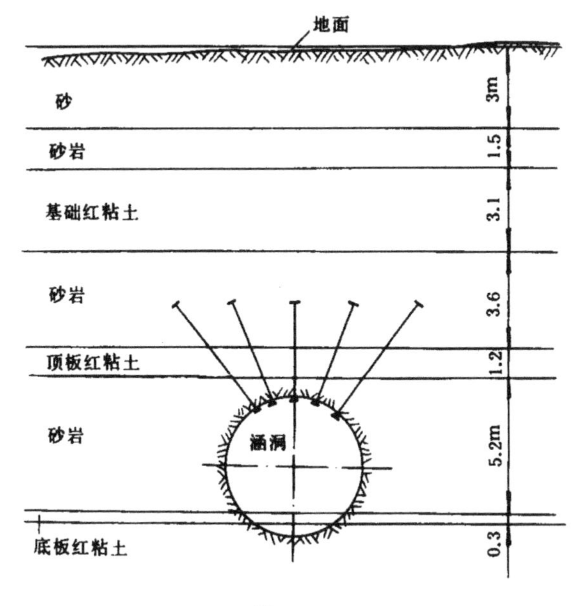

图 6.44

图 6.44 为涵洞的位置和地质状况(由有关文献中获得). 表 6.13 给出了各岩土层的主要力学参数,其中 E,C,σ_s 的量纲均为一个压力单位(9.8MPa). 假设涵洞开挖之后立即以锚杆支护起来,图 6.45 为有限元网格划分及边界约束情况. 由于对称,可只取

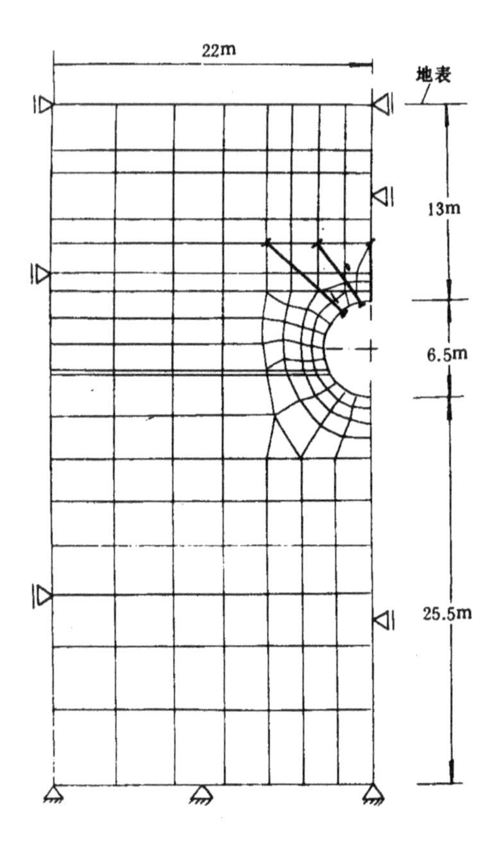

图 6.45

表 6.13

	E	μ	C	φ	σ_s	γ
砂	500	0.3	0	35	0	1.9
砂岩	15000	0.15	20	30	5	2.1
基础和底板红粘土	25	0.3	0	30	0	2.2
顶板红粘土	50	0.3	0	30	0	2.2
钢筋	2,000,000	0.25			3000	

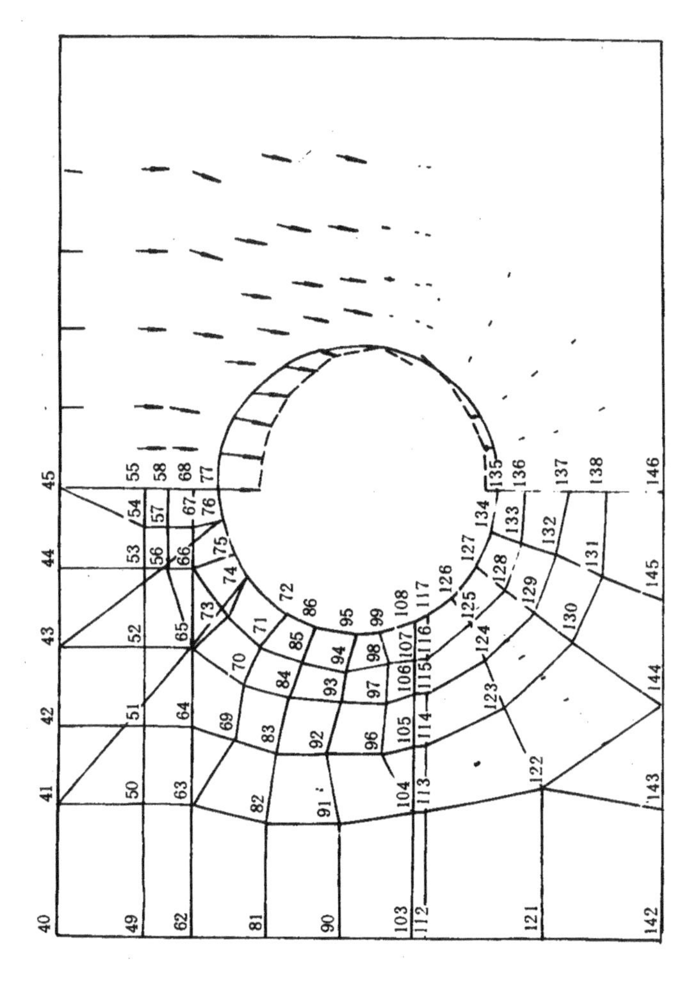
40
41
42
43
44
45
49
50
51
52
53
54
55
56
57
58
62
63
64
65
66
67
68
69
70
71
72
73
74
75
76
77
81
82
83
84
85
86
90
91
92
93
94
95
96
97
98
99
103
104
105
106
107
108
112
113
114
115
116
117
121
122
123
124
125
126
127
128
129
130
131
132
133
134
135
136
137
138
142
143
144
145
146

图 6.46

洞的一半分析. 取宽 22m，深 45m 的一个截面按平面应变问题计算. 共采用了 164 个单元，194 个节点.

首先按静止土压力理论给岩体一个初应力状态，取 $k_0=\frac{\mu}{1-\mu}$. 荷载是由于挖掉的涵洞岩石初应力释放而引起的，其作用原理参见§6.4. 图 6.46 为涵洞周边的单元网格划分和变形场，图中虚线为涵洞变形后的形状. 洞顶的下沉量为 7.8mm，底凸出量为 1.3mm. 洞心的位移很小，为－0.08mm.

图 6.47 为地表下沉示意图，最大下沉量为 5.2mm，在基础红粘土层有一塑性区.

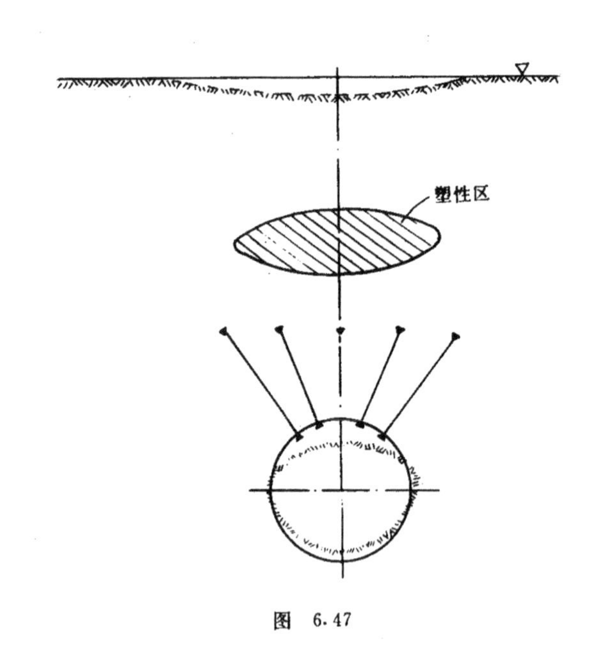

图 6.47

参 考 文 献

[1] 钟万勰,岩土力学中的参变量最小余能原理,力学学报,3,1986.

[2] 黄文熙等,土的工程性质,水利电力出版社,1983.

[3] Gudehus, G. 著,朱百里译,土力学,同济大学出版社,1983.

[4] 天津大学等编,地基与基础,中国建筑工业出版社,1980.

[5] 中国大百科全书,力学分卷,450—454,474—475,526—529,1986.

[6] Scott, C. R., An Introduction to Soil Mechanics and Foundations, 3rd ed., Applied Science Publishers,1980.

[7] Bazant, Z. P., Mechanics of Geomaterials, Rocks, Concrete, Soils, John Wiley and Sons Ltd., 1985.

[8] 张柔雷,参变量变分原理及其应用,大连理工大学,博士学位论文,1987.

[9] 孙苏明,参数二次规划法的研究及其工程结构分析应用,大连理工大学博士学位论文,1988.

[10] Lee I. K. et al, Geotechnical Engineering, Pitman Books Ltd., 1983.

[11] 钱令希,曾攀,张柔雷,参变量变分方法及土力学基本问题的数值分析,大连理工大学工程力学研究所资料,89-3026,1989.

第七章　参变量变分原理在润滑力学中的应用

§7.1　引　　言

润滑力学是摩擦学的最重要组成部分之一. 只要两个接触表面有相对运动，润滑就起着重要作用. 不仅我们所使用的机器、车辆、轮船和飞机涉及到了大量的润滑力学问题，而且生活中许多其它方面也深受润滑问题的影响. 例如，各种动物的关节及眼球的活动就属于润滑力学研究的范畴，关节炎一类疾病的治愈也与润滑力学有关. 现代各种磁记录系统(例如计算机的磁头与磁盘)的设计也都需要润滑力学的知识.

虽然在有文字记载以前，人类就已经利用润滑来克服阻力，但直到 1886 年 Reynolds 方程[1]的建立才奠定了经典润滑力学的基础. 一个多世纪以来，润滑力学获得了迅猛发展，并为现代机械设计及人类生活的各个方面提供了理论依据.

为了便于读者阅读，下面简单介绍一下经典 Reynolds 方程. 对于牛顿流体，描述粘性流体运动的 Navier-Stokes 方程为[2]

$$\left.\begin{aligned}
\rho\frac{Du}{Dt}&=X-\frac{\partial p}{\partial x}+\frac{\partial}{\partial x}\left[\eta\left(2\frac{\partial u}{\partial x}-\frac{2}{3}\Delta\right)\right]+\frac{\partial}{\partial y}\left[\eta\left(\frac{\partial u}{\partial y}\right.\right.\\
&\qquad\left.\left.+\frac{\partial v}{\partial x}\right)\right]+\frac{\partial}{\partial z}\left[\eta\left(\frac{\partial u}{\partial z}+\frac{\partial w}{\partial x}\right)\right]\\
\rho\frac{Dv}{Dt}&=Y-\frac{\partial p}{\partial y}+\frac{\partial}{\partial y}\left[\eta\left(2\frac{\partial v}{\partial y}-\frac{2}{3}\Delta\right)\right]+\frac{\partial}{\partial x}\left[\eta\left(\frac{\partial u}{\partial y}\right.\right.\\
&\qquad\left.\left.+\frac{\partial v}{\partial x}\right)\right]+\frac{\partial}{\partial z}\left[\eta\left(\frac{\partial \nu}{\partial z}+\frac{\partial w}{\partial y}\right)\right]\\
\rho\frac{Dw}{Dt}&=Z-\frac{\partial p}{\partial z}+\frac{\partial}{\partial z}\left[\eta\left(2\frac{\partial w}{\partial z}-\frac{2}{3}\Delta\right)\right]\\
&\qquad+\frac{\partial}{\partial x}\left[\eta\left(\frac{\partial u}{\partial z}+\frac{\partial w}{\partial x}\right)\right]+\frac{\partial}{\partial y}\left[\eta\left(\frac{\partial v}{\partial z}+\frac{\partial w}{\partial y}\right)\right]
\end{aligned}\right\}\quad(7.1.1)$$

式中

$$\frac{D}{Dt}=\frac{\partial}{\partial t}+u\frac{\partial}{\partial x}+v\frac{\partial}{\partial y}+w\frac{\partial}{\partial z}$$

$$\Delta=\frac{\partial u}{\partial x}+\frac{\partial v}{\partial y}+\frac{\partial w}{\partial z}$$

ρ 为流体密度;η 为流体动力粘度;X,Y,Z 为体积力在坐标轴方向的分量;u, v, w 为速度沿坐标轴方向的分量.

Navier-Stokes 方程没有通解,但在大多数润滑问题中,可使其大大简化. 考虑图 7.1 所示的润滑问题,两个作相对运动的表面被一层润滑膜隔开. 首先做以下假设:

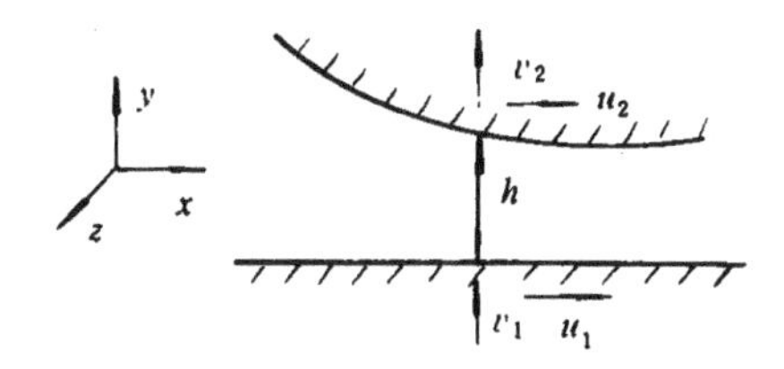

图 7.1 润滑膜示意图

(1) 润滑流体为牛顿流体,并作层流运动.

(2) 与粘性力相比,惯性力可忽略不计,即 $\frac{Du}{Dt}=\frac{Dv}{Dt}=\frac{Dw}{Dt}=0$.

(3) 与粘性力相比,体积也可忽略不计,即 $X=Y=Z=0$.

(4) 两表面间的间隙与润滑膜沿 x,z 方向的尺寸相比很小. 因而可以忽略流体膜的曲率变化,并用平动速度代替转动速度.

(5) 在任何位置上,压力、密度和粘度均沿润滑膜厚度方向(y 向)不变,即 $\frac{\partial p}{\partial y}=\frac{\partial \rho}{\partial y}=\frac{\partial \eta}{\partial y}=0$.

(6) 轴承表面上无滑动,即在轴承表面上润滑剂的速度与表面速度相同.

（7）与两速度梯度$\frac{\partial u}{\partial y}$和$\frac{\partial w}{\partial y}$相比，其他任何速度梯度均可忽略不计. 因为 u 和 w 通常比 v 大得多，而 y 又比 x 和 z 的尺寸小得多，所以此假设是正确的.

作了以上假设之后，Navier-Stokes 方程就可简化成

$$\frac{\partial^2 u}{\partial y^2}=\frac{1}{\eta}\frac{\partial p}{\partial x} \tag{7.1.2a}$$

$$\frac{\partial^2 w}{\partial y^2}=\frac{1}{\eta}\frac{\partial p}{\partial z} \tag{7.1.2b}$$

将方程(7.1.2a) 对 y 进行积分并运用边界条件：

当 $y=h_1$ 时，$u=U_1$及当 $y=h_2$ 时，$u=U_2$，得

$$u=\frac{1}{2\eta}\frac{\partial p}{\partial x}[y(y-h)]+\frac{h-y}{h}U_1+\frac{y}{h}U_2 \tag{7.1.3a}$$

式中 $h=h_2-h_1$. 将式(7.1.2b)对 y 积分两次并运用边界条件

当 $y=h_1$ 时，$w=W_1$

及

当 $y=h_2$ 时，$w=W_2$

得

$$w=\frac{1}{2\eta}\frac{\partial p}{\partial z}[y(y-h)]+\frac{h-y}{h}W_1+\frac{y}{h}W_2 \tag{7.1.3b}$$

方程(7.1.3a)和(7.1.3b)中的第一项为流体在层流状态下流过微小间隙 h 时，由压力梯度$\partial p/\partial x$和$\partial p/\partial z$引起在 x 和 z 向的速度分布. 在流体力学中把这种由压力引起的流动称为 Poiseuille 流动. 而其余两项描述压力不变时仅由轴承表面运动引起的速度分布. 在流体力学中把这种流动称为 Couette 流动.

润滑剂的流动必须满足连续性要求，连续方程为

$$\frac{\partial \rho}{\partial t}+\frac{\partial \rho u}{\partial x}+\frac{\partial \rho v}{\partial y}+\frac{\partial \rho w}{\partial z}=0 \tag{7.1.4}$$

将此方程在膜厚范围内对 y 积分，有

$$\int_{h_1(x,z,t)}^{h_2(x,z,t)}\left[\frac{\partial \rho}{\partial t}+\frac{\partial \rho u}{\partial x}+\frac{\partial \rho v}{\partial y}+\frac{\partial \rho w}{\partial z}\right]dy=0 \quad (7.1.5)$$

由假设(5),密度 ρ 在膜厚方向为常数,得到

$$h\frac{\partial \rho}{\partial t}+\int_{h_1}^{h_2}\frac{\partial \rho u}{\partial x}dy+\int_{h_1}^{h_2}\frac{\partial \rho w}{\partial z}dy+\rho(V_2-V_1)=0 \quad (7.1.6)$$

应用积分号下求导数的公式

$$\int_{h_1}^{h_2}\frac{\partial}{\partial x}f(x,y,z)dy=\frac{\partial}{\partial x}\int_{h_1}^{h_2}f(x,y,z)dy-f(x,h_2,z)\frac{\partial h_2}{\partial x}+f(x,h_1,z)\frac{\partial h_1}{\partial x} \quad (7.1.7)$$

我们有

$$\int_{h_1}^{h_2}\frac{\partial \rho u}{\partial x}dy=\frac{\partial}{\partial x}\int_{h_1}^{h_2}\rho u dy-\rho U_2\frac{\partial h_2}{\partial x}+\rho U_1\frac{\partial h_1}{\partial x} \quad (7.1.8)$$

$$\int_{h_1}^{h_2}\frac{\partial \rho w}{\partial z}dy=\frac{\partial}{\partial z}\int_{h_1}^{h_2}\rho w-\rho V_2\frac{\partial h_2}{\partial z}+\rho V_1\frac{\partial h_1}{\partial z} \quad (7.1.9)$$

注意到

$$h\frac{\partial \rho}{\partial t}=\frac{\partial \rho h}{\partial t}-\rho\frac{\partial(h_2-h_1)}{\partial t} \quad (7.1.10)$$

$$\rho V_2=\rho\frac{\partial h_2}{\partial t}+\rho U_2\frac{\partial h_2}{\partial x}+\rho W_2\frac{\partial h_2}{\partial z} \quad (7.1.11)$$

$$\rho V_1=\rho\frac{\partial h_1}{\partial t}+\rho U_1\frac{\partial h_1}{\partial x}+\rho W_1\frac{\partial h_1}{\partial z} \quad (7.1.12)$$

将(7.1.8)～(7.1.12)代入(7.1.6),得

$$\frac{\partial \rho h}{\partial t}+\frac{\partial}{\partial x}\int_{h_1}^{h_2}\rho u dy+\frac{\partial}{\partial z}\int_{h_1}^{h_2}\rho w dy=0 \quad (7.1.13)$$

把方程(7.1.3a～b)代入(7.1.13),经积分和整理可以得到一般形式的 Reynolds 方程

$$\frac{\partial}{\partial x}\left[\frac{\rho h^3}{12\eta}\frac{\partial p}{\partial x}\right]+\frac{\partial}{\partial z}\left[\frac{p h^3}{12\eta}\frac{\partial p}{\partial z}\right]$$

$$= \frac{1}{2} \frac{\partial}{\partial x} \rho h (U_1 + U_2) + \frac{1}{2} \frac{\partial}{\partial z} \rho h (W_1 + W_2) + \frac{\partial \rho h}{\partial t} \tag{7.1.14}$$

在实际应用中，方程(7.1.14)常常可以简化，当两个表面滑动方向相同时，总可以使坐标 x 沿滑动速度方向，这样 $W_1 = W_2 = 0$，方程(7.1.14)简化为

$$\frac{\partial}{\partial x}\left[\frac{\rho h^3}{12\eta} \frac{\partial p}{\partial x}\right] + \frac{\partial}{\partial z}\left[\frac{\rho h^3}{12\eta} \frac{\partial p}{\partial z}\right] = \frac{1}{2} \frac{\partial}{\partial x} \rho h (U_1 + U_2) + \frac{\partial \rho h}{\partial t} \tag{7.1.15}$$

当轴承在 z 方向的尺寸远大于 x 方向的尺寸时，原问题可简化为二维问题

$$\frac{\partial}{\partial x}\left[\frac{\rho h^3}{12\eta} \frac{\partial p}{\partial x}\right] = \frac{1}{2} \frac{\partial}{\partial x} \rho h (U_1 + U_2) + \frac{\partial \rho h}{\partial t} \tag{7.1.16}$$

当流体密度 ρ 与压力无关并且轴承处于稳态润滑时，方程(7.1.16)又可简化为

$$\frac{\partial}{\partial x}\left(\frac{h^3}{12\eta} \frac{\partial p}{\partial x}\right) = \frac{1}{2} \frac{\partial}{\partial x} h (U_1 + U_2) \tag{7.1.17}$$

当粘度为常数、润滑表面为刚性表面时上式又可简化为

$$\frac{\partial}{\partial x}\left(h^3 \frac{\partial p}{\partial x}\right) = 6(U_1 + U_2) \frac{\partial h}{\partial x} \tag{7.1.18}$$

§7.2　固-液单界面滑移问题

在经典润滑力学中，以往的绝大多数研究都是假设在流体与固体的交界面上，流体的速度与固体表面的运动速度无论大小和方向均相同(例如§7.1中的假设(6))．这是经典 Reynolds 方程成立的重要前提．无疑，这种假设不但为理论分析带来了许多方便，而且满足了一些工程需要．但是在高速、重载、窄隙及使用特殊润滑剂的某些场合，这种假设是不成立的[3-5]，即在固-液交界面

上将要发生相对滑移，流体在固-液交界面上的速度无论大小和方向均可能与固体不同. 产生这种滑移主要有两个原因，一是在固-液交界面上的剪切力超过了表面吸附力；二是流体为非牛顿流体.

在可能产生固-液界面滑移的流体润滑或弹性流体润滑中，由于边界切向速度是待定的，因而 Reynolds 方程无法直接求解. Jacobson 和 Hamrock[6]分析了弹 流润滑区内可能发生界面滑移的五种状态，又分别导出了相应的五种形式的 Reynolds 方程. 他们采用了有限差分法分析了平面弹流润滑问题，首先对某一应力点进行判断，估计它的滑移状态并采用相应的 Reynolds 方程进行求解；求解后再修正原来的判断，反复进行下去，直到达到容许的误差为止. 这种算法的数值计算工作量大得惊人，而且常常不收敛. Strozzi[5]曾经用互补算法分析了滑块轴承的单界面滑移问题，但是他的算法过于简化，不能满足一般的工程需要. 文献[7]首次将参变量变分原理及其相应的参数二次规划算法引入到润滑力学，用来处理单界面滑移问题，表现了良好的数值特性. 本节将介绍用参变量变分原理处理单界面滑移问题的基本思想和方法.

7.2.1 界面滑移问题的参变量变分原理

一、滑移本构状态方程

图 2 所示为二维润滑问题. 设固体下表面以速度 U_1 沿 x 轴运

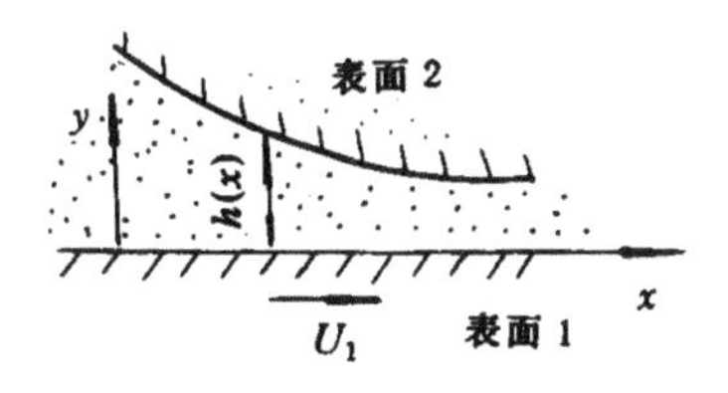

图 7.2 二维润滑模型

动，上表面静止. 假设两固体表面的性质不同，边界速度滑移只可能在下表面发生；上表面没有滑移. 则液体在上下两个界面上的速

度可写为

$$\left.\begin{aligned}u_{y=h}&=0\\u_{y=0}&=U_1+u_1^p\end{aligned}\right\}\tag{7.2.1}$$

式中 u_1^p 为界面滑移速度. 当 $u_1^p<0$ 时为滞后滑移，当 $u_1^p>0$ 时为超前滑移，当 $u_1^p=0$ 时则没有滑移. 注意 u_1^p 是 x 的函数.

为了以下数学推演的方便，暂假设流体为不可压等粘流体. 参照 § 7.1 中(7.1.3a)式的推导，可得流体膜内流体质点的速度分布为

$$u(x,y)=\frac{y^2-yh}{2\eta}\frac{\partial p}{\partial x}-\frac{U_1+u_1^p}{h}+U_1+u_1^p\tag{7.2.2}$$

通过流体膜的体积流量为

$$q_v=-\frac{h^3}{12\eta}\frac{\partial p}{\partial x}+\frac{h}{2}(U_1+u_1^p)\tag{7.2.3}$$

作用于流体膜表面上的剪切力为

$$\tau_1=\eta\frac{\partial u}{\partial y}\Big|_{y=0}=-\frac{h}{2}\frac{\partial p}{\partial x}-\eta\frac{U_1+u_1^p}{h}\tag{7.2.4a}$$

$$\tau_2=\eta\frac{\partial u}{\partial y}\Big|_{y=h}=\frac{h}{2}\frac{\partial p}{\partial x}-\eta\frac{U_1+u_1^p}{h}\tag{7.2.4b}$$

剪应力 τ 的符号定义如图 7.3 所示. 当 τ_1 达到了极限剪切应力之后，便发生了界面“塑性剪切”，其表现形式是界面速度滑移. 滑移

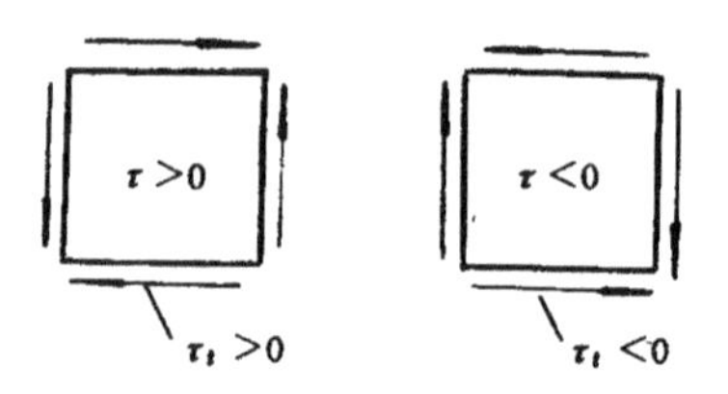

图 7.3 剪应力的符号定义

条件为

$$\left.\begin{array}{l}|\tau|<\tau_L \text{ 时}, u_1^\rho=0, \text{无界面滑移} \\ |\tau|=\tau_L \text{ 时}, u_1^\rho \neq 0, \text{发生界面滑移}\end{array}\right\} \tag{7.2.5}$$

无$|\tau_1|>\tau_L$状态. 其中τ_L为极限剪应力,与流体压力有如下线性关系[8]

$$\tau_L=\tau_0+kp \tag{7.2.6}$$

式中τ_0为初始极限应力;k为非负常数,即$k\geqslant 0$.

由式(7.2.5),(7.2.6)可写出滑移条件的函数表达式

$$\left.\begin{array}{l}f^{(1)}=\tau_1-(\tau_0+kp)\leqslant 0 \\ f^{(2)}=-\tau_1-(\tau_0+kp)\leqslant 0\end{array}\right\} \tag{7.2.7}$$

当$f^{(i)}=0\ (i=1,2)$时,发生界面滑移;当$f^{(i)}<0$时,无界面滑移;无$f^{(i)}>0$状态. 称$f^{(i)}$为滑移函数.

由图 7.2 及 7.3 可知,当$\tau_1>0$时,$u_1^\rho\geqslant 0$;当$\tau<0$时,$u_1^\rho\leqslant 0$,为此定义相应的滑移函数以给出滑移方向的梯度

$$g^{(1)}=+\tau_1,\ g^{(2)}=-\tau_1 \tag{7.2.8}$$

那么下表面的边界速度滑移u_1^ρ可由下列滑移规则决定

$$u_1^\rho=\left(\frac{\partial \boldsymbol{g}^T}{\partial \tau_1}\right)\boldsymbol{\lambda} \tag{7.2.9}$$

其中$\boldsymbol{\lambda}=(\lambda^{(1)},\lambda^{(2)})^T$称为滑移控制向量,$\lambda^{(i)}\geqslant 0$表征速度滑移量的大小;$\boldsymbol{g}=(g^{(1)},g^{(2)})^T$为势函数向量. 本章以下约定黑体字母为矩阵或向量.

将式(7.2.4a),(7.2.8)和(7.2.9)代入式(7.2.7),得

$$\left.\begin{array}{l}f^{(1)}=-\dfrac{h}{2}p'-\dfrac{\eta U_1}{h}-\tau_0-kp-\dfrac{\eta}{h}\left(\dfrac{\partial \boldsymbol{g}^T}{\partial \tau_1}\right)\boldsymbol{\lambda}\leqslant 0 \\ f^{(2)}=\dfrac{h}{2}p'+\dfrac{\eta U_1}{h}-\tau_0-kp+\dfrac{\eta}{h}\left(\dfrac{\partial \boldsymbol{g}^T}{\partial \tau_1}\right)\boldsymbol{\lambda}\leqslant 0\end{array}\right\} \tag{7.2.10}$$

式中 $p'=\partial p/\partial x$. 引入松弛变量 $\nu^{(1)},\nu^{(2)}$,得互补滑移约束条件

$$\left.\begin{aligned}&f^{(i)}(p,p',\boldsymbol{\lambda})+\nu^{(i)}=0\\&\nu^{(i)}\lambda^{(i)}=0,\lambda^{(i)},\nu^{(i)}\geqslant 0,\quad i=1,2\end{aligned}\right\}\tag{7.2.11}$$

且满足下列关系:

$$\lambda^{(i)}=0,\ 当\ f^{(i)}<0\ 时$$

$$\lambda^{(i)}>0,\ 当\ f^{(i)}=0\ 时$$

式(7.2.11)称为界面滑移问题的状态方程. 图 7.4 是在应力 τ_1-p 平面图上各符号的物理意义和几何关系(请注意在润滑力学中一般 p 以压力为正).

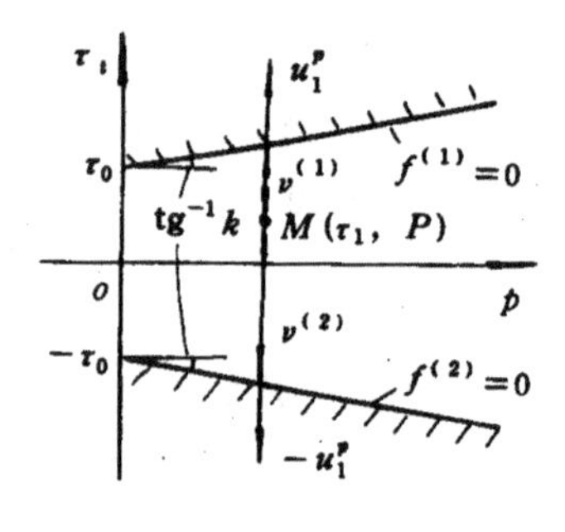

图 7.4 滑移本构关系

若表面应力(τ_1,p)落在 $f^{(1)}=0$ 线上,便发生超前滑移($\lambda^{(1)}>0,\nu^{(1)}=0$);若应力点$(\tau_1,p)$落在 $f^{(2)}=0$ 线上,便发生滞后滑移($\lambda^{(1)}>0,\nu^{(2)}=0$);若应力点落在 $M(\tau_1,p)$点,则不发生滑移($\lambda^{(i)}=0,\nu^{(i)}>0$),此时有下列关系

$$\nu^{(1)}=\tau_L-\tau_1\tag{7.2.12a}$$

$$\nu^{(2)}=\tau_L+\tau_1\tag{7.2.12b}$$

显然

$$\nu^{(1)}+\nu^{(2)}=2\tau_L\tag{7.2.12c}$$

控制向量 $\boldsymbol{\lambda}=(\lambda^{(1)},\lambda^{(2)})^T$ 表示边界上一点的滑移状态,而且满足

$$\lambda^{(1)}\lambda^{(2)}=0\begin{cases}(a)\lambda^{(1)}=0,\ \lambda^{(2)}>0,\text{滞后滑移}\\(b)\lambda^{(1)}>0,\lambda^{(2)}=0,\text{超前滑移}\\(c)\lambda^{(1)}=\lambda^{(2)}=0,\text{没有滑移}\end{cases}$$

在这里所用的滑移函数 f 类似于塑性力学中的屈服函数. 显然界面滑移问题的滑移法则是非关联的.

在润滑力学中往往对界面摩擦力感兴趣,下面将推导摩擦力的计算公式. 由式(7.2.4a,b)和(7.2.9)得到界面滑移问题上、下界面的剪应力

$$\left.\begin{aligned}\tau_1&=-\frac{h}{2}p'-\frac{\eta U_1}{h}-\frac{\eta(\lambda^{(1)}-\lambda^{(2)})}{h}\\\tau_2&=\frac{h}{2}p'-\frac{\eta U_1}{h}-\frac{\eta(\lambda^{(1)}-\lambda^{(2)})}{h}\end{aligned}\right\}\qquad(7.2.13)$$

两个界面上的总摩擦力可以通过对上式直接在润滑区积分求得. 但若互补问题(7.2.11)有解,下表面上的摩擦力可由下式方便求得

$$\begin{aligned}F_1&=\int_{x_{in}}^{x_{out}}(\tau_L-\nu^{(1)})dx\\&=\tau_0(x_{out}-x_{in})+\int_{x_{in}}^{x_{out}}(kp-\nu^{(1)})dx\end{aligned}\qquad(7.2.14a)$$

式中 x_{in} 和 x_{out} 为润滑区入口和出口坐标. 比较式(7.2.13a)与(7.2.13b)可得上表面的摩擦力为

$$\begin{aligned}F_2&=F_1+\int_{x_{in}}^{x_{out}}h\frac{\partial p}{\partial x}dx\\&=F_1+(h_{out}p_{out}-h_{in}p_{in})-\int_{x_{in}}^{x_{out}}p\frac{\partial h}{\partial x}dx\end{aligned}\qquad(7.2.14b)$$

其中,h_{in} 和 h_{out},p_{in} 和 p_{out} 为在边界 x_{in} 和 x_{out} 处对应的膜厚和边界压力;在一般的动压润滑中往往 $p_{in}=p_{out}=0$,$\partial h/\partial x$ 也比 $\partial p/\partial x$ 更易求得,因此用式(7.2.14a,b),求界面上的摩擦力更为方便,尤

其在数值计算中.

二、变分泛函表达式

流体膜在流动方向上必须满足流量连续条件,对于等密平面流动问题方程(7.1.13)变为

$$\frac{\partial h}{\partial t}+\frac{\partial}{\partial x}\int_{0}^{h}udy=0 \tag{7.2.15}$$

将方程(7.2.2)和(7.2.9)代入(7.2.15),积分整理后可得 Reynolds 型润滑方程

$$\frac{\partial}{\partial x}\left(\frac{h^3}{12\eta}\frac{\partial p}{\partial x}\right)-\frac{1}{2}\frac{\partial}{\partial x}\left[h\left(U_1+\left(\frac{\partial \boldsymbol{g}^T}{\partial \tau_1}\right)\boldsymbol{\lambda}\right)\right]-\frac{\partial h}{\partial t}=0 \tag{7.2.16}$$

这是引入控制向量 $\boldsymbol{\lambda}$(又称滑移参变向量或简称参变量)后的 Reynolds 方程.设其边界条件为 $x=x_{in}$时 $p=p_{in}$,$x=x_{out}$时,体积流量为 q_s,方程(7.2.16)的泛函表达式为[7,9]

$$J(p)=\int_{x_{in}}^{x_{out}}\left[\frac{h^3}{24\eta}\left(\frac{\partial p}{\partial x}\right)^2-\frac{hU_1}{2}\frac{\partial p}{\partial x}-\frac{h}{2}\left(\frac{\partial \boldsymbol{g}^T}{\partial \tau_1}\right)\boldsymbol{\lambda}\frac{\partial p}{\partial x}+\frac{\partial h}{\partial t}p\right]dx+q_s p_s \tag{7.2.17}$$

式中 p_s 为对应 q_s 的边界压力;$J(p)$表示在变分过程中只有 p 参加变分,而参变向量 $\boldsymbol{\lambda}$ 不参加变分,但应满足由本构关系导出的状态方程(7.2.11).所以 $\boldsymbol{\lambda}$ 虽不参加变分却控制着变分过程,因而又称为控制向量.实际上这乃是现代控制论的基本思想.

到此,单界面滑移问题的参变量变分原理可叙述如下

$$\left.\begin{aligned}&\text{min.}\quad J(p)\\&\text{s.t.}\quad f^{(i)}(p,p',\boldsymbol{\lambda})+\nu^{(i)}=0\\&\qquad\ \nu^{(i)}\lambda^{(i)}=0,\nu^{(i)},\lambda^{(i)}\geqslant 0\\&\qquad\ (i=1,2)\end{aligned}\right\} \tag{7.2.18}$$

7.2.2 有限元法求解的实施过程

将润滑区进行网格划分，单元总数为 m，结点总数为 n，假定每个单元只有一种滑移状态，滑移条件是对单元平均意义而言的，即一个单元或发生超前滑移（$\lambda^{(1)}\geqslant 0, \lambda^{(2)}=0$），或发生滞后滑移（$\lambda^{(2)}\geqslant 0, \lambda^{(1)}=0$）. 这里把非滑移状态也广义地理解为滑移量为零的滑移状态. 设第 e 个单元的滑移条件是由 $L_e(L_e\geqslant 1)$ 个光滑的滑移函数所组成，那么系统共有 $L=\sum_{e=1}^{m}L_e$ 个状态方程. 由式(7.2.10)和(7.2.11)可得状态方程的有限元离散形式

$$\left.\begin{aligned}
&\frac{1}{A_e}\int_{A_e}\left(-\frac{h}{2}\frac{\partial p}{\partial x}-\frac{\eta U_1}{h}-\tau_0-kp\right.\\
&\left.-\frac{\eta(\lambda^{(1)}-\lambda^{(2)})}{h}\right)dx+\nu_e^{(1)}=0\\
&\frac{1}{A_e}\int_{A_e}\left(\frac{h}{2}\frac{\partial p}{\partial x}+\frac{\eta U_1}{h}-\tau_0-kp\right.\\
&\left.-\frac{\eta(\lambda^{(1)}-\lambda^{(2)})}{h}\right)dx+\nu_e^{(2)}=0\\
&\lambda_e^{(i)}\cdot\nu_e^{(i)}=0,\ \lambda_e^{(i)},\ \nu_e^{(i)}\geqslant 0\\
&(i=1,\ 2;\ e=1,2,\cdots,\ m)
\end{aligned}\right\}\tag{7.2.19}$$

有限元离散化后系统泛函为

$$\begin{aligned}
J(p)=\sum_{e=1}^{m}\int_{A_e}&\left[\frac{h^3}{24\eta}\left(\frac{\partial p}{\partial x}\right)^2-\frac{hU_1}{2}\frac{\partial p}{\partial x}\right.\\
&\left.-\frac{h}{2}\left(\frac{\partial \boldsymbol{g}_e^T}{\partial \tau_1}\right)\boldsymbol{\lambda}_e\frac{\partial p}{\partial x}+\frac{\partial h}{\partial t}p\right]dx+q_sp_s
\end{aligned}\tag{7.2.20}$$

这里 A_e 为第 e 个单元的长度.

引入有限元插值形函数矩阵 $\boldsymbol{N}$，对流体膜压力 p，固体表面速度 U_1 及 $\partial h/\partial t$ 用其节点值进行插值，代入式(7.2.19)和(7.2.20)整理后可得参数二次规划问题：

$$
\left.\begin{aligned}
&\text{min. } \boldsymbol{J}(p)=\frac{1}{2}\boldsymbol{p}^T\boldsymbol{K}\boldsymbol{p}-(\boldsymbol{B}\boldsymbol{u}_1+\boldsymbol{\Phi}\boldsymbol{\lambda}-\boldsymbol{W}\dot{\boldsymbol{h}}-\boldsymbol{q})^T\boldsymbol{p}\\
&\text{s.t. } \boldsymbol{C}\,\boldsymbol{p}+\boldsymbol{M}\boldsymbol{\lambda}+\boldsymbol{d}-\boldsymbol{\nu}=\boldsymbol{0}\\
&\qquad \boldsymbol{\lambda}^T\boldsymbol{\nu}=0,\ \boldsymbol{\lambda},\ \boldsymbol{\nu}\geqslant\boldsymbol{0}
\end{aligned}\right\} \tag{7.2.21}
$$

其中 $\boldsymbol{K}$ 为压力流度阵，$\boldsymbol{B}$ 为剪切流度阵，$\boldsymbol{\Phi}$ 为屈服势矩阵，$\boldsymbol{W}$ 为挤压流度阵，$\boldsymbol{C}$ 为本构约束阵，$\boldsymbol{M}$ 为本构控制阵，$\boldsymbol{P}$ 为节点压力列向量，$\boldsymbol{u}_1$为 U_1的节点值列向量，$\dot{\boldsymbol{h}}$ 为 $\partial \boldsymbol{h}/\partial \boldsymbol{t}$ 的节点值列向量，$\boldsymbol{q}$ 为已知边界体积流量列向量，$\boldsymbol{\lambda}$ 为本构控制列向量，$\boldsymbol{\nu}$ 为与 $\boldsymbol{\lambda}$ 互补的松弛列向量，$\boldsymbol{d}$ 为本构约束列向量. 它们的数学表达式可写成

$$
\boldsymbol{K}=\sum_{e=1}^{m}\int_{A_e}\frac{h^3}{12\eta}\frac{\partial \boldsymbol{N}^T}{\partial x}\frac{\partial \boldsymbol{N}}{\partial x}dx;\qquad \boldsymbol{\Phi}=\sum_{e=1}^{m}\int_{A_e}\frac{h}{2}\left[\frac{\partial \boldsymbol{g}e}{\partial \tau_1}\frac{\partial \boldsymbol{N}}{\partial x}\right]^T dx
$$

$$
\boldsymbol{B}=\sum_{e=1}^{m}\int_{A_e}\frac{h}{2}\frac{\partial \boldsymbol{N}^T}{\partial x}\boldsymbol{N}dx;\qquad \boldsymbol{W}=\sum_{e=1}^{m}\int_{A_e}\boldsymbol{N}^T\boldsymbol{N}dx
$$

$$
\boldsymbol{C}=\sum_{e=1}^{m}\frac{1}{A_e}\int_{A_e}\left[\frac{h}{2}\frac{\partial \boldsymbol{f}_e}{\partial \tau_1}\frac{\partial \boldsymbol{N}}{\partial x}+\begin{bmatrix}\boldsymbol{k}\\ \boldsymbol{k}\end{bmatrix}\boldsymbol{N}\right]dx
$$

$$
\boldsymbol{M}=\sum_{e=1}^{m}\frac{1}{A_e}\int_{A_e}\frac{\eta}{h}\frac{\partial \boldsymbol{f}_e}{\partial \tau_1}\frac{\partial \boldsymbol{g}_e^T}{\partial \tau_1}dx;\qquad \boldsymbol{u}_1=(U_{11},U_{12},\cdots,U_{1n})^T
$$

$$
\dot{\boldsymbol{h}}=(\partial h_1/\partial t,\partial h_2/\partial t,\cdots,\partial h_n/\partial t)^T;\quad \boldsymbol{q}=(0,0,\cdots,0,q_s)^T
$$

$$
\boldsymbol{d}=\sum_{e=1}^{m}\frac{1}{A_e}\int_{A_e}\left[\tau_0\boldsymbol{i}+\frac{\eta}{h}\frac{\partial \boldsymbol{g}_e}{\partial \tau_1}\boldsymbol{N}\boldsymbol{U}_{1e}\right]dx
$$

$$
\boldsymbol{\lambda}=(\lambda_1^{(1)},\lambda_1^{(2)},\lambda_2^{(1)},\lambda_2^{(2)},\cdots,\lambda_m^{(1)},\lambda_m^{(2)})^T
$$

$$
\boldsymbol{\nu}=(\nu_1^{(1)},\nu_1^{(2)},\nu_2^{(1)},\nu_2^{(2)},\cdots,\nu_m^{(1)},\nu_m^{(2)})^T
$$

其中 $\boldsymbol{i}$ 为二维单位列矩阵，符号 $\sum_{e=1}^{m}$ 表示对全体单元在装配意义下求和（并集运算），$\boldsymbol{K}$ 为对称正定方阵. 对方程(7.2.21a) 仅对 $\boldsymbol{P}$ 进行变分运算，得

$$
\boldsymbol{P}=\boldsymbol{K}^{-1}(\boldsymbol{B}\boldsymbol{u}_1+\boldsymbol{\Phi}\,\boldsymbol{\lambda}-\boldsymbol{W}\dot{\boldsymbol{h}}-q) \tag{7.2.22}
$$

代入(7.39b～c)得互补问题

$$\left.\begin{aligned}&\boldsymbol{\nu}-(\boldsymbol{C}\boldsymbol{K}^{-1}\boldsymbol{\Phi}+\boldsymbol{M})\boldsymbol{\lambda}=\boldsymbol{C}\boldsymbol{K}^{-1}(\boldsymbol{B}\boldsymbol{u}_1-\boldsymbol{W}\dot{\boldsymbol{h}}-\boldsymbol{q})+\boldsymbol{d}\\&\boldsymbol{\lambda}^T\boldsymbol{\nu}=0,\ \boldsymbol{\lambda},\boldsymbol{\nu}\geqslant 0\end{aligned}\right\}\qquad(7.2.23)$$

因而单界面速度滑移问题最后可归结为求解互补问题式(7.2.23)，当控制变量 $\boldsymbol{\lambda}$ 求得之后，将其代入式(7.2.22)，即可求得润滑膜压力 P.

必须指出，润滑介质一般不能承受太大的负压力. 试验表明一般润滑油的极限负压不会低于其汽化压力[10]. 而汽化压力较小，一般不低于绝对真空. 因此在重载情况下通常认为压力 p 不小于零(以大气压力为零点)，即对方程(7.2.21)第一式还要附加一个约束条件 $p\geqslant 0$. 在轻载情况下只要做代换 $\boldsymbol{p}^*=(\boldsymbol{p}-\boldsymbol{p}_v)$，则可得到关于代换压力 $\boldsymbol{p}^*$ 的与上述各方程形式相同的方程[11]，这里 p_v 为油膜的汽化压力，因此只需讨论一下 $\boldsymbol{p}\geqslant 0$的情形.

方程(7.2.21a～c)和附加约束条件 $\boldsymbol{p}\geqslant 0$构成了一个参数二次规划问题，采用 Kuhn-Tucker 条件，$\boldsymbol{p}$ 是其最优解的充要条件为

$$\left.\begin{aligned}&\boldsymbol{K}\boldsymbol{p}-\boldsymbol{\Phi}\boldsymbol{\lambda}-\boldsymbol{\mu}=\boldsymbol{B}\boldsymbol{u}_1-\boldsymbol{q}-\boldsymbol{W}\dot{\boldsymbol{h}}\\&\boldsymbol{C}\boldsymbol{p}+\boldsymbol{M}\boldsymbol{\lambda}-\boldsymbol{\nu}=-\boldsymbol{d}\\&\boldsymbol{P}^T\cdot\boldsymbol{\mu}=0,\ \boldsymbol{p}\geqslant\boldsymbol{0},\ \boldsymbol{\mu}\geqslant\boldsymbol{0}\\&\boldsymbol{\lambda}^T\cdot\boldsymbol{\nu}=0,\ \boldsymbol{\lambda}\geqslant\boldsymbol{0},\boldsymbol{\nu}\geqslant\boldsymbol{0}\end{aligned}\right\}\qquad(7.2.24)$$

这里 $\boldsymbol{\mu}$ 为拉格朗日乘子，$\boldsymbol{\mu}=(\mu_1,\mu_2,\cdots,\mu_n)^T$. 在没有发散油楔的情况下，压力 $\boldsymbol{p}$ 总是大于零的，约束 $\boldsymbol{p}\geqslant 0$是多余的，因而只需求解式(7.2.22)和式(7.2.23). 然而在有发散油楔的情况下需求解式(7.2.24). 当然对于只有在油膜出口区存在一个发散油楔的情形，也可象通常处理 Reynolds 压力边界条件那样凭经验和用式(7.2.23a～b)进行少量几次试算来确定正压自由边界. 这时用式

(7.2.24a～d)求得的压力分布完全等价于用一般迭代方法求得的 Reynolds 压力边条件下的润滑膜压力分布[12].

关于压力边界条件的引入及总阵 $\boldsymbol{K}$,$\boldsymbol{B}$ 的组装与常规有限元技术相同,这里不再赘述.值得注意的是,每个单元都有其本身的滑移状态和约束条件,相互联系的单元对 $\boldsymbol{\Phi}$,$\boldsymbol{C}$ 和 $\boldsymbol{M}$ 阵均没有贡献,因此它们均是具有大量零元素的分块对角阵.此外,在具体问题中,对某些单元或大部分单元凭直觉和简单分析就可以肯定其可能的滑移方向或不发生界面滑移,因而就可以使 $\boldsymbol{\Phi}$,$\boldsymbol{C}$ 和 $\boldsymbol{M}$ 等阵降价,因为在这种情况下有许多约束是多余的.

必须指出,本节给出的基本公式均是在假设流体为等密等粘下推导出来的.对于工程中的流体动力润滑问题,这个假设是成立的,因而本节的所有公式均可直接使用.然而,对于弹性流体润滑问题,上述假设往往不能接受,固体表面的弹性变形也得考虑.对于这类问题,Reynolds 方程与固体表面的弹性变形方程可采用迭代方法相互满足,而 Reynolds 方程本身仍可用本节所给方法求解,但密压与粘压关系是在迭代过程中满足的.

7.2.3 数值算例

例1 为了便于展示参变量变分法解题的基本思路,以图7.5所示的 Rayleigh 阶梯轴承为例,分析下表面的滑移问题.由于润滑区内没有发散油楔,只需求解式(7.2.22)和(7.2.23).润滑区被

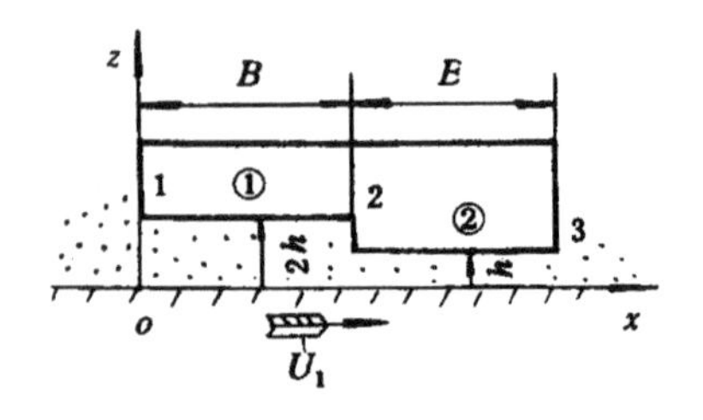

图 7.5 Rayleigh 阶梯轴承

划分为两个单元三个节点. 为了求解方便设 $k=0$,边界压力为零,即 $p_1=p_3=0$,轴承处于稳态润滑,即 $\partial h/\partial t=0$.

在单元①上由于 $dp/dx>0$, 因而 $\tau_1<0$,不可能发生超前滑移. 所以第一个状态方程是多余约束,有关矩阵及向量的第一行或第一列可去掉. 采用线性插值函数,再引入压力边界条件,得到关于结点压力的线性方程

$$\frac{h^3}{4\eta B}\boldsymbol{p}_2=\frac{hU_1}{4}[2\ 1\ -1\ ]\begin{Bmatrix}1\\1\\1\end{Bmatrix}+\frac{h}{2}[-2\ -1\ 1\ ]\begin{Bmatrix}\lambda_1^{(2)}\\\lambda_2^{(1)}\\\lambda_2^{(2)}\end{Bmatrix}$$

(7.2.25)

及线性互补问题列于表7.1.

表 7.1 例1的线性互补问题

$\nu_1^{(2)}$	$\nu_2^{(1)}$	$\nu_2^{(2)}$	$\lambda_1^{(1)}$	$\lambda_2^{(1)}$	$\lambda_2^{(2)}$	
1	0	0	$-\frac{11\eta}{6h}$	$-\frac{4\eta}{6h}$	$\frac{4\eta}{6h}$	$=\tau_0-\frac{7\eta U_1}{6h}$
0	1	0	$-\frac{4\eta}{6h}$	$-\frac{8\eta}{6h}$	$\frac{8\eta}{6h}$	$=\tau_0+\frac{4\eta U_1}{6h}$
0	0	1	$\frac{4\eta}{6h}$	$\frac{8\eta}{6h}$	$-\frac{8\eta}{6h}$	$=\tau_0-\frac{4\eta U_1}{6h}$

$\nu_e^{(i)}\lambda_e^{(i)}=0$, $\nu_e^{(i)}\geqslant 0$, $\lambda_e^{(i)}\geqslant 0$, $(i=1,2;\ e=1,2)$

表1的线性互补问题有多种算法,这里采用 Lemke 算法求解. 讨论以下三种情况:

(1) $\tau_0\geqslant\frac{7\eta U_1}{6h}$. 此时表中右端项均不为负,因而立即得到一组互补基本可行解

$$\lambda_1^{(2)}=\lambda_2^{(1)}=\lambda_2^{(2)}=0$$

$$\nu_1^{(2)}=\tau_0-\frac{7\eta U_1}{6h},\ \nu_2^{(1)}=\tau_0+\frac{4\eta U_1}{6h},\ \nu_2^{(2)}=\tau_0-\frac{4\eta U_1}{6h}$$

因而当$\tau_0\geqslant\frac{7\eta U_1}{6h}$时将不会发生界面滑移. 由式(7.2.25)可得

$$p_1=0,\ p_2=\frac{2\eta U_1 B}{3h^2},p_3=0$$

其中$p_1=p_3=0$是压力边界条件. 由于 Rayleigh 阶梯轴承的压力分布是线性的,采用有限元法求解与解析解完全相同[13]. 总摩擦力为

$$F_1=B(\tau_{11}+\tau_{12})=B(\nu_1^{(2)}-\tau_0+\nu_2^{(2)}-\tau_0)=-\frac{11\eta U_1 B}{6h}$$

(2) $\frac{4\eta U_1}{5}\leqslant\tau_0\leqslant\frac{7\eta U_1}{6h}$,此时对表7.1和式(7.44)求解得到

$$\lambda_1^{(2)}=\frac{7U_1}{11}-\frac{6h\tau_0}{11\eta},\ \lambda_2^{(1)}=0,\ \lambda_2^{(2)}=0$$

$$\nu_1^{(2)}=0,\ \nu_2^{(1)}=\frac{7\tau_0}{11}+\frac{12\eta U_1}{11h},\ \nu_2^{(2)}=\frac{15\tau_0}{11}-\frac{12\eta U_1}{11h}$$

$$p_1=0,\ p_2=\frac{8B\tau_0}{11h}-\frac{2B\eta U_1}{11h^2},\ p_3=0$$

显然此时只有单元①发生了滞后滑移. 下表面上的总摩擦力

$$F_1=B(\nu_1^{(2)}-\tau_0+\nu_2^{(2)}-\tau_0)$$
$$=-\left(\frac{7B\tau_0}{11}+\frac{12\eta BU_1}{11h}\right)$$

(3) $0<\tau_0<\frac{4\eta U_1}{5h}$. 此时可求得

$$\lambda_1^{(2)}=U_1-\frac{h\tau_0}{\eta},\quad \lambda_2^{(1)}=0,\quad \lambda_2^{(2)}=U_1-\frac{5h\tau_0}{4\eta}$$

$$\nu_1^{(2)}=0,\quad \nu_2^{(1)}=2\tau_0,\quad \nu_2^{(2)}=0$$

$$p_1=0,\ p_2=\frac{B\tau_0}{2h},\ p_3=0,\ F_1=-2B\tau_0$$

显然此时单元①和③上均发生了界面滑移，而且均为滞后滑移.

例2　在图7.6所示的滑块轴承中，上表面静止，下表面以速度 $U=0.4\text{m/s}$ 运动. 所用数据与文献[5]完全相同：$h_{in}=2\text{mm}$，$h_{out}=1\text{mm}$，$B=1\text{m}$，$\eta=0.125\text{Pa}\cdot\text{s}$，$k=0$；边界条件为 $p_{out}=0$，$q_{in}=0.26668\times10^{-3}\text{m}^2/\text{s}$. 后一个边界条件恰好为当轴承没有界面滑移且两端边界压力均为零时的体积流量. 试分析当 $\tau_0=30,40,50\text{Pa}$ 时的界面滑移情况.

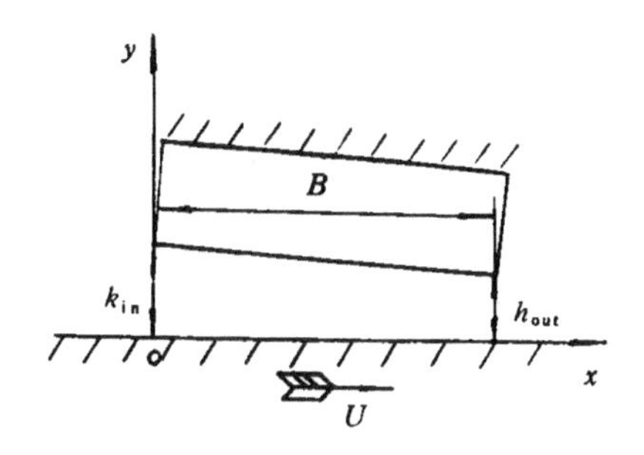

图　7.6　滑块轴承示意图

润滑区被分为40个等距线单元(41个结点). 采用参变量变分原理及其有限元二次规划求解的数值计算结果示于图7.7(a)～(c). 为了便于比较图7.7(d)～(f)示出了 Strozzi[5]采用差分法(100个结点)求解的结果.

为了考查二次规划算法的精度，表7.2给出了当 $\tau_0=40\text{Pa}$ 时计算结果随有限元数目增加的变化. 由表可见，随着单元数目的增加，计算结果变化很小，但CPU时间上升很快，表中 W 是流体承载力，F 是下表面上的摩擦力，P_{in} 为入口压力，即第一个节点压力，P_{max} 是最大压力，m 为单元总数.

从这个数值试验可以看出，解的精度对有限元数目并不太敏感. 对于所研究的滑块轴承，40个单元似乎已经够用. 然而 CPU 时间对有限元数目却很敏感.

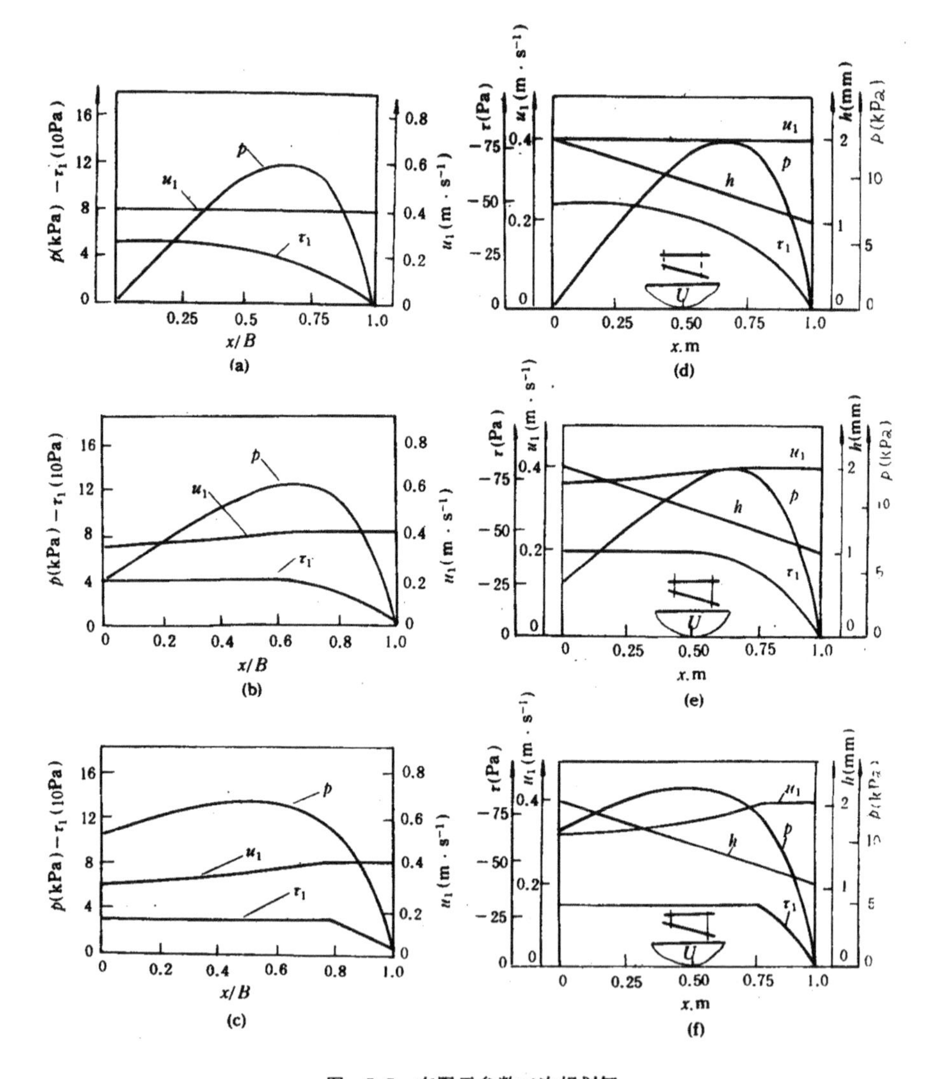

图 7.7 有限无参数二次规划解

(a) $\tau_0=50$Pa；(b) $\tau_0=40$Pa；(c) $\tau_0=30$Pa 和 Strozzi 的差分解；(d) $\tau_0=50$Pa；(e) $\tau_0=40$Pa；(f) $\tau_0=30$Pa.

表 7.2 不同单元数时的计算结果

m	W (N/m×10⁴)	F(N/m×10²)	P_{in}(Pa·m×10⁴)	P_{max}(Pa·m×10⁵)	CPU(s)
10	0.8453	0.3424	0.291	0.122	3.5
20	0.8964	0.3417	0.380	0.124	8
30	0.8908	0.3416	0.383	0.125	15
40	0.8926	0.3415	0.385	0.125	24
50	0.8934	0.3414	0.386	0.125	37
80	0.8939	0.3414	0.386	0.125	130
100	0.8942	0.3414	0.386	0.125	220

注：使用AT-286微机

§7.3 粘塑性润滑问题

在润滑力学中，流体膜的流变特性(本构关系)对润滑性质影响极大.在高速重载等情况下牛顿流体假设已不再成立.在弹流计算中若按牛顿流体假设，摩擦系数将达百位数字[14]，与试验结果差距甚大.因而近年来出现了关于润滑剂流变模型的许多研究.润滑剂流变模型可大致分为两大类：(1)剪切应力是剪切率的非线性单值函数，如Maxwell 模型、Roelands 模型等；(2)极限剪切模型，粘塑性模型是一种最基本的极限剪切模型，即当剪切应力小于塑性极限剪切应力时，流体为牛顿流体，否则将发生塑性剪切，剪切应力达到极限值而与剪切率无关，这种模型是建立在大量实验观测之上的.第一种模型本构关系复杂，但剪切应力与剪切率有一一对应的函数关系；第二种模型本构关系简单，但塑性剪切滑移面和滑移量难以用常规方法确定.本节将用参变量变分原理来处理粘塑性流体润滑问题，并以平面等温润滑问题为例讨论之.

7.3.1 粘塑性润滑问题的参变量变分原理

一、粘塑性状态方程

粘塑性流体的流变关系如图7.8所示. 其本构关系可写成

$$\tau=\begin{cases}\eta\dot{\gamma}, & |\dot{\gamma}|<\dfrac{\tau_L}{\eta}\\ \tau_L\cdot\mathrm{sign}\ (\dot{\gamma}), & |\dot{\gamma}|\geqslant\dfrac{\tau_L}{\eta}\end{cases}\tag{7.3.1a}$$

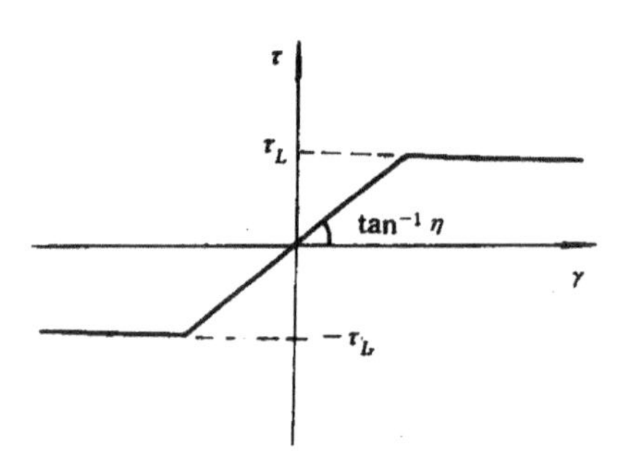

图 7.8 粘塑性流变模型

式中各等号的意义与§7.2节相同，塑性屈服剪应力τ_L与压力P同样有式(7.24)的线性关系.

屈服函数可以写成

$$f(\tau,p)=|\tau|-(\tau_0+kp)\leqslant 0\tag{7.3.1b}$$

当$f<0$时润滑剂呈牛顿流体，当$f=0$时便发生了塑性剪切.

现在来考虑图7.2所示的润滑问题，设下表面以速度U_1，上表面以速度U_2运动. 油膜中的流体微元将满足下面的平衡方程[13]

$$\frac{\partial\tau}{\partial y}=\frac{\partial p}{\partial x}\tag{7.3.2}$$

在§7.1中所做的七条假设除(1)和(6)之外其它假设在这里仍然

成立. 由假设(5)可知流体膜压力与膜厚方向坐标 y 无关，因而

$$\tau=\frac{\partial p}{\partial x} y+C_1 \tag{7.3.3}$$

显然剪应力 τ 与坐标 y 呈线性关系，因此最大剪应力可能发生在固体与流体的两个界面上，其表现形式为塑性滑移. 因此粘塑性润滑问题最后可归结为双面滑移问题来处理. 屈服函数(7.3.1b)可展开为

$$f_j^{(i)}=(-1)^{i+1}\tau_j-(\tau_0+kp)\leqslant 0 \quad (i=1,2;\ j=1,2) \tag{7.3.4}$$

由于塑性滑移只可能发生在固-液两个交界面上，因而在流体膜内流体仍然为牛顿流体. 对于平面问题，在两个交界面上流体的速度可以写成

$$u_1=U_1+u_1^p$$

$$u_2=U_2+u_2^p \tag{7.3.5}$$

参考式(7.1.3a)流体的运动速度可写成

$$u=\frac{y^2-yh}{2\eta}\frac{\partial p}{\partial x}+\frac{h-y}{h}(U_1+u_1^p)+\frac{y}{h}(U_2+u_2^p) \tag{7.3.6}$$

由本构关系(7.3.1a)可得

$$\left.\begin{aligned}\tau_1=\eta\left.\frac{\partial u}{\partial y}\right|_{y=0}=-\frac{h}{2}\frac{\partial p}{\partial x}+\frac{U_2-U_1}{h}\eta+\frac{u_2^p-u_1^p}{h}\eta\\ \tau_2=\eta\left.\frac{\partial u}{\partial y}\right|_{y=h}=\frac{h}{2}\frac{\partial p}{\partial x}+\frac{U_2-U_1}{h}\eta+\frac{u_2^p-u_1^p}{h}\eta\end{aligned}\right\} \tag{7.3.7}$$

将式(7.3.7)代入(7.3.4)得塑性屈服函数(又称塑性滑移函数)的表达式

$$\begin{aligned}f_j^{(i)}=&(-1)^{i+j+1}\frac{h}{2}\frac{\partial p}{\partial x}-(-1)^i\frac{U_2-U_1+u_2^p-u_1^p}{h}\eta\\ &-(\tau_0+kp)\leqslant 0 \qquad (i=1,2;\ j=1,2)\end{aligned} \tag{7.3.8}$$

由图7.3和式(7.3.5a～b)可知,u_1^p的符号与τ_1相同,u_2^p的符号与τ_2相反. 为了给出滑移方向梯度,可定义与式(7.3.4)对应的屈服势函数

$$g_j^{(i)} = (-1)^{i+j}\tau_j \tag{7.3.9}$$

显然塑性滑移的滑动法则是非关联的. 界面塑性滑移速度可写成

$$u_j^p = \left(\frac{\partial \boldsymbol{g}_j^T}{\partial \tau_j}\right)\boldsymbol{\lambda}_j \qquad (j=1,2) \tag{7.3.10}$$

式中 $\boldsymbol{g}_j=(g_j^{(1)},g_j^{(2)})^T$, $\boldsymbol{\lambda}_j=(\lambda_j^{(1)},\lambda_j^{(2)})^T$, $\lambda_j^{(i)}$ 表征在表面 j 上沿 $(-1)^{i+j}x$ 方向速度滑移量的大小. $\lambda_j^{(i)}\geqslant 0$.

将式(7.3.10)代入式(7.3.8)得

$$f_j^{(i)} = (-1)^{i+j+1}\frac{h}{2}\frac{\partial p}{\partial x} - (-1)^i\frac{U_2-U_1}{h}\eta$$

$$-(-1)^i\frac{\eta}{h}\left[\left(\frac{\partial \boldsymbol{g}_2^T}{\partial \tau_2}\right)\boldsymbol{\lambda}_2 - \left(\frac{\partial \boldsymbol{g}_1^T}{\partial \tau_1}\right)\boldsymbol{\lambda}_1\right] - (\tau_0 + kp) \leqslant 0$$

$$(i=1,2;j=1,2) \tag{7.3.11}$$

当 $f_j^{(i)}<0$时,$\lambda_j^{(i)}=0$,在$\frac{\partial g_j^{(i)}}{\partial \tau_j}x$ 方向将没有塑性滑移;当 $f_j^{(i)}=0$时,$\lambda_j^{(i)}>0$,在$\frac{\partial g_j^{(i)}}{\partial \tau_j}x$ 方向发生了塑性滑移. 引入松弛变量 $\nu_j^{(i)}$,则方程(7.3.11)变为下列互补问题

$$\left.\begin{aligned} & f_j^{(i)}(p',p,\boldsymbol{\lambda}_1,\boldsymbol{\lambda}_2)+\nu_j^{(i)}=0 \\ & \lambda_j^{(i)}\nu_j^{(i)}=0,\ \lambda_j^{(i)}\geqslant 0,\ \nu_j^{(i)}\geqslant 0 \\ & (i=1,2;\ j=1,2) \end{aligned}\right\} \tag{7.3.12}$$

式中 $p'=\partial p/\partial x$. 式(7.3.12)称为塑性滑移问题的状态方程或控制方程,其物理意义如图7.9所示. 与图7.4比较可以发现,粘塑性润滑问题最后的表现形式完全是两界面性质相同的双界面滑移问题,若将 τ_L 与界面性质的关系考虑进去,本节以上推导完全适用于任意双界面滑移问题[15].

互补变量 $\nu_j^{(i)}$ 与界面剪力 τ_j 同样有类似于(7.2.12)的关系式

$$
\left.\begin{aligned}
\nu_j^{(i)} &= \tau_L + (-1)^i \tau_j \\
\nu_j^{(1)} + \nu_j^{(2)} &= 2\tau_L
\end{aligned}\right\} \qquad (7.3.13)
$$

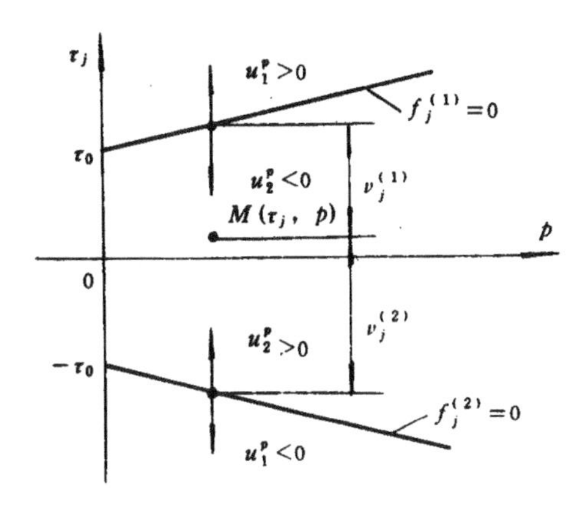

图 7.9 塑性滑移本构关系

二、变分泛函表达式

对于平面流动问题，方程(7.1.13)变为

$$
\frac{\partial \rho h}{\partial t} + \frac{\partial}{\partial x}\int_0^h \rho u d y = 0 \qquad (7.3.14)
$$

将式(7.3.6)和(7.3.10)代入(7.3.14)，积分并整理可得到粘塑性润滑问题的 Reynolds 方程如下：

$$
\frac{\partial}{\partial x}\left(\frac{\rho h^3}{12\eta}\frac{\partial p}{\partial x}\right) - \frac{\partial}{\partial x}\left[\frac{1}{2}\rho h(U_1 + U_2)\right]
$$

$$
- \frac{\partial}{\partial x}\left[\frac{1}{2}\rho h\left(\frac{\partial \boldsymbol{g}_2}{\partial \tau_2}\right)\boldsymbol{\lambda}_2 + \left(\frac{\partial \boldsymbol{g}_1}{\partial \tau_1}\right)\boldsymbol{\lambda}_1\right] - \frac{\partial \rho h}{\partial t} = 0 \quad (7.3.15)
$$

其中参数向量 $\boldsymbol{\lambda}_1$ 和 $\boldsymbol{\lambda}_2$ 将由状态方程(7.3.12)确定. 对应式(7.3.15)的变分泛函为[9,16]

$$
J(p) = \int_{x_{\text{in}}}^{x_{\text{out}}}\left[\frac{\rho h^3}{24\eta}\left(\frac{\partial p}{\partial x}\right)^2 - \frac{\rho h}{2}(U_1 + U_2)\frac{\partial p}{\partial x}\right.
$$

$$-\frac{\rho h}{2}\left(\frac{\partial \boldsymbol{g}_2^T}{\partial \tau_2}\boldsymbol{\lambda}_2+\frac{\partial \boldsymbol{g}_1^T}{\partial \tau_1}\boldsymbol{\lambda}_1\right)\frac{\partial p}{\partial x}+\frac{\partial(\rho h)}{\partial t}p\Big]dx+q_s p_s \qquad (7.3.16)$$

但这里 q_s 为已知边界质量流量. 至此，粘塑性润滑问题的参变量变分原理可叙述为

$$\left.\begin{aligned}&\min.\quad J(\boldsymbol{p})\\&\text{s.t.}\quad f_j^{(i)}+\nu_j^{(i)}=0\\&\qquad \lambda_j^{(i)}\nu_j^{(i)}=0,\ \lambda_j^{(i)}\geqslant 0,\ \nu_j^{(i)}\geqslant 0\\&\qquad (i=1,2;\ j=1,2)\end{aligned}\right\} \qquad (7.3.17a)$$

对于有发散油楔的润滑问题还要附加一个约束

$$p\geqslant 0 \qquad (7.3.17b)$$

7.3.2 有限元及二次规划求解方法

由于假设在膜厚方向上油膜的各物理量不变，因而润滑膜可分为若干个线单元. 采用与上一节相同的有限元离散化方法，式(7.3.17)可写成

$$\min.\quad J(\boldsymbol{p})=\frac{1}{2}\boldsymbol{P}^T\boldsymbol{K}\boldsymbol{P}-\boldsymbol{P}^T[\boldsymbol{B}\boldsymbol{u}+\boldsymbol{\Phi}\,\boldsymbol{\lambda}-\boldsymbol{W}\dot{\boldsymbol{h}}-\boldsymbol{D}\dot{\boldsymbol{\rho}}-\boldsymbol{q}]$$

$$(7.3.18a)$$

$$\text{s.t.}\quad \boldsymbol{C}\boldsymbol{P}+\boldsymbol{M}\boldsymbol{\lambda}+\boldsymbol{d}-\boldsymbol{\nu}=\boldsymbol{0} \qquad (7.3.18b)$$

$$\boldsymbol{\lambda}^T\boldsymbol{\nu}=0,\ \boldsymbol{\lambda},\boldsymbol{\nu}\geqslant\boldsymbol{0} \qquad (7.3.18c)$$

式中矩阵 $\boldsymbol{K}$,$\boldsymbol{B}$ 和 $\boldsymbol{W}$ 与 §7.2中所给式子基本相同，只是在积分号中加入密度 ρ 罢了，结点值列向量 $\dot{\boldsymbol{h}}$,$\boldsymbol{q}$ 和 $\boldsymbol{p}$ 与上一节完全相同. 其它矩阵和向量也与上一节类似，具体表达式如下

$$\boldsymbol{\Phi}=\sum_{e=1}^{m}\int_{A_e}\frac{\rho h}{2}\frac{\partial \boldsymbol{N}^T}{\partial x}\left(\frac{\partial \boldsymbol{g}_1^T}{\partial \tau_1},\frac{\partial \boldsymbol{g}_2^T}{\partial \tau_2}\right)dx$$

$$\boldsymbol{C}=\sum_{e=1}^{m}\frac{1}{A_e}\int_{A_e}\left[\frac{h}{2}\left(\frac{\partial \boldsymbol{f}_1^T}{\partial \tau_1},-\frac{\partial \boldsymbol{f}_2^T}{\partial \tau_2}\right)^T\frac{\partial \boldsymbol{N}}{\partial x}+ki\boldsymbol{N}\right]dx$$

$$M=\sum_{e=1}^{m}\frac{1}{A_e}\int_{A_e}-\frac{\eta}{h}\left(\frac{\partial f_1^T}{\partial \tau_1},\frac{\partial f_2^T}{\partial \tau_2}\right)^T\left(-\frac{\partial g_1^T}{\partial \tau_1},\frac{\partial g_2^T}{\partial \tau_2}\right)dx$$

$$d=\sum_{e=1}^{m}\frac{1}{A_e}\int_{A_e}\left[\tau_0 i-\frac{\eta}{h}(U_2-U_1)\left(\frac{\partial f_1^T}{\partial \tau_1},\frac{\partial f_2^T}{\partial \tau_2}\right)^T\right]dx$$

$$D=\sum_{e=1}^{m}\int_{A_e}hN^TNdx$$

$$u=(U_{11}+U_{21},U_{12}+U_{22},\cdots,U_{1e}+U_{2e},\cdots,U_{1n}+U_{2n})^T$$

$$\lambda=(\lambda_{11}^{(1)},\lambda_{11}^{(2)},\lambda_{21}^{(1)},\lambda_{21}^{(2)},\cdots,\lambda_{1m}^{(1)},\lambda_{1m}^{(2)},\lambda_{2m}^{(1)},\lambda_{2m}^{(2)})^T$$

$$\dot{\rho}=(\partial\rho_1/\partial t,\partial\rho_2/\partial t,\partial\rho_3/\partial t,\cdots,\partial\rho_{n-1}/\partial t,\partial\rho_n/\partial t)^T$$

其中：$g_1=(g_1^{(1)},g_1^{(2)})^T$，$g_2=(g_2^{(1)},g_2^{(2)})^T$，$f_1=(f_1^{(1)},f_1^{(2)})^T$，$f_2=(f_2^{(1)},f_2^{(2)})^T$；$i$ 为四阶单位列阵.

对式(7.3.18)的求解方法完全类似于对式(7.2.21)的求解，这里不再重复.对于有发散油楔的润滑问题式(7.3.18)第一式还要附加一个约束

$$p\geqslant 0 \tag{7.3.18d}$$

采用 Kuhn-Tucker 条件，P 是式(7.3.18a)在(7.3.18b～d)控制之下取得最优解的充要条件为

$$\left.\begin{array}{l}\begin{Bmatrix}\mu\\ \nu\end{Bmatrix}-\begin{bmatrix}K & -\Phi\\ C & M\end{bmatrix}\begin{Bmatrix}P\\ \lambda\end{Bmatrix}=\begin{Bmatrix}q'\\ d\end{Bmatrix}\\ \begin{Bmatrix}P\\ \lambda\end{Bmatrix}^T\begin{Bmatrix}\mu\\ \nu\end{Bmatrix}=0,\quad \begin{Bmatrix}P\\ \lambda\end{Bmatrix}\geqslant 0,\quad \begin{Bmatrix}\mu\\ \nu\end{Bmatrix}\geqslant 0\end{array}\right\} \tag{7.3.19}$$

其中 μ 为拉格朗日乘子列向量，$q'=q+Wh+D\dot{\rho}-Bu$. 显然只要做一些简单的变量与矩阵代换，式(7.3.19)与(7.2.23)就是等同的，因而完全可以用相同的办法来求解.必须指出，在弹流润滑中，一般 η，ρ 和 h 均与压力 p 有关，因而式(7.3.19)就变成非线性互补问题了.最简单的求解方法是用求解线性互补问题的方法进行迭

代，即首先估计 ρ，η 和 h 的值，求得压力后再修正 ρ，η 和 h，直至达到满意的精度为止．而在一般的流体动力润滑中，ρ，η 和 h 均被认为与压力无关，因而式(7.3.19)就退化为线性互补问题了．

7.3.3 数值算例

例1 图7.10所示的滑块轴承用粘塑性润滑剂（如硅油）润滑．试分析当 $h_{out}=50\mu m$，$h_{in}=55\mu m$，$B=0.1m$，$\tau_0=0.2MPa$，$\eta=0.47Pa.s$ 时轴承界面的滑移特性．

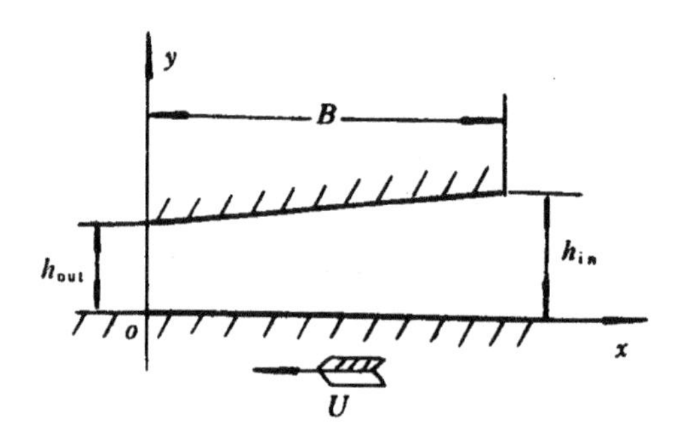

图 7.10 滑块轴承

润滑区被分为40个等距单元．当 $k=0.007$ 时，计算结果表明若滑动速度 $U\leqslant 20m/s$，则轴承界面没有滑移；当 $U>20m/s$ 以后首先在上表面开始滑移；当滑动速度继续增大时下表面也开始发生滑移；速度再增大时上、下界面全部滑移，流体膜动压效应消失．图7.11给出了当滑速 $U=20m/s$ 时的油膜压力、界面剪力和极限剪力．由于界面剪力小于极限剪力，因而没有界面滑移，与牛顿流体计算结果一致．

图7.12和7.13是当 $U=0.22m/s$ 时的计算结果．与过去对一般的流体润滑计算相反，速度由20m/s 增大到22m/s 并没有使油膜压力升高，反而由于界面滑移的存在使油膜压力略有下降．

图7.14和7.15是当 $U=23.4m/s$ 和 $U=23.5m/s$ 时的计算结

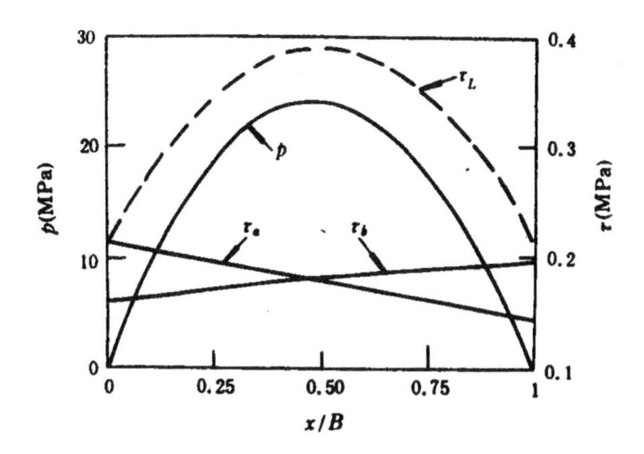

图 7.11 油膜压力与界面剪力($U=20$m/s,$k=0.007$)

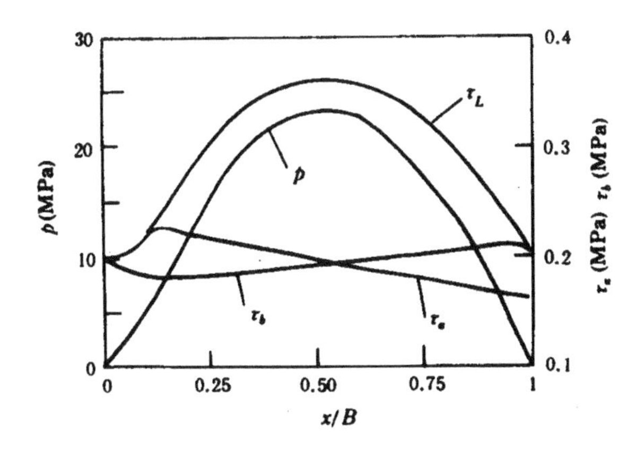

图 7.12 油膜压力与界面剪力($U=22$m/s,$k=0.007$)

果,这些结果几乎出人意料. 与图7.12相比,图7.14的油膜压力降低了两个数量级;上、下界面滑移从左、右两个方面刚刚达到对接状态. 当$U=23.5$m/s 时(图7.15),上、下界面的滑移迅速遍及整

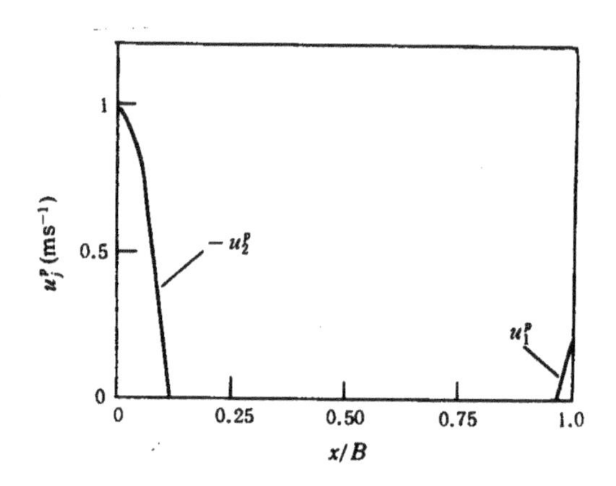

图 7.13 界面滑移速度($U=22\mathrm{m/s}, k=0.007$)

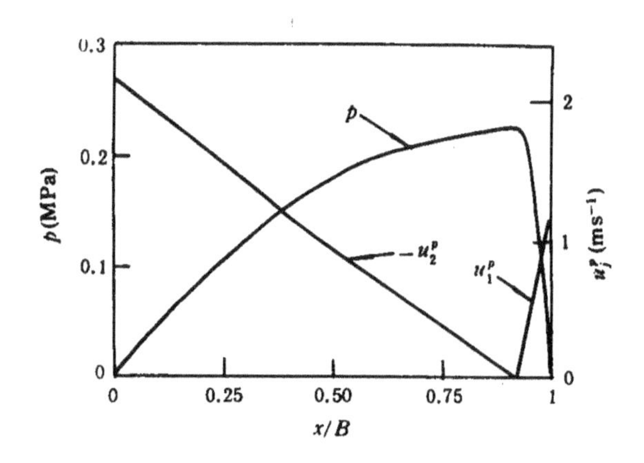

图 7.14 油膜压力与界面滑移速度($U=23.4\mathrm{m/s}, k=0.007$)

个表面，此时油膜压力基本消失，所残存的一点点微压可能是由于计算数值误差所致. 这时上、下界面上的剪力在幅值上均等于 τ_0，显然速度 U 和初始极限剪力 τ_0 对轴承的润滑特性影响显著.

图7.16和图7.17是不同 k 值时所计算的油膜压力和界面滑移速度，当 $k=0.1$ 时没有界面滑移，当 $k=0$ 和0.001时只有上表面产

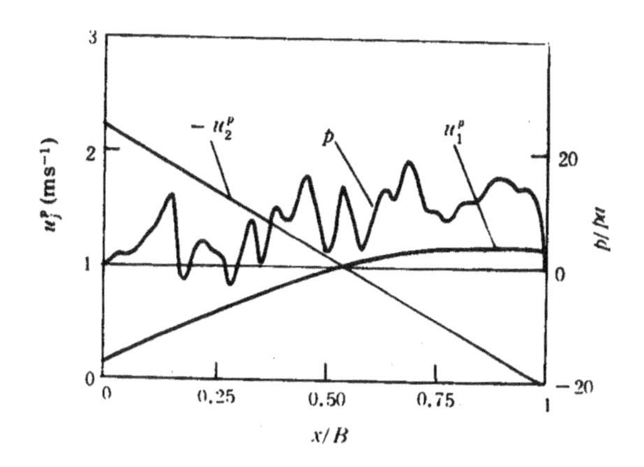

图　7.15　油膜压力与界面滑移速度(U=23.5m/s，k=0.007)

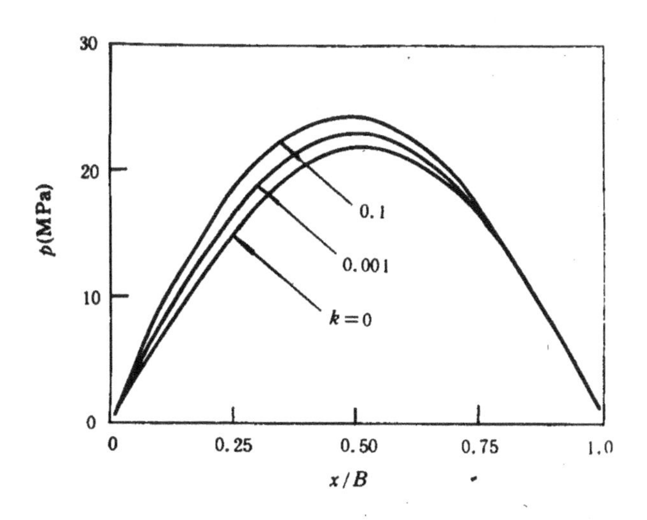

图　7.16　不同k值时的油膜压力(U=20m/s)

生了一点界面滑移.显然k值的大小对界面滑移及油膜力影响不大.

由无量纲分析可知，当轴承油膜几何参数确定之后，无量纲参

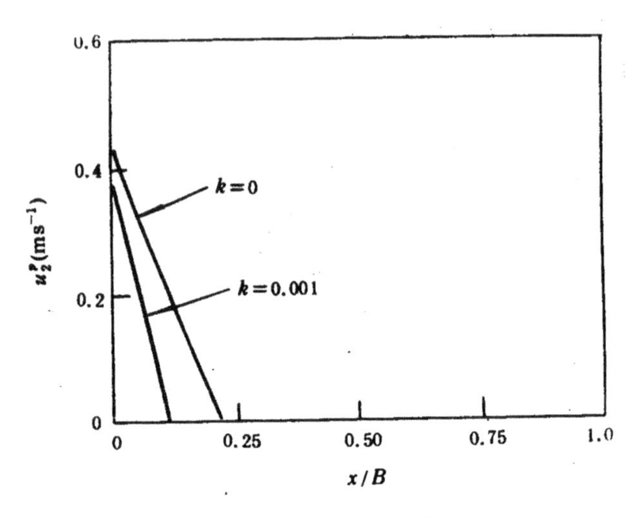

图 7.17 不同k值时的界面滑移速度($U=20\mathrm{m/s}$)

数$\eta U/\tau_0 h_{in}$将决定着轴承界面的滑移特性.由于普通矿物油的τ_0值一般在(1～10)MPa 量级[8],因而滑移极限速度很高.

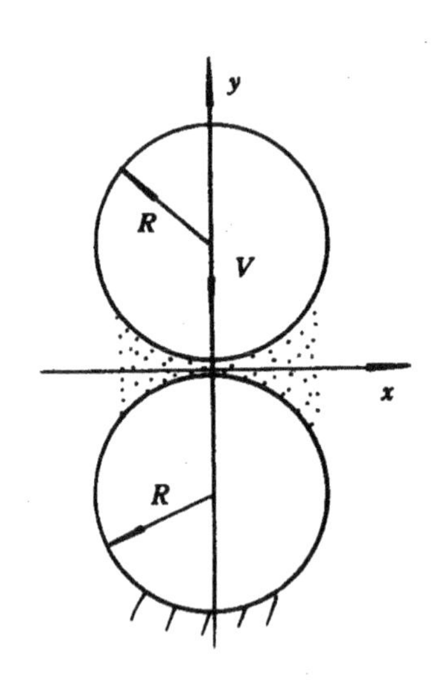

图 7.18 弹流挤压

关于图7.15中压力消失的力学分析可参阅文献[17].当在轴承上、下两个表面全部发生反向界面滑移时,$\tau_1=\tau_2=\tau_L$.由式(7.3.7)可知在润滑区内$\tau_2-\tau_1=h\dfrac{\partial p}{\partial x}\equiv 0$,又因为$h\neq 0$,必有$\dfrac{\partial p}{\partial x}\equiv 0$,由于两个边界压力均为零,在润滑区内必有$p=0$.因而若在轴承上、下两个表面全部发生反向界面滑移时(滑移方向相反),轴承将没有动压效应.

例2　半径均为 $R=25.4\text{mm}$ 的两个无限长弹性圆柱以匀速 $V=0.4\text{mm/s}$ 相对挤压，中间用粘塑性润滑剂润滑，如图7.18所示. 圆柱材料的综合弹性常数 $E'=228.3\text{GPa}$. 润滑剂粘度服从指数定律 $\eta=\eta_0e^{\alpha p}$，其中基础粘度 $\eta_0=47\text{Ns/m}$，压粘系数 $\alpha=2.19\times10^{-8}\text{Pa}^{-1}$，$\tau_0=0.2\text{MPa}$，$k=0.007$.

油膜厚度可写成[9,13]

$$h(x)=h_0+\frac{x^2}{R}+\delta(x)$$

其中 h_0 为中心油膜厚度，$\delta(x)$ 为圆柱表面的相对弹性变形

$$\delta(x)=-\frac{2}{\pi E'}\int_{x_{\text{in}}}^{x_{\text{out}}}p(x)\ln(\xi-x)^2dx$$

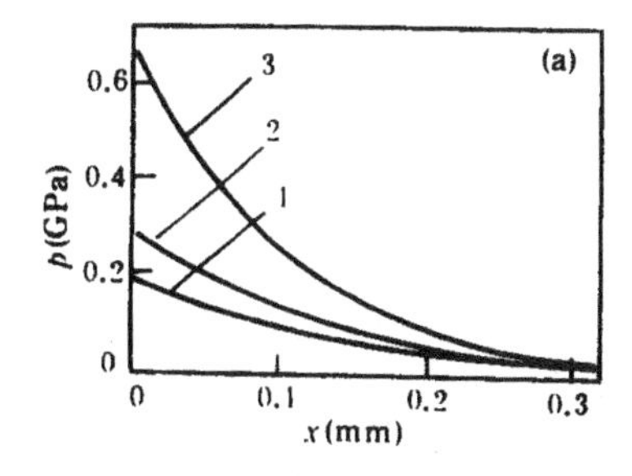

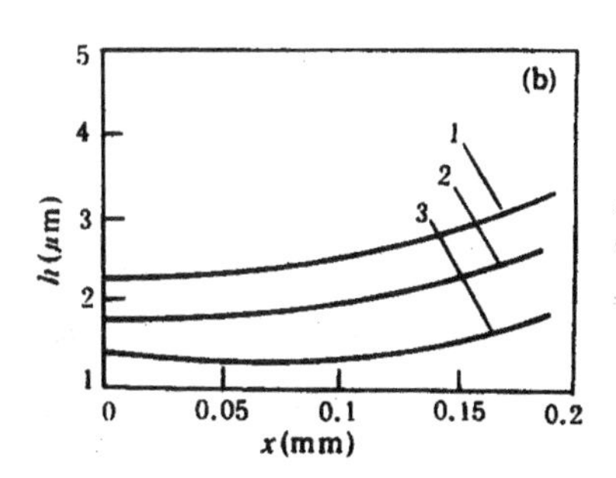

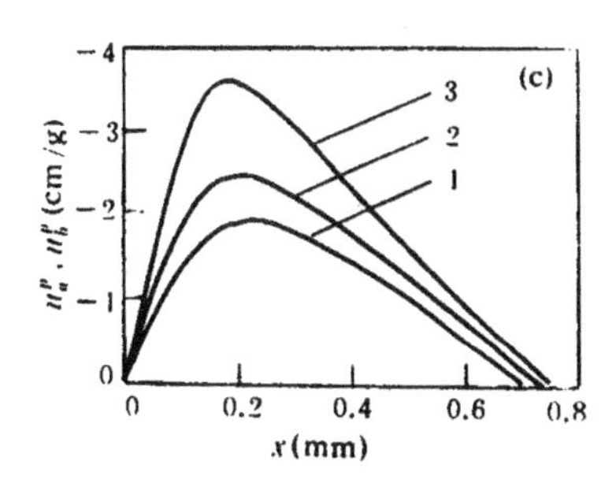

图　7.19

(a)油膜压力　(b)油膜厚度　(c)界面滑移速度

(1. $h_0=2.3\mu\text{m}$; 2. $h_0=1.8\mu\text{m}$; 3. $h_0=1.4\mu\text{m}$)

由于润滑剂粘度和圆柱表面弹性变形均为油膜压力的函数，因此这是一个强非线性问题. 不考虑密度的变化，压粘关系、固体表面弹性变形则采用迭代方法满足. 由于问题的对称性，只研究右半部分. 在本算例中采用下面迭代收敛准则

$$\sum_{i=1}^{n}|p_i^l - p_i^{l-1}| \Big/ \sum_{i=1}^{n}|p_i^l| \leqslant 0.001$$

式中 l 为第 l 次迭代，n 为总结点数. 一般只需4～6次迭代即可满足上述收敛判据. 本算例将润滑区（右半部分）分成50个单元（$n=51$），为了提高精度，在接近中心点处单元被加密. 分析区域宽为1.7mm（$0\leqslant x\leqslant 1.7$mm）.

计算结果示于图7.19(a)～(c). 当存在界面滑移时，油膜压力远远小于对应的无滑移情况[18]，但中心点压力峰比无界面滑移时要尖.

§7.4 双线性流变润滑问题

双线性流变润滑剂是近代电流变机敏轴承的重要润滑材料[19,20]. 其本构关系如图7.20所示. 屈服应力 τ_0 与施加的电场强度成正比，因而轴承的特性可以通过外加电场来控制. 这种轴承具有许多普通滑动轴承所无法比拟的优异性能. 此外在超高温轴承中，为了提高流体的热稳定性，近年来国外已开始在流体润滑剂中加入适量的固体润滑剂[21]，这种混合润滑剂具有典型的双线性流变关系.

但是，双线性流变润滑问题至今只有文献[22]提出的有限元及其参数二次规划求解方法较为有效. 在此之前只能采用 Bingham 流变模型、双曲线流变模型或牛顿模型来近似[21,23]，误差太大. 即使对于 Bingham 流变模型，文献[23]提出的差分法及其穷举迭代技术也只能适用于半 Sommerfeld 和全 Sommerfeld 压力边界条件，并且求解公式太多，太复杂.

本节介绍的有限元及其数学规划求解方法不但适用于一般的

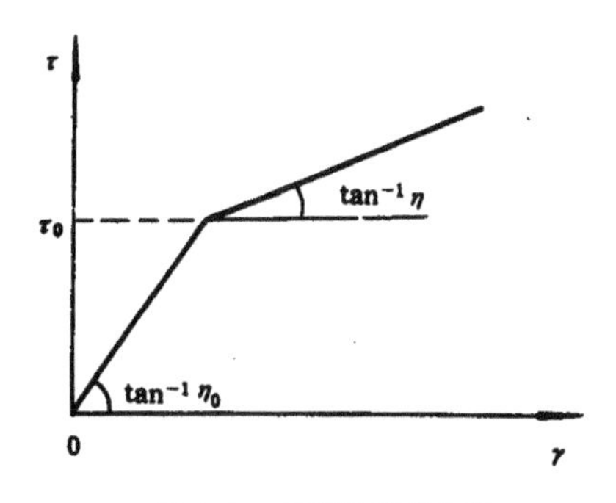

图 7.20　双线性流变关系

双线性流变润滑问题分析，而且当 $\eta_0 \gg \eta$ 时若 τ_0 较小即退化为 Bingham 流变模型；若 τ_0 较大又退化为粘塑性流变模型. 此外当 $\tau_0 = 0$ 时，双线性流变模型退化为粘度为 η 的牛顿模型；当 $\tau_0 \to \infty$ 时又退化为粘度为 η_0 的牛顿模型.

7.4.1　双线性本构状态方程

在二维流动情况下（一维 Reynolds 方程），图7.20所示的双线性流变关系可以写成如下形式（参见图7.21）

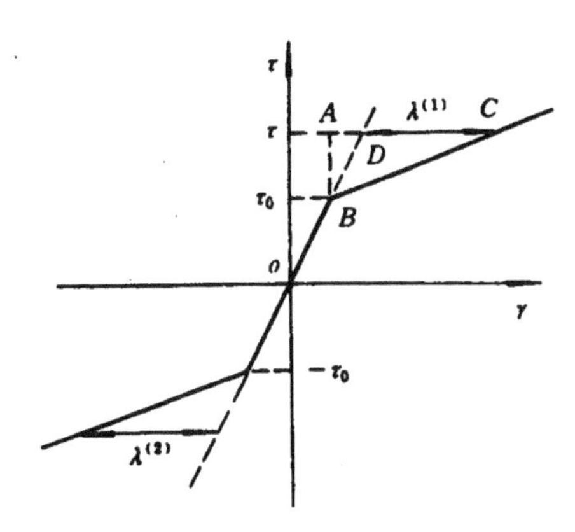

图 7.21　控制变量几何关系

$$\tau = \eta_0(\dot{\gamma} - \lambda^{(1)} + \lambda^{(2)}) \tag{7.4.1}$$

其中 $\lambda^{(1)}$ 和 $\lambda^{(2)}$ 称为本构控制变量，满足下列关系：

(a) $\lambda^{(1)}>0$ 如果 $\tau>\tau_0$，及 $\lambda^{(1)}=0$ 如果 $\tau\geqslant\tau_0$；

(b) $\lambda^{(2)}>0$ 如果 $\tau<-\tau_0$，及 $\lambda^{(2)}=0$ 如果 $\tau\geqslant-\tau_0$；

(c) $\lambda^{(1)}\lambda^{(2)}=0$，$\lambda^{(1)}\geqslant0$，$\lambda^{(2)}\geqslant0$.

由图7.21可知当 $\tau>\tau_0$ 时

$$\begin{aligned}\lambda^{(1)} &= AC - AD \\ &= (\tau - \tau_0)/\eta - (\tau - \tau_0)/\eta_0 \\ &= (\tau - \tau_0)\frac{\xi - 1}{\xi\eta}\end{aligned} \tag{7.4.2}$$

类似地当 $\tau<-\tau_0$ 时

$$\lambda^{(2)} = -(\tau-\tau_0)\frac{\xi-1}{\xi\eta} \tag{7.4.3}$$

其中 $\xi=\eta_0/\eta$.

由式(7.4.1)～(7.4.3)消去 τ 可得屈服函数

$$\left.\begin{aligned}f^{(1)}=\frac{1}{1-\xi}\lambda^{(1)}+(\dot{\gamma}-\lambda^{(1)}+\lambda^{(2)})-\frac{\tau_0}{\xi\eta}\leqslant0 \\ f^{(2)}=\frac{1}{1-\xi}\lambda^{(2)}-(\dot{\gamma}-\lambda^{(1)}+\lambda^{(2)})-\frac{\tau_0}{\xi\eta}\leqslant0\end{aligned}\right\} \tag{7.4.4}$$

屈服函数 $f^{(i)}$ 和控制变量 $\lambda^{(i)}(i=1,2)$ 有如下关系：

(a)若 $\lambda^{(i)}=0$，$f^{(i)}<0$；

(b)若 $\lambda^{(i)}>0$，$f^{(i)}=0$.

对于平面问题，平衡微分方程 (7.3.2)对 y 积分一次得到

$$\tau=\frac{\partial p}{\partial x}y+C_1 \tag{7.4.5}$$

将式(7.4.1)代入式(7.4.5)，并注意 $\dot{\gamma}=\frac{\partial u}{\partial y}$，得到

$$\frac{\partial u}{\partial y}=\frac{1}{\xi\eta}\frac{\partial p}{\partial x}y+\frac{C_1}{\xi\eta}+\lambda^{(1)}-\lambda^{(2)} \tag{7.4.6}$$

再对式(7.4.6)积分可得

$$u(x,y)=\frac{1}{2\xi\eta}\frac{\partial p}{\partial x}y^2+\frac{C_1}{\xi\eta}y+\int_0^y(\lambda^{(1)}-\lambda^{(2)})dy+C_2 \tag{7.4.7}$$

由边界条件(§7.1假设(6)) $u_{y=0}=U_1$ 和 $u_{y=h}=U_2$ 可确定积分常数

$$C_1=\frac{U_2-U_1}{h}\xi\eta_0-\frac{h}{2}\frac{\partial p}{\partial x}-\frac{\xi\eta}{h}\int_0^h(\lambda^{(1)}-\lambda^{(2)}) \tag{7.4.8}$$

$$C_2=U_1 \tag{7.4.9}$$

因而将式(7.4.8)和(7.4.9)代入式(7.4.7)和(7.4.6)可以得到沿 x 方向的速度分布

$$\begin{aligned}u(x,y)=&\frac{1}{2\xi\eta}\frac{\partial p}{\partial x}(y^2-hy)+\frac{U_2-U_1}{h}y+U_1\\&+\int_0^y(\lambda^{(1)}-\lambda^{(2)})dy-\frac{y}{h}\int_0^h(\lambda^{(1)}-\lambda^{(2)})dy\end{aligned} \tag{7.4.10}$$

和剪切应变率

$$\begin{aligned}\dot{\gamma}(x,y)=&\frac{1}{2\xi\eta}\frac{\partial p}{\partial x}(2y-h)+(U_2-U_1)/h+\lambda^{(1)}-\lambda^{(2)}\\&-\frac{1}{h}\int_0^h(\lambda^{(1)}-\lambda^{(2)})dy\end{aligned} \tag{7.4.11}$$

将方程(7.4.11)代入式(7.4.4)并引入松弛变量 $\nu^{(1)}$ 和 $\nu^{(2)}$ 得

$$\left.\begin{aligned}&\frac{1}{1-\xi}\lambda^{(1)}+\frac{1}{2\xi\eta}(2y-h)\frac{\partial p}{\partial x}+\frac{U_2-U_1}{h}\\&\qquad-\frac{1}{h}\int_0^h(\lambda^{(1)}-\lambda^{(2)})dy-\frac{\tau_0}{\xi\eta}+\nu^{(1)}=0\\&\frac{1}{1-\xi}\lambda^{(2)}-\frac{1}{2\xi\eta}(2y+h)\frac{\partial p}{\partial x}-\frac{U_2-U_1}{h}\\&\qquad-\frac{1}{h}\int_0^h(\lambda^{(1)}-\lambda^{(2)})dy-\frac{\tau_0}{\xi\eta}+\nu^{(2)}=0\\&\lambda^{(i)}\cdot\nu^{(i)}=0,\ \lambda^{(i)}\geqslant 0,\ \nu^{(i)}\geqslant 0\end{aligned}\right\} \tag{7.4.12}$$

式(7.4.12)称为双线性流变润滑问题的本构状态方程，又称为本构控制方程.

7.4.2 Reynolds 方程及其变分泛函

假设流体等密等粘，将式(7.4.10)代入(7.2.15)，完成积分并整理得到双线性流变润滑问题的 Reynolds 方程如下：

$$
\frac{\partial}{\partial x}\left(\frac{h^3}{12\xi\eta}\frac{\partial p}{\partial x}\right)=\frac{1}{2}\frac{\partial}{\partial x}[h(U_1+U_2)]+\frac{\partial h}{\partial t}
+\frac{\partial}{\partial x}\left[\int_0^h\int_0^y(\lambda^{(1)}-\lambda^{(2)})\,dydy\right]-\frac{h}{2}\int_0^h(\lambda^{(1)}-\lambda^{(2)})dy \tag{7.4.13}
$$

其变分泛函为

$$
J(p)=\int_{x_{\text{in}}}^{x_{\text{out}}}\left[\frac{h^3}{24\xi\eta}\left(\frac{\partial p}{\partial x}\right)^2-\frac{h}{2}(U_1+U_2)\frac{\partial p}{\partial x}+\frac{\partial h}{\partial x}p\right]dx+q_s p_s
-\int_{x_{\text{in}}}^{x_{\text{out}}}\left[\int_0^h\int_0^y(\lambda^{(1)}-\lambda^{(2)})dydy
-\frac{h}{2}\int_0^h(\lambda^{(1)}-\lambda^{(2)})dy\right]\frac{\partial p}{\partial x}dx \tag{7.4.14}
$$

其中的控制变量 $\lambda^{(1)}$ 和 $\lambda^{(2)}$ 将由状态方程(7.4.12)来确定.

在润滑区有发散油楔的情况下，变分式(7.4.14)还要附加一个约束：$p\geqslant 0$. 到此，双线性流变润滑问题的参变量变分原理可以完整地用数学语言叙述如下.

求压力 p，使得

$$
\left.\begin{aligned}
&\min.\ J(p)\\
&\text{s.t.}\quad f^{(i)}(p,\partial p/\partial x,\xi,\lambda^{(1)},\lambda^{(2)},x,y)+\nu^{(i)}=0\\
&\qquad\ \lambda^{(i)}\nu^{(i)}=0,\ \lambda^{(i)}\geqslant 0,\ \nu^{(i)}\geqslant 0,\ (i=1,2)\\
&\qquad\ p\geqslant 0
\end{aligned}\right\} \tag{7.4.15}
$$

7.4.3 有限元离散及参数二次规划算法

由于假设油膜压力在 y 方向为常数，因而对于平面问题压力单元可以采用线单元.但是由于控制变量$\lambda^{(i)}(x,y)$是x和y的函数,又必须采用平面单元.为了加以区别,前者称为压力单元,后者称为子单元或本构控制单元.假设每个压力单元中含有r个子单元,而每个子单元只有一种屈服状态,即控制变量$\lambda^{(i)}$在同一个子单元中为常数.如果润滑区被分为m个压力单元,那么将有$m\times r$个子单元或本构控制单元.采用下列无量纲参数

$$X=x/B,\ Y=y/h_{\min},H=h/h_{\min},T=tU_r/B,\ \Lambda^{(i)}=\lambda^{(i)}h_{\min}/U_r$$

$$P=ph_{\min}^2/(\eta BU_r),\ Q=q_s/(U_rh_{\min}),\ U_r=U_1|_{x=0}+U_2|_{x=0}$$

$$U_1^*=U_1/U_r,\ U_2^*=U_2/U_r,\ U=U_1^*+U_2^*,\ \dot{H}=\partial H/\partial T$$

$$V^{(i)}=\nu^{(i)}h_{\min}/U_r.$$

对式(7.4.15)进行有限元离散,并引入拉格朗日乘子向量$\boldsymbol{L}$,得到下列无量纲形式的带互补约束的极值问题

$$\left.\begin{aligned}&\min.\ J(P)=\frac{1}{2}PKP-P^T[BU-W\dot{H}-Q+\Phi\Lambda]-l^TP\\&\text{s.t.}\quad CP+M\Lambda+F+V=0\\&\qquad V^T\Lambda=0,V\geqslant0,\Lambda\geqslant0\\&\qquad L^TP=0,\ L\geqslant0,\ P\geqslant0\end{aligned}\right\}\quad(7.4.16)$$

其中有关无量纲矩阵和向量如下:

$$[K]=\sum_{e=1}^{m}\int_{L_e}\frac{H^3}{12\xi}\frac{\partial N^T}{\partial X}\frac{\partial N}{\partial X}dX$$

$$[B]=\sum_{e=1}^{m}\int_{L_e}\frac{H}{2}\frac{\partial N^T}{\partial X}NdX$$

$$[W]=\sum_{e=1}^{m}\int_{L_e}N^TNdX$$

当在膜厚方向(y向)采用等距节点时

$$[\Phi]=\sum_{e=1}^{m}\int_{L_e}\frac{\partial N^T}{\partial X}[\Phi_e,-\Phi_e]dX$$

$$[\Phi_e]=[\Phi_{e1},\Phi_{e2},\cdots,-\Phi_{er}]$$

$$\Phi_{ej}=\left(\frac{r}{2}-j+1\right)H_e^2/r^2$$

$$[C]=\sum_{e=1}^{m}\int_{L_e}\begin{bmatrix}C_e\\ \\ -C_e\end{bmatrix}\frac{\partial N}{\partial X}dX$$

$$[C_e]=[C_{e1},C_{e2},\cdots,C_{er}]^T$$

$$C_{ej}=\left(\mathring{Y}_{ej}-\frac{\mathring{H}_e}{2}\right)$$

其中$\mathring{Y}_{ej}$是第 e 个压力单元中第 j 个子单元的形心 Y 坐标，$\mathring{H}_e$ 是对应于形心的无量纲膜厚(见图7.22)，L_e 为第 e 个压力单元的无量纲长度

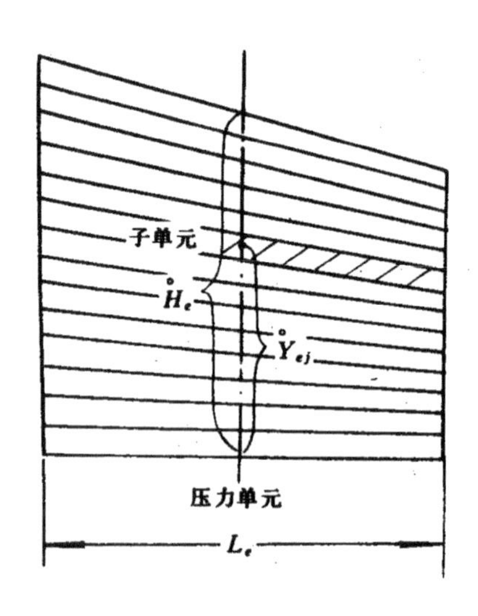

图 7.22 无量纲压力单元及其子单元

$$[M]=\sum_{e=1}^{m}\left[\begin{array}{c:c}\frac{1}{1-\xi}E_e-\frac{1}{r}I_e & \frac{1}{r}I_e \\ \cdots\cdots & \cdots\cdots \\ \frac{1}{r}I_e & \frac{1}{1-\xi}E_e-\frac{1}{r}I_e\end{array}\right].$$

其中 E_e 为只有对角线元素为1其余元素为零的 $r\times r$ 阶方阵，I_e 是每个元素均为1的 $r\times r$ 阶方阵.

$$\{F\}=\sum_{e=1}^{m}\begin{bmatrix}F_e\\ F'_e\end{bmatrix},\quad \{F\}=\left(\frac{U_2^*-U_1^*}{H_e}-\frac{\tau_o h_{\min}}{\xi\,\eta U_r}\right)[1,1,\cdots,1]^T$$

$$\{F'_e\}=\left(-\frac{U_2^*-U_1^*}{H_e}-\frac{\tau_o h_{\min}}{\xi\,\eta U_r}\right)[1,1,\cdots,1]^T$$

$$\{\Lambda\}=\{\Lambda_{11}^{(1)},\cdots,\Lambda_{1r}^{(1)},\Lambda_{11}^{(2)}\cdots,\Lambda_{1r}^{(2)},\cdots,\Lambda_{m1}^{(1)},\cdots,\Lambda_{mr}^{(1)},\cdots,\Lambda_{m1}^{(2)},\cdots,\Lambda_{mr}^{(2)}\}$$

在问题(7.4.16)中设 $\partial J(p)/\partial p=0$，得到下列线性互补问题

$$\left.\begin{array}{l}\begin{bmatrix}M & C\\ \Phi & -K\end{bmatrix}\begin{Bmatrix}\Lambda\\ P\end{Bmatrix}+\begin{Bmatrix}V\\ L\end{Bmatrix}=\begin{Bmatrix}-F\\ Q'\end{Bmatrix}\\ \Lambda^T V=0,\ V\geqslant 0,\ \Lambda\geqslant 0\\ L^T P=0,\ L\geqslant 0,\ P\geqslant 0\end{array}\right\}\qquad(7.4.17)$$

其中 $\boldsymbol{Q}'=\boldsymbol{BU}-\boldsymbol{Q}-\boldsymbol{W}\dot{\boldsymbol{H}}$，$\boldsymbol{V}$ 为与 Λ 对应的互补松弛向量，L 为与 $\boldsymbol{P}$ 对应的互补向量，$\boldsymbol{U}$ 为 U 的节点值列向量，$\boldsymbol{Q}$ 为 Q 的节点值列向量.

7.4.4 双线性流变滑动轴承润滑分析

图7.21所示滑动轴承，用双线性本构润滑剂润滑，内轴颈以角速度 ω 转动. 油膜厚度[13] $h=C(1+\varepsilon\cos\theta)$，无量纲膜厚 $H=(1+\varepsilon\cos\theta)/(1-\varepsilon)$，其中 ε 为偏心率 $\varepsilon=e/C$，e 为偏心距，$C=R_0-R_i\leqslant R_0\approx R$ 为半径间隙，取内轴颈表面所在位置为 $y=0$，$x=\theta R$.

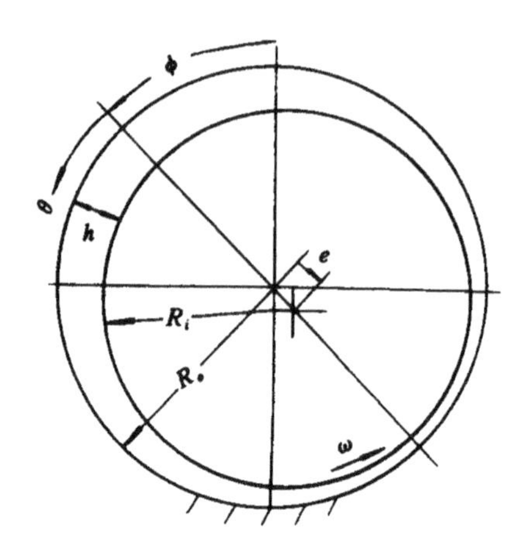

图 7.23 径向滑动轴承

首先采用半 Sommerfeld 边界条件分析了当 $\varepsilon=0.8$时的压力分布及润滑区的屈服情况. 在区间 $\theta=0\sim\pi$ 内划分了30个等距压力单元，31个压力节点，在膜厚方向上划分了14个子单元，这样系统共有30×14=420个子单元或控制单元，31×15=465个子结点. 为了与 Tichy[23]对 Bingham 流体润滑时的差分穷举迭代分析计算结果相比较，计算结果以 Tichy 无量纲参数给出. Tichy 的无量纲参数为 $\tau_0^*=\dfrac{\tau_0 C}{\eta\omega R}=\dfrac{\tau_0 h_{\min}}{\eta_0 U}\dfrac{\eta_0}{\eta(1-\varepsilon)}$，$p^*=\dfrac{pc^2}{\eta\omega R}=\dfrac{\pi}{(1-\varepsilon)^2}p$.

由图7.24可见，在其他条件不变的情况下，当 η_0增大时，压力减小. 当 $\xi=\eta_0/\eta=100$时，压力分布与 Tichy 的 Bingham 流变模型分析解相当一致，此时双线性流变模型已退化为 Bingham 流变模型；当 $\tau_0^*=0$时双线性流变模型又退化为牛顿流变模型.

其次采用 Reynolds 压力边界条件分析了轴承的压力分布及屈服情况，这是以前任何其它穷举法分析解所做不到的，这是本构非线性与自由边界问题的组合非线性问题. 图7.25给出了本文求得的在 Reynolds 压力边界条件和半 Sommerfeld 压力边界条件下

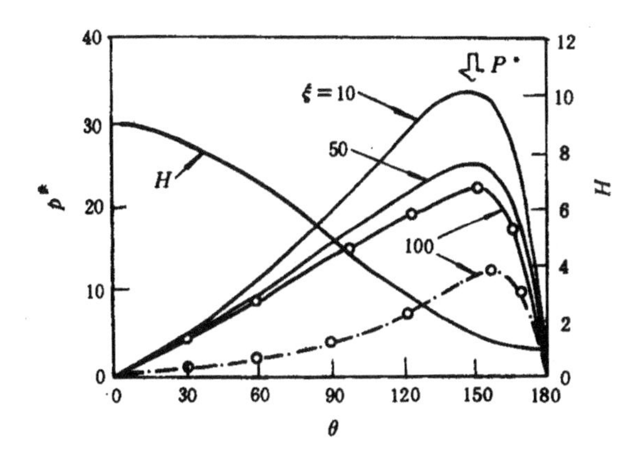

图 7.24 半 Sommerfeld 无量纲压力分布

—$\tau_0^*=10$，-·-$\tau_0^*=0$，∘ Tichy 分析解[23]

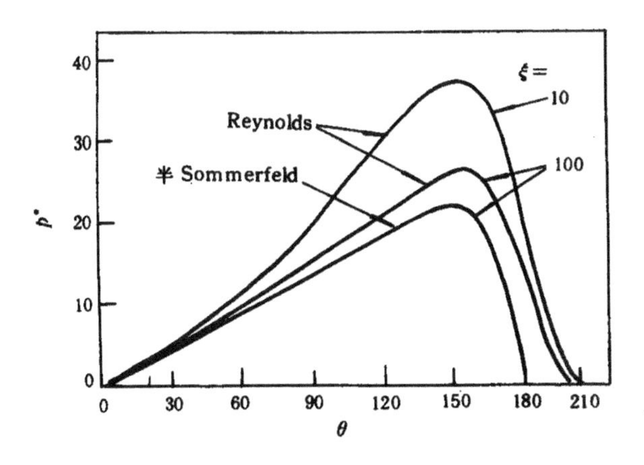

图 7.25 Reynolds 与半 Sommerfeld 边界条件的无量纲压力分布比较($\tau_0^*=10$)

的压力分布比较. Reynolds 边界条件的求解区域为 $\theta=0\sim228°$，压力单元为38个，系统共有38×14＝532个子单元(见图7.24). 由

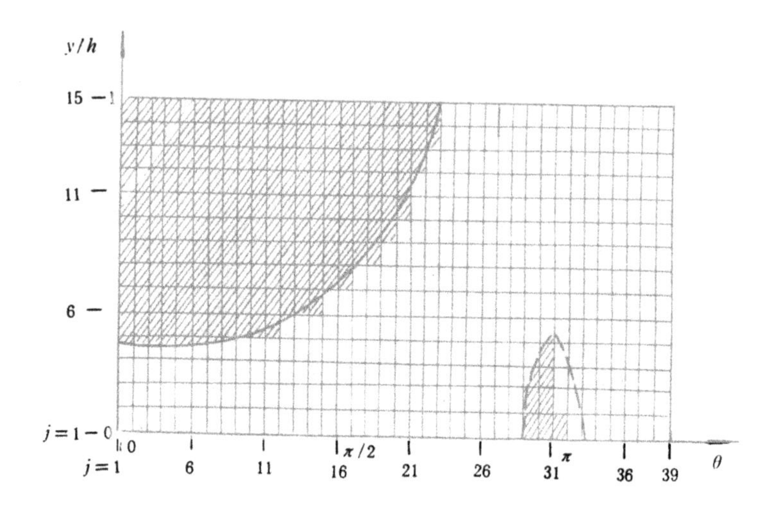

图 7.26 Reynolds 与半 Sommerfeld 压力边界条件的有"核"屈服区($\xi=100$)，▨半 Sommerfeld 条件有核子单元，▤Reynolds 条件有核子单元，——全 Sommerfeld 条件的屈服边界[23]

图7.22可以看出采用与实际相符的 Reynolds 边界条件所得到的压力分布与采用半 Sommerfeld 边界条件所得到的结果之间存在较大误差.

图7.26给出了当$\xi=100$，$\varepsilon=0.8$时润滑区的屈服情况，并与 Tichy 采用全 Sommerfeld 压力边界条件得到的理想 Bingham 流变模型的迭代分析解进行了比较. 由于全 Sommerfeld 边界条件得到的压力分布是反对称的，而屈服情况是对称的，所以以上各图中只给出了 Tichy 结果的左半部分，即半 Sommerfeld 边界条件所得到的结果. 显然，当采用半 Sommerfeld 边界条件时，本文的有限元参数二次规划解与 Tichy 的分析解已基本一致. 但在入口区 Reynolds 边界条件得到的屈服区($|\tau|>\tau_0$)略有减小，有核区($|\tau|<\tau_0$)略有增大. 而在油膜出口区却恰恰相反.

图7.27和图7.28分别给出了半 Sommerfeld 边界条件和 Reynolds 边界条件下沿θ方向的速度分布. 在截面$\theta=0$和$\theta=\dfrac{\pi}{2}$

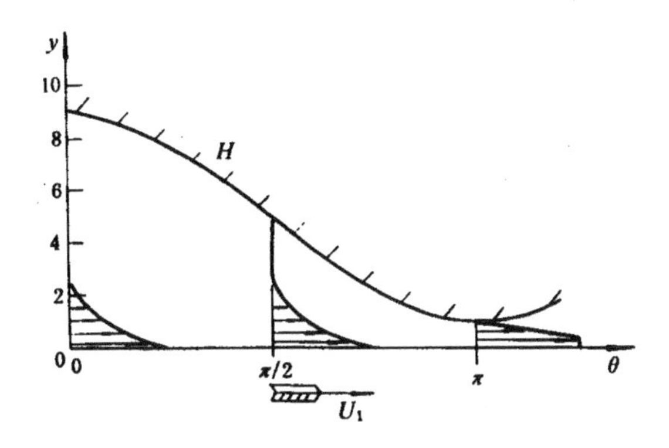

图 7.27 半 Sommerfeld 边界条件的速度分布
($\xi=100, \tau_0^*=10$)

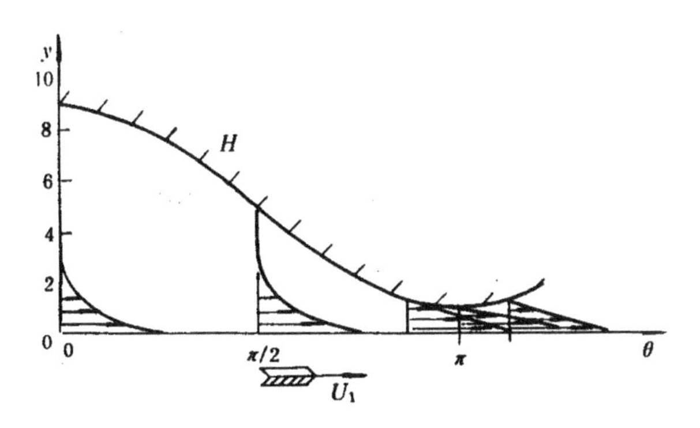

图 7.28 Reynolds 边界条件的速度分布
($\xi=100, \tau_0^*=10$)

上两种边界条件下的速度分布非常接近．但在出口区却略有不同．

参 考 文 献

[1] Reynolds, O., On the theory of lubrication and its application to Mr. Beauchamp

Tower's experiments, including an experimental determination of the viscosity of oil, Phil. Trans. Roy. Soc., 177:157—234, 1986.

[2] 霍林 J. 著,上海交通大学摩擦学研究室译,摩擦学原理,北京:机械工业出版社,1981.

[3] Beavers, G. S. and Joseph, D. D., Boundary conditions at a naturally permeable wall, Journal of Fluid Mechanics, 30, 197—207, 1967.

[4] Kaneta, M. et al., Observation of wall slip in elastohydrodynamic lubrication, ASME:Journal of Tribology, 112,447—452, 1990.

[5] Strozzi, A., Formulation of three lubrication problems in terms of complementarity, Wear, 104,103—119,1985.

[6] Jacobson, B. O. Hamrock, B. J. Non-newtonian fluid model incorporated into elastohydrodynamic lubrication of rectangular contacts, ASME:Journal of Tribology, 106,275—282,1984.

[7] 吴承伟,钟万勰,钱令希,孙苏明,润滑力学中的参变量变分原理—— 一维单面边界速度滑移问题,大连理工大学学报,32(1),22—29,1992.

[8] Bair, S. and Winer, W. O., Shear strength measurements of lubricants at high pressure, ASME, Ser. F, 101,251—256, 1979.

[9] Huebner, K. H., The Finite Element Method for Engineers, Wiley, New York, 1975.

[10] 吴承伟,郑林庆,油膜负压及粗糙表面油膜承载机理的研究,机械工程学报,25(3),19—23, 1989.

[11] 吴承伟,郑林庆,关于雷诺方程气穴边界条件的若干问题,润滑与密封,22,10—14,1988.

[12] 吴承伟,孙红新. Reynolds 边界条件润滑问题的有限元二次规划解,第五届全国摩擦学学术会议论文集,中国·武汉,1992.

[13] Cameron, A., Basic Lubrication Theory, 3rd Ed., Ellis Horwood Ltd., 1981.

[14] 杰克逊,B. O. 著,集中接触的润滑剂流变学,《八十年代摩擦学》,林子光等译,航空航天出版社,1988,333—345.

[15] 吴承伟,钱令希,钟万勰,固液界面滑移问题的参变量变分法,第五届全国摩擦学学术会议论文集,中国·武汉,1992.

[16] Wu C. W., et al., Parametric Variational Principle of Viscoplastic Lubrication Model, ASME Ser. F, 114,731—735,1992.

[17] 吴承伟,胡令臣,界面滑移与油膜破裂,大连理工大学学报,33(1),1993.

[18] Herrebrugh, K., Elastohydrodynamic squeeze films between two cylinders in normal approach, ASME Ser. F, 93,292—302, 1970.

[19] Dimarogonas, A., Electrorheological fluid-controlled "smart" journal bearings,

STLE Annual Meeting, 1990.

[20] Morishita, S., and Mitsui, J., Squeez film damper as an application of electrorheological fluid, Proc. 3rd Int. Conf. on Rotordynamics, Lyon, France, 1990.

[21] Dareing, D. W. and Dayton, R. D., Non-Newtonian behavior of power lubricants mixed with ethylene glycol, STLE, Tribology Trans., 35, 114—120, 1992.

[22] 吴承伟,双线性流变润滑力学的数学规划分析,力学学报(英文版),2, 1993.

[23] Tichy, J. A., Hydrodynamic lubrication theory for the Bingham plastic flow model, Journal of Rheology, 85, 477—496, 1991.

第八章　其它工程结构分析

本章介绍参变量变分原理及有限元参数二次规划法在复合材料失效过程分析，刚性有限元的弹塑性分析，轴承接触问题分析以及钢筋混凝土断裂问题分析中的应用.

§8.1　复合材料失效分析[3]

8.1.1　非连续线弹性问题的参变量变分原理

非连续线弹性问题的参变量变分原理与弹塑性接触等一类边界待定的边值问题的参变量变分原理在具体解法上有所区别. 这是因为非连续线弹性体的本构关系在临界应力状态前后的间断性. 为了说明这一问题，首先让我们来看一个非连续线弹性桁架结构.

桁架结构如图 8.1 所示，其中各杆件本构关系如图 8.2 所示. 设各杆具有最大极限应变 $\varepsilon_c=1$，亦即当 $\varepsilon_i>1$ 时(i 代表杆号)杆 i 发生断裂. 设 $EA_1=1$，$EA_2=8\sqrt{3}/a$，$EA_3=10/\sqrt{2}$，$\theta_1=60°$，$\theta_2=45°$，$L=1$. 由于结构的对称性，F 点只能发生垂直位移. 设此位移值为 δ，记 λ_i 为第 i 杆断裂后，结点 F 继续发生的应变在 i 杆轴线上的投影，记 δ_i 为 F 点的总位移 δ 在杆轴方向投影，l_i 为第 i 杆的长度，则第 i 杆的本构方程可写成

$$\sigma_i=E(1-\text{sign}(\lambda_i))\cdot\varepsilon_i \tag{8.1.1}$$

$$\delta_i=\lambda_i l_i\leqslant l_i\varepsilon_c,\ \lambda_i\geqslant 0 \tag{8.1.2}$$

式中

$$\text{sign}\ \lambda_i=\begin{cases}1 & \lambda_i>0\ \text{时}\\ 0 & \lambda_i=0\ \text{时}\\ -1 & \lambda_i<0\ \text{时}\end{cases} \tag{8.1.3}$$

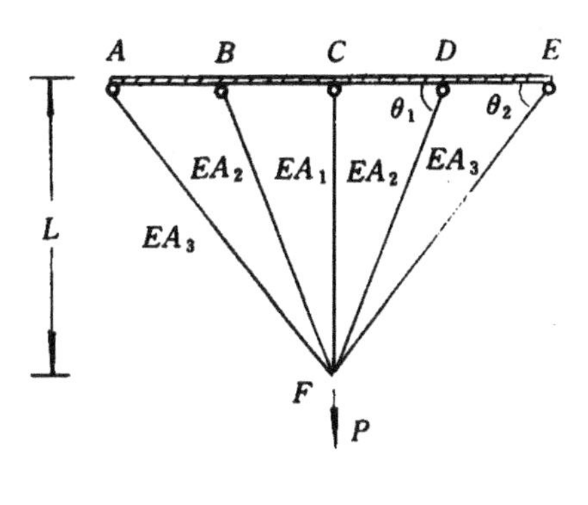

图 8.1

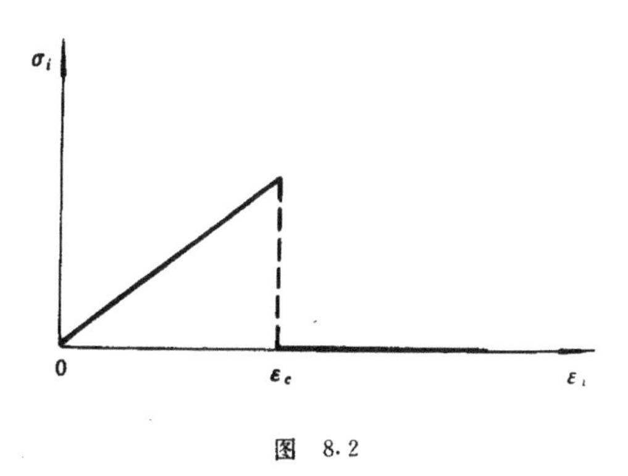

图 8.2

将式(8.1.1),(8.1.2)写成更一般的形式为

$$\boldsymbol{\sigma}=\boldsymbol{D}(\boldsymbol{\lambda})\boldsymbol{\varepsilon} \tag{8.1.4}$$

这里 $\boldsymbol{\lambda}$ 为参变量(控制变量),且满足

$$\left.\begin{aligned}&\boldsymbol{f}(\boldsymbol{\varepsilon},\boldsymbol{\lambda})+\boldsymbol{\nu}=0\\&\boldsymbol{\nu}^T\boldsymbol{\lambda}=0,\ \boldsymbol{\nu}\geqslant 0,\ \lambda\geqslant 0\end{aligned}\right\} \tag{8.1.5}$$

这里 $\boldsymbol{\nu}$ 为松弛变量. 式(8.1.4),(8.1.5)表示非连续线弹性问题的

本构方程．这样该问题的边值问题基本方程与式(4.2.27)～(4.2.30)是完全一致的，只是本构关系方程为式(8.1.4)，(8.1.5)的形式(无 S_c 边界条件)．

非连续线弹性问题的参变量变分最小势能原理：

在所有满足应变-位移关系(4.2.87)和几何边界条件(4.2.30)的可能位移场中，真实解使总势能泛函

$$\Pi_{19}[\lambda(\cdot)] = \int_{\Omega} \frac{1}{2}\varepsilon^T D(\lambda)\varepsilon d\Omega - \int_{\Omega} b^T u d\Omega - \int_{S_p} \bar{p}^T u dS \tag{8.1.6}$$

在非连续线弹性本构方程(8.1.5)的控制下取总体最小值．

仿照本书第二至四章有关原理的证明，这个原理可以简单地得到证明．只是注意到 $\boldsymbol{D}(\boldsymbol{\lambda})$ 应保持具有对称性就可以了，故不再给出具体的证明过程．

应用上述原理，再看看图 8.1 给出的例子，则可写出总势能表达式

$$\Pi_{19} = \frac{1}{2}\delta^2 EA_1[1-\mathrm{sign}(\lambda_1)] + \frac{3\sqrt{3}}{8}\delta^2 EA_2[1-\mathrm{sign}(\lambda_2)] + \frac{\sqrt{2}}{4}\delta^2 EA_3[1-\mathrm{sign}(\lambda_3)] - P\delta \tag{8.1.7}$$

由 $\delta\Pi_{19}=0$ 可得

$$8\delta\text{-}\mathrm{sign}(\lambda_1)\delta - 2\mathrm{sign}(\lambda_2)\delta - 5\mathrm{sign}(\lambda_3)\delta = P \tag{8.1.8}$$

将控制方程(8.1.2)写成式(8.1.5)的形式并展开有

$$\left.\begin{aligned} &\nu_1-\lambda_1+\delta=1 \\ &\nu_2-\lambda_2+\frac{3}{4}\delta=1 \\ &\nu_3-\lambda_3+\frac{1}{2}\delta=1 \\ &\lambda_i\nu_i=0,\ \lambda_i,\ \nu_i\geqslant 0,\ i=1,2,3 \end{aligned}\right\} \tag{8.1.9}$$

由此可以看到，Π_{19} 在式 (8.1.5)约束下的极小化问题构成一

个变系数的二次规划问题，即对式(8.1.8)，(8.1.9)的联合求解问题. 对这一问题的求解，同样可以采用§1.4中介绍的二步算法来进行，但由于式(8.1.8)中有关系数的特殊性，因而应对已有的算法作进一步的修改. 结合此例，我们对这一修改算法做一说明. 将荷载 P 一次增加到 $P=9.5$，将式(8.1.8)，(8.1.9)列成表8.1，其中 $S_i=\delta\mathrm{sign}(\lambda_i)$，$i=1,2,3$.

表 8.1

基底	ν_1	ν_2	ν_3	λ_1	λ_2	λ_3	δ	P	S_1	S_2	S_3
ν_1	1	0	0	−1	0	0	1	1	0	0	0
ν_2	0	1	0	0	−1	0	$\frac{3}{4}$	1	0	0	0
ν_3	0	0	1	0	0	−1	$\frac{1}{2}$	1	0	0	0
	0	0	0	0	0	0	8	9.5	−1	−2	−5

前两步算法的第一步，使 δ 进基(先不考虑 S_i)，得表8.2.

表 8.2

基底	ν_1	ν_2	ν_3	λ_1	λ_2	λ_3	δ	P	S_1	S_2	S_3
ν_1	1	0	0	−1	0	0	0	$-\frac{3}{16}$	$\frac{1}{8}$	$\frac{1}{4}$	$\frac{5}{8}$
ν_2	0	1	0	0	−1	0	0	$\frac{7}{64}$	$\frac{3}{32}$	$\frac{3}{16}$	$\frac{15}{32}$
ν_3	0	0	1	0	0	−1	0	$\frac{13}{32}$	$\frac{1}{16}$	$\frac{1}{8}$	$\frac{5}{16}$
δ	0	0	0	0	0	0	1	$\frac{19}{16}$	$-\frac{1}{8}$	$-\frac{1}{4}$	$-\frac{5}{8}$

由表8.2可知，当取 $\lambda_i(i=1,2,3)=0$ 时，最不利材料将为 $i=1$ 号杆，它表示应首先使 ν_1 退基，λ_1 进基. 为表示方便，没有进一

步给出人工变量(实际上当读者阅读过§1.4中内容后,这部分将是很熟悉的了),得表8.3.

表 8.3

基底	ν_1	ν_2	ν_3	λ_1	λ_2	λ_3	δ	P	S_1	S_2	S_3
λ_1	-1	0	0	1	0	0	0	$\frac{3}{16}$	$-\frac{1}{8}$	$-\frac{1}{4}$	$-\frac{5}{8}$
ν_2	0	1	0	0	-1	0	0	$-\frac{7}{64}$	$-\frac{3}{32}$	$-\frac{3}{16}$	$\frac{15}{32}$
ν_3	0	0	1	0	0	-1	0	$\frac{13}{32}$	$\frac{1}{16}$	$\frac{1}{8}$	$\frac{5}{16}$
δ	0	0	0	0	0	0	1	$\frac{19}{16}$	$-\frac{1}{8}$	$-\frac{1}{4}$	$-\frac{5}{8}$

由于λ_1进基表示杆件1首先失效,此时S_1对应的系数将发生作用,将表8.3所示的互补问题进行修改,将S_1列与δ对应列相加,得表8.4

表 8.4

基底	ν_1	ν_2	ν_3	λ_1	λ_2	λ_3	δ	P	S_1	S_2	S_3
λ_1	-1	0	0	1	0	0	$-\frac{1}{8}$	$\frac{3}{16}$	0	$-\frac{1}{4}$	$-\frac{5}{8}$
ν_2	0	1	0	0	-1	0	$\frac{3}{32}$	$\frac{7}{64}$	0	$\frac{3}{16}$	$\frac{15}{32}$
ν_3	0	0	1	0	0	-1	$\frac{1}{16}$	$\frac{13}{32}$	0	$\frac{1}{8}$	$\frac{5}{16}$
	0	0	0	0	0	0	$\frac{7}{8}$	$\frac{19}{16}$	0	$-\frac{1}{4}$	$-\frac{5}{18}$

对表8.4所示问题,再次对δ进基,得表8.5.

表 8.5

基底	ν_1	ν_2	ν_3	λ_1	λ_2	λ_3	δ	P	S_1	S_2	S_3
λ_1	-1	0	0	1	0	0	0	$\frac{5}{14}$	0	$-\frac{4}{14}$	$-\frac{5}{7}$
ν_2	0	1	0	0	-1	0	0	$-\frac{1}{56}$	0	$\frac{3}{14}$	$\frac{15}{28}$
ν_3	0	0	1	0	0	-1	0	$\frac{9}{28}$	0	$\frac{1}{7}$	$\frac{5}{14}$
δ	0	0	0	0	0	0	1	$\frac{19}{14}$	0	$-\frac{2}{7}$	$-\frac{5}{7}$

由 P 对应列不难看出，下一步应是 ν_2 离基，λ_2 进基了，由表 8.6 表示.

表 8.6

基底	ν_1	ν_2	ν_3	λ_1	λ_2	λ_3	δ	P	S_1	S_2	S_3
λ_1	-1	0	0	1	0	0	0	$\frac{5}{14}$	0	$-\frac{4}{14}$	$-\frac{5}{7}$
λ_2	0	-1	0	0	-1	0	0	$\frac{1}{56}$	0	$-\frac{3}{14}$	$-\frac{15}{28}$
ν_3	0	0	1	0	0	-1	0	$\frac{9}{28}$	0	$\frac{1}{7}$	$\frac{5}{14}$
δ	0	0	0	0	0	0	1	$\frac{19}{14}$	0	$-\frac{2}{7}$	$-\frac{5}{7}$

下一步应将 S_2 与 δ 列合并了. 则使 δ 退基，得表 8.7.

再一步，使 δ 进基，得表 8.8.

由于表 8.8 中 P 对应列元素全部大于零，故到此我们已得到了原问题的解，为

表 8.7

基底	ν_1	ν_2	ν_3	λ_1	λ_2	λ_3	δ	P	S_1	S_2	S_3
λ_1	-1	0	0	1	0	0	$-\frac{2}{7}$	$\frac{5}{14}$	0	0	$-\frac{5}{7}$
λ_2	0	-1	0	0	1	0	$-\frac{3}{14}$	$\frac{1}{56}$	0	0	$-\frac{15}{28}$
ν_3	0	0	1	0	0	-1	$\frac{1}{7}$	$\frac{9}{28}$	0	0	$\frac{5}{14}$
	0	0	0	0	0	0	$\frac{5}{7}$	$\frac{19}{14}$	0	0	$-\frac{5}{7}$

表 8.8

基底	ν_1	ν_2	ν_3	λ_1	λ_2	λ_3	δ	P	S_1	S_2	S_3
λ_1	-1	0	0	1	0	0	0	0.9	0	0	-1
λ_2	0	-1	0	0	1	0	0	0.425	0	0	$-\frac{3}{4}$
ν_3	0	0	1	0	0	-1	0	0.05	0	0	$\frac{1}{2}$
δ	0	0	0	0	0	0	1	1.9	0	0	-1

$$\left.\begin{array}{lll}\lambda_1=0.9, & \lambda_2=0.425, & \lambda_3=0.0 \\ \nu_1=0.0, & \nu_2=0.0, & \nu_3=0.05 \\ \delta=1.9 & & \end{array}\right\} \tag{8.1.10}$$

这说明图 8.1 所示结构在荷载 $P=9.5$ 作用下,DF,CF 及 BF 杆均失效. F 点的垂直位移为 $\delta=1.9$. 由上面的例子可以看到，对本节建立的非连续线弹性问题参数二次规划算式，仍可用 Lemke 算法进行求解，只是当某一随动应变 λ_i 进基时，需将记录下来的 $S_i(\partial\mathrm{sign}(\lambda_i))$ 相应的列叠加到系数矩阵中来. 由于该规划问题中约束方程的特殊性质，换基运算实际上只是将相应的行乘一个负号.

有了参数变分原理，我们可以方便地构造相应的有限元分析列式，在非连续线弹性问题中，控制方程的 $\boldsymbol{f}(\boldsymbol{\varepsilon},\boldsymbol{\lambda})$ 是这样构造的

$$\boldsymbol{f}(\boldsymbol{\varepsilon},\boldsymbol{\lambda})=\boldsymbol{f}(\boldsymbol{\varepsilon})-\boldsymbol{\lambda} \tag{8.1.11}$$

一般 $\boldsymbol{f}(\boldsymbol{\varepsilon})$ 是刚度降级判别函数. $\boldsymbol{f}(\boldsymbol{\varepsilon})$ 可以是线性的，也可以是非线性的. 当 $\boldsymbol{f}(\boldsymbol{\varepsilon})$ 是 $\boldsymbol{\varepsilon}$ 的线性函数时，参数二次规划求解只需一个增量步（不考虑卸载）便可完成. 当 $\boldsymbol{f}(\boldsymbol{\varepsilon})$ 是 $\boldsymbol{\varepsilon}$ 的非线性函数时，可以采取增量算法进行求解.

设已求得第 n 个载荷步下的系统中的各参量，此时系统的总应变为 $\boldsymbol{\varepsilon}^n$，对该系统施加第 $n+1$ 个荷载增量 $d\overline{\boldsymbol{P}}$，相应地系统的应力、应变及位移的增量记为 $\boldsymbol{d\sigma},\boldsymbol{d\varepsilon},\boldsymbol{du}$，由式(8.1.4)有

$$d\boldsymbol{\sigma}=\boldsymbol{D}(\boldsymbol{\lambda})-(\boldsymbol{\sigma}^n-\boldsymbol{D}(\lambda)\boldsymbol{\varepsilon}^n) \tag{8.1.12}$$

将式(8.1.11)中的 $\boldsymbol{f}(\boldsymbol{\varepsilon})$ 按 $\boldsymbol{\varepsilon}^n$ 做一阶 Taylor 展开，有

$$\boldsymbol{f}(\boldsymbol{\varepsilon}^n+d\boldsymbol{\varepsilon})=\boldsymbol{f}(\boldsymbol{\varepsilon}^n)+(\partial\boldsymbol{f}/\partial\boldsymbol{\varepsilon})^T d\boldsymbol{\varepsilon} \tag{8.1.13}$$

记

$$\boldsymbol{r}=(\partial\boldsymbol{f}/\partial\boldsymbol{\varepsilon})^T\big|_{\boldsymbol{\varepsilon}=\boldsymbol{\varepsilon}^n} \tag{8.1.14}$$

则式(8.1.5)成为

$$\left.\begin{array}{l}\boldsymbol{f}(\boldsymbol{\varepsilon}^n)+\boldsymbol{r}d\boldsymbol{\varepsilon}-\boldsymbol{\lambda}+\boldsymbol{\nu}=0\\ \lambda\boldsymbol{\nu}^T=0,\ \lambda\geqslant 0,\ \nu\geqslant 0\end{array}\right\} \tag{8.1.15}$$

由式(8.1.6)得

$$\Pi_{19}[\lambda(\cdot)]=\Pi_0(\varepsilon^n)+\int_\Omega\left[\frac{1}{2}d\varepsilon^T D(\lambda)d\varepsilon+\varepsilon^{n^T}D(\lambda)d\varepsilon\right]d\Omega$$

$$-\int_{S_p}(\overline{P}^n+d\overline{P})^T dudS \tag{8.1.16}$$

实际上，基于式(8.1.6)给出的非连续线弹性问题的参变量最小势能原理，我们可以构造对应的余能原理和分区参变量变分原理，利用§2.4中介绍的方法，是不难构造的. 这样就可以利用式(8.1.16)进行有限元方程的构造了.

对物体 Ω 进行有限元网格划分，单元总数为 N_E，自由度总数为 N_u，每个单元所占区域为 $\Omega_e(e=1,2,\cdots,N_E)$. 不失一般性，设有 N_p 个单元为非连续线弹性单元，$N_p\leqslant N_E$，每个单元有一种本构状态，本构方程个数为 mfe 个，那么，系统一共有 $mf=\sum_{e=1}^{N_p}mfe$ 个状态方程，由式(8.1.15)可写成

$$\left.\begin{aligned}&\int_{\Omega}(f_\alpha^e(\boldsymbol{\varepsilon}^n)+\boldsymbol{\nu}_\alpha^e d\boldsymbol{\varepsilon})d\Omega-\int_{\Omega_e}\lambda_\alpha^e d\Omega+\int_{\Omega_e}\nu_\alpha^e d\Omega=0\\&\nu_\alpha^e\lambda_\alpha^e=0,\ \nu_\alpha^e\geqslant 0,\ \lambda_\alpha^e\geqslant 0\\&\alpha=1,2,\cdots,mfe,\ e=1,2,\ \cdots,\ N_p\end{aligned}\right\} \tag{8.1.17}$$

式中

$$\boldsymbol{\nu}_\alpha^e=\left(\frac{\partial f_\alpha}{\partial \boldsymbol{\varepsilon}}\right)^T \tag{8.1.18}$$

由于在单元 Ω_e 内 λ_α^e、ν_α^e 均为常数，令 A 为单元的体积(或面积)，则式(8.1.17)可进一步写成

$$\left.\begin{aligned}&\frac{1}{A}\int_{\Omega_e}[f_\alpha^e(\boldsymbol{\varepsilon}^n)+\boldsymbol{\nu}_\alpha^e d\boldsymbol{\varepsilon}]d\Omega-\lambda_\alpha^e+\nu_\alpha^e=0\\&\boldsymbol{\nu}_\alpha^e\cdot\lambda_\alpha^e=0,\ \boldsymbol{\nu}_\alpha^e,\ \lambda_\alpha^e\geqslant 0\end{aligned}\right\} \tag{8.1.19}$$

在单元 Ω_e 上对 $d\boldsymbol{u}^e$，$d\boldsymbol{\varepsilon}^e$ 用节点位移增量 $d\hat{\boldsymbol{u}}^e$ 进行插值，有

$$d\boldsymbol{u}^e=\boldsymbol{N}^e d\hat{\boldsymbol{u}}^e,\ d\boldsymbol{\varepsilon}^e=\boldsymbol{B}^e d\hat{\boldsymbol{u}}^e \tag{8.1.20}$$

将式(8.1.20)代入式(8.1.16)，并注意对单元求和得

$$\Pi_{20}[\lambda(\cdot)]=\Pi_0^n+d\boldsymbol{u}^T\boldsymbol{K}(\lambda)d\boldsymbol{u}+\boldsymbol{u}^{n^T}\boldsymbol{K}(\lambda)d\boldsymbol{u}$$

$$-(\hat{\boldsymbol{p}}^n+d\hat{\boldsymbol{P}})^T d\hat{\boldsymbol{u}} \tag{8.1.21}$$

式中

$$\boldsymbol{K}(\lambda)=\sum_{e=1}^{N_p}\int_{\Omega_e}\boldsymbol{T}_e^{e^T}\boldsymbol{B}^{e^T}D(\lambda)\boldsymbol{B}^{e^T}\boldsymbol{T}_e^e d\Omega$$

$$+\sum_{e=N^p+1}^{N_E}\int_{\Omega_e}\boldsymbol{T}_e^{e^T}\boldsymbol{B}^{e^T}\boldsymbol{D}\boldsymbol{B}^{e^T}\boldsymbol{T}_e^e d\Omega\in R^{Nu\times Nu} \tag{8.1.22}$$

$$d\hat{p}=\sum_{e=1}^{N_E}\int_{S_p^e}\boldsymbol{T}_e^{e^T}\boldsymbol{N}^{e^T}d\bar{\boldsymbol{p}}dS\in R^{Nu\times 1} \tag{8.1.23}$$

式(8.1.22),(8.1.23)中有关参量请参阅§3.1中的有关说明. 同理对式(8.1.19)离散有

$$\left.\begin{aligned}&\boldsymbol{C}d\hat{\boldsymbol{u}}-\boldsymbol{\lambda}-\boldsymbol{d}+\boldsymbol{\nu}=0\\&\boldsymbol{\nu}^T\boldsymbol{\lambda}=0,\ \boldsymbol{\nu},\boldsymbol{\lambda}\geqslant 0\end{aligned}\right\} \tag{8.1.24}$$

式中

$$\boldsymbol{c}=\sum_{e=1}^{N_p}\frac{1}{A_e}\int_{\Omega_e}\boldsymbol{T}_\lambda^{e^T}\boldsymbol{\nu}^e\boldsymbol{B}^e\boldsymbol{T}_e^e d\Omega\in R^{mJ\times N_u} \tag{8.1.25}$$

$$\boldsymbol{d}=-\sum_{e=1}^{N_p}\frac{1}{Ae}\int_{\Omega_e}\boldsymbol{T}_\lambda^{e^T}\boldsymbol{f}^e(\boldsymbol{\varepsilon}^n)d\Omega\in R^{mJ\times 1} \tag{8.1.26}$$

这样第 $n+1$ 个荷载增量步的节点位移 $d\hat{\boldsymbol{u}}$ 的求解可由下式求得

$$\left.\begin{aligned}&\text{min.}\quad \Pi_{20}\\&\text{s.t.}\quad \boldsymbol{c}d\hat{\boldsymbol{u}}-\boldsymbol{\lambda}-\boldsymbol{d}+\boldsymbol{\nu}=0\\&\qquad \boldsymbol{\nu}^T.\boldsymbol{\lambda}=0,\ \boldsymbol{\nu},\boldsymbol{\lambda}\geqslant 0\end{aligned}\right\} \tag{8.1.27}$$

式(8.1.27)立即可以转化为下面互补问题的求解

$$\left.\begin{aligned}&\begin{Bmatrix}\boldsymbol{\nu}\\0\end{Bmatrix}+\begin{bmatrix}-\boldsymbol{I}&\boldsymbol{C}\\0&\boldsymbol{K}(\lambda)\end{bmatrix}\begin{Bmatrix}\boldsymbol{\lambda}\\d\hat{\boldsymbol{u}}\end{Bmatrix}=\begin{Bmatrix}\boldsymbol{d}\\d\hat{p}-\hat{\boldsymbol{p}}^n-\boldsymbol{K}(\lambda)\hat{\boldsymbol{u}}^n\end{Bmatrix}\\&\boldsymbol{\nu}^T.\boldsymbol{\lambda}=0.\ \boldsymbol{\nu}^T,\boldsymbol{\lambda}\geqslant 0\end{aligned}\right\} \tag{8.1.28}$$

其中 $\boldsymbol{I}$ 为单位矩阵.

式(8.1.28)的求解途径是这样的：式(8.1.28)与标准线性规划互补问题的区别主要在于刚度矩阵 $\boldsymbol{K}$ 是参变量 $\boldsymbol{\lambda}$ 的函数，我们可将 $\boldsymbol{K}(\lambda)$ 分解成两部分

$$\boldsymbol{K}(\lambda)=\boldsymbol{K}+\boldsymbol{K}'(\mathrm{sign}(\lambda)) \tag{8.1.29}$$

其中

$$\mathrm{sign}(\lambda)=\begin{cases}1 & \lambda_i>0 \\ 0 & \lambda_i=0 \quad i=1,2,\cdots,mf \\ -1 & \lambda_i<0\end{cases} \tag{8.1.30}$$

这样式(8.1.28)就化成

$$\left.\begin{array}{l}\begin{Bmatrix}\nu \\ 0\end{Bmatrix}+\begin{bmatrix}-\boldsymbol{I} & \boldsymbol{C} \\ 0 & \boldsymbol{K}+\boldsymbol{K}'(\mathrm{sign}(\lambda))\end{bmatrix}\begin{Bmatrix}\boldsymbol{\lambda} \\ d\hat{\boldsymbol{u}}\end{Bmatrix}=\begin{Bmatrix}\boldsymbol{d} \\ d\hat{\boldsymbol{p}}+\hat{\boldsymbol{p}}'^{n}-\boldsymbol{K}'(\mathrm{sign}(\boldsymbol{\lambda}))\cdot\hat{\boldsymbol{u}}^{n}\end{Bmatrix} \\ \boldsymbol{\nu}^{T}\boldsymbol{\lambda}=0,\ \boldsymbol{\nu},\boldsymbol{\lambda}\geqslant 0\end{array}\right\} \tag{8.1.31}$$

其中

$$\hat{\boldsymbol{p}}'^{n}=\hat{\boldsymbol{p}}^{n}-\boldsymbol{K}\hat{\boldsymbol{u}}^{n} \tag{8.1.32}$$

于是可采用两步算法，但要做适当的修正. 在进行第一步算法时，以 $\boldsymbol{K}$ 为枢轴进行 $d\hat{\boldsymbol{u}}$ 的进基，相应的 $\mathrm{sign}(\lambda_i)\cdot d\hat{u}_i$，$\mathrm{sign}(\lambda_i)\cdot\hat{u}_i^n$ 也进行变换(参见本节图 8.1 例的求解过程)，然后进行第二步算法；在进行第二步算法时，将不断寻求 $\boldsymbol{\lambda}$ 的进基量，当第 λ_i 进基后，应对 $\boldsymbol{K}$ 阵进行修改(即此时 $\mathrm{sign}(\lambda_i)$ 值存在)，同时右端项也应根据这种变化修改；修改之后将又回到第一步算法的执行之中，这样循环递归，不断地进行离基与进基，直至不再有 $\boldsymbol{\lambda}$ 进基为止.

有了上述有限元算法列式，我们就可以分析材料的局部失效和极限强度等问题了. 作为本小节的结束，我们再给出一个算例.

例 8.1　非均质材料悬臂梁失效过程分析.

在图 8.3 中,给出了悬臂梁的有限元网格划分模式. 对于 10 及 12 号单元,取最大允许主应变为 $\varepsilon_c=0.001$,对其它单元取 $\varepsilon_c=0.01$,这相当于表明 10,12 单元为材料的薄弱部位. 材料的弹性模量 $E=2\times10^6$, $\mu=0.3$, 表 8.9 给出了数值计算结果.

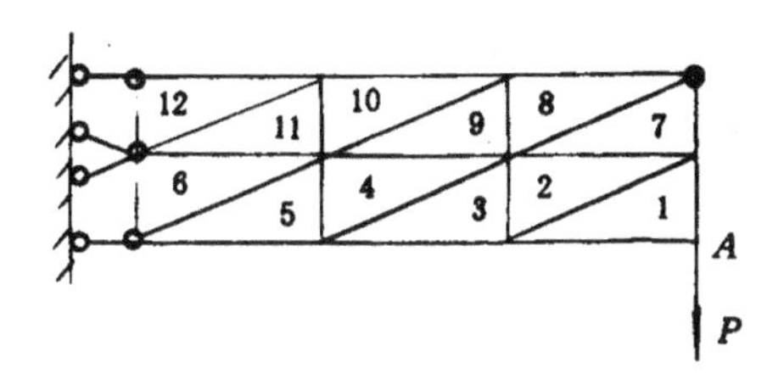

图 8.3

表 8.9

加载步	1	2	3	4	5	6	7
载荷步长	400	400	200	200	200	200	200
A 点垂直位移(×10)	2.63	5.26	7.54	9.83	12.1	15.7	19.3
失效情况			单元 12 最大主应力方向失效	单元 12 完全失效	单元 10 最大主应力方向失效		

8.1.2 纤维基体界面失效问题分析

在复合材料力学研究当中,纤维基体界面问题是一个非常活跃的研究领域. 这是因为界面的结构与状态决定着复合材料的整体力学物理性能. 对这一问题的研究,材料科学家已经做了大量有意义的工作. 从力学角度来看,界面的失效是一个裂纹在多相介质中的扩展问题,断裂力学尚未很好地解决这一问题. 因为对界面失效过程的数值模拟是较为困难的一项工作.

复合材料的界面具有传递和阻断双重效应,因此对不同基体,纤维组成的复合材料存在着最佳界面粘合问题. 把这个问题当作优化问题来处理，则设计变量可选用表征界面粘结强弱的物理量，即界面的剪切强度和界面的抗剪韧性.在已有的实验工作成绩的基础上，一般可以得出这样的结论：对基体剪切强度较高的复合材料，界面粘结强度太高反而会使复合材料拉伸强度降低；当界面强度较低时，复合材料断口较粗糙，有纤维拔出.

复合材料基体和纤维之间的界面，相对整体来说尺寸很小，但它们的剪切刚度和强度可以测定，因此可以采用联结单元模拟界面，如图 8.4 所示.界面的破坏则可当作脆性断裂来处理[86].所以，联结单元符合非连续线弹性本构模型，其失效准则及刚度降级准则为

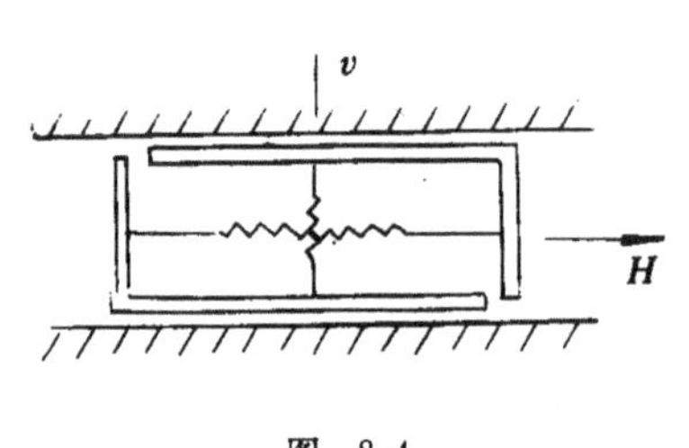

图 8.4

$$若\ \varepsilon_H > X_{HT}，则\ K_H = 0 \tag{8.1.33}$$

$$若\ \varepsilon_V > X_{VT}，则\ K_V = 0 \tag{8.1.34}$$

其中：ε_V 和 ε_H 分别为纤维基体之间的相对法向应变和切向应变.而 X_{VT}和 X_{HT}是法向应变和切向应变的临界值.

对于基体和纤维自身而言，根据实验结果，也认为它们是各向同性非连续线弹性体，相应的失效准则和刚度降级准则可叙述如下：

在总体坐标下，设单元弹性矩阵为

$$\boldsymbol{D} = \frac{1}{1-\mu^2}\begin{bmatrix} E & \mu E & 0 \\ \mu E & E & 0 \\ 0 & 0 & G \end{bmatrix} \tag{8.1.35}$$

采用最大主应变失效判据，在主应变方向上，当某一主应变超过临界面 X_T 时，材料在该方向发生失效，弹性矩阵变为

$$D=\frac{1}{1-\mu^2}\begin{bmatrix}0 & 0 & 0\\ 0 & E & 0\\ 0 & 0 & 0\end{bmatrix} \tag{8.1.36}$$

当另一个方向的主应变也超过临界值 X_T 时，该单元完全失效，弹性矩阵变为

$$D=\begin{bmatrix}0 & 0 & 0\\ 0 & 0 & 0\\ 0 & 0 & 0\end{bmatrix} \tag{8.1.37}$$

Rosen 提出的累积弱化模型假定[3]：纤维中的缺陷是随机分布的，当受轴向载荷时，随着载荷的增加，纤维在最薄弱点破坏，如图8.5所示. 继续加载时，若界面很强，在基体很脆情况下，则裂纹

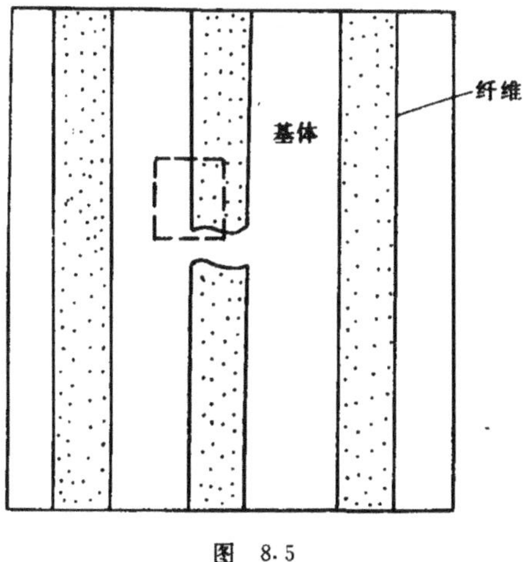

图 8.5

会使基体开裂，引起邻近纤维断裂，导致整体破坏，此时断口整齐.如此自然会猜测，当界面较弱时，纤维破坏后，继续加载，界面会逐渐开裂，导致最后的断口可以看到纤维拔出现象；同样，基体中出现裂缝后，也会出现这种现象.

作为计算模型的构造，我们选取图 8.5 中虚框部分结构，按图 8.6 给出形式进行网格划分，对边界节点作如下处理：

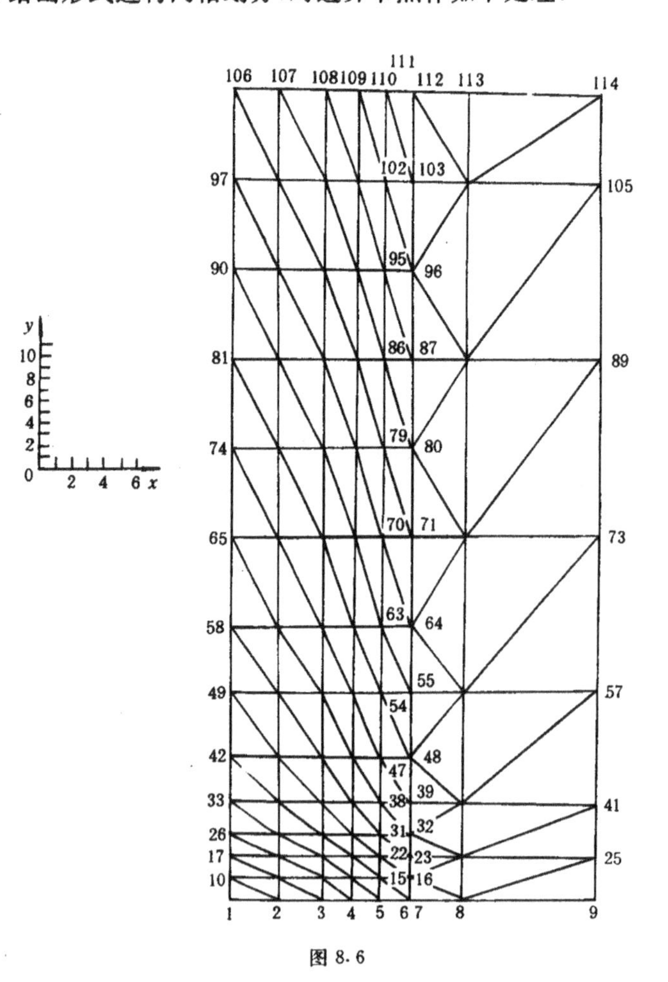

图 8.6

1. 节点 1～6，y 轴方向位移限定为零，7～9 节点的 Y 向位移放松，模拟初始裂缝的存在.

2. 节点 1,10,17,…,106(左边上点)，x 方向位移限定为零. 对右边上的点也作同样处理.

3. 106,107,…,114 节点 y 向指定位移，并成比例增加，模拟材料的轴向拉伸，这里纤维的体积含量取 50%.

采用经过实验验证的数据[3]，见表 8.10，表 8.11.

表 8.10

	纤维	基体
拉伸模量	400GPa	3.5 GPa
拉伸强度	3.5GPa	0.12GPa

表 8.11

	界面强度
HM-L	50MPa
HM-H	100MPa

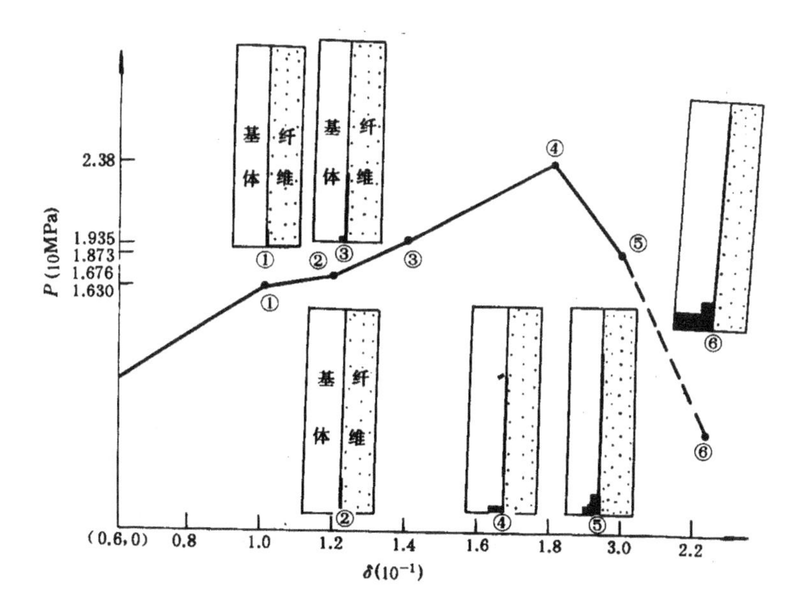

图 8.7　HM-L 初始裂缝在纤维中

其中表 8.11 中 HM-L 表示弱界面,HM-H 表示强界面.

联结单元的模量取作 $K_H=3500$ MPa, $K_v=3500$MPa,对基体纤维在两种界面强度下的计算结果表明,无论裂纹从基体还是从纤维中开始扩展,弱界面材料总是发生界面开裂,而强界面不发生开裂. 图 8.7,8.9 为弱界面情形,图 8.8,8.10 为强界面情形.

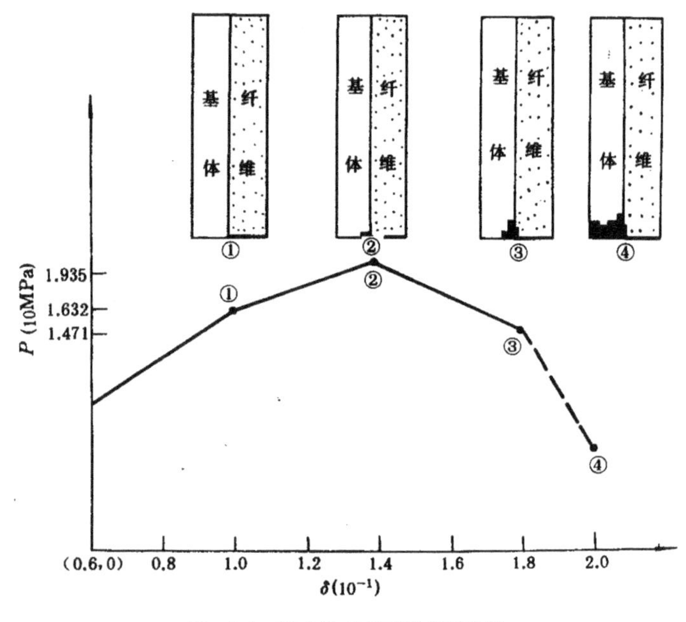

图 8.8 HM-H 初始裂缝在纤维中

图 8.7,8.8 为初始裂缝在纤维中,图 8.9,8.10 为初始裂缝在基体中. 计算结果与实验结果完全一致. 这同时也说明了所构造的非连续性线弹性本构模型对界面失效问题分析的有效性以及参数二次规划法的适用性. 对于复合材料界面失效问题的研究来说,本节介绍的内容只能算是一个开端,因为这项研究工作还与众多的其它因素有关,仍需做进一步的研究与探索.

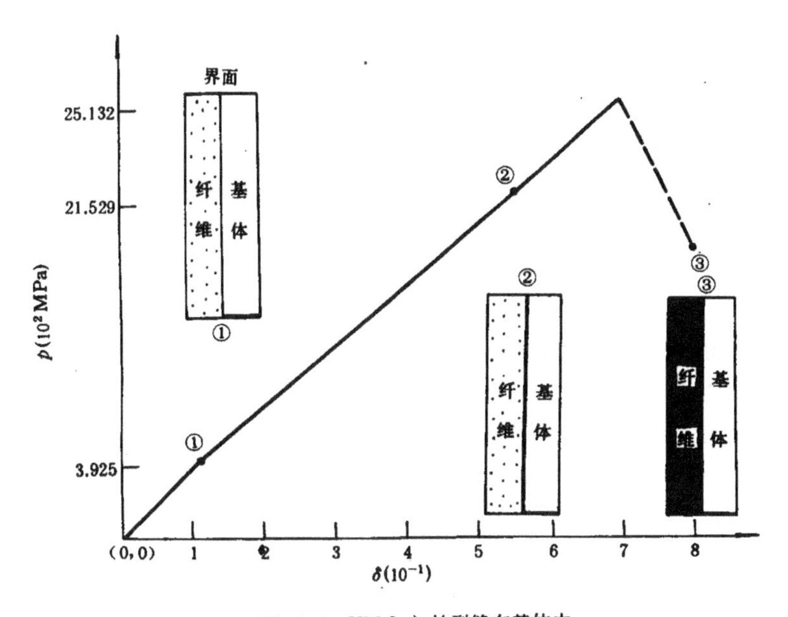

图 8.9 HM-L 初始裂缝在基体中

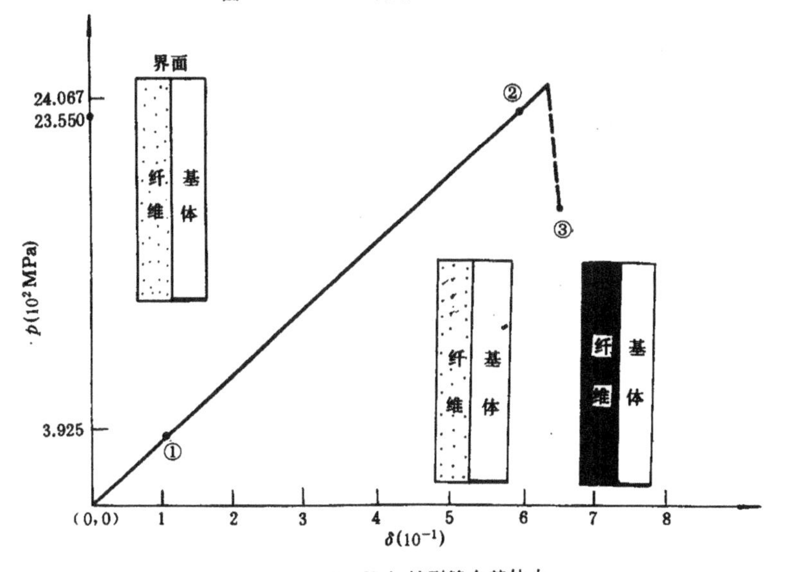

图 8.10 HM-H 初始裂缝在基体中

8.1.3 纤维增强复合材料压板分析

在设计纤维增强复合材料层压结构时，对层压板的强度分析是十分关键的一步. 以往多采用多向层合板的最先一层失效强度作为强度指标，这似乎太保守了些. 因为多向层合板在最先一层失效后，仍能继续承受较高的载荷. 多向层合板的各铺层具有方向性，在载荷作用下，各铺层应力状态不同，因此各铺层强度是不一样的. 通常，当外力逐渐增加时，强度最弱的铺层首先失效. 当有些铺层(可以是一层或多层)失效后，影响了层合板的刚度特性，各铺层的应力状态重新分布. 当外力再增加时，另外一些较弱的铺层失效，又使层合板的刚度特性发生变化，各铺层应力再次调整. 如此循环，直至层合板铺层全部失效. 导致多向层合板所有铺层全部失效的正则化内力，称为层合板的极限强度.

层合板在载荷作用下的逐层破坏过程，可以看作是层合板在终极失效前具有复杂的本构关系. 当层合板各铺层逐层失效时，其刚度不断下降. 若这种失效为屈服失效，则刚度变化是连续的. 若为断裂失效，刚度变化是不连续的. 这时，可以看作层合板在终极失效前具有非连续的本构关系. 这是层合板破坏过程中常见的现象，本小节就研究一下这个问题.

对层合板采用经典层合理论[4]，假定各单层一直到破坏都呈线弹性性态，则材料主方向上的应力-应变关系为

$$\begin{Bmatrix} \sigma_1 \\ \sigma_2 \\ \tau_{12} \end{Bmatrix} = \begin{bmatrix} \bar{D}_{11} & \bar{D}_{12} & 0 \\ \bar{D}_{21} & \bar{D}_{22} & 0 \\ 0 & 0 & \bar{D}_{66} \end{bmatrix} \begin{Bmatrix} \varepsilon_1 \\ \varepsilon_2 \\ \gamma_{12} \end{Bmatrix} \tag{8.1.38}$$

简写为

$$\boldsymbol{\sigma} = \bar{\boldsymbol{D}} \boldsymbol{\varepsilon} \tag{8.1.39}$$

x-y 坐标系中单层的应力- 应变关系为

$$
\begin{Bmatrix} \sigma_x \\ \sigma_y \\ \tau_{xy} \end{Bmatrix} = [\boldsymbol{T}]^{-1}[\bar{\boldsymbol{D}}][\boldsymbol{T}]^{-T} \begin{Bmatrix} \varepsilon_x \\ \varepsilon_y \\ \gamma_{xy} \end{Bmatrix} \tag{8.1.40}
$$

或简写成

$$
\{\boldsymbol{\sigma}\}_{xy} = [\boldsymbol{D}]\{\boldsymbol{\varepsilon}\}_{xy} \tag{8.1.41}
$$

式中

$$
[\boldsymbol{D}] = [\boldsymbol{T}]^{-1}[\bar{\boldsymbol{D}}][\boldsymbol{T}]^{-T} \tag{8.1.42}
$$

而 $\boldsymbol{T}$ 为坐标转换矩阵.

对单层板采用最大应变破坏准则，与相应的刚度降级准则一同列于表 8.12 中.

表 8.12

破坏形式	失效准则	刚度降级准则
纤维失效	$\varepsilon_1 - x_{et} \geqslant 0$ 或 $\varepsilon_1 - x_{ec} \leqslant 0$	$\bar{D}_{ij} = 0$
基体失效	$\varepsilon_2 - y_{et} \geqslant 0$ 或 $\varepsilon_2 - y_{ec} \leqslant 0$ 或 $\lvert y_{12} \rvert - S_\varepsilon \geqslant 0$	$\bar{D}_{12} = 0$ $\bar{D}_{22} = 0$ $\bar{D}_{66} = 0$

表 8.12 中，$x_{et}(x_{ec})$ 为 1 方向的最大拉伸（压缩）正应变；$y_{et}(y_{ec})$ 为 2 方向的最大拉伸（压缩）正应变，S_ε 为 1～2 平面内的最大剪应变.

关于单层失效准则及相应的刚度降级准则，有许多讨论，一般认为对不同的材料应选择不同的失效准则，在单层失效时，应适当保留相应的刚度值，而不应将其降为零. 由下面的推导过程可以看出，本节所建立的方法完全适用于现有的各种失效准则和刚度降级准则. 采用表 8.12 中的准则，只是为了数学推导上的方便. 此外为了说明问题，我们只给出对称铺层且不受弯矩作用的层压板的讨论，对其它情况，读者可根据以下公式推导并自行建立有关方程.

当层压板的某一单层破坏时，整体层压板并不一定破坏，我们称该单层在满足某失效准则后，对应的材料主方向的应变为该层的随动应变，记正随动应变为

$$\{\boldsymbol{\lambda}_t\}^{(i)}=\{\lambda_{1t}^i,\lambda_{2t}^i,\lambda_{12t}^i\}^T \tag{8.1.43}$$

记负随动应变的绝对值为

$$\{\boldsymbol{\lambda}_c\}^{(i)}=\{\lambda_{1c}^i,\lambda_{2c}^i,\lambda_{12c}^i\}^T \tag{8.1.44}$$

式(8.1.43)，(8.1.44)中 1,2 表示材料主方向，上标 i 表示层号. 采用(8.1.43)与(8.1.44)定义后，我们就可以将单层板材料主方向失效前后的本构关系统一地写成如下形式：

$$\begin{Bmatrix}\sigma_1\\ \sigma_2\\ \tau_{12}\end{Bmatrix}^{(i)}=\left\{\begin{bmatrix}\bar{D}_{11} & \bar{D}_{12} & 0\\ \bar{D}_{21} & \bar{D}_{22} & 0\\ 0 & 0 & \bar{D}_{66}\end{bmatrix}^{(i)}\cdot F_1(\{\boldsymbol{\lambda}\}^{(i)})-\begin{bmatrix}0 & \bar{D}_{12} & 0\\ \bar{D}_{21} & \bar{D}_{22} & 0\\ 0 & 0 & \bar{D}_{66}\end{bmatrix}\cdot F_2(\{\boldsymbol{\lambda}\}^{(i)})\right\}\cdot\begin{Bmatrix}\varepsilon_1\\ \varepsilon_2\\ \gamma_{12}\end{Bmatrix} \tag{8.1.45}$$

或简记为

$$\{\boldsymbol{\sigma}\}^{(i)}=[\bar{\boldsymbol{D}}(\lambda)]^{(i)}\{\boldsymbol{\varepsilon}\}^{(i)} \tag{8.1.46}$$

同时

$$\{\boldsymbol{\varepsilon}\}^{(i)}-\{\boldsymbol{\lambda}_t\}^{(i)}-\{\boldsymbol{x}_{\varepsilon t}\}^{(i)}\leqslant 0 \tag{8.1.47}$$

$$-\{\boldsymbol{\varepsilon}\}^{(i)}-\{\boldsymbol{\lambda}_c\}^{(i)}-\{\boldsymbol{x}_{\varepsilon c}\}^{(i)}\leqslant 0 \tag{8.1.48}$$

$$\{\boldsymbol{\lambda}_c\}\geqslant 0,\ \{\boldsymbol{\lambda}_t\}\geqslant 0 \tag{8.1.49}$$

式(8.1.45)～(8.1.49)中

$$F_1(\{\boldsymbol{\lambda}\}^{(i)})=1-\text{sign}(\lambda_{1t}^i)-\text{sign}(\lambda_{1c}^i) \quad (8.1.50)$$

$$\begin{aligned}F_2(\{\boldsymbol{\lambda}\}^{(i)})=&\text{sign}(\lambda_{2t}^i)\cdot[\text{sign}(\lambda_{2t}^i)-\text{sign}(\lambda_{1t}^i)-\text{sign}(\lambda_{1c}^i)]\\&+\text{sign}(\lambda_{2c}^i)\cdot[\text{sign}(\lambda_{2c}^i)-\text{sign}(\lambda_{1t}^i)-\text{sign}(\lambda_{1c}^i)]\\&+\text{sign}(\lambda_{12t}^i)\cdot[\text{sign}(\lambda_{12t}^i)-\text{sign}(\lambda_{1t}^i)-\text{sign}(\lambda_{1c}^i)]\\&\cdot[\text{sign}(\lambda_{12t}^i)-\text{sign}(\lambda_{2t}^i)-\text{sign}(\lambda_{2c}^i)]\\&+\text{sign}(\lambda_{12c}^i)\cdot[\text{sign}(\lambda_{12c}^i)-\text{sign}(\lambda_{12t}^i)\\&-\text{sign}(\lambda_{1c}^i)]\cdot[\text{sign}(\lambda_{12t}^i)-\text{sign}(\lambda_{2t}^i)-\text{sign}(\lambda_{2c}^i)]\end{aligned} \quad (8.1.51)$$

其中

$$\text{sign}(x)=\begin{cases}1 & x>0\\0 & x=0\\-1 & x<0\end{cases} \quad (8.1.52)$$

$$\{\boldsymbol{x}_{\varepsilon c}\}=\{x_{\varepsilon c} \quad y_{\varepsilon c} \quad s_{\varepsilon}\}^T \quad (8.1.53)$$

$$\{x_{\varepsilon t}\}=\{x_{\varepsilon t} \quad y_{\varepsilon t} \quad s_{\varepsilon}\}^T \quad (8.1.54)$$

在式(8.1.47),(8.1.48) 中引入与$\{\boldsymbol{\lambda}_t\}^{(i)}$和$\{\boldsymbol{\lambda}_c\}^{(i)}$互补的松弛变量$\{\boldsymbol{\nu}_t\}^{(i)}$和$\{\boldsymbol{\nu}_c\}^{(i)}$,进一步应用坐标转换阵$[\boldsymbol{T}]$,则单层板在$x$、$y$坐标系下失效前后的本构关系可写成

$$\{\boldsymbol{\sigma}\}_{xy}^{(i)}=[\boldsymbol{D}(\boldsymbol{\lambda})]^{(i)}\{\boldsymbol{\varepsilon}\}_{xy}^{(i)} \quad (8.1.55)$$

及控制方程

$$\left.\begin{aligned}&[\boldsymbol{T}]^{(i)}\{\boldsymbol{\varepsilon}\}_{xy}^{(i)}-\{\boldsymbol{\lambda}_t\}^{(i)}-\{x_{\varepsilon t}\}^{(i)}+\{\boldsymbol{\nu}_t\}^{(i)}=0\\&-[\boldsymbol{T}]^{(i)}\{\boldsymbol{\varepsilon}\}_{xy}^{(i)}-\{\boldsymbol{\lambda}_c\}^{(i)}-\{\boldsymbol{x}_{\varepsilon c}\}^{(i)}+\{\boldsymbol{\nu}_c\}^{(i)}=0\\&\{\boldsymbol{\lambda}_t\}^{(i)^T}\{\boldsymbol{\nu}_t\}^{(i)}=0\\&\{\boldsymbol{\lambda}_c\}^{(i)^T}\{\boldsymbol{\nu}_c\}^{(i)}=0\\&\{\boldsymbol{\lambda}_c\}^{(i)}\geqslant 0,\ \{\boldsymbol{\lambda}_t\}^{(i)}\geqslant 0,\ \{\boldsymbol{\nu}_t\}^{(i)}\geqslant 0,\ \{\boldsymbol{\nu}_c\}^{(i)}\geqslant 0\end{aligned}\right\} \quad (8.1.56)$$

式中

$$[\boldsymbol{D}(\lambda)]=[\boldsymbol{T}]^{-1}[\bar{\boldsymbol{D}}(\lambda)][\boldsymbol{T}]^{-T} \tag{8.1.57}$$

将单层板失效前后的本构关系表达成式(8.1.55),(8.1.56)的统一形式是层合板失效分析的关键.显然,现有的失效准则和刚度降级准则,可以仿照上述过程表述成与(8.1.55),(8.1.56)相仿的统一形式.

有了上述本构关系的描述,就可以套用8.1.1介绍的变分原理与参数二次规划算法了.

例 8.2　对$[0/90]_s$及$[0/\pm 45/90]_s$两种层压板进行受力分析.碳/环氧单层板的基本性能数据为

$x_t=1128\text{MPa}$　　$x_c=785\text{MPa}$　　$y_t=27.5\text{MPa}$

$y_c=98.1\text{MPa}$　　$s=44.7\text{MPa}$　　$E_1=98.07\text{GPa}$

$E_2=8.83\text{GPa}$　　$\mu_{12}=0.31$　　$G_{12}=5.2\text{GPa}$

按经典层合理论,暂不考虑面外载荷,对于对称铺层的层合板,我们立即可以写出层合板的平均应力与中面应变的本构关系

$$\begin{Bmatrix}\bar{\sigma}_x\\ \bar{\sigma}_y\\ \sigma_{xy}\end{Bmatrix}=\begin{bmatrix}D'_{11}(\lambda) & D'_{12}(\lambda) & D'_{16}(\lambda)\\ D'(\lambda) & D'_{22}(\lambda) & D'_{26}(\lambda)\\ D'_{16}(\lambda) & D'_{26}(\lambda) & D'_{66}(\lambda)\end{bmatrix}\begin{Bmatrix}\varepsilon_x\\ \varepsilon_y\\ \gamma_{xy}\end{Bmatrix} \tag{8.1.58}$$

式中

$$D'_{ij}(\lambda)=\sum_{k=1}^{N}(D_{ij}(\lambda))^{(k)}(z_k-z_{k-1}) \tag{8.1.59}$$

或简写成

$$\{\bar{\boldsymbol{\sigma}}\}_{xy}=[\boldsymbol{D}'(\lambda)]\cdot\{\boldsymbol{\varepsilon}\}_{xy} \tag{8.1.60}$$

同时，对于 $i=1,2,\cdots,N$ 满足式(8.1.56)．N 为层合板的总层数，z_i 为第 i 层板法向坐标.

将式(8.1.56)简写成

$$\left.\begin{aligned}&\boldsymbol{f}(\boldsymbol{\varepsilon}_{xy},\boldsymbol{\lambda})+\boldsymbol{\nu}=0\\&\boldsymbol{\nu}^T\cdot\lambda=0,\ \nu,\ \lambda\geqslant 0\end{aligned}\right\}\tag{8.1.61}$$

则整个问题应满足如下关系：

1. 平衡方程

$$\left.\begin{aligned}&\bar{\sigma}_{x,x}+\bar{\sigma}_{xy,y}=0\\&\bar{\sigma}_{xy,x}+\bar{\sigma}_{y,y}=0\end{aligned}\right\}\tag{8.1.62}$$

2. 几何关系

$$\varepsilon_x=\frac{\partial u_x}{\partial x},\ \varepsilon_y=\frac{\partial u_y}{\partial y},\ \varepsilon_{xy}=\frac{1}{2}\left(\frac{\partial u_x}{\partial y}+\frac{\partial u_y}{\partial x}\right)\tag{8.1.63}$$

3. 边界条件

$$\{\boldsymbol{u}\}_{xy}=\begin{Bmatrix}u_x\\u_y\end{Bmatrix}=\begin{Bmatrix}\bar{u}_x\\\bar{u}_y\end{Bmatrix}\qquad 在\ S_u\ 上\tag{8.1.64}$$

$$\{\bar{\boldsymbol{\sigma}}\}_{xy}=\{\bar{\boldsymbol{p}}\}_{xy}\qquad 在\ S_p\ 上\tag{8.1.65}$$

4. 本构方程

式(8.1.60)，(8.1.61).

在满足几何关系(8.1.63)和位移边界条件(8.1.64)的可能位移场中，真实解使泛函

$$\Pi_{21}=\int_\Omega\frac{1}{2}\boldsymbol{\varepsilon}_{xy}^T\boldsymbol{D}'(\lambda)\boldsymbol{\varepsilon}_{xy}d\Omega-\int_{S_p}\bar{\boldsymbol{p}}_{xy}\boldsymbol{u}_{xy}dS\tag{8.1.66}$$

在状态方程(8.1.61)的控制下取最小值. 这就是在 8.1.1 节基础上建立的层合板的参变量最小势能原理. 自然也可仿 8.1.1 的离散化过程进行有限元离散.

由以上理论进行的例 8.2 的分析结果见表 8.13，表 8.14，其中 R 指强度比，即为表中所示基荷载模式的倍数.

表 8.13 $[0/90]_s$ 层板分析结果

加载形式		第一层失效	中间失效	终极失效
$\bar{\sigma}_x=1$ $\bar{\sigma}_y=\sigma_{xy}=0$	失效形式	90°层基体受拉失效	无	0°层纤维受拉失效
	R	168	无	569
$\bar{\sigma}_x=1$ $\bar{\sigma}_{xy}=-1$ $\bar{\sigma}_y=0$	失效形式	90°层基体受拉失效	无	90°层纤维压坏 0°层基体受压破坏
	R	161	无	410

表 8.14 $[0/\pm45/90]_s$ 层压板分析结果

加载形式		第一层失效	中间失效	终极失效
$\bar{\sigma}_x=1$ $\bar{\sigma}_y=0$ $\bar{\sigma}_{xy}=0$	失效形式	90°层基体受拉失效	±45°层剪切破坏	0°层纤维拉伸破坏
	R	125	256	377
$\bar{\sigma}_x=1$ $\bar{\sigma}_y=-1$ $\bar{\sigma}_{xy}=1$	失效形式	90°层基体受拉失效	±45°层剪切破坏	0°层纤维拉伸破坏
	R	96	132	206
$\bar{\sigma}_x=0$ $\bar{\sigma}_y=0$ $\bar{\sigma}_{xy}=-1$	失效形式	−45°层基体 受拉失效	0°，90°层基体 剪切破坏	45°层纤维拉 伸破坏
	R	96	131	205

用传统的增量法对例 8.2 的问题进行计算，与表 8.13，表 8.14 的结果完全一致.

§8.2 刚性有限元弹塑性分析[6,7]

8.2.1 刚性有限元法基本知识

一些工程材料,如土、岩石等应力-应变关系及破坏过程是极为复杂的.对于岩体结构,由于节理、层理和断层的存在,已不能简单地套用连续介质理论.目前对于这类结构的处理方法主要有两类:一类是以有限元法为基础,引入能够反映岩体不连续性的模型,如 Ngo 和 Scordelies 的结合单元法,Goodman 的节理单元法以及用于模型多节理的等效连续体模型和损伤模型等.另一类方法是把岩体结构看成是由软弱结构面切割而成的一系列刚性岩块组成,如 Cundall 的离散单元法以及石根华与 Goodman 的关键块理论等.

为了模拟岩体等结构的实际特征,Cundall 于 1971 年提出了离散单元法,这种方法以软弱结构面切割成的块体为基本单元,即离散单元,这是一种求解动态问题的有效方法.自从 Cundall 提出离散单元法以来,这一方法已得到了极大的发展,而且被成功地应用于各种岩土力学问题分析.kawai 在离散单元模型的基础上把刚性的离散元用弹簧连接,提出了固体力学中新的离散模型,刚体-弹簧模型,可用来求解静态问题和非线性问题.这一模型已应用于固体力学的多个领域中[5].由于本书的目的在于阐明参变量变分原理及其它的有限元二次规划法解决各种非线性问题中的有效性,因而在这里我们仅从平面问题出发,以比较简单明了的方式来说明刚性有限元法的基本理论.实际上刚性有限元法所涉及的内容较多,有兴趣的读者可以从文献[6,7]及其后的文献中获得这方面更为详尽的材料.

为了说明刚性有限元法的基本思想,我们首先从有限元方程的加权余值离散说起.不失一般性,考虑平面问题.

将平面区域 Ω 的边界 S 分成 S_u 和 S_p 两部分,其中 S_u 为位移固定边界(对于指定位移边界的方程可由下面论述内容的基础上推广）. S_p 为给定外力边界，则刚性有限元法处理的定解问题是求位移函数向量$[u(x,y),v(x,y)]^T$，使得它满足平衡微分方程

$$\left.\begin{aligned}\frac{\partial\sigma_x}{\partial x}+\frac{\partial\tau_{xy}}{\partial y}+b_x=0\\ \frac{\partial\tau_{xy}}{\partial x}+\frac{\partial\sigma_y}{\partial y}+b_y=0\end{aligned}\right\}\text{在 }\Omega\text{ 域内} \tag{8.2.1}$$

位移边界条件

$$\left.\begin{aligned}u=0\\ v=0\end{aligned}\right\}\text{在 }S_u\text{ 上} \tag{8.2.2}$$

和应力边界条件（参见 1.1.2 内容）

$$\left.\begin{aligned}n_x\sigma_x+n_y\tau_{xy}=\bar{p}_x\\ n_x\tau_{xy}+n_y\sigma_y=\bar{p}_y\end{aligned}\right\}\text{在 }S_p\text{ 上} \tag{8.2.3}$$

由于式(8.2.1)要求在区域 Ω 上处处满足，对于较为复杂的区域精确求解是不可能的，而只能求其弱解. 为此，取任意试探向量（权函数）$\boldsymbol{\Phi}(x,y)=[\varphi(x,y),\psi(x,y)]^T$，它在 S_u 上满足齐次边界条件$\boldsymbol{\Phi}(x,y)|_{S_u}=0$，用函数 $\varphi(x,y)$乘以方程(8.2.1)第一式两端，用函数 $\psi(x,y)$乘以方程(8.2.1)第二式的两端，相加并在域 Ω 内积分，有

$$\int_\Omega\left[\varphi\left(\frac{\partial\sigma_x}{\partial x}+\frac{\partial\tau_{xy}}{\partial y}+b_x\right)+\psi\left(\frac{\partial\tau_{xy}}{\partial x}+\frac{\partial\sigma_y}{\partial y}+by\right)\right]d\Omega=0 \tag{8.2.4}$$

利用分步积分可以把式(8.2.4)化为

$$\begin{aligned}&\int_S[\varphi(n_x\sigma_x+n_y\tau_{xy})+\psi(n_x\tau_{xy}+n_y\sigma_y)]dS\\ &-\int_\Omega\left[\sigma_x\frac{\partial\varphi}{\partial x}+\sigma_y\frac{\partial\psi}{\partial y}+\tau_{xy}\left(\frac{\partial\psi}{\partial x}+\frac{\partial\varphi}{\partial y}\right)\right]d\Omega\\ &+\int_\Omega[\varphi b_x+\psi b_y]d\Omega=0\end{aligned} \tag{8.2.5}$$

由弹性理论知，单元边界上应力分量 σ_x，σ_y，τ_{xy}与法向正应力

σ_n 及切向剪应力 τ_s 之间的关系为

$$\left.\begin{aligned} n_x\sigma_x+n_y\tau_{xy} &= n_x\sigma_x-n_y\tau_s \\ n_x\tau_{xy}+n_y\sigma_y &= n_y\sigma_n+n_x\tau_s \end{aligned}\right\} \tag{8.2.6}$$

仿 1.1.2 节记法,为

$$\boldsymbol{A}^{(\nabla)}=\begin{bmatrix} \dfrac{\partial}{\partial x} & 0 & \dfrac{\partial}{\partial y} \\ 0 & \dfrac{\partial}{\partial y} & \dfrac{\partial}{\partial x} \end{bmatrix},\ \boldsymbol{n}^{(\nabla)}=\begin{bmatrix} n_x & 0 & n_y \\ 0 & n_x & n_y \end{bmatrix}$$

$$\boldsymbol{L}^{(\nabla)}=\begin{bmatrix} n_x & n_y \\ -n_y & n_x \end{bmatrix},\ \boldsymbol{b}=\begin{bmatrix} b_x \\ b_y \end{bmatrix},\ \boldsymbol{p}=\begin{bmatrix} \bar{p}_x \\ \bar{p}_y \end{bmatrix},\ \boldsymbol{\sigma}^{(s)}=\begin{Bmatrix} \sigma_n \\ \tau_s \end{Bmatrix}$$

$$\boldsymbol{\sigma}=[\sigma_x,\sigma_y,\tau_{xy}]^T \tag{8.2.7}$$

则把式(8.2.6)写成

$$\boldsymbol{n}^{(\nabla)}\boldsymbol{\sigma}=\boldsymbol{L}^{(\nabla)}\boldsymbol{\sigma}^{(s)} \tag{8.2.8}$$

如此式(8.2.5)成为

$$\int_S \boldsymbol{\Phi}^T\boldsymbol{L}^{(\nabla)T}\boldsymbol{\sigma}^{(s)}ds-\int_\Omega[\boldsymbol{A}^{(\nabla)T}\ \boldsymbol{\Phi}]^T\boldsymbol{\sigma}d\Omega+\int_\Omega \boldsymbol{\Phi}^T\boldsymbol{b}d\Omega=0 \tag{8.2.9}$$

由上式可以看出,如果取 $\boldsymbol{A}^{(\nabla)T}\boldsymbol{\Phi}=0$,则(8.2.9)仅仅与区域边界处的正应力 σ_n 和切向应力 τ_S 有关. 这样式(8.2.9)就化为

$$\int_S \boldsymbol{\Phi}^T\boldsymbol{L}^{(\nabla)T}\boldsymbol{\sigma}^{(s)}ds+\int_\Omega \boldsymbol{\Phi}^T\boldsymbol{b}d\Omega=0 \tag{8.2.10}$$

式(8.2.10)为微分方程(8.2.1)的一种弱形式,也是刚性有限元分析方程建立的出发点.不难发现,刚性有限元法的着重点是关于单元边界之间的性态研究了.为了加深对式(8.2.10)的理解,下面我们来看看对于多单元问题,式(8.2.10)的形式 是怎样的.

将区域 Ω 离散成 N_e 个任意凸多边形刚性单元,这些凸多边

形刚性单元共有 N_0 个交界线. 用 S^e 表示单元 e 的边界. 其中 S_u^e 为给定位移边界, S_p^e 为给定外力边界, S_β^e 为单元相交边界. 对于刚性位移, 自然取试函数为完全一次多项式, 即

$$\left.\begin{aligned}\varphi&=a+bx+cy\\ \psi&=d+ex+fy\end{aligned}\right\}\tag{8.2.11}$$

设单元形心 (x_C, y_C) 的函数值为 φ_C 和 ψ_C, 由

$$\varphi|_{(x_C,y_C)}=\varphi_C,\ \psi|_{(x_C,y_C)}=\psi_C\tag{8.2.12}$$

及条件

$$\boldsymbol{A}^{(\nabla)T}\boldsymbol{\Phi}=0\tag{8.2.13}$$

得

$$\left.\begin{aligned}\varphi&=\varphi_C-cy_C+cy\\ \psi&=\psi_C+cx_C-cx\end{aligned}\right\}\tag{8.2.14}$$

记函数的一阶偏导数 $\frac{\partial\varphi}{\partial y}=-\frac{\partial\psi}{\partial x}$ 为 θ, 得

$$\left.\begin{aligned}\varphi&=\varphi_C+(y-y_C)\ \theta\\ \psi&=\psi_C+(x_C-x)\ \theta\end{aligned}\right\}\tag{8.2.15}$$

容易看出, 式中的 $\varphi_C, \psi_C, \theta$ 就是单元的刚体位移, 单元内任意一点的试函数由这三个常数完全确定, 把式(8.2.15)写成矩阵形式

$$\boldsymbol{\Phi}=\boldsymbol{N}\boldsymbol{\Phi}_C\tag{8.2.16}$$

其中

$$\boldsymbol{N}=\begin{bmatrix}1&0&y-y_C\\0&1&x_C-x\end{bmatrix},\ \boldsymbol{\Phi}_C=\begin{Bmatrix}\varphi_C\\ \psi_C\\ \theta\end{Bmatrix}\tag{8.2.17}$$

将区域分为多个子域后，方程(8.2.10)应改为各子域积分之和，即

$$\sum_{e=1}^{N_e}\left[\int_{S^e}\boldsymbol{\Phi}^T\boldsymbol{L}^{(\nabla)T}\boldsymbol{\sigma}^{(s)}ds+\int_{\Omega^e}\boldsymbol{\Phi}^T\boldsymbol{b}\,d\Omega\right]=0 \qquad (8.2.18)$$

由于在指定位移边界上$\boldsymbol{\Phi}|_{S_u^e}=0$，因此对单元边界的积分只剩下$S_p^e$与$S_\beta^e$的积分了．因为每个单元交界线为两个凸多边形单元所共有，故对S_p^e只积分一次，而S_β^e相当于积分两次，但方向相反．如图8.11所示，单元1的外法线矢量为$\boldsymbol{n}^{(-)}$，单元2的外法向矢量为$\boldsymbol{n}^{(+)}$，它们的试函数则分别为$\boldsymbol{\Phi}^{(-)}$和$\boldsymbol{\Phi}^{(+)}$，在S_β^e处的应力分量分别为$\boldsymbol{\sigma}_{(-)}^{(s)}$，$\boldsymbol{\sigma}_{(+)}^{(s)}$，则应有

$$\boldsymbol{n}^{(+)}=-\boldsymbol{n}^{(-)},\ \boldsymbol{\sigma}_{(+)}^{(s)}=\boldsymbol{\sigma}_{(-)}^{(s)}=\boldsymbol{\sigma}^{(s)} \qquad (8.2.19)$$

因而式(8.2.18)可以写为

$$\sum_{e=1}^{N_e}\int_{S^e}\boldsymbol{\Phi}_{(-)}^T\boldsymbol{p}dS-\sum_{\alpha=1}^{N_0}\int_{S_\alpha}\left[\boldsymbol{\Phi}_{(-)}^T\ \boldsymbol{\Phi}_{(+)}^T\right]\begin{bmatrix}-L_{(-)}^{(\nabla)T}\\ L_{(-)}^{(\nabla)T}\end{bmatrix}\boldsymbol{\sigma}^{(s)}dS$$

$$+\sum_{e=1}^{N_e}\int_{\Omega^e}\boldsymbol{\Phi}_{(-)}^T\boldsymbol{b}d\Omega=0 \qquad (8.2.20)$$

将式(8.2.16)代入上式，并考虑到$\boldsymbol{\Phi}_G$是任意选取的，可得

$$-\sum_{\alpha=1}^{N_0}\int_{S_\alpha}\boldsymbol{N}_G^T\boldsymbol{L}_G^T\boldsymbol{\sigma}^{(s)}dS+\sum_{e=1}^{Ne}\int_{S_p^e}\boldsymbol{N}_G^T\begin{bmatrix}\boldsymbol{p}\\0\end{bmatrix}dS$$

$$+\sum_{e=1}^{N_e}\int_{\Omega^e}\boldsymbol{N}_G^T\begin{bmatrix}\boldsymbol{b}\\0\end{bmatrix}d\Omega=0 \qquad (8.2.21)$$

其中

$$\boldsymbol{N}_G=\begin{bmatrix}\boldsymbol{N} & 0\\0 & \boldsymbol{N}\end{bmatrix},\ \boldsymbol{\Phi}_G=\begin{bmatrix}\boldsymbol{\Phi}_{c(-)}\\ \boldsymbol{\Phi}_{c(+)}\end{bmatrix},\boldsymbol{L}_G=\left[-\boldsymbol{L}_{(-)}^{(\nabla)},\boldsymbol{L}_{(-)}^{(\nabla)}\right]$$

$$(8.2.22)$$

上述推导过程与常规有限元 Galerkin 离散过程是十分相似的. 不难看出,刚性有限元插值函数在域内满足 $A^{(\nabla)T}\boldsymbol{\Phi}=0$,但在单元交界线处$\boldsymbol{\Phi}$ 是不连续的,也就是说 $A^{(\nabla)T}\boldsymbol{\Phi}$ 在单元交界线处无定义. 而式(8.2.21)中的未知量只有单元交界线处的应力矢量 $\boldsymbol{\sigma}^{(s)}$. 为了定义单元交界线处的应力,可以用差分形式把单元交界线处的法向应变和切向应变表达成

$$\begin{Bmatrix}\epsilon_n\\ \gamma_s\end{Bmatrix}=\frac{1}{h_1+h_2}\begin{Bmatrix}\delta_n\\ \delta_s\end{Bmatrix} \tag{8.2.23}$$

其中 δ_n, δ_s 分别为两个三角形单元在交界线处的法向和切向相对位移,h_1 和 h_2分别为两个单元形心到交界线的垂直距离,ε_n,γ_s 分别为单元交界线处的法向及切向应变. 如图 8.12 所示.

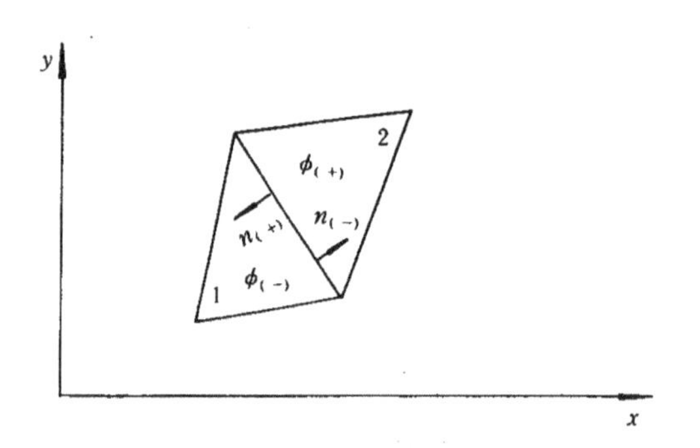

图 8.11

相对变形 $\boldsymbol{\delta}=[\boldsymbol{\delta}_n,\boldsymbol{\delta}_s]^T$ 可以用两个单元形心的位移向量 $\boldsymbol{u}_G=[u_1, v_1, \theta_1, u_2, v_2, \theta_2]^T$ 表示为

$$\begin{aligned}\boldsymbol{\delta}&=[-\boldsymbol{I},\boldsymbol{I}]\begin{bmatrix}\bar{\boldsymbol{u}}_{(-)}\\ \bar{\boldsymbol{u}}_{(+)}\end{bmatrix}=[-\boldsymbol{I}\quad \boldsymbol{I}]\begin{bmatrix}\boldsymbol{L}^{(\nabla)}_{(-)} & 0\\ 0 & \boldsymbol{L}^{\nabla}_{(-)}\end{bmatrix}\begin{bmatrix}\boldsymbol{U}_{(-)}\\ \boldsymbol{U}_{(+)}\end{bmatrix}\\ &=[-\boldsymbol{I}\quad \boldsymbol{I}]\begin{bmatrix}\boldsymbol{L}^{(\nabla)}_{(-)} & 0\\ 0 & \boldsymbol{L}^{\nabla}_{(-)}\end{bmatrix}\begin{bmatrix}\boldsymbol{N} & 0\\ 0 & \boldsymbol{N}\end{bmatrix}\begin{Bmatrix}\boldsymbol{u}_{(-)}\\ \boldsymbol{u}_{(+)}\end{Bmatrix}\end{aligned}$$

$$=L_G N_G u_G \tag{8.2.24}$$

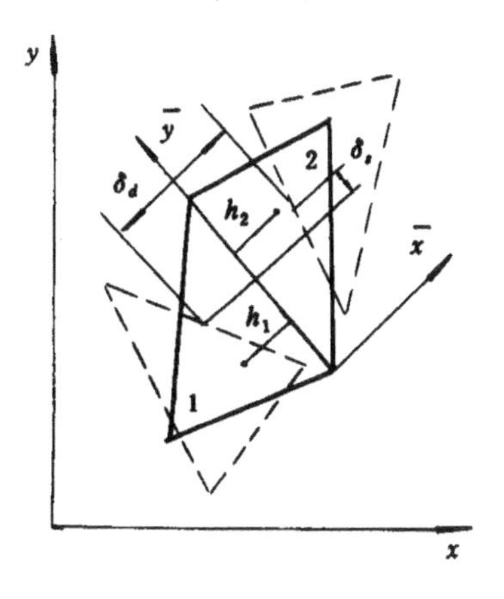

图 8.12

其中,$\bar{u}_{(\pm)}$为单元交界线上点在局部坐标系 $\bar{X}$-$\bar{Y}$ 下的位移,$U_{(\pm)}$为点在全局坐标 xoy 下的位移,$u_{(\pm)}$为单元形心的刚体位移,式(8.2.24)即为刚体有限元分析的几何方程.

对于平面应力问题,单元交界处的应力可以写为

$$\left.\begin{aligned}\sigma_n&=\frac{E}{1-\mu^2}\varepsilon_n=\frac{E}{(h_1+h_2)(1-\mu^2)}\delta_n\\ \tau_s&=\frac{E}{2(1+\mu)}\gamma_s=\frac{E}{2(h_1+h_2)(1+\mu)}\delta_s\end{aligned}\right\} \tag{8.2.25}$$

对于平面应变问题,单元交界线处应力可以写为

$$\left.\begin{aligned}\sigma_n&=\frac{E(1-\mu)}{(1+\mu)(1-2\mu)}\varepsilon_n=\frac{E(1-\mu)}{(h_1+h_2)(1+\mu)(1-2\mu)}\delta_n\\ \tau_s&=\frac{E}{2(1+\mu)}\gamma_s=\frac{E}{2(h_1+h_2)(1+\mu)}\delta_s\end{aligned}\right\}$$

(8.2.26)

两者都可以写成矩阵形式

$$\sigma^{(s)}=D\delta \tag{8.2.27}$$

这就是刚体有限元分析的物理方程.将式(8.2.24),(8.2.27)代入式(8.2.21)得

$$\sum_{a=1}^{N_0}\left(\int_{S_a}N_G^T L_G^T D L_G N_G dS\right)u_c=\sum_{e=1}^{N_e}\int_{S_p^e}N_G^T\begin{bmatrix}p\\0\end{bmatrix}dS+\sum_{e=1}^{N_e}\int_{\Omega^e}N_G^T\begin{bmatrix}b\\0\end{bmatrix}d\Omega \tag{8.2.28}$$

式(8.2.28)为结构整体平衡方程,写成矩阵形式

$$K\hat{u}=\hat{p} \tag{8.2.29}$$

其中

$$\left.\begin{aligned}K&=\sum_{a=1}^{N_0}\int_{S_a}N_G^T L_G^T D L_G N_G dS\\ \hat{p}&=\sum_{e=1}^{N_e}\int_{S_p^e}N_G^T\begin{bmatrix}p\\0\end{bmatrix}dS\\ \hat{u}&=[u_1,\ v_1,\ \theta_1,\cdots,\ u_{N_e},\ v_{N_e},\theta_{N_e}]^T\end{aligned}\right\} \tag{8.2.30}$$

式中$\sum$指在装配意义下求和.由式(8.2.28)可以看出,由于组装是对单元交界线进行的,而每个单元界线只与两个三角形单元相连,因此总刚度阵K是一个高度稀疏的对称矩阵,而带宽和单元编号顺序有关,和节点编序无关.当引入边界条件以后K即变成一个正定对称矩阵,因此式(8.2.29)的解唯一.

由式(8.2.25),(8.2.26)与(8.2.23)可以看到,刚体有限元分析应力的精度与位移的精度是同一个量级的.另外应力与相对位移成正比,而一般说来单元之间的相对位移误差小于各自变形的误差,所以应力的精度可能会高于位移精度.

由以上论述可以看到,上述刚性有限元作为一种特殊的有限元法,与常规有限元分析方法不同,有下述几个特点:1.刚体有限元的单元位移场是刚体位移,而常规方法为弹性位移场;2.刚体

有限元为非协调元；3. 本构方程与几何方程是在刚体单元变位基础上定义的；4. 平衡方程组的未知量不再是有限元节点位移，而是单元形心位移；5. 刚度阵是由单元边界积分组装而成，而不是单元体积组装，等等. 因而刚性有限元法的变分原理也将与常规有限元法有所不同.

下面只给出刚性有限元法对应的虚功原理与最小势能原理，对于虚功原理与最小余能原理可以仿照给出.

刚性有限元的虚功原理：

若刚性有限元离散系统在作用力和给定的几何约束下处于平衡状态，则存在于系统内的外力和内力在满足给定几何约束的任意小虚位移(相对位移)上所作的全部虚功之和为零. 即

$$\delta_W' = \sum_{\alpha=1}^{N_0} \int_{S_\alpha} \boldsymbol{\Delta}^T \boldsymbol{\sigma}^{(s)} dS - \sum_{e=1}^{N_e} \int_{S_p^e} \boldsymbol{V}^T \boldsymbol{p} dS - \sum_{e=1}^{N_e} \int_{\Omega^e} \boldsymbol{V}^T \boldsymbol{b} d\Omega = 0 \tag{8.2.31}$$

其中虚相对位移 $\boldsymbol{\Delta}$ 与虚位移 $\boldsymbol{V}$ 之间的关系为

$$\boldsymbol{\Delta} = \boldsymbol{L}_G [\boldsymbol{V}_1^T \quad \boldsymbol{V}_2^T]^T \tag{8.2.32}$$

下面我们来证明虚功方程等价于平衡条件和力的边界条件. 在刚性有限元中，虚位移在位移边界处为零(固定边界)，因此对所有的边界积分后求和相当于在 S_p^e 上积分一次，而在 S_α 上积分两次但方向相反，也就是有

$$\sum_{e=1}^{N_e} \int_{S^e} \boldsymbol{V}^T \boldsymbol{L}^{(\nabla)T} \boldsymbol{\sigma}^{(s)} dS = - \sum_{\alpha=1}^{N_0} \int_{S_\alpha} [- \boldsymbol{V}_1^T \boldsymbol{L}^{(\nabla)T} \boldsymbol{\sigma}^{(S)} + \boldsymbol{V}_2^T \boldsymbol{L}^{(\nabla)T} \boldsymbol{\sigma}^{(S)}] dS + \sum_{e=1}^{N_e} \int_{S_p^e} \boldsymbol{V}^T \boldsymbol{L}^{(\nabla)T} \boldsymbol{\sigma}^{(s)} dS \tag{8.2.33}$$

由式(8.2.8)，(8.2.32)和(8.2.33)得

$$\sum_{\alpha=1}^{N_0} \int_{S_\alpha} \boldsymbol{\Delta}^T \boldsymbol{\sigma}^{(S)} dS = \sum_{\alpha=1}^{N_0} \int_{S_\alpha} [- \boldsymbol{V}_1^T \boldsymbol{L}^{(\nabla)T} \boldsymbol{\sigma}^{(S)} + \boldsymbol{V}_2^T \boldsymbol{L}^{(\nabla)T} \boldsymbol{\sigma}^{(S)}] dS = - \sum_{e=1}^{N_e} \int_{S^e} \boldsymbol{V}^T \boldsymbol{n}^{(\nabla)} \boldsymbol{\sigma} dS$$

$$+\sum_{e=1}^{N_e}\int_{S_p^e}\boldsymbol{V}^T\boldsymbol{n}^{(\nabla)}\boldsymbol{\sigma}dS \tag{8.2.34}$$

刚性有限元的虚位移V在区域Ω内满足条件：

$$\boldsymbol{A}^{(\nabla)T}\boldsymbol{V}=0 \tag{8.2.35}$$

因此由格林公式可以把式(8.2.34)写为

$$\sum_{a=1}^{N_0}\int_{S_a}\boldsymbol{\Delta}^T\boldsymbol{\sigma}^{(S)}dS=-\sum_{e=1}^{N_e}\int_{\Omega^e}\boldsymbol{V}^T\boldsymbol{A}^{(\nabla)}\boldsymbol{\sigma}d\Omega$$

$$+\sum_{e=1}^{N_e}\int_{S_p^e}\boldsymbol{V}^T\boldsymbol{n}^{(\nabla)}\boldsymbol{\sigma}dS \tag{8.2.36}$$

把上式代入式(8.2.31)得

$$-\sum_{e=1}^{N_e}\int_{\Omega^e}\boldsymbol{V}^T[\boldsymbol{A}^{(\nabla)}\boldsymbol{\sigma}+\boldsymbol{b}]d\Omega+\sum_{e=1}^{N_e}\int_{S_p^e}\boldsymbol{V}^T[\boldsymbol{n}^{(\nabla)}\boldsymbol{\sigma}-\boldsymbol{p}]dS=0 \tag{8.2.37}$$

由于虚位移V是任意的，故由式(8.2.37)可以得到问题的两个定解条件

$$\left.\begin{aligned}\boldsymbol{A}^{(\nabla)}\boldsymbol{\sigma}+\boldsymbol{b}=0 &\quad 在\ \Omega\ 内\\ \boldsymbol{n}^{(\nabla)}\boldsymbol{\sigma}=\boldsymbol{p} &\quad 在\ S_p\ 上\end{aligned}\right\} \tag{8.2.38}$$

至此由虚功方程(8.2.31)得到了平衡方程和力的边界条件，也就是说虚功方程式(8.2.31)是平衡的充分条件，同理可以证明必要条件. 因此式(8.2.31)是与平衡条件完全等价的.

对于弹性体虚位移V可以写为

$$\boldsymbol{V}=\boldsymbol{N}\ \delta\boldsymbol{u}_G \tag{8.2.39}$$

把物理方程(8.2.37)和式(8.2.39)代入(8.2.31)得

$$\delta\left(\sum_{a=1}^{N_0}\int_{S_a}\frac{1}{2}\boldsymbol{\delta}_a^T\boldsymbol{D}\boldsymbol{\delta}_a dS\right)-\delta\left(\sum_{e=1}^{N_e}\int_{S_p^e}\boldsymbol{u}^T\boldsymbol{p}dS-\sum_{e=1}^{N_e}\int_{\Omega^e}\boldsymbol{u}^T\boldsymbol{b}d\Omega\right)=0 \tag{8.2.40}$$

定义泛函

$$\Pi_{22}=\sum_{a=1}^{N_0}\int_{S_a}\frac{1}{2}\boldsymbol{\delta}_a^T\boldsymbol{D}\boldsymbol{\delta}_a dS-\sum_{e=1}^{N_e}\int_{S_p^e}\boldsymbol{u}^T\boldsymbol{p}dS-\sum_{e=1}^{N_e}\int_{\Omega^e}\boldsymbol{u}^T\boldsymbol{b}d\Omega \tag{8.2.41}$$

其中 $\boldsymbol{\delta}_a$ 为单元交界处形心间的相对位移. 泛函 Π_{22}为能量泛函，其第一项是离散系统的总弹性势能，第二项和第三项为外力势能. 虚功方程用泛函 Π_{22}可以表示为

$$\delta\Pi_{22}=0 \tag{8.2.42}$$

对能量泛函取二阶变分，得

$$\delta^2\Pi_{22}=\sum_{a=1}^{N_0}\int_{S_a}\delta(\boldsymbol{\delta}_a)^T\boldsymbol{D}\delta(\boldsymbol{\delta}_a)dS \tag{8.2.43}$$

由于弹性矩阵是正定的，因此式(8.2.43)每一项都大于零，也就有

$$\delta^2\Pi_{22}>0 \tag{8.2.44}$$

由此可以给出刚性有限元分析最小势能原理：在给定外力作用下，在满足位移边界条件的所有位移场中真实的位移场使势能泛函 Π_{22}取极小值.

最小势能原理是刚性有限元位移法的基础，由它可以推出刚性有限元的基本方程式. 对泛函 Π_{22}取一阶变分得

$$\delta\Pi_{22}=\sum_{a=1}^{N_0}\int_{S_a}\delta(\boldsymbol{\delta}_a)^T\boldsymbol{D}(\boldsymbol{\delta}_a)dS-\sum_{e=1}^{N_e}\int_{S_p^e}\delta\boldsymbol{u}^T\boldsymbol{p}dS$$
$$-\sum_{e=1}^{N_e}\int_{\Omega^e}\delta\boldsymbol{u}^T\boldsymbol{b}d\Omega=0 \tag{8.2.45}$$

引入几何方程(8.2.24)，把关系式 $\boldsymbol{u}=\boldsymbol{N}\boldsymbol{u}_c$ 代入式(8.2.45)，并考虑到虚位移 $\delta\boldsymbol{u}_c$ 是任意的，立即可以得到结构的整体平衡方程(8.2.28).

作为刚性有限元法的效果说明，下面给出两个例子.

例 8.3 图 8.13(a)所示，为矩形截面悬臂梁，其有限元网格如图 8.13(b)所示. 分三种工况进行分析，表 8.15 列出了最大正应力、最大挠度以及最大转角结果. 从表中可以看到，与材料力学解相比，刚性有限元法的应力精度较位移精度要高.

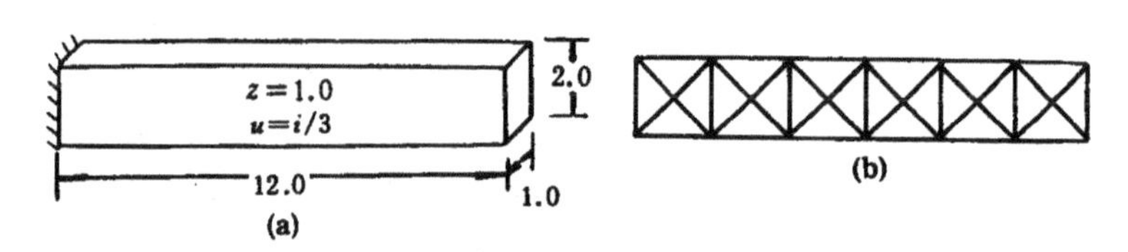

图 8.13
(a) 矩形截面臂壁梁 (b) 有限元网格

表 8.15 矩形截面悬臂梁结果比较

荷载类型		材力解	本文解	误 差
$p=6$	σ_{max}	108.0	108.137	0.13%
	δ_{max}	5184.0	5153.0	−0.6%
	θ_{max}	648.0	631.55	−2.53%
M=72	σ_{max}	108.0	108.189	0.175%
	δ_{max}	7776.0	7570.0	−2.65%
	θ_{max}	1296.0	1262.7	−2.57%
$q=1$	σ_{max}	108.0	108.108	0.1%
	δ_{max}	3888.0	3911.0	0.59%
	θ_{max}	432.0	423.91	−1.87%

例 8.4 开孔方板如图 8.14(a)所示,孔径为板宽的五分之一. 承受拉力作用时,圆孔附近应力变化比较敏感. 取 $L=200$, 分单向拉伸和双向拉伸两个工况分析. 网格图示于 8.14(b). 图 8.15(a)和 8.15(b)分别给出了单向拉伸和双向拉伸时的周向应力结果.

8.2.2 刚性有限元弹塑性分析

在 8.2.1 中我们给出了刚性有限元弹性分析的基本方程,下面给出用刚性有限元进行弹塑性分析的基本方程,采取增量形式

1. 平衡方程

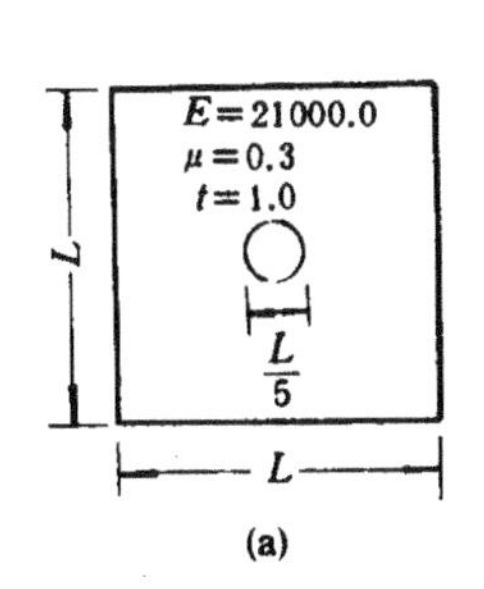

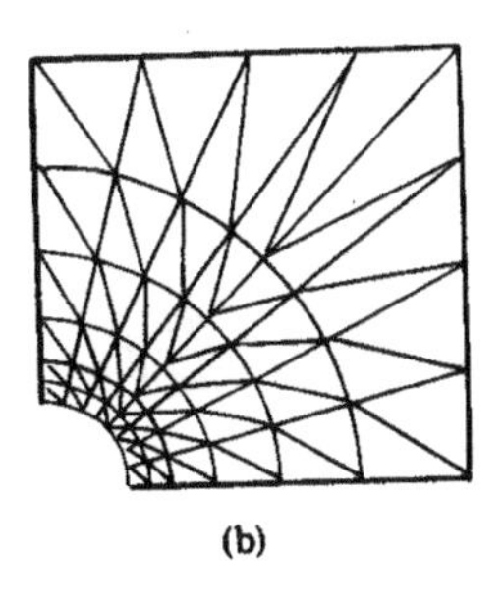

图 8.14

(a) 开孔方板 (b) 有限元网格

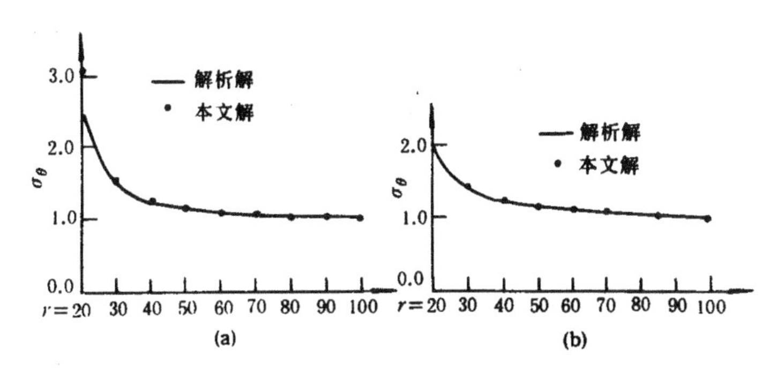

图 8.15

(a) 单向拉伸周向应力 (b) 双向拉伸周向应力

$$\boldsymbol{A}^{(\nabla)}d\boldsymbol{\sigma}+d\boldsymbol{b}=0 \tag{8.2.46}$$

2. 几何方程

$$d\boldsymbol{\delta}=\boldsymbol{L}_G\boldsymbol{N}_G d\boldsymbol{u}_G \tag{8.2.47}$$

3. 边界条件

$$\boldsymbol{n}^{(\nabla)}d\boldsymbol{\sigma}=d\bar{\boldsymbol{p}} \qquad 在 S_p 上 \tag{8.2.48}$$

$$d\boldsymbol{u}=d\bar{\boldsymbol{u}} \qquad 在 S_u 上 \tag{8.2.49}$$

4. 本构方程

$$d\,\boldsymbol{\sigma}^{(s)}=\boldsymbol{D}(d\boldsymbol{\delta}-d\boldsymbol{\delta}^{p}) \tag{8.2.50}$$

$$f_{\alpha}(\boldsymbol{\sigma}^{(s)},\ \boldsymbol{\delta}^{p},K)\leqslant 0,\ \alpha=1,2,\cdots,m \tag{8.2.51}$$

$$d\boldsymbol{\delta}^{p}=\lambda_{i}\frac{\partial g_{i}}{\partial \boldsymbol{\sigma}^{(s)}},\ i=1,2,\ \cdots,m \tag{8.2.52}$$

$$\lambda_{i}\begin{cases}>0 & \text{当 } f_{\alpha}=0 \text{ 时}\\ =0 & \text{当 } f_{\alpha}<0 \text{ 时}\end{cases} \tag{8.2.53}$$

其中 m 为屈服条件总数,g_i 为塑性势函数,f_α 为屈服函数,当 $f=g$ 时为关联流动,当 $f\neq g$ 时为非关联流动,$d\boldsymbol{\delta}$ 为相对变形增量,$d\boldsymbol{\delta}^{(s)}$ 为单元交界线处法向正应力和切向剪应力时的增量. λ_i 为流动参数,$d\boldsymbol{\delta}^{p}$ 为塑性相对变形,K 为强化参数.

同第二章所述过程,将屈服函数 f 作一阶 Taylor 展开,即

$$f_{\alpha}=f_{\alpha}^{0}+\left(\frac{\partial f_{\alpha}}{\partial \boldsymbol{\sigma}^{(s)}}\right)^{T}d\boldsymbol{\sigma}^{(s)}+\left(\frac{\partial f_{\alpha}}{\partial \boldsymbol{\delta}^{p}}\right)^{T}d\boldsymbol{\delta}^{p}+\frac{\partial f_{\alpha}}{\partial K_{\alpha}}\cdot dK_{\alpha} \tag{8.2.54}$$

将式(8.2.50),(8.2.52)代入式(8.2.54),并假定 dK_α 是流动参数的线性函数,整理得

$$f_{\alpha}=f_{\alpha}^{0}+\left(\frac{\partial f_{\alpha}}{\partial \boldsymbol{\sigma}^{(s)}}\right)^{T}\boldsymbol{D}d\boldsymbol{\delta}-\left[\left(\frac{\partial f_{\alpha}}{\partial \boldsymbol{\sigma}^{(s)}}\right)^{T}\boldsymbol{D}\frac{\partial g_{i}}{\partial \boldsymbol{\sigma}^{(s)}}-\left(\frac{\partial f_{\alpha}}{\partial \boldsymbol{\delta}^{p}}\right)^{T}\frac{\partial g_{i}}{\partial \boldsymbol{\sigma}^{(s)}}-\frac{\partial f_{\alpha}}{\partial K_{\alpha}}\cdot h_{i}\right]\lambda_{i} \tag{8.2.55}$$

记

$$\left.\begin{aligned}\boldsymbol{W}_{\alpha}&=\left(\frac{\partial f_{\alpha}}{\partial \boldsymbol{\sigma}^{(s)}}\right)^{T}\boldsymbol{D}\\ \boldsymbol{M}_{\alpha i}&=\left(\frac{\partial f_{\alpha}}{\partial \boldsymbol{\sigma}^{(S)}}\right)^{T}\boldsymbol{D}\left(\frac{\partial g_{i}}{\partial \boldsymbol{\sigma}^{(s)}}\right)-\left(\frac{\partial f_{\alpha}}{\partial \delta^{p}}\right)^{T}\left(\frac{\partial g_{i}}{\partial \boldsymbol{\sigma}^{(s)}}\right)-\frac{\partial f_{\alpha}}{\partial K_{\alpha}}h_{i}\end{aligned}\right\} \tag{8.2.56}$$

式(8.2.55)写成矩阵形式

$$\boldsymbol{f}^{0}+\boldsymbol{W}d\delta-\boldsymbol{M}\lambda\leqslant 0 \tag{8.2.57}$$

对于刚性有限元，$\boldsymbol{D}$ 和 $\boldsymbol{\sigma}^{(s)}$ 分别为

$$\boldsymbol{D}=\begin{bmatrix} D_{11} & 0 \\ 0 & D_{22} \end{bmatrix},\ \boldsymbol{\sigma}^{(s)}=\begin{Bmatrix} \sigma_n \\ \tau_s \end{Bmatrix} \tag{8.2.58}$$

代入 $\boldsymbol{W}_\alpha$，$\boldsymbol{M}_{\alpha i}$ 的表达式中，得

$$\left.\begin{aligned} \boldsymbol{W}_\alpha &= \left[\frac{\partial f_\alpha}{\partial\sigma_n}.D_{11} \quad \frac{\partial f_\alpha}{\partial\tau_s}D_{22}\right] \\ \boldsymbol{M}_{\alpha i} &= \frac{\partial f_\alpha}{\partial\sigma_n}D_{11}\frac{\partial g_i}{\partial\sigma_n}+\frac{\partial f_\alpha}{\partial\tau_s}D_{22}\frac{\partial g_i}{\partial\tau_s}-\frac{\partial f_\alpha}{\partial\delta_n^p}\frac{\partial g_i}{\partial\sigma_n} \\ &\quad -\frac{\partial f_\alpha}{\partial\delta_s^p}\frac{\partial g_i}{\partial\tau_s}-\frac{\partial f_\alpha}{\partial K_\alpha}h_i \end{aligned}\right\} \tag{8.2.59}$$

在式(8.2.58)中引入松弛因子 $\boldsymbol{\nu}$，有

$$\left.\begin{aligned} &\boldsymbol{f}^{0}+\boldsymbol{W}d\delta-\boldsymbol{M}\lambda+\boldsymbol{\nu}=0 \\ &\boldsymbol{\nu}^{T}.\boldsymbol{\lambda}=0,\ \boldsymbol{\nu}\geqslant 0,\ \boldsymbol{\lambda}\geqslant 0 \end{aligned}\right\} \tag{8.2.60}$$

这就是刚性有限元弹塑性分析中由本构关系导出的状态控制方程.

下面给出由 Mohr-Coulomb 准则给出的式(8.2.59)中相应的屈服准则和流动势函数的梯度表达式. 对于其它准则，可仿此推导过程并结合§3.3 中的介绍由读者自行给出.

对于岩石材料不但应考虑 Mohr-Coulomb 条件还应考虑岩石材料的抗拉强度 γ_T，把它们综合起来写为

$$\left.\begin{aligned} f_1 &= \tan\varphi\sigma_n+\tau_s-c\leqslant 0 \\ f_2 &= \tan\varphi\sigma_n-\tau_s-c\leqslant 0 \\ f_3 &= \sigma_n-\gamma_T \qquad\quad \leqslant 0 \end{aligned}\right\} \tag{8.2.61}$$

屈服条件的梯度分别为

$$\left.\begin{aligned}&\frac{\partial f_1}{\partial \sigma_n}=\tan\varphi,\ \frac{\partial f_1}{\partial \tau_s}=1\\&\frac{\partial f_2}{\partial \sigma_n}=\tan\varphi,\ \frac{\partial f_2}{\partial \tau_s}=-1\\&\frac{\partial f_3}{\partial \sigma_n}=1,\qquad \frac{\partial f_3}{\partial \tau_s}=0\end{aligned}\right\}\tag{8.2.62}$$

相应的势函数为

$$\left.\begin{aligned}&g_1=\psi\tan\varphi\sigma_n+\tau_s-c\\&g_2=\psi\tan\varphi\sigma_n-\tau_s-c\\&g_3=\psi\sigma_n-R_T\end{aligned}\right\}\tag{8.2.63}$$

势函数的梯度分别是

$$\left.\begin{aligned}&\frac{\partial g_1}{\partial \sigma_n}=\psi\tan\varphi,\quad \frac{\partial g_1}{\partial \tau_s}=1\\&\frac{\partial g_2}{\partial \sigma_n}=\psi\tan\varphi,\quad \frac{\partial g_2}{\partial \tau_s}=-1\\&\frac{\partial g_3}{\partial \sigma_n}=1,\qquad \frac{\partial g_3}{\partial \tau_s}=0\end{aligned}\right\}\tag{8.2.64}$$

刚性有限元分析参变量变分原理:

设区域可分为 N_e 个子域,即 $\boldsymbol{\Omega}=\sum\limits_{e=1}^{N_e}\boldsymbol{\Omega}^e$,那么在所有满足变形位移关系 $\boldsymbol{\delta}=\boldsymbol{L}_G\boldsymbol{N}_G\boldsymbol{u}_G$,位移边界条件 $du|_{s_u}=0$ 的可能位移增量场中,真实的位移增量场使泛函

$$\begin{aligned}\Pi_{23}[\lambda(\cdot)]=&\sum_{j=1}^{N_J}\int_{S_j}\frac{1}{2}d\boldsymbol{\delta}_j^T\boldsymbol{D}d\boldsymbol{\delta}_j dS-\sum_K\int_{S_k}d\boldsymbol{u}^T d\bar{\boldsymbol{p}}dS\\&-\sum_e\int_{\Omega^e}d\boldsymbol{u}^T d\boldsymbol{b}d\Omega-\sum_{j=1}^{NJ_1}\int_{S_j}\boldsymbol{\lambda}^T\boldsymbol{Q}d\boldsymbol{\delta}dS\end{aligned}\tag{8.2.65}$$

在本构方程(8.2.60)的控制下取最小值. 其中 $\boldsymbol{Q}=\left(\dfrac{\partial g^T}{\partial \sigma(s)}\right)\boldsymbol{D}$，$NJ_1$ 为弹塑性交界线个数，它小于等于单元交界线的总数.

证明：对 Π_{23} 取一阶变分得

$$\delta\Pi_{23}=\sum_{j=1}^{NJ}\int_{S_j}\delta(d\boldsymbol{\delta}_j)^T\boldsymbol{D}d\boldsymbol{\delta}_j ds-\sum_k\int_{S_k}\delta(d\boldsymbol{u})^T d\bar{\boldsymbol{p}}dS$$

$$-\sum_e\int_{\Omega^e}\delta(d\boldsymbol{u})^T d\boldsymbol{b}d\Omega-\sum_{j=1}^{NJ_1}\int_{S_j}\delta(d\boldsymbol{\delta}_j)^T\boldsymbol{Q}^T\boldsymbol{\lambda}dS \tag{8.2.66}$$

在弹塑性区，即当 $j\leqslant NJ_1$ 时有 $\boldsymbol{D}d\boldsymbol{\delta}-\boldsymbol{Q}^T\boldsymbol{\lambda}=d\boldsymbol{\sigma}^{(s)}$，而在弹性区域，即当 $NJ_1+1\leqslant j\leqslant NJ$ 时 $\boldsymbol{D}d\boldsymbol{\delta}=d\boldsymbol{\sigma}^{(s)}$，故式(8.2.66)可写为

$$\delta\Pi_{23}=\sum_{j=1}^{NJ}\int_{S_j}\delta(d\boldsymbol{\delta}_j)^T d\boldsymbol{\sigma}^{(s)}dS-\sum_k\int_{S_k}\delta(d\boldsymbol{u})^T d\bar{\boldsymbol{p}}dS$$

$$-\sum_e\int_{\Omega^e}\delta(d\boldsymbol{u})^T d\boldsymbol{b}d\Omega \tag{8.2.67}$$

单元边界可以分成 S_j，S_k 与给定位移边界之和，而指定位移边界为固定，于是有

$$\sum_e\int_{S_e}\boldsymbol{V}^T\boldsymbol{L}^{(\nabla)}d\boldsymbol{\sigma}^{(s)}dS=-\sum_{j=1}^{NJ}\int_{S_j}[-\boldsymbol{V}_{(-)}^T\boldsymbol{L}^{(\nabla)T}d\boldsymbol{\sigma}^{(s)}$$

$$+\boldsymbol{V}_{(+)}^T\boldsymbol{L}^{(\nabla)T}d\boldsymbol{\sigma}^{(s)}]dS+\sum_k\int_{S_k}\boldsymbol{V}^T\boldsymbol{L}^{(\nabla)T}d\boldsymbol{\sigma}^{(s)}dS \tag{8.2.68}$$

显然 S_j 为交界线，S_k 为指定外力边界.

在单元边界处应力分量 σ_x，σ_y，τ_{xy} 与法向正应力 σ_n 和切向剪应力 τ_s 之间的关系为

$$\boldsymbol{n}^{(\nabla)}d\boldsymbol{\sigma}=\boldsymbol{L}^{(\nabla)}d\boldsymbol{\sigma}^{(s)} \tag{8.2.69}$$

利用式(8.2.47)，(8.2.68)，(8.2.69)可以把式(8.2.67)的第一项进一步写成

$$\sum_{j=1}^{NJ}\int_{S_j}\delta(d\boldsymbol{\delta}_j)^T d\boldsymbol{\sigma}^{(s)}dS=-\sum_e\int_{S^e}\boldsymbol{V}^T\boldsymbol{n}^{(\nabla)}d\boldsymbol{\sigma}dS$$

$$+\sum_{k}\int_{S_k}\boldsymbol{V}^T\boldsymbol{n}^{(\nabla)}d\sigma dS \tag{8.2.70}$$

其中

$$\begin{bmatrix}\boldsymbol{v}_-\\ \boldsymbol{v}_+\end{bmatrix}=\begin{bmatrix}\boldsymbol{N} & 0\\ 0 & \boldsymbol{N}\end{bmatrix}\begin{Bmatrix}\delta(d\boldsymbol{u}_-)\\ \delta(d\boldsymbol{u}_+)\end{Bmatrix}=\boldsymbol{N}_G\cdot\ \boldsymbol{u}_G \tag{8.2.71}$$

由于刚性有限元的试函数满足条件

$$\boldsymbol{A}^{(\nabla)T}\boldsymbol{v}=0 \tag{8.2.72}$$

利用式(8.2.70)，由格林公式，式(8.2.67)最终可以写成

$$\delta\Pi_{23}=-\sum_{e}\int_{\alpha^e}\boldsymbol{v}^T[\boldsymbol{A}^{(\nabla)}d\boldsymbol{\sigma}+d\boldsymbol{b}]d\Omega$$

$$+\sum_{k}\int_{S_k}\boldsymbol{v}^T[\boldsymbol{n}^{(\nabla)}d\boldsymbol{\sigma}-d\overline{\boldsymbol{p}}]dS \tag{8.2.73}$$

令 $\delta\Pi_{23}=0$，并考虑到虚位移 $\boldsymbol{v}$ 是任意的，则可由式(8.2.73)得出

$$\left.\begin{aligned}&\boldsymbol{A}^{(\nabla)}d\boldsymbol{\sigma}+d\boldsymbol{b}=0, && \text{在}\ \Omega\ \text{内}\\ &\boldsymbol{n}^{(\nabla)}d\boldsymbol{\sigma}=d\overline{\boldsymbol{p}}, && \text{在}\ S_p\ \text{上}\end{aligned}\right\} \tag{8.2.74}$$

至此由泛函 Π_{23} 取极值得到了平衡方程和力的边界条件，进一步对泛函取二阶变分可得 $\delta^2\Pi_{23}=0$，因此由 $\delta\Pi_{23}=0$ 导出的状态变量 $d\boldsymbol{u}$ 使 Π_{23} 取总体最小值，而这个状态变量 $d\boldsymbol{u}$ 满足平衡条件，是真实的状态. 在上述证明中已使用了状态方程，也就是说泛函 Π_{23} 在状态方程的控制下取总体最小值. 证毕.

刚性有限元的单元交界线中应力是线性分布的，为了方便起见本文假定各单元交界线的应力状态是在平均意义下而言的，它们只能服从一种屈服准则. 设第 j 个单元交界线屈服准则是由 $mf_j\geqslant 1$ 个光滑屈服条件组成的，则系统共有 $mf=\sum_{j=1}^{NJ}mf_j$ 个状态方程，依次排列后，为

$$\left.\begin{aligned}&\int_{S_j}[W_\alpha^j d\delta_j-m_\alpha^j\lambda_\alpha^j+f_\alpha^{0j}+\nu_\alpha^j]dS=0\\ &\nu_\alpha^j\cdot\lambda_\alpha^j=0,\quad \nu_\alpha^j\geqslant 0,\quad \lambda_\alpha^j\geqslant 0\\ &\alpha=1,2,\cdots,mf_j,\ j=1,2,\cdots,NJ_1\end{aligned}\right\} \tag{8.2.75}$$

这里 λ_α^j 是单元交界线 j 的控制变量，ν_α^j 是与 λ_α^j 互补的松弛变量.

把刚性有限元关系式 $d\boldsymbol{u}=\boldsymbol{N}d\boldsymbol{u}_c$ 和 $d\boldsymbol{\delta}_j=\boldsymbol{L}_G\boldsymbol{N}_G d\boldsymbol{u}_G$ 代入式(8.2.65)与(8.2.75)得

$$\Pi_{23}=\frac{1}{2}d\hat{\boldsymbol{U}}^T\boldsymbol{K}d\hat{\boldsymbol{U}}-d\hat{\boldsymbol{U}}^T(\boldsymbol{\Phi\lambda}+\hat{\boldsymbol{p}}) \tag{8.2.76}$$

$$\left.\begin{aligned}&\boldsymbol{C}d\hat{\boldsymbol{U}}-\boldsymbol{U\lambda}-\boldsymbol{d}+\boldsymbol{\nu}=0\\&\boldsymbol{\nu}^T\cdot\boldsymbol{\lambda}=0,\quad \boldsymbol{\nu}\geqslant 0,\quad \boldsymbol{\lambda}\geqslant 0\end{aligned}\right\} \tag{8.2.77}$$

其中：$d\hat{U}$ 为总位移向量，独立位移个数为 N_u.

$$\left.\begin{aligned}
&\boldsymbol{K}=\sum_{j=1}^{NJ}\int_{S_j}\boldsymbol{N}_G^T\boldsymbol{L}_G^T\boldsymbol{D}\boldsymbol{L}_G\boldsymbol{N}_G dS\in R^{Nu\times Nu}\\
&\hat{\boldsymbol{p}}=\sum_k\int_{Sk}\boldsymbol{N}^T d\bar{\boldsymbol{p}}dS+\sum_{e=1}^{NE}\int_{\Omega^e}\boldsymbol{N}^T d\boldsymbol{b}d\Omega\in R^{Nu\times 1}\\
&\boldsymbol{\Phi}=\sum_{j=1}^{NJ_1}\sum_{\alpha=1}^{mf_j}\int_{S_j}(\boldsymbol{Q}_\alpha^j\boldsymbol{L}_G\boldsymbol{N}_G)^T dS\in R^{Nu\times mf}\\
&\boldsymbol{C}=\sum_{j=1}^{NJ_1}\sum_{\alpha=1}^{mf_j}\int_{S_j}\boldsymbol{W}_\alpha^j\boldsymbol{L}_G\boldsymbol{N}_G dS\in R^{mf\times Nu}\\
&\boldsymbol{U}=\sum_{j=1}^{NJ_1}\sum_{\alpha=1}^{mf_j}\int_{S_j}m_\alpha^j dS\in R^{mf\times mf}\\
&\boldsymbol{d}=-\sum_{j=1}^{NJ_1}\sum_{\alpha=1}^{mf_j}\int_{S_j}f_\alpha^{oj}dS\in R^{mf\times 1}\\
&\boldsymbol{\lambda}=[\lambda_\alpha^j\,|\,\alpha=1,2,\cdots,mf_j,\ j=1,2,\cdots,NJ_1]^T\in R^{mf\times 1}\\
&\boldsymbol{\nu}=[\nu_\alpha^j\,|\,\alpha=1,2,\cdots,mf_j,\ j=1,2,\cdots,NJ_1]^T\in R^{mf\times 1}
\end{aligned}\right\} \tag{8.2.78}$$

最终归结为求二次规划问题

$$
\left.\begin{aligned}
\min. \quad & \Pi_{23}=\frac{1}{2}d\hat{U}^T K d\hat{U}-d\hat{U}(\Phi\lambda+\hat{p}) \\
\text{s.t.} \quad & CdU-U\lambda-d+\nu=0 \\
& \nu^T\lambda=0,\ \nu\geqslant 0,\ \lambda\geqslant 0
\end{aligned}\right\} \qquad (8.2.79)
$$

由 Kuhn-Tucker 条件，式(8.2.79)可以化为下列线性互补问题

$$
\left.\begin{aligned}
&\begin{Bmatrix}\nu\\0\end{Bmatrix}+\begin{bmatrix}-\boldsymbol{U} & \boldsymbol{C}\\-\boldsymbol{\Phi} & \boldsymbol{K}\end{bmatrix}\begin{Bmatrix}\boldsymbol{\lambda}\\d\hat{\boldsymbol{U}}\end{Bmatrix}=\begin{Bmatrix}\boldsymbol{d}\\\hat{\boldsymbol{p}}\end{Bmatrix}\\
&\nu^T\lambda=0,\ \nu\geqslant 0,\lambda\geqslant 0
\end{aligned}\right\} \qquad (8.2.80)
$$

关于这一问题的解已在本书§3.2中详细地讨论过了.

下面进一步给出几个算例.

例8.5 图8.16(a)为一单向受拉的平板，开有一个90°张角的

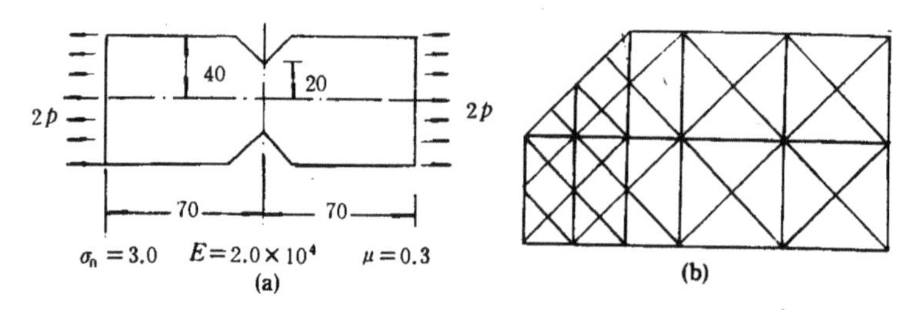

图 8.16

(a) V型槽平板 (b) 有限元网格

V型槽.由板的对称性可知在板的中心线上无剪应力，因而由理想弹塑性材料可知板到塑性无限流动时的极限荷载 $p_{\max}=60$.采用 Mises 屈服条件进行计算，当荷载增加到60时，即使对于任意小的荷载增量都得到射线解，表示结构已完全破坏.

例8.6 图8.17(a)为受无摩擦条形基础作用下的半无限大地基承载力问题，土体凝聚力 $c=10\text{kPa}$，内摩擦角 $\varphi=20°$.图8.17(b)分别给出了采用相关联流动法则和无膨胀非关联流动法则算得的荷载-位移曲线.从图可以看到，数值解与 Terzaghi 解是接近

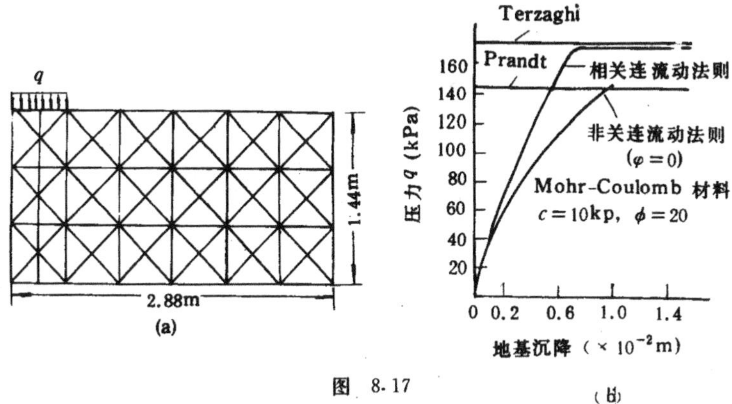

图 8.17

(a) 半无限大地基 (b) 载荷-位移曲线

的.

例8.7 图8.18为一宽为$2b$的条形刚性平头冲模压入半无限塑性介质，冲头与平面间接触面是光滑的. 利用弹塑性分析方法进行分析，求得的极限结果如表8.16所示.

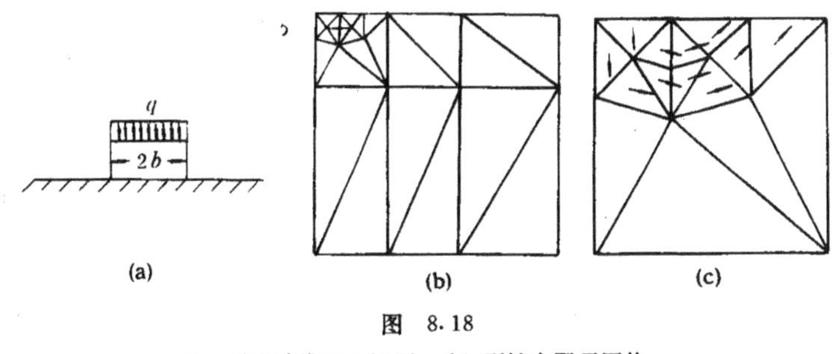

图 8.18

(a) 平头冲模压入问题 (b) 刚性有限元网格

(c) 破坏模式

例8.8 图8.19为一张角为135°的无重量边坡，在其顶面受到均布压力q的作用，土的凝聚力$C=1.0$ kPa，内摩擦角$\varphi=0.0$，利用Coulomb条件进行计算，结果示于表8.17中.

由于刚性元的刚性假设，造成了破坏只能沿单元交界线发生，而一般情况下要使有限元网格划分情况与滑移线均相吻合是比较困难的. 因而刚性元相当于对破坏模式进行了限制,使极限解得以提高. 当使用较密的网格时,一般会提高解的精度.

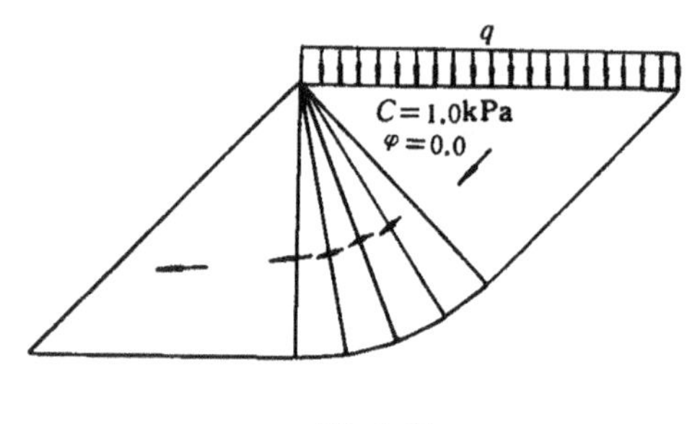

图 8.19

表 8.16 平头冲模压入问题

h/b	滑移理论解	二次规划解
1.0	1.0	1.0
10	2.571	2.6772

表 8.17 边坡稳定问题

滑移理论解	二次规划解
3.5708	3.5775

§8.3 轴承接触问题分析

滚动轴承接触负荷的计算,在轴承的理论和应用中占有重要的地位. 在轴承工程中,有很大一类轴承是装配在刚度很强的机座内或套装在刚性材料的实心轴上,这时常常假设轴承套圈是刚性的,即认为外圈、内圈及支座结构不会产生整体变形. 滚动体的负荷分布只与局部接触变形有关,在滚动体负荷已知的情况下,即可利用 Hertz 接触理论来计算滚动体与滚道之间的接触应力、接触区域等相关的问题. 常规的轴承设计就是利用这个假设来近似地简化计算的. 但是也有许多情况,轴承的套圈和支承结构的整体变形是必须考虑的. 例如在铁路轴承中,由于承受负荷较大,整个变形不容忽略;在航空轴承中,为了减轻重量,轴和轴承座都做成空心薄壁结构,在这些情况下,套圈的变形,将对滚动体的负荷分布产生显著影响.因此,刚性套圈假设有很大的局限性.然而,考虑轴承套圈的变形会给计算带来很大的困难,这主要是由于轴承中接触问题的非线性所致.利用有限元技术来计算轴承接触负荷分布已成为可能,而且已成为人们所热衷的研究课题之一.

用本书前几章所述的参数二次规划法来求解滚动轴承接触负荷分布,以圆柱滚动轴承为例,由于方法及程序系统的通用性,其它类型的轴承也应可分析计算.

如图8.20所示圆柱滚动轴承结构中,将过盈配合的内圈与轴简化成一个圆轴体,可以假定内圈是刚性的.一般认为轴承的负荷是通过轴传递给轴承的,再传递到支座,但由于外荷载在内圈上的分布不易搞清楚,因此按静力等价到支座上,见图8.20.整个结构按平面应变来处理.

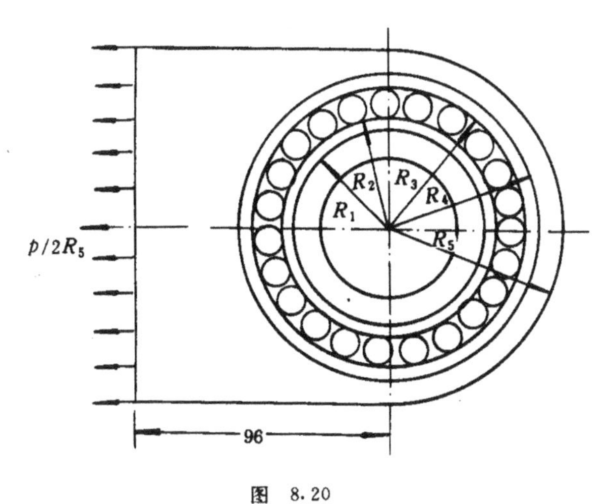

图 8.20

$R_1=35$, $R_2=40$, $R_3=49$, $R_4=54$, $R_5=64$

$E=2\times10^4$, $\nu=0.3$, $P=275$, $z=23$

在分析过程中将支承在刚性内圈上的滚子作为接触体 Ω_1,将

外圈作为接触体 Ω_2，轴承箱作为接触体 Ω_3，且外圈与轴承箱之间摩擦系数为 $\bar{\mu}$. 由于滚子与内、外圈存在油脂，可略去摩擦. 因此圆柱滚动轴承分析是一个三体接触分析；若将外圈与轴承箱处理成一个整体，则分析是一个二体接触问题.

采用多层子结构方法，对滚子 Ω_1 进行八节点任意四边形等参单元或几个四边形等参单元划分. 滚子之间是没有公共节点的，因此将 Ω_1 作为子结构静凝聚在总刚度矩阵占据一个分块对角，若仅一点接触时则贡献一个值. 外圈与轴承箱壳体是有摩擦接触，它们分别作为一个子结构进行分析，组装成整个结构时，将 Ω_1，Ω_2，Ω_3 均凝聚到接触点进行. 当然，若将外圈 Ω_2 和轴承箱考虑成一个整体时，这两个子结构可再组合成一个更高一级子结构，然后再与 Ω_1 进行组装.

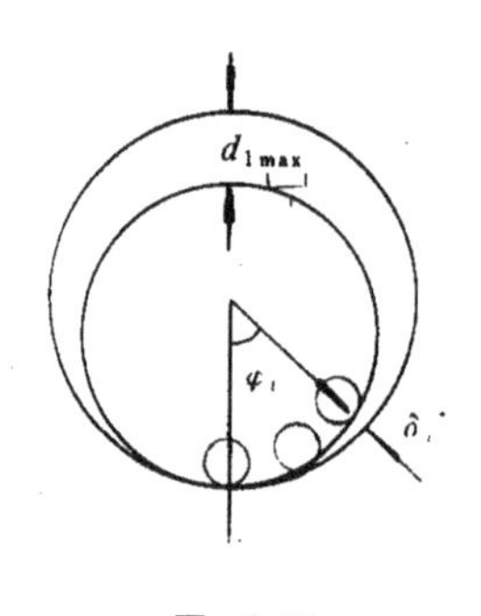

图 8.21

轴承内部是有间隙的，如图8.21所示，间隙可按下式计算，$\delta_i^* = \frac{1}{2}d_{1\max}(1-\cos\varphi_i)$，$i=1, 2, \cdots, n$，式中 $d_{1\max}$ 是轴最大值，φ_i 为滚子方位角. n 为轴承可能受载滚子个数.

现将图8.20所示轴承结构进行有限元分析，网格划分如图8.22所示. 整个结构共179个三角形常应力单元，24个四节点平面等参单元和36个接触元（若外圆与轴承箱作整体处理时，接触单元为12个）. 滚子和外圈属有间隙无摩擦

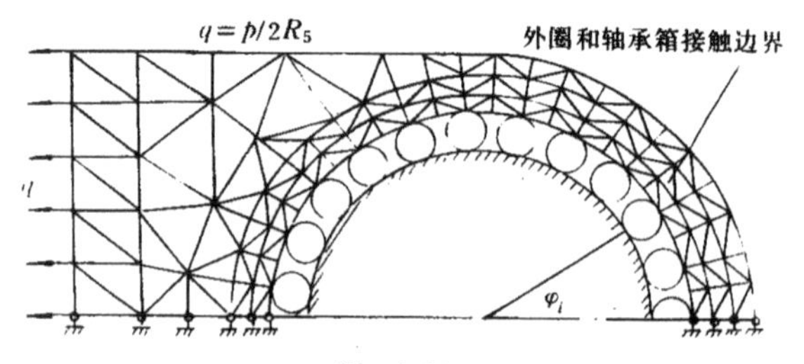

图 8.22

表 8.18

接触力 / 间隙 $d_{1\max}$ / 方位角 φ_i^0 / 编号		微小间隙			中等间隙			大间隙		
		本文	文[8]	文[9]	本文	文[8]	文[9]	本文	文[8]	文[9]
		0.008		0～0.005	0.0365		0.06～0.07	0.2		0.27～0.28
1	0	31.35	34.95	36.61	28.32	33.95	41.97	18.17	33.85	30.37
2	15.65	36.87	35.22	35.65	35.36	33.97	30.22	27.70	33.87	32.68
3	31.30	36.70	36.05	33.58	36.21	36.22	37.13	37.29	46.43	37.51
4	46.96	39.90	39.25	38.35	41.60	41.90	43.51	66.69	58.74	46.44
5	62.61	45.72	43.76	43.89	47.20	46.94	47.28	49.59	17.80	43.06
6	78.26	41.91	43.80	19.43	40.46	32.77	11.78			1.31
7	93.91	6.96	7.68							

表 8.19 （$d_{1max}=0.008$）

接触力 / 编号	摩擦系数 μ / 方位角 φ_i^0	多体接触							两体接触
		0.0	0.1	0.2	0.3	0.4	0.5	0.6	
1	0	30.75	32.15	32.66	32.82	33.32	33.34	33.35	31.35
2	15.65	37.88	38.54	38.56	39.11	40.01	40.19	40.21	36.87
3	31.30	36.61	37.14	37.35	36.73	37.19	37.73	37.97	36.70
4	46.96	38.93	38.67	38.59	38.34	37.24	37.40	37.98	39.90
5	62.61	43.09	41.17	41.07	40.77	39.38	38.29	37.65	45.72
6	78.26	43.45	43.21	43.52	43.70	43.55	42.64	41.44	41.91
7	93.91	12.97	23.05	24.78	26.30	27.67	28.58	29.29	6.96

接触，约束仅法向，间隙另外给定. 外圈和轴承箱属有摩擦接触，每个接触元可能滑动方向为3个，所以整个结构 NCCTS＝84（外圈和轴承箱体作整体处理时，NCCTS＝12）.

对图8.22所示有限元模型进行接触分析，表8.18列出了外圈与轴承箱壳体作整体处理（两体接触）时，微小间隙、中等间隙及大间隙的接触力计算值，表中同时列出了文献[8]和文献[9]的有限元计算值与实验值. 表8.19列出了外圈与轴承箱存在不同 $\bar{\mu}$ 值的摩擦接触（三体接触）时，考虑滚子与内圈是微小间隙的接触力计算值. 随着外圈与轴承之间的摩擦系数 $\bar{\mu}$ 从0.0变化到0.6时，滚子接触力分布趋于平滑，最大接触力随之减小. 然而，不论 $\bar{\mu}$ 为何值时所算得的滚子接触力分布都比外圈与轴承箱体作整体处理时的平滑，且最大接触力也较小.

图8.23，8.24，8.25分别绘出了不同间隙下，由有限元计算和实验得到的滚子负荷分布曲线. 从图中可以看出，本文的计算结果与文献[8]、[9]大部分结果均符合得较好.

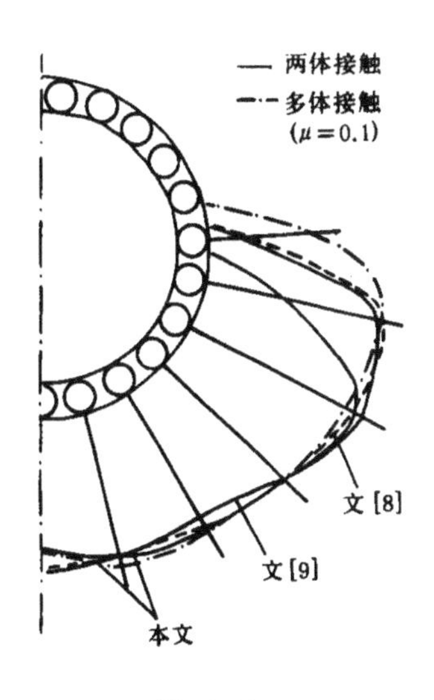

图 8.23

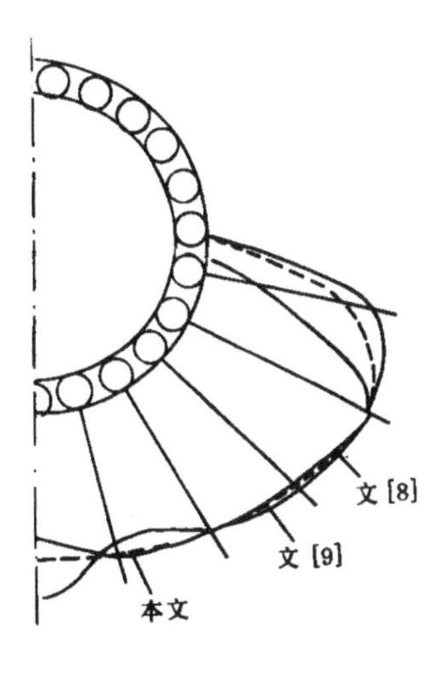

图 8.24

通过滚动轴承弹性接触有限元分析，可见将其处理成平面应变问题计算是合理的. 在算例结构下，滚子接触力最大值不在0°，当间隙比较小时，发生在±62°左右，随着间隙的增大，最大接触力点内移，上述结果与试验结果极为一致. 若将外圈与轴承箱作摩擦

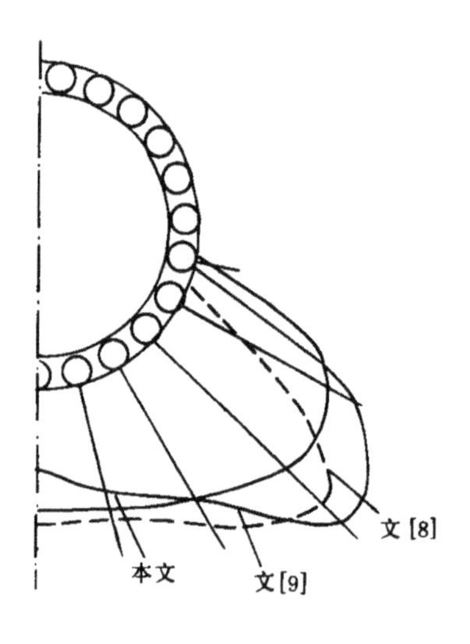

图 8.25

接触处理应比作整体处理更为合理，接触力分布更趋于平滑，最大接触力较之变小，在较小间隙下，其最大接触力发生在±78°左右.

从以上分析可见，轴承受力后的接触区，滚子接触力及位移，受四个因素的影响：

(a) 作用荷载大小；

(b) 轴承间隙大小；

(c) 轴承外圈及结构刚度大小；

(d) 外圈与轴承间的摩擦情况.

作为轴承的分析与设计，应注意以上这些因素.

§8.4　广义参变本构模型

最早的古典材料模型仅有材料的弹性性质描述，后来人们注意到材料塑性的重要性，于是在本世纪初产生了塑性理论. 50年代一些接触问题得到了分析. 其解亦被用于实际的机械工程和土木工程之中，从而有关接触特性也列入材料的性质之中. 这方面的研究工作使人们认识到物体上的一个点或一个单元的特性受接触或塑性屈服条件的控制，这样的点或单元是条件性结合点，条件性结合点可由不同本构关系表征，并且它的性质影响着整个结构的应力和应变分布.

物体中应力、应变或它们的组合受一个给定条件控制的点或单元叫条件性结合点. 根据性质，可以区分为强度、几何和广义条件结合点. 图8.26是几个平面结构理想条件性结合点的模型，它们仅受一个位移或力分量控制.

1. 几何类条件性结合点

图8.26(a)所示，可表示为杆结构的两个板用一个螺栓相互联系，螺栓插入两个板所开的一个小孔中. 此时相对位移 e_x 受下述条件控制

$$-e_0 \leqslant e_x \leqslant e_0 \tag{8.4.1}$$

当 $|e_x| = e_0$ 时，“锁定”发生，且 e_x 方向可通过结合点传递力.

2. 强度类条件性结合点

图8.26(b)表示两个板依靠插入孔中螺栓的压力相互联系着，摩擦力导致结合点的拉力大小受到限制，即

$$-N_0 \leqslant N \leqslant N_0 \tag{8.4.2}$$

其中 N_0 是结合点摩擦力的可能最大值. 当 $|N| = N_0$ 时，结合点松弛，相对位移可随拉力方向发生.

3. 广义条件性结合点

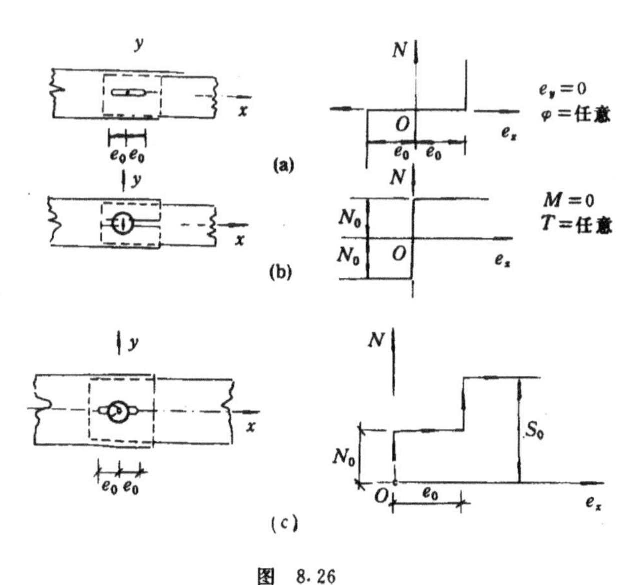

图 8.26

还有一种结合点，其性质受强度、几何等条件的限制，如图8.26(c)之模型，当$|N|=N_0$时，位移e_x可增至e_0，类似于图8.26(b)，进而“锁定”发生，结合点传递力还受螺栓屈服强度S_0的限制，即当$|N|=S_0$时，结合点松弛，沿N方向有相对位移发生.

不难看出，条件性结合点的特性与加载过程有关，假设物体是三维 Euclidean 空间的一个子集V且有表面S，物体中的任何一点$x_i\in V$均为条件性结合点，且状态可由应力、应变场表征.

$$\sigma_{ij}\in R^b,\ \varepsilon_{ij}\in R^b,\ x_i\in V \tag{8.4.3}$$

在条件性结合点上，应力、应变由屈服函数限制

$$G(x_i)=\{f_k(x_i)\leqslant 0,\ k=1,2,\cdots,n\},\ x_i\in V \tag{8.4.4}$$

其中n是屈服函数的数目，且$f_k(x_i)$的形式不同，则结合点的类型也不同，于是定义如下三种类型屈服函数

$$
f_k(x_i)=\begin{cases} f_k(\sigma_{ij}(x_i)), \text{强度屈服函数} \\ f_k(\varepsilon_{ij}(x_i)), \text{几何类屈服函数} \\ f_k(\sigma_{ij}(x_i),\varepsilon_{ij}(x_i)), \text{广义屈服函数} \end{cases} \tag{8.4.5}
$$

若一点或一个单元上的屈服函数全为强度或几何类，则该点或单元是强度或几何类条件性结合点；否则为条件性结合点.

由于参数二次规划的有限元模型均是以单元为单位表征结构的非线性性质，所以以下所描述的条件性结合点都是在单元意义下的. 下面仍以杆来讨论这个问题. 以下的分析方法可适用于混凝土断裂问题分析.

考虑如图8.27所示两端受拉的杆单元，若杆的拉伸应力-应变关系曲线如图8.27(a)所示，则显然单元是弹性的，不是条件性结合点. 若拉伸应力-应变曲线如图8.27(b)，则杆元是理想弹塑性杆，有屈服函数 $f=\sigma-\sigma_s\leqslant 0$，为强度类条件性结合点.

图8.27(c)，(d)分别表示单元是弹塑性硬化和软化杆，其屈服函数是

$$
f(\sigma,\varepsilon^p)=\sigma-\left(\sigma_s+\frac{E_1E_2}{E_1-E_2}\varepsilon^p\right)\leqslant 0 \tag{8.4.6}
$$

且

$$
\varepsilon^p=\lambda\frac{\partial f}{\partial\sigma}=\lambda \tag{8.4.7}
$$

根据定义(8.4.5)，显然杆应为广义条件性结合点，而当杆应力-应变曲线如图8.27(e)所示时，杆单元为多折点本构模型(这里仅两个点)，由§2.1推导，知应由两个屈服函数所控制

$$
\left.\begin{aligned} f_1(\sigma,\varepsilon^p) &= \sigma-\left(\sigma_p+\frac{E_1E_2}{E_1-E_2}\varepsilon^p\right)\leqslant 0 \\ \varepsilon^p &= \lambda_1\frac{\partial f_1}{\partial\sigma}=\lambda_1 \end{aligned}\right\} \tag{8.4.8}
$$

$$
f_2(\sigma)=\sigma-\sigma_s\leqslant 0 \tag{8.4.9}
$$

同样，杆也是广义条件性结合点.

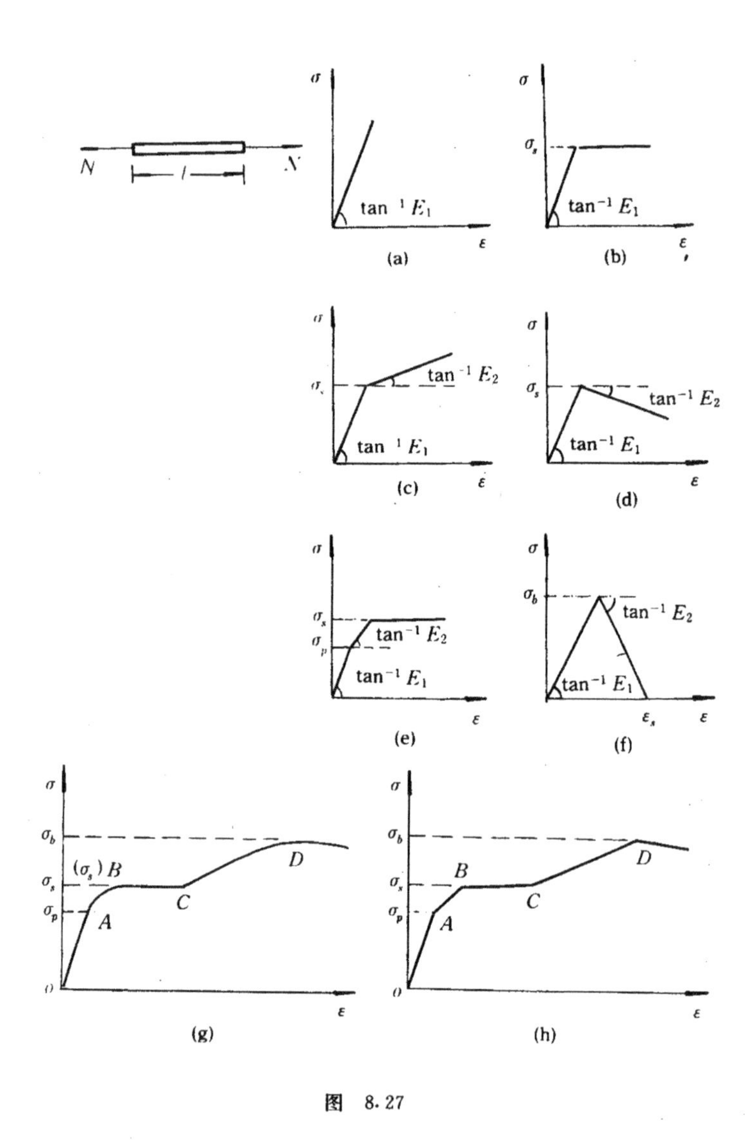

图　8.27

而对于如图8.27(f)所示本构关系，当应力达到极限 σ_b 后，发生软化，直到零，此时杆出现断裂. 若仿照式(8.4.8)，(8.4.9)所给

出的两折点本构关系，而令 $\sigma_s=0$，应有

$$\left.\begin{aligned}&f_1(\sigma,\varepsilon^p)=\sigma-\left(\sigma_b+\frac{E_1E_2}{E_1-E_2}\varepsilon^p\right)\leqslant 0\\&\varepsilon^p=\lambda_1\frac{\partial f_1}{\partial\sigma}=\lambda_1\end{aligned}\right\}\tag{8.4.10}$$

$$f_2(\sigma)=\sigma\leqslant 0\tag{8.4.11}$$

不难看出，上两式表述的屈服函数显然是不够合适的. 因为 $f_1(\sigma,\varepsilon^p)\leqslant 0$始终不会起作用，而只有 $f_2(\sigma)\leqslant 0$起作用，即相当于屈服函数 $\sigma_s=0$的理想弹塑性杆. 同理，低碳钢拉伸试验下应力-应变曲线如图8.27(g)所示，可用逐步线性化曲线(图8.27(h))代替，不能照搬式(8.4.6)～(8.4.9)来给出屈服函数，需要寻求其它的处理方法.

对于图8.27(b)～(e)的本构模型，§2.1中详尽叙述了其计算方法，不再赘述. 对于图8.27(f)～(h)的本构模型，下面给出其分析方法.

对于图8.27(f)这种广义本构模型的单元不能用简单的两个屈服函数(8.4.10)，(8.4.11)来约束. 然而，若把这种本构关系进行分解，如图8.28所示，即把一个杆单元分成两个杆单元，第一个杆称为基本杆，第二个杆称为控制杆. 事实上，第一个杆是弹塑性软化杆，具有一个屈服函数

$$\left.\begin{aligned}&f(\sigma,\varepsilon^p)=\sigma-\left(\sigma_b+\frac{E_1\,E_2}{E_1-E_2}\varepsilon^p\right)\leqslant 0\\&\varepsilon^p=\lambda\frac{\partial f}{\partial\sigma}=\lambda\end{aligned}\right\}\tag{8.4.12}$$

第二个杆是有间隙接触杆，初始间隙 $\delta^*=\varepsilon_f l$，杆的弹性模量为 $-E_2$，于是，求解变成一个弹塑性接触问题.

然而，这种杆的分解并非唯一，一般的分解如图8.29所示. 先将弹性模量 E_1分给两根杆，其弹性模量分别是 αE_1和$(1-\alpha)E_1$ $(0<\alpha\leqslant 1)$. 然后保证 $\varepsilon>\varepsilon_f$ 时所叠加的应力为零，则可算出 E_2'应为

$$E_2'=E_2-(1-\alpha)E_1\tag{8.4.13}$$

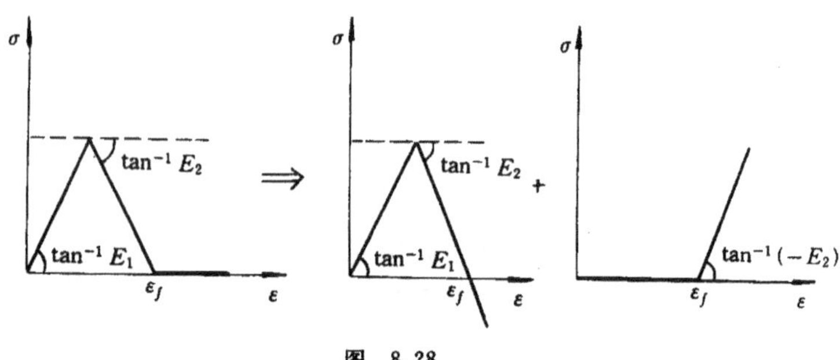

图 8.28

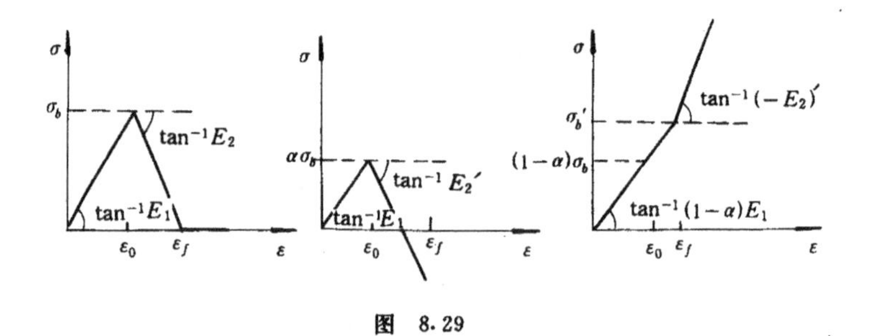

图 8.29

$$\varepsilon_0 = \sigma_b / E_1 \tag{8.4.14}$$

若 $\alpha=1$，则 $E_2'=E_2$，即为前面分解. 进行这样的分解后，问题就变成一个弹塑性问题了($\alpha\neq1$). 且第一个杆具有弹性模量 αE_1，屈服函数是

$$\left.\begin{aligned} & f(\sigma,\varepsilon_1^p)=\sigma-\left(\alpha\sigma_b+\frac{\alpha E_1 E_2'}{\alpha E_1-E_2'}\varepsilon_1^p\right)\leqslant 0 \\ & \varepsilon_1^p=\lambda_1\frac{\partial f}{\partial\sigma}=\lambda_1 \end{aligned}\right\} \tag{8.4.15}$$

第二个杆具有弹性模量$(1-\alpha)E_1$，屈服函数是

$$\left.\begin{aligned} & f(\sigma,\varepsilon_2^p)=\sigma-\left(\sigma_b'-\frac{(1-\alpha)E_1 E_2'}{(1-\alpha)E_1+E_2'}\ \varepsilon_2^p\right)\leqslant 0 \\ & \varepsilon_2^p=-\lambda_2\frac{\partial f}{\partial\sigma}=-\lambda_2 \end{aligned}\right\} \tag{8.4.16}$$

分析典型拉伸应力-应变曲线，如图8.27(h)，也进行类似于图8.27(f)的分解，分成三根杆，二根控制杆，如图8.30所示.第一根

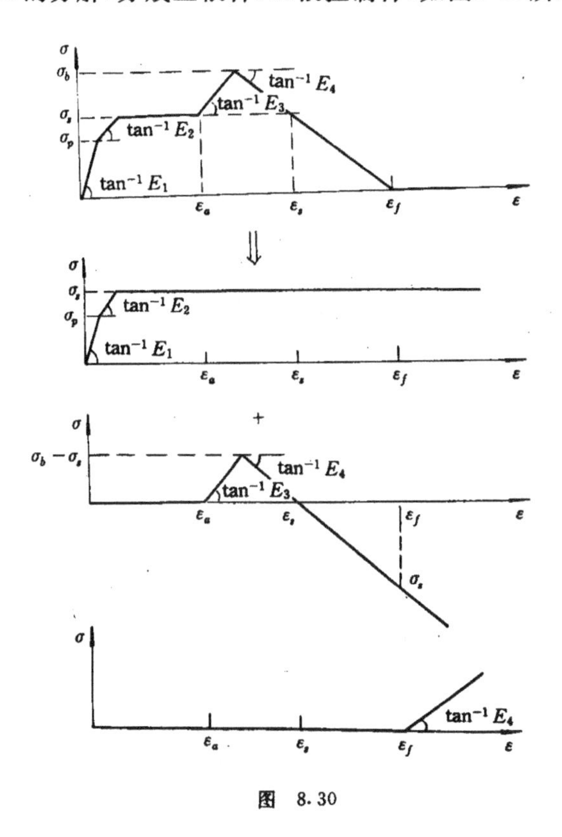

图 8.30

杆是两折点本构模型，由两个屈服函数所控制

$$
\left.\begin{aligned}
f_1(\sigma,\varepsilon^p)=\sigma-\left(\sigma_p+\frac{E_1E_2}{E_1-E_2}\varepsilon^p\right)\leqslant 0 \\
\dot{\varepsilon}^p=\lambda_1\frac{\partial f}{\partial\sigma}=\dot{\lambda}_1
\end{aligned}\right\}
\tag{8.4.17}
$$

$$
f_2(\sigma)=\sigma-\sigma_s\leqslant 0 \tag{8.4.18}
$$

第二根杆是有间隙弹塑性接触杆，初始间隙为 $\delta_1^*=\varepsilon_a\cdot l$，杆的

弹性模量为E_s，当达到应力$\sigma_b-\sigma_s$时，发生塑性软化，其屈服函数为

$$\left.\begin{aligned}&f(\sigma,\varepsilon^p)=\sigma-\left(\sigma_b-\sigma_s+\frac{E_3E_4}{E_3-E_4}\varepsilon^p\right)\leqslant 0\\&\varepsilon^p=\lambda\frac{\partial f}{\partial\sigma}=\lambda\end{aligned}\right\}\qquad(8.4.19)$$

第三根是有间隙弹性接触杆，初始间隙为$\delta_2^*=\varepsilon_f l$，杆的弹性模量为$-E_4$.

同样图8.27(h)的分解也不是唯一的.

例8.9　如图8.31所示二杆结构，杆2是弹性的，杆1具有如图

图　8.31

8.27(f)的本构关系. 已知杆长$l=1$，面积$A=0.1$，弹性杆的弹性模量$E=E_1$，且$E_1=2000$，$E_2=-1000$，$\sigma_b=1000$，$\varepsilon_f=1.5$.

将杆1分解成二根杆1′与1″，杆1″具有初始间隙$\delta^*=1.5$. 利用弹塑性接触问题的参变量二次规划法，代入已知数据，可得互补问题

$$\left.\begin{aligned}&v_1-\frac{160}{3}\lambda_1-40\lambda_2=-\frac{2}{5}P+40\\&v_2-40\lambda_1-80\lambda_2=-\frac{1}{5}P+120\\&v_1\lambda_1=0,\ v_2\lambda_2=0,\ v_1,\ v_2,\lambda_1,\lambda_2\geqslant 0\end{aligned}\right\}\qquad(8.4.20)$$

其中λ_1为杆1′的弹塑性流动参数，表示杆的塑性应变，λ_2为接触杆1″的滑动参数，实际上是间隙变化δ. v_1，v_2分别为λ_1，λ_2的互补参

量. P 是外荷载，方向如图8.31所示.

1）当 $P\leqslant 200$时，$\lambda_1=0$，$\lambda_2=\dfrac{120-P/5}{80}$，表示杆1′没有进入塑性状态，杆1″处于脱离，有间隙 $\lambda_2>0$，当 $P=0$时 $\lambda_2=1.5$，$P=200$时，$\lambda_2=1.0$.

2）当$200<P\leqslant 300$时，λ_1，$\lambda_2\geqslant 0$，且

$$\lambda_1=\frac{3P-600}{200},\ \lambda_2=\frac{-P+300}{100}$$

表示杆1′已进入塑性状态，杆1″仍脱离于结构.

3）当 $P>300$时

$\lambda_1=\dfrac{3P-300}{400}$，$\lambda_2=0$，表示杆1′处于塑性状态，杆1″已接触于结构. 此时表示杆1已经断裂.

如果按图8.29形式分解，同样可得上述结论，但相应的 λ_1，λ_2的值与意义则不同.

例8.10　图8.32所示桁架有10个单元，8个自由度. 各杆弹性模数为 E，横截面积为 A，桁架所受荷载认为是活荷载，且具有一个公共的荷载参数 F，荷载因子为 α. 每根杆均被认为是弹塑性杆，其弹塑性本构关系分别见图8.33中的(a)，(b)两种情况，求结构的极限荷载因子.

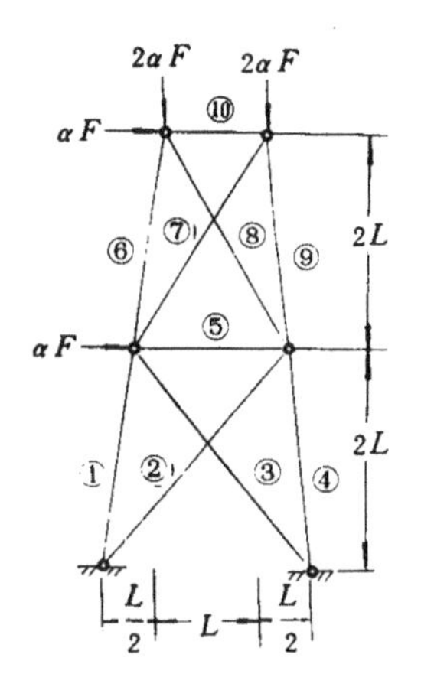

图　8.32

为计算方便，设定如下参数（无量纲）：

$E=2\times 10^5$，$A=5$，$L=1000$，$F=1000$，$\sigma_s=200$

用参数二次规划法来解此题，对于图8.33(a)所示本构关系，结构的非线性约束数NNCTS＝20；而对于图8.33(b)所示本构关系，则为NNCTS＝40，采取如下增量步

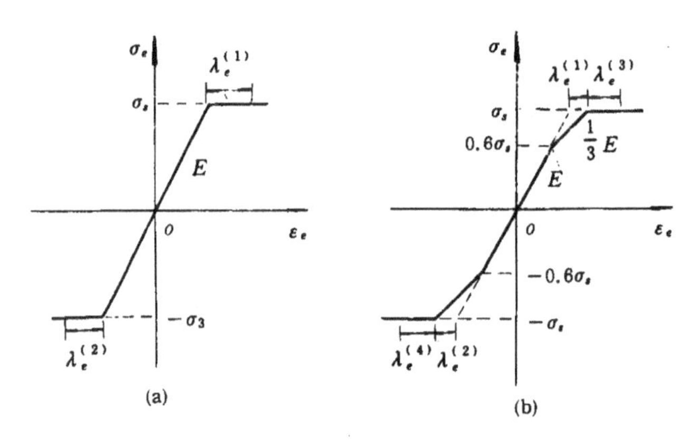

图 8.33

$$\alpha=0.3,\ 0.0489,\ 0.0001$$

发现两种情况都在第三个增量步时出现射线解，即结构此时破坏. 于是，得两种情况下的极限荷载因子为 $\alpha^*=0.3489$.

对于两种不同的本构关系，在极限荷载时的结构变形如图8.34(a)和(b)所示，单元的应力值示于表8.20之中.

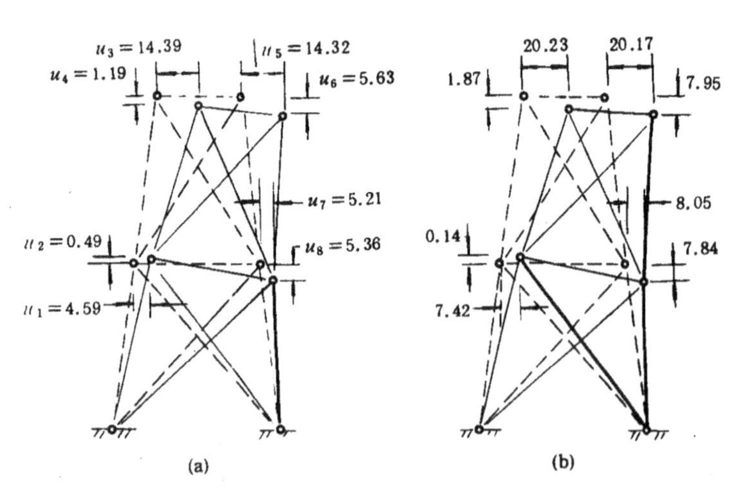

图 8.34

两种情况下所得的非零参变量如下：

本构 a：$\lambda_4^{(2)}=0.00196$

本构 b：$\lambda_3^{(2)}=0.0008$，$\lambda_4^{(2)}=0.0008$

$\lambda_4^{(4)}=0.00256$，$\lambda_9^{(2)}=0.00013$

其中 $\lambda_e^{(i)}$ 的 e 表示单元号，i 表示单元屈服条件号.

表 8.20　极限荷载单元应力

单元	1	2	3	4	5	6	7	8	9	10
本构a	104.7	−45.4	−199.9	−200.0	81.9	−44.4	−2.9	−112.6	−138.2	−15.6
本构b	104.7	−45.4	−199.9	−200.0	84.2	−39.7	−8.4	−118.2	−133.4	−12.1

以上叙述的是杆单元线弹性断裂和弹塑性断裂分析的参数二次规划处理，不需重新形成网格，而只要把可能发生断裂的单元分解成几个弹塑性或接触单元，即可得解. 由于屈服函数可表示为应力或应变的一次式，分析时只需取一个增量步.

平面问题的断裂分析，如钢筋混凝土断裂问题，是利用单向拉伸或压缩试验所获得结构的本构模型. 然后利用这个本构模型，借助于复杂应力状态下的屈服条件而将屈服应力概念推广. 所以有了平面弹塑性强化或软化问题的参数二次规划法，平面问题的断裂分析是不难进行的.

§8.5　增压器涡轮机轮盘强度分析

涡轮增压器是柴油机的重要组成构件，如图8.35所示.

由于轮盘与叶片是两体，计算时，应当考虑相互的接触关系，这是较为合理的模型，因而问题体现为接触非线性. 轮盘是空间结构，而叶片更是变厚度的扭曲厚壳，对其分析应按三维模型进行. 考虑到计算荷载是轮盘在高速旋转时的离心力（不计气动力），这

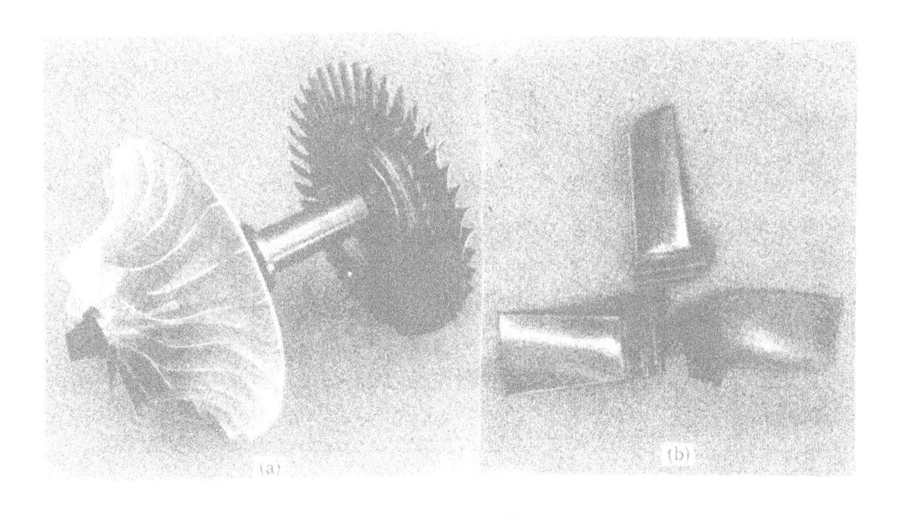

图 8.35　内燃机车增压器涡轮转子与叶片
(a)转子　(b)叶片

个力完全作用在轮盘平面内;而从结构上看,轮盘的空间特征主要体现在各部分的厚度不同,完全可以用变厚度的平面问题模拟之,叶片尽管是典型的空间结构,但所关心的榫齿部分却也可以看作变厚度的平面问题,因此计算时按变厚度的平面问题对轮盘叶片进行组装建立计算模型.

轮盘上装配有39个叶片,如果把所有的叶片与轮盘榫槽相接触的部分都按接触面处理,接触点对必然很多,计算工作量将很大.考虑到39个叶片的结构和所受载荷都是一样的,它们与轮盘装配后形成一个对称结构,因此只要研究一个叶片榫齿与轮盘榫槽的应力状态就够了.而接触问题具有局部的效应,从整体上看,特别是远离接触区的部位,叶片与轮盘按接触模型计算还是按连续体模型计算,其受力状态相差不大,因而计算时只对一个叶片榫齿与轮盘榫槽的装配按接触问题建立计算模型,其余38个叶片榫齿与轮盘榫槽连接均按连续体计算.

按照设计部门的要求，用FEEPCA程序对细齿与粗齿两种增压器涡轮机轮盘叶片组装分别进行了计算. 对每个轮盘叶片组装都划分了9层12个子结构模式，371个成员，对细齿结构共划分了59670个节点，约12万个自由度，对粗齿结构共划分了49569个节点，约10万个自由度. 在轮盘榫槽与叶片榫齿部位，划分的单元边长约为0.2—0.5mm.

计算荷载按增压器转速 $n=25200$ 转/分产生的离心力计算.

两种涡轮机轮盘叶片组装的计算模型参数见表8.20，轮盘榫槽部分的网格见图8.36(细齿)和8.37(粗齿). 叶片榫齿部分的网格见图8.38(细齿)和8.39(粗齿). 计算模型的结构构成树见图8.40.

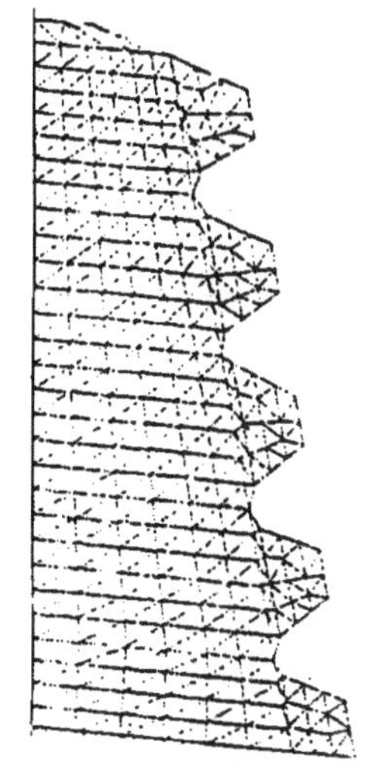

图 8.36　细齿轮盘榫槽部分的网格

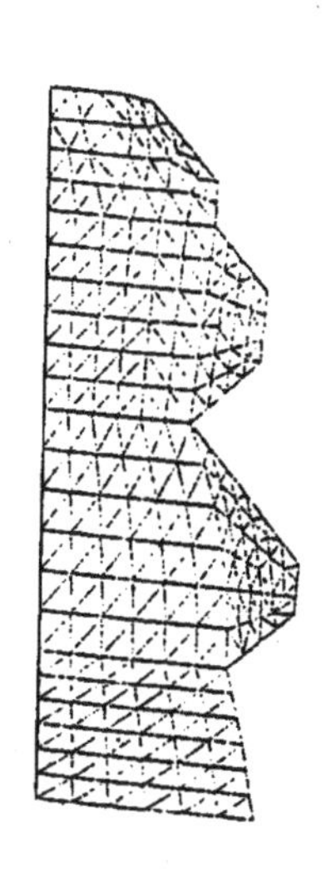

图 8.37　粗齿轮盘榫槽部分的网格

这个题目运算在华胜4065工作站上完成. 对细齿结构计算共用了约18分钟(不包括求各子成员的位移与内力)，对粗齿结构计算共用时约12分钟.

从计算求得的轮盘榫槽与叶片榫齿部分的应力分布情况来看，细齿结构轮盘里面齿根部应力最高，达102.6kg/mm²，超过了

表 8.21　两种涡轮机轮盘叶片组装的计算模型参数

子结构模式序号		节点总数	出口节点总数	单元情况	超级单元情况	附注
1	细齿	461	87	三点膜元800	0	轮盘上相当于半个叶片的扇形域
	粗齿	336	64	三点膜元573		
2	细齿	208	48	三点膜元340	0	半个叶片榫齿部分
	粗齿	188	40	三点膜元307		
3	细齿	180	32	三点膜元297	0	半个叶片上部(不包括榫齿部分)
	粗齿	180	32	三点膜元297		
4	细齿	143	120	0	Sub1+Sub2+Sub3	半个叶片及与其相应的轮盘扇形域
	粗齿	118	101	0		
5	细齿	170	100	0	Sub4+Sub4	一个叶片及与其相应的轮盘扇形域
	粗齿	139	76	0		
6	细齿	200	100	0	Sub5+Sub5+Sub5	3个叶片及与其相应的轮盘扇形域
	粗齿	152	76	0		
7	细齿	200	100	0	Sub6+Sub6+Sub6	9个叶片及与其相应的轮盘扇形域
	粗齿	152	76	0		
8	细齿	150	100	0	Sub7+Sub5	10个叶片及与其相应的轮盘扇形域
	粗齿	114	76	0		
9	细齿	150	100	0	Sub7+Sub8	19个叶片及与其相应的轮盘扇形域
	粗齿	114	76	0		
10	细齿	203	32	0	Sub9+Sub9+Sub1+Sub1	38个叶片和与其相应的轮盘部分以及相当于1个叶片的轮盘扇形域
	粗齿	150	20	0		
11	细齿	95	32	0	Sub2+Sub2+Sub3+Sub3	一个完整的叶片
	粗齿	81	20	0		
12	细齿	64	32	接触单元32	Sub10+Sub11	轮盘叶片组装
	粗齿	40	20	接触单元20		

许用应力. 从实际运用情况来看,细齿结构轮盘各齿有全部断裂的

现象.这个断裂过程是这样的:首先是最里面齿的根部,由于应力太高产生裂纹,导致这个齿断裂.于是各个齿的受力产生再分配,使这时最里面齿(即原来从里往外数第二个齿)的根部应力最高,以致这个齿也发生断裂,使各个齿的受力再次产生再分配,依此类推,导致第3和第4个齿也发生断裂.因此计算求得的应力分布与实际情况完全符合.另外值得说明的是,如果不按接触模型而用全连续体模型进行计算,获得的轮盘里面齿根部最大应力要比考虑接触效果时的结果小得多,因而考虑接触分析是很有必要的.

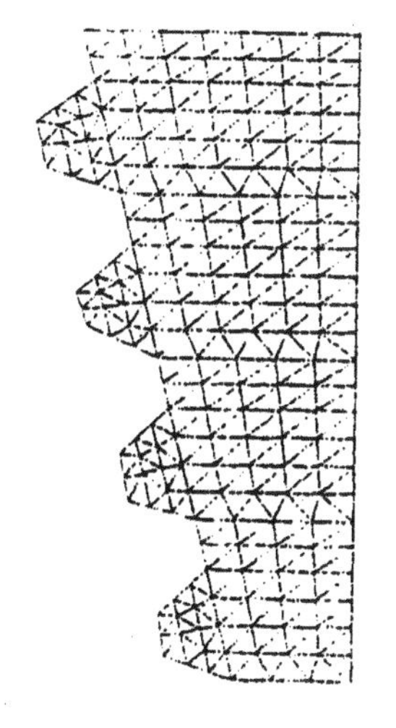

图 8.38 细齿叶片榫齿部分的网格

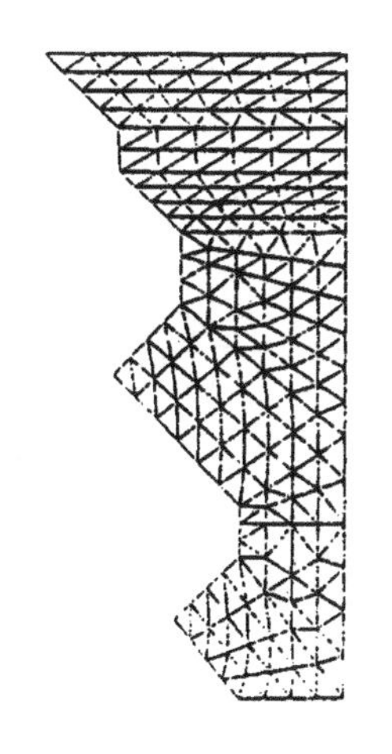

图 8.39 粗齿叶片榫齿部分的网格

粗齿结构轮盘的最高应力仍然产生在最里面齿的根部,只是数值大为降低,仅为69.87kg/cm^2,所以粗齿结构轮盘的强度要高于细齿结构.计算结果还表明,粗齿结构叶片的最高应力高于细齿结构叶片.考虑到叶片的材质比轮盘好得多,这个问题不难解决,但必须引起设计师应有的注意.

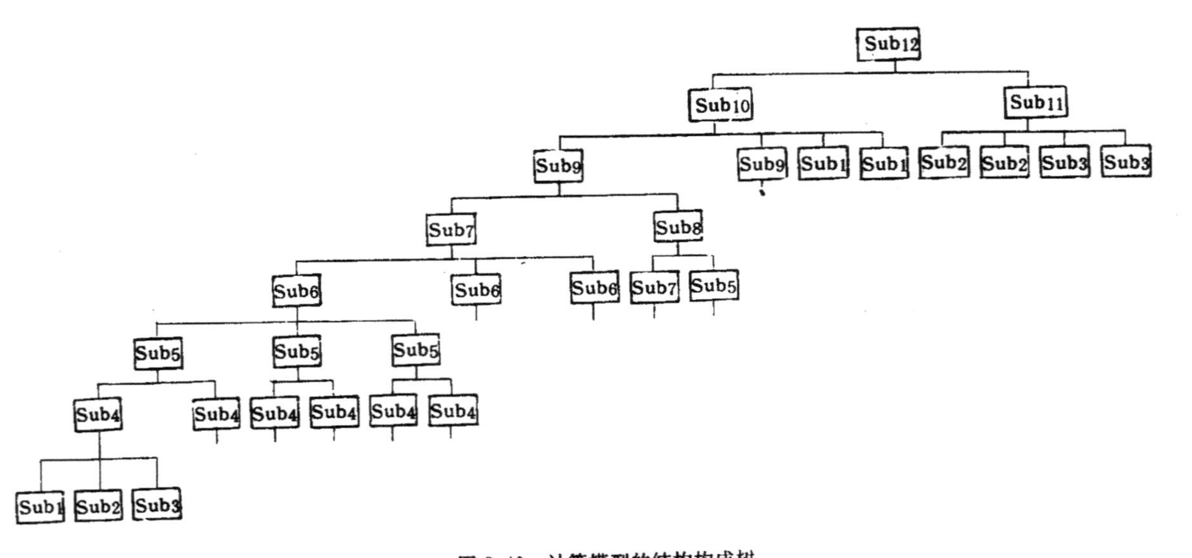

图 8.40　计算模型的结构构成树

参 考 文 献

[1] Zhong Wanxie and Sun Suming, A finite element method for elasto-plastic structure and contact problem by parametric quadratic programming, Int. J. Num., Meth. Engng., 26, 2723—2738, 1988.

[2] Tsai, S. W., Composite Design, Printed in USA, 1986.

[3] 陈陆平,线性非连续问题的参数变分方法及其在复合材料失效分析中的应用,大连理工大学硕士学位论文, 1990.

[4] 琼斯,复合材料力学,上海科技出版社,1981.

[5] Kawai, T. and Toi, Y., A new element in discrete analysis of plane strain problems, Seisan Kenkyu, **29**(4), 204—207, 1977.

[6] 钱令希, 张 雄,刚性有限元的参变量变分原理及其有限元参数二次规划解,计算结构力学及其应用, **9**(2), 1992.

[7] 张 雄, 刚性有限元的数学理论基础及其在岩土工程中的应用,大连理工大学博士学位论文.

[8] 罗继伟等,用有限元法分析轴承座弹性变形对圆柱滚子轴承滚动负荷分布的影响,洛阳轴承研究所资料, 10, 1983.

[9] 马宇平,陈 彭,轴承径向接触力光弹性测量分析,轴承, No. 1, 1981.

后　记

以上讲述了参变量变分原理、其相应算法以及在多个方面的应用. 虽然花了很多篇幅，但对于这个新方向来说还是不足的，工作还应当更进一步.

首先应当指出，本书中的变分泛函都是已经过线性化处理的，即屈服条件(2.2.30)已近似为(2.2.48). 从计算的角度看，就便于化归参变量二次规划的算法. 然而，线性化处理是会带来一定误差的. 其次应当看到，弹塑性受力变形与其加载历史有关，因此其计算理应是增量步的逐步积分. 这与动力学或偏微分方程的逐步积分是类同的. 逐步积分有显式或隐式之分. 在应用中尽量采用显式法，以减少计算工作量. 隐式积分必然仍是非线性的.

不作线性化处理的参变量变分原理可见第2章参考文献[1]，相应地也可导出其参变量势能原理. 直接利用原有的参变量变分原理，将化成为一般的非线性规划问题. 对此也可以找出其有效算法，作出其增量步逐步积分. 这方面的工作还有待开展，相信这是很有前途的方向.